U0369603

美国名校学生喜爱的心理学教材

心理学史

A HISTORY OF PSYCHOLOGY

原书第 2 版

[美] 埃里克·希雷（Eric Shiraev）著　郑世彦 刘思诗 柴丹 张潇涵 译　郭本禹 审校

机械工业出版社
CHINA MACHINE PRESS

图书在版编目（CIP）数据

心理学史（原书第2版）/（美）埃里克·希雷（Eric Shiraev）著；郑世彦等译.—北京：机械工业出版社，2018.6（2023.8重印）
书名原文：A History of Psychology: A Global Perspective
（美国名校学生喜爱的心理学教材）

ISBN 978-7-111-60149-4

I. 心… II. ①埃… ②郑… III. 心理学史–世界–教材 IV. B84-091

中国版本图书馆 CIP 数据核字（2018）第 110344 号

北京市版权局著作权合同登记 图字：01-2018-1330 号。

本书按时间顺序，论述了推动心理学思想和学科发展的社会背景、重要人物及其思想、生活和所属理论学派。本书作者重视多样性，并从跨文化、跨学科视角，探讨了心理学在美德奥之外的国家和地区的发展，如中国、俄罗斯、日本和印度等。本书注重培养学生的批判性思维，每一章节均配备了适量的知识检测和网络学习资料。本书文献丰富，内容翔实。除此之外，作者在书中还配了许多图表和人物照片，让读者直观地了解心理学史的相关知识。

本书适用于心理学专业师生和相关人士。

出版发行：机械工业出版社（北京市西城区百万庄大街 22 号　邮政编码：100037）

责任编辑：陈心一　姜帆		责任校对：李秋荣
印　刷：北京建宏印刷有限公司		版　次：2023 年 8 月第 1 版第 6 次印刷
开　本：214mm×275mm　1/16		印　张：21.25　　插　页：4
书　号：ISBN 978-7-111-60149-4		定　价：85.00 元

客服电话：（010）88361066　68326294

Preface | 前　言

心理学的历史就是人类自我反省的历史。本书的思想和材料，就像一块拼图的零部件，历经岁月沧桑，跨越了漫长的旅途而组合在一起。罗马、维也纳和苏黎世不朽的街道，康奈尔大学建筑那种自信的美感，巴黎和柏林高校古老的学术荣耀，莱比锡和海德堡的学术传统，哈佛、耶鲁和哥伦比亚大学大讲堂的姿态，伯克利的反叛精神，俄罗斯圣彼得堡附近巴甫洛夫实验室的简易朴素——所有这些以及许多其他的旅行、研究和教学的经验都对本书产生了持久的影响。心理学的历史记述了曾经生活、工作和创造的杰出人物，它也描写了我们的先辈为今日心理学打下基础的那个令人惊讶的时代。心理学的历史还关乎现在和未来。

主要特点

本书是如何呈现其材料内容的？它共有 13 章，分别检视了心理学穿越古代、千年中期转型阶段、现代和 20 世纪的发展过程。本书的重点是心理学在过去 150 年内的发展历程。那么，本书的主要特点是什么？

第一，这里呈现的心理科学是越来越**跨学科**的。本书的核心是一个自然科学和社会科学的均衡混合物，再加上来自人文学、通识教育、历史学和其他相关学科等领域的附加物。它强调几个世纪以来心理学复杂的科学基础。

第二，不像其他心理学史的书籍，本书强调"**多样性**"。它具有庄重的跨文化和跨国家的聚焦点：强调心理学作为一门研究学科和应用领域的全球性质。西方和非西方源头的哲学、文化和社会传统都得到了普遍承认。

第三，本书的主要分析方法是**批判性思维**。尤其是在案例参考专栏和基于网络的教学法中强调批判性思维，让学生可以从明显"枯燥的"研究数据中检索到更多信息。他们学会了从观点中去推断事实，并成为有理有据的怀疑者。

第四，本书聚焦于科学的心理学和**社会**在不同历史时期的互动。每一章都包含了一个开篇的简要讨论，论述社会对心理学的影响，以及心理学知识对社会的影响。

第五，本书关注过去的知识与今日学生多样性经验的**相关性**。心理学的角色在许多领域得到强调，比如医学、教育、工作和专业训练、刑事司法、商业、广告和娱乐等。

第六，本书追溯了心理学的**进步使命**。从一开始心理学就有一个使命：积极参与社会进步和新社会的发展，在这个新社会里，人们了解科学、理性和关怀并积极推动它们的发展。

心理学历史中的知识

　　心理学在其历史过程中有四类知识来源：第一类来源是科学知识，这类知识是对心理现象进行系统的实证观察、测量和广泛评估的产物；第二类来源是大众观念，也经常被称作民间理论，它是关于人类行为、情绪、认知和思维的日常假设，有些大众观念倾向于反复无常，没有严肃的立场；第三类观点认为心理学是由基于价值观的知识所决定的，与民间信念相比，这类知识来源于一系列紧密相关和稳定的态度——对世界、对善恶的性质以及对人生的目的；第四类来源是法律知识，这类来源包括存在于法律形式中的规范与原则，官方使用这些规则来评判人类的行为。尽管心理知识来源的其他事实也应该有所提及，这样不仅很全面，而且还很动人，但这本书的主要焦点是科学知识。

教学方法

　　本书使用了以下教学方法。

● 每一章都包含一条可视化的时间轴，按年代顺序标记了主要人物及其理论。下面是**第 10 章**的时间轴：

关于异常行为医学化的观念得到支持

列夫·维果斯基（Lev Vygotsky）
1896—1934，苏联人
提出了高级心理功能和最近发展区

诺曼·特里普利特
（Norman Triplett）
1861—1931，美国人
1898 年开展了早期的社会
心理学研究

威廉·斯特恩（William Stern）
1871—1938，德国人
1903 年提出心理技术学；在欧洲获得欢迎

1890　　　　　　　　　1900

让·皮亚杰
（Jean Piaget）
1896—1980，瑞士人
研究发展阶段和发生
认识论

埃利斯岛上的研究从 20 世纪
初持续到 1924 年

● 每一章都以一则故事或案例开始，起到信息引导的作用。下面是**第 6 章**的开头，讨论精神疾病的历史层面：

　　1881 年 7 月 2 日，查尔斯·吉托（Charles Guiteau）枪击美国总统詹姆斯·加菲尔德（James Garfield），对其造成致命伤害。事后这名枪手平静地说："是我干的，我愿为此入狱。亚瑟（Arthur）才是总统，我是他坚定的拥护者！"整个国家被震惊了。报纸上讨论这可能是一起阴谋，宗教评论者认为这次暗杀是美国的罪恶行径和对神不敬而遭受的报应。然而，其他大多数人相信，这次枪杀是一个精神失常者（lunatic）的作为。在普通人的意识里，精神失常者的行为是非理性的，他们与正常人有所不同，他们是危险的和不可预测的。吉托似乎就是一名精神失常者……

● 本书有许多**知识检测**栏目，帮助你即时回顾要点和事实。这里有第 3 章的一个例子：

知识检测

1. 文艺复兴的意思是重生，是指什么内容的重生？
   a. 医学元素　　　　b. 逻辑法则
   c. 民间信仰法则　　d. 古典时代的元素
2. 1621 年的英国，是谁出版了《忧郁的解剖》一书？

a. 威廉·哈维　　　　b. 吉罗拉莫·卡尔达诺
c. 拉·美特利　　　　d. 罗伯特·伯顿
3. 什么是神秘主义？
4. 什么是形而上学？

● **案例参考**栏目回顾并阐明了与个人、研究或主题有关的议题或问题，展示了一些案例和研究结果，介绍了关于研究结果的不同观点，提出了关于案例及其应用的问题。这里是第 8 章的一个片段：

案例参考

1909 年弗洛伊德的美国之行

多少人陪同弗洛伊德前往美国？
有另外两人：卡尔·荣格和桑多尔·费伦齐。
他们怎么到达那里的？
乘船。横跨大西洋的往返旅行历时 16 天。
谁支付这次旅行的费用？
G. 斯坦利·霍尔为弗洛伊德安排了 750 美元的款项。费伦齐支付了自己的费用。荣格安排了自己的受邀事宜。

谁邀请了弗洛伊德，为什么？
马萨诸塞州克拉克大学校长 G. 斯坦利·霍尔。西格蒙德·弗洛伊德被授予法学荣誉博士头衔。霍尔是一位创新者和伟大的组织者，他不仅想奖赏奥地利的精神病学家，还希望提升新成立的大学的名声。除了弗洛伊德和荣格，还有超过 20 名受邀者出席了这一场合。

● **大家语录**栏目展现了著名的心理学家和其他领域学者们关于心理研究及其应用的语录。这里是第 7 章的一个例子：

⊙大家语录

巴甫洛夫谈正确的心态

不要以为你知道一切。不管人们对你的评价有多高，永远有勇气对自己说：我是一个无知的人。

巴甫洛夫对他的员工要求很高，有时近乎苛刻，他总是认为一个人应该谦逊，远离虚荣。

● 在**网络学习**栏目，你可以从同步网站 www.sagepub.com/shiraev2e 中找到许多支持本书的额外资料，你可以在那里找到传记、实践和讨论问题、更新的研究、史实和链接。我们看一下第 4 章的例子。

▽网络学习

在同步网站上，可以看到 1883 年至 1893 年间，美国建立的主要心理学实验室的名单和简介。通过网络搜索，了解这一名单上私立大学和公立大学所占的比例如何。

问题：哪种学校在资助心理学实验室上具有优势？

● 每章的总结和关键术语部分，可以帮助学生更好地准备考试，或许也可以起到参考的作用。

受众和目标

本书写作时谨记以下读者和目标：

● 作为许多不同专业（包括但不仅限于心理学、社会学、人类学、教育学、历史、哲学、新闻学、传播学、政治学，等等）本科生的主要教材或补充读物。

● 作为某些领域研究生的补充读物，比如心理学、社会工作、教育、法律、新闻、护理、商业和公共管理。

● 职业心理学家、心理咨询师和社会工作者。

● 教育工作者和其他与人打交道的从业者。

教学理念

本书的教学理念基于这样一个假设——纵观心理学的历史进程，它在变化的世界中扮演着一个越来越重要和越来越进步的角色。

心理学作为一门科学，它不是一个被动的观察者，也不是一个回答提问者的智慧大师。在其整个历史中，扎根于科学和人民智慧的心理学讨论具体的行动，提供建议并做出要求。心理学有着辉煌的过去，它在今天也扮演着重要而独特的角色，帮助所有人成为更合格有效的世界公民。

第 2 版中的更新和变化

本书的教学特色经历了显著的重写和改进。每一章都以一个时间轴开始，展示了心理学家和主要的心理学概念，比第 1 版更加详细和综合。第 2 版中第 1 章、第 2 章、第 4 章、第 9 章的引言均有所更新或扩展。现在每一章都有两个案例参考，提供了相关的问题或讨论话题。每一章还特别地提到同步网站，包含额外的作业、材料和链接。基于网络的作业与每一章的材料一致，可以作为家庭作业或课堂讨论。每一章都有 15 ~ 20 个练习题。这些选择题和简答题，让学生可以快速地回顾或总结前几页的材料。每一章都有一个比较简短的结论。

第 2 版更新了大概 50 项新研究，特别是其中包含新的和其他相关研究：西方和非西方的样本、心理研究的跨文化效度、心理的"乌托邦"、心境障碍、进食障碍、刻板印象、迷信、认知、意识、传统和非传统的文化、性学、进化心理学和心理障碍的治疗。这个版本还包括新的参考文献——关于心理学在南非、中国、印度、日本、哥伦比亚、俄罗斯、意大利和德国的历史性发展。

Acknowledgements | 致 谢

这本书获得了许多人无比珍贵的贡献、帮助和支持。同事和评论者富有深刻见解的反馈与建议，研究助理毫无保留的付出，家人和朋友的耐心和理解，这些都让我受益良多。我尤其要感谢劳拉·波普尔（Laura Pople）、埃里克·吉尔格（Erik Gilg）、埃里克·埃文斯（Erik Evans）、克莉丝汀·卡多内（Christine Cardone）和科克·波蒙特（Kirk Bomont），他们从一开始就积极支持这个项目。我还要感谢以下人士的支持：加州大学洛杉矶分校的大卫·西尔斯（David Sears）和巴里·柯林斯（Barry Collins）、哈佛大学的詹姆斯·斯达纽斯（James Sidanius）、佩珀代因大学的大卫·李维（David Levy）、霍夫斯特拉大学的谢尔盖·V. 齐察廖夫（Sergei V. Tsytsarev）、耶鲁大学的丹尼斯·苏霍多斯基（Denis Sukhodolsky）、斯坦福大学的谢丽尔·库普曼（Cheryl Koopman）、宾夕法尼亚大学的菲尔·泰特洛克（Phil Tetlock）、俄勒冈州立大学的丹尼斯·斯洛克（Denis Snook）、圣彼得堡国立大学的安东·加利茨基（Anton Galitsky）和瓦莱里·亚库宁（Valery Yakunin），以及俄罗斯科学院的奥尔加·马克霍夫斯基（Olga Makhovskaya）。特别感谢约克大学的克里斯托弗·格林（Christopher Green），他为学习心理学史创造了最好的在线资源。我还要把赞赏之言送给约翰（John）和朱迪·埃勒（Judy Ehle）、杰拉尔德·博伊德（Gerald Boyd）、弗拉德·佐布克（Vlad Zubok）、德米特里·希雷（Dmitry Shiraev）、丹尼斯·希雷（Dennis Shiraev）、尼科尔·希雷（Nicole Shiraev）和 Oh Em Tee 公司。我对他们感激不尽！

我还想对 Sage 出版社委任的以下评论者表示谢意，感谢他们富有深刻见解的意见：

第 1 版

卡瑞拉·L. 鲍尔温（Carryl L. Baldwin），乔治·梅森大学

布莱恩·J. 考利（Brian J. Cowley），博士，行为分析师，帕克大学

特雷泽·A. 霍尔（Terese A. Hall），奥罗尔罗伯茨大学

库珀·B. 福尔摩斯（Cooper B. Holmes），博士，恩波利亚州立大学

安吉拉·D. 米切尔（Angela D. Mitchell），得克萨斯女子大学

杰瑞德·A. 蒙托亚（Jared A. Montoya），得克萨斯大学布朗斯维尔分校

温迪·J. 昆顿（Wendy J. Quinton），纽约州立大学布法罗分校

迈克尔·A. 赖利（Michael A. Riley），辛辛那提大学

达雷尔·拉德曼（Darrell Rudmann），肖尼州立大学

迈克尔·T. 斯科尔斯（Michael T. Scoles），中阿肯色大学

马杜·辛格（Madhu Singh），陶格鲁学院

克里斯蒂娜·S. 西尼西（Christina S. Sinisi），查尔斯顿南方大学

比利·L. 史密斯（Billy L. Smith），中阿肯色大学

贾尼斯·E. 韦弗（Janice E. Weaver），菲瑞斯州立大学

第 2 版

克里斯特尔·H. 布朗特（Crystal H. Blount），州长州立大学

因德雷·卡克勒（Indre Cuckler），菲尔丁研究生院

凯伦·M. 普鲁姆（Karyn M. Plumm），北达科他大学

J. 赖丁 – 马龙（J. Riding-Malon），瑞德福大学

克里斯·沃伦·福斯特（Chriss Warren Foster），梅里特学院

这本书受到来自 Sage 出版社持续的关注和支持，他们是一个有活力的和高度专业的团队：里德·海丝特（Reid Hester）、南森·戴维森（Nathan Davidson）、简·黑内尔（Jane Haenel）、萨利塔·萨瑞克（Sarita Sarak）、朱迪思·纽林（Judith Newlin），还有文字编辑拉加斯雷·高希（Rajasree Ghosh）、雅拉姆·古鲁普拉萨德（Ramya Guruprasad）和苏达（Sudha）。我对他们表示感谢！

还有一句特别的感谢，要送给我所在学术机构的行政部门、院系、教师和学生，我在他们那里得到了大量始终如一的鼓励、协助和肯定。

旅程还在继续。

Brief Contents | 简明目录

前言
致谢

目　录 | Contents

第1章

理解心理学的历史

你是什么，我们曾经就是什么。

我们是什么，你未来就是什么。

——罗马僧侣地下墓室中的一段铭文

学习目标

读完本章，你将能够：

- 理解何为知识，并能够区分其不同类型
- 了解心理学的发展与社会和历史紧密相连
- 领会心理学史学的复杂性与争议性
- 将心理学史学应用于当代的问题和现代的挑战

孔子（Confucius）
公元前 551—前 479，
中国人
为心理学带来了道德
维度

亚里士多德（Aristotle）
公元前 384—前 322，
希腊人
为灵魂的科学研究建立
了背景

奥古斯汀
（Augustine）
354—430，罗马人
为心理学带来了道德
维度

伊本·西那
（Ibn Sina）
980—1037，波斯人
研究了人类经验的
医学方面

公元前 600 年　　公元前 500 年　　公元前 400 年　　公元前 300 年　　　300　　　　400　　　　900　　　　1000

非西方传统 ——→
　　罗马传统 ——→　　　　　　　　　　　　　精神传统 ——→
　　　希腊传统 ——→

若用人类生命周期来换算，心理学作为一门学科出现才仅仅过去18年，最多19年。它刚刚进入发育成熟的早期，一些成果看似颇有前景，一些失误可被原谅，一些野心似乎也可实现。像每个年轻人一样，心理学也曾经是一个婴儿。过去的思想家——哲学家、自然科学家和医生帮助年幼的心理学跨出它的第一步，数学家和生理学家则在心理学的童年期守护着它。心理学掌握了实验之科学，领会了测量之美丽。其他学科开始正眼看待它们的新同伴。心理学发出了自己的声音。起初它既害羞又缺乏安全感，但年复一年，心理学的声音变得越来越响亮。心理学开始为人类问题提供实用的解决方法，其中一些成就令人瞩目，挫折也很常见且明显。美好的心理学理论的雄心常常被顽固粗鄙的现实所碾压。有时，心理学想要用极少的知识和工具来大干一场。不过，就如同人生，这些成功和失败造就心理学的经验和信心。

实际上，心理学的历史跨越了许多世纪。我们真的有必要追寻这茫茫历史吗？铭记过去事件的意义在哪里？学习历史的意义并不仅仅在于回忆，是的，通过回顾过去，我们可以保护和宣传我们学科的历史纪录；然而，我们还可以通过检验历史更好地理解和联系今天的生活，从当代的方法、理论及其应用的万花筒中窥见更广博的画卷，对如今反复无常的潮流派别更加容忍，或者至少对某些心理学错误避免重蹈覆辙。

学习历史同样也是展望未来，这也许是我们即将展开的旅程中最为激动人心的地方。

心理学的历史研究什么？心理学历史中藏有什么事实？为什么我们选取一部分事实，而跳过甚至忽视其他的事实？当我们学习心理学的历史时，是否习惯地聚焦于西方国家而忽略了世界其他地区累积的知识？我们怎么做才能让人类的知识更加包容、更加多元？

让我们一起来回答这些问题吧！

玛丽·卡尔金斯
（M. Calkins）
1863—1930，美国人
美国首位女性心理
学会主席

勒内·笛卡儿
（R. Descartes）
1596—1650，法国人
将灵魂理解为一台
机器

弗朗兹·安东·麦斯麦
（F. A. Mesmer）
1734—1815，德国人
相信"超自然的"能量

西格蒙德·弗洛伊德
（S. Freud）
1856—1939，
奥地利人
从无意识维度研究
心理

亚伯拉罕·马斯洛
（A. Maslow）
1908—1970，美国人
从人本主义维度研究
心理

斯坦利·米尔格拉姆
（S. Milgram）
1933—1984，美国人
1963年进行了著名的服从
实验

1500　　1600　　1700　　1800　　1900　　1910　　1920　　1930　　1940

科学传统
┊构造主义
┊┉机能主义
┊┉┉进化论
┊┉┉┉其他理论

格式塔心理学
┊精神分析学
┊┉行为主义

人本主义心理学
┊认知心理学
┊┉理论和应用研究

丹尼尔·卡尼曼
（D. Kahneman）
1934出生，以色列-美国人
首位获得诺贝尔奖的心理学
家（2002）

约翰·洛克
（J. Locke）
1632—1704，英国人
强调了个人经验的首要性

威廉·冯特
（W. Wundt）
1832—1920，德国人
建立了第一个心理学
实验室

B. F. 斯金纳
（B. F. Skinner）
1904—1990，美国人
从行为维度研究心理

乔治·米勒
（G. Miller）
1920—2012，
美国人
从认知维度
研究心理

1.1 绪言

1.1.1 我们研究什么

历史学研究的是过去。历史学家汇集、分析和解释事实，然后将其呈现给这个阅读、倾听和观察的世界。历史学家聚焦于文明、文化、国家、事件和伟大的个体。那么心理学史又聚焦于什么？

1. 聚焦于知识

描述心理学的过去，首先要从历史的视角对心理学知识进行科学调查。**知识**（knowledge）是有目的或有用途的信息。**心理学知识**（psychological knowledge），宽泛地说，是处理与心理现象（即通常所说的主观体验或思维活动）相关的信息。我们将会了解人们对于自身主观体验和相关行为的理解力是如何发展的。这种知识在不断地演化。就拿抑郁症状举例来说：早期知识基于的理论认为，抑郁是由于体内重要的体液失衡而产生的；后来19世纪的理论，将神经系统的衰弱作为抑郁症状的起因，但是，近期的研究则聚焦于基因和环境的因素。如果我们认为今天的知识是完善的，那未免太天真了一点儿。现今的知识并不完善，它会继续发展，此时此刻也会成为历史。

学习心理学知识，我们要考察主要的心理学流派，包括构造主义、机能主义、行为主义、格式塔心理学、精神分析、认知心理学和人本主义心理学——这些或其他标签你应该在心理学导论课程中早已熟悉。此外，我们还会考虑许多不同的思想和理论，它们的工作未必适合放进这些类别中。

2. 了解历史背景

知识与孕育它的社会、经济和文化背景紧密相关。20世纪初，对于智力开展的早期研究，主要是因为许多国家的儿童义务教育成为现实，这些国家的政府需要对儿童的学习能力有一个科学评估。20世纪30年代，德国的心理学家被要求证明雅利安人在智商上具有优越性。多年以来，文化和法律的禁忌则阻止心理学家研究和出版关于人类性行为的内容。

了解心理学的历史需要辨认它所处的社会和文化环境。在本章的后面部分，我们将会论述心理学知识孕育其中的历史背景的三个重要特征：（1）社会物质资源；（2）社会气氛；（3）当时的学术传统。

3. 考察根源

我们应该往前回溯多久的历史？大多数人关注的是过去150年的心理学。这很好理解，因为在19世纪末，心理学作为一门学科才首次得到承认。然而，心理学的发展在很早之前就开始了。数百年前的学术文献、书籍、信件和日记揭示了过去人们关于心理的叹为观止的广博知识，其中包括内心体验、情绪、梦、理性和非理性的决定、不安全感，以及所有正常和异常的心理症状。

了解心理学的发展，我们要考虑其在哲学、生物学、医学、物理、宗教和许多其他领域中的跨学科根基。尽管我们在研究历史，但我们也同样关注今天的心理学——作为一门学术科目、一个应用领域和一种职业的心理学。

4. 铭记伟人

个体学者——心理学家、哲学家、医生、神学家、神经生理学家、数学家、社会学家等，都为心理学知识和心理学学科做出了贡献。许多个人的发现增加了知识的全面性。在19世纪，大多数研究者认为，痴呆（一种严重的认知和行为受损）主要是由脑内一组"错误的"神经磁场加工的过程引起的。1901年，德国医生爱罗斯·阿兹海默（Alois Alzheimer）驳斥了这些观点，他发现大脑内某个结构的异常可能是痴呆症状的主要成因。阿兹海默的发现在医学中产生了新的知识，解释了大脑病理学和人类心智之间的关系。如果阿兹海默没有发现这一知识，其他人迟早也会发现。然而，阿兹海默是第一个发现的，因此他的名字和他的研究青史留名。

知名而晦涩的理论、雄心勃勃的假说、非凡的观察和壮观的实验——这些都是个体学者及其丰盈思想的产物。他们出版的书籍、发表的文章、书写的信件、所做的演讲都像一面镜子，反映出他们的思考过程、关怀、志向和希望，所有这些都关系到我们对心理学过去与现在的理解。

　　了解心理学的过去，同样也涉及识别那些最常重复的话题和主题。数个世纪以来，这些主题盘踞在学者们的思想中。那么它们都有哪些呢？

1.1.2　重复的主题

　　在心理学试图解答的复杂多样的难题中，我们至少可以发现三个最重要的主题或难题。现在我们只简单描述一下这些难题，在本书后面章节将会再次讨论它们。

1. 心身问题

　　研究显示，比起痛苦的悲观主义者，那些生病但相信自己会好起来的人倾向于恢复得更健康（Bryan, Aiken, & West, 2004）。这是否就是我们的心理如何影响身体的例证，还是说这仅仅是因为健康的人倾向于更加乐观？那么乐观又是什么？它是一种精神力量，还是单纯只是一组大脑的生理反应？心身互动的机制是科学史上智慧辩论最常见的主题之一，也是心理学史上最迷人的难题之一（Gergen, 2001）。

　　几个世纪以来，许多学者认为实验科学无法研究"更高级别"的心理过程，包括我们今天所说的价值观、乐观、想象力或信仰等。他们争辩道：怜悯心和自由意志要如何测量？另一些学者则否认以上观点，并相信通过研究神经系统和大脑可以科学地了解心智。这些相对立的观点代表了一种全球性的科学和文化上的分离。正如你能想象到的，一个阵营常常遭到另一个阵营的指控——粗俗地试图把复杂的心理生活简化为凭借纤维的分子运动。作为回应，这个阵营则批判对方的落后与无知。时至今日，这场争论仍在继续，尽管心理学家不常使用这样情绪化的指控。即使借助最先进的神经生理学和计算机科学的方法，心理学家在测量人类经验的主观元素时依然面临着挑战（Kurzweil, 2005）。

2. 先天 - 后天之争

　　某些特质诸如害羞或暴力倾向是与生俱来的，还是我们主要通过经验而习得的？关于本性（生物学）

因素和社会（文化）影响之间的复杂互动的辩论一直都是心理学关注的焦点。这一争论的本质未必是先天或后天二选一的两难困境。过去的学者和近来的心理学家都倾向于把人类视为自然世界和社会环境共创的产物（Münsterberg, 1915），今天的人们普遍接受自然因素和社会因素双重影响的假设。大多数的争论聚焦于这些因素影响的范围或程度，以及我们的知识是如何应用于实践的。

3. 理论者 - 实践者之争

　　科学家应该关心他们研究的实际应用吗？科学界的两种传统影响着心理学。第一种传统坚持，科学首先应该是对如实理解自然的理性追求。至于这种追求会不会有实际效果，则不是科学主要关心的。而另一种传统宣称，科学尤其应该为了改善全人类的生活而服务（Morawski, 2002）。过去的心理学家倾向于对两种传统全盘接受。不过他们当中的一些人更致力于理论，另一些人更活跃于对实际的追求。1891 年美国心理学会（APA）成立，其后的许多年来，它见证了心理学在大学实验室之外实际参与程度的激烈争论（Benjamin, 2002；Griffith, 1921）。一些心理学家相信，他们研究的真正价值就在于其应用性。另一些人则批评这些同行——实践者，为了"取悦"赞助方而制造研究。正如我们在第 5 章中将看到的，100 多年前，那些为可口可乐公司开展有偿研究的心理学家，被批评为帮助大公司打赢官司而"出卖"科学。

　　总而言之，我们认为心理学史学是对这门学科的过去所做的学术调查，包括它的时代背景、杰出的个体和跨学科的根基。我们也对知识的研究报以极大的关注。然而，知识是什么，我们又该如何研究它？

1.2　四类心理学知识

　　人们出于不同的目的运用心理学知识。想象有一个巫师，他告诉他的同乡，他的梦揭示了他自己与祖先的对话。与此同时，在另一个地方，一位执业治疗师告诉来访者，她的梦是由前脑产生的，并且应该和她的焦虑有关。现在，在进一步阅读之前，回答这个问题：这两个人当中谁在传递知识？答案显而易见——是那个临床医生。巫师所传递的信息漏洞百出，而治疗师则用科学在说话。然而，如果我们从知识的定义来看，无论这两者谁对谁错，他们都在传递知识。几个世纪以来，不同的人和团体都在观察、描述人类的行为与经验，然后运用了解到的知识追求特定的目的。最终，几种不同类型的心理学知识浮现出来（见表1-1）。让我们从历史和当代的视角一起来考察它们吧。

表 1-1　四类心理学知识

知识类型	知识来源
科学知识	通过研究、系统的经验观察和对广泛的心理现象的评估而积累的知识。借助于科学研究方法和通过多种渠道（包括同行评议）严格验证而得到的事实
大众信念	关于心理现象和行为的日常假设。这些假设通常以信念、评价或处方的形式呈现
意识形态和价值观	一组连贯的关于这个世界、人性善恶和对错、人生目标的信仰，它们全都基于某种特定的组织原则或核心思想
法律知识	封装在法律条文和详尽规则之中的关于个体心理功能的知识。法律机构通常颁布这些法规并强制执行它们

1.2.1　科学知识

第一种心理学知识是**科学知识**。它的主要来源是科学，或者是对事实的系统性的经验的观察、测量和评估。它根植于科学方法，这种方法基于严谨的研究程序以提供具有信效度的证据（Gergen, 2001）。科学方法的支持者将其视为心理学学科真理的唯一仲裁人。然而，纵观历史，被视为科学而接纳的那些事物差异非常之大。

就拿情绪来举例。2500 年前，古希腊哲学家德谟克利特（Democritus）相信，不同形态和速率的原子运动代表了不同的情绪状态。400 年前，法国科学家勒内·笛卡儿（René Descartes）认为，情绪与血管系统中游移的动物精气有关。而根据 19 世纪后期詹姆斯－兰格（James-Lange）的理论，情绪就是一些诱发体验的躯体反应。到了 20 世纪，坎农－巴德（Cannon-Bard）的理论则认为，情绪是引起躯体反应的信号。100 多年前，德国心理学家威廉·冯特（Wilhelm Wundt）将情绪认定为人类主观经验的基本元素并对其进行了测量。20 世纪 20 年代，苏联生理学家伊万·巴甫洛夫（Ivan Pavlov）和美国心理学家约翰·华生（John Watson）将情绪描述为习得的条件反射。你能分辨出这些观点当中，哪些代表了科学知识，哪些不是科学知识吗？

实际上，它们全都代表了科学。只不过科学是发展的。所有这些理论都是关于情绪的科学但不完全的认识。新的理论产生新的科学知识，但这并不意味着先前的理论不科学。它们可能只是不够精确罢了。科学知识不够精确，至少有三个原因：（1）不正确的假设；（2）不精准的描述；（3）糟糕的应用。下面我们就来看三个历史案例。

1. 麦斯麦催眠术：不正确的科学假设

法国医生兼改革家弗朗兹·安东·麦斯麦（Franz Anton Mesmer）在 1766 年发表的论文中宣称，人类疾病可能是由一种看不见的体液的正常流动受到破坏或阻塞而导致的，他称这种看不见的体液为动物磁力（animal magnetism）。作为一名受过训练的医生，麦斯麦认为他应该能够发现这些"破坏"和"阻塞"因素，然后通过触摸移除它们（Mesmer, 1766/1980）。麦斯麦还宣称他能够使物体和病人磁化。他认为这种能力是一项可以习得的技能。麦斯麦许多看似成功的方法演示被记录在案，并让他在 18 世纪后期赢得了巨大的声誉（Wampold & Bhati, 2004）。然而，怀疑者也是不屈不挠的。皇家委员会决定独立研究麦斯麦所谓的动物磁力，然后发现这种说法并没有确凿的证据。

麦斯麦无意欺骗群众。在某种程度上，他的理论是新兴的物理学理论的延伸。艾萨克·牛顿爵士（Sir Isaac Newton）假设引力是物体之间的一种无形的力量，并展示了太阳和月亮之间的引力如何形成了潮汐。与此类似，麦斯麦认为引力影响着身体内的液体。但是，这是一种错误的假设，他的证明也是不正确的。他的许多患者报告痛苦消失了，出现了好转的迹象，但这并不是磁力的作用。当代科学很可能这样认为：病人报告好转，是因为他们相信自己会恢复或者想要表现出进展。这种由于对改变的预期所产生的改变在今天被称为**安慰剂效应**。现在有许多研究中心，比如哈佛大学就有一个，都在研究这种效应（Raicek, Stone, & Kaptchuk, 2012）。（我们将在第 4 章中讨论麦斯麦的观点以及类似观点，而安慰剂效应会在第 12 章中进行讨论。）

2. 神经衰弱症：不精确的心理描述

作为 20 世纪的一个重要角色，**神经衰弱症**这一临床诊断代表着与焦虑和抑郁有关的一系列症状。医生将这些症状都归因于神经系统的衰弱，并想当然地认为未来科学将会为其找出特定的神经学病因。神经衰弱症在世界范围内成为一种流行和实用的诊断。然而，尽管神经衰弱症被广泛使用，但对于它的"核心"特征并没有定论（Starcevic, 1999）。神经衰弱症是一个非常不精确的标签，它让医生实际上把任何看似适合纳入其中的心理症状都包括了进来。如今，神经衰弱症作为一种诊断类别在很大程度上已经被弃用了。（我们将在第 6 章中继续讨论神经衰弱症。）

3. 巴甫洛夫定律：糟糕的科学应用

苏联的诺贝尔奖获得者伊万·巴甫洛夫，借助在隔离室内对动物实施的多次实验，发现了条件反射的形成、保留和消退的规律，正如他所认为的那样。运用这一实验结果，他发展出了一种认为高级神经活动主要与大脑皮层有关的理论。巴甫洛夫描述了神经活动过程的三个基本特征：强度、平衡性和灵活性。他认为人类行为可以从神经活动过程的强度、平衡性和灵活性三个方面来描述。对于许多人来说，他的理论似乎是完全科学并且毫无纰漏的（我们将在第 7 章中详细论述）。然而，后来的研究显示他的理论并没有完全解释行为。在一种环境中"强且平衡"的个体在另一种环境中可能表现出"弱且不平衡"。此外，采用巴甫洛夫理论的生理学家并没有在大脑中找到特定的生理机制，可以反映神经系统的强度、平衡性和灵活性。

在历史上的某些时期，这三种看似科学的理论被大幅度地修正，而麦斯麦催眠术已经被摒弃（见表 1-2）。

科学知识理应通过研究、系统的经验观察和对广泛的心理现象的评估来累积。科学心理学所收集的事实则借助科学的研究方法而获得，这一方法要经过多种渠道的严格验证。然而，不管是这些事实，还是这些科学知识，都一直随着时间的变化而变化（Kendler, 1999）。

表 1-2 弗朗兹·安东·麦斯麦、神经衰弱症和伊万·巴甫洛夫：
科学观点是如何被摒弃的

	理论、观点	批判点
	弗朗兹·安东·麦斯麦阐述了一种理论，即人们拥有使物体和人体磁化的能力进而影响身体过程。支持者认为他的观点是科学的。时至今日，许多人依然相信不同形式的身体磁力	谨慎的调查研究显示，症状的好转并不是由麦斯麦所谓的磁力引起的。此外，也没有确凿的证据证明这种磁力效应是存在的
	"神经衰弱症"这个词被医生广泛地用来解释许多机能障碍的病因，其中包括各种形式的焦虑和抑郁	神经系统衰弱的概念是模糊不清的。这些包括神经衰弱症在内的症状极其多样化，医生根据自身的文化或教育背景进行解释
	伊万·巴甫洛夫的理论认为神经系统内存在若干过程，包括神经活动过程的强度、平衡性和灵活性	对于神经过程的强度、平衡性和灵活性的假设并没有充分应用于实践，而且这一假设被证明过于简单化了

1.2.2 大众信念

另一种知识类型体现于**大众（或民间）信念**〔popular (or folk) beliefs〕，因其代表了由民众创造并使用的"日常心理学"，所以通常被称为民间理论。与心理学相关的大众信念主要来源于关于人类行为或经验某些方面的共同假设。其中一些假设非常宽泛，比如认为面部特征和人格特征之间存在联系。另一些假设则十分具体，比如一个朋友对于如何向教授申请学期论文延期的建议。在某种程度上，大众信念是你的工作假设（working assumptions），帮助你理解你自己和其他人。

1. 大众信念的内容

许多大众信念是比较精确的，并且得到了科学的支持（Lock, 1981）。比如，从我们自身的经验出发，可以得知持续压力的危害性、希望之鼓舞人心的价值和友谊中信任的重要性；而另一些大众信念则是矛盾的或错误的，甚至是违背科学知识的。举几个例子：当今有些人相信超感官知觉，但科学心理学几乎没有支持这一信念的证据；有些人认为养育的错误会让孩子成年后患上精神分裂症，但科学否认了这种观点，并指出结合生物因素才可能导致这种疾病；许多家长相信惊吓孩子可能会造成他们永久口吃，但科学则对此存疑。一些信念很容易消逝，另一些信念则变化缓慢。举个例子：过去流行的观念认为青少年自慰会带来"不可逆转的伤害"，尤其是人们相信自慰会导致智力迟钝或丧失。这样的信念在全球范围内仍然影响着百万民众的行为。然而，当代科学并没有发现自慰会导致心理或生理异常的证据（Laqueur, 2004）。

纵观历史，在 20 世纪大众传播诞生之前，与心理学有关的科学知识几乎只属于社会精英。在传统的社区里，几个自封的专家交换他们的心理学知识并提出建议，他们为婚姻、育儿、情绪障碍、睡眠障碍、相亲等问题出谋划策。这些专家在不同的时期和文化中有着不同的名头：他们是占星家和巫师，是通灵者和招魂者，是灵媒和巫医。今天，与许多年前一样，这些人宣称他们可以使用咒语或磁力治愈人们的抑郁或焦虑。他们因为某种行星的排列顺序而告诫人们不要出门旅行或结婚。他们当中还有一些人声称自己可以与亡灵沟通。

2. 通俗心理学

专门为大众消费而准备的心理学知识被称为**流行心理学**（popular psychology）或**通俗心理学**（pop psychology）。在心理学历史中，科学知识与大众信念之间的明确界限出现在 19 世纪末，也是经济发达国家大众识字率提高的时期（Coon, 1992）。如今，大多数关于心理学的信息通过媒体——电视、广播、畅销书、报纸和网络传递给人们，这些信息倾向于简单化甚至采用哗众取宠的方式以引起轰动。对简单化和哗众取宠的强调正是通俗心理学的本质。

不计其数的通俗心理学网站和博客以多种语言形式呈现。它们对各种心理问题给出建议，从如何让丈夫养成良好的习惯到如何治愈焦虑症。20 多年来，心理专家参与录制的电视或广播谈话节目吸引了数百万的粉丝。许多参与此类博客和节目的心理专家都拥有心理学或医学学位，并且网络上的这些信息看似都有可靠来源和科学依据。然而，许多媒体资源寻求轰动效应以增加收视率。这时，就需要你用科学知识从通俗心理学中辨别真伪了。

今天，像许多年前一样，流行的信念依旧影响着人们的生活、内心世界、日常行为和决策。有关育儿、婚姻、精神疾病、性、梦、成功因素和纠正"坏"行为的民间理论持续影响着亿万群众。因此，在本书中，虽然我们聚焦于科学知识，但还是会不断回到它与流行信念的互动之中。

1.2.3 意识形态和价值观

在中国，超过 80% 的人相信选择什么样的丈夫是一个女性自己的事；而根据一项国际调查，在巴基斯坦只有 11% 的人认同这一观点（Pew Research, 2012）。这份数据很可能反映出了调查对象的**价值观**。与大众信念不同，价值观来源于对世界、人性善恶、行为对错、人生目标、性别角色等业已建立的、稳固的认知。**意识形态的（价值导向的）知识**〔ideological (value-based) knowledge〕与大众信念也不相同，因为它建立在通常由传统或权力机构所支持的一套坚定的原则之上。价值观和科学知识之间另一个特别重要的区别是：价值观并不要求事实的检验。每一种意识形态都倾向于拥护某些不容置疑的原则和价值观。例如，"将灵魂看作一种精神上的且不朽的事物"这一根深蒂固的信念就是一种价值观；把今日的行善作为规避明日厄运的必要行为，这种信念也是一种价值观；而认为同性恋是一种为社会所不容的罪孽，这一信念同样可能是一种价值观。

意识形态的力量对于所有类型的知识的影响是重大的。历史显示，人们可能会因为认同意识形态而无视或否认科学，而有些人甚至会选择与科学为敌。在 20 世纪 30 年代的德国，纳粹的意识形态所鼓励的科学研究偏向歧视少数族裔和精神疾病患者。

不要以为意识形态没有影响到美国的知识和教育。在 19 世纪，某些医生辨认出漂泊症（drapetomania）或者对自由的病态渴望，用来诊断那些不断尝试逃脱的黑人奴隶。一些美国公立学校不教授进化论，因为它与一些人的基础价值观相违背（Tryon，2002）。除了政治或风俗之外，这些价值观还来源于哪里？

宗教和价值观

宗教或许是价值观最强有力的来源。人们习惯用宗教来解释日常经验、动机和行为（Harrington，1996）。在基督教、犹太教、印度教、锡克教、伊斯兰教、佛教与其他宗教的教义和实践中，诸如节制需求、重视家族纽带、勤俭、纪律和节约这样的行为处方是很常见的。心理疾病的观点也受到宗教信仰的影响。比如在基督教传统中，有关罪孽、告解和忏悔的核心信仰促使许多人相信，一些严重的精神疾病是上帝对不当行为的惩罚（Shiraev & Levy，2013）。虽然今天许多人转向执业治疗师寻求帮助，但仍然有人相信宗教而不是精神和行为的治疗。在印度教中，所有事物都是不停变化并彼此影响着的，不过其中有一种内在的逻辑，这种事件发生的因果顺序被称为**因缘**（Chaudhary，2010）。

宗教价值观对于知识的影响究竟有多大？当然，这得看每个人的情况以及他们对宗教的虔诚度。纵观全球，大约有 13% 的人认为自己是无神论者，这个数据是美国比例的两倍。无神论者占比最高的国家是中国，为 47%；日本则是 31%。无神论者占比最低的国家是伊拉克和阿富汗，只有 1%。而在沙特阿拉伯，100 个民众当中有 5 个人声称自己是无神论者。在穷人阶层，宗教狂热最为高涨，其次是受教育程度较低的人群（Win-Gallup International，2012）。

价值观可能会也可能不会转化为实际行动，意识形态或宗教信仰也并不总是指导人们的每个决定。印度心理学家承认，他们的社会中存在着矛盾的本质，人们的日常生活一方面受到宗教价值观的神秘主义和精神性的影响，另一方面又受到世俗生活的影响：崇拜女神与虐待女性共存，禁欲主义受到消费主义的挑战，日常的贪污腐败麻木了公平正义。这些学者坚持认为，灵性和宗教热情并没有在完善普通人方面扮演着重要角色（Chaudhary，2010；Ramanujan，1989）。关于这一点，也许印度并不是一个孤例。

毋庸置疑，价值观在心理学历史中扮演了重要角色。一些价值观服务于建设性和人道主义的目标，它们促进了和平并带来希望（参见第 12 章）。另一些价值观则为某些行动和思想越界的个体受到的骚扰和虐待进行伪辩。在第 6 章中，你将看到过去一些机构歧视患有精神疾病的个体的例子。

1.2.4　法律知识

最后，**法律知识**（legal knowledge）代表了第四类心理学知识。这种知识以官方（从部落领袖到州政府）所颁布的法律条文形式出现。法律知识为生死、婚姻等重大抉择，为人们理性的行动、精神的正常、养育的能力、性取向的选择提供了依据。举例来说，在美国和其他许多国家，法律规定一个人年满 18 岁即可结婚。在大多数情况下，人们并不会筹划在 16 岁结婚，也认为过早结婚的想法是不恰当的。而在一些穷困的国家，许多孩子特别是女孩甚至在青春期之前就早早结婚了。在许多国家，对儿童的体罚被认为是合法且有效的养育方式。然而，在今天的大多数国家中，对儿童的体罚虐待被视作违法。在大多数西方社会，关于死亡的法律定义与人们的宗教信仰几乎无关。无论我们如何看待灵魂和不朽，法律对于身体死亡的认定就是大脑活动的消失

（Truog & Miller，2008）。除此之外，法律对于精神错乱的定义也不同于精神疾病的科学定义。

法律条文不太可能解释何为生死。法庭文件也没有必要为美国 21 岁以下青年禁止饮酒提供科学依据。然而，法律条文为可接受的人类行为设立了界限，并影响了千万家庭的风俗和习惯。这种知识直接影响了人们的判断、情绪和思想。从法律的立场来看，同性恋在 20 世纪的美国几乎被视为一种疾病。1990 年以前的苏联，如果有人公开自己是同性恋，则有可能在监狱里终了一生。今天在许多国家，政府依然将同性恋视为犯罪。

接下来，我们将会比较四种类型的心理学知识，并将它们应用到当代的背景之中。但在此之前，请回答上面的知识检测来检验你的知识。问题的答案可以在同步网站上找到。

1.2.5　四类知识的互动

问几个人一个简单的问题："梦是什么？"你应该预料到会有不同的答案。也许你会得到这种快速又简单的答复，比如"梦就是睡着了"；或者可能会听到一些神秘的回答，比如"梦是精神自我"。这些回答可能反映了一些人通俗的知识。你还可能听到一些精确的答复，比如"梦是大脑活动的一种特殊形式"；或者更精确的答复，比如"梦是一个人在睡眠的不同阶段不由自主地产生的一系列影像"。这些答案都想要代表科学知识。你可以想象一下，如果从历史角度来收集关于梦的观点，我们会发现多少种不同的答案。

在当代美国的城市中，许多想要治疗酗酒成瘾的人很可能去寻求专业人士的帮助。专家采用科学知识来诊断成瘾症状并予以治疗。而在其他情况下，一些人则倾向于选择大众信念。在一种传统的印第安人的治疗程序中，患者需要坐在一圈热石头的中间，然后把水洒在这些石头上。从石头上传来的热气被认为可以净化坐在旁边的人，从而成瘾症状就通过出汗被蒸发了（Jilek，1994）。

然而，科学并不支持这种信念。在另一个例子中，尼日利亚的研究表明，过去绝大多数医护人员认为巫术和邪灵是人们异常心理症状的起因（Turner，1997）。科学信念和大众信念常常在同一个人身上共存。就拿当代宗教山达基教（Scientology）的主要原则来说，该教规定的治愈目标之一是实现戴尼提（dianetics）——一种系统地鉴别病因并减轻个体许多精神、情绪或身心问题的方法。这种系统的基本原理是印迹（engram）这一概念，意为一个组织的原生质受到刺激后留下的永久痕迹。这种印迹被认为是所有精神障碍的根本，出现于心理悲痛或创伤期间（Hubbard，1955）。许多经过科学训练的受教育者认为，戴尼提是一种意识形态或大众信念，因为它并没有达到科学方法的条件，后者要求新知识的获取和调查研究基于实物证据。然而，在那些追随山达基教的众人当中，许多人受过高等教育，却对戴尼提全盘接受。

正如你所见，个体可能会把他的宗教价值观当作科学知识，并深信其准确性和有效性。在心理学的历史中，这四种类型的知识紧密相连。常识性的假设，比如，如何挺过巨大的悲痛或者如何解析梦境，一直以来都是民众关于内心生活的知识的一部分。不停变化的新的事实和观点也在不断地改变着这些观念。正如我们将在本书中看到的，在历史上的某些时期，以价值观为基础的教义经常深嵌于有组织的宗教中，并对大众、科学和法律知识产生了深远的影响。价值导向的、根深蒂固的文化知识倾向于抵制快速的变化，但它自身也在转型。法律的心理学知识也随着社会的持续转变而改变。

随着人类文明的发展，这四种类型的知识依然是社会气氛中紧密相连的几个部分。

⊙大家语录

拉·美特利谈知识的力量

正如每个人能看到的，没有什么东西与我们的教育机制一样简单。每件事物都可以简化为声音或者词语，从一个人的口中通过另一个人的耳朵传入他的大脑（La Mettrie，1748/1994）。

法国哲学家朱利安·奥弗雷·德·拉·美特利（Julien Offray de La Mettrie，1709—1751）相信科学知识的重要性，并且对教育无穷的力量抱以无限的乐观。今天，你是否感受到他的乐观，而科学知识最明显的限制又是什么？

1.3　社会与心理学史

一般来说，特定历史时期和地区所独有的社会、政治和学术氛围，对于心理学学科和心理学知识而言至关重要（Danziger，1990；Leahey，2002）。比如，在19世纪末的德国，以实验为基础的心理学得到了多数大学的支持。而在法国，则是临床心理学而不是实验心理学得到了国家资助的大学的支持。为什么心理学在这两个国家的发展有所不同？至少有三个原因可以帮助我们理解社会和心理学之间这种复杂的互动：（1）资源；（2）社会气氛；（3）学术传统（见表1-3）。

表 1-3　影响科学心理学发展的因素

资源	资源的可用性为科学以及包括作为科学的心理学的发展创造了条件
社会气氛	良好的社会气氛为心理学被视为一门正当的学科和专业提供了机遇
学术传统	受教育的专业人士分享着理解心理学的共同原则，他们构成了一种学术传统。这为他人的加入和进一步发展这个传统创造了机遇

1.3.1　资源

必须有人为研究支付开销。诸如金钱、实验室、器械与教育和培训设施等资源的可用性，对任何一门学科的发展都非常重要。历史显示，以科学为基础的心理学知识，在那些对教育和科学投入大量资源的国家与地区迅速发展。在古希腊，知识的发展与雅典和其他主要城邦的财政富庶分不开。意大利的艺术与科学的复兴发生在佛罗伦萨银行家聚敛大量财富的时期（Simonton，1994）。奥斯曼帝国的苏丹和中国的皇帝对科学进行投资，资助朝廷学者。在20世纪初，北美地区的财富累积刺激了大学教育的飞速发展。政府的支持和私人的捐赠同样是重要的影响因素。

当然，有些研究者不需要来自大学或资源丰富的机构的慷慨资助，以支持他们开展实验或者创造理论。在这些没有把自己和大学直接捆绑在一起的学者中，最有名的当属英国的赫伯特·斯宾塞（Herbert Spencer）和荷兰的贝内迪克特·斯宾诺莎（Benedict Spinoza）。德国的赫尔曼·艾宾浩斯（Hermann Ebbinghaus）实施著名的记忆实验也是在他成为大学教授之前。然而，大多数科学家都接受了资金支持或组织支持，它们或来自政府或来自私人资本。我们列举一个与早期实验心理学有关的简单例子。在19世纪，为了研究视觉和听觉阈限，心理学家必须要拥有一间特制的黑暗又安静的房间以及相对比较昂贵的实验设备。1879年，威廉·冯特在德国莱比锡建立了著名的心理学实验室之后，各国学者纷纷前往参观并希望可以在自己的国家效仿。这些学者追求两个主要目标。第一个是学术的：更多地了解冯特的实验法；第二个是实际的：在自己的国家筹集资金并创建实验研究设备。这些学者当中很多人都成功地得到了资金支持（Griffith，1921）。

但是，仅仅依靠资金和大教室并不能促使科学进步。为了进步，科学还需要有利的社会气氛。

1.3.2 社会气氛

心理学科和心理学知识的发展与特定的社会环境是分不开的。**时代精神**（zeitgeist）这个词代表了一种普遍的社会气氛，或者根据德文的字面意思，就是一个特定时期或一代人的"精神"。对于心理学来说，在不同的时期和具体的境遇中，时代精神可能是有利的也可能是不利的（Ludy，1986）。

举个例子，就拿人类性行为这个心理学研究主题来说。在 20 世纪 60 年代的苏联，心理学作为一门科学的学科正发展得红红火火。政府资助心理学研究，创建新的心理学系，并设立了许多新的教职岗位。全国性的会议和研讨会越来越频繁。这种社会气氛对于心理学学科来说不可谓不积极。然而，政府部门却几乎杜绝了人类性行为领域的任何研究，它被认为是意识形态不正确的领域。大众至少是大部分民众也认为公开讨论性行为是淫秽的。许多普通人也支持在学校里不得实施性教育的严格禁令（Shlapentokh，2004）。苏联政府强化了文化保守主义既有的消极社会气氛，使得性行为和其他看似有争议的课题的科学研究停滞不前。

阿尔弗雷德·金赛（Alfred Kinsey，1894—1956）的《人类男性性行为》（*Sexual Behavior in the Human Male*，1948/1998）是一本以性行为的实证研究为基础的书，此书一经出版就遭到包括科学家在内的许多美国人的愤慨回应。在那时，美国的社会气氛是比较矛盾的。一些人认为，研究者应该享有学术自由，研究他们所选择的任何事物；而另一些人坚持，科学研究应该远离他们认为的堕落事物。所以，我们是否可以说在反对性行为研究这件事上，苏联和美国的态度几乎是一样的？不尽然。20 世纪 40 年代的美国和 60 年代的苏联的社会气氛之区别在于：尽管它们都有强烈的公众反对，但是在苏联，政府决定了科学家应该和不应该研究什么。

反过来，科学也可以影响社会气氛。比如 100 年前，许多受过教育的人认为，非洲、印度尼西亚或者南美遥远部落人群的智力发展是落后的，他们的行为是不成熟的，他们的文化是原始的。大多数学术作家几乎没有反对这种态度。非欧洲的种族通常是以过分简单化和被贬低的形式出现的。举个例子，文学杂志《大都会》（*The Cosmopolitan*）1894 年 10 月的一篇文章，将突尼斯描绘为一个"天空净朗，土地肥沃，人民顺从"的地方，土耳其人是"骄傲且难以驾驭的"，摩尔人则是"诚实、温和、礼貌且勇敢的"。这种对其他族群类似的过分简单化的描述非常常见。

然而，新的研究开始挑战这些对于异域文化的大众观念。其中一项开拓性研究是现代人类学先驱之一的弗兰兹·博厄斯（Franz Boas）撰写的《原始人的思维》（*The Mind of Primitive Man*，1911/2010）一书。他所采取方法的中心假设，即尊重人类及其文化的平等性并欣赏人类行为的多样性，很快得到其他科学家的支持。这部著作在发展和文化心理学、社会心理学和人类学领域激发了一股新的研究浪潮，也确实影响了社会态度在历史、文化和社会平等方面的逐渐变化。然而，这些改变并不是一蹴而就的。

> ▽**网络学习**
>
> 《金赛》（*Kinsey*）是比尔·康顿（Bill Condon）在 2004 年导演兼编剧的一部半传记性质的电影。该电影描绘了阿尔弗雷德·金赛的一生，金赛 1948 年出版的《人类男性性行为》，是最早记录科学地关注和调查人类性行为的著述之一。同步网站上包含了有关这部电影、金赛研究大纲和对社会气氛讨论的重要信息。
>
> 问题：金赛 1953 年的报告是关于什么的？用来攻击金赛作品的具体论据是什么？你认为当今的社会气氛（哪个国家）对于性行为的心理学研究有利吗？有没有哪种心理研究主题是你现在所反对的，为什么？

1.3.3 学术传统

心理学的历史也是一部**学术传统**的历史。学术传统将学者聚集在一起，分享关于某个科学方向、主题或方法的类似观点。学术传统既有包括互动个体的实体社团，也有标明类似观点的象征性传统。某些学术传统保留了下来，而另一些传统则随风消逝。直到 20 世纪 60 年代之前，精神分析学依然是心理学临床领域的主导。但到了 20 世纪下半叶，这一领域的学术地位发生了巨大转变。（我们将在第 8 章和第 11 章中进行讨论。）

学术传统履行了多种功能。首先是**沟通**的功能。科学家有机会彼此讨论自己的研究。有科学家参与的研讨俱乐部过去非常常见。18 世纪，法国著名的精英保罗 - 亨利·西里 [Paul-Henri Thiry，就是霍尔巴赫男爵（Baron d'Holbach）] 成立了一个沙龙：将进步的思想家、作家和教育家定期地聚集在一起。那些思想解放的哲学家讨论唯物主义和无神论，并且抨击国王的高压统治。19 世纪的美国，在威廉·冯特于德国（1879）建立他的实验室之后没多久，詹姆斯·麦考士（James McCosh）教授就在普林斯顿大学的教职员中组织了一个非正式的"冯特俱乐部"，讨论欧洲进行的最新的心理学实验（Baldwin，1926）。正如人们所料，那些受到学术关注和非官方支持的科学观念，会有很大的发展机遇并在未来赢得更多的支持者。然而，一些被广泛接受的观点很可能在对它们的批评性评价的压力下逐渐消逝。这也正是冯特的理论观点所遭遇的状况，我们将在第 4 章和第 5 章中进行了解。

学术传统的第二个功能是**巩固知识**。比起一位学者单打独斗，许多学者研究相同难题或使用同一种理论方法会更有效率。有许多长期非正式的社团，其目的在于让参与者齐心协力并分享理论假设和研究结果。这些社团可能在两代或更多代的学者中获得认同。20 世纪杰出的心理学家，比如西格蒙德·弗洛伊德、威廉·詹姆斯（William James）、库尔特·勒温（Kurt Lewin）、B. F. 斯金纳（B. F. Skin-ner）、让·皮亚杰（Jean Piaget）和许多其他学者，都非常关心他们的学生和跟随者——那些可能并愿意沿袭其导师研究传统的人。许多心理学家积极且谨慎地招募自己的跟随者（Krantz & Wiggins，1973）。

学术传统的第三个功能是**保护和控制**。在历史上，许多学术传统，特别是那些与哲学、社会以及生命科学和心理学有关的，与支持它们的政府当局和社会机构息息相关（Kusch，1999）。有时这些正式的学术协会与政府当局相配合，频频扮演着学术赞助商和检察官的角色。一些研究被热忱地追捧，另一些研究则被无情地拒绝。举个例子，在 19 世纪的欧洲和北美，心理学是不能开展关于心理活动的实验研究的，直到一些传统的学术协会放松了对心理过程研究的控制为止。

总而言之，某些学术传统为特定的心理学研究和心理学知识的发展创造了有利的条件。对于一种理论，强有力的学术支持或是无情的拒绝，常常在心理学历史中扮演着重要角色（见图 1-1）。

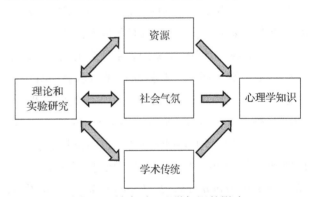

图 1-1 社会对心理学知识的影响

如果不介绍心理学家个人的生活和事迹，那么心理学这幅精美的画卷可谓是不完整的。一位位科学家书写了心理学的历史。他们称呼自己为哲学家、教育家、物理学家、医生、神学家、生理学家和心理学家。他们创造了自己的观点，在跟随者面前展现它们，在批评者面前捍卫它们，努力将它们传递给后人。时代更迭，他们出版的书籍逐渐被人遗忘。在拥挤的图书馆书架上，褪色的封面悲哀地提醒着我们，这些书籍与今天的心理学学生似乎无关（Simonton，1994）。但又是什么让一些观点在历史上曾经举足轻重？为了回答这个问题，我们要求助于史学。

1.4　心理学史学

从广义上说，**史学**（historiography）研究的是人们获取和传播历史知识的方式。至于心理学，史学关注的则是研究和描述心理学历史所用的方法（Pickren & Dewsbury，2002）。在历史书中，世世代代的丰功伟绩通常被浓缩为几页纸甚至寥寥几段。任何学科的历史只是一个概要。但它同样也是一种创造性叙述，因为历史学家对于过去的挑选是不近人情的。

并不是每一个心理学家的名字都会出现在心理学教科书中。举个例子，大多数心理学学子都听说过约翰·华生，他的《一个行为主义者眼里的心理学》（*Psychology as the Behaviorist Views It*）发表于 1913 年。然而，又有多少心理学学子知道弗拉基米尔·别赫捷列夫写于 1916 年的《从科学的立场来看不朽》（*Immortality from a Scientific Point of View*）？历史书保留了华生的"行为心理学"，但对于别赫捷列夫关于"不朽"的观点就没那么慷慨了。很多人知道西格蒙德·弗洛伊德的大名，但谁又知道威廉·斯泰克尔（Wilhelm Stekel）这个名字？可以肯定，凯瑟琳·班纳姆（Katharine Banham，一位加拿大心理学家）没有瑞士的让·皮亚杰有名！我们当中有多少人阅读过 1970 年的一篇关于芬兰 100 名男性被试应答视觉信号的反应时间的文章？然而，其他研究，比如 1971 年菲利普·津巴多（Philip Zimbardo）及其同事进行的斯坦福监狱实验，却几乎被每一个心理学学子所熟知（Zimbardo，2008）。

心理学家是如何聚集起来并挑选来自过去的信息的？为什么一些心理学研究相对无名，而另一些心理学研究引人注目？简单地说，也许过去的心理学知识的重要性是基于它对未来知识的贡献。然而，所谓的重要性又受制于种种不同的解读（Kendler，2002；Lakatos，1970），还是让我们通过讨论史学来解答这个问题吧。

1.4.1　同行评议

哈里·哈洛（Harry Harlow）及其同事进行的研究被认为是心理学领域最知名的实验之一。几乎每一本心理学教科书都提到了哈洛的实验，这个实验表明：比起僵硬的金属丝妈妈，猴宝宝更喜欢柔软的绒布妈妈，即使后者无法提供乳汁。这项研究的评论者强调了依恋的重要性以及它对个体发展的影响（Novak & Harlow，1975）。这项研究对后来的依恋研究意义重大。

谁能充当判断知识的重要性的称职法官？也许是我们当中能够对知识的重要性和影响做出可靠评价的人。如果得到了有资质的同行的广泛认可，那么心理学知识就很有可能出现在今天的教科书中。同行的接受对于判断知识的价值至关重要。如今，心理学家对于过去最重要的理论的认可表现出了某种一致性。举个例子，2012年，在随机抽取的 10 本全美最畅销的心理学导论教材中，威廉·詹姆斯被提到 67 次（第一名），约翰·华生被提到 47 次，伊万·巴甫洛夫出现了 56 次。比较有代表性的，诸如埃里克·埃里克森、B. F. 斯金纳、亚伯拉罕·马斯洛、阿尔伯特·班杜拉（Albert Bandura）这些名字，在每本教科书中也出现了数次。西格蒙德·弗洛伊德主要因其人格理论受到极大的关注。除此之外，威廉·冯特、卡尔·荣格、阿尔弗雷德·阿德勒、让·皮亚杰和卡尔·罗杰斯等人的成就也经常被提及。正如调查所示，即使对一些细节持有异议，当今心理学者对过去十大最有影响力的心理学家的看法仍然大体一致（Korn，Davis，& Davis，1991）。

尽管如此，同行评议仍然是一个非常复杂且有时充满争议的过程。个人争执、嫉妒、友谊、联盟、偏袒和其他主观因素在科学领域频频发挥作用。有时科学家为了确保自己的研究资金，从而采取不公平的策略并拒绝对他人伸出援手（Fara，2009）。一些机构的传统也可能支持某些科学领域，而对另一些领域视而不见。试想诺贝尔奖——一项无可争议的杰出成就的指标，有多少对心理学知识做出贡献的科学家赢得了这最具声誉的科学奖项？西格蒙德·弗洛伊德被提名 11 次，却落选了 11 次（乐观地说，"他只是没有赢"）。威廉·冯特被提名 3 次，结果同样令人失望。伊万·巴甫洛夫被提名 5 次：4 次是因为他对神经系统和条件反射的研究，还有 1 次是对消化生理机能的研究。1904 年，巴甫洛夫最终获得了诺贝尔生理学或医学奖。1961 年，研究感觉特别是心理声学（psychoacoustics）机制的物理学家盖欧尔格·冯·贝凯希（Georg von Békésy），也获得了诺贝尔生理学或医学奖。1973 年，同样领域的奖项被颁发给了三位动物行为学家：卡尔·冯·弗里希（Karl von Frisch）、康拉德·劳伦兹（Konrad Lorenz）和尼古拉斯·廷伯根（Nikolaas Tinbergen）。（动物行为学研究的是在自然环境中动物的行为。）1978 年，赫伯特·西蒙（Herbert A. Simon）因其在组织决策方面的成就获得诺贝尔经济学奖，行为科学开始重新回到人们的视野。1981 年，罗杰·斯佩里（Roger Sperry）由于发现大脑半球的功能定位而获得诺贝尔生理学或医学奖（Dewsbury，2003）。2002 年，丹尼尔·卡尼曼（Daniel Kahneman）成为第一位获得诺贝尔奖的心理学家。然而，他是因为研究人们在投资和贸易中的决策失误，而赢得了诺贝尔经济学奖的（尽管卡尼曼说他在大学里从未进修过一门经济学课程）。

许多心理学家和其他对心理学做出贡献的科学家没有出现在获奖名单中。诺贝尔奖评选委员会忽视了他们。但是，这个事实是否说明没有获奖的研究者就没有那些获奖者重要？不，当然不。在史学中，同行认可是一个重要的因素，但还有其他因素影响着知识的筛选和保留（Pickren，2003）。

同行的支持或反对并不能保证研究者的名字是否留存于历史。回想一下，19 世纪的麦斯麦催眠术受到整个欧洲学术圈的抵制，可是这个理论时至今日仍然广为人知。冯特曾作为一名研究者得到认可，然而，今天最受关注的是他的组织才能，只有很少

人关注他的理论观点。除了获得积极的同行评议之外，心理学家和他们的研究经常因为其对学科产生的影响而被铭记。这种影响有时可能是极具争议的。

1.4.2　争议的必然影响

争议引来了公众的关注。行为主义的创始人约翰·华生，因为与一名女学生的亲密关系这一丑闻，被迫从他重要的学术岗位上引咎辞职。报纸对陷入这场丑闻的华生极其刻薄，它很快就变成了一个公共事件。正如在本书中将要看到的，围绕在心理学家生活周边的争议可以燃起公众极大的兴趣。

20 世纪 30 年代，一群美国心理学家在艾奥瓦州开展了一项长期的实验研究。他们研究了孤儿院和收养家庭中的孩子们，记录了那些教育良好、经济稳定家庭中的孩子智商（IQ）的显著提升。不幸的是，最后证明这项研究在方法上存在严重错误，因而结果也是错误的。然而，这项研究因其广度、大胆的目标和多种方法的运用依然被人津津乐道。它对心理学家也起到警告作用，对于他们的研究方法要极其谨慎注意（Herman，2001）。一项研究会因其对科学的争议性影响而留名历史！

斯坦利·米尔格拉姆（Stanley Milgram）的研究是另一个例子。你可能还记得心理学导论课程中学到的，他于 1961 年和 1962 年在耶鲁大学设计的一系列权威服从的实验。这个实验程序要求研究者将一群志愿参与者置于极大的心理压力之下。在实验期间，参与者必须进行艰难的道德抉择，比如要不要对其他参与者施加痛苦的电击（电击实际上不会传递过去，但参与者对此并不知情）。批评者认为，这个实验中的被试在情感上受到了虐待和创伤，而米尔格拉姆也因此受到严重指责。尽管他后来还开展过其他实验，但他的名字在心理学教科书中永远与最初的服从研究联系在一起，今天的心理学家称之为**米尔格拉姆实验**。这项具有重要意义的研究显示，普通人的权威服从是很常见的，如果有权威人物为其行为承担责任，那么他们可能会实施暴行。但最重要的是，这项研究突出了心理学实验中伦理准则的重要性（Blass，1992；Milgram，1963）。

心理学家自身成就的历史意义也许会被其争议性行为或周遭环境所掩盖。比如实验心理学的创建者冯特，认为德国进入第一次世界大战是合乎道德的。冯特表达了一种民族主义信念，他认为德国有权利捍卫自己的安全，并谴责了美国和英国过分的个人主义和物质主义（Harrington, 1996; Kendler, 1999）。然而，令人怀疑的是，冯特的民族主义态度是否应该影响同行对其实验室研究的评价。不过，当科学家做出大胆的决定或者采取有争议的行为时，他们的观点和研究就会立即被大肆宣扬并引起人们注意。社会活动和政治活动就是这样一种行动。20世纪初杰出的美国心理学家威廉·詹姆斯，是基于道德立场反对战争的最早的社会活动家之一。这种和平主义的信念是否会为詹姆斯的心理学遗产锦上添花？或许会，尽管这种影响可能是间接的。比如，今天的政治学研究者就会提到威廉·詹姆斯关于战争的重要言论，他的观点吸引了其他学科学者的注意（Jensen, 2012）。

大多数心理学家并不会靠寻求争议或点燃丑闻来赢得关注。争议是一种肤浅的关注来源，不应该成为研究者功绩的替代物。然而，在心理学历史中，对于研究的优先关注有时与社会地位、社会名望和权力联系在一起。

1.4.3　社会地位、社会名望和权力

在科学的历史中，较高社会地位的人比其他人拥有更好的机会去传播自己的科学观点（Fara, 2009）。在理想的情况下，天资应该战胜平庸。然而，比起任何一位默默无闻的天才学者，那些侍奉国王或苏丹的天才科学家和教育家在获取信息、研究条件和发表学说等方面永远享有更好的机遇。我们将在第2章和第3章中看到，在古代和中世纪的欧洲、中东、印度和中国，那些也许是最著名的哲学家将他们的名字与最有权力的统治者联系在一起。类似地，近现代对心理学知识做出重要贡献的最杰出的哲学家，实际上都曾出现在国王或王后的薪金名单上，或者是得到富裕家族的支持。当然，也有例外存在。但是，对于过去最杰出的思想家来说，与权力联系在一起是很常见的。

当今的心理学家（极少数的例外）并不直接服务于总统或首相。将近200年来，大多数对心理学做出贡献的科学家都是为学院、大学或医疗机构工作的。然而，同样如此，卓越和有影响力的学术机构可能会成为使心理学家及其创造闻名的重要因素。

美国心理学界那些卓越的先驱者都曾在顶尖的学院里研究或工作。爱德华·桑代克（Edward Thorndike）在哥伦比亚大学进行研究，约翰·华生先后在芝加哥大学和约翰·霍普金斯大学工作。雨果·闵斯特伯格（Hugo Münsterberg）就职于哈佛大学。威廉·詹姆斯和斯金纳也在哈佛大学就职。爱德华·铁钦纳（Edward Titchener）在康奈尔大学工作。其实并没有人规定哈佛大学、康奈尔大学、哥伦比亚大学、斯坦福大学或其他一流院校的心理学研究应该更受到学者的欢迎。然而，几乎没人会否认，一流院校为研究者提供的智力资源和财力资源对知识的发展起到了重要作用。那些拥有更多基金资助的大学通常更有可能去聘用杰出的心理学家或者招收具有天赋的学生。此外，比起在不利环境下工作的天才同事，享有慷慨资助的天才研究者常常拥有更多的机遇。

我们没有理由变得愤世嫉俗，只通过金钱和资源的棱镜去看待心理学的历史。资金和名望并不是心理学领域一流人才的必要保障。比如，赫尔曼·艾宾浩斯，在19世纪进行被引用最为频繁的记忆研究时，他就不是大学教授。威廉·冯特的实验室建立在莱比锡大学，而不是在德国当时最负盛名、拥有著名心理学系的柏林大学。阿尔弗雷德·比奈也许是智力方面最常被提及的早期专家，但他却不能如其所愿任职于一流的法国大学。唯一荣获诺贝尔奖的心理学专家丹尼尔·卡尼曼，在62岁入职常春藤联盟院校之一的普林斯顿大学之前，曾在许多其他大学任职过。当代社会心理学的创建人之一库尔特·勒温则在艾奥瓦大学任教。世界知名的心理学家亚伯拉罕·马斯洛曾在布鲁克林学院教书。西格蒙德·弗洛伊德——最常被提及的心理学贡献者之一，以及赫伯特·斯宾塞并没有担任全职的教授职位。

也许有人认为，作为杰出心理学家的同事应该能保证自己的成功或在历史上留名。这听起来合乎逻

辑，我们在本书中也会看到一些可供佐证的案例。尽管如此，与杰出的心理学家专业合作并不是未来成功的关键。弗洛伊德最早的追随者之一威廉·斯泰克尔（Wilhelm Stekel），由于所谓的个人错误，1912 年从精神分析运动中被除名。尽管他作为一名精神分析学家仍然保持活跃，但大多数心理学家对他 1912 年后相当重要的著作并不了解。从他与弗洛伊德分道扬镳直至 1940 年自杀，这 28 年期间，斯泰克尔至少一年出版一本书并发表了大量的文章。他一共写了 36 本书、179 篇文章以及 153 篇摘要和评论（Bos, 2003）。现在问题来了：你读过斯泰克尔的任何一部著作吗？有可能是弗洛伊德与斯泰克尔糟糕的关系葬送了他的名誉吗？也许并不是。弗洛伊德与他以前的支持者，比如卡尔·荣格和阿尔弗雷德·阿德勒的关系都很糟糕，但他们仍然位于 20 世纪最著名的心理学家之列。当然，友谊在心理学历史中扮演着重要的角色，但是它的影响确实因人而异。

我们应该说，心理学的历史是由一些学术巨星和许多今天仍然不知名的个体共同创造的产物（Leahey, 2002）。在研究心理学的过去时，我们一定不能忽视那些不知名的个体所做贡献的重要性，他们为塑造当代的心理学知识也出了一份力。

1.4.4 克服选择性注意：性别和种族

多少年来，男性占据了心理学科的主导地位。甚至到了 20 世纪，在许多工业发达国家中，一些重点大学对于招收女生仍然存在限制条件。甚至当法律维护平等时，风俗和偏见依然限制了对女性教员和研究者的雇用。在男性占主导地位的大学里，女性的职位升迁也存在玻璃天花板的障碍。你将在本书许多章节中不断看到，性别是影响心理学科和心理学知识发展的一个非常重要的因素（Riger, 2002）。让我们来看一个案例。

20 世纪初，许多实验心理学家分享了一个观点：只有精心挑选和受过训练的技艺精湛的观察人员，才能在心理学实验室中完成科学数据的收集和整理工作；也只有受过训练的专业人员才能在严格控制的实验环境下进行科学观察，而这些受过训练的专业人士应该

是男性。为什么？因为他们假定，研究者应该是一个细心谨慎、一丝不苟的人。他在实验过程中不应该有任何的情绪，比如兴奋、失望或者嫉妒。而那时的女性一般被认为是太过于情绪化、不稳定和多愁善感的（Keller, 1985）。简而言之，研究者必须穿着一条裤子，留着一撮胡须。他们还进一步假定：女性因为周旋于繁忙的人际关系、家庭和孩子等事务之中，所以只能在心理学研究中担任辅助角色；对于女性来说，更适合的角色是研究助手而不是主要研究者（Noon, 2004）。在这种信念和行为之下，许多有技能的女性被低估，在升迁中被忽视，或者完全被搁置一旁。

几个世纪以来，心理学一直是男性主导的领域。1950 年，只有 15% 的心理学博士学位颁发给了女性，1960 年这个数据也只是 18%。不过在 20 世纪70 年代，获得心理学博士学位的女性数量稳步增长；到了 20 世纪 80 年代初，这个数字急剧增加。在历史上，第一次出现了获得博士学位的女性数量与男性持平的现象。到 2016 年，如果这一趋势继续的话，那么在北美获得博士学位的女性可能达到 70%。男性与女性在心理学中趋于追求许多相似的职业生涯。有些生涯领域则存在差异。比如，在发展心理学中绝大多数博士学位授予了女性，而在实验心理学中大部分博士学位则授予了男性（Stewart, 2009）。

另一个影响心理学的因素是**民族中心主义**（ethnocentrism），或者说是一种从特定民族或种族立场来看待心理学知识的倾向——有时是故意的，但经常是无意识的。如今，我们很难发现心理学家刻意去忽视其他国家抑或由其他种族或文化背景的人开展的研究。然而，通常处于无意识的民族中心主义在历史上确实存在过。

影响民族中心主义的诸多因素之一是语言障碍。从历史角度来看，由于 20 世纪心理学在美国的快速发展，许多书面交流都是采用英文的。大量知名的学术期刊和出版物同样以英文呈现。许多年来，大多数海外国际会议都推荐英语作为官方语言。那些仅有少量英文知识或者不能投稿给国际期刊的研究者，得到认可的机会很不幸地被大大降低了。

另一个影响心理学中民族中心主义的因素是这一信念：只有在西方文化传统中工作的学者才值得当今

大多数心理学家的关注。与此类似，在心理学书籍中有这样一种描述倾向：相比其他国家的学派，它们认为北美和西欧的学派为心理学历史做出了最重大的贡献。因此，当今大多数教科书中所描述的种种思想流派和特定的理论，都是从一个相对较小范围的国家中产生和发展起来的。它们主要包括美国、法国、德国和其他几个欧洲国家。毋庸置疑，来自这些国家的科学家为当代心理学做出了非凡卓越的贡献。然而，来自世界其他国家（诸如日本、俄罗斯、南非、土耳其、印度、巴基斯坦、伊朗、墨西哥、中国、刚果和巴西等）的学者，为心理学做出的贡献同样是值得注意和不同凡响的。但由于种种原因，大部分心理学学生都对这些国家的人名和理论不得而知。对民族中心主义的消极影响特别关注的心理学家，应该去关注心理学更广泛和精确的历史。

▽网络学习

在同步网站上，阅读更多关于心理学家乔·亨里奇（Joe Henrich）及其同事的观点，他们认为，心理学和行为科学对人类行为和经验所做的重大声明都严重依赖于非代表性的样本。

问题：WEIRD 一词在这篇文章中代表什么？心理学中的"物理嫉妒"（physics envy）是指什么？多了解你班上的同学并进行讨论，如果他们作为一个群体的话，可以作为全球人口的代表吗？

总而言之，过去由于性别和文化偏见导致的对心理学知识的选择性注意，是一个微妙又重要的因素，影响着研究者选取、展现和宣传与心理学历史相关的材料。在后面的章节中，我们将会讨论这些以及其他的文化偏见。

案例参考

旧争议与新辩论

对于诸多心理学重要学术期刊中同行评审文章的一项研究显示，超过 90% 的研究样本来自仅占据世界人口 12% 的一小部分国家（Henrich, Heine, & Norenzayan, 2010）。其他研究也证实，过去大多数参与心理调查、实验和其他类型研究的参与者主要来自美国、加拿大、英国、德国、法国和澳大利亚等国家。尽管来自韩国、中国和日本的研究数量逐渐增长，但是这些国家和西方的大多数参与者都受过良好的教育，生活在稳定的国家，并且比其他世界人口更年轻。举一个小例子：在 2010 年的婴儿研究国际会议上，1000 份研究报告中只有不到 1% 的报告包含了来自贫困家庭的参与者（Fernald,

2010）。今天我们知道，心理学在过去获得的大部分研究数据都来自学生样本。在一份重要学术期刊中的研究报告中，美国的样本有 2/3 来自大学生，其他国家则超过 3/4（Arnett, 2008）。这些学生当中很大一部分是心理学专业的。就像批评者所认为的，心理学基于样本所收集的数据似乎并不能代表全球人口。

问题：如果心理学研究迄今为止只关注全球人口中的狭隘样本，那么你是否认为心理学历史所描绘的关于世界心理学知识的画卷也是不完整的？如果你同意心理学家要为"全球性"抽样误差负责，那么在你看来应该如何纠正它？

知识检测

1. 谁是赢得 2002 年诺贝尔奖的第一位心理学家，以及在哪个领域获奖？
   - a. 弗洛伊德
   - b. 斯金纳
   - c. 卡尼曼
   - d. 津巴多
   - a. 生物；　b. 心理；　c. 医学；　d. 经济

2. 1960 年，美国有多少（比例）心理学博士学位颁发给了女性？
   - a. 70%
   - b. 50%
   - c. 38%
   - d. 18%

3. 史学研究的是什么？

4. 请解释心理学中的民族中心主义。

1.5 理解心理学的历史

从心理学家一代一代更迭的角度来理解心理学的发展也许比较方便。我们很容易想象，每一个独特的心理学传统都有其诞生的时间和地点，然后是一段发展期，最后以衰落期而告终。于是，一种新的和"更好的"传统诞生与发展，并走过相似的历程。我们也很容易将生活在某个时期内的心理学家划分成两类：（1）属于某种科学流派的（比如行为主义者）；（2）不属于某种科学流派的。然而，使用这种线性的方法，我们将冒着风险，以一种笨拙简化的方式来看待心理学。心理学历史作为科学的历史，其成长和发展并不是一条直线（Kuhn，1962）。

1.5.1 误导性标签

我们看看下面对过去 150 年心理学历史的故意简单化描述。在这个例子中，一条历史的线索表现为一系列可辨认的标签（我们将在本书后面学习这些类别和术语）：

19 世纪之前，那些开发了心理学的哲学家和医生都要让位于现象学家。随后是构造主义者和机能主义者之间的对抗。接下来，行为主义者在 20 世纪出现并取代了现象学家。精神分析学家与行为主义者相互竞争。然而，他们都遭到格式塔心理学家、认知心理学家和最近的人本主义心理学家的批评。

在某种程度上，分门别类是一种文化潮流：我们喜欢将所有事物都贴上标签并进行排序：从大学团队、歌曲、电影到魅力四射的歌手和舞者，到录像机捕捉到的愚蠢行为和年度最美或最丑的服装。与之类似，将心理学历史看作由许多带着标签和次序的独特流派与系统所构成的一条直线，这种做法有时也挺吸引人的。

事实上，许多心理学家并不希望自己的名字与类别、学派或协会联系在一起。我们将会看到，今天将 20 世纪早期的心理学家轻松地划分为"构造主义者"和"机能主义者"，这一做法在 100 年前并不常见。将每一个研究者放在一个特定的类别中，通常简化了我们对于心理学的理解。作为补救，我们将

接受艺术家的智慧：在绝对的黑与白之间，存在着一个由无数灰色阴影组成的中间地带（Levy，2009）。在许多情况下，"不带标签地"去了解一位心理学家的工作有助于我们更好地理解他的成就。

可是等等！如果这些心理学家——特别是这些生活在同一历史时期的心理学家，想要接受这些代表独特心理学传统的标签呢？今天我们知道，过去精神分析学家倾向于和分析师同行聚在一起，而远离其他流派的心理学家。行为主义的掌门人参加行为主义学派的会议，并寻求那些愿意分享类似学术观点的学生（Rogler，2002）。实际上，有好几个独特的心理学流派与大学有紧密联系，比如芝加哥大学学派。许多心理学家认定自己是这些流派中的成员。

这些争论暗示，我们的知识还是要包含标签或类别。不过，当我们研究这些分散的心理学取向和学派的历史，研究它们的诞生、发展和衰落时，我们同样也要着眼于那些并不总是适合某些标签的弯道、灰色地带、名字和事实，而且你会发现这些名字和事实有很多！

1.5.2 碎片化和标准化

自从心理学研究的曙光出现，科学家对大多数话题一贯地表达着争议性的观点。100 年前，他们甚至对心理学的主题持有不同的看法。冯特、艾宾浩斯和铁钦纳鼓励心理学家研究意识。弗洛伊德和荣格聚焦于无意识过程的机制。斯宾塞、高尔顿和詹姆斯则关注人类的收养活动，而桑代克和华生将行为作为关注点。有些人倾向研究反射，将之作为所有心理活动的基础，比如巴甫洛夫；另一些人则关注心理元素或心理运作，比如铁钦纳。他们当中有人支持实验研究，而其他人则相信自由意志和自我分析。

随着岁月的流逝，心理学科的境况变得越来越复杂。20 世纪前 25 年结束之时，属于各种不同学术传统的学者，开始设计并使用与自己研究课题或方法紧密相关的专业语言。渐渐地，科学流派分崩离析。精神分析学家读不懂行为主义者的著作，行为主义者完全忽视构造主义者及其作品，而行为主义者和精神分析学家则一起忽略格式塔心理学家的出版物。心理学知识的碎片化

从这个学科初立之时就非常明显。在一些评论家看来，心理学的历史就是对一系列杂乱的概念和理论的叙事（Bower，1993；Yanchar & Slife，1997）。

尽管明显的碎片化和专门化使心理学家沉浸在他们自己的模型与方法之中，但是他们还是有机会去观察这些分支和理论，比较它们并做出评价。一些理论暴露出自身的缺点，而来自其他理论的科学数据便可供使用。在这个过程中，心理学知识变得越来越标准、一致和相互关联。我们把这个过程称为知识的标准化。三个因素促进了心理学标准化的进程。

第一，在20世纪，许多社会建立的市场导向的管理原则的发展，为心理学家提供了巨大的机会去寻求其研究在教育、商业、评估、培训和医疗保健等领域的实际应用。现实需求引导许多心理学家寻求一个共同点，以期说出一种普遍的心理学专业语言。

第二，由于心理学的研究越来越复杂，因而许多心理学家无法再承担大型且全面的研究。实际上，这是一个专门化的时期，让人们了解到同一种现象（比如父母-孩子互动），可以同时从不同的心理学视角、以不同的方法进行研究。每一种方法都推动了知识的进步。

第三，教育和沟通领域的飞速发展，包括大众媒体和网络的诞生和膨胀，拓宽了普通大众有关心理学的知识，也使公众对于心理学的态度变得多元化。越来越多的人意识到心理学是一门学科，越来越多的个体寻求并欣赏科学知识，而且越来越多的人选择心理学作为自己的学习方向和未来职业。

心理学碎片化与差异化的矛盾过程持续了几十年，甚至到今天它还在上演。

结 论

悲观主义者强调心理学的碎片化，很可能将其历史看作一系列不完整的理论。这就是悲观主义者看待历史的方式：首先，一个理论吸引了狂热的支持者；然后，批评者发现其中的纰漏，批评声渐起，削弱了这一理论的重要性；最后，这个理论失去了支持，新的理论出现，并重蹈覆辙。悲观主义者认为：心理学从未拥有过共同的语言，也从未取得过一致的标准。在短暂的历史中，心理学在很大程度上是碎片化的。

但是，让我们从另一个角度来看看心理学的历史。如果我们把这些碎片化的理论看作一把光束，它们从不同的投影仪里放射出来并照亮了一个物体呢？每一道光束只能照亮物体的一侧，但合在一起就展示了一幅清晰的画面。运用这个类比，我们可以把心理学的历史看作拓宽我们知识的一种坚持不懈的尝试。我们可以把这种方法称为**整合**（integrative）（Sternberg & Grigorenko，2001）。从这个视角来看，在心理学的历史中，每一种理论或假设在某种程度上都是精确的；无论明亮与否，它都照亮了心理学真理的一小部分。举个例子，就拿愤怒来说吧，我们可能认识到，在过去有好几种理论对这种情绪做出了不同的和不完整的解释；但我们同样认识到，还可以从进化、认知、行为或其他途径来研究愤怒和任何其他情绪；每一种理论都呈现了理解愤怒的不同方式。

为什么心理学家不能聚在一起创造出一种单一的理论？拥有统一性的理论而不是许多杂乱的传统和方法会更有益吗？让我们来合并、统一心理学吧！现在，对于心理学知识有意的合并存在严肃的反对意见。任何对集中化的尝试最终都将造成知识的垄断。这种垄断可能意味着一批研究者对其他研究者的智力控制；它还意味着只有一种理解是科学的或正确的，而其他的理解都要被摒弃或淘汰。观点的竞争不再得到容忍，只有几个受人尊敬的心理学领导者被授予了终身权利，向下一代年轻的心理学家传播他们的心理学智慧。你想见到这样的场景吗？

心理学知识只有百家争鸣，才会长盛不衰。

知识检测

1. 用来形容心理学历史的那些标签是
   a. 方便简化的　　　　　b. 有助于分类
   c. 常常是误导的　　　　d. 以上所有

2. 请说出有助于心理学标准化的三个因素。

3. 对于单一、普遍的心理学理论的反对意见是什么？

总　结

- 当我们研究心理学的历史时，我们是从历史学的角度对心理学知识进行一次科学调查。心理学知识与孕育它的社会、经济和文化背景紧密相连。

- 尽管心理学作为一门学科直到 19 世纪末才得到首次确认，但是它的发展在很久之前就开始了。许多个体学者——心理学家、哲学家、医生、神学家、神经生理学家、数学家等，都为心理学知识和心理学学科做出了贡献。

- 在心理学许多重要的主题当中，有三个主题备受瞩目：（1）心身问题；（2）人类行为和经验中生物因素与社会因素之间的交互作用；（3）理论知识和实践应用之间的平衡。

- 不同的人和团体运用心理学知识去追求特定的目标。最终，许多不同类型的心理学知识浮现出来，其中有科学的、民间的、意识形态的（价值观）和法律的。

- 在特定的历史时期和地域，其独有的社会、政治和学术气氛对心理学科的发展至关重要。至少有三个因素可用于理解社会和心理学知识之间复杂的互动：资源、社会气氛和学术传统。

- 史学研究的是人类获得和传播历史知识的过程。因此，一些心理学研究从大众立场来看相对无名，而另一些心理学研究则引人注目。影响心理学研究历史意义的几个因素包括同行评议、争议性、社会地位、社会名望和权力。

- 在历史书籍中，世世代代的丰功伟绩通常都被浓缩成几页纸甚至只是寥寥几段。任何学科的历史只是一个总结，其基础是同行评价、研究的社会影响、涉及的争议性和社会名望。性别偏见和民族中心主义也同样影响了心理学的历史。

- 和科学的历史一样，心理学历史的成长与发展未必是一条直线。心理学家几乎对每一个话题都一贯地表达不同的观点。心理学知识的碎片化、标准化和整合一直贯穿于心理学的历史。

关键词

Academic traditions　学术传统

Ethnocentrism　民族中心主义

Historiography　史学

Ideological (value-based) knowledge　意识形态的（价值导向的）知识

Knowledge　知识

Legal knowledge　法律知识

Neurasthenia　神经衰弱症

Placebo effect　安慰剂效应

Pop psychology　通俗心理学

Popular (or folk) beliefs　大众（或民间）信念

Psychological knowledge　心理学知识

Scientific knowledge　科学知识

Values　价值观

Zeitgeist　时代精神

网站资源

访问学习网站 www.sagepub.com/shiraev2e，获取额外的学习资源：

- 文中"知识检测"板块的答案

- 自我测验

- 电子抽认卡

- SAGE 期刊文章全文

- 其他网络资源

第 2 章

早期的心理学知识

上帝送来了风，但人必须要扬帆。

——据说是奥古斯汀所言（354—430）

学习目标

读完本章，你将能够：

- 了解在人类文明早期阶段所累积的心理学知识

- 解释不同传统和流派之间的相似与区别

- 欣赏在不同地区和不同文化以及宗教传统中发展起来的知识的多样性

- 将你过去的知识应用于今天心理学所面临的当代问题

德谟克利特
（Democritus）
公元前 460—
前 370，希腊人
为研究灵魂搭建
了唯物主义平台

希波克拉底
（Hippocrates）
公元前 460—前 370，
希腊人
从医学方面研究情绪
和疾病

老子
（Lao-Tse）
公元前 6 世纪，
中国人
强调美德和自我
完善

孔子
（Confucius）
公元前 551—
前 479，中国人
为心理学带来了
道德维度

柏拉图
（Plato）
公元前 427—前
347，希腊人
为研究灵魂搭建
了唯心主义平台

亚里士多德
（Aristotle）
公元前 384—前 322，
希腊人
为灵魂的科学研究
创建了背景

罗马的斯多葛派
学者（在千年的
早期）
从美德和道德方
面研究人类行为

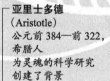

| 公元前 700 年 | 公元前 600 年 | 公元前 500 年 | 公元前 400 年 | 公元前 300 年 | 公元前 200 年 | 公元前 100 年 | 0 |

美索不达米亚（古埃及）的知识
中国传统
印度传统
　　印度教传统
　　　佛教传统

希腊传统
　　犹太教传统
　　基督教传统
　　穆斯林传统

远远看去，书架上一排排白色的《美国心理学家》（*American Psychologist*），看上去像是一堵水平且固定的皱褶纸墙。期刊封面上小小的字母表明了发行的年代：早期的版本在底部，最新的版本紧靠最上面。从中抽出若干最近几年发行的卷本，浏览当代作者撰写的关于 21 世纪心理学的论文、报告、评论和综述，你会发现，尽管今天的研究主题具有珍贵的独特性，但是其中许多主题在数百年甚至数千年前就有科学家提出来了！你可以随机选几篇文章来看看。

一篇 2010 年的文章议论赋权（empowerment）——比如设立适当的目标、自我效能、知识、胜任力和行动的心理意义。然而，如果我们回顾历史，应该会发现不同地区和宗教领域的许多伟大的思想家，都对个人赋权以及通过聚焦于知识、道德观和行动来实现它给予了极大的关注。

生活的地域与个体的人格之间有什么联系？比如，在大海岸边居住的人是否比住在遥远内陆的人更具开放性而较少内向？另一篇 2010 年的文章在人格特征的地域差异之中寻找实证联系。这是一项有意思的研究，但这个主题并不新鲜。古希腊、罗马、印度和中国的思想家，早已讨论过地理区位对个体特质的影响。

心理事实（psychological truth）是什么？一篇 2002

年的文章辩论道，尽管自然科学的方法适合用来鉴定心理事实，但心理学与其说是自然科学，不如说是人文科学（human science）。因此，在解释与人类活动有关的事实时应该采用不同的标准。令人惊讶的是，在数百年前，亚里士多德、塞涅卡和伊本·西那就曾讨论过一模一样的话题。几个世纪以来，许多希腊、印度或阿拉伯的学者就人类思想和知觉的起源，以及研究心智工作的学术方法进行着辩论。

语言不仅仅是思维的产物，同时也是文化过程的产物。一篇 2001 年的文章议论了文化因素在理解语言中的重要性。实际上，大约 2000 年前，伊壁鸠鲁和罗马的斯多葛学派就已经讨论了语言习得过程中社会因素的重要性。

一篇 2003 年的文章提出：我们如何理解直觉和深思熟虑的过程？很久以前，古希腊的柏拉图、亚里士多德和苏格拉底，波斯的伊本·西那，中国的老子，巴黎的托马斯·阿奎那，就提出过类似的关于直觉和深思熟

盖伦
（Galen）
129—200，罗马人
从医学方面研究人类
行为和经验

伊本·西那
（Ibn Sina）
980—1037，波斯人
从医学方面研究人类
行为和经验

托马斯·阿奎那
（Thomas Aquinas）
1225—1274，意大利人
亚里士多德的追随者，创
造了关于灵魂的复杂理论

100　　200　　300　　400　　900　　1000　　1100　　1200　　1300

研究伦理
研究认知
经院哲学
医学传统

普罗提诺
（Plotinus）
204—270，希腊人
柏拉图的追随者，建立
了关于人类心智的理论

奥古斯汀
（Augustine）
354—430，罗马人
研究自我完善、意志、罪
疚和罪恶

虑的问题。

一篇 2003 年的文章坚称：儿童和青少年的预防计划对于社会未来是一项可靠的投资。伟大的中国思想家孔子早就理解了这一点，并深信预防在儿童发展过程中的重要性。早到多久之前呢？请在本章后面找到他的出生年代。

正如我们在本书每一章中都会看到的，许多让当今心理学家忙得团团转的重要问题，在过去早就被提出来并解决了。然而，这并不代表重复和浪费。人们对于心理现象的追问是永不停息的，当代的心理学在不断地寻找新的、更好的答案。在本章中，我们将会考查其中的一些追问，并将心理学知识的发展追溯至人类文明的早期阶段。本章内容主要是关于古代的心理学知识的。但在许多方面看来，它们也关涉到今天的心理学知识。

资料来源：这篇引言中提到的来自《美国心理学家》的文章信息如下：关于直觉，Gergen（2001），Kendler（2002），and Kahneman（2003）；关于预防，Weissberg, Kumpfer, and Seligman（2003）；关于地域心理，Rentfrow（2010）；关于赋权，Cattaneo and Chapman（2010）。

2.1 人类文明早期的心理学知识

最早的人类文明出现在 5000 至 6000 年前，从那时起人们开始生活在社会规则支配下的组织社区中。系统化的农耕为大型团体的生活带来了翻天覆地的变化，人们就此可以有规律地收获食物、建造永久性居所并通过贸易互通有无。人类意识获得进一步发展，这使得人们自身与物理以及社会环境之间建立了新的连接形式（Jaynes, 2000）。这种连接被称为**主观文化**（subjective culture）。它以不同的形式展现，包括宗教、艺术、教育和科学。人们对周遭的物理世界、他们的身体，当然还有心理经验开始有所了解。系统化的知识在改变小型的人类社区以及大型的文明；发展中的文明又刺激了系统知识的进一步发展。科学的车轮开始向前滚动。

这个时期累积了什么样的心理学知识？早期的心理观察开始出现于民间文学、宗教手稿和绘画中。尽管这些观察在今天看来似乎粗糙残缺，但是可以让我们了解人们关于感觉、情绪、欲望、梦、意志和其他经验的知识。纵观历史，心理学知识从来不是单一的，也从未统一过（Robinson, 1986）。

哪些人为心理学知识做出了最初的贡献？这些人是医生、宗教学者、教师、哲学家和诗人。他们当中大多数人在社会中拥有特殊的，经常是具有特权的地位。如今大多数有源可寻的知识可追溯到古代近东、古希腊和罗马、中东和北非；今天，这些源头通常被视为西方文明的根源。而非西方的文字资料主要来源于中亚、印度和中国（见表 2-1）。

表 2-1　人类文明早期的心理学知识：概览

观　察	知识来源	主要发现
行为及其原因	观察和概括	外部力量，包括超自然的、控制人类行为的力量；然而，人们可以通过意志来追求和实现自己的目标
认知	观察和概括	灵魂通常被视为一种实体，与认知相关并调节认知。各种不同的感觉得以界定
情绪	观察和概括	认识到各种情绪状态。情绪被视为分散注意力的过程，需要理智的约束
特殊知识	观察和概括	关于恰当和不恰当的行为、成功、应付难题和养家糊口的行为规范开始出现

2.1.1 美索不达米亚

美索不达米亚（Mesopotamia）位于底格里斯河与幼发拉底河之间，在今天的伊拉克区域，它是最古老的文明之一。为数不多的社会和法律方面的文字资料，为我们展现了这一发达文明中人们所拥有的心理知识类型的大致信息。在《汉谟拉比法典》（Hammurabi's Code）中，一份法律文件反映了汉谟拉比统治时期（约公元前 1700 年）的社会发展，我们从中了解到在美索不达米亚，神灵被视作真实的存在，而且人们追求与神灵之间的良好关系以获得健康、战争胜利、婚姻幸福或贸易利润。人们确信，那些超越自身控制的力量引导着他们的生活。象征、符号和迷信在人们生活中的重要性不容小觑。然而，就如我们今天所理解的，通过遵守宗教传统并履行仪式，人们可以更好地应对自己的担忧。人们捐献大量的财富建造庙宇，将其作为膜拜的场所。美索不达米亚文明是最早发明文字的文明之一。文字出现在泥板上，其中一些包含了对梦的描述，特别是那些贵族的梦。梦的内容则被用来预测日常事件、健康和命运。最早的职业释梦师和算命先生似乎就是在那时出现的（Hoffman，2004）。

2.1.2　古埃及

与美索不达米亚一样，宗教在古埃及也是一个不可或缺的部分，那里的人们信奉多神论或崇拜好几个神。迷信（superstitions）在人类生活中扮演着重要的角色（Pinch，1994）。心理方面的观察有许多不同的来源，其中包括那些零碎的被记录的行为规范——如何在社会情境中表现，如何尊敬位高权重者，如何不冒犯女性，或者如何避免尴尬（Spielvogel，2006）。大量的古埃及文章中所总结的教育原理，现在通常被称为"教导书"（Books of Instruction）。根据公元前2900～前2000年某个时间编制的纸草手本，我们可推断出人的心脏在当时被视为身体的中心。它是一个人灵魂的推理能力、情绪和行为特征的寓所。神灵可以通过人们的心脏向他们发送信息或命令。

总而言之，美索不达米亚和古埃及是两个早期文明的代表，它们为人们追寻关于世界本质、人类在其中的角色、灵魂和超自然力量的答案，呈现了可供证明但又碎片化的历史。物质与精神——身体与灵魂的分离是探究人类心理这一无尽旅途中的重要一步。类似的灵魂与物质的划分，也出现在亚述人（Assyrians）、犹太人、波斯人和巴比伦人等早期文明的文字记述中。

2.2　希腊文明中的心理学知识

希腊文明为西方的文化和科学奠定了基础。希腊文明的历史（现在让我们把目光投向大约公元前750～前100年），充斥着战争、领土扩张、奴役、歧视和暴力。但与此同时，这一时期的科学、哲学、工程、贸易、医学、教育和艺术也取得了巨大进展。

一位研究古希腊时期的当代心理学家，很可能要确立与心理学相关的系统性知识的三个主要源头。第一个源头来自希腊哲学及其众多分支，包括伦理学（研究道德观和行为）、形而上学（哲学）和认识论

（研究认知）。第二个源头涉及包括医学在内的自然科学。第三个源头位于神话学之中（见表2-2）。

表 2-2　希腊文明中的心理学知识：概览

观　察	知识来源	主要发现
行为及其原因	观察和概括、神话学、医学研究	人类行为有两个来源：自然和神力。人们可以在某种程度上控制自己的生活
认知	观察和概括、神话学、对感觉器官的研究	唯物主义：认知是对外部世界的反映。唯心主义：认知是神力所引发的更"高级的"过程的结果
情绪	观察和概括、神话学	情绪调节行为，但也可以破坏或干预认知。识别出不同类型的情绪
特殊知识	观察和概括、神话学、早期的医学研究	对心脏、大脑、神经系统和各种内脏器官在人类行为和经验中的作用做出了假设

当时希腊人对心理有哪些了解？本章接下来的部分描述了古希腊的哲学家、医生和自然科学家对心理的研究中的主要发现。总的来说，他们大部分研究发现根植于典型的希腊人对于和谐、均衡、秩序和美的信仰。

2.2.1　早期的灵魂概念

在古希腊，身体与灵魂的划分是被普遍接受的。那时出现了两种思想派别。第一个派别认为，人类灵魂与其他实物一样起源于同一种物质。**唯物主义**（materialism）是这样一种基本观点，即精神生活的事实可以在物理层面通过物质的存在和性质进行有效的解释。唯物主义观念否认任何"精神"的存在，而是将其当作物理或生理的过程。第二种思想派别是**唯心主义**（idealism），唯心主义宣称非物质的灵魂对于物质之躯来说是分离且相对独立的。

1. 唯物主义

古希腊许多早期的唯物主义者都是原子论者。**原子论**（atomism）认为物质是由许多微小的、不可分割的微粒组成的。尽管在今天一些人看来，原子论可能显得朴素天真和过于简单，但这种"过于简单的"观点经过几个世纪逐渐发展成为一种极其复杂的世界观。第一份论述原子论者观点的文字资料提

到了留基伯（Leucippus，公元前5世纪）和泰勒斯（Thales，公元前640—前546）。泰勒斯是一个几乎对所有事情都感兴趣的科学家。他研究过哲学、历史、科学、数学、工程学、地理和政治。他是最早对所有自然现象，包括精神活动，做出唯物主义解释的思想家之一（Brumbaugh，1981）。

泰勒斯的追随者包括阿那克西曼德（Anaximander，公元前611—前547）和阿那克西米尼（Anaximenes，公元前550—前500）。这三位思想家都居住在米利都城，在今天作为米利都学派代表人物为人所知。他们的观点被认为是**物质一元论**（material monism）这一传统的精髓，他们认为所有事物和发展，包括心理过程在内，无论它们有多复杂，都有一个相似的物质本原。阿那克西米尼认为，空气是一切事物的起源，包括可被比作生命气息的灵魂在内。而泰勒斯认为水是所有事物的本源。阿那克西曼德则相信存在一种特别的组织原则或源头，他称之为"无限"（希腊语：apeiron），并认为生命起源于一种温暖与潮湿之地，人类是由鱼逐渐进化而来的。这些都是关于人类发展的早期进化观。

赫拉克利特（Heraclitus，公元前530—前470）提出了一个复杂的灵魂概念——psyche（灵魂），他认为灵魂是由永生之火这种特殊的粒子组成的。在这个系统内部，灵魂的强度和质量都依赖于火焰的品质。比如，醉酒就与灵魂的潮湿有关，这是一种不健康的状态。肉体的死亡同样意味着灵魂的死亡。赫拉克利特描述了觉知（awareness），也就是我们今天所谓意识（consciousness）的不同状态。他把睡眠与清醒之间的差异归结于身心之间联系的或强或弱。赫拉克利特还建立了这样一种理论：人们通过呼吸来获取他们的智慧，而在睡眠时心理容量变小了，因为他们的感觉器官暂时关闭了（Kirk, Raven, & Schofield，1995）。

恩培多克勒（Empedocles，约公元前490—前430）延续了唯物主义的传统。他对修辞学（一种运用语言的艺术）和医学做出杰出了贡献。他坚持认为，人类灵魂比赫拉克利特所说的要复杂得多，灵魂并不是由一种而是由几种成分组成的，包括火、水和空气。恩培多克勒相信，不仅人类有灵魂，动物和植物也都有灵魂。对于人类来说，灵魂与血液相联系，因此也与心脏相联系。克罗顿的阿尔克迈翁（Alcmaeon，约公元前500—前450）发展出一种不同的观点。他认为感觉和思维与大脑和神经系统有关。动物因为有大脑，所以也应该有灵魂；但是它们只能运用感觉，而人类却有独特的智慧能力。阿尔克迈翁假设：心理意识的不同状态是由体内血液不同的活跃和平衡状态引起的，当血液处于激活状态并填充至各个关节时，这个人就是清醒的。在阿尔克迈翁的学说中，我们发现了在数个世纪之后出现的理论的初期痕迹，这些理论描述了不同的身体"平衡状态"影响着个体的功能。与之相似的理论也出现在古代的其他地域，包括印度和中国，我们在下文中将会看到。

德谟克利特（Democritus，公元前460—前370）也许是最具影响力的希腊哲学家，唯物主义者。他至少有两个假设对当今心理学家非常重要。第一，德谟克利特认为，灵魂是由原子组成的。它们是圆形的火原子，提供着身体的动力，也就是生命。如果肉体毁灭，灵魂将不复存在，因为原子也会消散。因此，德谟克利特将人的内在体验解释为灵魂的活动，它也是自然世界的一部分。第二，德谟克利特创建了一个关于灵魂位置的三中心理论。他认为灵魂的原子在人体的三个不同层面上特别活跃：大脑周围、胸膛和心脏附近、肝脏区域。位于大脑周围的原子负责思考，集中于心脏附近的原子与情绪过程有关，而那些围绕肝脏旋转的原子则掌管着需要和欲望。他的观点是关于心理功能之原因，以及调节心理的身体机制之定位的一种早期理论。

与德谟克利特一样，伊壁鸠鲁（Epicurus，公元前341—前271）也认为这个世界的基本成分是原子这一不可分割的物质微粒。人类的灵魂是由火和空气的原子组成的。灵魂中的火原子越多，灵魂就越活跃。所有的心理过程、意识状态都可以通过物质论、原子论将其解释为原子集中度的不同状态。在本章中，我们还将数次回顾伊壁鸠鲁的观点。

现在我们来看斯多葛学派（Stoicism），它是古希腊另一个唯物主义者理解灵魂的例子。这个名字源于希腊语，是指雅典的柱廊，据称这个学派的成员经常聚集于此。我们可以从基提翁的芝诺（Zeno of Citium，公元前344—前262）、克里安西斯（Cleanthes，公元前331—前232）和克里西波斯（Chrysippus，公元前280—前206）的作品中了解到这种哲学运动。根据斯多葛派学者的观点，这个世界由一种消极的物质和一种积极的力量所组成，后者被称作"普纽玛"（pneuma）⊖。作为普纽玛和物质互相作用的结果，世界呈现出四种类别或层级。普纽玛参与得越多，物质就越积极。举例来说：第一层级是自然，普纽玛在该层级的影响相对不重要；在第二个层级，普纽玛更为活跃并负责物质的成长和繁殖，这是植物的层级；第三层级是动物王国，在这里普纽玛更加动态化，不仅使物质成长和繁殖，而且还赋予它们感觉和知觉；第四个也是最高层级的互动就是人类层级，普纽玛以最终极的形式代表了人类灵魂，而灵魂也是自然的一部分。

2. 唯心主义

唯心主义者的观点挑战了唯物主义者的大部分假设。唯心主义是这样一种基本观点，它认为精神生活的事实都可以从精神层面进行有效的解释。灵魂是非物质的、不朽的，而且可以独立存在，与肉体相分离。唯心主义者的观点在柏拉图（Plato，公元前427—前347）的学说中得到了充分的体现，他是最常被引证的希腊哲学家之一。他发起了一个非常有影响力的哲学视角，被世世代代的思想家所研究和发展。柏拉图提出，世界可以从三个维度进行描述。第一个维度是理想形式（the ideal forms）的世界（也就是基本的现实）。第二个维度是由神创造的物质世界。第三个是心理世界，它是理想对物质的一种反映。这种反映是怎么发生的？在柏拉图著名的寓言（一种扩展的隐喻或想象）中，人类居住在一个想象的洞穴中，他们观察洞穴墙壁上各种物体的反映。这些反映仅仅是现实的复制品，但人类却相信这些

反映就是"真实的"世界。人类的身体只是为灵魂提供了一个临时的居所，而灵魂是理念世界（the world of ideas）的一部分。灵魂穿梭于理念世界，免于尘世的忧虑和欲望。当灵魂回到人的身体之中，它可以回忆起在理念世界中所获取的知识。

柏拉图认为，人们的社会性差异可归因于他们灵魂质量的天生差异。

尽管灵魂是一种不朽的、不可分的和非物质的实体，但是可以从三个层次来了解它的功能。这就是灵魂的三元论，也即精神活动三分法，它们出现在各种心理学理论中，包括大多数当代的理论（在心理学语言中，三元的（triarchic）代表任何由三种元素组成的或由三种原则支配的事物）。最高层次是理性灵魂，它负责抽象的思维和智慧；大脑是理性灵魂的临时港湾。第二层次是情感灵魂，它与心脏区域相关联；情感灵魂是情绪化的、勇敢的和无畏的。最低层次的灵魂则负责欲望和需要，它与腹部区域有关。

柏拉图认为，人们的差异是由于他们灵魂的质量不同所造成的。哲学家和统治者可能拥有最高质量的理性灵魂，战士则拥有强烈的情感灵魂，奴隶应该具有明显的欲望灵魂。根据柏拉图的观点，人类的大型群体也是根据他们灵魂的质量来分类的。比如说，希腊人可能拥有最先进的理性灵魂，居住在北欧的部落多半拥有情感灵魂，而埃及人则拥有那种较低级别的灵魂。社会功能也遵循类似的原则。

⊖ 普纽玛，希腊文，意为气息。——译者注

因为最高级的灵魂理应统治最低级的灵魂，所以理想的状态应该是这样安排的：明智的贵族统治，英勇的战士作战，其他人则从事生产、建设、修理、烹饪、清洁、采购和销售（见表2-3）。有几分类似的观点——根据人们的自然技能、身体素质甚至大脑尺寸来区分人类，在19世纪及以后又再次出现，试图为社会和种族隔离的政策进行辩护。

表 2-3　柏拉图的灵魂观

灵魂的层面	相关的社会阶层	主要特征
最高级的、理性的	哲学家、统治者和教育家	理性、智慧，免于直接的忧虑和欲望
情感的	战士	勇气、责任和力量
欲望的	平民，包括商人、手工业者、农民和奴隶	需要与欲望

柏拉图关于不同现实（different realities）的理论在心理学历史上留下了它的痕迹，而且至今仍然举足轻重。事实上，柏拉图关于知觉的学说可能颠覆任何一个人有关内在体验的假设。正如你还记得的，柏拉图认为物体的现实，也就是我们的感觉所探测到的，并不是真实的，而只是对构成真正现实的非物质理念的一种反映。这些或类似的关于人类知觉

的基本假设占据了许多杰出哲学家的思想。（其中一些观点将在本章后面以及第3章、第4章和第12章中进行论述。）柏拉图观点的各种应用在今天仍然具有重要影响，比如，与视觉艺术、文学和电影摄影有关的正在进行的讨论。一些主要的神经生理学家提出了一个问题：在我们知觉的背后是什么（Kandel，2012）？请看下面的案例参考。

3. 物质和形式：亚里士多德的形质论

作为柏拉图最杰出的学生，亚里士多德（Aristotle，公元前384—前322）提出了一种关于灵魂及其与肉体关系的原创理论。这一理论通常被称为**形质论**（hylomorphism），这个词由希腊语"物质"（hulê）和"形式"（morphê）组成。他在自己的手稿《灵魂论》（De Anima）中将灵魂形容为身体的"形式"，而身体也是灵魂的"物质"。你应该会记得，在亚里士多德之前，那些坚持唯物主义观的哲学家认为灵魂是一种特殊形式的物质。而另一方面，柏拉图认为灵魂是一种非形体的物质。亚里士多德整合了这些观点。他把灵魂视作身体内一种活跃的、创造性的势力：具有身体的形式但不是身体本身。他通过宣称身体与灵魂相互依存而将两者结合，并坚持认为活体脱

🔍 案例参考

旧理论的当代应用

柏拉图和《黑客帝国》。 你看过《黑客帝国》（The Matrix）吗？这部电影描绘了虚拟世界的神秘和混乱。这个世界对其居民来说似乎是真实的，但它实际上是由纯粹的观念构成的。恶意的机器大帝控制了活在这种幻觉之下的人们。最终，一个电脑程序员得知了关于两个世界的真相，然后加入了一场反抗机器大帝的叛乱，以从这个"梦幻世界"的奴役中获得自由。《黑客帝国》在今天依然是一部最发人深省和激动人心的电影之一。它不仅激发了你的想象力，同时也蕴含着教育价值。这部电影在本质上提出并探讨了柏拉图的认知理论：世界的现实是通过感觉"给予"我们的，而我们无法了解超越我们感觉的事物；我们人类依然困坐在"洞穴"中，错误地以为墙壁上的影子就是真实的世界。然而，这种

说法也并不完全是消极的，它激发了批判性思维。举个例子，如果有一种现实超出了我们的感觉能力，那么是什么阻止了我们去研究它？或者说，如果古老的神话和传说告诉我们一个超出大多数人理解范围的更宏大且丰富的故事，那又会怎么样？最后，如果人们因为自身不同的文化背景而坚信自己的心理"现实"，那么我们就不能研究这些现实了吗？正如你能看到的，古老的理论和寓言（比如洞穴寓言）可能激发新的、现时的问题。

如果有兴趣进一步了解关于这部电影中展现出来的思想和其他与思维、意识有关的概念之间的联系，可以阅读由威廉·欧文（William Irwin）所著的《黑客帝国与哲学：欢迎来到真实的荒漠》（The Matrix and Philosophy）一书。

离了灵魂无法存在，反过来灵魂也无法脱离活体而存在。

他认为灵魂掌管着个体的能力或才能：营养（生长和生殖）、知觉（对现实的反映）、理性（与思维有关的最高功能）。在所有的生物体中，只有人类的灵魂拥有全部这三种能力。它们不是相互独立的实体而是相互联系的功能。他进一步发展了在希腊人中普遍的观点，即将心理功能或技能划分为三种类型：（1）与生长和力量有关的功能；（2）与勇气、意志和情绪有关的功能；（3）与逻辑和推理有关的技能。此外，亚里士多德同样将心脏作为重要活动的中心，并认为血液应该是灵魂活动的一个源头。他将大脑作为血液的"冷却剂"。当我们通过成语和惯用语研究今天的大众信念时，我们可以轻易地发现在许多文化中，人们都将大脑作为理性的中心，起到"冷却"或抑制心脏"火热的"情绪冲动的作用。

希腊人关于物质和灵魂的早期观点，应该有助于我们更好地了解他们关于人类认知的观点，包括感觉、知觉和思维。许多关于人类认知基本原理（第13章）及其应用的当代辩论都源于古希腊的著作。

2.2.2　认知

希腊哲学家表达了关于认知机制的许多不同的观点。这些观点成为**认识论**（epistemology）的基础，它是一个研究知识的本质及其基础、外延和有效性的哲学分支。早期的认识论几乎完全产生于观察以及批判性的讨论。当时还没有实验室实验或者量化研究。然而，关于人们如何视、听、记忆和思考

的聪明假设，仍然是古希腊人掌握精确知识的宝贵的指示器。学者之间最基本的差异在于他们对认知及其机制的主要源头的解释。我们来看看以下几种观点。

唯物主义者分享着这样几个重要的假设。第一，他们普遍相信灵魂对现实世界发生的事情起到探测器的作用。个体的经验赋予了人们精确描绘外部世界的能力。感觉是思维的基础，没有感觉，思维是不可能的，而思维帮助人们解释他们的感觉。当人们运用自己的想象、幻想和抽象判断去解释某事时，就有可能发生错误。

第二，尽管存在一些差异，但希腊的唯物主义者普遍支持这样一种观点：我们能够感觉到物体，是因为物体有放射或"放电"的特质；物体散发出的是物质微粒或者不同形态和形式的原子。它们对我们的感官造成印象，因此唤起了感觉系统和思维。这种观点后来被称为感觉的**流出论**（emanation theory），直到几百年前人们还把它当成一种科学理论。感觉到底是如何运作的？举个例子，阿尔克迈翁是运用相似性原理解释知觉运作的先驱之一。根据他的理论，人类的眼睛里包含诸如火与水之类的物质，因此眼睛能够接受同样含有火与水的物质。人类的耳朵里含有空气，因此能够使我们听到经过空气传达的声音。这些是关于人类感觉特殊化的最早观点。后来的科学通过许多精细的方式发展了这些观点，但是核心的解释原则仍然相同。

第三，大多数唯物主义者（包括德谟克利特）认为，物质的属性比如颜色、味道、声音和气味并不

属于原子。类似的特性比如甜的味道或白的颜色也不属于原子层级，因为原子既不是甜的也不是白的。所有这些感觉都是灵魂原子与外部世界原子相互作用的产物。这些观点为 17 世纪关于人类知觉第一性和第二性的讨论奠定了基础，我们将在第 3 章中对此进行描述。

第四，希腊的唯物主义者试图解释思维的基本机制。比如，伊壁鸠鲁就提出过这样的理论：人们将一些印象联合从而形成简单的概念；然后，把具体的概念相互进行比较，发现其中共同的特征；最后，抽象的概念就此形成。人类灵魂并没有任何天生的图像，概念的形成是经验的结果。就拿梦来说，一个做梦的人在梦中处理那些白天躲避的忧虑。语言同样也有自然起源，语言的习得经历了许多次辨认物体和赋予其意义的尝试。人们尝试将物体和声音联系在一起，然后，世界上不同地方的人们学会通过不同的声音来辨别物体，不同的语言就形成了。这些关于语言的观点与 20 世纪行为主义学者的研究遥相呼应。

而在挑战了唯物主义观点的柏拉图看来，人类拥有两种知识。一种知识来自人们的感觉——它就是我们的观点：你也许在故事里看到了某件事或某一面，而其他人可能看到了不同的事件或方面。因此，观点并不能代表真正的知识。个体可以从不朽的理念中学习真知（truth），理念是你储存在脑海里、先于这些概念而存在的。灵魂通过回忆而获取普遍和真正的知识：它们回忆起自己在游历不朽的理念世界中所获得的体验。柏拉图关于知识先于经验而存在的观点，深刻地影响了包括我们这一代在内的许多心理学家。

亚里士多德提出了另一种独特的关于认知的观

点。正如你还记得的，与德谟克利特和恩培多克勒一样，亚里士多德也认为感觉的主要来源是外在世界的物体。然而，亚里士多德发展出了一种相当独特的特殊感觉机制的观点。与众多的唯物主义前辈不同，他并没有运用流出论来解释感觉。感觉的过程就是通过拥有接收功能的身体器官获取一个物体的某种形式，比如通过眼睛、耳朵、舌头，等等。任何物体都能激发感觉，但是必须要在特殊的环境中这个过程才能发生。比如，听力要求空气，视力要求光线，等等。如果没有特殊环境中物体的影响，感觉器官就无法产生任何图像。亚里士多德命名了五种主要的感觉类型；它们在今天被视为几种基本感觉：视觉、听觉、味觉、嗅觉和触觉。人们如何管理自己的感觉？个体的灵魂会运用关联的机制，包括在这些感觉中间进行巩固、比较和区分。

2.2.3　情绪和需求

对大多数希腊思想家来说，情绪主要被视为现实的逻辑反应这一过程中的"入侵者"。它们是必要的过程，尽管经常是过分和不适当的。人们应该学会如何控制自己的情绪，从而避免它们干扰理性。

大多数原子论者将情绪与灵魂粒子的特殊活动联系在一起。德谟克利特与伊壁鸠鲁都相信是原子运动导致了情绪。举个例子，积极情绪与圆润平滑的原子运动有关，而消极情绪与带刺的原子和那些没有遵循平滑轨迹的原子运动有关。亚里士多德并不认同这些原子论者，他在《灵魂论》中写道，人类的情绪反映了身体的生物活性。类似的观点，将情绪视作与生理反应有关的过程，后来在 19 世纪和 20 世纪也出现了（Cannon，1927；Lange，1912）。

知识检测

1. 研究知识的本质及其基础、外延和有效性的哲学分支被称为
   　a. 形质论　　　　　　　　b. 理性
   　c. 认识论　　　　　　　　d. 唯心主义
2. 亚里士多德认为，灵魂拥有这些个体的能量或能

力：营养、知觉和
   　a. 情绪　　　　　　　　　b. 理性
   　c. 运动　　　　　　　　　d. 记忆
3. 请解释感觉的流出论。

关于动机的观点主要出现在有关伦理或者道德行为准则的学说中。赫拉克利特思考了需求的相对性：动物经常渴望的东西，而人类不会渴望。人们通过对立的体验而了解到快乐和不快。健康的个体不会关注他们的健康，而疾病却让健康讨人喜欢。类似的观点同样适用于饥饿和疲劳（Kirk et al.，1995）。德谟克利特则区分了主要动机及其次生效应，也就是，内在冲动和外在事件引起的反应。

希腊人相信过度的欲望是有害的。举例来说，伊壁鸠鲁就区分了三种类型的需求。第一种涉及了生存所必需的自然欲望，比如饥渴；第二种包含了自然的但并不是必要的欲望，比如想吃稀有或昂贵的食物；第三种则由"无用的"或"无意义的"欲望组成，它们包括了对权力、财富和名誉的渴望。这些欲望是很难满足的，主要是因为它们是无止境的。而且，它们也不会让人快乐。20世纪的心理学家和治疗师，比如卡尔·罗杰斯和亚伯拉罕·马斯洛，围绕着相似的观点建立起了他们的心理学理论：如果人们过度沉湎于金钱、财富和控制他人，他们可能会很容易失去幸福。伊壁鸠鲁同样告诉人们，人生由三种不同类型的事件组成：第一种涉及不可抗力，对于有些事我们是无能为力的；第二种关乎机遇，人们在这一层面也很难有所掌控；第三种是可控事件，人们应该了解这类情况并学会如何应对它们。

自我控制是一种重要的美德。根据德谟克利特的观点，一个理性个体的标志是他能够与欲望做斗争。尽管有些错误的断言称伊壁鸠鲁鼓励人们要无忧无虑并满足每个渴望，但他确实教导人们不要过分追求无用的需求并且让自己摆脱不必要的恐惧（包括对神和死亡的恐惧）。如果一个人可以消除对未来的恐惧并满怀信心地面对它，那么他就会抵达欢乐和宁静［所谓的心平气和（ataraxia）］的状态（Annas，1994）。在伊壁鸠鲁看来，回避痛苦比追求快乐更为重要。同时，他更看重智力乐趣而不是肉体享受（Long & Sedley，1987）。

然而，人们如何实现节制和自我控制？在希腊人的教义中，与人类需求或情感有关的灵魂功能，要比与思维和逻辑有关的理性灵魂活动"低"一级。德谟克利特把心脏称作"愤怒的女王、保姆"，并认为肝脏附近的灵魂原子与欲望有关。斯多葛派学者提供了两种实用的方法来处理令人不安的欲望或情感。第一种是通过启动另一种情绪来压制或取代原先的情绪。比如，快乐可以压制愤怒。第二种方法是更好地了解每一种情绪。情绪，特别是消极情绪，它的产生是由于人们对过去留有错误的印象或者对未来抱有不正确的期待。如果人们了解如何正确地反映自己的过去和未来，他们就可以让自己免于不愉快的情绪。这些假设与当代认知疗法中使用的技术——了解一个人问题的本质并发展一种更健康的生活观，有着显著的相似之处（Butler，2008）。

同样，斯多葛派学者在许多世纪以前提出的观点与一些当代心理学理论及其应用的核心原则十分类似。斯多葛派哲学家坚持认为，一个完美的人是智慧的人，摆脱了烦心或有害的情绪，并遵循必然性法则而生活。一个智慧的人控制着欲望。一个智慧的人也不需要去改变世界，因为这世界中的许多事超出我们的控制，但是他必须找到方法去适应它。这些建议与当代对于**应对**（coping）这一概念的某些理解相当接近，后者被用于若干种心理咨询与治疗的形式，特别是针对那些遭受过度焦虑和抑郁的个体（Bemak，Chung, & Pedersen，2003；Snyder，1999）。

2.2.4　人类心理的生物学基础

古希腊人强调大脑和生理过程在精神功能中的角色。克罗顿的阿尔克迈翁（本章前面介绍过）将精神活动归因为大脑和神经系统。在亚历山大港（现埃及）工作的赫罗菲拉斯（Herophilus，公元前335年—前280）撰写了《论解剖》（On Dissections）的手稿。由于在允许人类验尸的社区（当时很多地方禁止这种行为）中工作，他起草了一份关于神经系统的详细说明，在其中他将大脑作为思维和智力的基础。他还描述了视网膜的功能，并将神经分为运动的和感觉的。

埃拉西斯特拉图斯（Erasistratus，公元前3世纪）是亚历山大港的希腊医学流派的领导者。他对神经系统的功能做出了颇有见解的评论，并提出从肺部运载到心脏的空气被转换成一种重要的精气，然后通过动脉而分散开来。与赫罗菲拉斯一样，他也对运动神经和感觉神经做了区分。埃拉西斯特拉图斯解剖了人类的大脑，注意到了脑回、大脑和小脑（尽管这些部位当时还没有以此命名）。为了解释人类更高级的智慧才能，他对动物和人类的大脑进行了比较。表2-4总结了希腊生理学家对身体以及与其相关的心理活动的主要假设。

表 2-4　身体和心理：希腊医学和科学的概览

身体功能	心理功能
大脑	大脑与灵魂的功能有关，并且主要与其高级的、智能的功能有关。在亚里士多德的理论中，心脏是精神活动的中心
神经系统	神经系统是那些来自心脏或大脑的脉冲的导体。这些脉冲是身体运动和心理过程（包括感觉、情绪和思维）的原因
感觉器官	识别了五种基本的感觉和对应的感觉器官。对感觉器官的功能的理解存在普遍的异议，唯物主义者和唯心主义者对于人类感觉的有效性意见不一

2.2.5　异常症状

提到异常心理症状，通常涉及的是严重的心理障碍，包括不寻常的、与正常相左的情绪状态或者离谱的行为举动。**疯狂**（madness）是对这些症状的常见标签。然而，我们对疯狂的叙述是零碎的，而且对于具体细节的观察也经常不严密。

尽管在具体的描述上存在差异，但希腊人对于异常的情感和情绪还是分享着几种共同观点（Simon，1978；Tellenbach，1980）。比如：

● 某种情绪状态应该存在生理（或躯体）的源头。
● 无论身体物质是过剩还是不足，都与情绪问题有关。
● 有些人比较容易发展出异常的情绪症状。

忧郁（melancholy）——经常称为**忧郁症**（melancholia），是与情绪症状相关的最常见的标签，今天我们称之为抑郁（depressive）。这个词起源于希腊语 melas（黑）和 khole（胆汁，储存在胆囊里由肝脏

生成的苦汁）。忧郁症这个词最早出现于《希波克拉底文集》（*Corpus Hippocraticum*），这是一本被认为由希腊医师兼科学家希波克拉底（Hippocrates，公元前460—前377）所著或编辑的书。他写道：所有类型的人体疾病都有自然原因。忧郁症是由血液和其他体液的某种失衡所致。当血液受到黑色胆汁的污染，就会引起失衡，一个人的精神状态就会扰乱。这在抑郁的症状中表现很明显，比如感到悲伤和恐惧、意气消沉、失眠和易怒。希波克拉底还识别出了容易发展出忧郁病症的人格类型。总而言之，这些观察为正常和异常的情绪状态提供了早期的记录。它们也显示出了人们可能对某种心理功能障碍存在个体劣势。这是现代临床心理学极为感兴趣的一个话题（Krueger & Markon，2006）。

柏拉图接受了流行的希波克拉底学派关于平衡与比例的学说，并将其应用于自己关于人类终有一死和有限的身体，以及不朽和不可分割的灵魂的概念。在他看来，疾病总是意味着不均衡，或者说**畸形**（ametria）。过度的快乐和痛苦是灵魂疾病的根源。灵魂可能被苦涩的和胆汁质的体液所污染，它会产生过度的忧伤或过度的敏感和愤怒，这被称为**躁狂**（mania）。躁狂并不总是破坏性的，它的一种特殊形式——神圣的狂热，是诗人和哲学家灵感的来源。

亚里士多德在《论问题》（*Problemata*）中注意到人的胆汁的不同状态以及黑胆汁的温度。他认为，如果黑胆汁比常规状态值要冷，就可能引起抑郁的情绪状态。如果比常规热，就可能产生高涨的情绪状态。举个例子，一个悲伤、害怕或麻木的人拥有较冷的胆汁，而一个欢乐的人则拥有较热的胆汁。如果酒精进入血液中，也会产生与情绪失调相类似的效果。然而，这种影响只是暂时的。胆汁的长期影响会引起"痴愚"（athymia）和"痴狂"（extaisis），它们是忧郁症的两种对立的形式（用当代术语来说，叫作抑郁和狂躁）。忧郁症是一种持久的情绪失衡，春季和秋季的发生率较高，因为人们认为胆汁具有季节性。根据亚里士多德的观点，有些人倾向于比其他人更加情绪化，是因为这些人身上黑胆汁的温度变化得更快。

案例参考

希腊神话与失常辩护。希腊神话提供了一个有趣的案例，它可能是第一个"失常辩护"（insanity defense）案例。"失常辩护"是一种法律程序，是指在法庭上允许被告方将法庭的注意力引至嫌疑人严重的精神障碍，而这种精神障碍导致了嫌疑人无法理解自己犯下罪行的性质，也无法理解正在进行的刑事诉讼程序的实质。在被称为"大力士和冒险家赫拉克勒斯的疯狂"的神话中，赫拉克勒斯——希腊诸神中最有权力的宙斯的众多私生子之一，他的存在让宙斯的妻子赫拉受到严重困扰。赫拉非常嫉妒赫拉克勒斯，因为她认为人们看见他就会想到宙斯对她的不忠。她对赫拉克勒斯施展魔咒，结果赫拉克勒斯变得疯狂并丧失了理性思考的能力。由于非理性和暴力迸发地驱使，他杀死了自己的妻子和三个孩子。而且，由于疯狂因素的存在，他对自己可怕的暴力毫无知觉。很久之后，他重获了理性思维并回忆起自己所犯下的罪行。然而，镇子上的人都原谅了他，因为他们认为他在暴行期间暂时精神错乱，无法控制自己的行为。

在 20 世纪和今天，因为许多杰出的官员（美国总统威廉·麦金利1901 年被杀）、知名人士（约翰·列侬 1980 年被杀）或者涉及人数众多的杀人案件［安德斯·布雷维克（Anders Breivik）2011 年在挪威的罪行］以及其他很多意外事故的发生，失常辩护将成为新的激烈辩论中的一个主题。尽管失常辩护是一个法律程序，但它最终还是依赖于嫌疑人的心理评估以及它在法官和评审团心中如何引起共鸣。就像在赫拉克勒斯的神话中一样，最终的决定权还是落在人民的手中。这强调了心理评估对于嫌疑人的重要作用。

作为一个受训且取得资质的心理学家，在哪种证据条件下，你会同意加入为凶杀嫌疑犯进行失常辩护的行列？

如果你对有关失常辩护的全球分析有兴趣，可以阅读由瑞塔·西蒙（Rita Simon）和希瑟·安－雷丁（Heather Ahn-Redding）合著的《失常辩护，世界尽头》（*The Insanity Defense, the World Over*）一书。

2.2.6　关于健康与道德行为的观点

希腊人对人类经验和行为的许多其他方面也做了精细的观察，而这些在今天的健康心理学和社会心理学中都可以进行研究。泰勒斯提出拥有一个健康身体的重要性，因为它可以为一个人提供更健康的灵魂和良好的技能。德谟克利特则坚持认为幸福和不幸一样，都是灵魂的一部分。人们发现幸福既不来自身体也不来自物质财富，而是来自正直和智慧。人们应该首先关注灵魂，其次关注身体，因为灵魂的完美会矫正身体的缺陷，而缺乏智慧的身体力量几乎无法提升心智。人类关系中的互惠主义极其重要：不爱他人的人不会被任何人爱；外表的相似性创造良好的友谊。

道德行为的心理根源引起了许多哲学家特别是苏格拉底（Socrates，公元前 469—前 399）的兴趣。他相信，如果人们了解什么是善，他们就会一直秉持善行。误入歧途的人是因为不知道如何正确地行事。苏格拉底这一观点影响了哲学家、社会科学家和心理学家之间长达数世纪的讨论——关于道德行为的来源以及情绪和理性在道德中所扮演的角色。这场辩论直到今天仍在继续（Prinz，2008）。

知识检测

1. 根据亚里士多德的观点，精神活动的解剖学中心位于哪里？
   a. 肝脏　　　　　　　　　　b. 脊髓
   c. 心脏　　　　　　　　　　d. 大脑
2. 根据亚里士多德的观点，痴愚和痴狂是_____的

两种截然相反的形式。
   a. 忧郁症　　　　　　　　　b. 疯狂
   c. 失常　　　　　　　　　　d. 黑胆汁
3. 为什么自我控制在希腊思想家看来非常重要？
4. 希腊人是如何理解忧郁症的？

2.2.7 评价希腊人的影响

希腊思想家为哲学和科学做出了不可磨灭的贡献，并为全球心理学知识的进一步发展打下了坚实的基础。其中至少有五个重要的影响领域：（1）对灵魂的研究；（2）关于人类认知机制的学说；（3）关于精神活动生物基础的意见；（4）临床心理学领域的初步探究；（5）对社会行为的丰富观察。

在有关灵魂的学说中，希腊人为心理学历史中持续的辩论——关于知识起源、自由意志的存在、人类在物种等级中的位置和通过训练控制自己生活的能力的辩论，搭建了舞台。今天，越来越多的心理学家探索身心关系及其在健康心理学中的诸多应用（Epel，2009）。希腊人发展出了将大脑与智力功能关联的理论。他们对于神经在身体和心理过程中所扮演的角色提出了有价值的假设。这些假设在后来的历史中得到了验证。

希腊人关于认知及其机制的理论，为围绕知识之准确性和无先前经验的知识之可能性进行的辩论奠定了基调。原子论者，比如德谟克利特和伊壁鸠鲁，提出了将知觉（perception）和感应（reception）同等看待的鲜明观点，这种观点一度成为主流。柏拉图的许多思想，历经数世纪的变化，为当代科学命题提供了重要的理论基础，这些命题主张是大脑活动促成了知觉，并且可能自己创造出一个知觉的现实（Gregory，1997）。在实际应用方面，希腊人开创了记忆技巧，并用它们来提升自己的演讲技能（Yates，1966）。

希腊的思想家对于个人事务中的适当与不适当行为、健康选择、成功秘诀和失败警告进行了出色的观察。尽管这些哲学家对于人们能在多大程度上控制自己的生活意见不一，但是他们都强调了教育、诚实、适度、友谊、合作、敬业和在困境中坚持不懈的重要性。

希腊人对异常行为也进行了颇有价值的观察，将其理解为一种对于规范的偏离。他们对于今天所认定的焦虑和心境障碍进行了描述。希腊人认为，异常的心理症状是身体失衡、行为过度或个人无力应对困境的反映。这些以及类似的心理障碍观点，在今天的临床心理学中非常普遍。

2.3 印度和中国的心理学知识：非西方心理学传统的介绍

希腊、印度和中国的伟大思想家几乎都生活在同一历史时期，但他们却分布在广袤欧亚大陆的不同地区。历史学家坚持认为，在他们的各自文化之间几乎没有任何科学交流（Cooper，2003）。然而，当你认识到他们所做的心理学观察有多么相似之后，你可能会大吃一惊。

专家们将印度历史的起源与印度河流域文明的诞生、旁遮普地区（恒河和亚穆纳河平原流域）的原住民和雅利安人部落的移民联系起来。公元前500年，随着农业和贸易的发展，恒河流域的许多居住地成为社会生活的中心（Flood，2012）。正如古希腊的情况一样，印度的思想家也对人类心智和行为进行了最早的观察。我们今天所谓的心理学知识，都可以从他们关于宗教、形而上学和认识论的著作中发现只言片语。早期印度哲学最显著的特征之一是，他们对个人心理经验的意义之寻求进行了特别关注。其关注的重点是那些受过教育的人，他们寻求方法让自己摆脱日常生活的令人不快的约束。我们所谓的"印度哲学家"一般至少包括了六种不同的印度教流派，以及一些起源于印度的佛教传统。我们的目的并不是对这些流派进行比较或综合分析。相反，我们关注这些印度哲学家对心理学知识发展所做出的贡献。

2.3.1 印度教传统

一个印度人认可印度教"经书"的神圣性，接受它们的观念并追随其指示。印度教的根源可见于被称作《吠陀经》（Vedas）的文字和仪式赞美诗中，这本书写于公元前1500年，比口头教义或是《奥义书》（Upanishads）——印度教基本且神圣的文本出现得更早，并且有进一步的发展。掌管物体和人类的终极法则或者普遍秩序被称为达摩［dharma，在古希腊，这种法则被称为逻各斯（logos）］。这个世界是根据因缘或者因果关系的普遍规律组织而成的。许许多多的、男的和女的、各式各样的、仁慈的和邪恶的神，统治着宇宙。印度教崇尚这样的信念：所有的生物都会经历重生的轮回，他们的灵魂会从一个身体迁移到另一个身体。根据一种早期的传统，一个人死后他身体的各个部分会去往不同的地方：眼睛前往太阳，呼吸追随风，而"自我"则追寻先人。后来这一说法变成，自我会根据这个人的行为（因缘）从一个身体转移到另一个身体。希腊人将个体的死亡视为生命的终结，而在印度教中生命是轮回的：人们的灵魂会出生和死亡许多次（Fernandez, Castano, & Singh, 2010）。简而言之，印度教的特征也许是这样一种信仰——相信由法则（达摩）、因果关系（因缘）决定的轮回和救赎的可能性（Flood, 2012, p. 6）。

尽管女性神明和女性都出现在经文中，但是印度教的经典著述主要还是男性话语。我们将看到，在与心理学历史有关的许多著述中，这种倾向同样非常普遍。**男性中心主义**（androcentrism）将男人或男性观点置于理论或者叙事的中心。

2.3.2　生命轮回观

一个人据说是由五个不朽的部分（思想、言论、呼吸、视觉和听觉）和五个终有一死的部分（毛发、皮肤、肉体、骨头和骨髓）所组成的（Collins, 1990, p. 83）。人类的行为皆有结果，只不过或早或迟。每件事的发生皆有原因，所有的想法和行为在一个可理解的整体中都有特定的位置。达摩强调礼仪行为和道德行为，它们不可以不考虑后果地被忽视。人们在各自的社会地位和个人发展阶段都持有相关的义务。社会地位以及与其相关的角色被称为种姓制度（castes），这种制度具有等级色彩。婆罗门（Brahmins）处于最高级，其后是贵族和战士，再然后是平民，最后是奴隶。婆罗门传授宗教，贵族练习防御，平民耕地、饲养牲畜、借贷；最低阶层的人服侍高阶层的人。相比低阶层的人，高阶层的人更"纯净"。除了一些例外情况，每个种姓都是不可让渡的。人们必须遵守同族通婚（结婚）和共生（一起进食）的规则。这些规则被认为提供了稳定的社会秩序。女性地位通常次于男性，而男性应该控制女性，就像父亲控制他的孩子，丈夫控制他的妻子，儿子

控制他的寡母，如果一个女人尊敬男性权威，她就会在死后受到褒奖。印度教中的"过渡仪式"（Rites of passage）塑造和保存了社会身份、等级和秩序。它们涉及怀孕、生子、身体和社会的发展（比如，第一口固体食物，第一次刮胡子，开始学习《吠陀经》，结婚，等等）。男孩普遍比女孩更有价值。当一个男孩诞生，他的父亲就在天堂有了一席之地。

种姓制度对印度社会和世世代代印度人的行为和思想产生了深远影响，这在当代印度已经被宣布是非法的，但是它的影响已经深入风俗以及许多人的思想和行为。

2.3.3　思维和行为

关于认知，早期印度思想的不同分支有一个统一的假设，即对现实的反映——比如，认知、情绪和欲望大部分都是扭曲失真的。缺乏认识的个体倾向于在多数事情上误解自己的位置（Isaeva, 1999）。梵文中至少包含了三个描述认知过程的词汇：（1）sravana（听说）；（2）manana（反映）；（3）nididhyasana（冥想）。现实与其通常呈现给我们的形象具有本质的区别。错误的信念使人心神不宁，只有正确的心态才能让个体回归平静，与自我和谐相处。在印度的思维理论中，**超越性**（transcendence）（实证经验之上的知识）这一概念是关键。你可能还记得，希腊文明时期的哲学家也提出了类似的人类认知扭曲的假设。然而，思维的运作方式只吸引了希腊哲学家的些许目光，伊壁鸠鲁和少数其他人算是例外。与之相反，对于大多数印度哲学家来说，认知是他们学说的主要焦点。

那么，正确的观点如何获得？**瑜伽**（yoga，在作为印度教第一语言的梵文中，意思是"控制"或"合一"）意味着这样一种方式，凭借它可以约束思维和感觉，超越有限的自我，最终体验到自我的真实身份（Flood, 2012, p. 94）。瑜伽是一种促进意识转变的训练。它可以通过集中注意力到某一点上而实现。而意识的转变可以消除精神上的约束或不洁，比如憎恨或嫉妒。真实的自我被认为是超越思维和感觉之上的。虽然所有事物都在不停变化并彼此影响，但是其中存在一种内在的逻辑，比如事件的因果顺序

遵循的就是因缘。在思想和物质之间没有明确的区分，意识才是最终的现实。理性居于直觉之下。不为人际和世事所累才是人生的真正目标（Chaudhary，2010）。

然而，个体应该遵守道德戒律，人们有必要变得道德、诚实、禁欲和非暴力。训练自我约束是不可少的，控制身体和呼吸、寻求隔离和练习感官收摄、专注和冥想也同样重要。"轮"或穴轮（chakras）的概念暗示存在身体的中心和通道，能量通过它们而流动。通过掌握穴轮，个体可以对身体和思维获得一些控制。

疾病可能源于身体内部的一种失衡。疾病症状体现于身体的生病和心理的痛苦。人的思想可以控制和引导身体和其他感觉器官的活动，并促进治愈的过程。事实上，这种观点为现代理论提供了丰富的土壤，后者强调病人自身的积极态度在治疗过程中的重要性（Rao，2000）。

快速回顾一下，印度教是最古老的观点系统之一，涉及了宗教观点、道德观点、心理观点和社会观点，它是一种延续发展了数个世纪的综合世界观。

2.3.4　佛教传统

佛教（Buddhism）起源于印度，其根源是印度教。佛教是一种关于知识、价值观和行为指导的系统，它基于这样一种信念：尽管人生充满苦难，但可以从苦难中获得自由。当人们接受了正确的世界观并开始实践他们的信仰时，自由就会降临。佛教的创始人是乔达摩·悉达多（Siddhartha Gautama，公元前563—前483），他的生平和教义影响了数以亿计的追随者。人们将他视为至高无上的佛陀，或者一个开悟的人。如同印度教一样，佛教对人类理解精神活动产生了深远影响，并继续影响着当代的心理学。

关于四圣谛[⊖]（Four Noble Truths）的教义是佛教传统中最核心的部分。首先，佛教坚持认为苦难［苦（dukkha）］是人生不可分割的一部分。一个人未必一

定要经历苦难，他可以过着快乐的生活或者对周遭的世界漠不关心，但是，没有哪种情绪状态是一成不变的（Gethin，1998）。世间存在数种苦难。一种是日常的身体和心理之苦，它是不可避免的，与生理疼痛、疾病带来的不适、孤独、衰老和死亡有关。另一种苦难源于焦虑或压力，焦虑是由于人们想要牢牢抓紧不停变化的事物，我们不断地试图占有那些未来不再为我所有的事物。第三种苦难源于不满足，因为事情没有达到我们的期望或想要的标准。这是不是就意味着人类注定难逃苦难？并不是。而且，承认苦难的存在并不意味着妥协放弃。有一种方法可以帮助人们避免受苦。

要找到这种方法，一个人就必须了解苦难的真正源头，这就是第二圣谛。痛苦的源头是人们因无知而产生欲望和渴求。人们错误地认为他们需要通过得到自己想要的，比如身份、权力、金钱、尊敬、名望和物质享受，从而获得愉悦的体验。他们对于这种愉悦体验的依恋是痛苦的关键来源。认识到我们可以逃脱欲望和无知，这是对佛教第三圣谛的学习。

第四圣谛说的是如何减少痛苦或消除痛苦。这在本质上关乎成为一个有道德的人——通过小心谨慎地看待事物、诚实地说话、不用行为和语言伤害他人、不断尝试自我完善、了解自己、避免被欲望所影响，并且练习专注和冥想等方法。因此，佛教倡导人们减少对物质财富的贪婪、对政治权力的渴求和对特权和社会地位的争夺。

与一种常见的误解相反，佛教并不鼓励人们变得贫穷或脱离社会。在人类存在的两个极端之间还有一条小径。人们不应该屈从于贪婪和自我放纵，与此同时，他们也不应该践行自我惩罚或者完全的**禁欲主义**（asceticism），后者是一种对各种世俗快乐实行抑制或禁戒的生活方式。相反，人们应该择取中道（Middle Way）——这个概念也是佛教的一个显著特征。中道意味着人们应该避免过度的自我放纵或自我惩罚，而应该践行节制和非暴力的方式。

⊖　四圣谛，即苦圣谛、集圣谛、灭圣谛、道圣谛，四圣谛告诉人们：人生的本质是苦、苦的根源、没有苦的世界和消除苦的方法。——译者注

佛教与认知

人最终是由自己的思想所造就的。思想是一切。我们想什么，就会成为什么。

乔达摩·悉达多（Siddhartha Gautama，公元前 563—前 483），佛教的创立者。一场关于人类思维之本质的伟大辩论将贯穿历史、跨越文化。

2.3.5　自我

佛教将身体状态与精神状态分离开来。身体如同一所房子，就像由木材或泥土搭建而成的空间叫作房子，而由骨头、血肉和皮肤构成的空间叫作身体。人的身体起源于营养物，营养停止时身体也就到了尽头。情感起源于感官接触，感觉停止时情感也随之消散。心理过程与身体紧密相连，当身体死亡时心理过程也随之结束。但是，当原来的身体死亡时，心理过程会在一个新的身体中重生（Collins，1990，p.114）。在这一点上，佛教所表明的观点与希腊人对灵魂的理解不尽相同，后者认为灵魂可能是一种稳定、永恒的精神实体。

每一个人都被肉体的出生和死亡所约束，也与**自我**（the self）的出现相联系。当人们提到自己的身体和思想时，他们会使用不同的表达方式——"我是（I am）"或"我（me）"。事实上，所有事物都在流逝。身体在变化，来来去去，我们通常所谓的"自我"也附属于身体。你与 10 年前的你是同一个"你"吗？你的身体现在有了很大变化，你的"自我"也是如

此。这就像燃烧了一段时间的蜡烛火焰。现在的火焰与一分钟前的火焰是同一个吗？正如火焰需要借助蜡烛来燃烧，灵魂也需要借助身体来反映。当肉体死亡时，灵魂也会离开。然后，它会在另一个肉体中重生。但是，当一个灵魂重生时，他与之前那个人是相同还是不同的？佛教中的答案是：皆非。在某种程度上，用当代的话语来说，我们的意识是一种虚幻无常的现象，它注定要在肉体死亡之时终了，但它为未来的"我"（I）留下了一种业力，这个"我"既不完全相同也不完全相异。最终，个体达到**涅槃**（nirvana）或者一种内心宁静和圆觉的状态。根据佛教的理论，人们应该免于对过去事件、情感和思想的牵挂。正确的终极结果应该是最后发现并没有"自我"，在践行这崇高的真理时，涅槃的福祉将存在于自我之外的其他事物之中（Collins，1990，p. 74，190）。我们在后面讨论思维和意识的话题时还会数次回顾这些观点。

与此同时，个体之间存在差异。个体性是由社会状态所决定的。因缘决定了一个人的社会状态，可能让一个人基于他的善行在未来得到提升。有些个体就如同石头上的"雕刻画"，他们的情绪状态坚固且持久。有些人却像泥土上的"雕刻画"，他们的心理状态变化很快。然而，有人却如同水上的标记，因为他们极其易变。

一些人实行自我折磨，比如禁欲者；有些人则是屠夫、强盗、刽子手，他们使别人不幸；还有一些人既折磨自己也折磨他人。人格类型多达 100 多种。这些差异的根源在于四种基本元素（土、水、火和风）和三种特征：贪、嗔、痴及它们的对立面⊖。然后，这些元素和特征以不同的方式组合：比如，形成贪和

知识检测

1. 在古印度传统中，轮穴是指什么？
   a. 身体通道　　　　　b. 多种"自我"
   c. 宗教书籍　　　　　d. 抗抑郁药
2. 一种约束或戒除各种世俗快乐的生活方式被称作

   a. 因缘　　　　　　　b. 禁欲主义
   c. 瑜伽　　　　　　　d. 涅槃
3. 请解释男性中心主义。
4. 请解释四圣谛。

⊖　贪、嗔、痴的对立面是戒、定、慧。——译者注

嗔的性情。这些性情的源头是不同的业力习性（就像体液），比如黏液、胆汁和风（存在于呼吸中）。如果一个人主要表现出痴的性情，那是因为他体内的黏液过量。

总而言之，印度教和佛教传统内的印度哲学家创造了关于人类行为和思想的综合观点，包含基本的认知机制、思维、意识、自我、道德与非道德行为、选择和责任。他们对不同类型的人们（今天所说的人格类型）、情绪的复杂性和情绪对行为的影响进行了详尽描述。他们同样也对今天我们所说的幻觉、焦虑和各种抑郁的症状进行了描述。他们还对自我认知、冥想、专注和了解内在自我的能力进行了重点关注。

2.3.6 中国的儒家思想和心理学观点

中国第一个皇帝（公元前246年登基）追求效率和秩序，设计了"驰道"、统一了度量衡、制定了货币标准、统一了文字，甚至提出了马车的标准宽度。历史学家提供的证据显示，早在2 000多年前，中国的皇帝们就开始使用一种笔试系统对潜在的政府职员进行评估（Bowman，1989）。中国的政治和科学似乎在追求类似的目标：寻求终极的社会效益性和个人行为效能（Smith，1991）。

如同希腊哲学家的思想扩散到地中海的周边区域，中国哲学家的思想也传遍了整个东亚。两千多年来，作为世界上人口最稠密的国家之一，其子民的思想深受孔子（Confucius，约公元前551—前479）学说的影响。孔子并没有编著书籍，他的学说是通过他的学生、他学生的学生与广大的追随者和评论者保存下来的。在希腊，有些哲学家的学说也是通过类似的方式流传至今。

儒家学说以道德规范的形式呈现，可以与古希腊伊壁鸠鲁、苏格拉底和斯多葛学派的观点相比较。孔子和他的追随者将其观点立足于"仁"这一概念，它是指一个人想要成为真诚、富有爱心之人的终身决定（Tu，1979）。善良的和有效的行为是其关注的核心。孔子相信任何人都能成为一个善良的人，关键在于这个人对于修身的决心。无论一个人多么成功，他都必须追求变得更善。即使实际的成就可能

非常小，但只要付出了真诚的努力，这个人就是善的。自我完善是无止境的。

在孔子看来，理想之人应该是一个和谐的人，是一个不会因害怕不愉快的结果而在正确事情面前止步的人。我们没有理由崇拜神明，人们可以提升自己，不惧神明而获得快乐。人们必须爱他们的家庭和邻居，必须尊重权威、遵守法律，必须避免破坏社会秩序并学会如何接纳它。教学应该推动社会目标（Lee，1996）。孔子还倡导，无论个人能力如何，所有人都应该接受教育（Higgins & Zheng，2002）。

人类拥有道德的善吗？伟大的中国哲学家和孔子的追随者孟子（Mencius，约公元前372—前289）认为，人性天生是向善的。人们行善是因为他们本来无私。在孟子看来，人与动物的区别在于，人类拥有做出道德行为的理性和能力。有人则挑战了这种"人性本善"的观点。比如，孔子的另一位杰出追随者荀子（Hsun Tzu，公元前298—前238）认为人性本恶。如果没有教育，人们很可能会追逐私利，行为变得像动物一样。人们学习道德行为只是出于对惩罚的恐惧。

▽ **网络学习**

孔子。阅读本书同步网站上的孔子传略和相关信息。

问题：孔子认为利他主义可以在特定的条件下习得。这种条件是什么？他所谓的"小人"（petty men）是指那种人？

CONFUCIUS.

孔子认为，人们可以提升自己、不畏惧神明而获得快乐并尊重传统和权威。他的观点对中国文化具有重大影响。

孔子及其追随者提出了许多原创的观点，它们逐渐融入中国的习俗和法律。儒家思想还被视为政府的官方哲学。政府甚至召集重要的学者来阐述儒家学说的真谛（Fairbank & Reischauer，1989）。

2.3.7　整体论与和谐

众多中国哲学家所发展出来的一个显著特征是**整体论**（通常被称为整合论）。这一概念认为，世界和身体中的一切事物都是相互联系的。整体的思维模式基于某种假设，即所有事物都存在于两个著名的中国概念——阴与阳的整合之中，阴与阳是相互对立的，但同时在时空中又是作为整体相互联系的（Peng & Nisbett，1999）。阴与阳相互联系的思想也见于其他早期的中国思想体系。比如，董仲舒（Tung Chung-Shu，公元前 179—前 104）将人体与自然联系起来，并做出这样的类比：人体的关节数就如一年中的日月，人体器官就如自然界的基本物质，比如火、水，等等。根据董仲舒的说法，人类本性与阳联系在一起，阳是良善美德，而阴则是自然情绪的一种形式。阴是黑暗的、女性的、柔软的和隐蔽的，阳则是明亮的、男子气的、坚硬的和开放的。良善的能力深埋于人的本性，但可以通过训练和教育将其恢复。人们必须约束自己的情绪和欲望，以理性态度取而代之。

中国没有像基督教、伊斯兰教或犹太教那样具有严密组织的宗教。然而，中国有一个被称为**道家**（Taoism）的非常有影响力的观念体系，它由一系列的哲学－宗教观点组成，挑战了儒家传统，但又与之共存数世纪。道家的创始人被认为是老子（Lao-Tse，公元前 604—前 531），他与孔子是同一个时代的人。道家促进了个体美德和人格特质的发展，比如同情心、仁慈、自我约束和谦逊。道家认为，人类应该与自然和谐共处，宣扬朴素和健康的生活方式（Mote，1971）。

像印度哲学家一样，道家对相互关联的事物的和谐性给予了极大关注。这种对和谐的强调与道家对健康的生活方式、治愈和疾病预防的兴趣有关。对今天的心理学家来说，最有价值的是道家关于应对衰老、疲劳和压力之影响的观点。道家对于健康和活力非常关注，他们对草药的医疗药理进行了实验，开发了保持身体健壮和青春的体操和按摩体系（Bokenkamp，1997）。许多早期的道士对财富、名望和社会地位不屑一顾。道家经常被视为是儒家的对立面，但它并没有对中国的社会结构产生威胁（Welch，1957）。

与希腊一样，印度和中国的古老传统都创造了一系列精致的关于行为、情绪、思想和其他精神活动的观点。与印度思想家主要关注思维的复杂性、认知及其扭曲不同，中国哲学家首先关注的是道德问题和社会问题。然而，如果说这些是中国哲学家独有的兴趣，那可就大错特错了。印度、中国和希腊的学者都发展出了关于个体、社会角色、认知和人们控制自身行为结果之能力的卓越世界观。最重要的是，所有这些传统都强调生理与精神过程的相互关联性，也强调了人类行为和思想的和谐与平衡的意义。图 2-1 对不同的传统进行了清晰的比较。

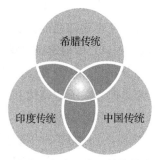

图 2-1　希腊、印度和中国传统的兴趣交叠

知识检测

1. 仁是指一个人想要成为真诚和友爱之人的终身决心。这一概念与以下哪个选项有关？

　　a. 孔子　　　　　　　b. 老子　　　　　　　c. 整体论　　　　　　　d. 道教

2. 请解释"阴"与"阳"的概念。

2.4 第一个千年之交的心理学知识

与此同时，希腊的科学与文化对其他地区和文明的影响是十分重大的。希腊的许多著作出现了翻译版本。罗马、北非、中东、波斯和世界其他地方的杰出思想家都向希腊人学习。然而，其他文化也发展出了自己原创的心理学观点和理论。

2.4.1 罗马人：哲学与科学中的心理学知识

罗马帝国的统治维持了将近500多年，直到公元476年崩溃瓦解。罗马人认为自己身负统治和教化的神圣使命。例外主义和使命感为罗马精英提供了智力武器，为奴役、暴力和镇压群众的行为进行辩护。另一方面，罗马人保存并发展了西方文明的精神遗产。他们对希腊人的科学成就印象深刻。希腊语在罗马帝国非常流行，大多数受过教育的罗马人都能流利地使用它。从心理学历史的角度来看，罗马人最重要的遗产在于医学领域内的学说，以及他们关于人类行为、道德选择和个体控制决策后果的能力的成熟的理论体系。

1. 医学基础

在罗马的科学与医学界，最著名的人物之一当属盖伦（约129—200），他是一位具有希腊渊源的医生和作家。盖伦出生在小亚细亚的帕加马，成长于一个有教养的小康之家；之后他定居在罗马，在那里创作了自己的大部分作品。在心理学的历史中，盖伦因为他关于灵魂、神经系统的结构和功能与身体平衡（bodily balances）的观点而引人注目。

根据盖伦的观点，生命的基础力量是普纽玛，它以三种形式存在。第一种普纽玛位于大脑，负责想象、推理和记忆。第二种是活力普纽玛（vital pneuma），以心脏为中心，调节着血液的流动。第三种普纽玛位于肝脏，负责营养和新陈代谢。诸如想象、推理和记忆这些理性的能力位于脑室。大脑从心脏处接受活力普纽玛，后者掺杂在多血质体液（血液）之中。然后，大脑将其提取并储存在脑室中，再通过神经从脑室分散到全身。普纽玛这种循环机制控制

了肌肉、器官和全身的活动。肝脏负责欲望，心脏负责情绪，大脑控制着推理。

盖伦将神经系统比作一棵树。神经通道就像树枝，其中充满了物质，这种物质就类似于大脑中的普纽玛。我们有两种类型的神经：第一种是柔软的，它将感觉器官与大脑连接起来；第二种更为坚硬，它将大脑与肌肉连接起来。每种感觉器官都有自己的普纽玛；也就是说，眼睛有一种视觉普纽玛，耳朵包含一种听觉普纽玛。人们并不了解感觉器官之中发生了什么。只有大脑中的普纽玛才使个体产生知觉（Scarborough，1988）。盖伦还区分了两种类型的身体活动：对于胃、心脏、肺和其他器官来说，无意识活动是它们典型的活动状态；而其他运动则是有意识的，它们受灵魂的控制。这是对于反射活动（很久之后的称呼）的一种早期观察。

罗马的医学传统主要来源于早期的希腊研究，其中包含了关于体液及其失衡，以及它们对情绪和行为之影响的主要观念。举个例子，根据盖伦的观点，大脑中的身体物质直接影响到个体狂躁和抑郁的症状。血液的质量影响到情绪，比如，热的血会引起无法控制的愤怒。强烈的情绪对人而言是有害的，因此，个体必须通过平衡自己的体液从而平复自己的情绪。环境和情境因素同样也可以引起严重的情绪问题。西塞罗（Cicero，公元前106—前43）和阿瑞特斯（Arateus，30—90）提出：那些罹患忧郁症的个体，在他们的身体或者生活中具有导致情绪问题的诱发条件。根据西塞罗的观点，这些情境因素包括恐惧、悲痛和缺乏理性。

2. 道德行为

在罗马，有一个卓越的哲学流派产生于希腊斯多葛学派哲学家所创建的传统。至于罗马斯多葛学派的完整著作，我们今天可见的只有塞内加（Seneca，前4—后65）、爱比克泰德（Epictetus，约55—135）和马可·奥勒留（Marcus Aurelius，121—180）等人的作品。其中大多数著作聚焦于道德行为，讨论职责、道德选择、理性和自由意志。马可·奥勒留强调了美德的重要性，比如智慧、公正、刚毅和节制，并认

为道德生活可以带来幸福。他还相信神的旨意已经将理性置于人们身上。作为一位罗马皇帝，马可·奥勒留谴责基于道德基础的暴行，他希望根据伦理标准而不是政治尺度进行统治（他知道这在现实中有多么困难）。

对于罗马斯多葛学派来说，个体存在的终极目标在于获得一种摆脱即时享乐的心态。不幸的是，大多数人都是自己激情的"奴隶"。虽然如此，人们也拥有理性的头脑，可以让他们摆脱令人烦心的情绪，比如对死亡的恐惧。即使当人们学习去践行理性时，他们也不应该试图改变这个世界，相反，人们必须去适应世界。那些懂得这种智慧的人才能收获幸福。这种将道德职责和接受个人命运置于中心地位的观念，后来得到中世纪盛期许多欧洲哲学宗教传统内的学者的拥护（Yakunin，2001）。

罗马思想家在心理学历史中扮演了什么角色？首先，他们保存并巩固了传统的希腊人关于灵魂及其结构和功能的观点。罗马哲学家，特别是第一个千年之初的罗马哲学家，将他们的注意力转向道德行为、自我约束和节制，他们强调理性、耐心、善意和希望的重要性。罗马人巩固了人类情绪的分心作用的观点，同时也强调了自我控制的重要性。他们对理性给予了极大关注，并将其作为一种高级的认知形式——相对于感觉和情绪而言。古罗马的科学家为解剖学和生理学做出了巨大贡献。像希腊人和中国人在自己的思想传统所做的一样，罗马人也强调平衡人体内自然过程的重要性。

古希腊和罗马的学者有时运用宗教学说为自己关于道德或命运的观点辩护，或者用它们来解释宇宙的根本。随着基督教的发展，宗教开始在科学和哲学中扮演日益重要的角色。经过几个世纪，有组织的宗教事实上完成了它对心理学知识的垄断。为了了解宗教对于心理学的初期影响，我们需要把目光转向经院传统（Scholastic tradition）。

2.4.2 早期基督教传统：灵魂的不朽

在第一个千年之初，基督教的传播范围远远超出了它的发源地——耶路撒冷地区。基督教社团在罗马帝国东部的各大城市中均有成立。关于耶稣的一生及其教义的福音书，也就是为人熟知的《新约全书》，在地中海区域广为流传。3 世纪早期，《新约全书》由希腊文翻译为拉丁文，因此让基督教找到了数百万新的教徒。4 世纪时，基督教成为罗马的官方宗教，并且后来成为欧洲文化不可或缺的一部分。宗教对教育和科学的影响也日益增加。哲学渐渐成为**神学**（theology）的一部分，后者研究上帝的本质和宗教真理。神学又逐步扩大它对心理学知识的垄断。中世纪主流的西方基督思想流派——**经院主义**（scholasticism），正是基于对宗教教义的批判性讨论而建立的。经院主义者经常参考亚里士多德及其之后评论家的著作。

基督教传统的早期创立者普罗提诺（Plotinus，204—270）同样也是新柏拉图主义的创立者。他将自己的学说立基于柏拉图的主要观点，历史学家经常将普罗提诺视为希腊哲学晚期运动的代表者。他的观点出现在 6 本书籍当中，每一本都包含 9 篇文章或 9 个章节。因此，他的著作被命名为《九章集》（*The Enneads*），这个词源于希腊文 ennea，其意思为九。普罗提诺发展出一种复杂的认知理论，该理论认为大脑（mind）在塑造或规整知觉对象的过程中扮演的是主动角色，而不是被动地从感官经验中接受信息。

在普罗提诺的学说中，与心理学相关的核心概念是灵魂。他认为灵魂是一种神圣的、非物质的、永恒的实体，它拥有三种功能。第一种功能让灵魂与永恒相联系——与绝对的、神圣的、完美的灵魂相联系。第二种功能让灵魂与身体和个体的感觉相联系。第三种功能让灵魂可以自我反省，从而了解自己的过去和现在。通过"低级的"功能，灵魂经受了存在的戏剧化——它受苦、遗忘、染上恶习，等等；而通过"高级的"功能，灵魂不受污染并保持神圣的状态。

普罗提诺对美丽事物的知觉同样也进行了评论。他写道，物体之美基于它所展示出来的整体性——这种说法与 20 世纪格式塔心理学的一些基本假设类似（第 9 章）。他解释道：美不仅仅是人类心智的产物，它还是一种拥有神性的概念。美接近上帝，而丑陋是由于脱离整体而趋向邪恶，脱离精神而趋向物质。

举个例子，当人们卑鄙下流时看上去就是丑陋的。当灵魂从物质实体中得到净化，它就会变得接近于理性和美。比如，变得勇敢意味着将自己从对肉身死亡的恐惧中解脱出来，而这就是美。

普罗提诺关于认知的理论观点相当精确。他对灵魂创造自身体验之主动功能的假设，可能与今天一些最迷人的认知理论相类似（Scholl，2005）。而另一个与当今心理学有关的领域则是对罪疚及其心理因素的研究。

2.4.3 罪疚和罪恶的心理基础

对哲学和心理学一项长久的贡献来自奥古斯汀（Augustine，354—430）。他出生和居住在北非的罗马帝国，也就是今天的阿尔及利亚。作为一名有创造力的思想家和多产的作家，他生活在罗马帝国开始土崩瓦解的时代，它遭到众多入侵者的破坏，被自身的社会和政治问题所削弱。新分离出来的小型国家开始发展并替代原有的帝国。对许多同时代的人来说，这种快速的变化标志着世界的终结：权威、秩序和生活方式——人们数世纪以来所熟悉的形式都在土崩瓦解。人类那不可更改的暴力和破坏性显现出来了。然而，作为米兰（现属意大利）的一名教授，后来成为一名宗教官员的奥古斯汀，运用宗教重新建构了他的乐观主义。他提出用心理方案来解决人们的问题。正是从奥古斯汀开始，基督教后来继承了自身在罪疚（guilt）、罪恶（sin）和性方面的立场，而这种观念直到今天仍然嵌入在许多传统的信仰、价值观和风俗之中。

像今天我们大多数人一样，生活在数百年前的人们也试图解决他们自身的不安全感。在成年早期，奥古斯汀对他个人的野心、性和选择正确的世界观感到迷茫。他研究了柏拉图的学说。为了更接近上帝，他尝试了各种形式的宗教神秘主义。成年之后，他信仰了基督教，他开始寻求对人类罪恶的解释。奥古斯汀开始相信，有一种单一的动机力量可以解释人们犯下的所有罪行。这种力量就是意志（will）。罗马基督教徒通常采用这个词来解释行为。他们认为人类拥有自由意志，也就是说，人们对于自己的决定负有责任。如果是这样的话，人们为何又要故意犯下罪行呢？他的回答是，不只存在一种意志，而是两种。

1. 意志的双重性

奥古斯汀阐述了两种意志的原理。精神意志被称为**博爱**（caritas），是指良好的意图、道德行为、自我约束和美德。还有另一种负责罪恶行为的肉欲意志被称为**贪爱**（cupiditas），它是指过度的欲望、暴力和贪婪。贪爱和博爱彼此不断地斗争。它们将自我分割为斗争的两方：欲望对贞洁，贪婪对自我控制，渴望对节制。财富、权力或物质财产并不能为一个人带来精神的救赎。只有精神意志才能够做到。接纳精神意志就是走在向往上帝的路上。不幸的是，肉欲意志的力量会一直干扰人们去做正确的事情。在《忏悔录》（Confessions）中，奥古斯汀举了这样一个例子。有一天，当他坐在书桌前时，他发现了一只正在织网的蜘蛛。奥古斯汀便放下手中应该去做的工作，无所事事地观察起了这只蜘蛛。这就是过失：没有参与到应该要做的事情当中，而是被肉欲自我的懒惰欲望所干扰（Hooker，1982）。

2. 人类的性

奥古斯汀认为人类的性是肉欲意志的一个特征。为了确保在人生中选择正确的道路，人类应该压制性欲，将性只作为生育目的，并追求绝对的贞洁。这是奥古斯汀理论的基本元素，它被欧洲的基督教机构所接受并推崇了数个世纪。这一观点不仅促成了许多性禁令，它还为公共道德、自我表现、罪疚和羞耻的性质、良好的教育甚至心理障碍奠定了论调，后者将在第6章至第8章中进行论述。对于欧洲思想来说，奥古斯汀关于人类意志双重性的理论是最基本的遗产之一：首先在神学中，其次在哲学和文学中，最后在20世纪西格蒙德·弗洛伊德、卡尔·荣格及其追随者的心理学中。

为什么奥古斯汀的观点在欧洲神学和文化中受到了如此持久的拥护？为什么罪疚成为许多人信仰的一种特征？让我们把目光转向对于个人的一些观察。我们当中有多少人会因为超出我们控制的厄运而接受责备？在你并不该承担责任时去说"我应该为此事负责"，这似乎是不合逻辑的，特别是我们看到周围有那么多人否认自己的错误行为。然而，自责也可能是合乎逻辑的。当遭遇一场疾病、一场事故、一次失败或其他严重困境时，你更倾向于感到罪疚还是感到无奈？如果我们责备他人或感觉无奈，我们并不是在解决所面临的问题。另一方面，罪疚可以帮助我们调动自身的心理资源去解决所面临的困境。根据基督教的教义所言，我们感到罪疚，是因为我们与亚当和夏娃的原罪有关联。这种罪疚感可以帮助一些人解释为何有时厄运会降临在好人头上（Pagels，1989）。

那么，奥古斯汀1500多年前表达的观点对于今天的你仍有意义吗？一些心理学研究为奥古斯汀的假设提供了支持。琼·坦尼和朗达·迪林（June Tangney & Ronda Dearing，2003）的研究显示，人们在知觉到错误行为的情况下意识到自己的罪疚，这种意识可以成为一种治疗手段，帮助人们避免严重的焦虑问题以及其他情绪问题。根据当代研究的观点，罪疚是一种强有力的、可以解释和调节行为的个人资源。

奥古斯汀对灵魂也进行了广泛的观察。在他看来，植物和动物同样拥有灵魂——这是一种根植于早期希腊学说普遍观点，特别是亚里士多德的学说。另一个与亚里士多德学说相似之处是，他认为人类灵魂的内在能力可以协调感觉。人类的灵魂是非物质的、不朽的。这种内在能力将各种感觉信息联合，并在这个综合的结果之上做出评判。人们可以通过自我理解和观察自己的想法和情绪进行学习。这个观念后来出现在涉及内省法的研究中（第4章），而这个方法是19世纪一种非常流行的心理学方法（见表2-5）。

表 2-5　经院时期的心理学知识：概览

心理现象	知识来源	主要发现
行为及其原因	宗教学问、观察和概括、神话学、医学研究	人类可以练习理性行为，节制是最理想的行为
认知	宗教学问、观察和概括、神话学、对感觉器官的研究	灵魂的存在被公认是一种不朽的、非物质的实体
情绪	宗教学问、观察和概括	情绪调节行为，但经常变得令人烦扰
特殊知识	宗教学问、观察和概括、神话学、医学研究	积累了关于人类行为和内在经验的具体事实

2.5　中世纪盛期知识的进一步发展（11 世纪～ 14 世纪）

中世纪作为一个新纪元，开始于西方罗马帝国的瓦解——尽管历史学家对于精确时间存在争论。欧洲的中世纪盛期是一个经济发展的时期，也是一个从早期暴力和政治混乱中复苏的时代。新的农业方式的发展、全球气候的变暖和战争的减少，都使得农民可以生产更多的食物：这些因素促成了人口的增长、城市的进一步发展和社会的相对稳定。天主教是欧洲大多数人的宗教信仰，它是一个极具影响力的机构，影响着人们生活的方方面面。经历一个衰落期之后，教会恢复了它的影响力，而修道院继续成为教育、科学和哲学的中心。尽管修道院里的生活非常艰苦，大多数僧侣从事繁重的体力劳动，但这些地方还是在哲学和神学领域产生了许多多产的思想家。托马斯·阿奎那就是其中一位。

2.5.1　基督教神学：恢复亚里士多德的声誉

托马斯·阿奎那（Thomas Aquinas，约 1225—

1274）出生在意大利那不勒斯地区一个富裕和有影响力的家庭，并在他叔叔担任院长的修道院里接受教育。托马斯（历史学家通常这么称呼他）继承了亚里士多德的传统：他认为灵魂是身体为其赋予生命和能量的形式。托马斯还补充道：失去身体的灵魂是没有个性的，因为这种独特性来自物质。因此，身体的复活——一种重要的基督教信仰，对于个体不朽这一观念至关重要。托马斯·阿奎那沿袭了亚里士多德的许多假设，并且区分出灵魂的五种能力：第一种是生长能力，与营养、生殖和成长有关；第二种是感觉能力，包括高级的认知功能；第三种是运动能力，它的职责是负责运动；第四种是欲求能力，它涉及动机和意志；最后，第五种是智慧能力，是理性的最高形式。

在托马斯看来，人类认知不仅仅是一个被动的过程——在这个过程中，物体放射出原子，碰触身体继而引起感觉。灵魂在感觉特别是复杂的思维过程中应该扮演了一种主动的角色。作为第五种能力，智慧是人类的无上之宝，它使人类成为万物之灵。尽管各种感觉可以准确地描绘现实，但其准确性仅仅处于某种程度之上。只有第五种能力可以引导一个人去理解物质世界和人类生活。而且，灵魂能够理解自我并认识到它独特的、非物质的起源。

正如你注意到的，托马斯·阿奎那的观点与亚里士多德的立场有几分相似，特别是他们关于灵魂的结构与功能的观点。然而，与亚里士多德有所不同，托马斯相信灵魂的非物质本性以及它独立存在的可能性。亚里士多德没有运用上帝的概念来解释他的认知理论。相反，托马斯认为上帝这一概念对于理解认知活动至关重要。亚里士多德还赋予了环境在思想形成过程中更重要的角色，而托马斯认为高级的心理过程应该被理解为属于灵魂自身的一种过程。

总而言之，经院传统和早期基督教传统的思想对于心理学历史有什么样的影响呢？在某种程度上，心理学知识发展成为基督神学和希腊哲学的一种象征性联盟。许多希腊哲学家特别是柏拉图和亚里士

多德的著作，得到了彻底的分析和批判性评价。实际上，分析学术著作时使用的批判性思维方法，它的起源之一就是早期的经院传统。一项长达数世纪的对个人行为的道德基础的研究在中世纪时期继续开展。关于自由意志、罪疚、情绪、理性、信仰和怀疑——人类复杂的心理经验的各种特征的讨论，在经院主义中接受了它们早期的批判性评价。

在第一个千年早期和中世纪鼎盛时期，基督教神学对欧洲心理学知识的发展具有重要的影响。与之类似的是，公元 7 世纪伊斯兰教诞生后的第一个千年，伊斯兰教神学对中东、北非部分地区和中亚地区的哲学和科学也产生了重要的影响。

2.5.2 早期阿拉伯和伊斯兰文明中的心理学观点

在蓬勃发展的伊斯兰世界，很多地区出现了一些原创和独立的思想学派，这些学派的精神和政治影响遍及了中东的阿拉伯半岛。在宗教传统的院墙之外，那些创造性的思想继续绽放。促进科学观念广泛传播到辽阔的地理区域，其中一个重要因素是共同的语言。正如在古希腊文明中，当时希腊语主导着地中海地区；阿拉伯语则成为中东和北非大多数受教育圈内的交流语言。举个例子，盖伦和希波克拉底的学说的阿拉伯语翻译版本，在中东学者之间产生了巨大的影响。依据盖伦的描述，中东的许多医生认定肝脏是愤怒的居所，勇气和激情与心脏有联系，恐惧与肺部存在关联，欢笑与脾脏有关，贪婪则与肾脏有关（Browne，1962）。

正如在欧洲一样，居于中东的学者也精于多个领域。一位学者可以同时身兼哲学家、天文学家、自然科学家、医生和诗人等多种身份。许多哲学家践行医学，而医生们又撰写出精妙的哲学文章。巴斯兰·肯迪（Basran al-Kindi，约 865 年）是一位杰出的阿拉伯哲学家，他是一位哈里发⊖之子的私人老师。他研究了亚里士多德和柏拉图的学说，并宣扬了对知识进行批判质疑的必要性。法拉比（Al-Farabi，870—950）身上流淌着波斯血统，出生于中亚的

⊖ 哈里发，伊斯兰领袖的称呼。——译者注

土耳其斯坦，他试图将亚里士多德和柏拉图的思想与苏菲主义（Sufism）相融合，后者是一种伊斯兰传统的神秘思想。据统计，法拉比撰写了 117 本书籍，并受雇于许多有权力的人。

法拉比对知识的范围和有效性进行了研究。他确定了三种类型的社会团体，这是一项对我们现在称作社会心理学学科的早期贡献。他采用了寓言（allegories）来描述这些团体。举例来说，理想的社会团体被比作一座美德（virtuous）城市。这座城市中的人们善良且快乐，就像一个健康身体的四肢功能健全一样。还有一些其他的团体，人们在其中表现出不同类型的行为。法拉比把他们称作愚昧（ignorant）城市、荒淫（dissolute）城市、叛徒（turncoat）城市和迷失（straying）城市中的居民。这些城市中的居民，他们的灵魂遭到污染并面临着灭绝的可能。而在美德城市中，人们通力合作收获幸福。合作是可以为所有人带来幸福的行为（Fakhry，1983）。

1. 希腊的影响

许多中东的希腊文化研究者（Hellenists）——希腊思想传统的支持者认为，人们是由理性来指导的。在他们的自然观中，真主的功能被简化为万物的缔造者或者普遍的智慧。正如你可以预见的，这种观念与伊斯兰学者最基本的立场并不匹配，而这些学者的影响日益增长，而且他们经常不欢迎外来的理论。

尽管存在阻力，还是有许多人尝试将希腊学说与伊斯兰学者的观点结合起来。比如，在伊斯兰教神学的形成期，所谓的穆尔太齐赖派（Mutazilites，大约 9 世纪及其后期）就推行关于自由意志、理性主义和亚里士多德逻辑学的学说，并试图将它们与宗教教义相结合。伊本·鲁世德（Abul-Walid Ibn Rushd），欧洲人更熟悉的名字是阿威罗伊（Averroes，1126—1198），他在捍卫希腊哲学、抵御宗教学者的批判方面扮演了至关重要的角色。阿威罗伊的观点让他在欧洲大受欢迎，特别是他关于亚里士多德的评注，在中世纪学者中引发了热烈的讨论并且重新燃起他们对希腊哲学的兴趣。

伊本·海赛姆（Ibn al-Haitham），也就是西方学者所熟知的阿尔哈曾（Alhazen，965—1040），他出生在巴士拉（今伊拉克），但在埃及执教，并在那里度过了一生。心理学家应该承认他基于视觉实验所做的有价值的观察。他反驳了托勒密和欧几里得关于视觉的理论，他们两位认为物体被看见是因为眼睛放射出光线；阿尔哈曾则认为，光线来源于被看见的物体而不是眼睛。他精确地描述了眼睛的各个部位，并对视觉过程做出了科学的解释。而且，他还尝试解释了双眼视觉，并对日月接近地平线时明显增大做出了正确的解释——这为很久以后 20 世纪的知觉恒常性这一概念拉开了序幕。

2. 医学传统

伊本·西那（Ibn Sina，980—1037）为心理学知识做出了重大的贡献，对欧洲人来说，他的拉丁文名字阿维森纳（Avicenna）更为人知晓。数世纪以来，他的学说在世界各地影响了一代又一代人的思想。他最重要的两本著作是《治疗之书》（The Book of Healing）和《医典》（The Canon of Medicine）。尽管阿维森纳接受了亚里士多德的许多思想，但这两位学者之间还是存在显著区别的。举个例子，像亚里士多德一样，阿维森纳也描述了灵魂的三种功能。然而，阿维森纳认为心理机能的中心在大脑，而不在亚里士多德所认为的心脏。阿维森纳还主张，灵魂包含了抽象概念，即一种独立于直接知觉的高级反映。抽象概念无法作为经验的结果而形成，它们必须先于经验而存在。一个想法可以不依附于既存的物体而存在于我们的头脑里。当我们在制作一张椅子之前构思它时，关于这张椅子的想法在它被制造之前就已经存在了。这意味着实物可以经由理想的概念而产生。

阿维森纳继承了盖伦关于生理和心理的学说，并提出一个心理过程的生物模型。他假设人体神经包含了许多特殊的末梢。一种蒸汽般的物质通过神经往返于身体表面与灵魂之间。伊本·西那是最早对知觉进行实验的科学家之一。他提出，如果一个色盘按照一定的速度旋转，那么它会只呈现出一种单一的颜色。

根据他的观点，记忆是知觉的总和，情绪伴随知觉；而且，情绪还会影响身体及其功能：愤怒可以使身体发热，悲痛使身体干枯，而伤心使身体虚弱。阿维森纳坚信，黑胆汁和黏液混合会引起抑郁症状，比如不活跃、消极和沉默；相反，黑胆汁与黄胆汁的混合可能引起狂躁症状，比如激动和欢欣兴奋。

▽ **网络学习**

伊本·西那。有关他的传略和相关信息已上传至同步网站。

问题：在感官知觉、记忆和想象力之外，伊本·西那还讨论了评估（estimation）。他所说的评估是指什么？

3. 社会行为观点

对于人格特质和行为选择与真实行为之间的联系，早期的伊斯兰教学者表达了许多不同的观点。比如，认为自己是一个道德的人就足够了，还是必须要参与道德的行为？这些观念与今天的我们息息相关，因为它们强调了关于道德行为来源的争论。举个例子，我们可以在理论层面谴责暴力行为。但是，如果这种暴力行为是必要的，它可以帮助一个被非法囚禁的人呢？

与欧洲和亚洲的哲学家的学说一致，大多数中东思想家也推崇行为禁欲主义或戒除物质享受。这意味着一个人应该践行节制，有规律地祷告，表现谦卑、宽容、忏悔和耐心，过朴实的生活。穆斯林被教导要以穆罕默德（Mohammed）的人生作为正确思想、决策和行为的标杆。他的人生是数百万伊斯兰教信徒追随的典范，就像基督和佛陀的人生之于他们的追随者一样。

许多起源于中东、伊朗和中亚地区的文学作品也涉及了个体的人格和社会行为，其中最广为流传的艺术形式是诗歌。菲尔多西（Firdawsi）、奥马尔·哈亚姆（Umar Hayyam）和尼扎米（Nizami）的作品如今在许多国家被翻译并为人知晓。我们从这些著作中了解到生活在数百年前的人们，了解到他们的激情和浪漫之爱、愤怒、嫉妒、傲慢和慷慨。

▽ **网络学习**

一个练习。"这是谁说的？"你会发现有许多古代思想家可能说出了特别当代的话语！试试你的直觉如何。请浏览同步网站。

总的来说，在保存起源于古希腊的知识方面，阿拉伯、中东和中亚的学者起到了重要作用。许多源自希腊的翻译作品出现在阿拉伯。数个世纪之后，许多包含这些翻译内容和批判性评价的阿拉伯书籍又被带回了欧洲。关于古希腊和罗马的大量发现都来自阿拉伯人的翻译作品！这些著作与其他因素一起，刺激了欧洲科学、医学和哲学的发展。在伊斯兰传统内工作的学者发展出关于心理活动的复杂知识，他们还研究了解剖学并确认了大脑和心理过程之间的联系，他们解释了记忆、知觉、想象和思维的基本机制。像希腊、罗马、印度和中国的学者一样，他们也强调了节制、理性抉择和强烈的道德观作为人类行为指南的重要性（表2-6）。

表 2-6　早期中东文明中的心理学知识：概览

心理现象	知识来源	主要发现
行为及其原因	伊斯兰学问、希腊学说、观察和概括、医学研究	人们做出理性抉择；影响行为的外部和内部因素
认知	伊斯兰学问、希腊学说、观察和概括、对感觉器官的研究	承认灵魂的存在。感觉器官精确地反映了现实，高级的认知功能拥有神圣的来源
情绪	伊斯兰学问、希腊学说、观察和概括	情绪调节行为但也会令人烦心
特殊知识	伊斯兰学问、观察和概括、神话学、医学研究	积累了关于行为、决策和道德选择的各种事实

2.6　评价

几个世纪以来，心理学知识出现在许多科学和文化传统中。那些新时期的学者强调物质世界与理想世界、身体与意识之间的区别，但是对于它们之间的互动又提出了不同的观点。那么这些观点又有多么不同？

2.6.1　不要高估差异

今天，对于所谓东西方身心互动观点之间的差异，我们应该予以承认而不是错误判断。这些差异确实是存在的，但它们没有那么夸张。简而言之，古希腊和罗马的学者没有将物质和精神彻底分离；与之类似，印度和中国的学者也不认为身体和心理密不可分。唯心主义和唯物主义既不是东方也不是西方独有的知识概念。

希腊人和后来的罗马人将感觉、知觉、情绪、思维和动机视为独立的过程。然而，它们并不是彼此孤立的。关于心理过程的互联性和复杂性的最早观点，可以追溯至希波克拉底的陈述和亚里士多德的综合逻辑学。印度和中东的学者也持有类似的观点。实际上，对于个体的整体观是那些学者的一项重大成就。这一观点使他们可以聚焦于各种心理过程之间的平衡、和谐和相互依赖（Peng & Nisbett，1999）。

欧洲、非洲和亚洲的学者对心理过程的生物学基础做出了卓越的假设。尽管从今天的视角来看，这些观点经常是错误的；但是对于大脑和神经系统在调节行为和心理功能中的作用，大多数古代学者做出了正确的假设。他们对情绪及其对行为的调节作用进行了出色的观察。同样如此，希腊和印度的学者相信理性选择的重要性大于即时的情感冲动和欲望。在罗马和麦地那（Medina），学者们强调健康的生活方式、理性和节制的重要性，这些都是今天健康心理学的重要基础。

毋庸置疑，这些传统之间存在许多差异。一方面，大多数罗马和希腊哲学家认为同性恋的情感和行为是正常的；另一方面，在伊斯兰和基督教的传统中同性恋是被彻底拒绝的。根据某些哲学家的观点，比如伊壁鸠鲁，人类应该成为独立的思想者，批判并且质疑他们所听到的话语；而根据其他传统（尤其是斯多葛学派和儒家的追随者）的观点，人们应该遵循规则、忠于社会并接受自己的命运。在印度教和佛教中，一个人会出生并重生很多次；而希腊人、罗马人、中国人、基督徒和穆斯林的传统却反对这种观点。佛教认为，个体就是一个自主的社会中心和精神中心，而其他传统对这种观点持怀疑态度。

2.6.2　精神传统内积累的知识是有价值的

如果认为所有发展于宗教传统的知识都是教条的且缺乏创造性，那也是不正确的。当然，有组织的宗教，无论是伊斯兰教还是基督教，都为研究主题设立了界限。我们将在后面看到，宗教机构如何反对心理学中的实验研究。宗教经常要求将信仰置于经验或科学实证之上。然而，宗教的教义还是为其中许多学者提供了激励和指导，这些宗教包括伊斯兰教、基督教、佛教、印度教、犹太教、道教和其他宗教系统。对于全世界宗教的语义分析显示，这些宗教都强调类似的基本人性优点，包括公正、人性、智慧、节制，并为人们提供关于自我提升的知识（Dahlsgaard, Peterson, & Seligman，2005）。这些宗教将灵魂理解为一种非物质的、独立的、永恒的、活跃的物质，同时也是一种可以与身体相分离的物质。总的来说，这种理解与许多当代关于心理过程性质的观点相一致，后者强调心理的积极特质、意志的作用和个体责任、毅力和自我调节的重要性。心理唯心主义（psychological idealism），这种被许多宗教思想流派所支持的立场，同样也是 19 世纪和 20 世纪许多科学理论的基石。

2.6.3　欧洲和亚洲的哲学家有"独特思想"吗

在希腊和罗马的学者、中国和印度的哲学家和在某种程度上的中东学者之间，保留着一个有趣的问题，即他们各自是否存在"独特思想"。我们试图提议：希腊人建立了一种普遍适用的知识体系，让人们遵循自然（生理）和哲学（形而上学）的视角来理解心理现象。在中国，情况恰恰相反，基础性的知识主要是对人际网络中人们社会行为的效率原则的理论论证，这些人际网络包括地方社区、家庭，等等（Kleinman & Kleinman，1991）。在印度，系统性知识主要被人生的认知方面所占据：对自我、知觉和思维的本质和人类知识正确性的理解。中东的科学和哲学则夹处在东方和西方之间，因为它部分源于希腊哲学家的发现，部分源于自身在自然科学和医学中的科学探索，此外，它还在伊斯兰神学的框架内发展出自己独特的心理学视角。

这些论据在某种程度上是不完整的。大多数学术传统中发展起来的知识是非常广泛的。印度人研究认知，希腊哲学家也研究认知。对于幸福和无焦虑存在（anxiety-free existence）的研究出现在许多学说中，不仅是印度哲学家的著作，还有许多其他人，包括亚里士多德、塞内加和伊壁鸠鲁。在特殊心理观察的广泛范围内，我们可以发现惊人的相似性。举个例子，过去的学者几乎都不约而同地强调诚实和努力工作是可取的行为，而酗酒和玩世不恭是不可取的。

在社会-心理和社会问题方面，大多数古代哲学家的观点是相当一致的。他们普遍鼓励女性参与社会事务，然而，大多数学者反对男女之间的平等，并坚持认为女性应该在家庭和地方事务中扮演传统角色。奴役被视作生活的一部分，是社会阶层中不可缺少的成分。此外，占星术在预测未来和避免灾祸方面非常流行。

结　论

尽管残忍的入侵、自然灾难和无数的重建毁坏了或者明显改变了早期文明的外在基础，但是新生代还是得以保存他们祖先智慧生活的核心元素。许多关于心理的重大问题在遥远的过去就已被提起，许多关于人类行为和经验的理论在人类文明的早期阶段也已被建立。这些问题和这些理论后来被发展、遗忘，然后又重新复活。多少世纪过去，我们再一次转向古代的遗产。

总　结

- 早期的心理观察最初出现在民间传说手稿、宗教经文和绘画中。尽管这些观察在今天看起来粗糙且不完整，但是使我们能够了解当时人们关于感觉、情绪、欲望、梦、意志和其他经验的知识。
- 今天大多数有源可寻的知识都可追溯到古代近东、古希腊和罗马、中东和北非，它们在今天通常被视作西方文明的根源。而非西方的文字资料主要来自中亚、印度和中国。
- 通过发展关于人类行为和经验原则的原创观点，希腊思想家为哲学和科学做出了卓越贡献。他们的观点为全球心理学知识的进一步发展奠定了坚实的基础，至少有五个主要的影响领域：（1）对灵魂的研究；（2）关于人类认知机制的学说；（3）对精神活动生物学基础的意见；（4）临床心理学领域的初步探究；（5）对社会行为的丰富观察。
- 与希腊传统一样，印度和中国的古代传统也发展出一种关于行为、情绪、思想和其他精神活动的复杂观点。印度教和佛教作为世界观，维持了它们对各种类型的心理学知识的影响。对于个体、社会角色、认知和人们控制自身行为结果的能力，印度、中国和希腊的学派都发展出了重要的世界观。
- 罗马学者保存并巩固了传统的希腊人关于灵魂及其结构和功能的观点。罗马哲学家还将他们的注意力转向道德行为、自我约束和节制。他们强调理性和耐心、善意和希望的重要性。
- 在某种程度上，经院传统的心理学知识发展成为基督教神学和希腊哲学的一种象征性联盟。
- 阿拉伯、中东和中亚的学者在保存起源于古希腊的知识方面扮演了重要的角色。此外，在伊斯兰传统中工作的学者产生了一种关于心理活动的原创和复杂的知识；他们还研究了解剖学，并确认了大脑与心理过程之间的联系；这些学者解释了记忆、知觉、想象和思维的基本机制。像希腊、罗马和中国的学者一样，他们也强调节制、　　　理性选择和强烈的道德观在引导人类行为方面的重要性。

 ## 关键词

Androcentrism　男性中心主义

Asceticism　禁欲主义

Atomism　原子论

Caritas　博爱

Chakras　轮穴

Cupiditas　贪爱

Emanation theory　流出论

Epistemology　认识论

Holism　整体论

Hylomorphism　形质论

Idealism　唯心主义

Material monism　物质一元论

Materialism　唯物主义

Melancholy（often melancholia）　忧郁（经常称忧郁症）

Nirvana　涅槃

Scholasticism　经院主义

Subjective culture　主观文化

Taoism　道教

Theology　神学

Transcendence　超越性

Yoga　瑜伽

网站资源

访问学习网站 www.sagepub.com/shiraev2e，获取额外的学习资源：

- 文中"知识检测"板块的答案
- 自我测验

- 电子抽认卡
- SAGE 期刊文章全文
- 其他网络资源

第 3 章

千年中期转型阶段的心理学：15 世纪至 18 世纪末

灵魂与身体一同进入睡眠。随着血液的流淌平静下来，一种平和安详的甜蜜感遍布整个机体。
——朱利安·奥弗雷·德·拉·美特利（1748）

学习目标

读完本章，你将能够：

- 理解 15 世纪至 18 世纪社会和科学的转型
- 解释文艺复兴、宗教改革和科学革命对心理学发展的影响
- 领会涉及认知、情绪、个体发展和人类行为的理论的多样性
- 将你过去的知识运用到今天心理学面临的当代问题上

社会背景：
文艺复兴
宗教改革
科学革命

托马斯·霍布斯
（Thomas Hobbes）
1588—1679，英国人
发展了唯物主义

勒内·笛卡儿
（René Descartes）
1596—1650，法国人
研究了反射，描述了
"灵魂的激情"

相互矛盾的哲学传统：唯物主义、唯心主义、二元论
相互矛盾的认知观点：理性主义和经验主义
相互矛盾的行为观点：人文主义和科学理性主义

1400   1500   1600

N. 马基雅维利
（N. Machiavelli）
1469—1527，意大利人
描述了关于行为的心理学

弗朗西斯·培根
（Francis Bacon）
1561—1626，英国人
描述了认知偏误

在中世纪，大多数人都活不过 50 岁，他们对自己的身体知之甚少；内科医生很少，而且他们对许多疾病束手无策；精神疾病则被忽视和孤立。为了理解他们自己的思想，人们在不朽灵魂和神圣指引方面心怀迷信和信仰。其中常见的信仰包括魔法力量、占星术、超感知觉、远程治愈、邪恶之眼，以及与亡灵对话的可能性。厄运和疾病通常都被归咎为邪恶的力量所致，比如魔鬼、精灵和女巫。

我们或许认为，21 世纪的人类已经克服了过去那种"天真"的心理信仰。我们倾向于将自己看作开化的、理性的、有科学知识的文明人。但是，我们真的变得这么科学性、受理性驱动了吗？我们完全摆脱了自己的祖先在 500 年前所相信的那一套了吗？我们已经摒弃了迷信吗？我们放弃了对超自然力量、超常能力、星座运势、"好"能量"坏"能量、超感知觉和远程治愈的信仰了吗？还没有。

在欧洲、亚洲、澳大利亚和美国，数以百万的人相信巫师的存在和被恶魔附体的可能性。数百万受过教育的人依旧寻求信仰治疗师（faith healers）的帮助来治愈身体和心理疾病。在全世界，人们都相信护身符的魔力，认为这些小物件可以带来好运或者保护身体免受伤

害或不幸。许多西方人避讳数字 666 和 13，而许多东南亚人则憎恶数字 4。有些人认为，如果看见一只黑猫穿过，厄运就有可能降临。有些人则相信占星术，并根据特定的星位来安排自己的生活。人们的信仰比起 500 年前真的发生了巨大变化吗？

答案没有那么简单。教育和科学使我们从许多迷信中解放出来。那些指引祖先生活的民间信仰在今天不断被质疑和验证。女巫不再被绑在火刑柱上烧死，而人们也不会因为坚持地球是圆的而被送上刑事法庭。然而，心理学的历史告诉我们，科学知识想要走进普通大众的心里和大脑从来就不是一件容易的事。科学知识的演化与社会及其发展的结合从未一帆风顺。

社会科学家把 500 年前在欧洲开始的巨大转型称为一场革命——它从根本上改变了人类文明的进程。我们将会了解到，15 世纪晚期至 18 世纪的转型并不是一场革命性的"飞跃"，而是一个关于新知识的持续性和批判性的获取过程。这个获取过程甚至持续至今。

约翰·洛克
（John Locke）
1632—1704，英国人提出了白板说

伏尔泰
（Voltaire）
1694—1778，法国人发展了教育、人文主义

拉·美特利
（La Mettrie）
1709—1751，法国人发展了唯物主义、机械论

孔狄亚克
（de Condillac）
1714—1780，法国人发展了唯物主义、感觉主义

伊曼努尔·康德
（Immanuel Kant）
1724—1804，德国人研究了认知、道德

1700

1800

贝内迪克特·斯宾诺莎
（Benedict Spinoza）
1632—1677，荷兰人创造了情绪理论

乔治·贝克莱
（George Berkeley）
1685—1753，爱尔兰人发展了唯心主义

大卫·哈特莱
（David Hartley）
1705—1757，英国人提出了联想主义

大卫·休谟
（David Hume）
1711—1776，苏格兰人发展了唯物主义和工具主义

让-雅克·卢梭
（Jean-Jacques Rousseau）
1712—1778，日内瓦人研究了道德、教育、人文主义

霍尔巴赫
（d'Holbach）
1723—1789，法国人提倡唯物主义、世俗主义

3.1 15 世纪晚期至 18 世纪末的转型

现代民族国家的最早原型出现于第二个千年的中期。在欧洲，这些新型国家体包括法国、英格兰、荷兰、西班牙，以及后来的瑞典、俄国和波兰。15世纪末期的亚洲东部，强大的奥斯曼帝国在打败拜占庭帝国之后势力大增，国土从土耳其绵延到伊朗，从埃及和北非绵延到西班牙。持续的宗教分割和无休止的领土战争摧毁了欧洲并导致了 16 和 17 世纪的经济衰退。虽然国王和女王手握无上的权力，但是发生在英格兰和荷兰的革命预示着一些国家的王权正在逐渐被侵蚀。而在另一些国家，比如俄国和奥地利等，君主制却在增强。放眼全球，对新殖民地的征服仍在继续。

第二个千年中期，同时也是波澜壮阔的航海时代。马可·波罗、克里斯托弗·哥伦布、瓦斯科·达伽马和斐迪南·麦哲伦为欧洲人带来了"新世界"；中国商人甚至远行并定居在非洲和阿拉伯半岛。航海让旅行者聚集在一起并分享新的信息。欧洲学者与奥斯曼土耳其人交流科学理念，并从他们身上学习包括公共管理艺术在内的其他事物。

尽管还没有普遍认同的理论来解释千年中期转型的全球复杂性，但是历史学家基本上就西方文明达成了一致。他们从三个基本的发展动态来描述这一时期：文艺复兴、宗教改革和科学革命。这些发展改变了全球的心理学知识。

3.1.1 文艺复兴

文艺复兴（renaissance）意味着重生。文艺复兴在意大利城邦从 14 世纪开始延续至 16 世纪，并发生在 16 世纪的法国、英格兰和荷兰等北欧国家。文艺复兴重新引入了古希腊罗马（经常被称为古典时代）在艺术、科学和教育方面的主要元素。考古发现和先前不为人知的科学手稿的出现，在某种程度上影响了对许多此类古典的重新探索。许许多多的手稿通过拜占庭学者之手带入西方，这些学者为了逃离奥斯曼帝国的先遣部队以及 1453 年君士坦丁堡（今天的伊斯坦布尔）的沦陷。

文艺复兴常常被拿来与所谓的黑暗时代做对照，后者即经常被描述为社会变革和科学发展停滞不前的中世纪。著名的瑞士艺术历史学家雅各布·布克哈特（Jacob Burckhardt）在 1860 年出版的《意大利文艺复兴时期的文化》（*The Civilization of the Renaissance in Italy*）中写道，文艺复兴在很大程度上关乎创新、世俗主义、狂热、理性，以及人们对于良好行为规范和荣誉之重要性的承认。与之相反，在"黑暗时代"，大多数人被禁锢于自己混杂着恐惧、错觉和偏见的天真信仰之中（Burckhardt，1860/2002）。这种宽泛的概括也许并不够准确。民众和社会并没有迅速地从"无知"转为"知晓"，也不会一夜之间从恐惧转为信任。文艺复兴时期是一个持续转型的时期，它对四种类型知识的范畴和性质都产生了影响，包括科学信念和大众信念。

对古典复发的兴趣燃起了人们对科学的关注。人们的兴趣变得越来越多样化，突破了神学、形式逻辑和几何学的藩篱，这些是大多数中世纪大学里的主要科目。一种反经院主义的情绪开始滋生。亚里士多德在哲学界不容置疑的权威性遭到削弱，学者们将目光转向柏拉图和卢克莱修、斯多葛学派和伊壁鸠鲁学派。人们对形式逻辑的兴趣转向了伦理学和社会学说，寻求快乐和幸福的秘诀成为新的风尚。

文艺复兴同样为高等教育机构带来了改变。尽管大多数学校对女性和社会低层人群的歧视根深蒂固，但是大学教育对于普通人来说越来越容易实现。越来越多的科学辩论在传统的学术机构之外开展。没有正式的学术或宗教头衔的普通人开始为科学做出重大贡献。

尽管欧洲被视作为文艺复兴的摇篮，但是其他文化传统中的科学知识同样也发展了。在奥斯曼帝国、波斯和中亚，数学家、哲学家、医生、历史学家和诗人层出不穷。波斯语和阿拉伯语一直是教育、科学和诗歌领域的主要交流语言，也是西至西班牙和东至喜马拉雅山脉广袤地区的主要书面用语。正如在欧洲一样，中亚的学者也汲取了希腊思想家的许多基本观念。在中东、伊朗和地中海沿岸的非洲，心理学知识在宗教传统和世俗传统中都得到了发展。然而，到了 17 世纪，一个显著的差异开始呈现。中东的伊斯兰思想开始渐渐地与神学接轨，而西方科学（包括心理学知识）却在不断地挑战神学，特别是天主教的教义。

在许多文艺复兴时期的科学家看来，数学定理和力学定律似乎可以用来解释人体功能和心理机能。

3.1.2　宗教改革

对欧洲天主教教会的强势地位影响最重大的变化当属宗教改革。由于对宗教教义和自私且经常缺乏职业道德的神职人员的不满，宗教改革运动的领导者在生活的各方领域挑战了教会的权威。马丁·路德（Martin Luther，1483—1546）的宗教学说激发了基督教的新教分支的诞生。路德的学说还鼓励人们质疑权威并为自己的决定负责。随着宗教改革运动在欧洲发展壮大，宗教信仰逐渐成为一个关于个人良知的问题。这样促成了对个人自由和权利的可能性的基础信仰（Spielvogel，2006）。个人主义作为一种文化现象，强调责任、勤俭节约、选择和隐私，这些都源自宗教改革时期。许多学者开始把人类视为受实践理性（practical reason）驱动的独立思考者（Gergen，2001）。

新教的宗教改革号召男女一起阅读圣经并参加宗教服务，这些新的宗教教义和实践直接或间接地为男孩女孩的联合教育打开了大门。全欧洲数百所新教学校对外开放，同时接收男生和女生。然而，在实际中，宗教改革总体上并没有为女性在教会和社会中的地位带来实质性改变。尽管支持男女平等的呼声渐涨，但那时大多数学者仍然认为从自然性甚至必要性来看，男女就是不平等的。

科学家同样挑战了宗教权威在知识和真理上的垄断。拉丁语作为学术交流语言的地位已流传数百年，如今却渐渐地失去了欢迎度和使用率。科学家转向使用他们自己国家的语言。

3.1.3　科学革命

西方文明发展的另一个重大转折是科学革命。新机器和设备的发明，比如望远镜、显微镜和其他测量仪器，使得新发现层出不穷（见表 3-1）。对于受过教育的人来说，大自然那神秘和不可预测的性质开始变得清晰，可以被测量。地球与其他行星一样，是一个围绕太阳运转的球形物体（正如哥白尼 1543 年提出的理论）。17 世纪是由许多精英大力支持新科学的社会和学术时代。

表 3-1　16 世纪和 17 世纪的科学发现：精选例证

1543 年，尼古拉斯·哥白尼提出了地球围绕太阳旋转的理论
1621 年，约翰尼斯·开普勒证明天体轨道不是圆形的，而是椭圆形的
1628 年，威廉·哈维收集了关于人体血液循环的证据，并在 1651 年阐述了胚胎学的主要原理
1638 年，伽利略·伽利雷提出了他的惯性理论
1641 年，威廉·吉尔伯特发表了他的磁学理论
1665 年，罗伯特·胡克首次向世界声明生命的最小活跃单元是"小盒子"，也就是后来所说的细胞
1687 年，艾萨克·牛顿阐明了运动定律

艾萨克·牛顿（1643—1727）在科学方面的影响是举足轻重的。他对运动定律的发现激发了许多思想家开始接受这一观念，即这些定律适用于自然界中所有的有机体。数学的公理和定理似乎足以解释人体的机能，甚至心理的功能。在牛顿的时代，希腊人的许多唯物主义观点，比如原子是构成所有有机体和物体的最小颗粒，似乎是恰当的。

尽管中国早就发明了印刷术，但是 15 世纪的欧洲一项最伟大的技术成就是独立发明了活字印刷机。

1455 年（一些资料显示为 1437 年），约翰尼斯·古登堡（Johannes Gutenberg）使用这台印刷机制作了第一本书。活字印刷术的发明意味着可以用更少的时间和费用来印刷更多的书籍。

▽ **网络学习**

访问同步网站，阅读哲学家兼公共管理者弗朗西斯·培根（Francis Bacon，1561—1626）的作品。他对当今心理学做出的诸多贡献之一是他关于"假象"（idols）或认知扭曲的理论。

问题：根据自身经验，你能够针对培根的四种假象各举一个当代的例子吗？

改变也降临到人际交流方面。在上层社会中，阅读和写作变得流行，书信往来成为一种时尚。著名的科学家坚持与受过教育的贵族和支持者持续通信，其中包括女王和国王。对于科学家来说，与声名显赫的知识分子或者有贵族气派的思想家交换冗长的学术信件是一种声誉和荣耀的象征。

科学革命时期是一个对于性别重新燃起兴趣的时代。但是，绝大部分科学家倾向于维持传统的社会性别角色观点，在 15 世纪初之前，只有极少数的女性可以选择成为一名科学家。社会习俗要求女性只接受初等教育，学会如何读写，以及扮演好以家庭为主的贤妻良母角色，法律不允许女性进入大部分的大学。然而，越来越多的女性能够渐渐打破陈规，许多杰出的家族愿意让自己的女儿把大量的时间花在学校和讲堂上，以及参加科学研究和写作。当然，这些女性中的大多数是那些受到世俗学问启发的贵族。教育、文学、音乐、历史和美术是最受欢迎的领域，也出现了少数的女性哲学家、天文学家和动物学家。然而，其他领域是充满障碍的，比如女性通常不被允许学习医学。在医学领域她们所能做的，最多只是发展自己作为药剂师或助产士的技能。尽管社会风气在渐渐转变，越来越多的上层女性接受了高等教育，但是科学仍然被视为"仅限男性"的领域。

千年中期的转型波及范围广阔。在欧洲，人们的生活深受政治、经济、社会和宗教变革的影响。文艺复兴、宗教改革和科学革命也毋庸置疑影响到了世界其他地方，只是程度不同而已。尽管科学发现相对较快地传遍了全球，但是文化和宗教传统以及价值观具有强大的心理根基，并得到统治精英以及代表他们的社会机构的支持。举个例子，欧洲的宗教革命没有直接影响到以基督教为主的俄罗斯，也没有对伊斯兰教、印度教、佛教、犹太教及其百万教徒产生重大影响。

▽ **网络学习**

请到同步网站上了解玛格丽特·卡文迪什（Margaret Cavendish，1623—1673）以及她的生活和工作。请阅读玛格丽特·卡文迪什的《对实验哲学的观察》（*Observation Upon Experimental Philosophy*）（1668/1997）一书的简介。

问题：她是如何描写女性和男性的智慧的？智慧与学问之间的差异是什么？她所谓的"呼吸"（respiration）是指什么？她为何认为"两个非物质的灵魂"的观点是荒谬的？

3.2　千年中期的心理学：人们知道些什么

那么心理学知识发展得如何？首先，我们简要地讨论一下科学背景下的心理学知识；接下来，我们看看宗教对心理学知识的影响；最后再是大众信念之下的心理学状况。

3.2.1　科学知识

自 16 世纪至 18 世纪，大众普遍认为人类是自然界中的一部分，而且在某种程度上，人类与动物王国中的其他物种并无二致。人类比其他动物拥有一个重要优势，只因为他们能够理性地思考。基于科学性观察和教育的理性思考，似乎是人类进步发展的关键（Vande Kemp，1980）。

那个时期最伟大的思想者——哥白尼、伽利略、牛顿和开普勒认为自然的秘密隐藏在数学公式之中。

科学家了解到关于生物学和生理学的新事实，包括健康、感知过程和情绪状态。精神生活似乎是可以解释的。先前被认作灵性或神性的事物，现在逐渐被理解为机械的或化学的。在 16 世纪之前，盖伦的学说就已经主导了医学，他的著作是医学学生的必修内容。治疗方式基于盖伦关于体液失衡的假设之上，而后者可以通过观察人体尿液的颜色来检测。

科学知识也常常发生错误。例如，大约 16 世纪，科学家们认为大脑的机能位于含有脑液的脑室，而且这些脑室的形状和大小与大脑的运作有着一定关系。

生理学界（当时的医学院已经有尸体解剖）的许多新发现与英国人威廉·哈维（1578—1657）的工作密不可分。与那个时期大多数科学家一样，哈

⚲ 案例参考

吉罗拉莫·卡尔达诺（1501—1576）

卡尔达诺（也被称为杰罗姆·卡当）出生于意大利帕维亚。他是一名极具天分的医生、数学家兼星象家，也是一位文艺复兴时期科学家的典型代表——一个有着强烈好奇心的教育者、狂热者和乐观主义者。卡尔达诺撰写了一部详尽的自传（这种做法在科学家中较为常见），其中满是关于自己活动和心理体验的细节描述。他严谨地描写了自己的日常活动，包括就餐、饮酒、健身和演讲，甚至是为他的医学学位进行的同行投票过程。读者还可以看到卡尔达诺对于自己内心世界详尽的观察和反省：思考过程、怀疑和焦虑。举个例子，他不仅仅描述了自己对赌博活动的强烈成瘾，也展现了为消除成瘾欲望而进行的自我治疗。卡尔达诺提出了一种治疗技术，即通过自我强加的身体上的轻微疼痛来转移心理上的巨大痛楚。他认为轻微的疼痛或刺激可以抑制住生活事件所导致的心理痛苦。此外，他还描述了不同的教养方式，并详细记录了儿童养育过程中不一致或矛盾的家长作风。卡尔达诺还描述了自己人生的各个阶段——这是一份早期且详细的关于人生历程中心理改变的报告。他认为人们今天所做的任何细微决定都会影响到自己的未来。

卡尔达诺患有健康问题并且遭遇了悲惨的人生经历。但是，他依旧保持乐观和自信。"无论何时我陷入绝望的困境，我都会扫清命运的波浪"，他如是描述自己的人生（Cardano，1576/2002，p.147）。与许多同时代的人一样，卡尔达诺相信自我提升的可能性。在自传中，他还详细探讨了自律、节食、减压、健康生活方式，以及从心理上应对不幸。

当然，他的知识代表了当时许多常见的民间信念，其中仅有一些得到了科学的支持。举个例子，卡尔达诺坚持认为星星的坐标和运动会影响人们的行为和心理经验。他采信了许多民间迷信，并对预兆异常关注。作为

一个科学家和实验者，卡尔达诺仍然对魔力、超自然力量和超感知觉深信不疑（Cardano，1576/2002）。

在阅读他的自传之后，我们可以对他所处时代的心理学知识说些什么？当然，他的个人观点在一定程度上也反映了其他人的观点。他的观点与其他人的知识是相同的吗？在 100 年之后的未来，人们能够通过什么（比如你的 Facebook）来判断 21 世纪初的心理学知识状况吗？你认为你的心理学知识与其他人相比，是更高级还是相类似？

记住，我们有一种倾向：假设我们自己的观念是"正常的"，而且其他人与我们思考的方式是相同的。这种现象被称为**自我一致性效应**（self-consensus effect）。还有一种倾向，即与其他人相比时，我们会高估自己的正面品质而低估自己的负面品质。这种现象被称为**高于平均数效应**（the above-average effect）。所以，你的心理学观点与他人的观点相比较如何？

吉罗拉莫·卡尔达诺是一个真正的文艺复兴科学家——一位有着强烈好奇心的教育者、医生、数学家和乐天派。然而，我们可以通过研究一个人的自我观察，来判断整个时代的心理学知识吗？

维对心理学做出了评论。他相信存在一个总的加工机制，即共同的**感觉中枢**（sensorium）——它位于大脑之中，帮助人们区分不同的感觉品质。他将大脑形容为一个有纤维附着的敏感根体，这些纤维第一个负责视觉，第二个负责听觉，第三个负责触觉，第四个负责嗅觉，而第五个负责味觉。感觉中枢本身可以诱导出某些情绪状态，影响传入的感觉。比如，人们有可能兴奋或激动到一定程度就感觉不到疼痛和不适了。在他某一本生物学著作中，哈维描述了未受教育的牧羊人过人的记忆力（Harvey，1628/1965）。他同时也讨论到了性别心理学。在1651年发表的《论动物的生殖》（*Essays on the Generation of Animals*）中，哈维写道：男性和女性都需要为繁衍而提供"物质"；然而，男性提供的是"积极物质"，它带来活力和权力；另一方面，女性提供的是较为"消极的"物质。当然，这些关于性别的观点具有高度的推测性（Harvey，1628/1965）。尽管速度缓慢，但是研究型的心理学知识开始转向应用领域，比如教育和健康（Smith，1997）。

对于当时许多受教育者来说，物理世界（包括人体）就像一台运转的机器。拉·美特利（La Mettrie，1709—1751）就是众多探索关于人体机械本质观念的科学家之一。他最出名的著作《人是机器》（*Man a Machine*）出版于1748年，而后被翻译成许多种语言传播。拉·美特利宣称，力学规律足以解释复杂的人类行为，包括心理过程。我们将在本章后面部分了解拉·美特利及其研究。

关于一位受教育者如何走上研究人类行为之路的典型例子，来自16世纪的医生兼科学家吉罗拉莫·卡尔达诺（Girolamo Cardano）。请注意他进行详尽的自我观察的热情！

当时许多学者针对某种稳定的行为和思考模式提出了自己的观点，今天称之为**人格特质**（personality traits）。人体的自然性格——气质（根据古希腊先人的学说，比如希波克拉底）是稳定的心理活动的一个来源。这些心理活动通常被称为灵魂的"性格"。这种观点认为，灵魂像皮肤一样也有着自己的颜色。因此，有些人是胆汁质的人：他们活跃、有野心、易

激怒。有些人则是多血质的人：他们既活泼又和善。抑郁质的人通常抑郁、善妒，但富有创造力，而黏液质的人则缓慢而迟钝。

印刷术让医生们可以分享他们对心理异常的细致观察。比如，1621年，罗伯特·伯顿（Robert Burton）在英国出版的《忧郁的解剖》（*Anatomy of Melancholy*）详细探讨了焦虑和情绪问题。此书后来的版本在今天随处可见（见图3-1）。伯顿指出，一些特定的环境因素会助长深刻或持续的悲痛，比如严格的节食、酒精饮用量、生物节律和激情之爱。在他的时代，忧郁症通常被视作为贵族、艺术家、思想家和其他知识分子——那些向人类或个人关系表达异乎寻常的同情心的人们的一种典型状态。因此，忧郁症被贴上了"爱的疾病"的标签（Gilman，1988）。伯顿不仅讨论了忧郁症的原因和症状，他还提出了一些治疗方法的建议，比如通过改变生活方式或转移负面思维避免悲伤情绪的产生。

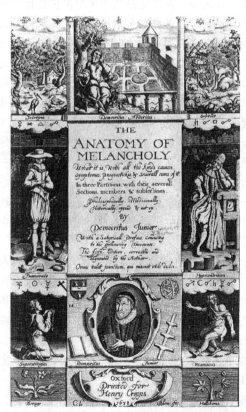

注：这本书出版于1621年，是最早致力于讨论焦虑和情绪问题的书籍之一。

图3-1 《忧郁的解剖》

尽管科学大步向前，但宗教组织仍然是一个强大的机构，宣扬关于人类行为和心理过程的宗教观念。有组织的宗教数百年来一直对知识保持着无可争议的垄断，虽然科学对其进行了挑战，但是宗教官员和学者仍希望保持他们至高的社会地位，充分行使他们在意识形态和道德方面的权威。

3.2.2　宗教基础和民间的知识

纵观历史，宗教权威和世俗科学家一直在争夺民众的感情与理智。虽然新教徒精英已经摒弃了天主教神学的许多内容，但是宗教领袖仍然认为某些新科学发现对宗教经文提出了直接挑战。尽管科学和教育领域发生了根本改变，但普通民众对生物学、解剖学、生理学或医学仍所知甚少。民间迷信常常压倒了科学知识，大多数关于心理现象的民间观点经常植根于宗教假设，无法解释的行为和心理表现通常被认为出自上帝或魔鬼之手。

举个例子，今天我们将梦游症描述为反复发作的在睡眠期间起床并四处走动的异常睡眠现象。而在 500 年前，那些表现出以上症状的人通常被称作疯子，因为人们相信这种行为只在特定的月相（phases of moon）时才会发生。更有甚者认为这些疯子是危险的，因为据说他们受到了魔鬼的骚扰，而且魔鬼还会再次这样做。某些意识状态的改变（所谓的谵妄或恍惚）也被解释为由魔鬼造成的，比如魔鬼"掠夺"了个体的感觉。

教会采信了圣·奥古斯汀的观点（见第 2 章），即魔鬼能够偷偷地伪装在颜色、声音、气味甚至愤怒的对话中。邪恶的欲望是魔鬼将其意志强加在人民，特别是巫师身上（本章后面部分将会详细介绍巫术）。**神秘主义**（mysticism），一种认为存在超越理性思考和科学调查而与感觉相通的现实的信仰，在欧洲的基督教徒的生活和犹太社区里仍然占据重要地位，在中东和北非的穆斯林社区中也是如此。

神秘主义不仅仅是一种民间信念。神秘的体验被认为是神圣的，因此信徒们崇敬甚至追寻这种体验。伊斯兰教的苏非派传统、犹太教的卡巴拉传统和基督教传统通常都接纳了神秘主义。耶稣社团（也

被称为耶稣会）的创始人圣依纳爵·罗耀拉（Ignatius of Loyola，1491—1556）出版了一本书，名为《神操》（*The Spiritual Exercises*）。该书列举了 370 个练习，通过这些练习人们可以提高自己的意志力以服务上帝的旨意。比如，这本书教导人们如何使用冥想，如何专注于过去的某段经历和对未来的想象。在冥想的时候，人们把注意力集中于对自身罪恶行为的回忆，或者想象痛苦的体验——他们可能会在地狱相遇。神秘体验在伊斯兰学者中是常见的辩论主题。在他们的观念中，灵魂是不能用科学来研究的。例如，波斯的思想家毛拉·萨德拉（Mulla Sadara，1571—1641）把自然科学和**形而上学**（metaphysics）分离开来，形而上学是哲学的一个分支，它研究的是现实的性质，包括精神和物质之间关系。他认为精神现象应该在形而上学的范畴中进行研究。

1. 巫术

巫术（witchcraft）这个词是指巫师所谓的实践或技艺：对超自然能力、魔法、妖术的使用，以及与邪灵发生性接触。巫师已经成为今天流行文化的一部分：恐怖电影、卡通和书籍中描绘了许多不同国家的巫师形象，在这些国家庆祝万圣节的时候，许多儿童和成人都装扮成巫师的样子——黑帽子、尖鼻子、长长的黑发、尖锐的声音，这些都是巫师老套且滑稽的特征。然而，在几百年前，所有与这一形象有关的事情并不是笑话。

欧洲对巫师的信仰从早期的中世纪社会延续至科学革命时期。15 世纪初期，教皇（天主教会的领袖）委派两位"道明会"的僧侣雅各布·史宾格（Jacob Sprenger）和海利奇·克莱默（Heinrich Krämer）调查巫术。作为研究成书资料和个人记述的结果，他们出版了一本名为 *The Malleus Maleficarum* 的书，通常称为《巫师之锤》（*The Hammer of the Witches*）的书（出版于 15 世纪末期，具体时间仍存在争议）。从这本书以及其他资料来看，我们可以得知在 400 至 500 年前，全欧洲的天主教和新教团体都见证了大量的巫术审判。那些所谓的巫师被追捕、指控和迫害。数据显示，女性特别是来自社会低层的老年

女性，比起其他群体更容易因巫术罪名受到迫害。实际上，有80%的控告都是针对女性的。为什么我们看到如此异常的比例？

原因之一是女性被认为不如男性强大，因此容易受到魔鬼邪恶的蛊惑。受害人将会面临指控，比如与魔鬼接触和参与不适当的性活动，比如深夜性狂欢。引发邻居生病、恐怖的暴雨、干旱、洪水，甚至失败的生意也在控告的范围之内。针对巫师还有一项控告是，他们运用所谓的蜡像娃娃（原型）试图去控制其他人。承认通过玩偶施咒的可能性，是最为古老的跨文化信仰之一，存在于巴比伦、古埃及、古希腊、印度和罗马等地。这一风俗也存在于美洲、非洲、日本、俄罗斯、中国，以及一些其他地方的土著部落。在当时的欧洲，使用蜡像娃娃被认为与巫术有关，而且被认定是犯罪行为。所以，人们不得不远离蜡像娃娃。这是法律知识起作用的一个案例。

巫术也是根植于宗教信仰的民间传统的一部分。根据积累的印刷资料（包括《巫师之锤》一书），我们可以推断出，当时人们普遍相信魔鬼的行为（特别是巫术）可以引起异常的心理或行为症状，比如意识状态的改变、妄想、幻觉或躁狂发作。

当然，并不是所有人都相信巫术。许多有影响力和受过教育的人反对这种信仰，反对控诉所谓的巫师。到17世纪晚期，部分因为社会反对巫术行为，欧洲巫术审判的案件数量大幅下降。越来越多受过教育的人寻求对于人类活动的科学解释，他们提出大脑功能是不寻常或异常行为的源头之一，而此前这种行为是通过超自然因素来解释的。在第6章，我们将更仔细地查看科学心理知识在精神疾病方面的进展。但是我们也会发现，即使在19世纪末期，人们在推测异常心理现象——被称作"疯子"的源头之时，还是会固执地提及"邪恶力量"。

▽ **网络学习**

宗教、巫术和性别。请浏览同步网站。

问题：在中世纪，为什么人们倾向于认为女性比男性更容易受到魔鬼的蛊惑？

2. 文学的影响

西方为全世界输出了众多伟大作家，他们以各种形式为心理学做出了贡献。英国的威廉·莎士比亚（William Shakespeare，1564—1616）不仅是全世界最有名的作家之一，也是一位颇有经验的民间心理学家。他史无前例地分析了人类的性格、激情、理性抉择，以及非理性和心理障碍。他在《哈姆雷特》（*Hamlet*，可能是他最被认可的一部戏剧）中详细描述了严重的抑郁发作。他在《李尔王》（*King Lear*）中用诗意的文字准确地描绘了与年龄相关的痴呆症状。在《无事生非》（*Much Ado About Nothing*）中，他则绘声绘色地描述了嫉妒、顺从和其他社会心理现象，比如流言蜚语。

西班牙剧作家洛佩·德·维加（Lope de Vega，1562—1635）在其数以百计的戏剧和文章中，促进了大众对于人类情绪和行为的复杂性，对于追求个人选择时所犯的错误，以及对于某些人格特质的力量的认知。《怀疑之肯定》（*A Certainty for a Doubt*）、《多金小姐》（*The Girl With Money*）和《园丁之犬》（*The Gardener's Dog*）等作品都描绘了他那个时代的心理百态。

另一位西班牙剧作家米格尔·德·塞万提斯（Miguel de Cervantes，1547—1616）创作的《堂吉诃德》（*Don Quixote*）为读者展现了精细而复杂的人物心理特征，比如唯心主义、诚实和荣耀。他是最早严肃地质疑正常和异常、理性和"疯狂"之间界限的作家之一。

让-巴蒂斯特·波克兰（Jean-Baptiste Poquelin），也就是大家所熟知的莫里哀（Molière，1622—1673）是一位杰出的法国剧作家、导演兼演员。作为一名伟大的喜剧讽刺大师，他在《伪君子》（*Tartuffe*）、《唐璜》（*Don Juan*）、《厌世者》（*The Misanthrope*）、《女才子》（*Ladies*）和许多其他戏剧中，为诸多人物创作了一幅幅引人入胜的心理画像。

全世界许许多多的剧院不断地将这些作家的剧目搬上舞台。你可以轻松地在学校的图书馆里借到或查看莎士比亚、洛佩·德·维加、塞万提斯或者莫里哀所创作的戏剧的影像资料。比如，去查看莎士比亚的《哈姆雷特》（梅尔·吉布森和格伦·克洛斯主演），或是《仲夏夜之梦》（凯文·克莱恩、米歇尔·菲佛和史坦利·图齐主演）。每一家大型书店都会有这些作家作品不同语言的译本。为什么这些作品直到今天仍然富有意义？你认为哪一本在 400 年前发行的文学作品可以作为心理学知识的学习资料？

总而言之，在中世纪的转型期，越来越多的个体开始把自己看作一个独特的人，有着自己独特的个性、情感和思想，越来越多的人把目光转向科学。不过，各种各样的迷信，比如对巫术的信仰，仍然是人们生活中的一部分。16 至 18 世纪产生了许多天才巨人，其中包括哲学家、科学家和医师。这些智者的学说影响了科学界，也对心理和行为的当代观点产生了重大影响。

3.3　学者及其理论的影响

文艺复兴科学家这个词组不仅仅局限于那个特定的历史阶段，它也泛指学者的那些研究兴趣广泛的学术取向。你将会发现这些兴趣的范围究竟是多么广阔。首先，我们来研究一下精神和物质。其次，我们了解一下人文主义和科学理性主义。最后，我

们会讨论 15 世纪至 19 世纪早期最杰出的学者们的著作。

3.3.1　认识论：理解心理经验

精神能脱离身体而运作吗？身体是如何影响精神的？关于心身问题的观点至少反映了三种传统的哲学观：唯物主义、二元论和唯心主义。有些学者为唯物主义辩护——这种观念认为精神是物质世界的一部分，因此可以通过科学的客观方法来理解（Smart，2001）。另一些人推崇**二元论**（dualism），这一传统宣称精神现实和物质现实是"平行的"。唯心主义则强调灵魂是基本的，并且独立于身体，是知识的主要来源（见表 3-2）。

我们注意到，心理学的大多数理论观点不能简单地进行归类打包，将其划分为唯物主义、二元论或唯心主义。而且，学者们也经常主张认知论的混合观点，并注重结合不同的观点。为了进行严谨的评价和比较，我们使用了以下的大致分类：

在千年中期，至少有两种关于人类行为的不同观点主导着科学思想。第一种观点被称为**人文主义**（humanism），强调个体对自由、美和道德责任所赋予的主观独特性。人文主义的基础是对古典时代和人文学科重新燃起的兴趣。**科学理性主义**（scientific rationalism）的支持者关注的则是宇宙和人类的机械

表 3-2　唯物主义、二元论和唯心主义：关于基础心理活动的观点

涉及的问题	唯物主义	二元论	唯心主义
身体和灵魂之间是什么关系	身体是基本的实体，灵魂是身体的一种功能	身体和灵魂是相互独立又相互影响的两个实体	灵魂是基本的实体，不受身体的支配
思想是如何运作的：天赋观念还是经验事实	经验材料经由感觉器官被接收；在感觉事物之前，思想空无一物	经验材料经由感觉器官被接收，天赋观念也同样存在	感觉无法证实外部世界，天赋观念是存在的
人类的感觉是如何工作的	感觉是一种生理过程，是对现实的一种反应	感觉既是生理过程也是"心理"过程	感觉是一种主观过程

特征。理性主义者批判人文主义的观点，认为后者只是一种时尚趋势。同样，人文主义者认为理性主义者时常忽视了人类存在的某些特征，比如共情、荣誉和希望。

1. 人文主义者

人文主义的观点逐渐在许多作家、教育家和哲学家当中找到了众多支持者。新的文学载体出现了：书信、回忆录、浪漫告白、翔实的传记和自传。新的英雄类型出现在文学作品和表演艺术之中：富于创造力的人、独立的思考者、艺术家和诗人。他们都是人文主义者——拥有美德、学识和热情的人。

行为当中的人为因素明显与神性截然不同。人文主义者的著作至少集中于三个主题：（1）尊严；（2）独立于知识权威（比如宗教机构）；（3）人性的弱点。人文主义秉持一种信念，即为了公共利益而追求个体的目标时，个体是至高无上的。这个时期一项重要的科学进展是关于人类行为源头的辩论。人文主义者认为，个体通常可以自由地实践他们的意志，追随他们的抱负。

2. 科学理性主义者

科学理性主义把人类描述为宇宙的一部分：有序且可预测。根据这种信念，人们采用数学和物理的方法，最终可以理解心理过程的性质。道德行为同样受到力学原理的引导：人们选择可以带来满足且规避不快的行为。如同动物界一样，自我保护和自我利益也是人类行动的主要动机。

在寻求人类动机的根源的过程中，许多思想家开始观察人类行为并将此应用于人类活动的方方面面，包括政治活动和战争。政治哲学家兼作家尼可罗·马基雅维利（Niccolò Machiavelli，1469—1527）强调自我利益在人类活动中的重要性，他认为自我利益是正常且普遍的。马基雅维利对我们关于人类动机的观点做出了重要贡献。他教导人们，如果想要达到目标必须要先认清自己的弱点，特别是消极的情绪，并且要从他人的失败中汲取教训。他最喜欢的主题之一是符合实际目标的个人行为。他写道，

人类很少受到善良和同情的驱动。相反，人类主要是在寻求财富、地位和权力。他描述了我们今天所说的**犬儒主义**（cynicism）——一种对道德诚信或者他人（特别是政客）所言动机的普遍不信任。

你可以轻而易举地在学校图书馆或网上找到马基雅维利的翻译作品。

3. 是谁发明了心理学这个词

心理学的首次出现大概是 1506 年，当时克罗地亚人文主义者兼诗人马可·马鲁利奇（Marco Marulic，1450—1524）在他的手稿中使用了这个词。许多批评家并不赞同这一说法。他们认为这份所谓的手稿其实属于一个名叫弗拉尼奥·波茨维克（Franjo Bozicevic）的诗人，他出版了一本专著——《马可·马鲁利奇的分裂生活》（*Life of Marko Marulic From Split*）（Krstic，1964）。还有一种普遍观点，认为德国新教改革家菲利普·梅兰希通（Phillip Melanchthon）于 16 世纪 30 年代末在其作品中使用了这个词，但是他的作者身份同样饱受质疑，因为据说他的作品的不准确的译文直到 19 世纪初才出现。其他历史学家则认为，最早使用心理学作为书名的作者是鲁道夫·戈克尔［Rudolf Goeckel，也叫鲁道夫斯·戈克莱纽斯（Rudolphus Goclenius）］。1590 年，他出版了一本关于人类行为的文集，书名为《关于人类改善的心理学》（*Psychology on the Improvements of Man*）（Goclenius，1590）。4 年之后，也就是 1594 年，奥托·卡斯曼（Otto Casmann，1562—1607）在他出版的《心理人类学》（*Psychologia Anthropologica*）中也使用了心理学一词作为标题。正如你所见到的，关于心理学一词的发明者并没有确定的答案。

不论是谁在原创作者这件事上更占理，心理学一词直到 18 世纪之前仍然不为大众读者所知，也并未被频繁使用。直到后来，大概从德国哲学家克里斯蒂安·沃尔夫（Christian Wolff）和法国学者丹尼斯·狄德罗（Denis Diderot）开始，这个词才受到了广大读者的重点关注（Boring，1929；Yakunin，2001）。

在当代关于科学和哲学历史的书籍中，勒内·笛卡儿（René Descartes，1596—1650）似乎一直是最具影响力的哲学家之一。笛卡儿后世的哲学家经常使用他的著作作为灵感来源，偶尔也进行一些批评。那么，他的学说有什么特别之处？我们该如何评价他对心理学观点的影响？

3.3.2　勒内·笛卡儿：理性思考者和笛卡儿传统

人们对于笛卡儿科学方法的关注（这种方法通常被称为"笛卡儿哲学"）比笛卡儿本尊活得还要长久，这种哲学也影响了一些科学分支和科学方法，包括19 世纪末最流行的心理学方法——内省法。笛卡儿的许多学说对于心理学具有非凡的影响，包括他对于认知的科学理论，对于动物精气的有趣描述，以及对于自动反应或反射的精妙概念。

1."我思，故我在"

笛卡儿重视怀疑和疑问也相信知识的力量。他确信外部世界的存在，而且人们可以对其产生正确的印象。在他看来，上帝是完美的，不会对于人类寻求精确知识实施欺骗。如果一个人持续怀疑人类经验的准确性，那么怀疑这一行为就是存在的。因此，任何人只要思考就是存在的。Cogito ergo sum（我思，故我在）——笛卡儿创造的一句名言，反映了他关于人类存在性质的一个最基本假设。笛卡儿哲学的观点是，意识不会脱离身体而存在。这个观点与佛教徒的观点（第 2 章）相当不同，后者宣称意识需要身体作为临时居所，它也可以离开并转生到另一个居所。

笛卡儿也相信天赋观念的存在。不像动物，它们像一台复杂的机器对自身和环境的变化产生感觉和行动，而人类拥有灵魂。感觉有助于个体收集知识。然而，人类灵魂并不是单靠感觉而运作的，有一些基本的天赋观念让个体可以理解数学、逻辑和形而上学。灵魂在其受到外界信号影响之前就已经有了这些观念，这些观念是与生俱来的，而非后天习得的。

2. 动物精气

笛卡儿出版的书籍之一《灵魂的激情》（*The Passions of the Soul*）（1646/1989），引起了心理学家的极大兴趣。这本写于 1645 年和 1646 年间的杰出著作，展现了 50 岁的笛卡儿和 20 多岁富有教养的波西米亚公主伊丽莎白之间的长期的通信，后者在今天为人所知主要就是因为她与笛卡儿的书信往来。在这本书中，笛卡儿宣称人体内含有**动物精气**（animal spirits）：一种轻盈和游移的液体，在大脑和肌肉之间围绕着神经系统迅速地循环。（今天我们在日常对话中是不是有时也会使用这个词，比如当我们谈论处于"高涨的"或"低落的"、"好的"或"坏的"精神气时，当我们感到伤心、气愤或亢奋时？）动物精气顺着神经通道移动，继而与大脑发生联系。正是由于这一联系，灵魂的情感状态或者说灵魂的激情被触发、增强或减弱。笛卡儿区分了六种基本的情绪：惊奇（惊喜）、喜爱、憎恨、欲望、欢乐和悲哀。所有其他的情绪都是源于这六种原始情绪的不同组合。根据笛卡儿的观点，情绪会影响灵魂想要做出某些特定行为。例如，恐惧这种情绪会驱使灵魂产生身体反应。

勒内·笛卡儿

我现在注意到,"睡眠和清醒"之间有很大的不同,因为清醒体验通过记忆与日常行动发生联系,但梦境却不是这样……当我清楚地看见这些事情的来由……当我可以将自己对这些事情的感知与整个余生毫不间断地联系在一起时,我便十分确定自己没有熟睡而是清醒的(Cottingham, Stoothoff, & Murdoch, 1984)。

笛卡儿在此写道:自我意识、注意力和对周遭事物关联性的理解是清醒的要素。这是自我观察的一个早期案例,它后来发展为内省法——19 世纪早期心理学实验室中的一种重要方法(第 4 章)。

勒内·笛卡儿还认为灵魂虽然与肉体不同,但是它与肉体联系紧密,并行不悖。在《灵魂的激情》中,笛卡尔假设大脑的某些部分应该起到了灵魂与肉体之间连接器或门道的作用。他指出,位于大脑中央的松果体〔今天也称之为脑上体(epiphysis)〕就是灵魂和肉体之间的连接器(见图 3-2)。从耳朵或眼睛发出的信号经由动物精气传递至松果体。灵魂使松果体移动,并将动物精气"挤压"进脑孔。因此,松果体中不同的运动导致了不同的激情,这些运动基于上帝的意志,所以人们应该想要或喜欢那些对其有用的事物。尽管如此,还是可能会发生混乱:在身体内自由移动的动物精气可能会扭曲来自松果体的指令。人们必须学会如何控制他们的激情。否则,激情就可能会导致消极的结果,比如疾病(Clower, 1998;Sutton, 1998)。

3. 自主反应

笛卡儿研究并描述了身体对外界事件的自主反应。他的观点毋庸置疑为 19 世纪流行的反射理论做出了贡献。根据笛卡儿的理论,外部运动(比如触觉或声音)抵达神经末端,因此影响了动物精气的流动。火焰散发出的热量影响到某一块皮肤,然后引发了一系列的反应。精气通过细小腔孔传达至大脑,然后再回传至肌肉,从而让手远离火焰(Descartes, 1662/2000)。这种对反射行动的简单描述暗示着自主反应并不一定需要思维过程。

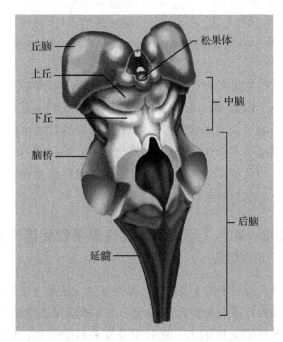

图 3-2 笛卡儿认为松果体在灵魂和肉体之间起到连接器的作用

笛卡儿对心理学的贡献又有哪些?站在 21 世纪的角度来看,笛卡儿的许多心理学观点似乎太过朴素、天真或者就是不正确的。动物精气的概念仅仅成了人们闲谈时的一种比喻说法。他关于松果体的假设,即使在其追随者中也没有引起多大反响,而且因为这个假设是错误的,很快就遭到了拒绝(Gaukroger, Schuster, & Sutton, 2000)。然而,放到当时的背景之下,他的学说对生理学和心理学做出了巨大的贡献。笛卡儿认为大脑就像一台运转的机器,而运用数学有助于理解大脑的基本原理。到了 20 世纪,计算机科学的创始人艾伦·图灵(第 12 章)基于笛卡儿的这些初步设想提出了数学生物学(mathematical biology)(Kirkebøen, 2000)。笛卡儿关于动物精气的著作作为当代情绪理论的发展奠定了基础,特别是那些将认知评价整合进情感过程的理论。确实,一首歌可能会使我们开心,也可能使我们不快:

这完全取决于我们如何理解那首曲子！在笛卡儿去世的 200 多年里，他关于反射的原创观点一直影响着科学家们（Kenny，1968）。1904 年获诺贝尔奖的俄国生理学家伊万·巴甫洛夫曾说，他在自己的研究实验室放置了一个笛卡儿的半身像，以表达自己对这位伟大思想家的尊敬。

笛卡儿是一位理性主义者，相信天赋观念的力量。然而，最重要的是，勒内·笛卡儿是最早将灵魂理解为一台运作机器的科学家之一。在笛卡儿之前，理性和神圣的灵魂是远远超越科学研究之上的。笛卡儿敢于挑战这个观念。他认为躯体和生理过程是自然和灵魂之间的媒介，并且寻求用数学和力学的方法来解释。笛卡儿的学说打击了神学。这也难怪宗教权威会认为他的书籍是危险品。

那个时代越来越多的欧洲思想家开始投奔科学。其中一些人在研究心理过程时支持整体观（holistic view）。贝内迪克特·斯宾诺莎就是其中一员。

3.3.3　贝内迪克特·斯宾诺莎的一元论

贝内迪克特·斯宾诺莎（Benedict Spinoza，1632—1677）学说的核心元素是实体（substance）：所有存在物都包含在一种实体之中，它可以有不同的名字，比如自然、宇宙或者上帝。我们可以将其理解为由两种关键属性构成：外延（客观的）和思想（主观的）。斯宾诺莎相信，普遍性规律掌管着宇宙中的一切。在物质世界中，物体存在等级之分，上帝是一个无限和最高级的实体。人类是自然的一部分并且也拥有两种属性，即客观的和主观的。人类思维与物质世界是相一致的。思想和物体是同一种实体，即自然的两面（Spinoza，1677/1985）。

几何学与心理学

斯宾诺莎认为学者应该以数学家的风范行事，公正且理性。他敬仰几何公式的精确和逻辑，并且认为数学和几何可以应用于精神活动特别是情绪的研究。这让斯宾诺莎成为情绪研究的一位独特贡献者（Davidson，1999）。

斯宾诺莎认为，有助于自我保存的外部事件让人感到愉悦，而损害自我保存的事件则让人感到痛苦或不快。人们太容易被冲动所控制，成为渴望的奴隶（早在斯宾诺莎之前，苏格拉底、罗马和希腊的斯多葛学派以及印度哲学家就秉持这种观点）。斯宾诺莎认为人们失去自由，正是因为他们陷入了对于满足渴望的持续追求。为了避免这种对快乐的无尽追求，人们应该更多地了解自己行为的起因，这一知识可以让人们自由。为什么这样说？因为那些对自己情绪和渴望有着足够了解的人，同时能够控制这些情绪和渴望，并且对于生命中可能性和不可能形成合理的观念。

斯宾诺莎关于个人知识的观念似乎颇具现代性。今天我们知道，理性思考可以帮助我们避免错误的选择。我们可以把斯宾诺莎的指引和当代认知行为疗法的原理做一个有趣的比较，后者旨在理解人类行为背后的真实原因（Farmer & Chapman，2007）。尽管当代的治疗技术多种多样，但它们的基本理念与斯宾诺莎的假设可能是类似的：人们必须认识自己行为的原因；他们必须了解自己快乐和痛苦的来源，然后基于这些了解重新评估自己的生活。

▽ 网络学习

请在同步网站上阅读勒内·笛卡儿的传略。
请在同步网站上阅读斯宾诺莎的传略。
问题：作为研究者，笛卡儿和斯宾诺莎在其生前出名吗？
他们与宗教组织的关系如何？

现在让我们把目光转向另一位著名的学者——戈特弗里德·莱布尼茨，他与斯宾诺莎处于同一时代，仅仅年轻 16 岁。他们之间距离不过数百英里，但是保持着截然不同的生活方式；斯宾诺莎过着隐居的生活，而莱布尼茨则服务于许多宫廷。在斯宾诺莎去世前不久，他们才有过短暂的会面，并讨论了彼此的哲学观点（有些历史学家认为莱布茨尼采用了斯宾诺莎的一些观点，却并没有归功于他，但这些只是猜测罢了）。不过，他们都捍卫**理性主义**（rationalism）的观点，这也是笛卡儿所推崇的一种认识论：理性是知识的主要来源；思考的大脑应该用来证明真理，这不仅仅是感觉的事。

3.3.4 戈特弗里德·威廉·莱布尼茨的单子论

与斯宾诺莎一样，戈特弗里德·威廉·莱布尼茨（Gottfried Wilhelm Leibniz，1646—1716）也提出了关于自然和人类的整体观。莱布尼茨支持**心理平行论**（psychological parallelism）。这种观点认为身体过程和心理过程被设定在两条平行的轨道上。试想一下，一对显示相同时刻的钟表，实际上它们是相互独立运作的。他形容宇宙是由无数个叫作**单子**（monads）的精神力量组成的，单子是一种没有窗户的实体，根据预定的和谐原则，每一个单子都反映了其他单子的状态。单子没有维度，但是它本身包含了展现于未来的所有属性的潜能，它也包含了过去所拥有的所有属性的痕迹。在这个动态的世界里，所有事物都起源于过去，但也"孕育"着未来的要素。用今天的话来说，就好比你此刻的行为受到过去经验和未来计划的影响。

根据莱布尼茨的观点，灵魂之中有无数个单子，因此人们有各种知觉。单子可以感知事物。因此，虽然灵魂拥有的"细微知觉"本身没有意识，但由于记忆和注意力〔我们称之为**统觉**（apperception）〕，它们可以变得有意识。他写道：当我们在沙滩上听到海浪的咆哮时，我们听到的并不是每个海浪或卵石发出的声音；我们听到的是许多"细小"声音的合成声。类似地，人们逐渐养成了许多个人习惯和特质，当它们结合在一起时，形成了独一无二的人格（Leibniz，

1670/1951）。根据统觉的强度不同，灵魂拥有三种类型的知识：清晰的、碎片式的和无意识的知识。莱布尼茨是最早识别出无意识心理现象的人之一。

像笛卡儿一样，莱布尼茨相信天赋观念的存在，因为他觉得不可能从经验中直接得出某种抽象观念。这些观念不一定是有意识的，它们可能以一种潜能的形式存在：比如，计划工作时或者预测没有发生过也没有经验类比的事情时表现出的一种推理的倾向。人类比起动物拥有一个优势：动物不能进行推理，只能通过联想从一种观念转移到另一种观念。

莱布尼茨的观点为人类发展、认知和无意识过程等许多心理学领域提供了理论基础。他的哲学也影响了精神分析学的主要理论假设，我们将在第8章中进行论述。

笛卡儿、斯宾诺莎和莱布尼茨代表了欧洲的哲学和科学。不列颠群岛则产生了属于自己的一代杰出学者。接下来我们将讨论霍布斯、洛克、贝克莱和休谟的观点及其对心理学的影响。

3.3.5 托马斯·霍布斯的唯物主义和经验主义

作为一名跨界专家，托马斯·霍布斯（Thomas Hobbes，1588—1679）在光学、数学、经典著作翻译，以及法律和宗教问题写作等领域均获得了极高的声望。霍布斯出生在英国，受教于牛津，支持君主制，并在其生涯的某一段时期成为后来的英国国王查理二世的老师。霍布斯在80多岁时依然活跃，但是深受类似帕金森病症状的困扰。他拒绝放弃工作，于是对其秘书口述自己的思想（Ewin，1991）。

知识检测

1. 笛卡儿所说的动物精气是指什么？
   a. 动物的反射
   b. 动物的感觉
   c. 人类的愤怒
   d. 轻盈的液体（light fluids）
2. 以下哪位科学家认为灵魂具有清晰的、碎片式的和

无意识的知识？
   a. 笛卡儿　　　　　　　b. 斯宾诺莎
   c. 莱布尼茨　　　　　　d. 以上都不对
3. 笛卡儿和斯宾诺莎所说的理性主义是指什么？
4. 什么是心理平行论？

霍布斯主张革新的唯物主义学说，并深信人类经验的力量。与此同时，他也发展了一种保守的社会观。这是他的科学遗产中的两大部分。我们从他的唯物主义开始说起。

1. 心理过程的运动和力学

霍布斯认为人类行为的本质是物理运动，而伽利略的力学原理可以解释感觉、情绪、动机甚至道德观。这一原理还可以用来描述社会。霍布斯赞同希腊的唯物主义者，尤其是德谟克利特和伊壁鸠鲁，他们对心理活动做出了独特的力学描述。在霍布斯看来，感觉是身体中复杂的内部运动，它由外部物体的活动引起。而思考是大脑内部的一种运动过程。他认为梦的产生是由于身体内积累了经验和运动，以至于在夜晚继续这些运动。自由意志同样也是力学过程的结果，复杂的自主运动帮助人们寻求快乐和避免痛苦。由于惯性定律，我们的感觉导致了想象或思考。像柏拉图和亚里士多德一样，托马斯·霍布斯使用**联想**（association）这个词来解释思维的运作。然而，与笛卡儿强调高级心理过程的重要性有所不同，霍布斯认为联想可以解释所有的心理过程。正如你记得的，笛卡儿认为灵魂与肉体是分割开的，是一个独立的实体。这就是一个还原主义者的观点，在那个年代还十分流行。**还原主义**（reductionism）将复杂的过程简化为元素之间的相互作用或者简化为潜在的过程来寻求解释，比如心理功能被描述为简单的心理反应或者反射。

霍布斯批判了笛卡儿学派关于天赋观念先于经验存在的学说。他为认识论和心理学的经验主义分支奠定了基础，并且赞同**经验主义**（empiricism）——这一科学信念认为经验尤其是感觉过程是知识的主要来源。经验主义的支持者强调直接经验的重要性，而不是抽象思维。霍布斯主张人类评判应该遵循科学，因为科学知识是中立的。人们的观念则是不可靠的，因为它们带有偏见。

2. 人类是自私的

根据霍布斯自己的描述，他最大的担忧之一就是英国的社会和政治混乱。霍布斯生活在 17 世纪，那是一个社会急剧动荡的时代。英国内战将民众分离割裂多年，似乎只有勇者才能在这场动乱中幸存。

由于见证了这场动乱，霍布斯宣称人类的天性是自私的，自我保存是人类行为背后的主要驱动力。根据霍布斯的观点，自我利益是爱、骄傲和自尊的本质。这个观点在思想史上未必是原创的。然而，霍布斯通过将其应用于他亲眼所见或者听闻的事件，他为这些观点赋予了新的生命。这一观点后来得到许多人的支持，即使到现在也吸引了不少注意。研究者讨论道：自我保存是一种重要的进化机制，它解释了许多心理特征的发展，比如同情心、关心弱者甚至以集体的名义牺牲（Kurzban & Houser，2005；Ridley，1998）。然而，霍布斯的观点还是启示了许多评论家。

霍布斯认为根本不存在非物质的实体（比如灵魂），而物理过程正是心理功能的原因。自主行为是一种纯粹的机械运动。人们寻求快乐的源泉，而躲避不愉快的祸根。不过，根据霍布斯的观点，如果人们有能力学习的话，他们能够理解共同的义务并因此对彼此尽责。

那个时代还有一位独立的思想家，他在心理和教育方面的著作激励了一代又一代的科学家。他就是约翰·洛克。

3.3.6　约翰·洛克的经验主义和自由主义

作为一名杰出的英国学者，约翰·洛克（John Locke，1632—1704）集多种才能于一身：他是哲学家、医学研究者、教师、经济学家和政治学者。洛克的许多著作批判了政治压迫，这使他在自由主义政界成为一个受尊敬的人物。在今天，他依然被视为 17 世纪心理学观点的重要贡献者。他的观点成为 19 世纪意识研究的基础。

约翰·洛克区分了人类经验的两种过程：感觉和反省（reflection）。他认为复杂的观念起源于简单的观念，因为人们可以对其进行观察和反省。洛克是经验主义的支持者。根据他的观点，反省并不是独立的观念来源。反省所包含的事物无不是我们感觉中先前就存在的（King，1991）。儿童心智的形成是他们与世界互动的结果。在《人类理解论》（*Essay Concerning Human Understanding*）（1690/1994）一书中，约翰·洛克批判了天赋观念说，即笛卡儿和莱布尼茨所捍卫的观点。如果观念是与生俱来的，那么每一个人，不论是成人还是儿童，不论聪明的还是低能的个体都应该了解这些观念。此外，他还辩驳道，如果这些观念确实存在，那么每个人应该秉持同样的道德信仰；然而，在现实中并非如此。洛克相信，儿童的心智就像一块"白板"，拉丁文表示是 tabula rasa（白纸状的心灵）。人类经验可以被记录在心智上，就像老师用粉笔在黑板上写字一样。

洛克沿袭认识论的传统，继续对物质的第一性和第二性做出区分。第一性与物体本身密不可分，反映了物体的固有属性：包括延展性、运动、数量和坚实度。第二性，比如色彩或味道，只存在于感觉之中。为什么有些运动会产生温馨感（比如，品尝玻璃杯里的水），有些运动产生喧嚣感（比如听到波浪的声音）？洛克给出的解释之一是，上帝决定了如何连接大脑中的知觉和人体外的物理运动。洛克深信教育可以解决许多社会问题。他认为儿童应该学习对正确的道德行为建立正面情感，而对不道德的行为建立负面情感。他认为积极的情绪在教育中格外重要，因为它们有助于儿童更好地学习。

洛克是一位相信身体和灵魂之间存在因果关系的唯物主义者。在英国并不是每个人都秉持这种观点。比如，尼古拉斯·马勒伯朗士（Nicolas Malebrance，1638—1715）就认为精神实体与物质之躯之间没有任何联系。以"剑桥柏拉图派"著称的英国哲学家拉夫·卡德沃思（Ralph Cudworth，1617—1688）也主张知识并不是通过感觉，而是通过心智对永恒真理的理解而获得的。然而，代表这些及类似观念的最伟大的学者之一是乔治·贝克莱，我们将在下文中对他进行讨论。

贝克莱对感官经验表示质疑。你发现他的观点和佛教的观点（第 2 章）有任何相似之处吗？

3.3.7 乔治·贝克莱的唯心主义和经验主义

在 18 世纪，**自然神论**（deism），即认为上帝创造了这个世界但后来抛弃了世俗琐事的观念，在受教育的欧洲知识精英中受到越来越多的关注（Smart，2001）。自然神论促进了科学的认识论。

爱尔兰宗教学者乔治·贝克莱（George Berkeley，1685—1753）相信，经验尤其是与感觉过程联系在一起的经验，是知识的主要来源。他挑战了霍布斯与洛克的观点，并发展出了一种有趣的认识论方法。这种方法在那些对唯物主义不抱幻想的学者当中受到了推崇。

贝克莱是 18 世纪访问美国的诸多传教士当中的一员。在 1728 至 1731 年间，他在殖民地区（当时美国还是英国的殖民地）花费了将近 3 年时间，试图为百慕大群岛的殖民者后代和美国原住民建立一所神学院。贝克莱与妻子在罗德岛新港附近的一块农场定居下来。在那时，很多访问者认为殖民地是绝望的"粗野"之地，并不适合长久居住。在留居美国期间，贝克莱会见了许多美国知识分子（比如，国王学院——今天的哥伦比亚大学的首位校长塞缪尔·约翰逊），他们后来成为教育界和科学界的杰出人物。由于与原先向贝克莱承诺的不符，伦敦的国会并没有资助他的传教项目，所以贝克莱决定离开美国。在启程返回欧洲之前，他把自己的农场捐献给了耶鲁学院，也就是今天的耶鲁大学，并把自己的图书馆平分给了哈佛大学和耶鲁大学。

存在即被感知

贝克莱的名字常常与他的名言联系在一起：存在即被感知。作为一名唯心主义者，贝克莱的立场与**唯我论**（solipsism）的主要假设相似，这种理论声称自我是唯一可被知晓和证实的实体。唯我论并不是一种新鲜的理论。东方的哲学传统，包括道教和佛教，提出过与其有几分类似的观点，即经验是反省和语言的产物，而未必是由物理现实引起的。贝克莱的理论走得更远。我们怎么知道这个房间里有一张桌子？我们可以通过观看，通过触摸，通过敲击发出的声音得知。换言之，我们可以通过运用自己的各种感觉证明桌子的存在。但是，就此说法来看，这也意味着无论我们做了什么，我们一直都是在用自身的感觉来证明桌子的存在！因此，每个物体都需要一个感知它的心灵。贝克莱并不否认世界的存在。为了避免困惑，贝克莱把上帝视作一个终极的观察者：只要上帝在观察世界，世界就存在。

在贝克莱 25 岁那年，他出版了《人类知识原理》（*Principles of Human Knowledge*）一书。贝克莱并未对第一性（大小、运动、数量和坚实度）和第二性（颜色或味道）做出区分，因为按照他的观点，即使是第一性也可能被主观且不同地感知。一个人认为坚实的东西，对另一个人来说也许是柔软的（Berkeley，1710/1975）。贝克莱认为视觉观念仅仅是触觉观念的信号。他辩称道：当我们听到一个词，就会想到这个词所代表的物体，而这个词本身并不是一个物体。同理，如果我们看到了某件东西，比如一张桌子，我们就会想到与桌子相应的观念。然而，正如词本身并不是物体一样，由此产生的想法也不是那件物体。

我们如何能够发展对这个世界的知识？如果对事物的存在抱有疑问，我们该如何了解物体以及物体之间的联系？对贝克莱来说，这并不存在任何困惑。他相信，即使是我们没有感觉过的未知物质，个体仍然能够学会协调各种感觉所产生的观念，从而判断该物质的长度、形状、范围、密度或体积。这些属性仅仅通过触摸就能知晓。一个感觉的观念可以成为其他感觉观念的信号，我们了解这些观念的同时也在了解它们之间的关系。在贝克莱看来，科学就是一个自然符号的系统，科学家的作用就是以一种系统的方式呈现这些观念。在某种程度上，一个灵敏的头脑是这个世界存在的担保。

贝克莱还描绘了我们经验之中"可见"且"有形"的最小不可分割的点。这也就是后来所谓的**感觉阈限**（sensory thresholds）。实验科学家，包括实验心理学奠基人威廉·冯特，在 19 世纪开拓了对阈限的实证研究。

3.3.8 发展中的英国经验主义：大卫·休谟

在许多教科书中，因为年代顺序的原因，大卫·休谟的心理学观点几乎总是紧随在乔治·贝克莱之后，而本书也不例外。然而，这两位学者的生命是迥然不同的，无论是他们写作的最终目标，还是他们的生活方式和他们喜爱的交际圈子。

▽ **网络学习**

大卫·休谟。请在同步网站上阅读大卫·休谟的传略。

问题：心理传记是什么？休谟对其有何贡献？

大卫·休谟（David Hume，1711—1776）表示个体并没有任何强烈的理由相信外部世界的存在。他对人类了解自身行为原因的能力也抱有怀疑：人们错误地以为未来应该与过去类似，但是他们拿不出任何证据。举个例子，在我们的头脑里，如果 B 在 A 之后出现，这个事实并没有说明 A 和 B 之间是如何联结的。联想、惯例或习性将这些心理印象联系在一起。在我们的经验中，因为炙热和火焰往往同时发生，所以我们预料其中之一（炙热）是另一事物（火焰）出现而带来的。我们习惯于以单一的角度、根据感知的顺序来观察物体或事件。我们知道冬天之后是春天，但这并不意味着是冬天造就了春天（Hume，1777/1987）。

1. 常识性与实用性

休谟通过发展**自然主义**（naturalism）和**工具主义**（instrumentalism）领域的实用观点，为心理学做出了贡献。自然主义主张可观察的事物应该只用自然因素来解释，而不是假定存在神性、超常或超自然的因素，比如"魔法"或者"邪恶之眼"。而休谟著作中的工具主义是指，人类行为只要符合个人目标就是合理的。为了更好地解释自然主义和工具主义，让我们思考休谟研究一个敏感主题：自杀。主要出现在文学作品和民间故事中的自杀，在他同时代的人眼中是极端、不理性的激情所致的结果。从宗教的观点来看，自杀是一种可怕的罪孽，因为只有上帝才能决定生死。在其论文《论自杀》（*On Suicide*）中，休谟挑战了宗教关于自杀的训导。他写道，自杀是一个自然事件，不应该受到谴责定罪。人类的生命与动物生命依靠相同的法则，而且这些法则都服从于物质和运动的普遍规律。在宇宙中，一个人的生命并不比一个牡蛎更高级。根据休谟的观点，如果从河中汲水不算罪过，那么自杀也不应该有罪。死于自杀与死于捕食者或者感染一样，都是再自然不过的事情。上帝并不能代表任何决断。休谟讽刺地写道，如果神职人员将自杀视作对造物主的背叛，那么我们所有改变自然、修建大桥和开垦土地的尝试也都应该被视作对上帝的背叛（Hume，1777/1987）。作为一位理论家，休谟对自杀的观点大多来自他的个人观察。直到 120 年后，法国人埃米尔·涂尔干（Émile Durkheim，1897/199）才首次对自杀进行了科学的调查。然而，休谟的著作对现代人本主义心理学和个人选择的研究产生了一定影响。

休谟同时也批判了宗教对于不朽的解释。他写道："这个世界没有什么是永恒的"（Hume，1777/1987，p. 597）。他拒绝接受天赋观念的思想：无论身体还是思想在生前都不会有任何感觉，死后更不会有感觉。这一声明违反了大多数基本的宗教教义，也与当时大多数人的信仰背道而驰。休谟希望人们对于灵魂行为不要赋予过多的宗教神秘，而应该从习惯和联想的角度来了解人类的行为和精神生活。

休谟反对离婚。他的主要论点是对于离婚家庭儿童的担忧。他认为婚姻不应该只倚靠感觉。他写道，心灵会自然而然地寻求自由，并且憎恨一切使其受限的事物。另一方面，个体也有建立友谊的倾向，这是一种稳定的情感，"凭理性进行，以习惯巩固"（Hume，1777/1987，p. 189）。如果人们认为离婚是一件简单的事情，他们就会选择结束婚姻而不是修复感情。如果没有责任感和恒心，夫妻双方就会在婚姻中追求各自的私利，并且迅速地结束这段婚姻而无视其消极后果。在两个半世纪之后的今天，你是否赞同这番言论？

2. 休谟的人格学说

除了认识论之外，休谟还研究了人类行为并对人格进行了著述。在四篇有关古希腊和罗马哲学的论文中，休谟描述了四种常见的人格类型：

- 伊壁鸠鲁学派展示了优雅和享乐。
- 斯多葛学派是行动派、道德之士。
- 柏拉图学派是沉思者和哲学奉献者。
- 怀疑论者是具有批判性思维的人。

当时的社会科学家喜欢将几乎所有事情分门别类。休谟也描述了国民性格，即一个民族民众的心理与行为类别或典型特征。休谟认为社会因素，比如政府政策、风俗、资源和邻里关系，相比气候或者地理环境对于性格的影响更为关键。社会地位和财富决定了一个人的行为。举个例子，一个士兵和一个牧师，他们住在同样的自然环境中，但是因为接受了不同的道德培养，他们的性格可能会截然不同。休谟表示，士兵生活的不确定性使他们大手大脚、慷慨和勇敢。他们可能显得有些无知，因为相比牧师来说，士兵的的生活方式要求他们多行动少思考。休谟还认为报复是人类的一种天然情绪，但他觉得这种倾向在两个群体中最为明显：牧师和女性。他认为这两种群体都无法即时释放愤怒，因此他们会寻求其他途径来摆脱压力。

关于"国民性格"：科学与刻板印象

谁更诚实：瑞士人还是爱尔兰人？谁更风趣：法国人还是西班牙人？大卫·休谟对他所谓的**国民性格**（national character）进行了详尽的观察。休谟写道，居住在瑞士的人可能比那些爱尔兰人更加诚实。他宣称，法国人比西班牙人更聪明，也更幽默；英国人比丹麦人更好学。休谟描绘了土耳其人的正直、严肃和勇敢。他还指出希腊人善于欺骗，轻率且懦弱。然而，古希腊人的国民性格却是创造和勤勉的典范。同样，在休谟看来，古罗马人以勇敢和热爱自由而著称，与现代意大利人的性格完全不同。莫斯科人（或者俄罗斯人）容易嫉妒。

然而，休谟认为边界并不能决定国民性格。举例来说，根据他的观察，欧洲的犹太人与那些基督教徒邻居拥有不同的性格。他接着说道，语言和宗教的差异会阻止任何两个居住在相同领地的人群互相融合。最终，这些群体保留了他们独特的风俗习惯。休谟相信交流、贸易和旅行会帮助人们习得相似的行为。两个民族之间交流得越多，它们的相似度就越高。比如，在俄罗斯人与欧洲人开始往来之后，他们就改变了自己的习惯。

尽管在今天这些描述对我们来说显得刻板且不准确，但是也让我们窥见了 18 世纪的欧洲文化人是如何看待行为和人格类型之间的相似与差异的。

当代研究（Shiraev & Levy, 2013）表明，"国民性格"可能是一种刻板印象，对于了解其他国家的人民可能是一个糟糕的指南，而且证据显示许多人会使用这种刻板印象或民间信念去评判他人。回想过去的一位陌生人是如何对待你的，关于你的"国民性格"，你遭遇过什么刻板印象？

休谟批判了有组织的宗教及其教义。他明白他那关于个人选择和独立思考的亵渎神明的观点一经公开就可能会带来分歧。教会强烈反对这类观点，休谟可能会面对法律诉讼。然而，他在欧洲的精英权贵当中却赢得了支持。当时许多有影响力的人们愿意批判性地审视宗教，并承认理性和个人选择的重要性。

休谟是一位跨界学者。他对哲学、自然和政治科学甚至地理都很感兴趣。休谟思想的广度和独立性激励着他的跟随者。另一些哲学家则因他们的研究深度而赢得声誉。

现在，让我们把目光转向大卫·哈特莱，他的联想理论奠定了他在心理学历史中的地位。

3.3.9　发展中的联想主义：大卫·哈特莱

大卫·哈特莱（David Hartley, 1705—1757）是一名牧师的儿子，他在 15 岁的时候失去了双亲。因为这场悲惨的经历，哈特莱比同龄的孩子更为早熟，他决定从事医学教育工作。尽管如此，他对科学的兴趣依然非常宽泛。哈特莱喜欢数学，并且对教育学、社会学和心理学均有涉猎。1749 年，他出版了

《对人的观察：他的结构、职责和期望》（*Observations on Man, His Frame, His Duty, and His Expectations*）一书。这本书是一次绝妙的文学和科学的尝试，将科学和灵性、生理学和道德心理学结合起来。这本书逐渐在欧洲和美国受到广泛认可。

1. 物理联想解释心理活动

哈特莱认为，感觉是由神经内部的微小元素的脉动引起的。根据他的假设，快乐是常规震动的结果，而痛苦则是密集且强烈的震动的结果。这些震动在大脑中留下物理印记，而这应该是记忆的基础。人们会记住快乐和不快乐的事情。记忆帮助人们回避不愉快的情境，并追求令人愉快的结果。这些印记或观念，与许多其他观念结合形成复杂的联想（associations）。这些联想帮助个体正常地发挥机能。举个例子，当一个人在遭遇以前经历过的恐惧体验时，他的心跳就会加速。这些反应可能是自动化的：它们的发生没有经过漫长的思考，而是由身体和大脑中的联想过程引起的。

哈特莱的观点与之前描述的笛卡儿的反射概念似乎有类似之处。然而，不像笛卡儿认为存在一种非

物质性质的高级心理机能，哈特莱认为物理联想可以解释个体所有的精神活动。通过大脑中神经脉冲的心理连接，任何一种感觉或肌肉运动刺激着其他的感觉和运动。抽象观念是复杂的联想。人们每天所做的大多数事情都是自动化的：他们并不会思考如何握住一把餐叉或者开启一扇门。但是，还有一些活动可能比一系列的习得反应更加复杂。哈特莱把这些活动称为"复杂化动作"（强调它们来源于复杂的动作），它们涉及了与一种或多种感觉通道的知觉有关的联想运动（Hartley，1749/1999）。其他著名的学者，比如詹姆斯·穆勒（James Mill）和其子约翰·斯图亚特·穆勒（John Stuart Mill），在19世纪继续发展了哈特莱的联想学说。

2. 哈特莱的人格论学说

哈特莱提出了关于人格的原创观点。他区分出了六种人格特征或特质，并把它们划分为两组。第一组包括想象力、野心和自我利益。第二组包括同情心、神意感应（theopathy）和道德感。想象力是指把物体作为快乐或不快的源泉。野心是指实现在别人眼中的自己的地位。自我利益管理想象力和野心提出的要求。同情心是指对他人的情感。神意感应是指一个人的道德感以及与精神问题（比如宗教）的联系。即使哈特莱的人格理论立足于理论假设之上，但是它与20世纪的戈登·奥尔波特、雷蒙德·卡特尔和其他心理学家著作中提出的人格特质论具有共同基础。正如哈特莱的文章中所说，这些理论指出个体倾向于拥有相对稳定且独特的品格。

我们名单中的下一个哲学家是伊曼努尔·康德，他并没有刻意书写关于心理学的著作，但是他的兴趣聚焦于人类认知：特别是知觉和思维。批评家经常把他的作品当作那个时期哲学的理性主义传统和经验主义传统之间的象征通道或者"桥梁"。

3.3.10 连接理性主义和经验主义：伊曼努尔·康德

伊曼努尔·康德（Immanuel Kant，1724—1804）是一位德国哲学家（尽管确切地说，他居住在东普鲁士，并且在1871年德国统一之前早已去世），他一直以来都被公认为是最具影响力的思想家之一。

1. 先天范畴

康德相信人类永远无法只靠观察和自己的感觉来理解这个世界的秩序。当我们试图解释这个世界，试图询问关于因果关系、上帝、自然、灵魂和快乐等普遍问题时，我们犯下了不计其数的错误。为了减少这些困惑，人们必须将其注意力从对这个世界的普遍追问转移到对具体现象的研究。

每个个体都有根据预编程序理解现实的天生能力。为了阐明康德的观点，请你回答这个问题：时间是什么？你可能会说，时间是两件事情之间的间隔。那么间隔又是什么？我们该如何解释它？根据康德的观点，时间和空间都是先天的概念（或范畴），而不是后天习得的。这些概念早就"贮备"在我们头脑里。用现代的话语来说，范畴就像是软件，可以让我们在一段周期内将这个世界看作三维的和有序的。如果我们先存的空间概念是二维的，我们就不可能从三维的角度去看这个世界！康德的观念，特别是那些涉及知识可能先于经验的观念，在所谓的精神哲学家之间盛行了许多年（第4章）。

然而，我们的经验也是极其重要的。外部世界提供了我们可以感觉的物质。这个世界对我们具有意义，是因为我们拥有先天的"工具"去理解它。尽管我们可以通过千变万化的事件来理解这个世界，但是我们永远无法了解它的真正本质。

2. 道德观念

康德创造了一种独特的关于道德行为的理论——这是一种哲学理论，然而，它影响了今天的许多心理学理论。康德试图为道德行为找到一以贯之的原则，而不是采用当时普遍流行的观点，即道德是相对的并且依赖于人们的利益。尽管对于康德道德哲学原理的讨论超出了我们的范畴，但需要强调的是，康德的观点呼应了古代"黄金法则"：依照你的理性意愿行事，但是假设你的行为是合乎道德的，应该成为他人可以效仿的普遍法则。康德认为这种道德律令应该是天生的，用当代的话语来说，也就是所有人类对于道德行为都应该有一种天然倾向。许多年之后，人本主义心理学以及其许多分支的创始人和支持者都强调人类行为的道德立场，并且像康德一样，他们也宣扬道德行为是一种天然的表达。

3.4 法国的唯物主义与启蒙运动

在 16 世纪末之后，法国成为全球经济和军事的重镇。到了 18 世纪末，法国人民经历了一系列急剧的社会变动，其中包括法国大革命。这些事件改变了法国政府的原则，也改变了精英阶层的生活方式、价值观和信仰。法国大革命还为自由主义和市场资本主义价值观奠定了基础。尽管教会对于政治的影响力全面削弱，但是神职人员仍然强有力地操控着科学，并且会揪出和惩罚无神论者以及那些试图宣扬无神论的人。法国人保尔－亨利·西里就是这样一位反叛的知识分子。

3.4.1 保罗－亨利·西里的唯物主义

当时大多数科学家都希望摒除人类行为"神秘"的标签。心理过程可以通过大脑运作来解释。灵魂可能是物理实体，它为身体愉悦而努力并在身体死亡时烟消云散。

人们所熟悉的霍尔巴赫男爵（Baron d'Holbach）出生于 1723 年的德国，他接受洗礼时的名字是保罗－亨利·西里（Paul-Henri Thiry，1723—1789）。从他 12 岁时起，他的法国叔叔弗朗西斯库斯·亚当·霍尔巴赫开始抚养他成人。正是从他叔叔那里，保罗－亨利在 1753 年获得了他新的姓氏、爵位和一大笔财产。霍尔巴赫在著名的莱顿大学接受教育，他撰写了许多书籍和文章，为心理过程的唯物主义观点和社会变化的革命观念进行辩护。

保罗－亨利·西里认为大脑能够产生各种各样的物理运动，可以称之为心智官能。

他认为大脑是所有源自灵魂的活动的中心。那么大脑是如何运作的？它连接着分布于身体各部位的神经，神经内部产生脉冲或运动，而这个脉冲会更改大脑。大脑做出的反应是，向各身体器官或四肢发送脉冲。大脑可以自行运作，并且自身能够产生大量的运动，我们称之为智能。为了弄清楚大脑的工作方式，科学家应该把宗教学说放在一边，专心研究物理、解剖学和自然科学（Holbach，1770/1970）。

霍尔巴赫将许多宗教和政治哲学的手稿翻译成法语。他为哲学家丹尼斯·狄德罗编纂的《百科全书》（Encyclopédie）贡献了将近400篇文章。《百科全书》的目标在于简述和概括艺术和科学领域的当代知识，并使这些知识拥有更广大的读者群。出版此书的几个重要目标之一是，传播个人自由和超越权威的人民主权的理念。除了他的出版作品之外，霍尔巴赫还因为主办他著名的沙龙而闻名，即有社会地位和文化价值的人们周期性地"聚在一起"。对科学家来说，拥有同行的支持是必不可少的，同样自由地讨论观点也非常重要。霍尔巴赫的沙龙之所以闻名，是因为它促进了知识分子的团结氛围，在唯物主义和无神论思想发展中所起的作用，以及对法国大革命知识分子传统所做的贡献。沙龙上的来宾都是杰出的知识分子、无神论者和独裁主义的激烈反对者，名人和大使也都纷纷参加沙龙上的晚宴。传记作者提到了沙龙宾客名单上的许多名字，包括美国大使本杰明·富兰克林和哲学家大卫·休谟。

对于唯物主义思想和激进经验主义的另一个原创贡献者是埃蒂耶纳·博诺。接下来我们了解一下他的观点。

3.4.2 孔狄亚克的感觉主义

埃蒂耶纳·博诺·德·孔狄亚克（Etienne Bonnot, Abbé de Condillac，1714—1780）如今通常以他的皇家头衔——孔狄亚克被提及。他在童年时就遭遇了健康问题，直到12岁仍然无法阅读。然而，他在青少年期进步飞速，并在法国最负盛名的索邦大学学习。他支持唯物主义的观点，并主张感觉能够为所有心理活动（包括抽象思维）提供一切信息。1754年，代表他核心思想的《论感觉》（Treatise on the Sensations）一书出版，他试图说服读者相信反省，这种在其他唯物主义者的学说（包括约翰·洛克的观点）中特别重要的元素，其实完全是以感觉为基础的（Condillac，1754/2002）。所有心理活动和功能，比如记忆、梦和思考，都是感觉的不同形式罢了。

孔狄亚克呈现了一个例子或者讽喻：一座雕像（正如科学史学家们所知的孔狄亚克雕像）。他要求道：想象一座雕像，起初它是被动的，与这个世界没有联系；然后，这座雕像获得了感觉——一个接着一个，从嗅觉这种最基本的感觉到触摸这种最精准的感觉；直到它获得了所有感觉之后，这座雕像也明白了自我（所有感觉的集合）与非自我之间的区别；然后，理解随之而来。一系列集中的感觉被称作注意力。一种印象甚至在原始物体消失之后仍然保留，这种印象被被称为记忆。人们为某种感觉的结合贴上标签、赋予名词。这些名词就是观念或概念，它们被期望为人类知识带来清晰的秩序。思考将简单的感觉带入复杂的观念。思考的提升反映了人类的进步（见图3-3）。

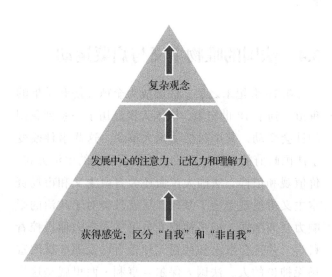

图 3-3　孔狄亚克的知识获取图

在英文中，感觉主义（sensationalism）可以理解为一个人对感觉过程的注意，而它的另一个意思是夸张。那么孔狄亚克是否夸大了感觉的角色？

作为法国和普鲁士科学院的一员，孔狄亚克提出了一种教育理论。他认为儿童发展的阶段与人类发展的阶段相类似，因此孩子们是从简单质朴转变为复杂成熟。他相信儿童应该根据他们发展阶段的技能进行教育，而老师也应该相应地调整他们的教学方法。到了20世纪，这些观念在人类发展的进化和文化理论中得到进一步发展（第5章）。

3.4.3　拉·美特利的机械主义

尽管父亲希望他成为一名牧师，但朱利安·奥弗雷·德·拉·美特利还是选择了从事医学事业。后来他中断了医学生涯，转而投身于哲学。拉·美特利精通于解剖学，并逐渐发展出解释灵魂功能的唯物主义观点。他支持**机械主义**（mechanism）的核心理念，即几乎所有关于人类的事情都可以从机械角度进行有效解释。拉·美特利最著名的作品是《人是机器》，他在此书中捍卫了人类只是一台复杂机器的观点。人体中每一个细小的纤维或部分都按照特定的原理运动。人类被训练去执行各种简单和复杂的任务。与之类似，动物被训练去寻求食物和保护。根据拉·美特利的观点，一位几何学家学习执行最复杂的计算，与一只被驯化的宠物学习表演杂技原理相同。即使最复杂的交流形式也可以被简化为单纯的声音或语言，从一个人的口中传到另一个人的耳中。动物之间的不同基于它们的组织结构。拉·美特利在动物大脑的大小和侵略性之间寻找对应：拥有较小大脑的动物倾向于更加凶猛，拥有智能行为反应的生物则较少显露出本能行为（La Mettrie，1748/1994）。

拉·美特利认为人类的心理经验都可以从机械和生物的角度进行解释。这个观点在历史的各个时期不断被推崇，直至今日。

在 1748 年出版的《人是机器》为拉·美特利带来了一批狂热的支持者。然而，批评他的人们认为该书是对事实的粗略简化。宗教权威则认为此书是对教会的诽谤，是一种不敬，因为它摒弃了灵魂是一种神圣实体的观点。不只神学家和宗教官员（包括加尔文教、天主教和路德教），甚至科学家也加入了批判的队伍，这是极其罕见的情况（Vartanian，1960；Wellmann，1992）。一些世俗科学的支持者并不赞同拉·美特利这种极端的简化主义：以一种较低级的、看似不复杂的水平来解释现象。由于无法在批评的炮火下工作，拉·美特利离开了法国，寻求一个更安全也更加包容的社会环境。最终他在普鲁士国王腓特烈大帝的宫廷里找到了保护和财政支持，腓特烈大帝后来还为拉·美特利题写了悼词："一个好人，一位智慧的医师。"

> ⊙ **大家语录**
>
> **拉·美特利的梦**
>
> 　　灵魂与身体一同进入睡眠。随着血液的流淌平静下来，一种平和、安详的甜蜜感遍布整个机体。眼睑越来越沉重下垂，灵魂对自身的感知也越来越弱；大脑纤维变得舒缓，灵魂也放下了紧绷感；因此，灵魂逐渐地变得好像麻痹了一样，全身的肌肉也是如此。（La Mettrie，1748/1994，p. 5）
>
> 　　这段话显示出作者希望运用机械原理来解释心理现象，比如睡眠。

与当时大多数思想家一样，拉·美特利也存在性别偏见的态度。他写道：女性的激情远大于理性，因此女性倾向于温柔、感性和表达情感；而男性拥有稳固的大脑和神经，因此具有更强有力的人格特征和更活跃的思维；因为女性普遍缺乏教育，因此男性拥有更好的机会去展示自己思想和身体的长处；男性更懂得感激、更慷慨，友谊也更为长久。拉·美特利似乎尝试在描述两性之时找到一些平衡，因此他提到女性的美貌是她们优越的特征（La Mettrie，1748/1994）。

正如你所看见的，科学观念与刻板判断经常共存。然而，如果认为法国学者对社会生活秉持保守观点，这是不对的。恰恰相反，法国人为全世界贡献了许多具有进步思想的哲学家，比如伏尔泰和卢梭。

3.4.4　伏尔泰和卢梭与道德和社会发展

弗朗索瓦－马利·阿鲁埃·伏尔泰（Francois-Marie Arouet de Voltaire，1694—1778）是另一位杰出的法国思想家和作家，他是历史上知识分子文化运动（今天称之为启蒙运动）中最具影响力的代表人物之一。他认为人类拥有道德行为的潜能，它根植于对他人的尊敬和友善。伏尔泰相信，人类的正直和良知并不是与生俱来的，而是教育和经验造就了一个人。

也许关于教育和儿童发展最著名的观点来自让－雅克·卢梭（Jean-Jacques Rousseau，1712—1778）的著作。他赞扬了人类文明的极早期阶段。卢梭创造了**高贵的野蛮人**（noble savage）一词，暗示着在现代文明发展之前，那些生活在自然法则下的人们本质上是良好的。在他的想法中，那些法则代表着诚实、可信和精神自由。现代文明的机构，特别是教会和国家，削减和抑制了人们的这些特征。当卢梭不断地暗示"让我们回归自然"时，他并不是说让人们抛弃现代文明科学和技术的进步；他所希望的是消除主要的社会弊病，比如冷漠、偏见，尤其是腐败（Rousseau，1762/1997）。他从自由的角度来解释学习的过程。根据卢梭的观点，儿童在学习期间应该发展他们自己的活动并且感到自由，因为老师的意志会强加在儿童身上，以一种消极的方式影响儿童的教育。老师的工作应该包括准备有助于儿童发展内在潜能的条件。老师

应该与儿童成为朋友，在课堂上扮演激励者而不是独裁者。

3.5　评价

3.5.1　社会氛围的变化

15 世纪至 18 世纪，西欧发生的社会和政治变革与有关人类行为和精神活动观念的改变齐头并进。精神活动先前被视作永恒且神圣的灵魂的功能，继而逐渐被视作可以通过观察和科学研究来理解的过程。关于精神活动与生理活动之间关系的理论纷繁多样：二元论、唯物主义和唯心主义的支持者们对精神世界和物理世界做出了有趣但又不同的假设。尽管这些假设很大程度是理论性的，但是它们为未来作为科学和实验学科的心理学打下了坚实基础。

艺术、教育和科学领域的人文传统强调个体的主观层面：自由意识、美感和道德责任。17 世纪和 18 世纪涌现出了不可思议的学者阵容，他们对个体共享着一种乐观的态度。这是一个个体对自我、个性、理性选择、隐私和个人技能重燃兴趣的时代。在这一时期人文主义或科学传统内积累的心理学知识，正在逐渐摆脱偏见、歧视或猜测性的假设。关于人类情绪、思考、动机和决策的知识，正在变得更加实用有效，立足于经验事实。

文艺复兴时期展现了知识变化的范围和性质。16 世纪初，宗教改革运动不仅大大改变了宗教实践和信仰，也改变了欧洲整个社会的氛围。科学革命则挑战了关于人类行为、生死和灵魂神圣性的传统信念。关于神经"能量"和大胆"精神"的观点，以及

对腺体和血液循环的假设，对后来几个世纪的神经心理学和心理学都产生了影响。

3.5.2　个体成为关注的焦点

笛卡儿、斯宾诺莎、休谟、拉·美特利和许多其他人的思想预示了研究领域一个新纪元的来临。一个人——一个拥有感情、思想和理性的个体现在成了关注的焦点。而且，个体成为科学研究的主要对象之一。学者们相信他们可以揭开人体基本心理机制的面纱。同样，他们也希望发现掌控心理过程的基本科学法则。他们当中许多人倾向于研究从物理和数学中借来的模型。笛卡儿提出了这样一种观点，即如果没有肉体的承载，意识也将不复存在。这种观点在后来关于精神生活的理论中显得极为重要，但它也是一种与佛教学说相当不同的观点。在佛教教义中，意识需要肉体，把肉体当作一个临时的"居所"，也可以离开这个居所去寻求别的肉体港湾。

3.5.3　知识依然主要靠猜测

这个人类文明史上的重要时期并不完全是科学无限进步或是人文主义凯旋的时期。心理学知识依然具有极大的猜测性，它深受许多竞争性的哲学方法和传统的影响。对绝大多数人来说，科学知识还是触不可及的，而且大部分教育形式仍然只供精英人士所享，也就是说只服务于上流社会成员。尽管一

些学者对于心理学的理解取得了进步，但是先进知识并没有改变主流大众对于灵魂性质和心理活动机制的认知。意识形态和民间信仰引导着百万民众的生活。

3.5.4　宗教观点依然占主导

尽管世俗观念取得了巨大进步，但是无神论仍然没有盛行。许多有识之士批评宗教作为一个社会机构，神职人员拥有无限的权力。与此同时，宗教信仰是大多数人经历的一部分。许多知识分子将宗教和科学相结合，用以解释人类行为和心理现象。一些人使用宗教来澄清人类存在的原因。比如，贝内迪克特·斯宾诺莎就认为上帝即自然，自然即上帝。这种立场被称为泛神论（pantheism）。其他人，比如伊曼努尔·康德，则借鉴宗教概念来解释道德行为。尽管他们越来越独立于宗教团体，但是这一时期主要的学者仍然信仰上帝，并且几乎无一例外地在他们的手稿中提及了上帝（见表 3-3）。

3.5.5　知识维护的社会秩序

尽管科学家反对社会不公和歧视的呼声不断，但心理学知识还是经常被用来维护现有的社会秩序、风俗和价值观。权力精英们使用看似合理且科学的解释证明种族刻板印象的合理性，证明某种社会团体比其他团体更优越这一观念的合理性。科学解释还被用来辩护两性之间的不平等。对于心理变态的

表 3-3　若干科学学说中上帝的角色

科学家	上帝或神在心理过程中的角色
托马斯·霍布斯（1588—1679）	如果感觉过程的根基难以解释，我们可以把上帝当成观念和物理运动的创造者
勒内·笛卡儿（1596—1650）	上帝是至高无上的善，并且证明了人们不会受到知识的欺骗
贝内迪克特·斯宾诺莎（1632—1677）	上帝即自然，自然即上帝。上帝的学识对一个人来说是最大的善
约翰·洛克（1632—1704）	上帝解释了人类感觉中的第二性
艾萨克·牛顿（1643—1727）	上帝创造了基于理性和普遍原则的世界。上帝掌控一切事物并且无所不知
乔治·贝克莱（1685—1753）	上帝是终极的观察者，是那些无法被感知的事物真实存在的担保人
伏尔泰（1694—1778）	上帝在我们的灵魂中植入了道德观
大卫·哈特莱（1705—1757）	神意感应这种特殊的人格特征，是指个体与精神事物的联系，比如宗教等

研究也产生了许多错误的结论。从当代的角度来看，大多数对于异常症状的描述都显得含糊不清且有失偏颇。这些描述通常包含了针对那些不正常、患有心理症状的人群的偏见。

结 论

千年中转型期的心理学知识至少在两种传统内得到了发展。一方面，心理学正在开怀拥抱科学，快速发展的服务于社会的企业需要可靠的科学知识。另一方面，心理学反映了一个社会的传统、文化和道德基础（Kendler，1999）。作为一门独立的科学学科，心理学迈开了最初的步子。但是，这些步子正在变得稳固而坚定。

总 结

- 千年中期转型的全球复杂性可以从三个方面的基本发展来描述：（1）文艺复兴；（2）宗教改革；（3）科学革命。基于研究和教育的理性且科学的思维，似乎成为人类发展进步的关键。
- 尽管在千年中期的转型阶段，越来越多的个体开始密切关注科学，但是各种迷信（包括对巫术的信仰）仍然是人们生活的一部分。
- 关于心身问题的观点至少反映了三种传统的哲学观：唯物主义、二元论和唯心主义。关于人类行为的观点至少有两种在千年中期主导着科学：人文主义和科学理性主义。
- 勒内·笛卡儿是最早开始把灵魂视作一台运转机器的科学家之一。他认为，身体和心理过程是自然和灵魂之间的媒介，并且假定数学和力学的法则可以解释最为复杂的思维过程。
- 贝内迪克特·斯诺宾莎认为，人们必须了解他们行为的原因，必须了解自己快乐和痛苦的源头，并且基于这些知识重新评估自己的人生。
- 戈特弗里德·莱布尼茨的思想为许多心理学理论提供了理论基础，这些领域包括人类发展、认知和无意识过程。
- 托马斯·霍布斯认为根本不存在非物质的实体，比如灵魂；而物理过程正是心理功能的原因。自主行为是一种纯粹的机械运动。经验可以被记录在思维中，就像老师用粉笔在黑板上写字一样。

- 约翰·洛克区分了人类经验的两种过程：感觉和反省。他认为，复杂的观念起因于简单的观念，因为人们可以对后者进行观察和反省。
- 乔治·贝克莱强调，尽管在感觉背后存在未知的物质，但是个体仍然能够学会去协调各种感觉所产生的观念。
- 大卫·休谟从许多不同的角度来研究心理学问题，包括哲学、自然科学、政治学甚至地理学。
- 大卫·哈特莱认为，感觉是神经内部微小元素的脉动所产生的结果。这些标记或者观念，与许多其他观念结合形成复杂的联想，从而帮助个体正常发挥机能。
- 伊曼努尔·康德关于道德行为的观点和思想对今天的社会科学依然有着深远影响。他那关于知识可能先于经验的观念在精神哲学家之间依然盛行。
- 霍尔巴赫的唯物主义观点基于这一观念，即大脑是所有归因于灵魂的活动的中心。在孔狄亚克看来，所有的心理运作都是感觉的特殊形式。拉·美特利所支持的机械论认为，几乎所有关于人类的事物都可以从机械角度进行有效解释。
- 伏尔泰认为，人类拥有道德行为的潜能，它植根于对他人的尊敬和友善之中。根据卢梭的观点，教育和经历造就了一个人。人类的生活应该依据"自然法则"，比如诚实、可信和精神自由。

关键词

Animal spirits 动物精气	Humanism 人文主义
Deism 自然神论	Instrumentalism 工具主义
Dualism 二元论	Mechanism 机械主义
Empiricism 经验主义	Metaphysics 形而上学

Monads　单子

Mysticism　神秘主义

Naturalism　自然主义

Noble savage　高贵的野蛮人

Psychological parallelism　心理平行论

Rationalism　理性主义

Reductionism　还原主义

Scientific rationalism　科学理性主义

Solipsism　唯我论

Tabula rasa　白板

Witchcraft　巫术

 ## 网站资源

访问学习网站 www.sagepub.com/shiraev2e，获取额外的学习资源：

- 文中"知识检测"板块的答案
- 自我测验

- 电子抽认卡
- SAGE 期刊文章全文
- 其他网络资源

第4章
实验室里的心理学

通过运用物理学和数学的方法和概念，心理学会获得更大的清晰性和准确性。

——E. 卡特尔，美国心理学会第一次会议（1892）

所有这些机器都被放在一边——而我不禁要想，铁钦纳教授有时会允许机器上的灰尘模糊他的视线。

——J. M. 鲍德温对铁钦纳的回复（1895）

学习目标

读完本章，你将能够：

- 了解 19 世纪主要的社会变迁和科学变迁
- 理解早期关于心智的量化研究的科学
- 欣赏首批心理学实验室和心理学协会创建者的努力
- 运用你的知识去理解心理学的历史和一些当代问题

弗朗兹·约瑟夫·加尔
(Franz Josef Gall)
1758—1828，德国人
首创了颅相学

约翰·斯图亚特·穆勒
(John Stuart Mill)
1806—1873，英国人
提出了联想理论

伊万·谢切诺夫
(Ivan Sechenov)
1829—1905，俄国人
提出了神经生理学；
《脑的反射》的作者

威廉·冯特
(Wilhelm Wundt)
1832—1920，德国人
创立了第一个心理学实验室；
提出了实验内省法；
构想了两种类型的科学心理学

1750   1760   1800   1810   1820   1830   1840

18 世纪末到 19 世纪初：对人差方程的研究。开始关注个体反应时

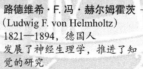 解剖学和生理学：感觉生理学、大脑解剖学和神经生理学的发展 ⟶

19 世纪初到 19 世纪 40 年代：颅相学的提出和没落

精神哲学在大学校园里仍然势头强劲，直到 19 世纪最后 25 年

古斯塔夫·西奥多·费希纳
(Gustav Theodor Fechner)
1801—1887，德国人
首创了心理物理学

路德维希·F. 冯·赫尔姆霍茨
(Ludwig F. von Helmholtz)
1821—1894，德国人
发展了神经生理学，推进了知觉的研究

弗朗兹·布伦塔诺
(Franz Brentano)
1838—1917，德国人
创建并发展了"意动心理学"

想象你身处 1860 年。你是一名被美国或欧洲重点大学录取的学生。你选择了心理学专业的大学本科课程。谁会是你的老师？除非你在一所天主教大学，否则很有可能，他会是一位被任命的新教牧师。他（在 20 世纪早期之前几乎没有女性教授）可能会强调从神学角度理解灵魂的重要性。他的课程会探讨理性的本质、精神活动的起因、灵魂的创造力、灵魂的活力和意志力。他会讨论自律与节制的重要性。他会支持唯心主义，排斥对精神问题进行实验。你还会接触到哲学家伊曼努尔·康德的观点，特别是那些关于先验知识的可能性的观点。

现在想象你来到 30 年之后，也就是 19 世纪 90 年代。30 年的时间里发生了如此巨大的变化！虽然你的教授几乎都还是男性，但他已经不可能再代表教会了。你可以期待自己的指导老师拥有生物学、生理学或医学的

○ 资料来源：Farr (1988) and Fuchs (2000).

学术背景。他会在课堂上运用大量视觉教具，包括解剖图、神经细胞模型，以及手工制作的大脑模型、耳朵模型或眼睛模型（就像大型的乐高玩具）。但最重要的是，课堂上将会讨论针对心理现象的实验研究。在 1860 年"不可触碰"和神圣的领域，到了 19 世纪 90 年代，它们被测量、计时、称重、计算、比较和分析。数学公式被应用于视觉和听觉的阈限、感觉适应和记忆等领域。这些课程有多精细复杂？让我们来看看 19 世纪末韦尔斯利学院心理学高年级一场 45 分钟的测试卷○吧。

1. 请详细描述下面的实验。说明它们的理论基础，以及你从中得出的结论：（a）"彩色阴影"（colored shadows）实验；（b）谢纳氏实验（Scheiner's experiment）。

2. 什么是皮肤感觉（dermal senses）？

3. 什么是（所谓的）联合感觉（joint sense）？请描述一个实验证明它的存在。

如果不第一时间查阅提供链接和答案的同步网站，你能回答出这些问题吗？

在 19 世纪，特别是 19 世纪末期，心理学作为一门学科经历了巨大的变化。它从一门理论性和思辨性的分支转变为一门实验性的学科。心理学正在走向实验室。这种转变并不是迅速的，其中也不乏争议。

赫尔曼·艾宾浩斯
（Hermann Ebbinghaus）
1850—1909，德国人
对记忆进行实验研究
的先驱

爱德华·B. 铁钦纳
（Edward B. Titchener）
1867—1927，英国人
提出了实验内省法和
构造心理学

1883 年，第一个美国
心理学实验室建立

| 1850 | 1860 | 1870 | 1880 | 1890 | 1900 |

19 世纪 50 年代到
19 世纪 60 年代：
心理物理学的诞生
（韦伯与费希纳）

19 世纪 70 年代到 19 世纪 80 年代：关于记忆和思维的早期实验研究
19 世纪 70 年代：实验内省法（冯特）和构造主义（铁钦纳）的诞生和发展

奥斯瓦尔德·屈尔佩
（Oswald Külpe）
1862—1915，德国人
开创了对思维的实验研究

1892 年，美国心理
学会成立

卡尔·斯顿夫
（Carl Stumpf）
1848—1936，德国人
研究认知与情感的互动

1879 年，心理学实
验室在莱比锡建立

4.1 19 世纪的变迁

在 19 世纪，欧洲和北美正在经历巨大的社会变动和经济变革。工业资本主义正在取代基于农业和手工业的传统经济。在欧洲，英国和德国先后确立了它们的工业领导者地位，达到了全世界最高的生活标准。其他国家，包括美国、加拿大、法国、荷兰和比利时，也在快速地发展。大量人口从农村和小镇涌入大城市。受过教育的中产阶级数量在增长。奥斯曼帝国（Ottoman Empire），仍然是一个令人生畏的经济和军事力量，但已经走向衰落。那一时期，在遭受西方列强几次军事打击之后，中国的全球性角色被削弱了。虽然中国只是缓慢地打开国门，与其他国家进行交流互动，包括知识领域。但是，中国的教育官员越来越鼓励对西方学术资源的翻译引进。

4.1.1 资源和基础设施

19 世纪是教育和科学领域飞速变化的一个世纪。新的医学和技术学校在英国、法国、俄罗斯、德国和其他国家兴起。政府、实业家和银行家开始投资大学研究和科技教育。德国公司最早通过重点大学投资实验室科学。随后，美国和其他国家的商业公司也采取了类似的投资策略。

19 世纪中期，欧洲和北美的中等教育和大学教育对于中产阶级家庭越来越容易实现。许多开明的思想家相信，教育是启蒙并解放人民的巨大机遇。保守派也认为，教育能促进自我约束和对传统与权威的尊重。然而，最重要的因素是，工业发展的需求和政府机构的壮大需要熟练且受过教育的工作者。强制性的初等教育变成一种常规。这种变化的结果是：到了 1900 年，在英国、法国、德国、瑞典、挪威和丹麦等国家，年轻的一代中已经没有成人文盲了。

4.1.2 19 世纪的社会环境

在 19 世纪变动的社会环境中，有两种潮流深刻地影响了心理学这门发展中的学科。第一种潮流是

唯物主义（materialism）和现实主义（realism）的传统，它们反映在所谓的**主流价值观**（mastery values）中——相信人类通过运用科学和技术的力量，必然能实现对社会、环境和自身的充分控制。与主流价值观相呼应的是，高抱负和高自尊成为一个人的重要品质（Schwartz，1994）。人类似乎正在接近一个终极梦想："征服自然，为己所用。"这句话出自英国的阿尔伯特亲王（Prince Albert）在 1851 年伦敦博览会的公开演讲。19 世纪的科学和经济成就使许多社会评论家相信，尽管存在一些问题，但只要社会崇尚理性、科学和技术，就是走在进步和繁荣的正确道路上。

当然，并不是每个人都积极拥抱主流价值观。一种对立的知识气氛根植于唯心主义（idealism）和浪漫主义（romanticism）的传统。唯心主义分享关于灵魂和精神生活的宗教理念，浪漫主义则以一个综合的视角看待社会和人类行为，其基于对个体性、自发性和激情的一种理想主义式的着迷。浪漫主义并不否定理性，只是贬低理性主义的重要性。在文学中，浪漫主义颂扬情感、想象力、直觉、激情、美和才华的力量。童话受到人们的欢迎。德国的雅各布·格林（Jacob Grimm，1785—1863）和威廉·格林（Wilhelm Grimm，1786—1859），即大多数人所知的格林兄弟，创作了诸多童话作品，其中包括《灰姑娘》和《白雪公主》。丹麦的汉斯·C. 安徒生（Hans C. Andersen，1805—1875）出版了《海的女儿》和《坚定的锡兵》。神秘小说和恐怖故事的流行激发了知识界将兴趣转向人类心理含蓄且隐秘的特征。那些涉及梦境、催眠、意识状态的改变、不受控制的冲动与直觉的故事广受欢迎。

这些发展对心理学产生了什么影响？主流价值观支持对心理现象进行科学探究。与此同时，浪漫主义提高了大众对精神生活的兴趣。然而，许多反对主流价值观和科学实用主义的人们不希望科学碰触人类灵魂精致的外衣。

4.1.3 19 世纪的学术传统

19 世纪的欧洲和北美，唯物主义越来越流行。

许多年轻学者相信，物理法则也适用于一切心理、心灵或唯心的事物。他们认为，物理学、生物学和数学可以解释大部分复杂的心理过程（Farber，2000）。在大学课程中，人类越来越多地被描绘为自然界的一部分（第 5 章）。对于心理过程性质的理论思辨让位于科学研究，包括实验和精细的观察（Green，Shore，& Teo，2001）。在医学领域，详细的自我报告和症状记录成为收集数据的重要方法（Wampold & Bhate，2004）。

唯物主义思想的发展并不一定意味着心理过程的思辨分析的终结（Boring，1929）。事实上，在那一时期，天主教和新教见证了思辨分析的一段复兴。科学中唯物主义的发展和主流价值观的兴盛，也促使许多受过教育的反对者拒绝在微妙的灵性与意识世界推广实验科学。唯物主义由于断言人类受简单的自然冲动所驱使而受到攻击（见表 4-1）。

表 4-1　心理学：19 世纪的社会、经济和文化背景

内容	主要特征
资源和基础设施	社会快速的工业化和城市化
	持续的技术进步
	人口大迁移，新的交流方式的发展
	大众化教育的出现
社会环境	主流价值观对阵唯心主义价值观（与宗教信仰和宗教实践相关）与浪漫主义（一种拥抱个人主义和激情的社会环境）
学术传统	社会科学和生命科学的世俗化
	在研究和教育领域的投入增加

4.1.4　人们对心理了解多少：概览

过去，科学知识局限于大学教育中，只对一小部分社会精英阶层开放。到了 19 世纪，科学知识能被更多不同社会阶层的人们接触到。心理学作为一个研究主题，至少在两个领域得到发展：一个是实验科学领域，包括物理学、生物学、生理学或医学。另一领域是所谓的精神哲学，稍后我们会谈到。

1. 科学知识

19 世纪后半叶，一个典型的受过教育的个体对心理现象有什么了解？他很可能会称之为“心理”活动或“精神”活动。举个例子，一本在美国出版的受欢迎的大学教科书，其中介绍了四类这样的活动，包括感觉、情绪、智力和意志。受过教育的人们了解，感觉包括视觉、听觉、触觉、味觉和嗅觉，还有温度感觉、器官（与内脏有关）感觉和肌肉感觉。情绪指的是恐惧、愤怒和惊讶；这个词也涉及了惊讶、好奇、审美感觉、爱、同情心和嫉妒心。对智力的描述则涵盖了认知、记忆、联想、想象、发散过程（今天我们所说的思维）和自我。意志力（Volition）在今天的心理学教科书中是一个不常见的主题，它涉及的是各种各样的活动，包括放松和冲动的、直觉的和观念上的活动（Wright，2002）。

人类对大脑功能的定位化所知甚少。实验数据和临床观察表明，大脑的特定区域控制着特定的行为。对人类感觉的基本机制的理解取得了巨大的进步，特别在视觉和听觉方面。约翰内斯·缪勒（Johannes Müller）、路德维希·冯·赫尔姆霍茨（Ludwig F. von Helmholtz）及他们的后继者改变了科学常识：他们用明确的物理学和生理学名词对心理学进行解释。19 世纪早期的许多生理学家相信，尽管大脑承担着最重要的智力工作，例如思维，但是情绪主要发生在身体的其他部位，比如说内脏器官。这个假设背后的逻辑是：大脑和神经系统对来自外部世界的信号直接做出反应，而情绪则伴随行为而发生。

大多数受过教育的人区分了意识和无意识过程。英国医生、心理学家马歇尔·霍尔（Marshall Hall，1790—1857）所做的关于蛇的实验，引发了关于反射活动和动物的反应是否有意识的争论。霍尔认为，在动物的脊髓反射过程中并不涉及意识成分。但他的批评者认为，意识是所有神经系统的功能，因此，脊髓反射也是有意识的。然而，脊髓反射是无意识过程的观点逐渐在生理学中变得盛行。意识成为一种与心理学有关的现象，心理学经常被称为一门研究主动意识过程的科学。

2. 大众信念

在不同的国家，受过教育的人们都逐渐抛弃了对女巫、恶魔、邪眼和魔法的信仰。然而，关于心

案例参考

昨天和今天的民间信仰

150 年前，许多人相信超感官知觉和其他超自然能力是有原因的。大多数读者几乎读不到科学文献。强制性义务教育还停留在早期阶段。对神秘现象的民间信仰有着深层的文化根源，它们被宗教和习俗所强化。

那么，21 世纪的人类对超自然力量的信仰发生了重大变化吗？你可能会感到惊讶。让我们以下列三个国家为例：巴基斯坦、美国和俄罗斯。2009 年的一次民意调查显示：23% 的美国人相信女巫的存在，大约 42% 的美国人相信有鬼魂，20% 的美国人不太确定，超过四分之一的美国人相信占星术（Harris，2009）。2012 年在巴基斯坦的一次调查显示：51% 的人相信鬼魂存在，28% 的人相信有女巫，17% 的调查对象感到他们拥有超

自然力量（《巴基斯坦超自然信仰调查》，2012）。2011 年，21% 的俄罗斯人说他们相信有女巫，超过一半人相信迷信和梦境，30% 左右的人相信占星术和地球上存在外星人。大约 55% 的美国成年人相信"超自然或灵性的疗愈或人类心理的力量能够治疗身体"（Gallup，2005），57% 的美国人说，存在类似于超感官知觉、心电感应，或其他不能用通常手段解释的经验（2009 survey，http://cbsn.ws/GFllIk；Shiraev & Levy，2013）。

你认为为什么仍然有相当一部分人保留这些信念？是由于人们缺乏教育的缘故吗？还是其他因素产生的影响？在班级里做一次匿名调查，看看有多少人相信女巫、鬼魂、外星人和占星术。讨论这些信念在过去和今天起到了什么心理功能。

理的知识还是很有限的，人们对神秘现象的兴趣十分普遍。具有讽刺意味的是，关于大脑、神经系统和感觉器官的新的科学事实，重新点燃了人们对神秘主义的兴趣。就拿催眠来说。在 18 世纪末期，在科学家重复证明所谓的动物磁力（第 1 章）并不存在后，公众对催眠的兴趣一落千丈。然而，到了 19 世纪，催眠又重新回到人们的注意力中心，部分原因是睡眠生理学领域有了新发现。（在第 6 章和第 8 章，我们将会讨论催眠现象。）

还有一个重要的发展是，人们对**灵性主义**（spiritualism）和**超感官知觉**（clairvoyance）的兴趣也在增长。作为一种时尚、一种潮流和一种信念，灵性主义相信生者能通过特殊的交流渠道与死者沟通。举个例子，1848 年，美国报纸报道了来自纽约州的福克斯姐妹的经历。这对姐妹说她们曾与死去的人沟通。报纸称这对姐妹为"灵媒"（mediums），意思是作为灵性桥梁沟通生死两界的人。美国、英国和其他国家的人们开始探索通过灵媒与死去的人沟通的可能性。

超感官知觉也流行起来。这个词汇源自法语，意思是"清楚地看见"，它指的是想象一个人拥有超感官能力，即能够看到或感觉到不能被客观地感知或测量的某些事物或事件。在世界许多地方都出现了

大量关于透视的报道。大多数故事都涉及个人对死亡、灾难性事件或其他意外事故的预测。

3. 颅相学：在科学和大众信念之间

在科学知识和大众信念之间并没有一个清晰的界限。今天的科学观点在未来可能会被看作不科学的。同样，大众的假设也可能获得科学的支持。在心理学历史中，**颅相学**（phrenology）一直是一种高度争议性的理论。其创始人和追随者真诚地相信颅相学是一门无可争议的科学。许多受过教育的人把颅相学 [最初被称为颅骨学（cranioscopy）] 看作一种有趣的说得通的理论：它把大脑的体积和形状与人类行为和某种人格特质联系在一起。然而，颅相学的反对者坚持认为，这是一种没有任何科学根据的误导。

弗朗兹·约瑟夫·加尔（Franz Josef Gall，1758—1828），颅相学创始人，出生在德国巴登州。他年轻时观察了他的同学们，他注意到那些男孩子们眼睛的大小和形状与他们的记忆力有关，与他所设想的一样。后来，作为一名医生，加尔决定研究大脑的大小和形状是如何影响行为和复杂的心理功能。为了收集事实，他将监狱和精神病院里的人们作为研究对象，他后来也检查了他的朋友和熟人。通过观

察他们的行为，他对比了人们的某些习惯与头部的生理特征。他希望头骨的结构可以告诉一位受训专家，许多关于头骨之下大脑结构的信息。加尔把大脑分为 37 个区，代表着相应的情绪特征（例如，爱的欲望、敬畏和模仿）和智力特征（例如，整理、计算和对比）。他努力把这两种变量联系起来：（1）头骨的特征；（2）个体的实际行为。他声称他已经发现这两者之间的关系。

然而，大多数检验加尔工作的科学家、医生和生物学家相信，加尔的结论是错误的。这是一种认知错误，在今天被称为自我实现的预言（self-fulfilling prophecy）。在科学的背景下，这个错误代表了因个人对科学结果的期待而产生的影响：如果你希望看到某个特定的结果，你就可能会看到它（Levy，2009）。例如，一位颅相学家认为头骨中一个扩大的区域代表着一个人的仁慈。然后，这位研究者会通过各种尝试把这个人描述成仁慈的！那些与期待不一致的事实会被忽略掉。结果是，只有某些事实会被筛选出来以支持研究者的期待，而其他的观察结果会遭到忽视。

尽管有批评的声音，颅相学还是流行起来了。正如你记得第 3 章提到的，18 世纪一些法国学者为了躲避审查制度而前往德国寻求庇护。加尔的例子的讽刺之处在于，与此相反，由于在自己工作的国家奥地利与反对派做斗争，他前来法国寻求支持和保护。在法国他找到了支持者，其中包括约翰·卡斯帕·施普尔茨海姆（Johann Caspar Spurzheim，1776—1832）。19 世纪 20 年代，他们两人出版了其科学研究的普及本，书中附有头骨的图片，指示读者如何理解颅相学测量并判断人们的智力和行为品质。

▽ 网络学习

在同步网站上查找更多关于颅相学的信息和插图。

问题：根据"颅相学图解"，大脑的哪些部分是负责秘密和谨慎的？沙博德·艾夫利·弗兰兹（Shepherd Ivory Franz）的文章的主要结论是什么？他支持颅相学的主要观点吗？

颅相学是一场流行运动，在欧洲和美国出现了几十个颅相学协会。《美国颅相学期刊》（*American Phrenological Journal*）创办于 1838 年，总共出版了 125 期，直到 1911 年最后一期停刊。19 世纪晚期，颅相学也演变成了一桩规模庞大的生意。人们希望付费而获得颅相学家对自己的评估。颅相学最初的流行部分是因为加尔的人脉关系，许多接近皇室的有权势的人信任加尔的工作。他们把加尔看作医生、科学家，甚至可能是表演者（加尔从来没想扮演这个角色）。颅相学一直是心理学历史上最富色彩的案例之一，体现了科学知识与大众知识之间出乎意料的互动。

4. 价值观

1845 年，四位年轻的德国生理学家——生理学家约翰内斯·缪勒的学生，他们签署了一份协定，彼此承诺要坚持以科学的观点看待生理过程，与那些认可宗教和灵性力量的理论斗争到底。这个签署协定的行动看起来有点愚蠢。然而，对这些年轻的生理学家来说，这是他们反对**活力论**（vitalism）的思想斗争的声明。活力论认为，生命过程不能被解释为生理和化学过程，而且也不应该这样做（Boring，1929）。

正如你所记得的，价值观与大众信念是不同的，因为价值观代表了一系列凝聚性的原则和观念（第 1 章）。接受这些价值观的权力精英可以推动一个研究项目，并且停止其他的研究项目。例如，在 19 世纪，一些大学教授反对世俗的价值观，并且抵抗科学唯物主义的进步。这种抵抗不仅是个人厌恶的一种反映，它还是一场争夺教育和科学主导权的意识形态会战。弗朗兹·加尔就是一个例子，他受到了他的医生同事们的攻击。然而，对他的理论最强烈的反对来自宗教权威，他们认为颅相学是对宗教的亵渎。因此，加尔被禁止在澳大利亚讲学。

许多欧洲的大学教授仍然相信，只有基督教能为精神生活提供答案。著名的俄罗斯生理学家伊万·谢切诺夫（Ivan Sechenov，1829—1905）就是一个例子。他的新书原计划的书名是《试论生理学作为心理过程的基础》（*An Attempt to Introduce Physiology as the Basis of Psychic Processes*），然而遭到政府审查部门的反对。他们要求谢切诺夫修改书名，因为他们认为这是对某些人精神情感的冒犯。谢切诺夫照做了，这本书的名字改成了《脑的反射》(Reflexes of the Brain)(1876/1965)。然而，他的麻烦还没有结束。这本书出版之后，批评者仍然认为书中内容损害和冒犯了社会公德。有些反对者开始对他进行人身攻击和威胁。结果，谢切诺夫被起诉了。当谢切诺夫被告知他要雇用一位辩护律师时，他回答说不需要。他声称他最好的辩护是给法官展示一只被解剖的青蛙，这样法官就会看到反射是如何工作的（Nozdrachev & Pastukhov, 1999）。后来对他的起诉在公共压力之下作罢。

⊙大家语录

伊万·谢切诺夫对心理活动的描述

一个孩子在看到他的玩具时笑起来；加里波第（Garibaldi）出于对祖国的热爱而受到驱逐，此时他露出微笑；一个女孩第一次想到爱情时心中颤动；牛顿发现了控制世界的规律并把它们写在纸上——在任何情况下，在每一个例子里，终极的事实是肌肉运动。(Sechonov, 1876/2001, p.5)

请注意谢切诺夫，作为一位生理学家，如何把心理过程简化为相对简单的肌肉反应。回想一下这种取向被称为什么（第3章）？

在不同的国家，意识形态对心理学的影响有所不同。尽管在19世纪，神学在欧洲和北美的学校已经丧失了原有的地位，但它在英国的发展却与众不同。英国的大学和许多学者并没有接受德国和美国科学家的观点——认为心理学的未来将在实验室之中。因

此，在英国，政府研究基金没有为心理学实验室提供支持。而我们马上会看到，这类实验室在德国、澳大利亚、美国、俄罗斯、加拿大和其他国家纷纷涌现。

5. 法律知识

这一时期，心理学家开始对如何认定违法行为发表观点。举个例子，一些心理学家支持美国和加拿大立法禁止酒精的社会运动。多伦多大学的詹姆士·休谟（James Hume），加拿大早期的哲学家和心理学家之一，除了教学和写作，也作为支持者参与了安大略省禁止酒精的运动（Green, 2002）。然而，这些心理学家反对酒精的根本原因是他们自身的道德观念，而不是基于他们的研究。那时候，大多数心理学家接受并维护这一普遍的法律实践，即国家发起的对那些被认为精神失常和疯狂的人进行非自愿隔离。同性恋和自慰遭受公开谴责，并被认为是一种需要法律干预和强制治疗的变态行为。

然而，在19世纪末以前，心理学家还不能代表一股有影响力的社会力量，他们对法律的影响是微不足道的。大多数对心理学感兴趣的科学家正忙于关于心理过程本质的争论。

4.2 生理学和哲学：两个学术流派

4.2.1 精神哲学的影响

这一章开始的短文简要总结了什么是**精神哲学**（mental philosophy）——一种从逻辑、伦理和形而上学的角度研究心理过程的描述性学科。早期的心理学课程很大程度上是以精神哲学为基础的。1824年，普鲁士可能成为第一个在大学里设立心理学必修课

知识检测

1. 主流价值观反对以下哪一种价值观？
   a. 服从　　　　　　　　b. 教育
   c. 和谐　　　　　　　　d. 奴役
2. 颅相学最初被称作：

   a. 颅骨学　　　　　　　b. 灵性主义
   c. 超感官知觉　　　　　d. 谢切诺夫理论
3. 谢切诺夫《脑的反射》一书的主要观点是什么？
4. 为何在19世纪灵性主义和超感官知觉仍然流行？

的国家（Teo，2013）。许多精神哲学家在教授心理学时运用联想理论，认为感觉是人类经验的基础，反对存在天赋心理概念的观点。在这一领域，最有影响力的观点来自英国哲学家约翰·斯图亚特·穆勒和他的父亲詹姆斯·穆勒（第 3 章）。作为一名哲学家，约翰·斯图亚特·穆勒认为人类知识是以数学和逻辑原则为基础的，它们是通过感觉经验概括而来的。人类具有感觉和观念，观念是感觉的复制品。思想是一条观念的河流。如果这条河流是由水滴组成的，我们当然得认为水滴是组成河流的基本成分。问题是，这些基本成分是如何组织到一起的？答案是：两个观念在先前就有所联系，因此才会被组织在一起！因为两个观念在过去就有所联系，所以，一个观念不仅可以引发另一个观念，而且这种联系还会成为一个人的信念。比如说，我们听到了雷声，然后想到闪电。雷声和闪电这两个观念是有区别且各自独立的，因为它们是由两种不同的感觉引发的。然而，我们不仅在看到闪电时会想起打雷，而且毫不怀疑是闪电引发了打雷。因此，在我们的头脑中，存在着无数这样的联系，它们代表着思想的河流。由于这些思想过去曾经同时发生过，所以汇聚在一起成为一条河流。它们之间已经建立了一种联想。

精神哲学直接或间接地得到宗教机构的支持。在拉丁美洲，比如哥伦比亚这样的国家，唯物主义和功利主义的支持者在教授心理学时，遇到了来自天主教会的严峻挑战。天主教会坚持认为灵魂有神圣的起源，他们将经院哲学作为一种教学模式。心理学受到政治斗争的影响。哥伦比亚的自由党首先提倡在关于人类心理的教学中采用唯物主义视角。哥伦比亚自由党与英国的功利主义立场一致。然而，当自由党的反对者重新掌权后，又恢复了宗教价值观和经院哲学的地位（Oviedo，2012）。

尽管精神哲学的影响持续存在，但更多学者被最新的科学特别是心理学领域的成果所激励，因而转向了实验研究。

4.2.2　生理学的影响

在那个时代，大多数生理学家认为神经系统是神经冲动的精密指挥家。神经冲动的性质是什么？一些研究者转向了物理学，特别是对电流的研究。他们假设电流与神经系统的运作方式有关。生理学家开始对动物组织进行实验。路易吉·伽伐尼（Luigi Galvani，1737—1798），在对一条青蛙腿实施放电刺激并观察其动作之后，证明了神经冲动的性质就是电流。路易吉·罗兰多（Luigi Rolando，1770—1831），在实验研究的基础上，提出小脑的功能就像一块电池，为整个大脑产生能量。马歇尔·霍尔（Marshall Hall，1790—1857），一位苏格兰血统的医生，他对去头的动物（例如蛇）所进行的实验表明，如果神经末梢受到刺激，它们还会运动。德国的古斯塔夫·弗里奇（Gustav Fritsch，1837—1928）和爱德华·希齐格（Eduard Hitzig，1839—1907）用电流刺激动物大脑皮层的不同部分，并描述了动物受到刺激后的运动反应。英国的查尔斯·贝尔（Charles Bell，1774—1842）和法国的弗兰克思·马让迪（François Magendie，1785—1855）发现并描述了动物脊髓上有不同的纤维。他们提出，神经只往一个方向传导电冲动，这个发现成为反射理论的一个重要基础。贝尔也是区分感觉神经和运动神经的第一人。西班牙的圣地亚哥·卡哈尔（Santiago R. y Cajal，1852—1934）提出了神经冲动在大脑中的行进方向。他获得了 1906 年的诺贝尔奖。意大利的卡米洛·高尔基（Camillion Golgi，1843—1926）创造了一个全新的方法：在个体的神经和细胞结构上染色，这个方法使科学家得以发现神经系统的新结构。

实验研究与新的理论探索紧密相连。柏林大学的约翰内斯·缪勒（Johannes Müller，1801—1858）是他所在时代领军的生理学家，他出版了一本详细的解剖学和生理学手册（1833 年到 1840 年间在德国出版了 8 卷本，很快就被翻译成英语）。俄罗斯生理学家伊万·谢切诺夫（Ivan Sechenov，1829—1905），在完成了他跟随缪勒的实习工作之后，在其出版的书中宣称，心理过程乃是大脑的机制或者反射。谢切诺夫认为，大脑反射活动是由外周感觉器官受到刺激所引发的，由若干大脑中枢（包括中脑）进行调节，而且它是自主行动的来源。在《谁来发展心理学以及如何发展心理学》(*Who Should and How to Develop Psychology*)一文中,他坚持只有生理学家(而不是哲学家!)能理解个体生理机能的所有复杂性。人的主观世界被描述为纯粹的生理活动。另一位杰出的俄罗斯生理学家——伊万·巴甫洛夫(Ivan Pavlov),热情地支持这些观点并发展了他自己的反射理论(第7章)。

其他研究者对神经系统的功能定位进行了研究。法国解剖学家和博物学家皮埃尔·佛罗伦斯(Pierre Flourens,1794—1867)对鸽子的大脑和脊髓组织进行手术,观察损伤的位置和程度如何影响这些鸟儿的行动。他描述了小脑和脑叶的功能,涉及视觉、听觉、记忆、意愿、言语、运动和感觉中枢。1870年,古斯塔夫·弗里奇和爱德华·希齐格通过实验发现了兔子和狗的运动区。1861年,保罗·布洛卡(Paul Broca)发现语言中枢位于左脑半球的第三额回。1881年,赫曼·芒克(Hermann Munk)描述了自己的研究成果并结合其他研究结果,确定了枕叶上的视觉中枢位置。

凭仗实验生理学及其新的分支——神经生理学,神经冲动的神秘性逐渐消退。神经生理学家的领袖人物路德维希F.冯·赫尔姆霍茨(Ludwig F. von Helmholtz,1821—1894)本是一位受过教育和训练的德国物理学家,他测量了神经冲动的速度,他所记录的数据是大约每秒90英尺(2743厘米)。19世纪70年代,生理学家发现了神经元根据全或无的原则工作:一个神经元对刺激的反应强度并不取决于刺激的强度。大约同一时间,神经传导的膜理论(membrane theory)也公开露面。这些发现对心理学产生了非常重要的影响。现在,心理过程看起来也可以被测量了。

感觉生理学

解剖学和生理学领域的新发现刺激了对感觉过程生理学的研究,包括视觉、听觉和味觉。那一时期,对声学和光学的研究是非常先进的。物理学家和生理学家发展了关于眼球聚焦、双眼视觉、色盲和视后像的精细知识,视后像被描述为刺激终止后感觉的持续。1801年,英国的托马斯·杨(Thomas Young,1773—1829)描述了中央视觉和外周视觉的效果。19世纪中期,对暗适应和光适应的研究显示,视网膜包含了敏感性相异的区域。触觉被分为三类:(1)压力感觉;(2)温度感觉;(3)方位感觉。捷克研究者杨·伊万杰利斯塔·浦肯野(Jan Evangelista Purkinje,1787—1869)观察了接受刺激(包括对眼球施加压力和电流)之后,视觉经验中出现的心理结果。

路德维希F.冯·赫尔姆霍茨对光学和声学的生理学做出了重大的贡献。他相信知觉包含了那些受到刺激却没有即时呈现的经验,比如发生了视觉错觉。这类经验是很难让人喜欢的:它们可能在无意识中行动;也就是说,它们超越了个体的控制能力。例如,我们可能意识到一个视觉错觉;然而,无论如何我们还是被这个错觉"欺骗"了。赫尔姆霍茨还注意到一些人能够进行自我观察,而另一些人没有这种能力。因此,那些在大学实验室里研究知觉的专家,应该将其他科学家训练成出色的观察者。

查尔斯·贝尔(Charles Bell)发现不同的神经可以引起不同的感觉。约翰内斯·缪勒相信,神经系统包含与不同感觉形式相关的不同类型的能量。(这些观点在当代的特殊神经能量的概念中获得了一些支持。）根据缪勒的理论，人类对自身周围的客体是没有意识的。人类意识到的是自己的神经，神经是外部世界与心理之间的媒介。贝尔和缪勒都相信，大脑中存在一种被称为感觉中枢（sensorium）的特殊传感装置，它能够接收和组合某些通过神经传递的物质。这些生理学家接受了古希腊人（第 2 章）关于感觉中枢、第一性质和第二性质的观念。

4.3 早期心理学中的测量

一个看似无关紧要的事件可能成为历史的转折点，一些看似普通的观察结果可能会引发科学上重大的改变。在心理学中，一些历史事件具有一种特殊的象征性意义。在今天，我们把它们看作心理学发展成为一门学科的过程中的转折点。

心理时间的测量

今天，一些事件帮助我们在象征意义上将"旧的"、前实验的心理学与"新的"心理学区分开来。正如你记得第 1 章中说过的，一些科学事件变得重要，不仅是因为它们当时很重要，更是因为这些事件后来被阐述的方式。

1. 人差方程的研究

1794 年，一个叫大卫·金内布鲁克（David Kinnebrook）的年轻人从英国格林尼治天文台被解雇了，这是心理学历史上一个具有象征意义的事件。金内布鲁克是天文学家纳威·马斯基林（Navil Maskelyne）的研究助手。这位天文学家注意到，他的助手在确定一颗恒星经过望远镜里的标记时总是要慢一拍。马斯基林所做的工作与校准格林尼治时钟有关。今天，我们许多人不明白机械钟或手表（你有一个吗），为何可以如此精确地显示时间。在一个完整的昼夜周期内，时针会转整整两圈，而分针转会 24圈。200 多年以前，校准钟表的依据就是恒星的运动记录，人们称之为恒星轨迹（stellar transits）。这就是为什么这个测量的精确性如此关键。然而，马斯基林的助手在观察恒星经过一条特定的线时误差幅

度达到了 8/10 秒。这样严重的测量误差是不能被接受的，因此金内布鲁克被解雇了。尽管他的上司几年后再次雇用他做一些计算工作，但是大卫·金内布鲁克没有机会亲口讲述这个故事：他在 1802 年就去世了，当时年仅 30 岁（Mollon & Perkins，1996）。

这个故事很容易被人遗忘。但是，德国的天文学家弗雷德里希·威廉·贝赛尔（Friedrich Wilhelm Bessel，1784—1846）在一本天文学学术杂志上描述了这个测量误差的案例。这篇文章引起一些天文学家的注意。他们决定使用格林尼治天文台所用的方法自己来测量个体的差异。在多次实验中，他们发现任意两名观察者之间存在持续的测量差异，这被称为**人差方程**（personal equation）。不久以后，爱尔兰、德国和英国的研究者也进行了类似的研究，他们揭示了这样一个事实：观察者倾向于出现持续的误差，其严重程度根据观察的条件而有所不同。19 世纪 60 年代，人差方程现象得到了一些解释。一些科学家（包括贝赛尔）提出，由于神经冲动的传输速度是瞬时的，所以问题出在头脑内部：当一个人尝试整合不同的印象然后得出答案时，一些事情就慢了下来。另一些人则相信，关键是神经内部发生了延迟，特别是耳朵和眼睛的反应时间。还有一些人相信，答案在于眼睛视网膜的生理机能。但是还有人认为，参与测量的人们具有不同的注意力水平，而注意力决定了观察的准确度：投入的注意力越多，观察结果就越"准确"。

这是对**反应时间**（reaction time）进行实验研究的开端。反应时间指的是刺激呈现与对其做出反应之间的时间间隔。这些研究的主要发现是：个人的心理特征，比如注意力和预期，通常会对反应时间和行为产生重要影响。

2. 心理物理学

你曾经读过古斯塔夫·西奥多·费希纳（Gustav Theodor Fechner，1801—1887）的德语著作或者英译本吗？如果你读过，你可能发现他的著作晦涩难懂，技术性太强，甚至是枯燥乏味。这不是费希纳希望被人记住的方式。他是一位专注的物理学家，

富有灵感的哲学家，还是一位有激情的作家和诗人。作为一名伟大的实验科学家，他希望能从那些精心设置的、为了支持他的哲学观点的实验中享受到美感。费希纳最初获得了医学学位，但后来他的兴趣转向了数学和物理学。他出版了一些关于电学的著作。在莱比锡大学，他转而研究色彩知觉和视后像，透过特制的镜片自己观察太阳。因为做这项试验，他损害了自己的视力，并因视力残疾而休假三年。然而，与悲观的医学预测相反，他的视力恢复了。他奇迹般的康复，是他将兴趣转向哲学和心理学的部分原因。他在科学史上一直被看作**心理物理学**（psychophysics）的创始人，他将这门学科定义为研究身体和心理之间函数关系的精确科学。

古斯塔夫·费希纳是物理学家、哲学家、作家、诗人和科学家。他希望我们去享受他精心设置的实验的美感。

费希纳延续了约翰·弗里德里克·赫尔巴特（Johann Frederick Herbart，1776—1841）的思想传统，后者应用数学方法研究心理活动。因此，一些心理学家甚至将赫尔巴特看作科学心理学的创始人（Teo，2013）。费希纳还将恩斯特·H.韦伯（Ernst H. Weber，1795—1878）——莱比锡大学的解剖学教授的发现作为研究基础。韦伯在他的实验中展示：当人们手里放上重量不同的重物，要求他们描述感觉到的不同重量，两个重量之间可被知觉到的最小差别可以被描述为一个比值。后来他发现，这个原则也同样适用于对线段长度的估计、对听觉的描述和对音高的估计。韦伯创立了**最小可觉差**（just-noticeable differences）的概念：对一个刺激的最小可觉差与原始刺激的强度是成比例的。韦伯注意到他的发现是一个重要的原则，但他没有将它们描述为一个定律。而费希纳这样做了。

1850年，费希纳提出这样一种可能性：实际的物理数值（比如重量或长度）呈几何级变化，而对于测量值的主观估计可能呈算术级变化。后来，他在重量、视觉亮度、触觉感知和视觉差别的实验中都找到了支持性证据。他慷慨地称这一发现为"韦伯定律"，意指这是他的前辈的研究成果。这条定律的本质是：如果一种感觉的强度以算术级递增，那么刺激的强度一定以几何级递增。费希纳定律说明：一种主观感觉增加的量级与刺激强度的对数成比例：

$$S = k \log I$$

在这里，S指的是主观体验，I指的是物理刺激强度，k是一个系数。

费希纳（1860/1966）相信感觉并不能被直接测量。人们可以通过将某个感觉与其他感觉比较，按照相对值估计这个感觉的大小。然而，信号或物理刺激是可以测量的。例如，我们可以准确地测量一个视觉信号的强度。研究者也可以测量出两种产生强弱不同感觉的刺激之间的差别。费希纳还注意到绝对的感觉和差异感觉之间的区别，它们被通常称为绝对阈限（absolute thresholds）或差别阈限（difference thresholds）。

1860年，费希纳出版了他的主要著作——《心理物理学原理》（Elements of Psychophysics）。他在书中指出，如果数字可以代表感觉，心理学可能变成一门基于数学法则的科学。

3. 对记忆的测量

当一个默默无闻的德国青年赫尔曼·艾宾浩斯买了一本费希纳的旧书，另一件看似无关紧要的事情发生了。这个事件对实验心理学产生了重要的影响。

在他关于记忆的实验中，艾宾浩斯的主要被试……他自己。但是，心理学家能用实验方法研究自己吗？

他们应该如何设计这些实验？

赫尔曼·艾宾浩斯（Hermann Ebbinghaus，1850—1909）是最早对记忆和学习进行实验研究的人之一。他出生于波恩附近的一个商人家庭，他在波恩上了大学，学习历史和哲学。像那个时代大多数男性一样，他也曾服役于军队。他在 23 岁时进行了学位论文答辩，内容是关于无意识的哲学方面。他没有稳定的收入，在法国和英国游历了几年。即便他没有教授职位和薪水，也没有大学实验室的实验器材可用，他仍然为实验心理学做出了重大贡献。

艾宾浩斯应用一种新的实验方法来研究记忆。他让自己作为被试，花费了一年多时间（1879 ~ 1880）收集数据，然后在发表实验结果之前重复整个过程（1883 ~ 1884）。他设计了**无意义音节**（nonsense syllables）的方法。艾宾浩斯组合了一系列包含两个辅音和一个原音的单词，这些单词在德语中没有明显的意思。他独自制作了一个包括 2 300 个音节的清单。为了确保在不同的测试中音节被记忆的程度尽量相似，艾宾浩斯制定了学习准则（*learning to criterion*）：被试需要尽可能多地重复学习材料，直到达到某个准确度的水平。使用他这种方法，艾宾浩斯获得了显著的实验成果（参见表 4-2）。艾宾浩斯的实验过程很简单：有实验者可以操纵的独立变量，也有可测量的因变量。实验者能够观察并记录变量之间所有的联系。

早期以测量为基础的研究在心理学中意义何在？费希纳和艾宾浩斯属于第一批放弃用思辨方法研究感觉过程和记忆的研究者。他们开始了实验研究。就像在化学实验室里一样，他们需要理想中"干净的"实验条件。他们希望研究"纯粹的"感觉和记忆，不被经验和环境的干扰所影响。为了避免噪声和其他干扰的影响，心理学研究应该在安静的研究室里进行，位于私人场所或公立大学内部。

表 4-2　赫尔曼·艾宾浩斯的主要发现

发现	简要描述
学习曲线	记住一个普通的无意义音节所需要的时间，随着音节数量的增加而急剧增加
学习试验	在记忆无意义音节时，比起集中在单一时间段内大量练习，在时间上分散学习任务效果更好
练习	在达到学习标准之后，继续练习记忆材料可以提高保留率。少量的初期练习，即使远低于保留记忆的要求，也可以节省再学习的时间
首因和近因效应	比起中间的项目，一列单词中最靠前和最靠后的项目更容易被回忆起来
联想	与盛行的哲学立场相反，艾宾浩斯观察到，超出某一跨度的项目之间，也就是说，那些彼此之间被多于五个音节隔离开的项目，也会形成直接的联想

资料来源：Ebbinghaus (1885/1964).

知识检测

1. 任意两个观察者之间测量上始终存在的差别被称为：

a. 心理物理学

b. 学习准则

c. 差别阈限

d. 人差方程

2. 关于身体和心理之间函数关系的科学被称为：

a. 心理科学

b. 人体科学

c. 韦伯定律

d. 心理物理学

3. 为什么艾宾浩斯要用无意义音节来进行研究？

4.4 第一个心理学实验室

心理学在实验室里做什么？当德国实验心理学家雨果·闵斯特伯格（Hugo Münsterberg）访问美国新英格兰时，这是他最经常被问到的问题。美国东道主的其他问题是：欧洲的天气情况如何；德国人为什么不玩美式足球（Münsterberg，1893）。这种好奇心很容易得到解释：大多数美国人没有去过大洋彼岸。就心理学而言，在欧洲开始的实验研究被看作荒谬的。但是很快，大多数美国心理学家将难以想象，假如离开了心理学实验室，这门学科该如何发展！

4.4.1 德国有利的社会环境

实验心理学最早出现在德国。为什么德国扮演了这样的主导角色？有几个原因起到了作用。一个原因是 19 世纪中期德国社会的基础建设。那一时期，德国是几个州组成的结合体，这些州在许多领域相互竞争，包括艺术、教育和科学。1871 年，德国领土完成政治统一后，新的国家保留了它以大学为基础的研究设施。与法国不同，德国国家大学系统仍然保持分权制，它也没有在一所重点大学的影响下进行合并，像英国的剑桥大学或俄罗斯的圣彼得堡大学那样。此外，德国大学的教育改革为学生和教授提供了更大的学术自由，而这激励了新的研究。经济因素也起到了重要作用。在那个时期，德国超越英国成为世界上经济最发达的国家。比起其他国家大多数高等教育和研究机构，德国的大学在 19 世纪得到了更多资金支持。其他国家（比如哥伦比亚）紧随德国的脚步，效仿他们的教育体制，甚至为了学习他们的经验，从柏林邀请了特别顾问团队（Oviedo，2012）。

130 年前，大多数实验都发生在心理学实验室这片隔绝的小宇宙里。如今，大学建筑的走廊里充满了铃声、开关的声音和计时器的嘀嗒声。白色纸张上不再写满关于主动行为性质的理论话语，取而代之的是整理成横竖表格的描述被试反应时间的数字。房门上贴着"心理学实验室"的标识，提示经过者放低声音。

4.4.2 冯特在德国创建了一个实验室

今天，我们把实验心理学的诞生与一位德国学者的名字——威廉·冯特（Wilhelm Wundt，1832—1920）联系在一起。心理学导论的教材会提起他的名字，但没有对他的理论观点和研究成果过多阐述。书中提到的大多数事实是关于他如何进行实验研究。这正是历史对待冯特的方式：他的理论相对较快地被忽略了（20 年时间对于历史来说算什么？）。然而，他对于实验心理学的推动力持续了很久。

这个在心理学历史中广受尊敬的人是什么样的？

冯特的学术生涯可能看起来很普通：他从一所学校到另一所学校进行深造，接受教学安排，撰写论文和书籍。虽然如此，在这些明显"干巴巴的"事实背后，有着一项伟大的事业：一个人帮助心理学变成一门实验学科。他的工作对未来心理学的重要性体现在一些具体的行动和成就上，如果不把它们

表 4-3 威廉·冯特的学术成就

成 就	简要描述
一种新的心理学研究范式，成为被效仿的榜样	根据这种方法，研究者必须仔细观察他们自己对物理刺激的反应体验。冯特的方法包括对这些体验的性质、强度和持续性的评估
第一个心理学实验室，设在莱比锡大学校园内	在冯特之前，没人能够开展具有类似规模和重要性的项目。他在莱比锡大学的实验室（1879 年建立）和实验心理学研究所（1894 年建立）成为其他人观察、称赞和模仿的楷模
在欧洲对科学心理学的学术研究	1874 年，他写了《生理心理学原理》（*Principles of Physiological Psychology*）一书。他还创建了实验心理学的博士生项目。1879 年，冯特协助他的第一个研究生做"纯粹的"心理学研究。20 世纪早期，许多杰出的心理学家都曾是他的研究生或者在他的实验室工作过。1881 年，他创办了《哲学研究》（*Philosophische Studien*）杂志。1883 年，他教授第一门名为实验心理学的课程

放在当时更大的社会和文化背景之下，其重要性是很难被欣赏的。在解释冯特的心理学观点之前，让我们先来看看他具体的学术成就（Nerlich & Clarke, 1998），它们被总结在表 4-3 中。

威廉·冯特的课程和实验室的内部情况

冯特组织了实验心理学的研讨会，它包括三部分内容：（1）一门理论性与实践性兼备的入门课程；（2）实验室里的研究工作；（3）图书馆里的工作。谁选择了这门课程？除了医学学生和科学博士学位候选人之外，还有哲学学生、律师，甚至初等教育的教授。

这门课程包括 15 节，每 6 个月重复一次。因此，每个学期都有新的学生参加研讨会。

典型的授课是什么样的？教授在他面前摆着一个实验仪器，他会仔细向听众解释仪器的功能。有一块黑板用来写一些东西或做计算。听众可以随时对实验仪器和实验程序提问，学生也可以提出评论和异议。每节课经常以一系列心理学实验结束，实验中使用之前描述过的仪器。这门学术课程结束之时，学生们会收到 2 ~ 3 个原创研究任务的课题，供他们从中选择。他们有 8 天时间来做一个设计，决定技术装置，选择他们认为能够为其实验问题提供最佳解决的方法。

实验室的大小如何？一栋建筑二楼的 5 个房间被用作实验研究。它们包括：（1）一个前厅（接待室）；（2）一个暗室，也被称为反应室，被试在这里对视觉和听觉信号做出反应，被试的一个手指放在按钮上，当侦察到一个信号时，被试需要按下另一个按钮，这样，被试的反应时间就被测量出来了，这个完全被隔离的房间是实验成功的关键所在；（3）和（4）两个房间，其中包括用来研究某一对象的电磁仪器，比如注意力，这些房间里也包含上课用的地图、解剖物件的复制品和演示模具；（5）一个用作阅览室和图书室的房间。

根据冯特的观点，心理学正在成为一门以实验室为基础的关于经验的科学。研究者应该根据心理元素的性质、强度和持续性来对其进行仔细测量。

实验室的开销谁来支付？他的大学每年提供 1 500 马克的预算供冯特先生支配。这笔钱并不足以维持一个具有这般水准和声望的实验室。然而，实验室每年仍然吸引着新的学生，并在高水平的指导下训练学生进行实验工作。

在冯特的实验室进修的学生中，只有很少的人在莱比锡大学获得博士学位，大多数学生在这里学习一两个学期的实验技术，然后就回到自己的学校。

只有一小部分学生和追随者分享了他的理论观点。虽然如此，几乎所有学生都分享了莱比锡大学实验室所培养的对实验研究的热情。在冯特的学生当中包括：德国人奥斯瓦尔德·屈尔佩和雨果·闵斯特伯格（后来在哈佛大学任教）、俄罗斯行为学家弗拉基米尔·别赫捷列夫和伊万·巴甫洛夫；其中也有美国学生，包括斯坦利·霍尔（Stanley Hall，美国发展心理学之父）、詹姆斯·麦基恩·卡特尔（James McKeen Cattell）、莱特纳·威特默（Lightner Witmer），以及冯特主要的翻译者（德译英）——E. B. 铁钦纳。总共有33名美国学生在威廉·冯特的指导下攻读了博士学位（Benjamin, Durkin, Link, & Vestal, 1992）。

4.4.3 美国的实验室：对比一览

19世纪80年代后期，艾宾浩斯在柏林，缪勒在哥廷根，闵斯特伯格在弗莱堡，格茨·马蒂乌斯（Götz Martius）在波恩，阿尔弗雷德·莱曼（Alfred Lehmann）在丹麦哥本哈根分别建立了心理学实验室。然而，不是每一个心理学家都渴望在心理学实验室里工作。

1. 实验心理学遇到的阻力

心理学转变成一门真正的实验学科的过程相当缓慢，这并不让人感到惊讶。心理学必须处理许多阻碍其发展的严重障碍。让我们仅谈其中的两个：财政障碍和意识形态障碍。

谁为实验心理学买单？与传统精神哲学的教学不同，新的实验心理学需要很大的投资。就像化学和生物学一样，研究者需要设备、器材、备用零件，还要为技术人员、研究者及其助手支付薪水。许多学校管理者不想为新的（而且看起来有争议的）研究提供资金。19世纪中期，心理学家可获取的私人资金还是很稀少的。潜在的捐赠者无法预见实验室里心理学研究的实用价值。

第二个障碍来自文化意识形态。对欧洲大学的许多管理者而言，心理学并不是他们的"掌上明珠"。物理学、化学和工程学这些院系快速地扩张，资金

被分配去支持基础科学。许多大学官员基于道德立场也不愿意对心理学实验投入资金。虽然他们支持关于心理的理论研究，但他们不愿去支持实验。批评者还认为，以实验室为基础的教学类似于工业生产：你登记入学，学习如何按按钮、做测量，然后做一些统计，然后再写一篇论文，然后……你就毕业了。另外，一些开设实验心理学的院系招不到学生。许多学生对心理学感兴趣，但他们不愿意学习生理学或数学，而且不喜欢与线路和按钮有关的实验室工作（Calkins，1892）。

2. 美国不同的教育体制

在美国，心理学家找到了一个更具鼓励性的环境。公共财政支持、学费和私人捐赠联合在一起，创造了一个可供实验研究和训练未来的心理学家的基础设施。两位伟大的心理学家，斯坦利·霍尔和詹姆斯·卡特尔，是第一批返回美国的学生，他们向冯特学习之后，将自己的经验和热情带回了美国。

早在1883年，G.斯坦利·霍尔就在马里兰州的约翰·霍普金斯大学组建了第一个心理学实验室。像冯特一样，霍尔的兴趣范围很广，并不局限于心理学。他研究哲学、教育学、人类发展学、宗教和性学并且出版了相关著作。以冯特为榜样，霍尔创办了《美国心理学杂志》（*American Journal of Psychology*）。作为马萨诸塞州的克拉克大学（美国新建的第二个研究生院）的校长，霍尔于1889年在那里建立了一个心理学实验室。詹姆斯·卡特尔于1887年在宾夕法尼亚大学正式设立了一个心理学实验室。

霍尔和卡特尔面临的管理问题是比较相似的。除了努力保证薪水和设备资金之外，他们还必须分配可供使用的房间，并对它们进行修缮、设计和配置设备。然后，他们必须购买图解模型（手工制作的、可以拆解的大脑、眼睛和耳朵的零件），为学生展示大脑、神经和感觉器官的工作机制。墙上张贴着解剖图和组织标本的海报。实验室必须配备专门设计的设备。许多熟练的机械工、木工和电工现在要为

心理学实验室制造装置。

举个例子，雨果·闵斯特伯格于 1893 年描述了哈佛大学心理学实验室所需的各种仪器。他所列的清单上有：一个管风琴，音叉、音管、共振器之类的组合，这些用来研究心理声学；色彩混合器、棱镜和研究视后像和色盲的仪器，这些被买来进行研究心理光学；测量触觉和温度感觉的复杂配件，研究运动和压力的仪器，这些也需要购买（Münsterberg，1893）。当然，不是每所大学都有能力负担一个心理学实验室。一些学校并没有足够的资金，或者心理学教授无法吸引足够的学生进入课堂。

▽ **网络学习**

在同步网站上，可以看到 1883 年至 1893 年间，美国建立的主要心理学实验室的名单和简介。通过网络搜索，了解这一名单上私立大学和公立大学所占的比例如何。

问题：哪种学校在投资心理学实验室上具有优势？

4.4.4　德国和美国以外的实验室

正如你记得的，冯特在莱比锡的实验室招收了许多国家的学生。大多数学生来自美国和俄罗斯（Cattell，1928）。

1. 俄罗斯的实验室

俄罗斯高等教育的集权体制接受创新的速度相对缓慢。然而，由于生理学和医学研究领域强大的国际传统，俄罗斯政府运作的医学院和大学拥有足够的资金派遣数十名有才华的学者到国外学习。年轻的博士弗拉基米尔·别赫捷列夫在莱比锡大学学习期间，对实验研究的条理性留下了深刻印象。1886 年，他在俄罗斯建立了第一个心理学实验室。

在这个心理学实验室里，别赫捷列夫开始测量健康个体和精神病人的运动反应、情绪表现和其他行为反应。他对测量做了详细的科学实验报告。在其他方面，别赫捷列夫研究了疲劳对学习和记忆的影响。他对语言交流和说服力进行测量。他还研究了"神经 – 生理状态"（情绪症状）如何影响视觉感知的质量和准确性（Bekhterev，1888）。我们将在第 7 章讨论他的开创性工作。

2. 法国的实验室

心理学在法国走了一条不同的道路。19 世纪末，法国科学家最感兴趣的是所谓的精神病理学（mental pathology），它基于对异常心理症状所做的系统观察。大多数研究发生在医院和精神病院里。这些机构的建立目的是隔离和治疗那些行为持续不当或具有危险的个人。从 19 世纪 70 年代起，法国学者发表了许多探讨心理异常的文章（Moser & Rouquette，2002；Nicolas & Charvillat，2001）。

他们对病理学如此感兴趣有哪些原因？在 19 世纪，法国高等教育的体制是中央集权制。对于创办心理学实验室或聘请全职心理学教授，大学的院系既缺乏资金，也缺乏兴趣。极少有新的职位向教授们开放。除非受过临床训练，否则一个获得心理学博士学位的年轻人很难找到工作。那些教授心理学的教师大部分课程内容都与精神病理学有关，这是一门看起来更实用也更流行的学科（Nicolas & Ferrand，2002）。

第二个原因是，法语国家特别是法国，不承认在德国获得的博士学位与法国博士学位等值。因此，对于游学德国并在那里获得学位的年轻研究者来说，这种做法是不切实际的（Brooks，1993）。直到今天，世界各国还存在不接受外国学位的做法，其中包括美国。某些限制或许也有一定意义。然而，不接受外国学位可能会损失大量杰出的专业人士，而这些人能够为科学和教育做出贡献。

3. 加拿大的实验室

1889 年，毕业于普林斯顿大学的美国人詹姆斯·鲍德温（James Baldwin）在加拿大建立了第一个心理学实验室（Green，2004）。这个实验室的早期实验关注不同条件对反应时间、感觉阈限、颜色知觉、色盲、色彩审美、时间反应（time reactions）的影响，以及它们对辨别不同几何图形、字母和韵律间隔的影响。作为惯例，心理学家将彼此作为被试，他们也研究自己的家庭成员。例如，詹姆斯·鲍德温就以自己的孩子作为被试研究语言的发展（Wright，2002）。鲍德温鼓励实验研究，但他反对研究催眠或心灵感应，因为不存在这些研究的实验方法（Baldwin，1892，1895a）。1893 年，奥古斯特·科斯曼（August Kirschmann）成为这个心理学实验室的第二任领导。在莱比锡大学学习期间，他曾是威廉·冯特的研究生。早在 20 世纪，蒙特利尔市的麦吉尔大学就开设了心理学专业，1910 年就设立了研究生学位（Ferguson，1982）。

4.中国的实验室

在 19 世纪后半叶的中国，几乎没有人知道心理学这门研究学科。高等教育机构并不开设心理学课程。对于在西方国家受训的心理学家或哲学家来说，这听起来很不正常；然而几百年来，中国的哲学家并没有把身心关系作为一个重要课题来研究。改变最先从政府部门开始。

1860 年，在抵抗西方列强的第二次鸦片战争中遭受重大打击之后，中国的统治者开始意识到这个国家需要根本性改革。中国的经济需要现代化，最重要的是，中国需要一个新的教育体系。许多中国学生和学者被派遣到海外学习，积累新的经验。因此，许多被派往西方或日本学习的中国学生带回了一门新学科——心理学的笔记、回忆和书籍。1889年，颜永京翻译了一本日文版的美国教科书，作者为约瑟夫·海文（Joseph Haven），书名为《心灵哲学》（Mental Philosophy）（Haven，1882）。这本书被视为在中国出版的第一本西方心理学书籍（Higgins & Zheng，2002；Kodama，1991）。直到 1917 年，在蔡元培（1868—1940）的指导下，北京大学建立了中国第一个心理学实验室。你不应该对此感到惊讶：蔡元培曾在德国冯特的指导下学习实验心理学。

5.其他国家的实验室和项目

其他国家也出现了心理学实验室和教育项目。1894 年，澳大利亚的亚历克修斯·冯·迈农（Alexius Von Meinong，1853—1920）在格拉茨大学建立了第一个心理学实验室。根据那个时代的标准，配备了很好的实验设备。几年后，奥地利的因斯布鲁克大学建立了一个心理学实验室。在 19 世纪末期，维也纳大学也开始发展实验心理学（Rolett，1999）。1898 年，阿根廷在布宜诺斯艾利斯大学建立了第一个心理学实验室。历史学家认为它是拉丁美洲的第一个实验室（Ardila，1968，p. 567）。日本的第一个心理学实验室于 1903 年在东京大学开放，第二个实验室于 1907 年在京都大学开放，它们模仿了德国和北美的实验室（Sato & Graham，1954，p. 443）。1908 年，菲律宾大学引进了心理学这门学科（Montiel & Teh，2004）。

表 4-4 对 19 世纪末到 20 世纪初，9 个国家早期的心理学实验室和研究做了一个比较性总结。

总而言之，心理学研究进入实验室范畴不过 100 多年的时间。在那时，心理学理论是什么样的？心理学理论是如何影响实验的？反过来，实验又是如何影响理论的？

知识检测

1. 是谁建立了第一个心理学实验室？
   a. 贝恩　　　　　　　b. 卡特尔
   c. 别赫捷列夫　　　　d. 冯特
2. 詹姆斯·鲍德温在哪个国家建立了第一个实验室？
   a. 法国　　　　　　　b. 美国
   c. 加拿大　　　　　　d. 瑞士
3. 为什么大学机构经常反对实验心理学？

表 4-4 一些国家的实验心理学

国家	心理学实验室
阿根廷	1898 年，H.G. 皮尼罗（H.G.Pinero）在阿根廷的布宜诺斯艾利斯大学建立了南美洲第一个心理学实验室
奥地利	1894 年，亚历克修斯·冯·迈农在格拉茨大学建立了奥地利第一个心理学实验室。1897 年，因斯布鲁克大学的心理学研究所开放
比利时	乔治·德维肖威（Georges Dwelshauvers，1866—1937）创建了三个心理学实验室，第一个实验室于 1897 年在布鲁塞尔自由大学建立。1889 年，德维肖威在莱比锡大学度过夏季学期，在威廉·冯特的指导下进行实验研究
加拿大	詹姆斯·鲍德温在多伦多大学建立了第一个实验室。他追求两个主要目标：（1）为心理学本科生课程提供演示；（2）为实验工作高级研究提供场所
中国	20 世纪初，中国的一些教育机构已经开设心理学作为一门研究学科。直到 1917 年，在蔡元培的指导下，北京大学建立了中国第一个心理学实验室
法国	19 世纪末，法国的心理学传统基于对心理异常的研究而建立。1901 年，法国心理学协会成立
英国	1876 年，亚历山大·贝恩（Alexander Bain）创办了第一本英语心理学杂志《心理》（Mind）；由于学术机构施加的制度和意识形态的限制，实验心理学发展缓慢
意大利	1885 年，意大利的第一个心理实验室在罗马大学建立
日本	元良勇次郎（Yujiro Motora，1858—1912）和松本亦太郎（Matataro Matsumoto，1865—1943）是日本心理学的两位首创者。在访问了德国和美国的实验室后，松本在 1903 年设计了东京大学心理实验室，1907 年设计了京都大学心理实验室
罗马尼亚	1922 年，弗洛里安·S. 乔安达（Florian S. Goanga）——威廉·冯特的学生，将心理学作为一门独立的学术课程引进罗马尼亚首府克卢日 - 纳波卡的大学
俄罗斯	1886 年，作为医生和治疗师的弗拉基米尔·别赫捷列夫在喀山大学创建了第一个心理学实验室。他还创办了一本新的学术期刊——《精神病学、神经病学和实验心理学评论》（Review of Psychiatry, Neurology, and Experimental Psychology）

资料来源：Abbott (1900), Blowers (2000), David, Moore, and Domuta (2002), Green (2004), Nicolas and Charvillat (2001), Rolett (1999), and Sato and Graham (1954).

4.5 在实验室里：寻求自己身份的心理学

在这一节，我们首先来考察威廉·冯特和欧洲同时代人的观点。接下来，我们把视野转向 19 世纪末 20 世纪初美国心理学家和其他人的理论研究。

4.5.1 威廉·冯特的观点

今天，威廉·冯特仍是有史以来最杰出的心理学家之一。冯特组织了第一个心理学实验室和研究所，培养了数百名有创造力的学生，除此之外，他还有哪些理论遗产？

让我们分几个步骤来考查他的观点。首先，我们思考他如何看待身体和心理的互动。第二，我们研究心理组合（psychological compounding）的概念。第三，我们仔细检视实验内省这一方法。最后，我们检查他对所谓高级心理过程的假设。

1. 身体和心理

冯特认为，每个身体事件都有一个心理的对应物，每个心理事件也都有对应的身体事件。这并不是一个新观点。我们已经了解了关于心身平行论，或心理和身体元素相互对应的不同理论。然而，19 世纪的身心平行理论与其早期形式有些不同。冯特是一位科学家，他不仅仔细观察了心理现象（他之前的科学家也是这样做的），而且他还相信对其进行实验测量的可能性。

然而，可测量的变量是什么？冯特对此做了一个基本假设：这些可测量的变量应该是（a）感官活动和（b）运动的"产物"，这两者在功能上都与身体的生理机能有关。事实上，感官过程就是一种生理过程，运动也是一种生理过程。如果思考或意志的心理过程有其对应的身体过程，那么每种心理实验因此也是一种生理实验（Wundt，1904）。这就是冯特对于**生理心理学**（physiological psychology）的构想。

冯特列举了心理学的三个目标。第一个是对意识元素的分析。第二是寻找这些元素之间联系的方式。第三个目标是发现这种联系的法则。因此，心理学的总体目标为分析由简单元素组合而成的心理，分析这些元素的性质，以及发现这些元素的秩序。

2. 心理元素与组合

我们来看一个例子。一旦你要学习某些复杂的事物，你必然会观察其内部的复杂性，找出那些小型元素是什么。现在让我们假设，思考和情感的活动是复杂的。我们如何将一个复杂的思考或情感活动，分解成"更小的"且可以检验的部分？冯特的回答是：心理可以被描述为某些形式元素的集合，这些元素具有某种可测量的属性，如性质、强度和持续性。

英国哲学家约翰·斯图亚特·穆勒也写过将心理过程解构为心理元素的内容。然而，穆勒的观点大部分是理论性的。冯特则通过实验检验了自己的观点。根据冯特的观点，感觉（sensations）作为经验的基本成分，被刺激感觉器官的信号所激活，并且在大脑中产生反应。经验中的另一类元素是情感（feelings），它们与感觉相伴相随。情感有三个特征：快乐和不快乐，紧张和放松，兴奋和平静。这些元素联结的过程被称为**心理组合**（psychological compounding）。

通过思考心理组合这一组织方式，冯特提出了心理学中普遍的因果规律。例如，在组合的过程中，元素根据创造性综合的规律以新的方式组合在一起。而根据心理反差的规律，对立的元素会彼此增强效果。总的来说，心理元素的组织过程被称为**统觉**（apperception）或者主动的（选择性和建设性）注意过程（第 3 章）。冯特认为，当这些心理元素结合在一起时，就像化学元素一样，会产生一些新的、与原始元素不同的东西。

3. 向内看：实验内省法

冯特的成就之一（也是他最重要的科学倾向）是**实验内省法**（experimental introspection）。基于这种方法，心理学成为一门关于经验的实验科学。研究者应该根据心理元素的性质、强度和持续性对其进行测量。然后，在纸上写下记录的观察结果。冯特的名作《生理心理学原理》出版于 1873 年至 1874 年，这本书以其授课内容为基础，列举了实验内省法成功的四个条件。在某种意义上，这些规则看起来相当现代化：

- 观察者在观察现象时应该处于研究的条件下。
- 观察者对于观察的现象应该有所预期。
- 实验应该被不断重复。
- 观察者应该在不断变化的实验条件下观察所发生的现象。

这种方法的一个重要特征是，研究者在研究他们自己的经验；或者，如果我们用冯特的话来恰当表达，即研究的是他们自己经验的元素（elements）。

冯特并不认为对感觉或情绪进行实验研究是心理学发展的唯一方法。他提出一个问题：如果我能运用实验内省法来研究我的即时经验——通过将它们分解成许多元素，那么，我是否也有可能去分析复杂的心理过程，比如友谊、自豪感，或者与他人之间的团结感？作为一个对科学有着不屈不挠的好奇精神的人，冯特无法逃避对"更高级的"心理学现象进行研究的尝试。

4. "第二心理学"：语言和传统

冯特转向对所谓高级心理过程的研究，这个领域经常被称为冯特的第二心理学（sencond psychology）。（第一心理学是他的生理心理学。）他写了一部 10 卷本的著作，名叫 *Völkerpsychologie*，在 1900 年至 1920 年间依次出版。这本书的标题很难被准确翻译。在不同时期，它被翻译为《民族心理学》（*Folk Psychology*），《社会心理学》（*Social Psychology*），或《文化心理学》（*Cultural Psychology*）。每种翻译都反映了原标题的部分而不是全部特征。比如，根据冯特的观点，大型的社会群体（比如天主教徒、波兰人或德国人）携带着个体经验的文化表征。这些经验以神话、童话和信仰的形式体现在个体的大脑和神经系统中，它们可以通过科学方法被研究（Wundt,

1916）。习俗和神话，就像语言一样，是可以通过不带偏见的观察进行客观研究的事实（Greenwood, 2003）。

举个例子，每种语言都有一种区别于其他语言的语法结构。词汇按照顺序被放在一个句子中的某个位置是一种习俗。这种习俗应该反映了人们理解他们的社会环境的方式。然而，如果一个人说某种语言，就意味着他遵循某种习俗，并因此获得一种特定的思维方式。冯特注意到希腊语和拉丁语中的词汇位置。比起德语的词汇位置，这两种语言是相对宽松的。冯特认为，德语要求严守规则、准确和秩序。因此，说德语的人们从童年时代就不得不倾向于遵守规则和秩序。

冯特还发展了关于文化发展阶段的概念。他相信，人类从原始水平发展到图腾阶段，经过英雄和神的时代，再到了现代人类的时代。

5. 冯特对心理学的影响

今天，很少有心理学导论教材不提到威廉·冯特。他是第一个实验室的创建人。作为一位革新者，他帮助心理学获得自信，成为一门独立的学科。他训练了数百名有抱负的学生，这些人后来在全世界将心理学发展成为一个受人尊重的学术领域。他帮助心理学脱离了精神哲学。冯特有着坚实的教育背景：他掌握了哲学和自然科学的专业知识。作为一名心理学家，他运用了来自历史学、生理学、人类学、医学和心理物理学的事实。冯特同时代的人对他敬重有加。

虽然如此，冯特的理论是短命的。尽管他写过成百上千页关于各种学科的内容——从心理学到历史学，从医学到人类学，从生理学到物理学；但是，几乎他所有的著作在出版几年之后都被淘汰了。从根本上说，他的理论观点几乎都没有经受住时间的检验。

实验室对冯特来说是一种过程和创新，这是他所感兴趣的。听起来也许奇怪，他并不是一个投入的实验室工作者。冯特曾经的助手詹姆斯·卡特尔回忆道，他的上司经常在课后到实验室转一趟，总是彬彬有礼，随时准备回答问题。然而，冯特通常把任何讨论都限制在 5 ～ 10 分钟（Cattell, 1928）。冯特同时代人提到过，他对德国有影响力的科学家不是特别友好，他很少为了保证自己的理论获得学术支持而付出努力。（尽管历史上有些心理学家不积极推动他们的理论，但他们的观点至今仍然很有影响力。）

冯特依然是心理学历史上的先驱者，他把心理学带进了大学实验室。心理学开始在科学界获得自己的身份。冯特成为被追随的榜样。在冯特实验室学习过的学生也培养了自己的后继者，这些学生成为新一代心理学家的导师。在某种意义上，我们都是冯特的学生，我们这些学生很快就忘了他理论的诸多细节。不过，他的理论遗产已经扎根了（见图 4-1）。

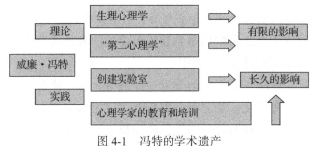

图 4-1　冯特的学术遗产

知识检测

1. 心理元素联结的过程被称为：
   a. 心理组合　　　　b. "高级" 水平
   c. 感觉　　　　　　d. 情感
2. 冯特的 "第二心理学" 所研究的经验以哪种形式出

现的？
   a. 反射　　　　　　b. 异常心理症状
   c. 神话、童话和信仰　　d. 视觉错觉
3. 冯特的 "生理心理学" 是指什么？

4.5.2 冯特同时代人提出实证心理学

在冯特建立第一个实验室的时代，心理学在根本上仍然是一门理论科学。然而，作为一个理论家，并不意味着反对心理学成为一门基于实证研究的科学。

1. 弗朗兹·布伦塔诺和意动心理学

弗朗兹·布伦塔诺就是这样一位科学家，一个具有意大利血统的德国人。他打算做一名天主教牧师，在获得哲学学位之前，他学习了哲学、神学和历史学。布伦塔诺在 26 岁时被任命为牧师。4 年之后，他转到维尔茨堡大学进行教学。他写作的内容涉及感觉、视错觉和听觉的性质，以及作为一门科学的心理学。《从实证角度看心理学》（*Psychology From the Empirical Standpoint*）（1874/1995）是布伦塔诺最重要的著作。像冯特一样，他相信心理学是一门独立、实证的学科。然而，他并不相信实验方法。

布伦塔诺属于心理学中所谓的意动学派（act school）。为了更好地理解这个学派，就要回答这个问题：什么是心理的？布伦塔诺的答案是：与即将发生的客观现实有关的任何事物。那什么是即将发生的客观现实？答案是：心理活动。如果一个人听到了一声雷响，那么这个声音本身不是心理的。"听到"这个活动的影响才是心理的。但是，"听到"不可能独立于产生雷响的事物和听到雷响的人。这个声音存在于听到这个活动中。

布伦塔诺把活动分为三种类型。第一种与感觉和想象有关。第二种与判断有关，比如说接受或回忆。第三种与评价有关，比如恨或爱。例如，相信下雨了和相信下雪了，是同一种心理模式（即相信）的意向性状态，但是它们有不同的对象。相比之下，相信下雨、渴望下雨、对下雨感到生气，都是有着相同对象的意向性的心理状态，但是每种情况都表示这个对象处于不同的心理模式。如果一个人认知、相信、渴望、爱或恨，那么他可能是对某物有这个感觉！这个某物（也许并不实际存在）就是各个心理状态的意向性对象。因此，意向性的心理状态可

算是人和心理状态的对象之间关系的特殊形式。（见表 4-5。）

表 4-5　布伦塔诺认为的心理活动

心理活动	对活动的描述
想法	感觉、想象。例如：我看到、我听到、我想象到
判断	接受、回忆或行进。例如：我知道、我反对、我认识到、我回忆起
爱 – 恨	例如：我感到、我希望、我决定、我想要、我渴望

布伦塔诺对心理学的贡献是什么？将心理现象看作活动的观点不完全是原创的。哲学家已经研究了感知主体和外部世界的互动。然而，布伦塔诺提出心理活动远远超越了认知范畴。他提出了一个新的、复杂的心理学取向，它涉及了个体和他们的环境。许多年之后，这个观点成为人本主义以及相似理论的核心观点，它们将个体视作特定的社会和文化环境的价值观的携带者（Bronfenbrenner，1979；Maslow，1970）。

在布伦塔诺的职业生涯中，他面临着一个艰难的道德冲突。他强烈反对教会关于罗马教皇无错误（相信罗马教皇不会犯错）的官方教条。由于不愿意妥协，布伦塔诺辞去了他的教授职位，也放弃了牧师的职位。后来，他回到奥地利的维也纳大学教学。有证据表明，年轻的西格蒙德·弗洛伊德曾在那里作为学生上过他的一门课。

2. 卡尔·斯顿夫的观点

卡尔·斯顿夫（Carl Stumpf，1848—1936）是与冯特同时代的另一个人，他成长于一个受过教育的家庭，家中有涉及医学、法律和教育的人才。在维尔茨堡大学，他学习哲学和法律，并成为布伦塔诺的学生。后来，他曾在欧洲的几所学校任教，直到 1894 年加入著名的弗里德里希 – 威廉大学（今天的柏林洪堡大学）。

在斯顿夫的课堂上，他呈现了广泛的类别中所有的心理状态：智力的和情感的。他对心理学的主要贡献是情绪的认知 – 评价理论（Searle，1983；Stumpf，

1907）。他属于第一批对知识如何影响情绪体验做出严肃评估的人。在 20 世纪上半叶，他的观点几乎被遗忘，后来在研究认知在情感中的作用时，他的观点被重新发现。一些当代的认知疗法假设：某些个人的想法对与情绪相关的问题有消极影响（Reisenzein & Schönpflug，1992）。

总而言之，斯顿夫认为情绪不能脱离认知或信念的调节而独立存在。与冯特的理论相反，他说情感（feelings）不是基本的情绪，而是一种特殊的感觉，就像对色调或颜色的感觉。冯特对此表示反对，并反过来批评了斯顿夫的观点。他们之间的分歧开始变得个人化。

3. 与冯特关系紧张

在阅读心理学史的过程中，你会发现很多私人关系影响研究的例子。两个科学家之间的友谊经常会激发新的研究并产生新的观点。如其不然，互相的敌意也经常会扰乱研究。在我们的例子中，卡尔·斯顿夫对冯特的态度不大可能对冯特的工作产生多大影响：冯特的声望是稳固的。然而，他们的学术道路有了交集。1894 年，斯顿夫接受任命到柏林大学教学。这个职位本来是为冯特准备的，但是由于许多原因没有实现，主要是因为一些重要决策者（包括著名的生理学家赫尔姆霍兹）对冯特持有异议。那些学术职位并不总是虚位以待，留给最好的科学家或者讲师。结果是，斯顿夫去往德国首都柏林，担任这所大学的哲学系教授和实验心理学研究所主管长达 27 年之久，而冯特则在莱比锡大学继续他的工作。

尽管斯顿夫在德国首都教学，冯特在一个有点偏远的学校工作，但是冯特在心理学历史中留名，而只有很少的专业人士知道斯顿夫。这是为什么？冯特和斯顿夫都是对实验感兴趣的管理者，而且他们手上都管理着研究机构。然而，斯顿夫根本上是一个对心理学感兴趣的哲学家。冯特却是一位心理学家，是一所拥有许多后继者的学派的创始人。另一方面，斯顿夫主要对理论感兴趣，没有参与多少学术讨论（Reisenzein & Schönpflug，1992）。

4. 一类"新型"研究者

心理学的历史保留了一些人的名字，同时几乎抹去了另一些人的名字。乔治·E. 缪勒（George E. Müller，1850—1934）与奥斯瓦尔德·屈尔佩（Oswald Külpe，1862—1915）的生活和工作就是例证。想一想乔治·缪勒的例子，他是一名很有前途的学者，在莱比锡大学学习哲学和历史之后，23 岁的他发表了第一篇关于注意的研究论文。1881 年后，他在柏林西南方的哥廷根大学工作，他有一个很好的研究实验室，也教过很多学生，但他从来没有作为原创研究者而获得声望，因为他的余生都在致力于推进由他人开创的实验研究。例如，缪勒发展了费希纳关于心理物理学的观点。缪勒还研究了视觉，发展了心理学家卡尔·赫林（Karl Hering）的观点。缪勒从来没有写过一本严肃的心理学书籍。

奥斯瓦尔德·屈尔佩像他的教学和研究导师乔治·缪勒一样，很早就表现出对历史和哲学的兴趣。屈尔佩见过冯特，一度在莱比锡大学担任冯特的研究助手。像冯特和缪勒一样，屈尔佩发展出对实验的激情。1883 年，作为一名教授，他写了一本名为《心理学纲要》（Outline of Psychology）的教科书，他的同时代人赞扬这本书明晰的风格和论据。1885 年，这本书被翻译并引进到美国（Külpe，1885/2008）。1894 年，他开始在维尔茨堡大学工作。简而言之，屈尔佩的研究生涯显得有点平凡。然而，奥斯瓦尔德·屈尔佩的名字出现在大多数心理学教科书上。这又是为什么？

屈尔佩对思维进行了研究。尽管思维已是哲学上广泛探讨的主题，但屈尔佩采用实验方法研究思维。作为屈尔佩曾经的上司，冯特相信直接经验可以在实验室里被研究。作为一名研究者，屈尔佩走得甚至更远。他提出，研究实际的实验之后的经验也会产生有价值的数据。为了说明这一点，屈尔佩开始要求他的研究被试去回忆，这些被试大多数是学生或研究人员，然后分析他们在实验中产生的经验。这个方法被命名为系统实验内省法（systematic experimental introspection）。举个例子，屈尔佩会问一名被试这样的问题：当他执行心理任务时，比如比较重量，他是如何得出特定结论的。屈尔佩认为，思维过程能够在没有"心理"元素参与的情况下发生。换句话说，决策过程可以包含某种无意象思维（imageless thought）。例如，被试已经比较出 A 和 B 的重量，但对于他们是如何判断出 A 和 B 哪个更重，经常不能提供任何清晰地描述。

关于思维的无意象"元素"存在的观点对心理学家颇具吸引力。许多心理学家对屈尔佩的观点印象深刻，他们开始用实验方法研究思维。一个新的心理学研究领域出现了，它包括知觉和思维，后来又涵盖了态度、决策、学习、智力和语言。所有这些变成了实验心理研究的常见领域。我们将在接下来的章节中讨论这些研究。

在今天，一些人比其他人更为知名。他们是一些新的、实验型的心理学家。冯特、缪勒、屈尔佩和其他心理学家，改变了心理学内部和外围的学术传统。

4.5.3 构造主义在美国

构造心理学或构造主义（structural psychology or structuralism）是由其挑剔的观察者所创造的术语，他们认为构造主义是心理学中的一个特殊流派。一般而言，一个构造主义心理学家通过注意个体不能再简化的经验元素来研究一个个体（Carkins，1906）。

▽**网络学习**

请在同步网站上阅读铁钦纳的传略。

问题：铁钦纳的实验室里有女性研究者吗？

1. 铁钦纳的观点

在心理学史上，构造主义这个术语通常与爱德华·B. 铁钦纳（1867—1927）一起出现，铁钦纳是冯特的研究生。铁钦纳相信心理现象的本质存在心理元素之中，那些"砖块"构造出更大的心理结构。问题是确定这些复杂的结构是如何形成的。根据英国联想主义流派（源自约翰·洛克的传统）的观点，一个人应该在联想中寻找答案，即那些将"简单

的"感觉变得更加复杂和有意义的机制。但是，是谁在指挥这些联想呢？铁钦纳没有回答这个问题。他转向了对心理元素的研究，他认为他最紧要的任务是考察心理元素和它们之间的联系。至于研究将那些元素组织起来的力量，可以作为其他人追求的事业。

由于铁钦纳的影响力，心理学作为一门正规学科和大学专业的地位得到加强。他发表了大量的文章，出版了好几本书。最值得关注的或许是《实验心理学：实验室操作指南》（Experimental Psychology：A Manual of Laboratory Practice）一书，这部著作在 20 世纪初以 4 卷本的形式发行。在康奈尔大学，他重建并重新设计了研究实验室，他亲手制作了许多工具和配件。当然，他的学生也会帮忙。

像冯特一样，铁钦纳也相信在一段时期内，心理学是一门关于意识经验的科学。实验心理学家应该从经验的角度揭示基本的心理过程（Titchener，1898）。然而，一个研究者怎样才能考察这样的意识经验？意识由两种元素组成：感觉和情感。研究者的任务是描述这些元素，了解它们是如何互相联系的。在观察的过程中，一名科学家不应该使用常见的标签，比如"我看到了桌子，它是棕色的。"相反，这位科学家应该描述他或她意识经验的元素。当然，观察者必须知道要观察的是什么。感觉作为心理元素有 4 个基本特征：性质、强度、持续性和清晰度。比如，如果一个研究者要研究注意力，他应该查明注意力是在增加还是减少，情感可能是愉悦的还是不愉悦的。

铁钦纳拿心理学与生物学特别是与形态学（morphology）做对比，或者与研究生物结构（比如肌肉组织）做对比。运用这种类比，他希望将实验心理学建设成现代生物学的精确副本。心理学应该只研究那些可以观察到的现象。因此，铁钦纳对儿童心理学和动物心理学很少关注，因为他不相信可以对其进行实验观察。铁钦纳还警告我们不要误以为，观察只是一个简单的观察"内部"的过程，他称这是未受训练的内省（unschooled introspection）。内省法作为一种真正的研究方法，它应该是严格训练的结果。铁钦纳相信，实验需要多次重复，并需要与外界干

扰完全隔离的实验条件。

⊙大家语录

铁钦纳（1898）谈心理学家的主要任务

他的任务是一次活体解剖，但这次解剖应该产生结构性，而不是功能性的结果。他试图发现的首要问题是：那里有什么，数量有多少？而不是发现事物为什么存在那里。（p.449）

在此，铁钦纳解释了心理学家应该从意识角度分析心理的结构，拆分心理的元素。

▽网络学习

内省法。1905 年，M. W. 卡尔金斯（M. W. Calkins）成为美国心理学会第一位女性主席，她详细描述了从铁钦纳那里学到的内省法。请到同步网站上阅读更多信息（Calkins，1913）。

问题：她描述了哪三种内省法？

他的学生报告说，铁钦纳与同事的交往并不频繁。然而，由于出版行业的繁荣和大学教育使用教科书的传统，他的著作引起了许多心理学家的关注。到 19 世纪末期，相比法语、德语或西班牙语，英语变得越来越国际化。由于铁钦纳的书籍和文章（他发表了 176 篇）是以英语形式发表的，因此它们在全世界的大学里都可以读到。

2. 铁钦纳的学术遗产

铁钦纳是一位很有才华的研究者。他相信实验心理学，得到了许多心理学家的支持。另一方面，由于他墨守内省法，反对他的呼声也在渐长。他拒绝修正这一点，并且对新发展的行为研究表示不满。他认为自己就在支持一种新心理学。事实表明，他支持的是"旧的"内省心理学。事实上，他的追随者（54 个人在他的指导下获得博士学位）中没有人继承他的理论传统。

如果你恰好访问康奈尔大学，询问任何一个心理学专业的学生：铁钦纳实验室在哪里？他们可能会说不知道（我就这样问过）。但是，铁钦纳的大脑显眼地陈列在一个装满福尔马林的罐子里，就在心理学系的附近，作为一个象征性的提醒：他曾是一位创新者和开拓者。

4.5.4　美国心理学会：开端

19 世纪末期，各个科学领域出现了许多学术协会。1889 年，一群欧洲心理学家试图确定一个代表他们美国同行的国家性组织，但他们找不到这样一个机构。有一个小型组织被称为美国心理研究协会（American Society of Psychical Research）；然而，它研究的是心灵感应和其他超感官现象。在美国这样一个大国，拥有大量一流的大学和心理学实验室（1892 年的数字是 20 个），但心理学家们却没有一个国家性组织！

在历史上，美国政府虽然协助大学的创建和发展，但它并不直接参与学术事务。因此，建立一个国家性研究协会的倡议应该由心理学家自己发起。虽然有若干心理学家做出了尝试，但最成功的尝试要属 G. 斯坦利·霍尔。他的努力和热情促成了美国心理学会的诞生。

知识检测

1. 下列谁是意动心理学的代表人物？
　a. 冯特　　　　　　b. 斯顿夫
　c. 布伦塔诺　　　　d. 铁钦纳
2. 谁研究了无意象思维？

　a. 布伦塔诺　　　　b. 屈尔佩
　c. 乔治·缪勒　　　d. 冯特
3. 铁钦纳的取向被称为构造心理学。为什么？

案例参考

早期的实验心理学家是折衷主义者吗

词典里对折衷主义（eclectic）一词的定义是：那些合并或者接纳各种来源、系统或风格的个体元素的事物。折衷主义经常带有一种消极意义。如果你浏览19世纪末那些为科学心理学做出重大贡献的学者的传记，你可以轻易地发现，他们的兴趣和活动是非常多样的。但是，他们是折衷主义者吗？让我们来看几个例子。

艾宾浩斯研究记忆，大多数心理学教科书都会提及他对记忆的研究。然而，他也研究色视觉（color vision），并在1893年发表了关于这个主题的研究成果。1897年，他发表了关于儿童心理能力的研究成果。冯特的兴趣更加多样化：他对心理学、哲学、人类学和社会学都感兴趣。他同时代的人，布伦塔诺，写过关于哲学、神学和心理学的学术著作。约翰内斯·缪勒除了对解剖学和生理学的研究之外，还写过关于记忆、联想、气质、睡眠、思考和感情的内容。斯顿夫研究感觉、数学、生理学、物理学和音乐。别赫捷列夫，俄罗斯实验心理学的创始人之一，做过执业医师，在法院做过顾问，写过犯罪学、哲学、社会心理学、教育学、生理学、政治科学和历史学方面的内容。

问题：你认为如此多元的兴趣是否阻碍了早期心理学家聚集于手头的主要课题？在你看来，如果这些研究者不关注这么多主题，而只关注少数几个主题，是不是会更好？如果你是心理学专业学生，你觉得哪条道路更好：只聚焦于一个主题，还是尽可能多地尝试？

然而，霍尔的角色是矛盾的。他是一个伟大的研究者，对这门学科的几个分支都有所贡献。他也是一个技术精湛和要求严格的管理者。然而，另一方面，他的同时代人形容他是一个控制欲强、时而反复无常和心胸偏狭的人，不顾别人的反对而只想推进自己的计划（Sokal，1990）。他雄心勃勃的计划经常能取得成功。当威斯康星大学的约瑟夫·贾斯特罗（Joseph Jastrow）在芝加哥世界博览会（芝加哥，1893年）上，开始讨论心理学家作为一个群体对特定部门做出技术贡献的可能性时，霍尔决定追求一个更有雄心的目标：建立一个国家性组织。1892年7月，一小部分心理学家在马萨诸塞州的伍斯特市响应霍尔，举办了一次预备性会议。

1892年12月，美国心理学会的第一届年会在宾夕法尼亚大学召开，一共有31名创始会员（其中18位出席了第一次会议）。这个协会包括了精神病学家、哲学家、实验心理学家和教育界的专家［被称为教育学家（pedagogist）］。他们全都是男性，这些成员的平均年龄在35岁，最年长的54岁（那时人类平均寿命是50岁）。霍尔被推举为主席，并发表了他的主席报告。表4-6包含了这次会议的出席者名单，以及对他们发言主题的简要描述。

美国心理学会的会员发展很快，其声望也一样快速发展。1900年，会员人数达到127人；1901年，它的预算上升至2 770美元，会员的年费从1美元增长到3美元；那时一个心理学教授的年收入是1 000美元到7 000美元。

然而，协会的一些内部问题持续存在。一些心理学家并不喜欢G.斯坦利·霍尔的为人。他们反对霍尔的独裁作风，包括他对《美国心理学杂志》（*American Journal of Psychology*）刊发文章的独断决定。他是这本杂志的所有者，当然可以做所有的行政决策。然而，这个协会的成员认为，如果这本杂志要成为美国心理学会的主要刊物，那么决定应该是大家来做（Ross，1972）。为了强调他与批评者的意见不合，霍尔没有参加在纽约举行的第二次会议。尽管他继续发行他的期刊，但另一本心理学期刊——《心理学评论》（*The Psychological Review*）出现于1894年，是心理学家卡特尔和鲍德温努力的成果。

▽ 网络学习

同步网站上包括了美国心理学会第一次年度会议的会议记录。

问题：美国心理学会的预算有盈余还是出现赤字？第二次会议计划在什么时间和地点举行？

表 4-6 美国心理学会的会议记录（1892—1893）

姓　名	第一次会议上讨论的主题
G. 斯坦利·霍尔，克拉克大学	主题：《美国实验心理学的历史和前景》（主席报告）
J. 麦基恩·卡特尔，哥伦比亚学院	主题：《物理学和心理学中的观测误差》。内容提要：心理学通过运用物理学和数学的方法将获益良多
赫伯特·尼古拉斯（Herbert Nichols），哈佛大学	主题：《疼痛的实验》。内容提要：作为对温度和机械刺激的反应，身体的某些部分只能感觉到疼痛。一定有特定的痛觉神经
E. A. 佩斯（E. A. Pace），天主教大学	主题：《对厚度的触觉评估》
莱特纳·威特默（Lightner Witmer），宾夕法尼亚大学	主题：《对简单视觉形式美感的一些实验》
约瑟夫·贾斯特罗（Joseph Jastrow），威斯康星大学	主题：《世界博览会上的实验心理学》。内容提要：论文描述了芝加哥世界博览会的民族学分会会场心理学部门的计划。大多数用于演示的工具是研究运动和感觉的设备
赫伯特·尼科尔斯（Herbert Nichols），哈佛大学	主题：《关于旋转的某些错觉》
W. L. 布莱恩（W. L. Bryan），印第安纳大学	主题：《关于刺激强度与反应时间关系之争论的注解》（这篇文章不完整，而且没有提供摘要）
E. C. 桑福德（E. C. Sanford），克拉克大学	主题：《克拉克大学心理学实验室的几项研究》。内容提要：关于克拉克大学心理学系学生在他的指导下做的 6 项研究的报告
雨果·闵斯特伯格，哈佛大学	主题：《实验心理学的问题》。闵斯特伯格是会议上的德国客人。他认为心理学有太多的数字，但在思想上很贫瘠——这是对研究的实践应用的早期提倡

资料来源：APA（1892）.

1. 美国心理学会的低调角色

美国心理学会最初是一个没有实权的组织，这个组织不能直接介入心理学家的教学和研究，也不能实施自己的决策。虽然如此，在它的形成期，美国心理学会承担了几种重要功能。它成为心理学家群体身份的重要象征。美国心理学会的章程强调其目标是促进心理学成为一门科学。它正在成为一个与财政、商业、私人和政府机构打交道的组织。这个组织为心理学家提供了一个很好的彼此交流的机会，这些组织成员通过信件或参与联合项目而保持定期联系，通告函（例如，一封发送给不同收件人的通告）变得常见。这个组织的成员现在可以向美国科学家这个更大的团体展示自己，这对提高心理学的声望有重要贡献。

许多年来，美国心理学会是一个代表大多数美国心理学家的有组织的喉舌和机构。它的发展过程并不是一帆风顺的。美国心理学会的历史中就有一些例子，一群心理学家想要"反叛"，在这一组织之外建立自己的团体。大多数的紧张局面发生在做研究和搞学术的心理学家与临床从业者之间。1988 年，心理学科学协会成立［最初它被称为美国心理协会（American Psychological Society）］，它代表了美国心理学会

在短暂历史上最重要的一次重组（Cautin，2009）。

4.6 评价

4.6.1 一条不容易的道路

心理学作为一门实验科学一路走来并不容易，教学和做研究的心理学教授一直在争论这门学科的主题。一方面，公众对心理现象的兴趣持续不减。19 世纪见证了灵性主义和超感官知觉的流行。一些人相信，科学能够发现那些"看穿墙壁"背后的机制。颅相学也在持续流行。另一方面，精神哲学作为一门研究心理活动的学科，在大学校园里占据着统治地位。19 世纪许多学者和受过教育的人也认为，心理学不是一门像物理学或生物学那样的科学。

4.6.2 来自实证研究的推动

19 世纪的天文学家可能为心理学家提供了意料之外但又非常有价值的实证材料，即关于反应时间的研究。最重要的是，人类活动的心理元素看起来可以测量了。费希纳和艾宾浩斯的早期研究挑战了这个令人怀疑的观点：心理学不是一门实验学科。心理物理学和记忆研究展示了量化分析的优雅和力量。

费希纳是第一批介绍并推动了心理测量的研究者之一，从那时起，支持者越来越多地把心理学看作一门实验学科，就像基础科学一样。对实验研究的强调日益增加。进入实验室成为心理学赢得最初声誉的一个重要步骤，帮助它成为一门正规的大学学科。医生和生理学家给出了新的发现，它们将心理过程与大脑的特定区域和特定的生理过程联系起来。

4.6.3　一个集体的创造

爱德温·波林（Edwin Boring）是一位杰出的心理学史学家，他在其著名的《实验心理学史》（*History of Experimental Psychology*）一书中写道：心理学首先作为一门学科出现，心理学家的出现则在其后。从一开始，心理学就是许多代表不同领域的研究者共同创造的一门科学，他们当中几乎所有人都不是科班出身的心理学家。在学生时代，他们所学的是自然科学、医学或哲学。费希纳接受的学科教育是物理学，后来他"转型"成一位哲学家。赫尔姆霍茨是一位对物理学感兴趣的生理学家。艾宾浩斯是一位哲学家，冯特接受的是哲学和生理学的训练，别赫捷列夫是一名医生，缪勒是一位生理学家。布伦塔诺是一位哲学家。这个名单很容易继续列下去。然而，所有这些学者与许多其他"受训的心理学家"都对心理学作为一门实验科学的发展做出了贡献。19世纪末期，虽然许多人仍然认为心理学的研究对象是超自然现象、催眠、超感官能力和读心术，但是许多在私立大学和公立大学里工作的研究者已经转向科学寻找事实和可靠的方法论。这种"新"心理学正在变得明显的非意识形态化，越来越远离于神学教义的影响（Fuchs，2000；Kosits，2004）。

4.6.4　心理学实验室和组织

尽管一些德国心理学家争议——冯特是否在19世纪对德国和世界心理学做出了最重要的贡献，但他还是因为建立了第一个心理学实验室并确立心理学的学术地位而受到赞扬（Teo，2013）。19世纪末20世纪初，在世界范围内至少有12所大学创立了心理学实验室。也是在那一时期，一些国家成立了国家性心理学组织。许多大学增设了心理学学科，创设了学术职位和教学单位，发起了期刊杂志和专业协会。心理学正在建立自己的研究和教育传统。

然而，在19世纪80年代末期，心理学暴露出一个明显的缺点：心理学并没有提出广受欢迎的、拥有明晰的实验方法及其应用的理论。为了创造这样的理论和方法论，有人做了一些尝试。威廉·冯特和爱德华·铁钦纳的著作就是重要的例子。然而，冯特的理论从来没有让他从莱比锡的实验室走向世界（他的方法做到了）。铁钦纳的理论生命也很短暂。心理元素的概念非常有趣，但仅此而已。

尽管有这些问题，心理学仍然在前进。

结　论

19世纪，心理学家们转向科学实验，这正是心理学要求独立的开始。许多在大学里工作的心理学家致力于以物理学为榜样，将心理学发展成一门以实验室为基础的科学。他们希望发现支配心理学的根本规律，就像其他科学的规律一样。一个安静隔绝的实验室被视作发现这些规律的地方。有一段时间，一个身处大学建筑物地下室的研究者是许多心理学家的形象代表。这种对于实验研究的热情是值得称赞的。然而，由于不屑于应用，强调"纯粹"研究，心理学家经常将自己置于非常尴尬的境地（Driver-Linn，2003）。他们希望被看作科学家。然而，由于使用高度技术性的实验语言，一些科学家远离了潜在的支持他们并感到好奇的公众。

总　结

- 19世纪，教育和科学领域发生着快速的转变。新的 医学和技术学校在很多国家出现。在发展的社会环境中有两种潮流与心理学特别有关。第一种是唯物主义和现实主义传统，它们反映在所谓的主流价值观中。第二种潮流根植于唯心主义和浪漫主义传统。

- 大多数对心理学感兴趣的科学家参与到关于心理过程的本质的辩论中。生理学和精神哲学对此提供了不同的答案。
- 对心理时间的测量和心理物理学的研究，特别是恩斯特·韦伯和古斯塔夫·费希纳的著作，为实验心理学奠定了坚实的基础。
- 费希纳和赫尔曼·艾宾浩斯放弃了研究感觉过程和记忆的思辨方法。他们开始进行实验，而且提供了测量心理现象的数学方程式。
- 艾宾浩斯提出一种不受经验和环境干扰的研究记忆的实验方法。人们有一种愈发强烈的信念：为了避免不受欢迎的噪声和其他干扰的影响，心理学研究应该被限制在安静的氛围中，而且研究中心应该被物理隔离，设置在私人场所或公立大学的内部。
- 威廉·冯特是公认的实验心理学创始人。1879 年，他在莱比锡创立了第一个心理学实验室。后来，其他

的实验室在一些国家被建立起来。

- 冯特列举了心理学的三个目标：（1）分析意识的元素；（2）找到元素之间联系的方式；（3）发现这种联系的法则。
- 弗朗兹·布伦塔诺认为心理活动超出了认知之外。他提出了一种新的、复杂的心理学取向，它涉及了个体以及他或她所处的环境。
- 卡尔·斯顿夫研究了认知在情绪中的角色，并创造了关于情绪的认知－评价理论。
- 奥斯瓦尔德·屈尔佩对知觉和思维进行实验研究，并且设计了系统实验内省法。
- 爱德华·铁钦纳致力于实验心理学，这门学科的目的是从意识的角度，分析心理的结构并揭示心理的基本过程。
- G. 斯坦利·霍尔和他的一些同事创立了美国心理学会。它成为一个制度性的组织机构，并且成为心理学家群体身份的一个重要象征。这个组织为心理学家彼此交流提供了一个很好的机会。

关键词

Apperception 统觉
Clairvoyance 超感官知觉
Experimental introspection 实验内省法
Mastery values 主流价值观
Mental philosophy 精神哲学
Nonsense syllables 无意义音节
Personal equation 人差方程
Phrenology 颅相学
Physiological psychology 生理心理学

Psychological compounding 心理组合
Psychophysics 心理物理学
Reaction time 反应时间
Romanticism 浪漫主义
Spiritualism 灵性主义
Structural psychology or structuralism 构造心理学或构造主义
Vitalism 活力论

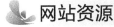 网站资源

访问学习网站 www.sagepub.com/shiraev2e，获取额外的学习资源：
- 文中"知识检测"板块的答案
- 自我测验

- 电子抽认卡
- SAGE 期刊文章全文
- 其他网络资源

第 5 章
20 世纪初的心理学与大众社会

数学家与诗人结合，狂热而有限度，热情而有节制，这必然是最理想的。
——威廉·詹姆斯（1892）

学习目标

读完本章，你将能够：

- 了解在 20 世纪初，科学的发展如何影响心理学
- 理解机能主义和进化论，以及它们在心理学中的角色
- 领会心理学作为一门新兴和发展中的学科的复杂性
- 运用你所学的知识，理解心理学当今的问题

弗朗西斯·高尔顿
（Francis Galton）
1822—1911，英国人
开拓了优生学和社会
工程学

弗雷德里克·泰勒
（Frederick Taylor）
1856—1915，美国人
研究工作效率

阿尔弗雷德·比奈
（Alfred Binet）
1857—1911，法国人
开拓了儿童智力测验；
20 世纪初，比奈-西
蒙量表被制定并改进

1820　　　　　1830　　　　　1840　　　　　1850　　　　　1860

切萨雷·龙勃罗梭
（Cesare Lombroso）
1835—1909，意大利人
研究了犯罪的个人因素

查尔斯·达尔文
（Charles Darwin）
1809—1882，英国人
1859 年出版了《物种起源》；
提出并发展了进化论观点

1911 年，在一场社会高度关注的法律案件中，美国政府控告可口可乐公司在饮料中添加咖啡因。咖啡因在当时被视为危险的"添加"物质，因此政府希望可口可乐公司停止这种行为。为了在法庭中为自己辩护，可口可乐公司聘请心理学家哈利·L. 霍林沃思（Harry L. Hollingworth）进行实验并验证咖啡因的效果。作为认真细心的实验的结果，霍林沃思提供了证据表明咖啡因对人的行为并无重大影响。这是大型公司聘请专业心理学者作为专家出庭作证的最早案例之一。两年后的 1913 年，在俄罗斯，科学心理知识用于一件广受关注的诉讼案件。赫赫有名的临床医学家弗拉基米尔·别赫捷列夫以专家身份在一桩谋杀审讯中出庭作证，在这个案件中，一名犹太男子被控告以一种仪式性的方式杀害了一名基督徒男孩。别赫捷列夫以他所谓的"心理学专家"身份对这项犯罪行为展开调查。他向陪审团提供的证据表明，经过调查此案件并不符合仪式性谋杀的行为特征，他的证词最终帮助被告人无罪释放。别

赫捷列夫展现了细致的科学分析在法律案件中的重要性（Bekhterev，1916/2003）。心理学家将他们的知识和技术应用于真实的生活问题，这一过程虽然缓慢但是确定。他们开始在学校、工厂和医疗机构发挥作用。正如我们看到的，心理科学还被用于政府诉讼。心理学开始作为一门新兴并有前景的领域出现。但是，这个前景是什么？心理学准备好去传递它了吗？

赫伯特·斯宾塞
（Herbert Spencer）
1820—1903，英国人
1864 年创造了"适者生存"的概念；发展了进化论观点

詹姆斯·安吉尔
（James R. Angell）
1869—1949，美国人
发展了机能心理学

路易斯·推孟
（Lewis Terman）
1877—1956，美国人
研究了心智能力

威廉·詹姆斯
（William James）
1842—1910，美国人
《心理学原理》（1890）的作者；发展了机能心理学；将心理学视为理论性和应用性的学科

雨果·闵斯特伯格
（H. Münsterberg）
1863—1916，德国人
1913 年出版了《心理学与工业效率》
（*Psychology and Industrial Efficiency*）

W. 史考特
（W. Scott）
1869—1955，美国人
研究了广告心理学

1870　　　　1880　　　　1890　　　　1900　　　　1910

威廉·斯特恩
（Willam Stern）
1871—1938，德国人
研究了心智能力；提出了心理商数

海伦·汤普森
（Helen R. Thompson）
1874—1947，美国人
研究了儿童能力和性别心理学

J. 卡特尔
（J. Cattell）
1860—1944，美国人
1890 年提出了心理测验的概念

1911 年，可口可乐审判案

利塔·霍林沃思
（Leta Hollingworth）
1886—1939，美国人
开拓了性别心理学的研究

玛丽·卡尔金斯
（Mary Calkins）
1863—1930，美国人
1905 年成为美国心理学会首位女性主席；发展了自我心理学

到 19 世纪末，精神哲学的影响力在减小
进化论的观念（包括优生学和社会工程学）开始流行 ⟶

大学实验室里进行实验心理学研究 ⟶
对个体发展和心理能力进行研究 ⟶
对变态心理症状进行研究 ⟶

机能主义心理学挑战构造主义心理学
心理学家将他们的研究应用于教育、工作效率、广告、刑事程序和医疗，等等 ⟶

5.1 社会和文化景观

你知道汽车、飞机和心理测验这些词汇几乎是同时出现在英文词典里的吗？这些词语象征着在20世纪初，许多国家正在发生着技术和社会变革，特别是欧洲和北美。一系列相互关联的发展影响着心理学的未来：经济扩张与政治转型、教育和职业培训领域的基础变革同步发展。心理学从这些发展中有什么收获？

5.1.1 现代大众社会

历史学家将19世纪末20世纪初的转型视作"大众社会"和"现代化"开始出现（Hall, Held, Hubert, & Thompson, 1996）。这是一个工业稳固发展、物质生活提升、社会和教育重大变革的时代（Winks & Neuberger, 2005）。在大多数农村，传统的、以社区为基础的公共设施迅速瓦解。大众教育、海量信息和大规模消费作为新世纪的一个显著特征而出现。

1. 经济增长和政治转型

这是一个欧洲、北美和日本经济迅速扩张的时期。繁荣的工业为制造业、服务业、法律、教育、医疗和政府管理业创造了数百万的新岗位。一个新的中产阶级开始出现。1910年，被雇用的美国人当中有25%为白领工作者。心理学的研究设备、经费来源和就业机会均有所提升，心理学家需要将他们的研究应用于实践。

经济扩张与政治转型密不可分。这是一个冗长而又痛苦的转型——从一个由世袭贵族、歧视性法律和传统习俗所掌控的系统转向形式多样的大众参政议政。女性开始获得与男性同等的权利，越来越多的国家允许女性拥有自己的财产和投票权。政府在压力之下采取社会改革，以满足越来越有影响力的政党的要求。许多心理学家开始看到他们作为社会"检举人"和"工程师"的伟大使命，他们有能力也有职责为了每个人的权益去侦查社会病症并改善社会功能。

2. 教育和培训的扩张

在19世纪的后半叶，工业国家为所有儿童都确立了义务教育，无论其出身和社会地位如何。至少有三种原因可以解释教育的发展：（1）各路精英对于学校教育的必要性意见一致；（2）科学作为一种社会进步资源越来越被认可；（3）实业公司对于受过教育、有技能的专业人员的持续需求。最初，初级教育只提供给12岁以下的男孩和女孩。后来，年龄限制进一步放宽。

高等教育也在发生改变，政府和企业开始为高等院校调拨大量资金。比如，富有的俄罗斯实业家和资本家资助了新的教育建筑和研究设施，这其中包括位于莫斯科的心理学研究所（Yaroshevsky, 1996）。日本政府资助本国学者去海外留学，同时也资助前来日本教学的外国人。中国政府派遣学生前往国外学习并在本土大学引进西方学科。到1905年，日本已有超过8000名中国留学生。在美国，1862年的莫里尔法案为全国各联邦提供修建新学校的资金和土地（也称作政府赠予土地基金）。私立大学也在发展。总的来说，高等教育变得越来越为中产阶级家庭负担得起。高等院校向小企业主、商人、工程师、政府职员和教师的孩子们敞开了大门。

高等教育的内部也在发生变革。德国大学最早使用了选修课程体系，北美学校紧随其潮流。这意味着学生可以根据自身的喜好和新兴就业市场的需求选择特定的课程（Charle, 2004）。这种新的选修课体系对心理学家来说显然是个好消息。更多的学生想要参加心理学课程，所以更多的大学开设此类课程，学校也将聘请更多的心理学家。

教育和政治的变革与社会氛围的改变是密不可分的。然而，这并不是一次平稳顺利的转变。社会和政治的改变从来都不是那么简单的。

5.1.2 社会氛围的变化

社会氛围的变化包含了不少有时相互矛盾的发展趋势，它们反映了广泛且多样的观念和价值观。这其中出现了对实用性的关注，对社会偏见的接纳，进步主义，对女性角色观念的改变，非理性的行为和思想。

1. 实用性

四个方面的发展聚合使得实用性成为变化的主要力量。第一，人们期望更好的生活，曾经居住在小镇乡村的人们开始搬迁到大都市。第二，新出现的社会风俗和民主法律促进了关于共识和理性的条例。第三，数学和科学在学校课程中的影响力越来越大。第四，扩张的市场激励了个体的努力、创新和竞争。这些发展影响到生活中的方方面面。在社会领域，对实用性的接纳意味着肯定了这样的观念：个人或职业的成功成为衡量个体价值的准绳——有能力者则成功，无能力者则失败。

旅行和人际交往的快速扩张（包括有线电话）强化了一个共同信念：人与人之间、国与国之间其实不尽相同，有些人能够成功，另一些人却无法达成目标。对许多人来说，这种不平等就是通常的人生结局。

2. 拥护偏见

在非洲和亚洲大量的殖民扩张，使得许多殖民主义者认为某些文明是"次等的"，因为它们的"先天属性"无法与"高级的"文化相比。对许多西方人来说，几乎所有由西方发明的事物，包括社会准则，都是令人满意的。然而，其他地区所拥有的教育传统、家庭观念、饮食习惯和风俗都被视为偏差或怪异的发展（Shiraev & Levy，2013）。民族主义情绪高涨。在 1899 年出版的《19 世纪基础》（*The Foundations of the 19th Century*）一书中，英国社会哲学家休斯顿·张伯伦（Houston Chamberlain）叮嘱欧洲人要抵抗外国人，从而捍卫自己文化的优越性。根据张伯伦的观点，只有日耳曼种族才能为西方世界抵抗新的"野蛮人"——包括亚洲人、非洲人和犹太人。这本书一度成为畅销书籍。稍后我们就会看到，心理学常常被用来维护种族和民族不平等的合理性。

然而那时候，也不是所有人都急切地拥护这些偏见。

3. 进步主义

许多受过教育的个体越来越相信，如果想要改善所有人的生活，政府部门和相关民众需要在社会各个领域参与到有组织、有计划的干预当中去。今天，我

们通常把这种计划性干预称为"社会政策"，并认为它是政府职责的一个必要部分。现在，试想一下你生活在 120 年前。事实上，任何一种社会政策都是政府功能的一个重大创新（Flanagan，2006）。对于工业生产和财富分配、有保证的收入、更短的工作时间、伤残保险和负担得起的医疗保险，那些进步主义的支持者真诚地希望出现不同的文明形态。越来越多的心理学家拥护进步的价值观。对心理专家来说，进步主义意味着可以将科学知识应用于社会问题。进步主义还强调应用心理学知识在三个方面的重要性：（1）医疗保健；（2）教育；（3）社会服务。因此，自从 20 世纪初，越来越多的心理学家开始把自己视为社会改革者，督促政府在社会生活中进一步发挥作用。他们同时也希望心理学作为一个应用领域能发挥更大的作用。

4. 对女性看法的改变

进步思想与对女性社会角色的文化感知发生改变是密不可分的。大量的女性正进入劳动力市场。社会科学家挑战了关于女性在社会中顺从和养育这一角色的传统假设，教育心理学家阅览了许多著名进步思想家的著作。英国著名的哲学家约翰·斯图亚特·穆勒（1806—1873）在众多具有进步思想的学者中备受敬仰。穆勒（1869/2010）那篇具有历史意思的文章《论女性的屈从地位》（*On the Subjection of Women*）提倡性别平等，声称男性和女性之间的差别主要是社会习俗的产物，应该被克服。

虽然如此，男女之间的社会和政治不平等在工业国家中仍然大量存在。美国之外的许多大学不愿意接收女性学生。进步和平等主义的思想仍然不断受到过时的偏见甚至非理性的挑战。

5. 非理性

20 世纪初的生活并非全部关乎进步思想、理性与和平。新的世纪见证了日益增长的怀疑论，人们怀疑人类掌控自身事务的能力。在许多知识分子看来，工业和城市的飞速变革预示着即将到来的阴暗与厄运。就如同今天我们讨论着人类对环境的破坏性影响，100 年前的人们担心技术进步将会失去控制。在哲学、文学和表

演艺术等领域，破坏性的非理性成为一个常见的主题。

这些变化对于心理学的发展意味着什么？总体而言，进步与平等主义信念的日益普遍对心理学家（无论男女）来说是一种积极的趋势，让他们在研究当中并且最终在解决社会问题方面提升自己的角色。进步主义同时也有助于将理论知识与实际问题相连接。但是，进步主义议题的宣扬并没有赢得压倒性的社会支持。民族、种族和性别方面的偏见，以及非理性的信念，它们都在一段时间内影响了心理学。

简要地叙述了 20 世纪初出现的社会氛围之后，让我们把目光转向科学和技术的发展及其对心理学的影响。

5.2 自然科学和社会科学的进展及其对心理学的影响

新千年伊始，许多不同的科学领域都发生了激动人心的新的发现和成就。我们看看下面的叙述。

5.2.1 科学探索

在物理学界，法国科学家关于放射现象的发现刺激了核子物理的发展。1900 年，巴西的罗伯特·德·莫拉（Roberto de Moura）公开演示了人声无线电广播。理论工程方学面的成功给世界带来了汽车和飞机。在医学方面，细菌致病论的提出治愈了数百万人。大脑和神经系统病理学、脑化学领域的研究和新形态学方面的发现，提升了人类关于大脑机能的知识。心理学家对于这些科学进步印象深刻，他们急于提高自己研究方法和策略（见表 5-1）。

社会科学开始求助于科学方法，社会学家开始由思辨性论述转向对社会趋势的实证性观测、测量和数据分析。文化人类学家游历远方，提供关于原住民的复杂生活的详尽记录。人类文化表现为一个复杂的系统，具有许多相互联结的功能。经济学家倾向于用微积分描述经济生产、贸易和消费的基本机制。从发现和对事实的解释来看，科学越来越转向更为实际的知识应用。

表 5-1 科学学科对心理学的贡献

科学学科	科学发展
物理和化学	电力、无线电、热力学等领域的发现，新的化学元素和能量形态的发现都极其飞速且令人震惊。心理学接纳了科学方法的用途，将其用于自己收集数据的实验方法
生物和医学	普通生物学和医学的发展，包括对于大脑功能机制的新发现、大脑病理学和新形态结构的描述，使得"精神哲学"进一步弱化，而提倡心理活动的神经生理学基础的理论进一步强化
社会学和人类学	科学研究包括了许多新的关于社会、社区、风俗、原住民文化、社会化、宗教信仰、社会流动性、城镇化、自杀和团体行为的实证理论。心理学家开始在自己的研究中运用这些新颖丰富的社会学证据
进化论	自然选择原则所强调的物种进化是竞争的结果这一观念影响了许多心理学家。心理过程变现为一系列的适应机制，使个体能够调整以适应变化的环境和社会状况

心理学家直接地见证了科学的进步。与物理学家、化学家、工程学家、生物学家和社会学家一起工作在大学校园里，大多数学术心理学家也希望遵循许多大学学者都接受的三条共同路径来开展他们的研究：

他们希望通过运用客观的方式发展心理学知识；

他们越来越关注通过同行评议的出版物和学术

会议来提高自己的学识；

　　他们越来越专注于自己工作成果的实际应用。

　　在这一时期，心理学家研究、比较并接受自然科学和社会科学的传统，将其应用于自己的学科。这两种传统都非常重视客观地对待所收集的事实。自然科学强调生物学和医学，社会科学则强调从社会因素的角度解释心理过程（Driver-Linn，2003）。正如那时的出版物所表明的，心理学家把知识看作一种改善人们生活的实用工具。

5.2.2　功利主义和实用主义

　　两种学术传统——**功利主义和实用主义**，对辩论心理学的进步作用产生了重大影响。第一种与苏格兰哲学家、经济学家兼社会科学家詹姆斯·穆勒和他的儿子约翰·斯图亚特·穆勒（第 3、4 章）有关。那些功利主义的支持者认为，一个物体或行为的价值是由它的有用性或有效性来确定的。功利主义的关注点在于一个行为动作的结果。如果一个行为提升了幸福——不仅仅是执行这个行为的人，而且其他人也受到这个行为的感染，那么这个行为就是"正确的"。但是，如果一个行为给一些人带来了快乐却使另外一些人遭受痛苦？如果这个行为的短期效果和长期效果不一致？从今天的角度来想想，比如违禁药品，它会给使用者带来短暂的愉悦。如果是这样的话，我们应该支持违法药品吗？回答当然是否定的。那么为什么不可以？因为违禁药品也许会带来短暂的欢愉，但从长远效果来看，它会给吸食者带来毁灭性的后果。而且，吸食毒品也会给当事人身边许多其他人的生活带来负面影响。功利主义坚持认为，只有教育可以帮助人们辨别什么事情对他们是有益的（Mill，1863/1998）。正如你可以想象到的，许多心理学家拥护功利主义，并将其当作他们研究的指导原则。

　　实用主义与科学传统相关，它至少有两层含义。广义的解释是，它是一种研究情境或者解决问题的方式，强调实际的应用和结果。而从狭义上看，实用主义专指一种哲学流派。约翰·杜威（John Dewey，1859—1952）是一位美国哲学家、心理学家兼教育

家，他的观点深刻影响了美国乃至全世界。杜威被认为是美国实用主义三大中心人物之一，其余两位分别是实用主义概念的提出者查尔斯·桑德斯·皮尔士（Charles Sanders Peirce）和将此发扬光大的心理学家威廉·詹姆斯（James，1909/1995）。实用主义的支持者认为，事实不能孤立于思考而存在，事实依赖于思考。语言是人们获取知识的一种手段。将其应用于心理学，这些假设意味着这个世界并不是被动感知的（正如构造心理学所认为的）。事实上，人类的感知是对环境的一种主动操纵！在《心理学中的反射弧概念》（*The Reflex Arc Concept in Psychology*，1896）一书中，杜威声称有机体通过自我导向的活动与世界进行互动，这种活动协调并整合了感官和运动反应。杜威的观点受到 G. 斯坦利·霍尔（第 4 章以及本章后文）的影响，从他那里，杜威获得了对其实验方法和实践知识的赞赏。

　　在美国和欧洲，许多在大学里工作的心理学家分享关于功利主义和实用主义的观点。尽管没有多少人质疑知识应用的重要性，但是，关于心理学家是否应该成为实践者并直接在学校、医院、政府机关和企业里工作还是有所争论。如果说他们应该这样做，那么他们拥有足够的科学知识和资质在"真实的"世界中带来改变吗？

5.2.3　更多的心理学家成为实践者

　　心理学的狂热爱好者相信，他们的学科已经做好发挥其进步和实践角色的准备。心理学应该追求三个相互关联的目标。

　　1. **公共可见性**：为了吸引更多学生参与心理学课程或者选择心理学作为他们的专业，心理学家应该考虑到他们所做研究的公共可见性。心理学研究的成果应该被普通民众所理解。在没有电视和网络的 20 世纪初期，提升心理学可见性的最好媒介是报纸和流行杂志，它们对广大读者来说变得越来越普遍。

　　2. **树立声望**：心理学家必须通过私人企业和金融财团赢取声望和地位。心理学家需要显示他们的研究具有重要的实际用途，这样可以保证获得新的私人资助和就业机会。

3. **寻求资金**：由于政府越来越多地参与教育、商业规程、军事训练，以及医疗和儿童保健，政府部门可能是潜在的心理学研究的慷慨赞助人。

那些怀疑者认为心理学尚未做好准备提供实际的解决方案，并且不应该为社会中发生的每件事情负责。有些学术心理学家甚至嘲笑在流行杂志和报纸上发表的心理学文章，并把这些作者称为不负责任的寻求关注者。

社会为心理学和心理学家抛出了诸多问题，他们准备好给出答案了吗？就如在前面所有章节一样，让我们首先看看人们（受过教育和没受过教育的）对心理学了解多少。现在，让我们聚焦于19世纪末20世纪初。

5.3　作为一门科学学科的心理学

5.3.1　人们所知道的：科学知识

大多数受过教育的人可以区分自主过程和非自主过程，以及意识现象和无意识现象。赫尔曼·艾宾浩斯（第4章）实施的研究解释了记忆是一个可以被测量的过程。心理学家还解释了反应时间（Cattell，1885）。依据感觉的性质，把感觉过程划分类别是很常见的，比如视觉、触觉、听觉，等等（Baldwin，1895b）。构造主义流派为感觉过程的研究引进了一个相对清晰的模型，它使简单的元素相互结合然后变成更复杂的事物。各种各样的联想理论解释了人类是如何组建有意义的图像、记忆和想法的。受过教育的人也知道遗传特征是由父母传递给孩子的（人们普遍认为，母亲而不是父亲主要负责传递这些特征）。研究者开始关注儿童的行为。比如，查尔斯·达尔文出版了他对自己孩子的详细观察报告。他一丝不苟地描述了不同的行为（他称之为反射动作），包括打喷嚏、打嗝、打哈欠、伸懒腰、吮吸和尖叫。达尔文同时也描述了关于视觉、愤怒、恐惧、愉悦感、害羞、口语甚至道德感的发展（Darwin，1877）。

心理学研究的关键领域在19世纪末开始出现。

心理学研究的三个领域

第一个领域与莱比锡的冯特实验室里进行的实验研究有关。很快，类似的实验室出现在美国（1883）、俄国（1886）、加拿大（1889）、法国（1889）、英国（1897），日本（1903）和其他许多国家（第4章）。就像实验物理学或者实验化学一样，心理学研究也搬进了大学里的实验室中。

另外两个领域的发展部分是对增长的社会要求的回应。其中一个与测量个体发展和心智能力有关。学者们开始转向对行为和心智能力的测量和统计描述。在第三个领域中，许多心理学家对变态心理症状及其临床治疗进行了科学研究。这些极具天分的狂热之士，主要包括那些研究心理障碍的大学教授和内科医生（我们将在第6章看到他们）。

当然，大多数人没有参加高校的心理课程，也没有阅读过心理学期刊。那么在大学和诊所之外，心理学知识的地位又如何？

5.3.2　大众信念

在大多数情况下，人们把人类同胞视作一个通情达理并追逐理性目标的个体。行动和情感越来越被认为与大脑活动相关，人们逐渐意识到社会环境对行为的影响。然而，也有许多人接受这种观点，即大多数反社会和犯罪行为主要源于基因遗传。而且，主流观点认为女性的才智、抗压能力和控制情绪的能力要普遍低于男性。人们通常相信不同的种族之间在心智能力方面存在巨大的差异。许多人谴责同性恋、自慰是不道德的行为。当时的心理学家并没有为了转变这些态度做多少努力。而且，大多数心理学家甚至赞同这些观点（Laqueur，2004）。

5.3.3　价值观

宗教信仰仍然是大多数人价值观的主要来源。宗教机构勉强认同在心理学实验室里进行的关于心理生活的科学研究。与心理学有关的科学实用主义对于传统社群建立已久的价值观同样是一种威胁。进化论的观点遭到抵抗，部分是因它们几乎消灭了上帝并认为竞争才是最重要的因果力量。詹姆斯·麦考士（James McCosh，1811—1894），1868 ~ 1888年间担任普林斯顿大学校长和首席心理学教授，确信科学和信仰可以获得一种和谐统一，宗教信仰可以优先解释高级心理过程。他相信诚实、爱国主义或自我牺牲和类似表现，都可以从精神性的角度进行解释（McCosh，1871，1880）。

在欧洲和北美，随着 19 世纪末大众社会的出现，虽然许多学术心理学家仍然信仰宗教，但是大多数人成为社会风俗（比如节假日）的追随者，或者道德规范的支持者。有些人发展出一种日趋流行的关于上帝的不可知论（在不可知论者看来，上帝的存在是无法被证明的）。而且，本来可以和平共处的科学与宗教很快变成了公开的相互不容忍。在后来的心理学与宗教的冲突之中，心理学无疑成了侵略者。尽管一些杰出的心理学家，比如 G.斯坦利·霍尔，希望心理学科永远不要让自己摒除宗教信仰，然而这仅仅是希望。在 20 世纪初期，几乎没有心理学研究文献再提及上帝的神圣力量了（Maier，2004）。相反，人们的研究兴趣转向对于宗教信仰和经验进行实证研究。

5.3.4 法律知识

心理学知识越来越多地被应用于法律判决。心理学家在对人们的心理能力进行法律判决时起到辅助作用。专业的心理学知识开始在法律体系中崭露头角。正如你在本章开篇描述的可口可乐案件中看到的，人类行为方面的专家被邀请对嫌疑犯或者受害者进行法庭命令的心理评估。人们尝试使用心理学研究去发起与教育、移民和就业有关的政府政策和项目。这些政策的一个潜在假设是进步主义：社会可以通过科学方法得到改进。然而，尽管依赖科学和进步，心理学还是经常对政府非法歧视某些人类同胞的行为保持缄默，甚至助长这些行为。比如，在

1907 年至 1937 年间，美国的 32 个州要求患有重性精神疾病、残障或者严重智力障碍的个体进行绝育手术，那些被判为性犯罪或者药物相关的犯罪也经常被划入这个类别。

心理学正急于追求雄心壮志的实践目标并回应新兴的大众社会的需求。那么，那个时期的心理学理论发生了什么变化？

▽ **网络学习**

在同步网站上，阅读更多关于研究范式的内容，以及关于"旧"心理学和"新"心理学的辩论。

问题：20 世纪初期，心理学范式的转变是指什么？哪种心理学被当时年轻的研究者称为"旧"心理学，为什么？

一百年前，许多大学中的心理学家相信灵异现象。杰出的实验心理学家雨果·闵斯特伯格发表了许多关于灵媒和传心术的文章。他相信，一位真正的科学家需要调查不寻常和神秘的现象。威廉·詹姆斯也研究灵异现象。他积极参与英国和美国的心灵研究学会（Society of Psychical Research，SPR）的活动。牛津大学的威廉·麦独孤（William Mc-Dougall）研究心灵传心术和超感官知觉。然而，总体来说，那些进行灵学研究的心理学家对超常现象的存在持怀疑态度，并且试图消除一些常见的民间信仰。一些早期的灵异技能研究刺激了对说服、暗示和欺骗的研究。在 19 世纪晚期，这些研究为新兴的心理学分支提供了背景，比如社会心理学和传播心理学。

知识检测

1. 为了建立心理学的进步性和实用性角色，那个时期的心理学家追求三个相互关联的目标，其中包括树立声望和寻求资金。第三个目标是什么？
   a.进入临床领域　　　　b.更高的报酬
   c.公共可见性　　　　　d.社会宽容
2. 在 20 世纪早期的美国，许多州政府要求对那些患

有重性精神疾病、残障或者严重智力障碍的个体执行特定的医学程序。这个程序是什么？
   a.健康检查　　　　　　b.绝育手术
   c.血液检测　　　　　　d.唾液检查
3. 请比较实用主义和功利主义，并举例说明这两种传统。
4. 请说出 19 世纪末心理学研究的三个领域。

5.4 机能主义心理学：联结个体与社会环境

美国心理学界正在发展的流派被称为**机能主义**（functionalism），它逐渐盖过了构造主义的风头，后者关注的是心理经验的元素。机能主义常常与威廉·詹姆斯的名字联系在一起，它聚焦于心理经验的动态目的而不是结构：心理状态是互相关联的，并且在复杂的环境中被不断变化的行为所影响。机能主义取向挑战了冯特和铁钦纳的理论。前面提到的约翰·杜威，他曾受到威廉·詹姆斯的影响，杜威运用了一个类比，他认为掌握一个国家详尽的地理知识并不能解释这个国家的历史；同样，心理学也无法通过关于经验元素的知识得出它要的结论（Dewey，1884）。

根据机能主义心理学的观点，心理现象与其所发生的环境并不是隔离的。心理学家研究经验时，必须联系其他经验和它们所发生的情境背景（Calkins，1906）。在个体与社会之间必然有一种复杂的动态关联。举个例子，一个研究语言的构造主义者很可能去检视字母表，检视不同字母组合而成的发音、单词和句子。与之相反，一个持有机能主义思想的研究者则可能去检视这个句子，检视个体在不同情况下对于语言的运用。显而易见，心理学在转向实际的、现实生活的应用。

今天的心理学家回应了詹姆斯对于心理学不能聚焦于现实生活中人类经验的担忧。直到今天，许多心理学实验仍然要求参与者在假设的条件下做出决定、回答抽象的问题，或者完成人为的实验室任务，这些也许并不能代表大多数生活领域下的人类行为和心理。人们一直在呼吁探索人类经验自然的心理状态（Rai & Fiske，2010）。

5.4.1 威廉·詹姆斯关于精神现象的观点

《心理学原理》（*Principles of Psychology*）一书厚达1 200页，这本书深入探讨了三个领域：哲学、生理学和心理学。书中既有个人观察也有研究数据。这本书的作者，哈佛大学教授威廉·詹姆斯（William James，1842—1910）从机能主义的立场描述了心理学：这是一门关于精神生活的科学，它聚焦于现象（比如，情感、欲望、认知、推理和决策）和这些现象发生于其中的情境（James，1890/1950）。这是一个以三种基本研究方法的结合为基础的创新取向。

第一种，詹姆斯运用了传统构造主义方法中的内省观察法。第二种，当人们强调内省法的不精准时，他也赞同将测量加入内省法的实验方法。第三种方法是比较法。詹姆斯相信，对于心理学家来说，从动物心理学、变态心理学和发展心理学角度收集比较数据是有必要的。比较法可以检验心理过程的起源、彼此的相互依赖和相互结合，以及不同层面的功能。詹姆斯认为，如果要理解心智功能，心理学家就需要研究所有动物种类和人类的思维过程，其

🔍 案例参考

心理研究和"通灵"研究

如果你浏览第一次世界大战（1914）之前出版的英文心理学文章和书籍，你会遇到这些词汇：心理的、通灵的和灵魂的。作者对这些词汇赋予了不同的含义：从"感觉"到"情绪"，再到"与亡者交流。"渐渐地，"心理学"和"心理的"这两个词在说英语的心理学家的词汇表中占据了永久席位。另一方面，"灵魂的"这个词开始与唯灵论、超感官知觉和心理传心术联系在一起。比如，1882年，英国成立了心灵研究学会；两年后，类似的组织出现

在美国，作为心灵研究学会的分支，旨在研究这些神秘的现象（Coon，1992）。在其他一些国家，与"灵魂的"一词意思相近的词汇至今仍然在使用。而在美国，"灵魂"的这个词已不再使用。而"通灵的"这个词是指一个人声称自己可以预知未来、拥有超感官知觉和心理传心术。

问题：你认为心理学家需要更新他们对于神秘现象的研究吗？你认为哪种特殊的现象是"神秘的"且值得研究的？

中人类包括婴儿、精神上和生理上的残障人士、罪犯和野蛮人（这是对采集狩猎部落群体的常用标签）。

1890 年，威廉·詹姆斯出版了《心理学原理》，该书成为当时最畅销的心理学著作之一。

詹姆斯提出了原创的情绪理论。他挑战了许多心理学家所持的普遍观点——情绪先被感受到，然后引起身体反应。他写道，许多人普遍假设的事件顺序是错误的：人丢了钱，继而难过，最终哭泣。这其中的关系其实是反过来的。我们先哭泣，然后难过。我们体验到愤怒，是因为我们参与了打斗；我们感到害怕，是因为我们战栗。詹姆斯认为，情绪与一个人的身体表达紧密关联，它们无法独自存在。詹姆斯是最早将复杂的情绪画面之中的情境、行为和心理反应相联系的人之一。

▽ 网络学习

在同步网站上，阅读威廉·詹姆斯的个人传略。详细了解威廉·詹姆斯的《心理学原理》一书。

问题：威廉·詹姆斯那位大名鼎鼎的兄弟是谁？为什么兰格从未与詹姆斯合作过，但他的名字却出现在詹姆斯－兰格定律中？请将詹姆斯《心理学原理》的目录与任何一本心理学导论教材进行比较，它们之间有什么不同？

5.4.2　作为实用学科的詹姆斯心理学

我们应该把威廉·詹姆斯看作机能主义心理学的创造者吗？可能不行。詹姆斯是机能主义流派中一个重要的人物但不是唯一的创造者。那么他在心理学中的地位如何？

首先，詹姆斯是一位重要的心理学家，在一所著名的大学占据着享有声望的职位——当时心理学正在确立自己作为一个学科和行业的地位。他撰写了一本很有影响力的教科书。第二也是最重要的，他的名字永远与作为一门应用和实践学科的心理学的发展紧密联系在一起。詹姆斯相信知识服务于实用目的，因为知识是对生活的综合性理解（James，1909/1995）。

⊙大家语录

詹姆斯关于战争的观点

过多的野心必须被合理的主张所代替，国家必须将反对战争作为共同事业。我不明白为什么这些原则不应用于黄种人国家和白种人国家，而且我期待在未来，战争行为在文明的民族之间被正式宣布为不合法（James，1906）。

威廉·詹姆斯认为，心理原因比如野心、夸大威胁和自我衍生的恐惧引发了国家之间的战争。今天，这些观点在政治科学和全球研究中获得了支持（Shiraev & Zubok，2013）。如果是野心和恐惧促成了战争，你认为心理学家可以做些什么以减少当今的战事？

詹姆斯的兴趣多种多样，从实验心理学到研究传心术，从通灵体验到分析战争。他的同时代人批评他在太多领域做了太多事情。像今天一样，许多过去的心理学家也认为心理学有必要在大学之外获得声望。那些受欢迎的作家，包括威廉·阿特金森（William Atkinson）⊖和亨利·詹姆斯（Henry James）⊜

⊖　威廉·阿特金森，"新思想运动"之父、"吸引力法则"鼻祖、"身心灵培训"先驱。他倡导的"新思想运动"带动了 20 世纪美国历史上最伟大的一次心理学思潮，许多著名的心理学家、作家都成为这一运动的主将。——译者注
⊜　美国小说家，文学批评家，剧作家和散文家，被一致认为是心理分析小说的开创者之一，他对人的行为的认识有独到之处，是 20 世纪小说的意识流写作技巧的先驱。——译者注

（威廉·詹姆斯的弟弟），也认为学术心理学应该更加贴近普罗大众。然而，也有许多心理学家却认为，研究热点问题不仅不会使心理学家获得声誉，反而会使其丧失声誉。

威廉·詹姆斯并不是唯一摇"旗"呐喊支持机能主义并鼓励心理学研究实际应用的心理学家。至少还有三个伟大的名字值得一提：詹姆斯·安吉尔、哈维·卡尔和玛丽·卡尔金斯。约翰·杜威（与安吉尔和卡尔一样，他们都与芝加哥大学有关）的心理学观点将在本章后面进行讨论。

5.4.3 发展的机能主义：卡尔金斯、安吉尔和卡尔

当新的机能主义者的观念逐渐获得认同并在心理学家之间流行之时，铁钦纳争辩道，机能主义有失公允地夸大了机能主义和构造主义之间的差异。尽管铁钦纳采用了构造心理学这个术语，但他很快抛弃了它，因为他不希望自己的心理学观点被认为狭隘地关注并且过多地聚焦于心理学元素（Boring，1929；Titchener，1898）。对于其他心理学家来说，构造主义心理学家和机能主义心理学家的理论立场并没有互相排斥。

1. 女性开始进军心理学

玛丽·卡尔金斯（Mary Calkins，1863—1930）就是这样一位心理学家。她相信构造主义和机能主义能够和平共处并相辅相成。一个真正的心理学理论应该包括对机能的描述，并且应该涉及构造的元素，就如同机能本身会涉及构造。作为理论上的折中，她提出一种构造心理学和机能心理学可以互相补充的理论。在她的论文《构造心理学和机能心理学之间的和解》（*A Reconciliation Between Structural and Functional Psychology*）（也是她作为美国心理学会主席的就职演讲稿）中，卡尔金斯坚持心理学应该成为一门关于"自我"的科学（Calkins，1906）。

自我的心理状态与其周遭环境密切相关，这包括自然环境和社会环境。卡尔金斯的自我心理学有三个基础的概念：（1）自我；（2）客体；（3）自我与

客体的关系或者对待客体的态度。有意识的自我是一个复杂的组合，包括：（a）构造元素；（b）自我与环境的关系。自我包含两个层面：第一个是意识的内容，第二个是内容施展的环境。举个例子，个体的知觉经验表现为一个有意识的过程，分享着许多其他自我的经验。在这个背景下，个体的想象则是他未分享的经验。卡尔金斯还提到情绪是一种消极的体验，而意志和信念的特征是积极的部分，因为它们描绘个体参与以目标为导向的活动。卡尔金斯关于意识的观点反映了一种西方的认知，倾向于将自我与环境相联结。反思与观察并驾齐驱。这种方法与印度哲学传统中实践的方法不同，在印度哲学中，反思行为（与观察相对）要求将意识中的所有感觉内容全部清空（Rao，Paranjpe，& Dalal，2008）。

自我是构造的也是机能的。它的许多元素需要以整体的角度来看待。自我对每个人来说都是独特的（我是"我"而你是"你"），然而它在时间上又是延续的（我在此时的自我与10年前是一致的）。但是，自我的构造和机能是以一种矛盾对立的方式联合的：我10年前的自我与现在的自我也不尽相同，因为自我是持续变化发展的与环境的独特关系，或者说对环境的独特态度（还记得第2章提到的佛教观吗）。卡尔金斯是最早使用态度一词来描述自我与其环境互动的人之一。几十年后，态度作为对自我与环境的一种综合评价，将会成为快速发展的社会心理学的核心概念之一。

卡尔金斯的职业生涯应当受到特别关注，因为她是那个时代活跃在心理界的女性角色的象征。她出生在康涅狄格州的哈特福德市，成长于一个长老教会牧师的家庭中。卡尔金斯进入史密斯学院，并在1885年获得哲学和古典文学学位。两年后，她获得了在威尔斯利学院教授希腊语的机会，也是在那里，她被委任教授心理学，然而她并没有接受过这门学科的正式培训。

卡尔金斯希望通过参加哈佛大学的课程继续深造。然而，那时大多数大学（包括哈佛大学）还不招收女学生。于是，卡尔金斯向大学校长提交了特殊的请愿书。行政部门以只收男生的悠久传统为由拒

绝了她。卡尔金斯被告知，女性可能会分散男性学生的注意力。在一段时间的耽搁之后，她最终被允许进入大学课堂。她参加了克拉克大学和哈佛大学（在这里，她曾受教于威廉·詹姆斯）的课程。

卡尔金斯与其他三名女性学者完成了足够的课程作业，完全可以获得哈佛大学的研究生学位。然而，大学官方却援引学校的正式条例（又一次，这个条例不允许女性正式注册）拒绝为她们颁发学位。校方建议了一种妥协方法作为替代：她们可以基于哈佛大学的推荐获得拉德克利夫学院的学位。（拉德克利夫学院最初是一所女子学院。哈佛大学的教授会去指定的两座建筑内教授课程。）这些女性被告知尽管学位并不是哈佛颁发的，但在非正式情况下她们差不多算是哈佛的学生。一些同事催促卡尔金斯接受学位，但是她拒绝了。她在回忆录中写道，如果当时接受了这种歧视性的做法，她就会助长这种不公正。她认为哈佛大学的学位必须向女性开放（Calkins，1930）。卡尔金斯回到威尔斯利学院，并在那里建立了心理学实验室。在她漫长的职业生涯中，卡尔金斯撰写了数百篇哲学和心理学领域的文章，还包括四部著作。1905年，她被任命为美国心理学会主席。1918年，她成为美国哲学学会主席。

1905年，玛丽·卡尔金斯成为美国心理学会第一位女性主席。请浏览美国心理学会的网站并查阅在此之后美国心理学有多少女性主席。

直到20世纪60年代，她的梦想才得以实现，那时几乎所有的美国私立大学，包括哈佛大学，都向女性敞开了大门。在心理学的历史中，玛丽W.卡尔金斯将永远以一位勇敢的女性被铭记，她坚持原则，不惜以自己的学位和其他利益为代价争取公正和平等。

2.实用观点

詹姆斯·R. 安吉尔（James R. Angell，1869—1949）不必忍受这些制度上的纷争。他出生于一个拥有杰出科学家和教育管理者的美国家庭。作为一名心理学家，他捍卫机能主义的观点，并认为心理学应该在各种不同的环境状况下，对人类神经系统的功能进行实证研究（Angell，1907）。他接受了关于行为和心理机能的实用观点，坚持它们通过适应环境的复杂挑战而进化。比如，安吉尔将一个人的习惯养成解释为学习有用活动和摒弃无用活动的渐进过程。起初，当人们形成一种习惯（比如，骑自行车或者学习外语）时，有意识的努力是必要且有用的。人们遵循教导，谨记过错，并避免再次犯错。然而，在经过练习之后，习惯的持续就不再需要有意识的努力了。为什么？因为意识在习惯养成的前期已经发挥了重要的作用。当一个习惯形成之后，有意识的努力便不再被需要。

哈维·卡尔（Harvey Carr，1873—1954）是安吉尔在芝加哥大学的一名学生，他后来继承了导师的职位，成为芝加哥大学心理学系的负责人。1925年，卡尔在出版的一本里程碑式的教科书中发展了安吉尔的机能主义观点，当时机能主义在许多国家成为心理学的主流观念。

总的来说，机能主义将心理过程看作一种适应机制，让个体得以适应变化的环境和社会状况。很少有其他的理论可以比进化论更好地对机能主义进行补充。

▽**网络学习**

在同步网站上，阅读詹姆斯·安吉尔的个人传略。
问题：安吉尔有多少学生后来成为美国心理学会的主席？

知识检测

1. 谁在 1890 年出版了当时最畅销的著作之一——《心理学原理》？

   a. 威廉·詹姆斯   b. 玛丽·卡尔金斯

   c. 詹姆斯·安吉尔   d. 哈维·卡尔

2. 威廉·詹姆斯认为以下哪一项因素是战争的主要原因？

   a. 经济   b. 政治

   c. 宗教信仰   d. 心理

3. 请根据安吉尔的理论解释习惯的养成。

4. 为什么玛丽·卡尔金斯没有接受哈佛大学的研究生学位？

5.5 心理学领域的进化论观点

查尔斯·达尔文和赫伯特·斯宾塞的进化论提出了如下这些观点：适应是持续不断的，个体与环境之间存在互动，行为和心理的功能在逐渐转化。

5.5.1 进化论

进化论对很多学科特别是心理学产生了持久的影响。尽管查尔斯·达尔文（Charles Darwin，1809—1882）从未被视作心理学家，但是他的理论引发了激烈的争论——关于进化在心理功能、个体发展和行为方面所起的作用。达尔文的理论直接影响了比较心理学、教育心理学和发展心理学。因为今天的大多数学生都有机会在不同的学科中学习达尔文的理论，所以我们主要聚焦于特别与心理学有关的进化观点。

1. 查尔斯·达尔文的观点

达尔文成长在一个富裕的英国家庭里，年轻的他给自己规划了许多职业道路，包括医学。他选择在牛津大学学习宗教，但达尔文对于自然科学的热忱渐盛，他继而转向地质学、植物学、动物学和考古学。他着迷于爱德蒙·格兰特（Edmund Grant，1793—1874）的著作，格兰特是一名医生兼生物学家，他发展了法国自然学家让－巴普蒂斯特·拉马克（Jean-Baptiste Lamarck，1744—1929）和伊拉斯谟斯·达尔文（Erasmus Darwin，1731—1802）的理论，伊拉斯谟斯是查尔斯的祖父，他曾写过关于物种通过获得性状而进化的内容。查尔斯·达尔文同样也对**同源性**（homology）印象深刻，该理论认为所有的动物都有相似的器官只是在精细处有所不同。

在小猎犬号上五年的航海经历，为这位年轻的科学家提供了源源不断的机会，去研究各种地质特征、化石和生物体，去结识新朋友——既有土著人也有殖民地居民。

达尔文认为生物体随着时间的推进而进化。这种看法挑战了关于物种的流行观点——**神造说**（也被称为**神创论**），该观点认为宇宙万物的创造都出自上帝的旨意。达尔文并不是第一位反对神创说的学者。19 世纪的科学家们已经开始彼此交流所谓物种演变（也就是我们现在所称的进化）的观念。比如，罗伯特·钱伯斯（Robert Chambers，1802—1871），他匿名出版了《创世的自然史遗迹》（*Vestiges of the Natural History of Creation*）一书，书中呈现了一种无所不包的演变理论。这本书提出所有现存的事物都是由早期形态发展而来的：太阳系、地球、岩石、植物和珊瑚、鱼、陆地植物、爬行动物和鸟类，以及哺乳动物和人类。因为这本书反对神创说的立场，它被贴上不道德的标签（这也是作者决定隐藏其真实姓名的原因之一）。然而，许多知识分子和有权势的人，包括亚伯拉罕·林肯和维多利亚女王，都阅读了这本旷世奇作。

达尔文那具有原创贡献的理论解释了进化是如何发生的。1859 年，达尔文出版了《物种起源》（*The Origin of Species*）一书，在书中他坚称由于自然变异，一些生物体相比其他生物体更有可能存活。那些幸存者将它们有利的特征遗传给自己的后代。历经许多代之后，那些促进存活的特征变为主导特征。他把这种过程命名为自然选择，强调一个物种的进化是竞争的结果，竞争充当了过滤器的角色，保留了那些拥有有利特征的生物体。达尔文还提出，自然选择的原则同样可以适用于人类。在 1871 年出版的两卷本的《人类的由来及性选择》（*The Descent of Man, and Selection in Relation to Sex*）中，达尔文介绍了人类文明进化的概念，并对人类性别和种族之间的差异给予了进化论的解释。

尽管达尔文的名字永远与进化论联系在一起，但是另外一位英国学者赫伯特·斯宾塞也为社会科学和心理学做出了毫不逊色的巨大贡献，他将进化论观念直接应用于社会和人类。

▽ **网络学习**

在同步网站上，阅读查尔斯·达尔文的个人传略。
问题：达尔文临终之际为他的进化论感到后悔吗？

2. 赫伯特·斯宾塞的观点

赫伯特·斯宾塞（Herbert Spencer，1820—1903）在家中被教授了数学、自然科学、历史和语言学，他第一次认真地发挥自己的聪明才智是学习骨相学（第 4 章）时。他将社会这一概念描述为一个生物体，其中许多相互依赖的特殊结构起到各种各样的功能。后来，他的兴趣点转向写作和评论经济、政治、生物、心理、社会和其他领域。1853 年，他从叔叔那儿继承了一大笔财富，并继续以独立学者的身份写作。他没有官方的教学职位，也没有大学文凭。然而，他在英国精英阶层中有着极广的人脉，这为他发表和传播自己的思想提供了便利。1848 年，斯宾塞成为《经济学人》（*The Economist*）的副主编，这是伦敦一本重要的财经周刊，主要读者是上层中产阶级。他与知名人士进行互动，并引导欧洲的知识分子。

斯宾塞是人类自由和自由市场资本主义的狂热信徒，他坚持人们的成功来自他们对于环境的适应和经受挑战的能力。斯宾塞提出了适者生存（*survival of the fittest*）的概念。要想成功，人们就必须适应周遭环境：环境、社会和政治。人们同样也需要创造机会去改变这些环境。变革、实验或预期风险——所有这些行为都会改变社会。那些不能或不愿适应的人终将失败。斯宾塞将竞争视作一种自然、健康的现象，是社会进步的行为基础。他将人类的适应视作内在主观关系对外在客观关系与日俱增的适应。某些心理功能，比如言语表达，正是因其有用而被保留；而那些被认为无用的功能则渐渐失去意义并最终消失。斯宾塞和那些认同他的自由竞争和适者生存的广大追随者被称为社会达尔文主义者。事实上，斯宾塞的进化理论领先于查尔斯·达尔文的主要工作。1852 年，斯宾塞写了一篇名为《发展性假说》（*The Developmental Hypothesis*）的文章（Spencer, 1852/1891），这篇文章比达尔文的《物种起源》一书大约早了七年（Darwin, 1859）。然而，就如先前提到的，斯宾塞的观点很大程度上只是理论性和思索性的，而达尔文是一个自然科学家，他的理论基于事实和经验证据之上。因此，从科学角度来看，达尔文的观念在今天显得比斯宾塞的理论性假说更加可靠。

▽ **网络学习**

在同步网站上，阅读赫伯特·斯宾塞的个人传略。
问题：他的身体疾病是如何影响其工作的？

知识检测

1. 请说出赫伯特·斯宾塞收入的主要来源。
   a. 法国科学院提供的 30 年研究补助
   b. 来自制造业的收入
   c. 从他叔叔那里继承的大量遗产
   d. 受欢迎的演讲课程收入

2. 斯宾塞获得的最高学术文凭是：
   a. 哲学博士　　　　　b. 医学博士
   c. 法律博士　　　　　d. 以上都不对

3. 请解释同源性。

4. 是谁先发表了自己的进化观点，斯宾塞还是达尔文？

5.5.2 对心理学的普遍影响

查尔斯·达尔文和赫伯特·斯宾塞的著作——英文原版和翻译版均在全世界广泛流传，鼓励心理学家去接受一个更广泛的心理学观点。心理过程表现为一种适应机制去适应不断变化的自然和社会状况。进化论激发了科学的想象并提出了一系列有趣的假设。比如，如果人类和动物拥有同样的自然起源，那么研究人员可以通过研究动物行为来了解人类！其次，如果儿童的个体发展是一种进化"产物"，那么通过研究成长中的儿童，我们便可以了解到人类文明的起源！再比如，如果我们可以通过自然选择的普遍原则来解释人类社会，那么心理学家就可以研究这些原则并提供科学的"食谱"来改进社会！机能主义者急切地拥护进化论观点。

总而言之，进化论的观点对于心理学的影响是重大的也是充满争议的。从积极的方面来看，它们激发了许多新领域的研究，包括发展心理学和比较心理学。那些接受进化观点的心理学家看到了动物和人类行为之间的自然关联（Darwin，1872），人类现在只是进化过程中某个阶段的代表。社会科学家论述过适应性的社会本能（Tarde，1903）。针对儿童和青少年的新心理理论开始出现。心理功能可以通过进化来追踪，也可以通过观察儿童的成长来追踪（Baldwin，1902）。总的来说，心理研究转向了对情绪、思维、意识和学习的适应功能的研究。我们将在第 13 章看到，进化论影响了当代的进化心理学，它探索了复杂的进化因素是如何影响行为和思维的。

另一方面，进化论观点促使一些研究者认为，自然选择的原理可以作为歧视他人的依据。其结果是，激进的科学方法以歧视女性、少数派和精神病人的伪装形式出现。

1. 社会工程学

进化论观点具有争议性的影响在**社会工程学**（social engineering）的发展上尤为明显，这个概念描述了科学的用途——政府或其他社会机构通过某些政策来改进社会（见图 5-1）。有不少心理学家认为，自然选择中最重要的原则应该通过社会工程学来改善社会，这是社会进步主义和进化论观点的结合。这些想法出于良好的意图：科学家真诚地希望通过进化科学的手段来改善人类。斯宾塞提到过这样的例子，如果社会通过限制智商低于平均值的人们生育来控制人口过量，其结果会怎么样？如果"聪明"是可以遗传的，那么通过自然选择，人类可以迅速地提高智力潜能。在政府部门、工厂、企业和学校，聪明人会渐渐地取代"愚蠢人"。这个计划有什么不妥吗？历史将会证明，社会进步主义和进化论观点的结合可能引发灾难性的后果。弗朗西斯·高尔顿在这方面的观点尤为值得关注。

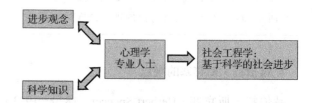

图 5-1　关于心理学在社会工程学中角色的假设

2. 弗朗西斯·高尔顿的影响

弗朗西斯·高尔顿（Francis Galton，1822—1911）是社会工程学的先驱之一。他确信选择合适的婚姻伴侣可以改进社会。高尔顿是查尔斯·达尔文的半个表弟，也是英国一位多元科学家。他在数学、人类学、气候研究、统计学、生物学和心理学等领域均开展过研究。高尔顿总共发表了 300 多篇文章，出版了好几本书籍，并且被授予了爵士封号——这是英国公民的最高荣誉。他最主要的成就之一——《遗传的天赋》（*Hereditary Genius*）出版于 1869 年，在半个世纪之后依然畅销（Galton，1869）。

深受查尔斯·达尔文《物种起源》的影响，高尔顿对家畜繁殖的研究产生了浓厚兴趣。他认为动物的习得性状是遗传的，并将此归因于胚芽——身体内的某种微粒。他甚至进行了对不同品种的兔子输血并检测其后代特性的实验。正如高尔顿所认识到的，他的假设是错误的。后来，高尔顿研究了应用于人类的进化论原则。他认为，人类的心理特征同样可以通过一种特别的选择过程得到改进。举个例子，他提议通过选择拥有罕见而近似天资的男女并让他们结婚，一代又一代之后，一群天赋异禀的人才就可能培育出来。同样，那些优良的道德特征也可以被培育，比如荣誉心和仁慈。

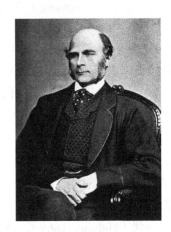

弗朗西斯·高尔顿认为，人类的心理特征可以通过一种特定的选择过程得到改进。

高尔顿参与各种各样的项目。他喜欢研究事实，将它们进行比较，并从已有证据中得出合乎逻辑的结论。他研究了为什么被派遣到热带地区的传教士健康状况会恶化。他对宗教祈祷对健康的效果很感兴趣。他还研究了国家元首的寿命状况及其精神疾病的比率。高尔顿还希望找出相比持有无宗教信仰的企业资金的银行，那些持有宗教机构资金的银行是否可以更成功地避免经济损失（McCormick，2004）。但并未得到明确的结果。

弗朗西斯·高尔顿相信整个国家都可以从进化的角度进行衡量。比如，他认为北美移民者起源于最不安分、敌对且好斗的一群欧洲人。多年以来，为了逃避迫害，这些不堪忍受压迫和歧视的人们背井离乡前往美国。那些憎恨精英暴政的农民、商人和工人寻找新的机遇。一些厌倦了旧体制的精英也选择了离开。潜在的罪犯同样也看好"新世界"，将其作为容身之地。北美的新移民在社会地位和职业上大不相同：有些人把这当作逃离一个残暴社会的机遇，而另外一些人则是急于找寻新的契机。尽管有这些不同之处，但大多数新移民都有一些共同点：不安分的性格和叛逆的精神。因此，大多数美国人本

性都喜欢商业和冒险。他们不甘忍受权威，勇于挑战权威。移民者当中许多人都有宗教信仰，但他们可以容忍欺诈和赌博。美国人慷慨大方，但他们也十分暴力（Galton，1869）。

如同工程学是基于力学和物理学的基础知识，根据高尔顿的观点，心理学同样可以为政府人员提供重要的数据，从而让他们运用这一知识来改进社会。

3. 优生学的诞生

1883 年，高尔顿创造了**优生学**（eugenics）的概念。这种理论提出有一种方法可以改善社会——改进人类的遗传特征。在《人类才能及其发展的探究》（*Inquiries Into Human Faculty and Its Development*）一书中，高尔顿（1883）写道，拥有显著的优点或社会地位的人如果与其他优秀的个体结婚，他们应该受到资金奖励，以便他们可以养育更多的后代。另一方面，那些拥有社会不能接受的特征的个体则应该被劝阻或禁止生育孩子。

高尔顿的观点得到了广泛的认同。知名作家如萧伯纳（George Bernard Shaw）和赫伯特·乔治·威尔斯（Herbert George Wells）为高尔顿的观点摇旗呐喊。优生学协会开始出现在世界各地。阿根廷、奥地利、巴西、加拿大、中国、芬兰、法国、意大利、日本、墨西哥、挪威和瑞典都出现了优生学协会，其中包含学者和有影响力的政客。人们呼吁制定调整婚姻政策，要求清除"无用的"个体——包括那些有心理或生理障碍的人，但主要还是针对移民和罪犯（Ludmerer，1978）。还有少数人，比如美国心理学家亨利·戈达德（Henry H. Goddard，1866—1977），将优生学视为维持白种人优越性的一种手段。

1905 年，在德国，阿尔弗雷德·普罗兹（Alfred Ploetz）博士创立了德国种族优生协会，正如人们所认为的那样，这反映了公众对于改进日耳曼人遗传品质的广泛兴趣（Weiss，1987）。优生学用了不到 20 年的时间获得了声誉，并且成为一个合法且资金充足的科学领域。在 20 世纪 20 年代，许多德国教科书中都整合进了遗传学说，并强调种族基因在保持德意志民族纯正性、对抗外来移民和宗教少数群

知识检测

1. 根据高尔顿的理论，胚芽是指什么？　　　　　　　c. 体细胞颗粒（body particles）　　　　d. 天才
   a. 简单的感觉　　　　　　b. 简单的情绪　　　　2. 请解释优生学的主要理论假设。

体方面的重要性。在许多其他国家，优生学被用于证明歧视性政策的合理性（Kevles，1985）。

一些心理学家对社会工程学和优生学的热烈支持反映了心理学的失误和倒退。幸运的是，大多数心理学家学习能力很强并且能够从自身错误中吸取教训。许多心理学家立志将自己的知识应用于与生活有关的问题，他们被这一雄心抱负所驱动。心理学家希望改进社会并帮助人们拥有健康和充实的生活，在此追寻中，他们在自己的学科领域开辟了许多新的天地。

5.6　心理学中的新领域

到 1902 年，许多哲学家和一些理论取向的心理学家退出了美国心理学会。尽管每个人都有离开学会的个人理由，但这些理论学家其实都是因为对这种新的、实用取向的学科感到不满。确实，许多心理学家正在转向教育、临床、企业和社会机构等领域，他们为自己的科研成果寻求直接的应用（Münsterberg，1913）。有些领域看起来特别有希望：心智能力研究（比如智力测验）、社会问题研究（比如贫穷与犯罪）和性别研究。

5.6.1　心智能力研究

弗朗西斯·高尔顿在科学领域的影响不仅仅局限于他在遗传方面的理论研究。高尔顿对心智能力——他将其定义为与社会成功相关的心理功能的研究，对 20 世纪初及其以后的心理学也产生了重大影响。为了找出为何有些人在社会上取得成功，高尔顿查阅了一些参考书籍和杰出人物（皆为男性）的个人传记，其中包括政客、军事指挥官、作家和艺术家——"首席天才"，高尔顿这么称呼他们。他设计了一份

调查问卷——当时一种新的研究工具，然后他将这份问卷寄给 190 位英国皇家协会的（英国最具声望的学术协会）院士。在高尔顿进行研究的时代，这种请求还是很罕见的（不像现在），因此回复率很高。基于收到的回复，高尔顿将受访者家庭成员的特征制成表格，包括出生顺序、职业和父母的出身。他发现优秀（再一次，非常宽泛地将其定义为个体的社会成功）是通过遗传继承的：一个具有天赋的人更有可能拥有天才的下一代（Galton，1869）。高尔顿同样认识到社会因素的重要性。他尤其意识到，相比"普通"父母的孩子，那些杰出父母的孩子在人生中享受有更多的机遇。比如，高尔顿写道，年轻的德国教授中有这样一种惯例——与老一辈教授的女儿结婚。在他看来，这就是一种选择过程：两个拥有高智能的人很有可能生出有更聪明的孩子。

为了进一步研究先天因素和社会因素的相互作用，高尔顿转向双生子研究。他是第一个对这一主题进行实证研究的人。他想要看看，拥有同样先天属性的双生子在不同的环境下成长，结果是否会有所不同。他再次使用了问卷调查，将它寄送给双生子或与双生子关系密切的人。这 13 组问题询问了被研究的双生子之间的相似性和差异性，高尔顿将这些回复作为真实有效的信息。（为了增加样本，高尔顿还要求回复者推荐可能会填写问卷的双生子人员。）在分析了超过 80 份问卷之后，高尔顿将结果写进了一篇文章——《双生子的历史》（*The History of Twins*），发表于 1875 年。他对观察结果提供了一份描述性分析，并指出双生子之间的许多相似之处。在某些案例中，尽管双生子的生活条件存在巨大差异，但是身体和心理上的相似性直到年老也一直保持未变。当然，双生子之间也存在不同之处：比如字迹。尽管如此，高尔顿总体的结论依然

认为先天的影响大于环境的影响。打个比方，他使用布谷鸟作为例子，这种鸟完全是由"养母"抚养的。然而，布谷鸟从不接受养父母的习性和鸣叫：先天决定布谷鸟只用自己的方式鸣叫而不是叽喳而鸣。

高尔顿的研究在当时的背景下极其引人注目。他是最早尝试测量智力的人之一，他认为个体在智力上的差异主要是一种遗传功能（Galton，1880）。他采用了一种独创的调查方式，并且聚焦于受访者回复中的真实材料和可验证的言论。不幸的是，高尔顿的样本量太小，无法代表普通人群（调查对象仅仅来自上流社会），因此双生子先天影响的结论并不能进行概括化。但是无论如何，高尔顿的研究为未来的智力研究和差异心理学奠定了基础。

1. 早期的心理测试

在统计平均值和其他统计量出现的背景下，心理学家把注意力转向新的测量个体特质的方法。这些研究在学校和专业评估方面找到了用武之地。一些优秀的研究者在心理测试方面做出了贡献。

詹姆斯·麦基恩·卡特尔（James McKeen Cattell，1860—1944）是一位有影响力的研究者、组织者和实践者。他强调心理测量中的量化和评级。他在莱比锡大学接受冯特的教导，然后在哥伦比亚大学执教 26 年。在那里，卡特尔建立了心理学实验室。他同时也是《科学》（Science）杂志的编辑，这本杂志后来成为美国主要科学期刊之一。

1890 年，卡特尔提出了心理测试的概念。这个概念是指在心理实验中，被用于测量参与者"心理能量"的程序。实验者主要关注以下两者之间的差异：（1）个体表现；（2）相同测试中大多数人的表现。这些测量的目的主要是教育方面的：卡特尔相信大学辅导员可以运用心理测试对学生的潜能做出快速的评估，并对他们的未来给予合理的建议。他最早于 1894 年在自己所执教的哥伦比亚大学对学生开展心理测试。到 20 世纪初，许多大学和私人企业开始向心理学家求助，以帮助他们评估学生和员工的潜能（von Mayrhauser，2002）。心理测试开始普及，

开发这些测试的心理学家的专业技能也在提升。查尔斯·斯皮尔曼就是这些天才中的一员。

▽ **网络学习**

在同步网站上，阅读詹姆斯·卡特尔的个人传略。问题：为什么他被哥伦比亚大学辞退？

2. 测验趋向精细化

查尔斯·E. 斯皮尔曼（Charles E. Spearman，1863—1945）长期工作在心理能力测量的领域，他提出了智力的一般因素的存在（也就是今天我们所说的 g 因素）。根据他的测量，斯皮尔曼发现各种类型的心理过程，比如听觉、视觉、触觉，在某种程度上都是互相关联的，并且有一个常数量可以表明这种关联（Spearman，1904）。他希望自己的发现可以有所应用。他认为儿童在学校里心智能力的高得分应该与其未来的专业成就建立关联。斯皮尔曼还希望找出一般智力与特殊心理特征（比如意志力、身体素质、诚实或热忱）之间的联系。尽管他对这些假设充满热情，但后来他发现也许并不存在这些关联：比如，一个高智商的人也可能并不诚实。斯皮尔曼一直希望他的研究可以说服学校管理者认识到在学校开展常规心理测验的重要性。他的这种渴望在许多心理学家中普遍存在。

3. 将智力测验应用于学校：阿尔弗雷德·比奈

试想有这么一位研究者，他对许多不相干的学科都投入了相似的热情，比如催眠术、认知能力、神经学、棋手的决策策略、记忆法、儿童发展、注意广度和暗示感受性等。这个人就是阿尔弗雷德·比奈（Alfred Binet，1857—1911），他在 21 年间不停地改变自己的职业方向，在实验、发展、教育、社会和差异心理学等领域出版的著作、发表的文章超过 200 种，而这仅仅是他兴趣领域的一个简短列表。尽管比奈拥有着广泛的研究兴趣和诸多的出版物，但他今天主要还是因为他在智力研究方面的贡献而为人所知。

阿尔弗雷德·比奈有着广泛的研究兴趣，但是今天我们主要记住的是他研究智力的开创性方法。

比奈对于心理学的最主要贡献是他在儿童心智能力方面的研究。在执掌巴黎大学心理学实验室期间，比奈指导一个年轻人的学术论文，他就是未来的精神病学家西奥多·西蒙（Theodore Simon，1873—1961）。他们之间的互动点燃了非常富有成效的合作，而且这一合作持续了好几年。比奈和西蒙共同开发了一种方法，这种方法的基础是针对儿童提出的问题和他们要去执行的指令。儿童给出的答案和行动都被记录在案并进行评估。比奈和西蒙假定，儿童只有在某个年龄段才会发展出特定的知识，才有能力完成特定的任务，比如比较形状或者计算乘法。如果指望一个 4 岁的小女孩轻而易举地执行一个 10 岁小孩的任务，这几乎是不可能的。根据这一逻辑，比奈和西蒙发展出一个有趣的研究策略：通过一个儿童回答一系列特别设计的问题和执行一些任务，研究这个儿童是否表现出了与同龄人一致的水平。如果他做到了，那么这个儿童就拥有"平均的"心智技能。如果这个儿童回答出了为年龄更大的（且智力更加成熟的）儿童而制定的问题，那么他相比同龄人就拥有"更高的"心智技能。同样，如果一个儿童的得分持续低于平均分数，那么这个儿童就可能属于一个特殊群体——被称为"智力迟钝"，发现这些儿童其实是研究者要执行的主要任务（见表 5-2）。总而言之，这种测验方法的目的就在于将个体儿童的心智能力与其同龄人的智能进行比较（Fancher，1985）。

比奈和西蒙制定了 30 道测试题并粗略地按照由易到难的顺序排列。这就是著名的比奈－西蒙测试

的雏形。一开始，儿童需要完成最简单的任务，比如注视一根点燃的火柴，或者与实验者握手（正如我们所知，这一行为并非出现在所有的文化群体中；一些孩子并不知道如何与他人握手）。然后，这些儿童要去完成难度更大的任务。比如，一个 15 岁的青少年被要求解决如下问题：

我的邻居刚刚接待了一些奇怪的客人。这些客人一个接着一个：一个医生、一名律师和一位牧师。请问我的邻居家里发生了什么？

当然，接受测试的儿童应该已经了解牧师、医生和律师是做什么的。研究者希望儿童可以这样来解释这个情境：

这个邻居生病了，因此他请了一名医生；医生说他已生命垂危了；因此，邻居又叫了律师上门处理一些法律问题；而牧师是为了执行一些宗教仪式。

▽ **网络学习**

在同步网站上，阅读阿尔弗雷德·比奈的个人传略。

问题：他为什么无法得到一个全职的教授职位？

表 5-2 不同年龄组的任务描述（精选样本）

年龄	任务要求
3	指出鼻子、眼睛和嘴巴；重复两个数字；清点图片中的物体；说出姓氏；重复有 6 个音节的句子
5	比较两个物体的重量；描摹一个正方形；重复有 10 个音节的句子；清点相同价值的硬币；将两个碎块组合起来
7	指出右手和右耳；描述一幅图片；同时执行三项任务；清点具有不同价值的硬币；说出四种颜色
9	兑换 20 苏（法国昔日货币）的零钱；说出一年中的月份；了解日历的内容；认识流通中的所有钱币
12	当有明显错误发生时，可以坚持己见；在一个句子中使用 3 个给到的单词；在 3 分钟内说出 60 个以上单词；定义抽象的概念，比如慈善、正义和仁慈；可以用打乱的单词组成正确的句子
15	重复 7 个数字；说出一个单词的押韵词；重复有 26 个音节的句子；解释一幅图画；根据已有事实解决一个难题
成人	重建一个被劈成两块的三角形；说出抽象概念在意义上的差别；站在总统的角度解决一个问题

资料来源：Binet and Simon（1913）.

在一些更难的任务中，成人可能会被要求解释两个抽象术语之间的不同，比如懒惰和闲散。在另一项任务中，成人可能会被要求说出国王和总统之间的差别（Binet & Simon，1913）。

比奈 - 西蒙测试的构建显示了心理测试的精细化比一个世纪之前有了进步。比如，任务选择的过程，是基于自然条件下对儿童的观察。在这些任务被确认之后，比奈和西蒙选取了 50 个儿童作为样本进行了他们的测试，每 10 个儿童一组，一共 5 组。后来，研究人员开始在学校、医院、孤儿院和收容所进行测验，以辨别智力缺陷的儿童（Siegler，1992）。在决定教育配置的实际应用方面，比奈 - 西蒙量表的得分可以揭示儿童的心智年龄（美国现今出版的大多数心理学导论教材对此均有描述）。在比奈 1911 年去世之前，这份量表根据最新的样本数据几经修订。

比奈和西蒙认识到他们研究的局限性。他们提出警告——千万不可过度依赖纯粹的测试，并呼吁在研究心理机能时要结合定性方法和定量方法。比奈还提出警告：不可鲁莽地将不同社会背景的儿童测试分数之间的差异归因于遗传因素。他并不建议将自己的方法用于诊断儿童的情绪或行为问题（Siegler，1992）。比奈的测验方法对许多国家的心理学家产生了持续的影响。心理测验似乎为心理学家提供了无限的机遇，将他们的理论研究应用于学校教育、技能评估和专业选拔等方面。

⊙大家语录
阿尔弗雷德·比奈论他对儿童的评估

当一个孩子被带到我们的面前，我们的目的在于测量出他的智力，以知晓他是正常的还是发展迟缓的。因此，我们应该研究这个孩子当时的情况且只局限于当时。（Binet，1905，p.191）

比奈对他解释儿童状况的原因或预测儿童的未来的能力非常谨慎。他的角色只是对当前的状况做出评估。在某种程度上，比奈不希望承诺过多却又无法实现。你知道哪些心理学家对的研究做出过多承诺的例子吗？这一章将会提到一些例子。

4. 比奈之后的学者们

比奈在智力研究方面对后世产生了诸多影响，其中之一就是德国出生的心理学家威廉·斯特恩（William Stern，1871—1938）的工作。作为艾宾浩斯的一名学生，他在 1893 年获得了著名的柏林大学颁发的心理学博士学位，然后在德国执教多年，并于 1933 年作为难民移居美国。他在杜克大学工作一直到退休。受到比奈的主要影响，斯特恩回顾了心智能力测验领域的研究，并且想出了一个主意，即通过一个数字来表示智力测试的结果，这个数字就是心智商数（今天称之为智力商数，或智商）：儿童的心理年龄和生理年龄之间的比率（Lamiell，2009）。斯特恩的人格理论、应用研究和他在个体差异方面的工作同样很出色，这些都是在他人生后期开展的。

另一位欣赏比奈成就的学者叫路易斯·推孟（Lewis Terman，1877—1956）。他接受了西蒙 - 比奈测试使用的量表，并运用了大量的美国人样本使之标准化。推孟在斯坦福大学度过了 33 年时间（其中有 20 年是心理学的系主任）。这也是为什么经过修订的、完美的比奈 - 西蒙量表很快被缩写成了斯坦福 - 比奈（也被称为斯坦福 - 比奈智力量表）。推孟采用了斯特恩关于定量测量的观点，并且进一步发展了智商的概念：心理年龄和实足年龄的比率再乘以 100（White，2000）。

除了他的名字与智商紧密联系在一起之外，推孟的其他研究并不为今天的学生所熟知，但它们仍然对心理学的历史做了杰出的贡献。例如，推孟曾经进行了一项回顾性研究，试图基于知名人士的自传体回忆，算出他们在儿童时期的心理年龄（Cox，1926）。正如他所预料的，这些人被估算出的智力商数高达 150。1912 年，推孟还开创了最早的针对智力天赋的纵向研究，这项研究在他去世之后仍然持续了许多年。他希望了解那些在学校的智力测试中得分很高的儿童长大后是什么样的。与当时其他许多心理学家一样，推孟也强调遗传因素在智力方面的重要作用。然而，这项研究的结果却没有得出定论（Klein，2002）。推孟提出了许多进步性的想法。比如，他认为儿童应该在其人生早期就被评估，以辨别出那些拥有高智能的群体，从而让他们能够接受经过特殊培训的老师教授的高阶课程。

20世纪初期的社会环境创造了一种有利的氛围，在这种氛围中，个体的技能和优点越来越被视为衡量社会成功的合理标尺。稍后我们将会看到，智力技能的测量如何被广泛地作为一种恰当的方法，将"有才能的"人们与普通人士区分开来。

5. 心理测试：潜力与担忧

1896年，美国心理学会成立了精神与心理测验委员会。该委员会的目标在于促进和协调生理和心理统计领域的研究（例如，对于心理学的、人类学的和行为特征的测量）。1897年，美国心理学会为这个委员会拨付了100美元，这在当时算一笔不小的数目，这笔资金主要被用于打印测试资料和行政费用支出（Sokal，1992）。这些测试被引入教育行业和职业培训行业。心理学家渐渐地在其他专业人才中赢得了尊重。不幸的是，与这些心理测试相关的许多问题也开始显现。

第一，心理学家无法达成一致——哪些测试适合学校，哪些测试适合企业。而且，他们对心理测试的主要目的也存在分歧。一些心理学家认为，测试有必要建立常模，即普通人群的平均值。只有那样才能检验个体的差异。另一些人则认为，心理测试应该被用于特定问题（而且不依赖于常模标准），比如在学业或就业方面帮助一个人。

第二，人们对于以下情况存在担忧：一些非心理学家或者不了解研究方法的人却在使用心理测试做出评估。这是一个日益严重的问题，因为许多受过教育的个体，比如家长、老师或学校的管理人员，都认为

心理测试的实施是一件简单的事情，谁都可以完成。一些著名的心理学家，包括美国心理学会前主席罗伯特·耶基斯（Robert Yerkes，1876—1956）就警告过大众对心理测验的误解，并呼吁心理学家在执行测验之前要参加特定的培训（von Mayrhauser，2002）。另一些心理学家则更为苛刻，他们要求只能在特定的"心理教育"诊所里实施测验，因为那里可以提供多种类型的诊断服务（Wallin，1955）。

第三，心理测验的信度和效度都存在问题。比如，心理学家发现，一些心理测验的得分与学生整体学术成绩的分数基本不相关。此外，有些人认为心理测验应该帮助政府去减少犯罪和贫穷——挑选出那些测验分数较低的人并将其与社会隔离。这显然不是心理学家想要通过心理测验而设立的政策（White，2000）。

尽管存在这些问题，但还是有越来越多的专业人士相信，心理学可以为评估个体的技能和行为提供有效工具。在心理学可以提供有效应用的若干有前途的领域中，儿童发展和教育就是其中之一。

5.6.2 儿童与教育心理学

在世纪之交时，美国30多个州采取了儿童义务教育。到1915年，美国拥有大约12 000所高中，130万名在校学生。州立和私人的高等学校为成人筹备暑期培训班，函授课程开始出现，在历史上这是第一次允许学生通过邮件接收教学资料并递交课程作业。这是当代在线教学的早期原型（正如你所知道的，那时教授还不能在网上发布课件、公布成绩）。各州立政府和私人个体为公共图书馆捐助资金，这在教育方面起到了越来越重要的作用。比如，苏格兰贵族血统的美国实业家和慈善家安德鲁·卡内基

知识检测

1. 是谁创造了心理测试的概念？
   - a. 詹姆斯·卡特尔
   - b. 阿尔弗雷德·比奈
   - c. 威廉·斯特恩
   - d. 弗朗西斯·高尔顿
2. 谁是阿尔弗雷德·比奈最亲密的合作者？
   - a. 弗朗西斯·高尔顿
   - b. 西奥多·西蒙
   - c. 刘易斯·推孟
   - d. 罗伯特·耶基斯
3. 斯坦福–比奈智力量表的名字是怎么来的？
4. 请说出心理学家对于心理测试的三个担忧。

（Andrew Carnegie）在全美境内土地条件允许的城市和城镇资助了 2 500 家图书馆，并且负责维护它们的费用。大多数人开始买得起报纸，现在数以百万计的美国人订阅日报和周刊。文盲的数量在大大减少。

1. 新的教育方法

数十年来，大多数教师认为严格的纪律、训练和重复是影响儿童学术成就的关键因素。一些专家甚至引用艾宾浩斯的记忆研究，以此强调重复和努力的特殊重要性（Young，1985）。持续的社会经济变化和越来越流行的进步观点对教育者的态度产生了重大影响。与教育相关的进步观点基于这样一种假设：儿童在学校应该接受各种机遇和公平选择，这样才能充分发展他们的智力和情感潜能。人们认为儿童在教室里应该被给予更多的自由和创造力。人们先前秉持的观点——在学习中强调约束和惩罚的重要性遭遇挑战。老师们开始参与当地或地区性的会议，相互学习或者向其他专家学习。1894 年，宾夕法尼亚大学为公立学校的老师组织了一个特别的系列课程，这个课程后来在全国范围内成为常规课程（McReynolds，1987）。

本章先前提到的约翰·杜威成为儿童教育最有影响力的作家之一。他认为儿童需要的是引导而不是惩罚，儿童的潜在技能应该被开发而不是无视。不过，杜威赢得声誉不仅因为他是一名理论家，更因为他是一名实践者。

2. 学校心理学运动

1896 年，约翰·杜威创办了芝加哥大学附属小学。这所学校也作为课堂观察和测试的一个研究机构，它被人称为杜威学校或者实验学校，很快引起了全国的注意。芝加哥大学教育学院开始提供教育心理学课程。1899 年，芝加哥大学教育委员会成立了儿童研究与教学调查部门。它是美国公立学校系统内最早的心理机构之一。该部门主要负责身体检查（比如，身高、面部比例）、心理评估、特殊教育难题研究和教师培训。直至 1914 年，相继出现了 19 所类似的机构，或者说诊所——在美国人们是这么称呼的（Wallin，1955）。

心理学家开始关注若干实践领域。一些心理学家，追随法国比奈的研究传统，开展儿童智力技能的评估并帮助学生适应学校。其他的心理学家则关注心理干预、咨询或教师培训。还有一些心理学家主要关注天赋异禀的儿童。这项工作可以算是所谓**学校心理学运动**（school psychology movement）的开端，这是美国和加拿大的一项集体尝试，将心理学带进课堂，并使用心理学解决特殊的教育难题。

学校心理学家积极地参与制定政策。1911 年，心理学家海伦·B. 汤普森（Helen B. Thompson，1874—1947）成为童工调查局的主管。新的童工法赋予州政府一些限令，监管 17 岁以下的儿童。这项法律使心理学家能够调查那些不再上学而被雇用的儿童的发展。在汤普森的指导之下，调查局进行了一项长达 5 年的研究，调查了 750 名 14 岁的在校儿童和 750 名离校打工儿童在智力和身体上的差别。她发现，中途辍学对儿童的智力发展产生了极大的负面影响。这项研究的发现鼓励她支持儿童的强制性入学。在大量的文章和演讲中，她都为赞成儿童的系统性教育而辩论。

然而，这里有一个悖论。美国心理学会直到 20 世纪后期才认可学校心理学。主要的争论在于，学校的心理学家主要被实际问题缠身，而没有为心理学科作为一门理论做出多少贡献。在学校工作的心理学家经常被视为缺乏基础的心理学知识。

尽管在当时缺少支持，许多在学校心理学领域工作的专家还是为心理学做出了重大贡献。他们是理论家也是实践者，他们心系儿童以及国家的未来。G. 斯坦利·霍尔（G. Stanley Hall，1844—1924）便是其中之一。

3. G. 斯坦利·霍尔的复演论

作为美国第一个心理学实验室的创建人，G. 斯坦利·霍尔同时也是美国心理学会的第一任主席。在霍尔职业生涯的众多成就当中，最重要的当属他那两卷本的大部头著作——《青春期：它的心理学及其与生理学、人类学、社会学、性、犯罪、宗教和教育的关系》（*Adolescence: Its Psychology and Its Relations to Physiology, Anthropology, Sociology, Sex, Crime, Religion, and Education*）（Hall，1904）。霍尔认为，心理学是一门多学科交叉的领域，有着无穷无尽的社会应用。我们在其理论中至少可以发现三个元素。第一，霍尔接受了进化论，并认为人类行为是一个永不停息的适应变化的社会情境的过程。神经系统和大脑是进化和历史演进的产物。第二，他呼吁心理学家研究童年时代要结合特定的社会情境。第三，他是心理学界最早关注青春期，将其视为人类发展的一个阶段的人之一。

G. 斯坦利·霍尔认为成长中的儿童本质上是在重复人类的发展。霍尔是美国第一个心理学实验室的创建人。

霍尔认为，儿童的成长会经历不同的阶段，并且在重复人类的发展历程。他的**复演论**（recapitulation theory）依赖于进化论的观点。儿童的成长会经历不同的关键期。如果儿童不受约束并且自由自在地经历这些阶段，他们会充分发展自己的潜能。举个例子，在6岁之前儿童并不能做出复杂的理论判断，他们对宗教无感，也无法做出价值判断。在这个年龄段，没有理由给儿童教授复杂的道德理论。到下一个阶段，8岁时应该开展正式的学习。此时儿童已经可以理解道德问题了，比如仁慈、爱和服务他人。再下一个阶段就是青春期。在这个阶段，身体经历重塑。霍尔认为此时男女同校应该被中止，男孩女孩需要隔离开来，因为他们在异性在场的情况下无法安心学习。在青春期，新的感觉形成，新的关系建立。作为这些快速变化的结果，困惑产生了。这是一个情绪快速变化、内心冲突和行为混乱的阶段。

在某种程度上，青春期是一次新生（见表5-3）。

▽ **网络学习**

在同步网站上，阅读 G. 斯坦利·霍尔的个人传略。问题：为什么他被称作美国心理学的"先驱"？

表 5-3　G. 斯坦利·霍尔的发展阶段

幼儿期（出生至6～8岁）	儿童没有准备好接受正式教育；儿童无法理性行事，对宗教不敏感，并且无法做出价值判断
儿童期（6～8岁至13～14岁）	应该开始接受正式教育，但儿童的大脑在体积和重量上还没有充分发育。儿童准备好了处理道德问题，比如仁慈、爱和服务他人
青少年	心理机能迅速重建。这是情绪和行为混乱的阶段。在这个阶段，男女同校的制度必须停止

霍尔运用了实验、测验、访谈和观察等方式。然而，其中一些观察结果让他做出了错误的假设。比如，他坚持认为，某些种族群体因其自然发展的差异而落后于其他族群。霍尔以非裔美国青少年群体做对比，强调他们容易情绪化，在智力技能上也较弱。为了证明男女分校教学的合理性，他坚称不同的性别在进化中扮演不同的角色，而学校为不同性别设置不同课程再自然不过；男孩应该主要学习数学和自然，而女孩应该学习艺术和手工。尽管霍尔的一些观点存在偏见，但他本人并不存在歧视行为。他的研究生项目招收了许多女学生，并指导了第一位黑人学生弗朗西斯·C. 萨姆纳（Francis C. Sumner），后者获得了心理学博士学位（见第10章）。

斯坦利·霍尔对心理学的影响是显而易见的。他最早关注儿童在日常情境中的行为：在学校里，在家中，或在玩耍时（Goodchild，1996）。他是青少年研究的先驱。他的发展阶段理论影响了许多当代心理学的发展观念，这些观念强调文化和社会背景在儿童发展中的重要性。尽管霍尔身边的大多数心理学家都在研究儿童的学习缺陷，以及行为和心理障碍，但他感兴趣的是正常行为。他喜欢研究那些有助于学业成就和成功适应的因素。越来越多的实践心理学家也开始关注对儿童成功学习和超常认知技能的深层研究。

5.6.3　工业和消费者研究

心理学家似乎为解决许多与工作有关的组织难题提供了一个强大的工具：心理测试。许多公司和政府部门都倾向于使用测试方法甄选并评估适合特定行业或职位的个体。对在职人士进行测试并非美国或法国心理学家的首创。比如，在中国，这种评估系统已经存在了好几个世纪。早在 19 世纪 30 年代，熟悉这一系统的英国官员就鼓励英国东印度公司使用中国的这套体系，用来甄选在海外工作的商务人士或政府职员。到 19 世纪末 20 世纪初，法国、德国、美国和俄国的政府和企业都顺随了这股潮流。以雇用为目的的心理测试在许多国家开始盛行。

为什么这种测试方法受到了如此热诚的支持？心理学家认为，通过这种方式他们可以改进员工的培训和表现。这个方法的提出恰逢好时机。比如，在 20 世纪初，美国政府和企业管理层都非常热衷于提升生产效率的观点。美国总统西奥多·罗斯福（1901 ～ 1909 年在任）甚至宣布工作效率是一项国家政策。商业协会也支持这一点：如果公司赚到更多的钱，那么员工也可以获得更高的薪水，所以双方都受益。企业希望以更少的成本生产更多的产品，同时更好地保障员工的安全利益。心理学家建议更好地了解工作场所中的心理因素（比如疲劳、注意力和动机等）可以促进生产，他们找到了积极响应的听众。此外，心理学家还发现他们的研究可应用于军队。在意大利，阿格斯蒂诺·格默利（Agostino Gemelli，1878—1959）组建了一个实验室，用于心理生理学的研究和甄选空军飞行员（Foschi, Giannone, & Giuliani，2013）。

本书在前面提到了雨果·闵斯特伯格的名字，他的工作展示了这类心理学家工业研究的类型和特性。

1. 闵斯特伯格的工作效率研究

美国劳工法律协会对火车和有轨电车频发事故感到迷惑不解，铁路公司因频繁赔偿遭遇事故的司机而蒙受巨大的经济损失。劳工法律协会邀请哈佛大学教授雨果·闵斯特伯格来调查这一难题（Münsterberg，1913）。显而易见，疲劳和视力问题都有可能引发事故。然而，闵斯特伯格想要研究其他的诱发因素和状况，并提供一种甄选出最可靠员工的方法。

基于闵斯特伯格的要求，一家电气铁路公司为他找来了几组司机：一组司机有着优异的绩效记录，一组司机有着非常糟糕的记录，还有一组表现平平。闵斯特伯格设计了一组试验程序，用以检验注意力、专注力和决策力，以及其他一些能力。这些实验揭示了实验中的绩效与实际服务中的绩效之间存在高度相关。最优秀的司机在实验程序中表现良好，而有着糟糕记录的司机在实验中表现糟糕。这些实验还显示了，最优秀的司机可以最准确地预测变化的测验情境。最后，闵斯特伯格设计了一种用数字表示的量表，用来评估潜在的应征人员或者在职司机。根据这项测试，如果答题者答错了超过 20 题，那么他就不被允许驾驶电车。但这项研究也暴露出测验方法的缺陷：许多答题者在实验过程中极度紧张而无法正常发挥；而另一些答题者在实验中表现良好，在实际工作中却采用更具风险的策略，而他们在实验室中不愿意使用这些策略。

雨果·闵斯特伯格为关于工作绩效的心理学知识做出了贡献。他是一位充满激情的心理学家，有着优秀组织能力，他还研究了商业管理和工作满意度。在加利福尼亚的旧金山、俄勒冈的波特兰工作时，闵斯特伯格为挑选船长而设计了调查问卷。在波士顿，他改进了关于有轨电车操作员的甄选机制。1913 年出版的《心理学与工业效率》（*Psychology and Industrial Efficiency*）是他最著名的著作之一，这本书为他带来了声誉和号召力。

心理学家同样也通过大众媒体获得了声誉。一些有心理学家参与的法律官司引起了广大读者的极大关注。

2. 诉讼案中的心理学家

闵斯特伯格（1912/2009）将实验心理学的原理应用于法律的实施过程，因此奠定了将心理学原理应用于刑事司法体系的**法律心理学**（forensic psychology）的基础。他认为，法官、律师和陪审团成员都需要实验心理学家帮助他们提高法制工作的质量。私营企业出于若干原因也支持在诉讼案中运用心理学。原因之一便是，20 世纪工业国家的政府越来越干涉消费品的管理（Benjamin, Rogers, & Rosenbaum, 1991）。正如在本章开篇所提到的，美国政府控告可口可乐公司在畅销饮品中添加咖啡因。可口可乐公司坚称咖啡因是无害的，而美国政府不同意。

"尽享一杯流动的欢笑"——这是可口可乐公司20 世纪初的口号。但是，司法诉讼可不是一件欢笑的事情。它可能会让一家公司一落千丈。可口可乐公司需要一个强有力的防御策略，其中一项便是获取咖啡因影响行为的证据。H. A. 黑尔（H. A. Hare）作为一名医生和可口可乐科学专家组的负责人，邀请好友心理学家詹姆斯·卡特尔帮忙一起研究这项课题，然而卡特尔拒绝了。于是，这份工作转交给了哈利·霍林沃思（Harry Hollingworth），在纽约哥伦比亚大学工作的一名有抱负的年轻心理家。许多心理学家对于这种类型的工作有着矛盾的情感。一方面，经济报酬是很可观的；但另一方面，大学心理学家认为研究者为大型公司服务是一种背叛。为了让霍林沃思做出决定，可口可乐公司保证了三件事：（1）不对研究人员施加压力；（2）不在广告中提及他们的名字；（3）允许他们在独立学术期刊上发表研究结果。

那么，咖啡因到底何罪之有？在 20 世纪初，医生认为咖啡因对人体健康有害，并且会对行为造成一系列影响。一些医师甚至认为咖啡因是一种成瘾物质，堪比毒药。在众多针对可口可乐公司的投诉中，最严重的一条是对儿童贩卖这种饮料。

霍林沃思的研究设计非常复杂：这项研究囊括10 个大测试和许多小测试。试验测量的是服用不同剂量咖啡因的被试——他们的动作协调度、速度、认知、联想、注意力、判断力、色彩辨识、心智控制和反应时间。这是典型的双盲研究（不仅研究人员不知道，而且被试也不知道谁服用是咖啡因，而谁服用的不是）。这项研究的资金非常充足。可口可乐公司为主要研究员及其协作者支付薪水，包括研究生。可口可乐公司还在曼哈顿租了两间公寓，以便实验的开展，并为 16 名参与研究的被试支付报酬，甚至为他们的某些花销买单。这项实验结束时，实验人员得到了将近 64 000 份测试结果。这些心理学家总结道，尽管大剂量的咖啡因的确有害，但是可口可乐的普通消费者并不会摄入如此大剂量的咖啡因，即使他们饮用再多的量也不会。霍林沃思于1911 年 3 月 27 日出庭作证，他是被告方所谓的第九位科学家兼证人。他总结道，在研究对象的行为表现上，并未发现咖啡因要对任何有害影响负责的证据。

这桩案件最终因法律上的细节被驳回。经过这场上诉，可口可乐公司解决了争端，但它也同意在饮料中减少咖啡因的用量。尽管心理学家的工作对这一案件的结果也许并没有起到直接的影响，但是这项研究引起了媒体的广泛关注并为心理学家的声誉做出了积极贡献（Benjamin et al., 1991）。哈里·霍林沃思在应用心理学领域度过了漫长且成功的职业生涯。广告业就是应用心理学蓬勃发展的领域之一。

3. 广告研究

霍林沃思的应用心理学生涯中包括了对广告心理学的研究（Hollingworth, 1913）。他研究了好几家销售香皂和洁面产品的公司的广告，并对它们广告的效果做了心理学评估。霍林沃思将广告过程划分为几个阶段，并研究了个体在每个阶段的行为。

沃尔特·D. 斯科特（Walter D. Scott, 1869—1955）是另一位研究广告的著名心理学家，1901 年，他开始担任伊利诺伊州埃文斯顿市西北大学的心理学和教育学副教授，还兼任心理实验室的主管。1903年，他出版了《广告学理论》（*The Theory of Advertising*）一书，这是第一部关于广告学的著作（Scott, 1903/2010）。几年之后，他又出版了《广告心理学》（*Psychology of Advertising*），在书中他提出了几种可以预测广告策略有效性的科学原则（Scott, 1908/2009）。斯科特为许多代理机构和制造商做过实验工作。比如，他曾花费两年的时间，先后对烟草公司和其他大型组织销售人员进行实验。他收集了一些烟草推销员的信息，从他们第一次工作面试开始，包括他们的销售记录、纪律问题，等等。最终，他设计出了测量推销员职业性向的测试。

人们对于广告这门新科学的兴趣日渐增长。1916年，卡内基技术学院组建了推销术研究所，目的在于弄清楚科学知识可以如何协助商业。斯科特教授在前单位申请休假，并成为推销术研究所的主管，很快地，在 30 家国有企业的合作下，他对这些公司挑选、培训和监管员工的方式进行了研究。

一个对广告业的无限可能及其对消费者行为的影响充满乐观的时代开始了。许多心理学家和企业家都相信，过不了多久研究者就会发现说服的机制，而企业就可以运用科学更好地做广告并使产品畅销。不幸的是，这些看来似乎美好的意图，起初是为了提高生产效率，结果却变成了将人们"改造"为顺从的消费者和制造商的理论和方法。

4. 工业效率和泰勒主义

正如你所记得的，闵斯特伯格认为心理学家可以帮助私营企业提高它们的效率并增加员工的工作满意度。而另一位对工业效率热忱满满的人是弗雷德里克·泰勒（Frederick Taylor, 1856—1915），他认为科学能够协助企业完成提高效率的目标。然而，

他的理论就是一个良好意图却导致灾难性后果的例子。

弗雷德里克·泰勒所受的教育与职业都与工程学有关。在 1911 年出版的文集中，他强调人类在制造业中的努力被连续不断地浪费——因为不良的计划运作、糟糕的设计规则，以及工人在制造产品和操作机器时的笨拙动作。他还注意到，工人们倾向于比他们能做到的要更慢一些。他对此提出了两大原因。第一，在无人监管的情况下，人们有偷懒的自然倾向。第二，人们放缓工作，是因为他们与他人交谈太多并学会了坏习惯。

泰勒的目标在于通过培训提高效率。他认为，伟大的管理者并不是天生如此，他们的能力也是后天习得的。最好的管理应该依靠明确界定的规范和原则（Taylor, 1911）。根据泰勒的说法，科学管理的方法应该节约时间和精力。泰勒并不希望创造血汗工厂，让工人忍受痛苦来完成最高产量。泰勒说他对那些加班的员工抱有极大的同情。然而，他更同情那些薪酬过低的人。他的终极目标是提高生产效率并使人们快乐：一个高效运行的企业不仅会在物质也会在精神上为老板和员工带来满足！许多企业主和管理人员都热情并不加鉴别地接受了泰勒的观点，他们开始要求工人遵循泰勒所建议的规范。每件事情都是规定好的——每一项操作、每一个动作和每一个步骤，每一次的休息时间被减到最少。工人之间任何与工作无关的对话被禁止。

然而，人们对于泰勒方法的热捧很快消失不见了。管理人员和工人都很快憎恨起这种方法造成的劳动集中营氛围。泰勒的系统忽视了个人动机、自尊心和职场人际关系的作用，而仅仅聚焦于生产。正如心理学家们逐渐明白的，比起分秒必争的动作和员工对于不能达到目标的恐惧，个体在工作场所的舒适感、与同事和管理者之间的良好关系对生产效率来说要重要得多。

除了在工业、消费者和制造业等领域开展研究之外，研究者还转向了在快速发展的城市中新出现且挥之不去的社会问题——人口过剩、贫穷和犯罪。

5.6.4 犯罪行为心理学

一个新出现的研究领域被称为犯罪学，它试图解释为何会发生犯罪行为。社会学家埃米尔·涂尔干（Émile Durkheim，1858—1917）认为，由传统家庭崩塌导致的社会疏离是大量城市生活问题的主要原因。涂尔干提到，现代社会的社会弊病是犯罪的主要源头。重要的学术研究还聚焦于引起犯罪和反社会行为的生物和心理特征。意大利医生切萨雷·龙勃罗梭（Cesare Lombroso，1835—1909）因为他尝试描述和解释犯罪行为起源于个体因素而享誉全球。1876年，他出版了一本意大利语的小册子，阐述他的犯罪特征起源论。这本书的英文版名字叫作《犯罪人》（Criminal Man），于他去世后的1911年出版。

龙勃罗梭认为大多数暴力罪犯都有一种生物倾向，即返祖现象，这是一种回到某个更早发展阶段的行为倒退，在那时盗窃、强奸和掠夺直接有助于男性的繁殖潜能。龙勃罗梭同时也提到，遗传与环境的相互作用产生了带有不同犯罪倾向的个体。这些观点为他的著作带来销量和荣誉（Gibson，2002）。而他其他的一些观点则带有投机性质。比如，从表5-4中可以看到龙勃罗梭关于犯罪的典型特征的一些观点。他的另一本书《女性罪犯》（The Female Offender）也被翻译成英文并出版（Lombroso & Ferrero, 1895/1959），这本书是基于龙勃罗梭对于女性罪犯和有偏差行为的女性（比如妓女）的观察。因为那时的出版界不允许提及生殖器、同性恋甚至女性乳房（Rafter，2003），所以这本书出版时遭到大量删减。龙勃罗梭对心理学的贡献之一在于他的犯罪行为类型学。他认为有些个体有严重的违法和暴力倾向，另一些人则程度较轻，他们可能会违反法律但并不会诉诸暴力（这就是我们现在称之为"白领犯罪"的原型）。

尽管龙勃罗梭的工作遭到了重大的批判，但他的对手误解了他关于社会因素影响犯罪行为的观点。那些批评家反而聚焦于龙勃罗梭关于犯罪行为的生物因素的观点。尽管遭遇了挫折，但是关于行为偏差的心理学开始作为一门学科而发展。

在那个时代，大多数心理学分支仍然主要由男性支配，由男性主导。心理学中的性别研究尚处于其发展的初期阶段。

表 5-4　犯罪相貌学

皮肤	罪犯的皮肤一般在肘部和太阳穴处有疤痕或损伤
面部	高颧骨是罪犯的最显著特征；下巴也过于突出
纹身	纹身常常揭示着猥亵、恶毒或贪婪
胡须	罪犯的胡须一般都比较稀疏
耳朵	罪犯的耳朵一般不是正常尺寸，或者相对于面部太过突出
鼻子	盗窃犯的鼻子底部一般向上倾斜
身高	罪犯的个子一般都不高；很可能低于平均身高

资料来源：Lombroso（1911）.

5.6.5　性别心理学

G. 斯坦利·霍尔为早期的性别研究做出了贡献。他描述了青春期男女在其家庭中受教育方式的差异。他认为婚姻和母性应该是女性至高的关注点并警告道：如果一位女性选择保持单身，可能会引发不良的心理后果（Hall，1904）。他的工作就是一个例子，体现了科学知识如何与传统的关于家庭和女性社会角色的观点相结合。

性别心理学研究真正的先驱之一是海伦·布雷德福·汤普森（Helen Bradford Thompson，1874—1947），她是性别平等的积极且坚定的支持者。但讽刺的是，在心理学文献中，她的研究常常署名伍利（Wooley）——这是她婚后的夫姓。海伦研究神经学和哲学——心理学专业的公共课程，并在 1900 年获得了芝加哥大学的博士学位。詹姆斯·安吉尔指导了她名为《两性心理规范》（*Psychological Norms in Men and Women*）的论文。她以本科生为被试，对他们的运动能力、皮肤和肌肉感觉、味觉和嗅觉、听觉、视觉、智力能力和情感过程做实验（Thompson，1903）。与大众的期望相反，她在自己的测量中并没有发现明显的性别差异。正如她所展示的，个体在分数上的差异可以很容易归因于每个被试不同的经历。海伦还以妇女权利激进分子和俄亥俄州妇女选举权协会的成员和主席而为人所知（Scarborough & Furumoto，1987）。

利塔·S. 霍林沃思（Leta S. Hollingworth，1886—1939）因为她对天才儿童的研究而享有盛名（Hollingworth，1928）。她同样参与了关于女性的开拓心理学研究（Benjamin，1975）。在 20 世纪初期，对于女性行为有两种普遍流行的观念。第一种，人们一般认为女性在生理期会经历一个心智能力下降的阶段。基于这种观念，许多雇主并不愿意雇佣女性，因为他们认为女性不可能像男性那样在工作中每天都可靠且高产。霍林沃思实证检验了这种流行的观念，并发现女性在认知、感知和运动方面的表现与男性是始终近似的。第二种引起霍林沃思兴趣的观念叫作**变异性假说**（variability hypothesis），在那个年代，人们断言比起男性，女性作为一个群体彼此之间更加相似。而且，这个假设得到一些科学家的支持——认为男性比女性拥有更广泛的才能（以及缺陷）。为了验证这个假设，霍林沃思在一个大型研究中检测了 1000 名新生男婴和 1000 名新生女婴，她发现比起女性，男性并不存在什么更优良的遗传变量。顺便说一下，利塔嫁给了心理学家哈利·霍林沃思（可口可乐案件中的那位），他们是这个年轻的行业中最早取得成功的夫妻档，之后许多人开始效仿他们。

👓 案例参考

利塔 S. 霍林沃思：一个专业心理学家在 20 世纪初的道路

你或许从其他学生或教员那里听说，现如今想要在心理学领域保住一份全职、稳定且合适的职位有多么困难。那么，100 年前的就业形势是不是有所不同？让我们来看一下利塔 S. 霍林沃思成为哥伦比亚大学教授（30 岁）之前的教育和就业之路。她曾经做过全职和兼职的工作，有过失业的时期，结婚，重新定位，全职和兼职的研究——没有哪一个是和轻松顺利沾边的。

内布拉斯加大学文学学士学位，并取得国家教师资格证书（1906）

内布拉斯加州萨林县第六区学校副校长（1906）

麦库克高中教师（1906～1908）

纽约市心理缺陷交流中心（监管比奈测试）（1913）

纽约哥伦比亚大学文学硕士学位（1913）

贝尔维尤医院的临床心理学家（1915）

纽约警察局的咨询心理学家（1915）

纽约哥伦比亚大学哲学博士学位（1916）

哥伦比亚大学教育学院教育心理学教授（1916～1939）

你有考虑过自己的职业生涯道路吗？无论你的选择是什么——毕业后工作、进研究生院或者两者结合，都要做好准备，因为它不是一个轻松简单的旅程。今天就与你的教授聊一聊。

知识检测

1. 切萨雷·龙勃罗梭创造了
   - a. 法律心理学
   - b. 犯罪心理学
   - c. 性别心理学
   - d. 广告理论

2. 回到某个早期发展阶段的行为倒退被称为
   - a. 逆反心理
   - b. 返祖阶段
   - c. 犯罪行为
   - d. 返祖现象

3. 关于两性的变异性假说是指什么？

5.7 评价

为什么心理学在北美和欧洲经历了如此飞速的发展，而在世界的其他地方并非如此？有几个因素促进了这一进步。

5.7.1 经济发展因素

在许多国家，19世纪末快速的工业发展伴随着前所未有的财富积累，其中包括美国、加拿大和欧洲国家。在处理好基本的经济问题之后，政府和私营企业加大了它们对科学和教育的投入。尽管心理学并不属于最被需要和最有前景的资助学科（相比化学、工程和医药而言）之列，但对这个年轻出众的学科来说资金变得越来越容易获取了。

5.7.2 教育发展因素

心理学作为一门科学学科，它的发展离不开高等学校提供的大型教育研究基地。19世纪末，美国在发展高等教育方面处于领先地位。尽管在历史上，最著名的大学皆坐落于欧洲，但是美国在资助资金、学生数量，以及教育和研究的范围和质量上很快超越了欧洲。在北美，无论是公立大学还是私立大学都非常活跃（Rudolph, 1990）。19世纪90年代之后，接连不断且越来越多的欧洲心理学家前往美国而不是其他地方工作和教学。在许多国家，初级教育的

改革和儿童义务教育的出现引发了一连串的运营问题，比如学生的妥善安置、对他们的评估、教师培训和心理辅导。心理学家似乎能够提供教育评估的工具，以满足国家教育系统的需求。

5.7.3 对心理学家的需求渐长

私营企业和政府机构在不断扩张，他们对受过新式培训且具备竞争力的员工和公务员的需求不断。教育和职业评估成了当务之急，而心理学家似乎准备好了提供这些测试和评估方法。在生产、管理、广告和消费品等领域的应用研究出现了新的机会。对心理学家来说，诉讼、刑事侦查、培训和评估领域也出现了新的机遇。

5.7.4 心理学正在成为一门更独立的学科

心理学曾经受到一些制约，比如它与哲学的关系，它对自然科学和社会科学传统观点的接受。但是，聚焦于发展、改变和实用性的机能主义逐渐取代了传统的、以实验室为基础的构造心理学。进化论的观点越来越流行；不过，一些科学家却不加鉴别地接受了它们。心理测试在教育、商业和政府服务领域成为一种共同趋势。心理学的第一次分化发生于20世纪初，它涉及了教育、儿童、工业和其他心理学领域的发展。

结　论

20世纪初的社会发展强化了心理学家的一种重要的道德立场：他们的科学乐观主义和社会进步主义在理论家和实践专家当中越来越受欢迎。心理学也在迈向精

神疾病及其诊断与治疗的领域。人们不再期望通过寻求牧师、萨满或占卜者来治愈心理症状。在第6章，我们将会探讨临床心理学的发展。

总　结

- "大众社会"和"现代化"的出现与稳定的工业增长、物质的大幅提升，以及深刻的社会、政治和教育变革息息相关。女性开始获得与男性平等的权利；工业国家开始要求所有儿童接受义务教育；政府和企业开始

为高等院校划拨大量资金。

- 新千年伊始，各个科学领域出现了新的突破性发现和成就。在19世纪末，心理学研究至少出现了三个主要领域：（1）实验研究；（2）对个体发展和心理能力的

测量；（3）对变态心理症状及其临床治疗的科学研究。

- 机能主义心理学聚焦于心理经验的动态过程而不是其结构：精神状态是相互关联的，并受到复杂环境下不断变化的行为的影响。威廉·詹姆斯把心理学看作是精神生活的科学，他关注的是心理现象和这些现象发生时的状况。詹姆斯还提出了一种原创的情绪理论。那个时期具有影响力的心理学家包括詹姆斯·安吉尔、哈维·卡尔、玛丽·卡尔金斯和约翰·杜威，他们对各种各样的理论和应用问题进行研究和写作。

- 查尔斯·达尔文和赫伯特·斯宾塞的著作激励了许多心理学家接纳一种更广泛的心理学观点。心理过程表现为一种适应机制，它允许个体去适应不断变化的环境和社会状况。进化论观点具有争议性影响，在社会工程学和优生学原理的发展中特别引人注目。

- 弗朗西斯·高尔顿是最早尝试测量智力的人之一，他相信智力是一种遗传功能。在他看来，个体在智力上的差异最主要在于其功能。高尔顿进行了关于双生子的早期研究。

- 詹姆斯·卡特尔、查尔斯·斯皮尔曼和阿尔弗雷德·比奈对于心理学的贡献在于他们对儿童心智能力的研究。心理测试似乎赋予心理学家以无限的机遇，将其理论研究应用于学校教育、技能评估和职业选择。

- 心理学家开始在教育、学习、广告、职业培训、工作技能、工作绩效、商业管理、犯罪行为和其他许多领域开展研究。早期的研究推动了发展心理学和性别心理学的发展。尽管期间也有错误行为和过度干涉，但心理学还是以其进步的角色逐渐被社会接受。

关键词

Creationist approach （也称为 creationism）神创说（神创论）

Eugenics　优生学

Forensic psychology　法律心理学

Functionalism　机能主义

Homology　同源性

Natural selection　自然选择

Pragmatism　实用主义

Progressivism　进步主义

Recapitulation theory　复演论

School psychology movement　学校心理学运动

Social engineering　社会工程学

Utilitarianism　功利主义

Variability hypothesis　变异性假说

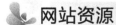 网站资源

访问学习网站 www.sagepub.com/shiraev2e，获取额外的学习资源：

- 文中"知识检测"板块的答案

- 自我测验

- 电子抽认卡

- SAGE 期刊文章全文

- 其他网络资源

第 6 章

19 世纪末 20 世纪初的临床研究和心理学

拯救堕落的人，帮助孤苦的人，收留流浪的人，保卫无助的人；为了你永恒和伟大的奖赏，接受祝福。

——多萝西娅 L. 迪克斯（Dorothea L. Dix，1802—1887）

学习目标

读完本章，你将能够：

- 了解 20 世纪早期精神病理学知识的广度和深度
- 理解精神疾病研究的复杂性及其成因和治疗方法
- 领会早期专业人士尝试理解和治愈心理问题的努力
- 运用你的知识理解与精神疾病及其诊断、预防和治疗有关的当代问题

让－菲利普·埃斯基罗尔
（Jean-Philippe Esquirol）
1772—1840，法国人
描述了精神疾病的心理因素

多萝西娅·L. 迪克斯
（Dorothea L. Dix）
1802—1887，美国人
提倡对精神病患者施行人道治疗

贝内迪克特－奥古斯丁·莫雷尔
（Benedict-Augustin Morel）
1809—1873，法国人
提出退化的概念

托马斯·莱科克
（Thomas Laycock）
1812—1876，英国人
他从进化角度描述了大脑

1848 年，菲尼亚斯·盖奇事件；发展了临床病理学方法

| 1770 | 1790 | 1800 | 1810 | 1820 | 1840 |

生物医学传统
····脑功能定位研究
····神经系统研究
····遗传的研究方法

社会传统
····精神疾病的社会因素研究
····精神疾病的心理因素研究

詹姆士·布雷德
（James Braid）
1795—1860，苏格兰人
将神经催眠学付诸实践

精神疾病成为一种特殊的疾病类别 →

精神病院：治疗方法日益制度化 →

让－马丁·沙可
（Jean-Martin Charcot）
1825—1893，法国人
领导了对精神病人的系统观察；
推进了对癔症的研究

1847 年，美国医学协会成立

卡尔·威尔尼克
（Carl Wernicke）
1848—1905，德国人
1874 年描述了由脑功能障碍引起的语言丧失

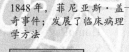

1881 年 7 月 2 日，查尔斯·吉托（Charles Guiteau）枪击美国总统詹姆斯·加菲尔德（James Garfield），对其造成致命伤害。事后这名枪手平静地说："是我干的，我愿为此入狱。亚瑟（Arthur）才是总统，我是他坚定的拥护者！"整个国家被震惊了。报纸上讨论这可能是一起阴谋，宗教评论者认为这次暗杀是美国的罪恶行径和对神不敬而遭受的报应。然而，其他大多数人相信，这次枪杀是一个精神失常者（lunatic）的作为。在普通人的意识里，精神失常者的行为是非理性的，他们与正常人有所不同，他们是危险的和不可预测的。吉托似乎就是一名精神失常者。

这个"精神失常的"暗杀者是谁？是什么引发了他的谋杀行为？关于吉托过去经历的细节十分简略。新闻报道说，他已故的母亲一度患过一种"脑热病"。（它们很可能是一些产后症状。）是她的疾病影响了她的儿子吗？她在吉托年幼时就去世了。是她的早逝导致了儿子的精神不稳定吗？还是父亲的忽视造成了吉托的愤怒？吉托年轻时感染了什么性病吗？这种疾病如何影响了吉托的大脑？据报道，他曾经是一个宗教团体的成员，这

个宗教团体践行自由恋爱；卷入这个宗教团体与他的精神失常有关系吗？

几个世纪以来，人们试图将精神疾病作为某些暴力犯罪的原因。然而，精神疾病是凶手们邪恶行径的唯一原因吗？

吉托的过去是坎坷的，也许他患有一种严重的精神疾病。然而，在审判开始之前，大多数人就认为吉托应

埃米尔·克雷佩林
（Emil Kraepelin）
1856—1926，德国人
提出了基于系统观察的
精神疾病的科学分类

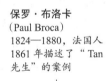

保罗·布洛卡
（Paul Broca）
1824—1880，法国人
1861 年描述了"Tan
先生"的案例

亨利·戈达德
（Henry Goddard）
1866—1957，美国人
研究和治疗心理发展
问题

埃米尔·涂尔干
（Émile Durkheim）
1858—1917，
法国人
1897 年描述了自
杀的社会因素

鲍里斯·席德斯
（Boris Sidis）
1867—1923，俄裔美
国人
1907 年出版《暗示心
理学》（*The Psychology of Suggestion*）

1850　　　　1860　　　　　1880　　　　1890　　　　1900　　　　1910

弗拉基米尔·别赫捷列夫
（Vladimir Bekhterev）
1857—1927，苏联人
运用催眠治疗行为问题

1868 年，与精神病
患者法律地位、责
任和权利有关的意
见在美国出版

1881～1882：吉
托审判案引发了
对精神病的关注

莱特纳·威特默
（Lightner Witmer）
1867—1956，美国人
1896 年开创和发展了早期
的心理诊所；发展了临床
心理学

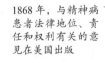

1916 年，日本服刑
人员心理健康研究

早期心理诊所的研究、评估
和治疗的发展

水疗和放松
催眠
心理治疗
社会隔离、管制
社会卫生运动
道德治疗

该被处以死刑。

审判自 11 月开始，持续到 1882 年 1 月。听证会上的医学专家对精神失常和犯罪的定义产生了严重分歧。一些人坚持认为吉托精神失常，因而不能认定他的谋杀行为。他们建议对其进行宽大处置和药物治疗。其他专家则举证说，吉托虽然有精神疾病，但还没有到精神失常的程度，因为他在犯罪过程中尚有能力辨别是非。然而其他人认为，他在实施犯罪的过程中神志清醒，后来在审判期间才变得精神失常，而且无法理解审判程序。这场关于他的疾病、精神失常和罪行的争论并没有持续很久。在听取专家们的辩论之后，陪审团认定吉托有罪，将其判处死刑。极少数人对此持有异议。许多受过教育的人将精神疾病视作一种道德缺失，而违反道德应当受到惩罚。6 个月后，吉托被执行死刑。

在许多悲剧事件之后，社会对精神疾病的关注度上升。许多年以后，1980 年，约翰·列侬（John Lennon）被谋杀；1981 年，总统里根在华盛顿被蓄意暗杀，教皇约翰·保罗一世在罗马被暗杀；2007 年，美国弗吉尼亚理工大学发生枪击事件；2011 年，挪威奥斯陆发生屠杀事件，2012 年，美国奥罗拉影院发生屠杀事件。这些谋杀事件都是由单个持枪歹徒实施的，它们重新引发了人们对精神疾病、精神失常和极端暴力成因的激烈讨论。尽管在过去的这些年里，我们发展出关于心理异常的新的科学知识，但就像 100 年前那样，今天我们仍然对这个主题争论不休。

回到 1881 年，大多数人对精神疾病的知识是很有限的。那时社会才开始接受精神病学和临床心理学。

资料来源：Freedman（1983），Paulson（2006），和 Rosenberg（1989）.

在前 5 章中，我们追溯了 20 世纪初以前主要心理学观点的发展。现在，我们要仔细考查特别与精神疾病相关的知识。至少有两个领域的专家为精神疾病知识的发展做出了贡献。第一类专家是医生，第二类是大学里的心理学家。

6.1 人们对精神疾病有哪些了解

在不同的文化和时代中，人们通常都把精神疾病当作一个人头脑中很不正常、令人厌恶和不受欢迎的"某种事物"。这个"某种事物"导致了持续的行为问题或古怪表现。精神疾病在某种程度上与生理疾病相反，后者是可明确辨认的身体异常，比如皮肤损伤或胳膊骨折。我们发现精神疾病的原因和机制要困难得多。精神疾病表现为一种不可预测和痛苦的行为、情绪和思维的模式，伴随着一个人理性行动的能力受损。

心理学作为一门新兴学科如何看待精神疾病？它提供了什么解决方案？为了回答这些问题，我们先来看看 19 世纪末精神疾病知识的情况。

6.1.1 科学知识

一些常见的精神疾病类别已经确立。在接下来的小节中，我们由疯狂开始，然后回顾神经症、癔症、情感障碍、进食障碍和与药物相关的问题。请注意这些分类的不精确性。

1. 疯狂

疯狂（madness，也称作 insanity 或 lunacy）这个标签指的是两种症状：在一个人的行为和经历中，某些特征或者严重过量，或者极度缺乏。第一，这个词汇描述了侵犯性的暴力行为和戏剧化的情绪爆发。第二，它指的是一个人的意愿、欲望和情感的严重缺乏。对这些症状的一般描述，以各种记录形式出现在不同的时期和文化中（Foucault，1965）。更为具体的描述大概出现 200 年前，法国医生菲利普·皮内尔（Philippe Pinel，1801/2007）和英国医生约翰·哈斯莱姆（John Haslam，1810/1976）对在大部分时间里表现出退缩行为的个体提供了详细记录：沉默寡言，对愉快的活动不感兴趣，缺乏情绪依恋；他们的思维杂乱无章，也很少注意个人卫生；他们当中的许多人报告了幻觉和奇怪的想法。这些个体年轻时发展出令人烦扰的症状，而且再也没有得到改善。德国医生卡尔·卡尔巴姆（Karl Kahlbaum，1828—1899）和他的学生埃瓦尔德·赫克（Ewald Hecker，1843—1909）把这些症状称为青春型精神分裂症（hebephrenia）。卡尔巴姆还引入了紧张症（catatonia）这一术语，描述个体僵硬和古怪的姿势，以及语言的严重缺乏。虽然这些描述和其他类似描述都是含糊不清的，但它们为 20 世纪对精神分裂症的研究提供了有价值的信息。在心理学史上，另一个重大发展是对 19 世纪所谓的神经症和癔症的症状研究。

2. 神经症

大部分对**神经症**（neurosis）的描述指的是一个人持续且强烈的焦虑和回避行为。这些症状与疯狂有一个重要的不同之处：大多数神经症患者能够意识到他们的问题，通常也承认他们自身症状的古怪。到 19 世纪末期，医生们识别出神经症的几种类型。例如，焦虑神经症（anxiety neurosis）指的是一个人持续的担忧、不安和无法集中精神。1871 年，德国医生卡尔·韦斯特法尔（Carl Westphal）最先描述了恐惧症（phobias）——过分的和不恰当的担心，特别是广场恐惧症（一种对开放的或公共场所的异常恐惧），继而引起了临床医生们的注意。

那个时代的一个重要发展是识别了一种称为**神经衰弱**（neurasthenia）的通用型神经症。它的特征是持续地感觉虚弱，身体和心理状态处于低潮。G. M. 彼尔德（G. M. Beard）在《美国人的神经质》（*American Nervousness*，1881）一书中创造了这个术语，他在书中写道：神经系统有一种变化的张力（tonus），它要么处于有力状态（强烈），要么处于无力状态（虚弱）。神经衰弱很快成为对各种神经症状况的一种流行诊断。专家们相信，神经症的症状起源于一个人的心理虚弱或神经过度敏感，或者两者兼有。医生认为神经衰弱是一种有效的医学诊断，病人则为他们的情绪问题接受了一个新标签。

3. 癔症

法国医生让 - 马丁·沙可（Jean-Martin Charcot，1825—1893）聚焦于一种特殊的症状类型：没有明确的解剖缺陷或生理病症的情况下出现的心理和身体的不适。他称这样的症状为**癔症**（hysteria）。尽管医生知道这种症状已经几个世纪了，但他们的知识仍然是支离破碎的。在巴黎的萨尔佩替耶医院，沙可

可持续接触这些病人，在那里他和他的追随者进行了系统的观察。他的《神经系统某些疾病的临床讲座》（*Clinical Lectures on Certain Diseases of the Nervous System*）一书被翻译并在美国出版，在书中他描述了这些症状：肌肉痉挛、不自主运动、惊恐发作、拒绝饮食、胃部不适和没有任何肌肉萎缩症状的不能动弹（Charcot，1888）。他相信癔症的症状与衰弱的神经系统有关，神经系统衰弱的人最有可能患上癔症。

研究者提出几种形式的癔症。例如，美国医生莫顿·普林斯（Morton Prince，1854—1929）描述了病人的慢性生理症状，如疲劳或疼痛。这些病人也有注意力和意识方面的问题。普林斯还指出，一些人特别是那些有心理创伤史的人，可能呈现出不同的人格。在他的著作《人格的分裂》（*The Dissociation of a Personality*，1905/2007）一书中，他描述了一种与今天的分离性身份障碍类似的癔症。

另一位法国医生皮埃尔·让内（Pierre Janet，1859—1947）也认为，癔症可能是由一个人对过去某段经历的创伤记忆引起的。这些记忆持续扰乱一个人的生活，引起各种令人不悦的症状。让内认为，神经系统的衰弱是癔症的根本原因。他也创造了精神衰弱（psychasthenia）这个术语来描述由于神经系统缺乏内聚力而导致的症状，比如过多的恐惧和焦虑，以及仪式性的行动和思维（Nicolas，2002）。这些症状有一个共同的标签：强迫性神经症（neurosis of obsessional states）（这与当代对强迫症的定义相近）。正如你看到的，癔症和神经症指的是在某种程度上类似的心理症状。

4. 情感障碍

今天我们所知的**心境障碍**（mood disorders）的症状几个世纪以来一直受到人们的关注。对于与情绪相关的疾病，特别是抑郁症的文字摘要和详细描述，在几大古代文明（包括中国、巴比伦、埃及、印度和希腊）的文本中均有发现。据旧约记载，以色列的统治者索尔（Saul）被剥夺了上帝的垂爱，注定了遭受长期的抑郁和悲伤之苦，他最终结束了自己的

生命。在经典的印度史诗《罗摩衍那》中，由于悲剧性的家庭变故，达萨拉塔王（King Dasaratha）经历了三次深切的悲痛。在另一部神圣的印度史诗《摩诃婆罗多》中也有关于抑郁的描述：一个名叫阿朱那（Arjuna）的年轻人遭受严重的抑郁疾病的折磨，后来克利须那神（Lord Krishna）缓解了他的症状。王子乔达摩·悉达多（Siddhartha Gautama），也就是后来的佛陀，在他的生命早期可能也表现出抑郁的症状。为了让他振作起来，他忧心的父亲和养母建造了三座宫殿：一座冷天使用，另一座热天使用，还有一座雨季使用。关于狂躁和抑郁状态的各种描述，存在于现存最早的希腊文学作品《荷马史诗》中。关于心境障碍的最早的详细科学记录，与希腊学者、医生和哲学家的著作是分不开的。尽管他们的阐释各有不同，但希腊人分享着一个共同观点：与情绪相关的疾病有身体上的源头，但是由外部事件引发的（Simon，1978；Tellenbach，1980）。

文艺复兴时期的科学家和医生回归了古希腊和古罗马的人性观，细致的自我观察变得常见。意大利学者吉罗拉莫·卡尔达诺（Girolamo Cardano）（第3章）描写了自己的心理问题，他称之为"精神不健全"。他描述自己一直很害怕高处，并且害怕狗（这可能是今天所谓的恐惧症）。卡尔达诺描述自己有时不能维持睡眠。为了与自己的问题（很可能是失眠症）做斗争，卡尔达诺戒绝了难消化的食物。卡尔达诺还描述了他对赌博特别是掷骰子将近40年的热情。他描述了自己为了戒除成瘾的习惯而刻意做出的努力，他也描写了偶尔出现的自杀想法。

17世纪，专门描写抑郁问题的出版物在某种程度上变得常见。第一本完全致力于讲解情绪疾病的英语书籍，是罗伯特·伯顿（Robert Burton）在1621年出版的《忧郁的解剖》（第3章）。在大多数记录中，如果某种情绪状态满足两个重要条件，就会被视作不正常。第一，症状必须与正常的情绪波动——比如周期性变化的行为或暂时的悲伤完全不同。第二，这样的波动必须是经常性或者长期的。在英语中，形容长期悲伤最常见的术语是忧郁（melancholy）。

它源自于希腊语"melas"（黑色）和"khole"（胆汁，肝脏产生的苦味液体，储存在胆囊里）。两三个世纪以前，许多学者通常把悲伤与肝脏、胆囊或脾脏的功能联系在一起，因此心理问题和身体症状也就联系起来了（La Mettrie，1748/1994）。

美国医学的先驱人物本杰明·拉什（Benjamin Rush，1745—1813），用抑郁症（tristimania）一词来描述他的病人的过度和持久的悲伤症状。德国的卡尔·路德维希·卡尔鲍姆（Karl Ludwig Kahlbaum，1843—1899）描述了从轻度抑郁到轻度欣快的情绪起伏的症状，并把这种症状称为循环性精神病（cyclic insanity）或躁狂抑郁精神病（cyclothymia）。英国著名的医生亨利·莫兹利（Henry Maudsley，1835—1918）创造了情感障碍（affective disorder）这一术语。在20世纪，这个术语变得普遍，但后来还是输给了心境障碍（mood disorders）这个更现代的术语。

5. 进食障碍

几百年前，关于过度禁食症状的描述就出现在欧洲、非洲、中东和亚洲的出版物中（Keel & Klump，2003）。关于这类症状起因的理论各不相同：大脑损坏、体重困扰，乃至欺骗。另一些观察者相信，症状起因是超自然力量的控制（Winslow，1880）。19世纪的大多数专家认为过度禁食的原因源于神经状况。1874年，威廉·格尔（William Gull）介绍了**神经性厌食症**（anorexia nervosa）这个术语，他描述了4个青春期少女致力于通过自我挨饿而有意减肥的案例（Habermas，1989）。这个术语沿用至今。贪食症的症状似乎并不常见，有个别涉及个体在一段时间的禁食后表现出暴食的案例。不像厌食症大多数出现在女性身上，20世纪以前大多数贪食症的案例记录与男性有关（Keel & Klump，2003）。

▽ **网络学习**

在同步网站上了解一些关于进食障碍的早期记录。问题：什么是神经性厌食症？

6. 与药物相关的问题

几个世纪以来，人们故意用天然药物来改变他们的行为和体验。由于一些药物能够诱导恍惚状态或者类似意识状态的改变，它们被用于某些正式的宴会和宗教性仪式。还有些药物被当作愉悦感、创造力或审美的源泉而使用。在历史上，世界某些地区的宗教知识禁用某些药物。在另一些地区，态度则宽容得多。许多人享受这种与药物有关的改变心理的体验。此外，流行的知识甚至科学经常强化了许多药物具有治愈功效的信念。

例如，在不同的时代和文化中，各种治疗的准备工作都会用到鸦片，鸦片被误认为可以治疗霍乱、失眠、梅毒、肺结核和某些精神障碍。古罗马的一些人定期使用鸦片。直到 19 世纪，吸食鸦片还被认为是一种副作用很小的习惯。在 19 世纪，医生使用鸦片和吗啡治疗头痛、眼痛、牙痛、咽喉痛、喉炎、白喉、支气管炎、充血、肺炎和其他疾病（Eaton，1888）。在美国内战期间和战后，鸦片剂被认为是控制痢疾和腹泻，以及控制战伤疼痛的最好药物。美国外科医生 1875 年写的报告如下："鸦片……几乎被广泛用于各种严重创伤，特别是用于胸部穿透性损伤，镇定神经系统，间接调节出血量"（Barnes，1875，p.645）。到 1880 年，可卡因的麻醉效果最先应用于眼科，后来应用于其他领域。专家使用可卡因治疗咽喉疾病，黏膜感染和哮喘。西格蒙德·弗洛伊德博士称赞可卡因是一种强有力的兴奋剂（Freud，1884/2012）。

在许多文化中，酒精被当作一种放松的源泉和一种应对压力或悲伤的解药。在 18 世纪和 19 世纪的欧洲和北美洲，饮酒被视作一种应对焦虑和紧张的好方法。在 19 世纪，欧洲和美国的许多医生使用酒精（配合可卡因和鸦片）来缓解病人的身体疼痛、不适或忧虑。在欧洲和美国期刊发表的早期科学报告中，吗啡成瘾主要被视为一种个人的性格缺陷或不良习惯（Berridge & Edwards，1981）。频繁饮酒，即便不过量或与暴力无关，在大多数报告中也被视作一种坏习惯。人们还看到烟草作为一种天然产品，能够提高精神专注力或缓解神经紧张。

最早关于药物副作用的科学报告出现在大约 200 年前，其中大多数描述了与酒精相关的问题。在 19 世纪，吗啡也引起了医生们的注意。吗啡作为止痛药的广泛使用造成数以万计病人的成瘾和痛苦。19 世纪末期，吗啡成瘾（morphine addict）被确立为一个术语。人们对鸦片的看法正在改变。一旦被看作一种消遣的产品，鸦片的名声就变坏了。首先，期刊出版物警告读者长期吸食鸦片有害健康，可能会导致一个人的药物依赖和许多情绪问题（Eaton，1888）。可卡因也失宠了。一些报告描述了使用可卡因的有害影响，包括幻觉、妄想和抑郁症状。然而，可卡因又以另一种方式流行起来。1914 年，一个医生在《纽约时报》的专栏中绝望地指出，可卡因的使用可能会变得漫山遍野，以至于任何力量或法律都无法禁止它（Williams，1914）。尽管关于药物滥用危害的报道越来越多，然而还是没有如何预防或解决这个问题的科学指南。

总而言之，大多数对异常症状的观察是不精确的。相似的标签经常被应用于不同的症状，同样，医生也会给相似的症状迹象贴上不同的标签。例如，白痴（idiocy）这个术语代表了许多不同的发展问题，它也可以被称为愚蠢（lunacy）或痴呆（dementia）。在 19 世纪，精神错乱（insanity）这个词被用于许多不同的症状，包括酗酒、纵火、强迫性偷窃、衰老和许多其他情况（Quen，1983）。科学知识大量借鉴了关于精神疾病的流行性观念。（见表 6-1。）

表 6-1 19 世纪关于精神疾病的术语

病人	疯子、低能儿、精神错乱的人、思维混乱的人、心智不健全者、傻子
监管场所和治疗机构	收容所、疯人院、监狱、养老院、傻子之家
治疗师	精神科法医、医疗管理者、神经学家、精神病学家

6.1.2　流行观念

关于精神疾病的流行观点在相互联系的社会、文化和宗教传统中发展。

首先，精神疾病成为一种特殊的解释范畴，用以解释那些行为超出常规和难以合理解释的个体的症状。如果某个人有精神病，那么他或她一定与其他人很不一样。如果某个人没有明确原因而犯下滔天大罪，那么应该是疯狂驱使这个人去犯罪。其次，罹患精神疾病往往意味着成为一个弃儿。在不同文化中，大众对精神疾病的总体认知是消极的。人们普遍排斥精神病患者，回避他们，或者表现出对他们忍无可忍。再次，人们普遍期望某些形式的精神疾病可以被治愈。植物、树根、叶子和其他天然物质经常被用于治疗异常的心理症状。仪式性行为、冥想、祈祷也是常见的治疗方法。正如我们所预想的一样，一些民间方法是有效的，但大多数是无效的。

渐渐地，由于大众教育和媒体的兴起，更多的人开始理解精神疾病不是一种神秘的心理状态，而是一种医学状况。人们也在改变他们对异常行为的看法。例如，对性欲的文化观念。传统的普遍观点认为，女性会受到她们的性欲感觉的困扰，而男性则没有这种麻烦。这个观点受到了挑战。更多受过教育的人接受了这种想法：性感觉是女性体验的一个自然部分。更多的人愿意去讨论、理解和重新评价性欲。关于先前被禁话题的书籍出现在书店的架子上。其中一本书的作者是医生爱德华·B. 福特（Edward B. Foote，1829—1906），他出版过《日常家庭谈话》（*Plain Home Talk*），这本书部分与婚姻、爱和健康的性有关（Foote，1896）。社会正在逐渐改变它对人类行为许多方面的观点。

然而，各种宗教和社会规则仍然对"适当的"行为和心理体验做了规定，并拿它们与"偏差的""异常的"行为和心理体验做比较。

6.1.3　意识形态

在历史上，关于精神疾病的宗教观点基于这样的想法：心理异常一定是由某些邪恶缠身、诅咒或一个人缺乏宗教信仰引起的。精神疾病被视为上帝对一个人不当的行为、可耻的欲望或某种任性怪癖的惩罚，这种诅咒可能持续影响几代人。此外，与 19 世纪重大社会动荡和经济变革有关的不安全感，欧洲和北美的传统社会的解体，导致许多人认为精神疾病起因于人们偏离了既定的良好、安宁和传统的生活道路（Shiraev & Levy，2013）。

然而，科学观在增强。分析 17 世纪末至 19 世纪初欧洲出版的书稿，我们发现精神疾病的宗教解释普遍下降，与之相反，以科学为基础的描述和解释取得进展（Ingram，1998）。

6.1.4　法律知识

随着政府在现代社会的事务中的作用越来越大，法律规则变得越来越重要，在民主国家尤其如此。它们试图为精神疾病设立法律的定义规则。加菲尔德总统遇刺的公开案例，引发了人们关于精神残障和个人责任的严肃讨论。社会需要法律规则来维护与精神疾病相关的政策。这些政策至少包括三项：（1）强制隔离；（2）教育安置；（3）强制绝育。

社会隔离是一种被广为接受的对待不良分子的做法。在 19 世纪后期，一些心理学家支持将患有严重心理缺陷的人强制隔离，立法当局接受这种把人送进特殊机构的做法。正如你记得第 5 章讲到的，20 世纪初儿童义务教育制度赋予了当局如何安置儿童的权力（决定孩子是否应该接受特殊教育）。"智力迟钝"的标签现在需要一个法律定义。某种要求等级的心理能力成为美国接受或拒绝移民的一项官方标准。心理学知识影响了法律。围绕着将患有严重心理问题的人强制绝育的合法性，人们持续进行着严肃的辩论。优生学运动（第 5 章）的支持者认为，法律应该允许或推行这样的绝育。

还有一些人为保障精神病患者的权利大声疾呼。1868 年，美国精神病机构医疗管理者协会采取了一系列与精神病患者的合法地位、责任和权利有关的建议。一些专业人士走得更远，他们指出精神疾病与其说是法律问题，不如说是一个社会或道德问题。举个例子，两位美国医生，克利福德·比尔斯（Clifford Beers，1876—1943）和阿道夫·迈耶（Adolf Meyer，1866—1950），试图改变法律政策，继而改变公众对精神疾病的认知。比尔斯在《一颗找回自我的心》（*A Mind That Found Itself*）一书中，描述了他自己作为病人在一家精神病院里的经历，并且要求改变这些场所中的非人道行为（Beers，1907）。迈耶（Meyer）坚持认为，那些有严重精神病症状的人是病人，而不是需要被投入监狱般的隔离场所的罪犯。

总体而言，19 世纪末的临床从业者和研究者继承了关于精神病理学症状及其多样性和严重性的重要知识。就像在生物学或化学中那样，专家在他们可以收集和阐释新的实证数据的领域取得了进步。然而，关于这些症状的起因和治疗方式的分歧却日益增加。

6.2　社会环境和精神病理学

19 世纪末巨大的社会动荡和经济变革给许多人的生活带来了重大变化，特别是在工业国家。其总体人口的平均寿命有所增加。在西欧和北美，平均寿命为 55 岁左右，而世界其他地区只有 45 岁。这一进步的原因之一是医疗保健方面的根本变化。这是一个新型外科手术、免疫接种和麻醉学的时代。大脑解剖的发现表明，特定的行为与大脑特殊区域的心理功能有关。

19 世纪末的许多具体变化深刻影响了许多人，他们开始了解精神疾病及其原因和治疗方法。

在工业国家，公众对精神疾病的关注明显增长。几个相互关联的原因解释了这一现象。第一，精神疾病的发病率明显增加。第二，精神疾病和异常行为医学化的过程（主要从医学角度理解它们）激发了新的医疗方法。一种新的社会类别——"精神病人"出现了。第三，不断涌现的科学发现为精神疾病带来了新的科学观点。第四，蓬勃发展的报纸和杂志出版业提供了一种传播轰动性信息的有效途径，这些信息涉及与个人心理问题有关的、最不寻常和最富戏剧性的案例。让我们来详细讨论这几点。

6.2.1　性、毒品与异化

美国和欧洲的历史学家表明，19 世纪末精神疾病的发病率显著增加。档案报告显示，在德国、

知识检测

1. 社会需要法律规则来维护与精神疾病相关的政策。这些政策包括了：强制隔离，教育安置和_____
   a. 强制绝育　　　　　　　　b. 服兵役
   c. 婚姻　　　　　　　　d. 选举权

2. 请描述 19 世纪关于精神疾病的三种流行观念。

俄罗斯、美国和英国的私人和公立精神病学诊所中，患者数量在短短几十年中增加了 5 ～ 10 倍。到 1910 年，德国在大学里拥有 16 家精神病诊所，将近 1500 名受过精神病学训练的医生；拥有超过 400 所私立和公立的精神病院（Shorter，1997）。至少有三个因素导致了精神疾病案例数量的上升。

首先，在 19 世纪，神经梅毒患者的数量激增。梅毒是一种发展缓慢的、导致大脑和脊髓发生破坏性感染的性病。大多数人在婚外不安全的性行为中感染了这种疾病。早期症状包括持续头痛、易怒、抑郁情绪、混乱和运动问题。许多患者对病情保密并且不接受治疗，直到出现继发性症状，包括渐进性人格变化、失忆和判断力降低。

在欧洲、北美洲和东亚的一些国家，当时第二个严重的问题是猖獗的席卷城镇的药物滥用。被滥用最多的药物是酒精、可卡因、鸦片和吗啡。越来越多的人求助于液体和粉状药品来减轻日常生活的压力，降低痛苦和焦虑，或者只是为了感受兴奋。他们当中的大多数人并不了解药物滥用的毁灭性心理后果。许多有严重成瘾症状的人最终被送进监狱和精神病院。

19 世纪末出现的第三个重要现象是一种新的社会和心理现象：异化（alienation）。今天，我们可能称之为压力或日常烦恼。许多伟大作家和社会科学家，包括法国的埃米尔·涂尔干（Émile Durkheim）、德国的卡尔·马克思（Karl Marx）、美国的马克·吐温（Mark Twain）和俄罗斯的陀思妥耶夫斯基（Fyodor Dostoevsky），都描述了大型城市、千篇一律的工厂和公寓楼、生产和消费的无尽循环带来的毁灭性压力。持续的压力和缺乏家庭支持是那个时代的两个明显的社会现象。

6.2.2 对精神疾病看法的改变

对待精神疾病的社会文化态度正在发生重要的转变。一个有痛苦或危险的情绪和行为症状的人不再被视为社会的弃儿，而是被视为需要专业治疗和护理的病人（Shorter，1997）。多年以来，一直是直系亲属承担照料有严重心理问题的人的主要责任。在大城市新兴的个人主义社会氛围中，越来越多的家庭不想让一个有严重心理问题的亲属留在家里。一种新兴的流行观念是这样的：个人拥有享受自由、幸福和避免痛苦的基本权利。任何阻碍人们追求快乐目标的事物，比如一个生病的家庭成员，应该是尽力避免的（Boring，1929）。因此，精神疾病越来越多地被视作一种需要纠正的"反常事物"。结果是，精神医疗保健被认为是一种必要的社会机构，就像学校、执法部门或卫生服务一样。心理上的个人主义与我们今天定义精神疾病的方式存在着联系。在心理学意义上，个人主义是与功利主义和享乐主义是相联系的，前者认为有用的东西就是好东西，后者认为人类理性的、目标导向的行为是基于乐趣的。此外，一个理性的个体有权去体验快乐。任何降低幸福感或引发痛苦的障碍都应该被减少或消除。这种个人主义的态度可能激发了日益壮大的中产阶级和受教育者对精神疾病的高度重视，将其视为对快乐的一种威胁。换句话说，西方文化中的精神疾病已经被定义为阻碍个人快乐的事物。

6.2.3 异常和偏差行为的医学化

19 世纪末，医学是一个迅速发展的行业。专家们开始将一些人身上的持续暴力、性犯罪、无家可归或长期药物滥用看作医学问题，而不是社会问题。因此，他们认为，这些问题需要医疗专业人士的关注。这是一个将异常和偏差行为**医学化**（medicalization）的时期。人类行为的医学化反映了我们对心理疾病的看法。请看一个例子。自从有了战争，军事指挥官就不得不处理士兵在战场上的恐惧。过度的恐惧经常被贴上胆小怯懦的标签，而士兵对自身严重情绪问题的报告被称为装病。这些都是要受到惩罚的罪行，尤其是在战争时期。然而，心理学已经提出了炮弹休克（shell shock）这个术语，用来描述与战争有关的创伤性质的严重心理症状。现在许多医生认为，表现出这些症状的人需要的是医疗的关注，而不是惩罚（Lerner，2003）。

治疗的制度化

许多国家出现了代表医疗保健专业人员利益的专业团体。一些医学组织建立起来，包括美国医学协会（1847）和英国医学协会（1860）。它们追求两个主要目标：（1）对医学教育和医师培训执行可比照的标准；（2）为医疗专业人员的工作提供一般准则。

精神健康保健工作者也有他们自己的专业协会。1844年，美国精神病机构医疗管理者协会成立。同年，《美国精神病杂志》（*American Journal of Insanity*）创刊，它是《美国精神病学杂志》（*American Journal of Psychiatry*）的前身。1892年，这个组织更名为"美国医学心理学协会"，1921年又更名为"美国精神病学协会"（这个名字沿用至今）。类似的医学心理学协会也在其他一些国家出现。

各大医院基于先进的解剖学和生理学知识，拓宽了对患者临床评估的实践范围。为了培训医生，许多国家，包括德国、英国、法国、美国、奥地利和俄国，开始放弃学徒制的体系。这种传统的体系要求未来的医生花费几年时间，直接从他们的导师那里学习技能和获得知识。现在，教育的重心集中于大学附属的医学院。巴尔的摩的约翰·霍普金斯大学医学院开设了为期4年的研究生课程，它迅速成为世界各地医学院的一个典范。在俄国，政府资助好几家医学院校为军队和行政部门培训医生。为女性设立的医学院校也出现在美国、俄国和英国。1850年，宾夕法尼亚女子医学院成立；1874年，伦敦女子医学院建立；1887年，俄国也开设了女子医学院。

研究心理疾病的专家慷慨地与同事们分享知识，不论自己是何国籍和专业背景。这个领域的国际旅行限制很少，国际会议也变得司空见惯。从1818年到19世纪末，欧洲和美国大约出现了50种研究精神病理学的专业期刊。关于精神疾病的科学知识跨越洲际传播。

正如我们在第5章所看到的，20世纪为以大学为研究基地的心理学带来了新的机遇。实验心理学、工业心理学和教育心理学正在赢得社会声誉和尊重。然而，临床心理学的历史道路更加艰难。今天，所有美国心理学家中大约有一半人，参与临床实践、临床研究或相关教学。然而，这一领域的早期发展处于一种激烈且经常是不公平的竞争氛围，因为医疗机构霸占了解释和治疗心理疾病的权利。

6.2.4   地盘之争：精神病学与心理学

尽管19世纪早期的医学教科书就有关于精神病学的章节，然而直到19世纪中期，心理障碍才作为一种特殊的疾病类别出现（Zilboorg，1941）。为了研究和治疗精神疾病，医生们希望有一个独立且完全合法的医学领域。越来越多的大学心理学家也希望研究和治疗心理异常。问题是，应该由谁来进行临床研究，诊断和治疗精神疾病呢？医生们声称，他们而不是心理学家应该享有这个特权。尽管19世纪的精神病学还不是一个完全合法的医学分支，但医生们已经开创了治疗精神疾病的先河（Perrez & Perring，1997）。

1. 执业许可

新出现的医学协会对医学教育和医师培训执行可比照的标准，并且为医疗专业人员的工作提供一般准则。执业许可（licensing）成为一项重要的方针与政策。什么是执业许可？在工业国家，医生应该得到执业许可或被赋予合法权利去行医。从医学院毕业是获得执业许可的先决条件之一，这一条件使大多数心理学家无法从事医疗实践。心理学家反对这个执业许可，但是他们的队伍并不统一。他们当中一些人认为，心理学家没有充分资格进行精神疾病的临床研究。其次，临床取向的心理学家往往被视为背离传统研究型心理学的"叛逃者"。

与此同时，在神经病学领域接受培训的医生承担了诊断和治疗精神疾病的重要角色。那些研究精神疾病的心理学家称呼自己为临床心理学家（clinical psychologists）。他们逐渐接受了这个辅助性的角色，帮助医生收集关于心理机能障碍的症状、动态和结果的信息。心理学家被允许与那些寻求心理帮助的人一起工作，对他们进行评估并促进他们的治疗。

2. 专业竞争

临床心理学家被阻隔在医疗实践之外的一个重要原因是财务方面的：精神科医生想赚钱，当然企图限制他们的专业竞争的范围并从中排除非医学背景的专业人员。事实上，在医疗协会的压力下，有些国家将心理学家排除在临床机构之外。1917 年底，纽约精神病学协会发表了一份关于心理学家参与医疗评估和实践的风险报告。最后，双方达成了一个妥协。心理学家被允许进行测试和一些临床评估，但对测试的解释权和给病人的建议权都属于获得执业许可的医疗专业人士。

其他医生也希望心理学家只有非常有限的医学研究权限。在大多数国家，包括美国，政府对医疗机构只有一部分有限的控制权。医生有更大的自由对各种治疗方法进行试验，因此他们对患者的健康也进行试验。很多发现都是在医生作为研究者并试图在患者身上确定某种治疗方法的效果时偶然或暗中获得的。这种方法引发了心理学家的批评，他们认为，临床实践缺乏严格的科学背景。他们争辩道：如果没有精心设计的实验，医生们很容易犯错误，从而危及他们的病人。医生们经常（而且大部分情况下不公平地）对这些批评置之不理。他们坚持认为心理学家应该留在大学里，而不是待在诊所里。

这些争夺地盘的行为影响了研究和临床实践。然而，研究及其应用仍在向前推进。专家们为精神疾病的分类、病因、预防和治疗提供了新的和更先进的观点。关于心理学家在精神病诊断和治疗中的角色的争论持续至今。

6.3 理解精神疾病

与威廉·冯特设计的观察程序（第 4 章）相反，精神病学家和临床心理学家对个体的认知结构或自我观察的感受没有太大兴趣。他们关注的是患者的异常症状和它们的分类（Taine，1870）。他们把各种症状作为经验事实进行收集、分类和描述（Nicolas & Charvillat，2001）。在 19 世纪，专家们确定了精神异常的两组类别：精神病和"神经性"机能障碍。

埃米尔·克雷佩林提出了关于精神疾病的一种早期的科学分类，包括 15 个类别或组别。

6.3.1 精神疾病的分类

异常的第一个组别是精神病或精神错乱，这些标签指的是极端奇怪的，有时是暴力的、不可预测的行为。基于精神病症状的持续时间和强度，它被进一步分类为几个亚组。与之相对，神经性机能障碍指的是偏离正常和普通的行为，比如持续的和压倒

性的焦虑或悲伤、入睡困难、缺乏食欲、长期疲劳，等等（Gilman, et al., 1993）

19 世纪中叶，法国、德国、俄国、美国和英国的科学文献中出现了几个新的精神疾病类别。纪尧姆·费鲁斯（Guillaume Ferrus，1784—1861）将精神疾病分为三类：暂时性痴呆，急性痴呆和愚蠢（stupidity）。卡尔·斯塔克（Karl Stark，1787—1845）识别了意志障碍（紊乱的心境）、烦躁不安（焦虑症状）和智力障碍（知觉与思维功能障碍）。它们共同的症状有"亢奋"（夸张的情绪和戏剧性行动）和"低落"（回避）。戴维·斯克（David Skae，1814—1873）专注于精神疾病的源头。比如，他识别了道德白痴和长期手淫。他还区分了有力状态（强烈、活

跃的症状）、无力状态（虚弱、不活跃的症状）和先天性（未知原因的）这些类别。亨利·莫兹利（Henry Maudsley，1835—1918）提出一种分类，包括了情绪障碍（特别是抑郁症）、情感性精神病和想象力困扰。

这样分类的表单很容易继续列下去。到 19 世纪末，又出现了几种精神障碍分类，但只有德国医生埃米尔·克雷佩林（Emil Kraepelin，1856—1926）提出的分类方法在 20 世纪获得了最多认可。克雷佩林持续对数百名病人进行观察，仔细记录了他们的症状，这些症状是如何出现和发展的，以及它们能否被治愈。这些知识使他能够自信地推测一位病人能否康复以及康复需要多长时间。请阅读下面的案例参考。

👀 案例参考

埃米尔·克雷佩林的分类

埃米尔·克雷佩林使用许多不同的类别来描述精神疾病。他是一位勤奋的研究者，曾经在莱比锡的冯特实验室受过训练。但与冯特不同，克雷佩林并不想研究心理机能障碍的元素（要记得冯特研究的是心理元素，即最基本的经验模块）。克雷佩林希望了解精神病症状是如何发展的，以及病人是否会好转，还是长期保持机能失调。

克雷佩林和他的许多同事在欧洲寻找工作机会。1886 年，他在塔尔图大学（位于当时的俄国，今天的爱沙尼亚）找到了一个教学和临床职位。在那里，他开始对病人的病史做详细的记录。他对疾病的过程和影响症状的环境感兴趣。多年以来，他的资料越来越丰富。作为一种创新发展，克雷佩林甚至对一些离开医院的病人做追踪记录。

这些工作的成果是，克雷佩林提出了一种包括 15 个类别或组别的精神疾病分类。在他的分类里有一个重要的类别是早发性痴呆（dementia praecox），它的症状类似于今天的精神分裂症。克雷佩林进一步将其划分为三个亚类。一类称为紧张症（catatonia），主要症状是严重抑制的行为活动。另一类是青春型精神分裂症（hebephrenia），特征是不适当的情绪和行为反应。第三类是偏执狂（paranoia），以夸大妄想或迫害妄想为特征。克雷佩林最早把抑郁和躁狂的症状归纳到一种称作循环性精神病（circular insanity）的类别之下，其中狂躁和抑郁症状会互相影响；后来它被命名为躁郁症（manic-depressive illness）。到 19 世纪末，躁郁症的症状和精神分裂症一起，被绝大多数的从业者和研究者所认识。（见表 6-2。）

问题：你能把克雷佩林的精神疾病分类与对精神疾病的现代分类进行对比吗，比如 DSM-5（《精神疾病诊断与统计手册》）和 ICD-10（《疾病和有关健康问题的国际统计分类》）？克雷佩林确定的原始类别与现代的分类有几分类似？

表 6-2 埃米尔·克雷佩林对精神疾病的分类

类　　别	一些案例和症状
感染性精神病	精神错乱和精神病症状，被认为与感染或发烧有关
耗竭性精神病	慢性神经衰弱、急性精神错乱
中毒性精神病	急性中毒、慢性酒精中毒、慢性吗啡中毒和可卡因中毒

（续）

类　别	一些案例和症状
甲状腺精神病	克汀病
早发性痴呆	方向感、思维、注意力、情绪和意志方面的障碍；幻觉。表现为三种类型：青春型、紧张型、偏执型
麻痹性痴呆	思维、判断、记忆、行为、言语和情绪方面的障碍。表现为好几种形式
器质性痴呆	与器质性问题有关，包括多发性硬化症、脑肿瘤、脑溢血或脑外伤
内倾性精神病	忧郁症（症状是内疚、虚无主义、思维困扰等）和老年性痴呆
躁郁性精神病	躁狂状态、抑郁状态和混合状态
偏执狂	爱抱怨的精神病：反常的怀疑和指控
癫痫性精神病	伴随癫痫的精神障碍，包括谵妄和梦游症
心因性神经症	表现为人格改变、疑病或炫耀行为的癔症性精神病；创伤性神经症
体质性精神病状态（又称疯狂或退化）	神经质、强迫性精神病（包括恐惧症和折磨人的想法），冲动性精神病（包括杀人的冲动、流浪的冲动、纵火和盗窃癖）；相反的性取向
病态人格	天生的罪犯（道德错乱），易变的、病态的说谎者和骗子，伪装的爱抱怨者（有诬告罪的倾向）
有缺陷的心智发展	低能和白痴（一种更严重的低能）

资料来源：Kraepelin（1883）.

克雷佩林的分类法标志着对精神疾病分类的医学模式的发展。他最感兴趣的是精神疾病的症状、它们是如何发生的，以及这些症状能否被治愈。这种分类法成为当代精神疾病分类的早期基础。

▽ **网络学习**

在同步网站上，查看 20 世纪早期可识别的一些其他的心理机能障碍。

问题：请根据你的看法，找出最适合那时若干诊断类型的当代定义。

6.3.2　关于精神疾病的两个假设

19 世纪末，出现了两种关于精神疾病的一般假设。根据第一种假设，精神疾病的原因是自然的或器质性的。在大脑和神经系统的工作中，应该有可识别的结构异常或机能障碍（Osborne，2001）。第二个假设强调社会和心理因素对精神疾病的重要性。这一观点的支持者们认同精神疾病的自然基础，但环境和心理因素也起着非常重要的作用。在某种程度上，这两种观点的竞争影响了关于心理学家和医生的角色和责任的辩论。

第一种生物医学的取向有着悠久的历史。早在 18 世纪，看得见的心理机能障碍有着潜在的生理机制这一观点就出现在各种医学刊物上。一位英国医生威廉·巴蒂（William Battie），在《论疯狂》（*A Treatise on Madness*）（1758 / 1962）中写道：大脑中的血管肌肉痉挛导致了神经障碍和压迫，这可能又会导致表现为精神疾病症状的各种情绪和感觉。他会为病人提供特殊的抗痉挛药物，比如阿魏胶（asa-

---

知识检测

1. 跟据克雷佩林的分类法，循环性精神病指的是什么？
 a. 过度恐惧　　　　b. 暴力行为
 c. 多动症状　　　　d. 躁郁症
2. 在克雷佩林的分类法中，什么是紧张症？

 a. 慢性疼痛　　　　b. 抑制行为
 c. 睡眠问题　　　　d. 过度焦虑
3. 在早期的分类法中，"亢奋"和"低落"的症状指的是什么？

fetida）。1793 年至 1794 年，意大利医生文森佐·基亚鲁吉（Vincenzo Chiarugi）出版了一套三卷本的《论精神病及其分类》（*On Insanity and Its Classification*, 1793/1987），他在书中声称异常的心理症状可能是大脑病变的结果。1815 年，俄罗斯教授 I. I. 埃内霍尔姆（I. I. Enegolm）在他的著作《疑病症及其治疗的简要观察》（*A Brief Observation of Hypochondria and Its Treatment*）中写道，严重的抑郁症状一定与身体内部器官的机能障碍有关。

大约在同一时期，本杰明·拉什（Benjamin Rush，1745—1813），美国对精神疾病研究最伟大的贡献者之一（也是独立宣言的签署人，一位化学家、作家和教育家），出版了一本教材，书中表明血管功能异常是异常心理症状的原因（Rush，1812/1979）。亨利·莫兹利（Henry Maudsley，1835—1918），一位英国执业医生，也是著名的《精神科学杂志》（*Journal of Mental Science*）的编辑，强烈认为神经系统疾病是精神病理学的原因（Maudsley，1870）。执业的德国精神病医生，比如威廉·葛利辛格（Wilhelm Griesinger，1817—1868）提出了一个类似的观点，他认为医生应该了解心理机能障碍的解剖学和生理学性质。

在寻找精神疾病致因的过程中，研究者的注意力不可避免地转向了特殊的大脑区域尤其是生理机制。

6.3.3 搜索大脑

英国的托马斯·莱科克（Thomas Laycock，1812—1876）出版了《心灵和大脑》（*Mind and Brain*）一书，他从进化的角度描述了大脑的功能（Laycock，1860/1976）。他写道：按照进化论原则，大脑的最低层和脊髓是最古老的，它们负责简单的反应。大脑的中间层（包括小脑），负责更复杂的肌肉活动。额叶是进化的最新产物，它负责思考。然而，大脑顶部的组织化程度最低，而且更易受环境的影响。例如，一种毒性药物影响了额叶，会因此削弱它们对大脑底层产生的冲动的控制能力。这种识别大脑较高或较低中心的方法变得流行。另一位英国神经病学家 J. H. 杰克森（J. H. Jackson，1884/1931）的研究表明，较高的中心调节高级和理性行为，而较低的中心负责原始的、幼稚的或反社会的行为。神经科学家认为，大脑的结构与稳定的行为特征有直接联系。心理学家也认同这个观点，这一观点在某种程度上激发了后来对大脑整合功能的研究（Sahakian，1968）。

脑创伤与病理学

神经病理学的研究引入了新的方法论，其中最有前途的是**临床 - 病理学方法**（clinical-pathological method）。这种方法的支持者将病人异常症状的临床观察与大脑病理学的可靠数据做对比，这些数据最有可能是从病人大脑的尸检报告中获得的。不寻常的心理行为看起来与身体、大脑或神经系统有关，或者它们是结构损伤或机能障碍的结果（Taves，1999）。一些特殊的案例引起了人们的关注。

菲尼亚斯·盖奇（Phineas Gage）的案例成为心理学和精神病学史上最著名的事件之一。它提供的证据表明，某些大脑区域的破坏可能严重影响重要的心理功能。由于其不寻常的情况和结果，这个案例一直吸引着几乎每个爱好心理学的人的兴趣（Macmillan，2000a，2000b）。到今天为止，已经有好几本书对这个主题进行了探讨。法国医生保罗·布洛卡（Paul Broca，1824—1880）呈现了另一个全球闻名的案例。他展示了在语言器官没有瘫痪的情况下，言语的丧失或者叫失语症与大脑第三额回的病变联系在一起。这并不意味着额叶是专门负责言语的，一个人言语的能力基于好几项大脑功能。1861 年，布洛卡在他的文章中总结道：大脑左半球的问题只能表明一个人没有输出语言的能力。

▽ **网络学习**

在同步网站上，阅读更多关于菲尼亚斯·盖奇和"Tan 先生"的案例信息。比较这两个案例，找出它们之间关键的相似和相异之处（物理损伤的原因，它是如何被确认的，症状的严重程度等）。请搜索可能类似这两个案例之一的当代例子。

德国医生西奥多·梅涅特（Theodor Meynert，1833—1898）试图创造一个精确定位的理论，根据这个理论，研究者和医生可以找出大脑皮层某些区域的病理和各种心理障碍之间的因果关系。梅涅特与当时的许多同事一样，使用显微镜在脑细胞中寻找病理症状的潜在根源（Seitelberger，1997）。梅涅特发现大脑皮层的某些沟回负责语言理解（Whitaker & Etlinger，1993）。梅涅特最杰出的学生之一卡尔·威尔尼克（Carl Wernicke，1848—1905），在26岁时出版了一本关于失语症（aphasia）的书，他在书里描述了与口语理解力丧失和说话能力受限有关的症状。他表明，大脑一个看似无关紧要的损伤，比如中风，就可能引发严重的心理障碍，比如，病人无法理解口语。这一发现使他在很年轻时就获得了广泛的国际认可。

正如临床–病理方法所显示的，关于心理功能与大脑的解剖结构密切相关的假设，在许多国家的专业人士中获得了众多和热情的支持者（见表6-3）。

临床–病理学方法的支持者（有时称为解剖学家）认为，神经科学在解释精神疾病方面接近一个重大突破。大脑似乎是一个复杂但可以理解的机器，具有相互连接的部分，每个部分发挥自己的心理功能。不同的大脑中心似乎负责不同的心理功能。这项任务看似很容易：识别大脑中特定的机能障碍，并将它们与通过行为或心理观察到的心理异常联系起来。

解剖学家的热情是鼓舞人心的，但他们的主要观点过分简单化。这是还原论（reductionism）的一个例子：试图通过另一套简单的系统，如解剖学或生理学，来解释一套复杂的事实、观念、行为或结构（第3章）。无意中，一些热心的解剖学家甚至又退回到了颅相学的基本假设（Franz，1912）。

这种还原论观点的批评者提出警告：即使最令人叹服的临床事实，如布洛卡呈现的案例中，也不能确保大脑各个部分负责独立的行为或心理功能。为了拒绝还原论的假设，研究者展示了这样的证据：两个不同病人看起来相似的大脑异常不一定导致类似的心理症状。此外，相似的病理症状不一定是由同样的大脑病理引起的。在布洛卡的历史性观察很多年后，对于类似案例中的言语丧失背后的神经心理异常，专家们仍然争论不休。例如，有些病人被诊断出相似的大脑病理，但是表现出不同的心理症状：有些人失去了说话能力，但读写能力仍然很好（Fox, Kasner, Chatterjee, & Chalela，2001）。

我们从功能定位理论中学到的重要一课是：它正确地表明，特定的大脑区域与某些一般行为和心理功能相联系。但是我们必须记住，这些大脑中心不是独立运作的，它们的功能持续受到大脑其他部分活动的影响。

表6-3　关于大脑与行为异常之间联系的发现

安东尼–劳蕾特·贝尔（Antonine-Laurett Bayle），1822	法国医生，最早将神经梅毒的心理症状与脑膜的慢性炎症联系起来的医生之一
玛丽–琼–皮埃尔·弗洛伦斯（Marie-Jean-Pierre Flourens），1824	提供了第一个大脑内部功能定位的实验论证；高级的心理功能共同运作，传遍整个大脑
皮埃尔·保罗·布洛卡（Pierre Paul Broca），1861	报告在对失语症病人大脑尸检的过程中，发现左额叶有一处表层损伤
古斯塔夫·西奥多·弗里奇和爱德华·希齐格（Gustav Theodor Fritsch and Eduard Hitzig），1870	提供了大脑皮层特定区域与肢体运动有关的证据；这一发现使电生理学成为实验探索大脑皮层功能定位的一种方法
卡尔·威尔尼克（Carl Wernicke），1874	描述了记忆和言语丧失的生理原因；描述了毒素和药物对情绪和行为的影响
戴维·费里尔（David Ferrier），1876	确定了大脑中嗅觉中枢、听觉中枢和视觉中枢的位置
赫尔曼·芒克（Hermann Munk），1878	描述了位于枕叶的视觉皮层
圣地亚哥·拉蒙·卡哈尔（Santiago Ramón y Cajal），1894	确立了神经连接功能的基本原则。他宣布，神经系统是由数十亿独立的神经细胞组成的

资料来源：Broca（1861），Ferrier（1873），Flourens（1824），Fritsch and Hitzig（1870），Munk（1878），and Wozniak（1992）。

不仅是大脑，整个神经系统也吸引了科学家的注意。尽管科学家之间存在分歧，但他们相信，如果神经系统的功能不正常，就可能引起个体的异常心理症状。

6.3.4　研究神经系统

大约 300 年前，一位知识渊博、旅行经历丰富的英国医生查尔斯·佩里（Charles Perry），发表了一篇论文——《论疯狂的成因与本质》（On the Causes and Nature of Madness，1723），他声称精神疾病是整个神经系统的一种机械缺陷，这种缺陷影响了它自身的功能。后来，1740 年，乔治·切恩（George Cheyne）在英国发表了《论养生》（An Essay on Regimen），其中写到神经疾病的存在一定有一般性的生理原因。他在 1755 年写了一本书，内容有关一种基于人体内分泌缺陷的神经紊乱。

佩里和切恩以及他们的追随者相信，一般而言像身体一样，神经系统也在一组参数之内发挥功能。任何严重偏离这些参数的情况，都可能会导致心理问题。这种推理呼应了早期的身体精气或神经流体的科学理论（第 3 章）。据称，这种精气通过血管或神经与其他体液混合，并最终形成了一个人的情绪状态。关于流体和精气的科学概念在 18 世纪以后就不复存在了，但是它们所依据的原则仍然存在。神经系统"失去平衡"这一观点仍然非常流行（Sutton，1998）。例如，今天，关于中国和日本整体疗法的几个重要观念——身体、心理和环境之间平衡互动的重要性，在许多研究者和从业者中间重新受到欢迎（这还不包括世界各地数百万的普通人群）。

神经疲劳

在 19 世纪，关于神经系统衰竭作为异常心理症状的一个原因的观点也流行起来。一个持续承受压力的紧张个体就可能有患上神经疾病的风险。因此，任何舒缓身体和心理的措施都应该能改变消极症状。在欧洲，靠近矿物质水源的休闲中心成为重要的旅游胜地。人们都认可这个观点：矿物质水源、度假胜地的放松气氛、合理的饮食和适度的体育锻炼，结合在一起会对他们的情绪问题起到显著的疗效。像

英国的巴斯、德国的威斯巴登、捷克的卡罗维瓦里（卡尔斯巴德）和俄罗斯的矿水城（Miveralnye Vody）这样的地方在富人和壮大的中产阶级中极受欢迎。所谓的"神经与矿泉治疗医生"获得认可。

为什么这些矿泉度假中心和治疗程序很受欢迎？神经需要休息这个观点看起来合理，甚至有科学依据。关于著名矿泉中心的广告频繁出现在杂志和报纸上，杂志和报纸是当时新兴的和强大的信息来源。在发达国家，有更多的人享受工作假期，更多的人可以负担去往这些度假胜地的短期（几个星期），甚至更长时间（几个月）的旅程。此外，将人们的心理问题解释为神经的耗竭，会让他们感到更舒服。比起任何被贴上"精神疾病"标签的问题，"疲劳的神经系统"引起的问题听起来要好得多。

当代健康心理学积累的证据表明，没有显著压力、定期放松、适当的饮食和身体锻炼，对身体和主观幸福感有积极影响（Lewis，2001）。我们知道，有时候，远离每日例会、紧迫的责任和最后期限这种高压环境有多么重要。然而，尽管矿泉度假胜地在减轻压力和焦虑方面相对有效，但它们无法治疗许多其他的心理障碍，特别是严重的心理障碍，包括重度焦虑问题、双相症状、长期妄想或抑郁症。

在寻找更好地理解精神病理的过程中，更多专家转向了遗传因素。

6.3.5　转向遗传

精神疾病，特别是严重精神疾病的遗传因素，受到的关注最多。如果某种形式的精神疾病通过代际遗传，会有怎样的表现？

法国医生贝内迪克特-奥古斯丁·莫雷尔（Benedict-Augustin Morel，1809—1873）创造了**退化**（degeneration）这个术语，指的是生理和心理特征的代际回归。他考查了许多智力和学习能力减退的个体的案例史。他研究了个体的家庭情况，特别是那些涉及贫困、身体疾病和药物滥用的家庭。莫雷尔宣称，特定的行为和心理特征是遗传传递的结果。一些批评者错误地宣称，莫雷尔认为具体的异常特征来自遗传。事实上，莫雷尔的结论并非那么粗暴。

根据他的观点，人们只是遗传了神经系统对行为和心理障碍或缺陷的易感性。如果一个人生活在持续穷困、暴力侵犯、缺乏照顾、酒精或药物滥用的环境中，这些易感性就会演变成症状。他的结论是：在缺乏社会支持或医疗照顾的情况下，这些个体的遗传性会被削弱，并将这些削弱的性状传递给他们的后代。举个例子，如果一个祖父有一些令人困扰的心理症状，他的儿子或女儿会有更加显著的心理症状，如果他们的社会条件继续很差的话。然后，他们的孩子生活在类似的条件下，有可能出现严重的发展迟滞，这最终有可能导致第四代的不孕不育（Morel，1857/1976）。莫雷尔的观点在法国和其他国家开始广泛传播，几十年来仍然有影响力。

退化理论得出的结论超出了其最初的和谦逊的研究目标。对一些人来说，这些理论似乎解答了一个很难回答的问题：为什么存在暴力、酗酒和无家可归的现象？答案是：遗传。因此，他们推理说，社会必须阻止一些人结婚生子。政府强制绝育被用于处理某些形式的精神疾病和异常行为（Pick，1989）。还有一些人相信社会隔离的作用。美国人亨利·戈达德（Henry Goddard）著有《低能：原因及后果》（*Fee-ble-Mindedness: Its Causes and Consequences*，1916）一书，他主张对弱智人口进行强制性社会隔离，以便

社会总人口的生物构成水平最终提高。这些观点和类似观点的支持者提出了**社会卫生运动**（social hygiene movement），这个运动由知识分子和医疗保健专家组织发起，他们的观念由达尔文主义、进步主义、社会工程学（第5章），不幸的是，还有偏见混合而成。

我们应该在适当的文化语境中理解社会卫生运动。莫雷尔将退化与社会行为联系起来的观点并不新鲜。19世纪末，许多知识分子都有这样的忧虑：社会似乎无法通过教育和关怀来改变生活。学者们开始质疑社会进步的可能性：在他们看来，有些人是无法改善的。因此，这种提议作为一种补救许多社会弊病的方法获得了支持。历史给我们的一个教训是：尽管许多受过教育的人意图良好，他们投身于社会工程学，但没有预见到它的恶果。

到20世纪初，遗传是精神疾病的一个重要原因的观点已经形成，与此同时，另一种思想流派也出现了。其他的研究者和医疗从业者转向研究引发和促成精神疾病的社会和心理因素。

6.3.6 关注社会和心理原因

爱德华·肖特（Edward Shorter）在《精神病学史：从收容所到百忧解》（*A History of Psychiatry*，1997）中写道，我们有一个长期以来将精神疾病解释为社会

案例参考

精神病理学和道德判断

与犯罪活动和怪异行为有关的轰动效应助长了某些理论的流行。理查德·冯·克拉夫特–埃宾（Richard von Krafft-Ebing，1840—1902）著有《性心理病理学》（*Psychopathia Sexualis*）一书，他在书中对人类性行为进行了详细分析。这本书出版于1886年，书中指出，精神病是心理退化的一种形式，也是犯罪行为最重要的原因。根据克拉夫特–埃宾的说法，退化的人要么完全没有性感受，要么他们的性欲明显异常。由于他们无法控制自己的冲动，因此转向不同形式的异常性行为。他描述了若干种病理性性行为，包括自我暴露、手淫和同性恋，他认为这些都是明显的退化特征。

今天，《性心理病理学》被作为一个例子，说明一

个学者多么容易误用科学去做出道德判断和开出处方。由于他宣称退化的人参与手淫和同性恋，因此他自然地假设这类性行为都是"坏的"，例如，他认为任何手淫的人都是需要医学治疗的病人。别忘了，在19世纪（甚至更晚的时期），手淫被公认为是一种病态行为，甚至是一种严重的慢性疾病，需要治疗干预，有些时候甚至需要体罚。在那个时代的出版物和公共演讲中，医生、心理学家和精神科医生通常都将手淫和同性恋视为退化和病理的表现形式。

题：你是否认为今天有一些我们认为不正常的、病态的行为，可能会被未来几代人看作正常、可以接受的？你认为这样的行为有哪些？

问题后果的智性传统。贫穷、惯常虐待、不公正、创伤性事件，这些都可能对一个人的情绪稳定性、思维和行动造成长期和深远的影响（Goldney & Schioldann，2002）。我们的挑战在于解释社会因素是如何影响精神疾病的。在医学史上，这种方法被贴上浪漫主义精神病学（romantic psychiatry）的标签。这种乐观和理想主义观点的支持者是一些社会进步人士，他们认为补救精神疾病的措施是社会变革。其他人主张的观点没那么激进，他们只关注治疗的道德因素。

这种取向的一个早期代表人物是让 – 菲利普·埃斯基罗尔（Jean-Philippe Esquirol，1772—1840）。他认为，一个人生活中戏剧性或困难的事件可能会引发令人痛苦的心理症状。由于把统计方法引入了临床研究，他认为精神疾病最常见的原因是情绪问题。他将情绪异常这种心理原因进行了分类，比如极度的愤怒、过度的爱和经济担忧。莱比锡（萨克森州，德国）的精神病学教授约翰·克里斯蒂安·海因洛特（Johann Christian Heinroth，1773—1843）呼应了埃斯基罗尔的观点，他在 1823 年出版的《心理卫生教材》（*Textbook of Mental Hygiene*）中指出，人们的激情可以导致某些人极度绝望或道德败坏。当极端的激情泛滥，个体就停止了理性行动。道德指导应该帮助那些难以克服心理问题而饱受折磨的人们（Shorter，1997，p.31）。

另一位法国学者埃米尔·涂尔干（1858—1917）是一位有影响力的社会学家和人类学家，他描述了影响自杀行为的社会和心理因素。他基于社会条件和个体反应提出了几种类型的自杀，从而使自杀这一行为现象可供科学研究（Durkheim，1897/1997）。当一个人感到孤独、被遗弃或被虐待时，就可能发生利己型自杀（egotistic suicide）。这些个体认为他们的死会在某个特别因素上有积极影响，他们的死意图在于吸引其他人的注意。利他型自杀（altruistic suicide）则是为了这个人所属的团体而献身，它可能是群体压力的结果，也可能是想要赢得声誉。例如，直到 20 世纪中期，日本仍在实行的切腹自尽（自我开膛）或切腹（用类似切腹的方式但有他人协助的自杀）就是利他自杀：个人为了挽救自己的声誉而死。在过去，一些虔诚的印度教寡妇也会出于习

俗而自杀。在西方文化中有一个不成文的军事法规，要求军官（尤其是高级军官）在遭受屈辱的情形下自杀。宿命型自杀（fatalistic suicide）发生在个体失去希望的时候。与 100 年前一样，当代的自杀行为也包括许多种情况，使人衰弱的疾病、金钱上的损失、爱人的性背叛等各种事件都会引发自杀行为。最后，失范型自杀（anomic suicide，anomic 意指 "没有规范"）发生于社会快速变迁的时代。事实上，涂尔干特别关注 19 世纪末期在西欧形成的新的、易产生压力的工业社会和城市文化。

学者和医生也转而探究精神疾病的心理因素。德国医生亚历山大·海恩多夫（Alexander Haindorf，1782—1862）是最早提出这种观点的人之一，他认为精神疾病的一种重要成因是个体内心的冲突，它与生理原因一起发挥作用。恩斯特·福伊希特斯莱本（Ernst Feuchtersleben，1806—1849）认为是精神疾病是一个发展性问题：精神状态是正常的但没有充分发展。弗里德里希·格鲁斯（Friedrich Groos，1768—1852）将精神健康定义为个体的自然力和行为之间的和谐状态。当自然力受阻，疾病就发生了。身体症状和心理症状相互影响。焦虑可以引起高血压，而高血压也会加重个体的担忧（见图 6-1）。

解剖学、生理学和社会科学推进了关于精神疾病及其根源的科学知识。从实际的角度来看，至少有三个重要的问题需要回答。第一，应该由谁来诊断和治疗精神疾病？第二，应该用什么样的治疗方法帮助患有精神疾病的人？第三，谁可以提供研究、诊断和治疗精神疾病的资源？

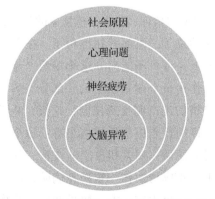

图 6-1　20 世纪初关于精神疾病成因的观点

1. 英国医生威廉·巴蒂在《论疯狂》一书中，将精神
   疾病的原因解释为：
   a. 血管肌肉痉挛　　　　b. 超重
   c. 持续的压力　　　　　d. 以上全部
2. 莫雷尔将生理和心理特征的代际回归称为什么？

a. 普遍下降　　　　　b. 普遍化
c. 退化　　　　　　　d. 普遍倒退
3. 什么是社会卫生运动？
4. 请解释临床－病理学方法。

6.4　早期的治疗尝试

20 世纪初公认的观点是，在行为和神经系统问题领域受训的医生应该成为精神疾病的诊断者和治疗者。心理学家逐渐接受了辅助者的角色，帮助医生收集关于心理机能障碍的症状、动态和结果的信息。不幸的是，精神科医生不能成功治疗大多数被辨识出的心理障碍。这是一个悖论：生物学和生理学提供了关于大脑和神经系统功能的新知识。然而，这方面的知识在实践上提供的帮助很少。

此外，考虑到日益增长的治疗需求，专攻精神疾病的医生数量是微不足道的。在工业国家，由国家资助的医疗心理服务范围非常有限。在贫穷国家，几乎不存在这样的服务。少数的私人机构对广大群众来说遥不可及。临床研究主要依靠微薄的大学工资、不充足的医院预算和早期专家不间断的热情。大多数症状最严重的精神病人被限制在所谓的精神病院里。

6.4.1　在哪治疗？精神病院

一家典型的精神病院是一栋独立的建筑；或者是一个封闭的院子，里面有几栋房子。在大多数情况下，病人未经许可不能离开这个场所。监视和清点人数是工作人员众多责任中的一部分。病人的日常活动被严格的规章制度所控制：吃饭、睡觉、工作和娱乐。特别日志中包括的信息有：每个病人的习惯、日间的谈话、病人和员工的友情，甚至病人提出的请求。要成功运作一家精神病院，纪律和秩序看起来是必不可少的。大多数早期的精神病院足够

大，可以容纳数百名病人。也有一些比较小的机构，只能容纳几十个病人。

几个世纪以来，欧洲或其他国家，比如中国，一直存在照顾受灾者或孤儿的项目（Mungello，2008，p.47）。为精神病人建立的收容机构出现在几百年前。英国在 18 世纪末开始建立这样的精神病院。俄国在 19 世纪上半叶开始开展类似的项目。美国的第一批精神病院开设在费城、威廉斯堡（位于弗吉尼亚）和纽约。其他国家，包括加拿大和南非，在 19 世纪晚期建立了精神病院（Louw & Swartz，2001）。美国和英国的精神病院体系在很大程度上是分散式的。然而，在大多数欧洲国家，中央政府在精神病院的创办、融资、监管和维护中发挥着重要作用。谁最终被送进这样的机构？主要是那些由于酒精成瘾或智力迟钝而被诊断为精神失常或严重残障的人。

精神病院承担着几个重要但有争议的功能。第一，它们使一些暴力分子不能实施暴力，因此为他们的家庭和社区减轻了负担。然而，许多精神病院事实上很快变成那些没有外出能力、通常被家庭嫌弃或遗弃的人的聚集之地。此外，除了接收有严重心理症状的人之外，精神病院还经常吸引了许多骗子、小罪犯或其他不适应社会的人。一些精神病院的做法与现实情况变得矛盾。例如，许多英国精神病院有一项开门政策，允许它们的大部分病人在任何时间自行离开。这项政策当然产生了不可预见的问题，因为有些病人获得自由就太危险了。

第二，精神病院应该提供治疗。一个常见的假设是：通过隔离一些存在问题的个体，社会为他们提供治疗，从而解决精神病的问题。在某些情况下，

临时的社会隔离、定期的体育锻炼、有计划的日常活动和适度的饮食，为某些病人提供了救助。在其他大多数情况下，人们很少或没有显示改善的迹象。过度拥挤的条件环境和缺乏有效的治疗方法加重了病人的症状。根据性别、种族和社会阶层进行隔离，给予病人不平等的待遇，也是一种广泛的做法。例如，据报告描述，19 世纪中期美国和印度的精神病院，其设计就是为了避免不同种族和社会背景的病人混合而住。尽管所有病人待遇平等是必要的，但社会底层的病人通常被送入过分拥挤和资源更少的机构（Grob，1994）。

第三，精神病院为医疗专业人员提供了一个独特的机会，去收集各种精神疾病症状的实证数据，并且试验各种各样的治疗方法。然而，由于没有对精神疾病的清晰理解，没有系统的观察和其他收集数据的可靠方法，大多数研究并没有产生重要的结果。

总而言之，最早的精神病院为入住其中的人提供了庇护、食物和安全。这些精神病院的主要目标是为每位病人提供人性化和个性化的治疗。后来证明这是一个令人气馁的任务。每个机构迅速增加的病人数量使个性化的治疗变得几乎不可能（见表 6-4）。

表 6-4　19 世纪和 20 世纪早期精神病院的功能

剥夺能力	精神病院起到剥夺能力的作用。精神病院使那些被认为对自身或他人有危险的暴力个体无法行动，从而为家庭和社会减轻负担。然而，精神病院很快变成那些被家庭嫌弃的、不能再行使个人权利的人的聚集之地
隔离	精神病院将那些被视为尴尬的、有问题的或不可接受的人隔离起来，从而制造出一种社会印象：精神疾病的问题以某种方式被解决了
研究	精神病院提供了机会去收集关于精神疾病的实证信息，并对治疗方法的有效性进行实验。然而，这些收集数据的方法经常是不可靠的
治疗	一些精神病院提供了一系列治疗程序，通常仅限于工作、运动或饮食。不幸的是，专家们并不认可这些治疗的主要原则和方法

6.4.2　如何治疗

1763 年，法国医生皮埃尔·珀姆（Pierre Pom-me）推荐使用鸡汤和冷水浴，作为缓解疲劳和情感空

虚的措施。在以后的日子里，尽管鸡汤这个处方没有获得医生的支持，但冷水浴受到了欢迎。事实上，那些有暴力或躁狂症状的病人经常在违背自身意愿的情况下被放入这样的浴缸。正如你所记得的，医生能相对自由地选择任何治疗方法并研究其有效性。好奇心往往引导着实验程序。医生们经常遵循一些流行的假设。例如，许多医生认为人体需要"清洗"，以消除自身令人烦恼的心理症状。因此，泻药成为一种广泛使用的应对许多种症状的处方。一些医生甚至将冷水浴、泻药和放血结合在一起，作为一种清洗身体有害元素（不管它们是什么）的方法。

许多医生通常在病人身上实施危险的实验，给他们开鸦片或吗啡之类的药物。医生也依赖于机会或直觉寻找合适的药物。只有少数实验取得了显著的效果。在 19 世纪晚期，丹麦精神病学家弗里茨·兰格（Fritz Lange）报告说，他和他的同事在治疗情感障碍时经常使用锂元素。他们错误地认为，锂盐可以纠正异常的尿酸水平，并且能够治疗躁狂和抑郁的症状（Schioldann，2001）。尽管他们对于锂元素所起到的生理效果的解释是错误的，但是锂元素后来被公认为治疗双相障碍症状的有效药物。

在寻找治疗方法的过程中，其他医生转向不使用药物的方法。有些治疗师选择了秩序疗法。例如，恩斯特·霍恩（Ernst Horn，1778—1848），负责管理一家精神疾病医疗机构的德国军医，他认为纪律和给予病人清晰的指令可以彻底地改善他们的身体状况，从而也改善他们的精神状态。病人不应该漫无目的地消磨他们的时间。他们应该参与到有组织的一天中，这最终将反馈给他们——他们有控制自身症状和生活的能力。其他治疗师则选择不同的方法。

1. 道德治疗

医生知道某些精神疾病可能由病人生活中严重的不幸所致。因此，要恢复到正常的精神状态，病人就应该体验到同情和信任。渐渐地，通过学习和希望，他或她可以恢复丧失的良好行为品质。这种治疗方法被称为**道德治疗**（moral therapy）。在大多数情况下，这种方法与道德问题没什么关系。然而，

由于这种治疗是对病人进行物理约束和隔离的一种替代方法，这个术语仍然沿用了一段时间。

这种方法的追随者认为，为了实现治愈，精神病患者应该恢复他们的理性能力。为了重获理性，临床机构中应该存在一些特殊的条件。法国医生菲利普·皮内尔（Philippe Pinel，1745—1826）是早期主张在治疗中倡导同理心的人。他认为，严重限制病人的自由会影响他们的尊严，使治愈的机会变得更小。在意大利，医生文森佐·基亚鲁吉（Vincenzo Chiarugi，1759—1820）在一本书（1793/1987）中，强调了对精神病院的患者进行人性化治疗的重要性。他在佛罗伦萨的个人诊所里运用这种方法。

在20世纪，精神病患者应接受专业治疗的观点在其他国家也越来越多地被人们接受。南非第一位精神卫生委员约翰·邓斯顿（John Dunston）研究了欧洲和美国的心理卫生保健。他开始相信，心理卫生保健需求的增长可能超过了监管部门所提供的数量。邓斯顿提议，心理学家应该被任命到诊所的不同职位以及南非智力测试标准化的任务中（Long，2013）。

在美国，人权倡导者多萝西娅·L.迪克斯（Dorothea L. Dix，1802—1887）领导了一场为生活在精神病院的人们创造文明环境的运动。她前往美国各地检查为精神病人提供的设施。她报告了那些被家庭成员抛弃的痛苦的人们在不人道的条件下度过他们的生活。部分由于她宣传的功劳，1855年，联邦政府在华盛顿投资建设了公立精神病医院，这所精神病院是同类机构中规模最大的一所（Wilson，1975）。

多萝西娅·L.迪克斯拥护精神病患者的权利，并呼吁在精神病院为他们提供人道的治疗。

除了为病人提供相对的自由，道德治疗的支持者还提供了关于良好习惯和个人卫生的课程。一些精神病院推动宗教教育，其他的精神病院则引入绘画、音乐、园艺或木工课程。在法国，纪尧姆·费鲁斯（Guillaume Ferrus，1784—1861）曾在皮内尔的领导下在巴黎的比塞特医院（Bicêtre Hospital）工作。后来作为精神病院的总监管，他引进了职业疗法，一种通过工作进行的道德治疗。虽然他支持精神疾病的生物医学疗法，但他也认为，有些人是由于面临艰难的境况而变得软弱。因此，在监管下进行工作可以恢复一些患者的信心，并最终可能扭转他们的异常症状。俄国医生P. A. 布特科夫斯基（P. A. Butkovsky，1801—1844）也认为，因为精神疾病是一种感觉过程的分裂，所以精神病院的结构化环境应该有助于恢复感觉的平衡（Yaroshevsky，1996）。

越来越多的专家研究并使用基于讨论或说服的特定治疗形式。他们认为，如果精神疾病的原因是过去的不幸或严重的个人分裂，那么病人应该能够在一位有爱心的专家的帮助和建议下从病痛中恢复过来。

2. 心理疗法

病人可以发展新的技能并获得对自己的心理疾病的洞察，这样的假设获得了支持。至少出现了三个专业兴趣的领域。第一个领域是对病人过去的研究：详细地了解病人的人格、习惯或问题，会帮助治疗师做出有益的治疗决策。第二个领域是研究病人和治疗师之间的互动。第三个领域是研究病人在理解和自我完善方面的个人能力。

心理治疗的支持者看到精神病院存在的缺陷。他们认为，精神病院收容了太多症状严重且无法治愈的人。在那里，那些症状可以治愈的人找不到一个健康的心理环境，进行交流和自我完善。这种绝望减少了他们从疾病中康复的机会。这个重要的假设今天仍然被认可。

更多的专业人士相信谈话和说服的治疗力量。例如，如果一个病人表现出持续的焦虑，与治疗师进行友好的讨论将有助于缓解一些担忧。其他的临床医生转向不同形式的说服。麦斯麦和催眠术作为治疗方法重现江湖（Quinn，2007）。你还记得，安东·麦斯麦（第1章）宣称许多疾病，包括精神疾病，都是由于一种无形液体的正常流动被扰乱所引起的；这种液体被称为"动物磁力"。麦斯麦认为，一个训练有素的医生能够学会找到造成液体流动被扰乱的阻塞处，然后通过触摸或按摩消除阻塞，从而治愈病人（Schmit，2005）。一些医生和业余爱好者公开游行，发表演讲，并承诺治疗各种精神症状。那些参与这样的聚会的人经常称自己为"心理学家"或"精神治愈者"。许多来访者报告他们的慢性疼痛症状、睡眠有所改善，或者头痛消失了。这些人真的感觉好些了吗？150 年前，没有严格的实验方法来验证这些医治者的言论。然而，今天，我们知道了安慰剂效应（placebo effect）的力量：人们相信他们变得更好，是因为他们想要感觉更好。

一个有些类似的现象——催眠术，在欧洲和美国流行起来。这种现象最初被苏格兰医生詹姆士·布雷德（James Braid，1795—1860）描述为"神经性睡眠"（nervous sleep）。后来布雷德创造了神经催眠学（neurohypnology）的概念，简称为**催眠学**（hypnology）：对神经性睡眠的成因和影响的研究。由于目睹了麦斯麦的催眠演示，布雷德在他 1843 年出版的《催眠学》（Neurypnology），又名《神经性睡眠的基本原理》（The Rationale of Nervous Sleep）中提出，神经性睡眠是由眼睑肌肉的麻痹所致（Braid，1843/2008）。英国医生约翰·埃利奥特森（John Elliotson）将神经

性睡眠解释为超浓缩的记忆（1843）。法国的沙可（Charcot）观察到，那些容易进入催眠状态的人可能有癔症症状，这表明两种现象有着共同原因。其他治疗师提出，催眠疗法可以用来说服病人消除他们的癔症症状。

心理治疗这一术语的早期应用经常与催眠联系在一起。1887 年，两位荷兰治疗师，弗雷德里克·W. 凡·伊登（Frederik W. van Eden，1860—1932）和艾伯特·W. 范·兰特汉姆（Albert W. van Renterghem）在阿姆斯特丹开了一家诊所——称为心理治疗建议门诊，将催眠作为一种治疗方法。在美国，鲍里斯·席德斯（Boris Sidis，1867—1923），一位受过训练的心理学家和医生，出版了《暗示心理学》（The Psychology of Suggestion）一书，他在书中对催眠作为一种治疗方法做了详细说明（Sidis，1907）。法国的希波莱特·伯恩海姆（Hippolyte Bernheim，1840—1919）对病人使用各种形式的建议，他的工作曾对年轻的西格蒙德·弗洛伊德产生过影响（第8章）。他是最早使用谈话疗法（talk therapy）的专家之一，这种方法在许多国家获得普及。例如，在日本，1917 年后一种名为森田（Morita）的治疗程序被用来治疗与严重的焦虑相关的问题。这种程序涉及心理隔离、内在反省和谈话疗法，并结合体育锻炼（Hendstrom，1994）。一些患有焦虑或抑郁症状的病人到特别设置的场所寻求帮助，在那里他们能投身于自我反省（Reynolds，1983）。

大约在威廉·冯特在莱比锡进行复杂的心理学

知识检测

1. 精神病院的基本功能是：
 a. 教育、研究和发展
 b. 睡眠、工作和放松
 c. 限制能力、治疗和研究
 d. 工作、惩罚和学习
2. 催眠是：

 a. 研究神经性睡眠的成因和影响
 b. 研究睡眠障碍
 c. 研究情绪问题
 d. 研究精神疾病的道德原因
3. 什么是道德治疗？

实验的同一时期，临床医生转向研究各种治疗方法的效果，特别是催眠的效果（Wampold & Bhati，2004）。例如，苏联医生弗拉基米尔·别赫捷列夫用催眠治疗一些行为问题，而且试图拿出治疗成功的证据。他错误地相信，在催眠过程中，治疗师和来访者之间发生了特定形式的能量交换。

总而言之，在世纪之交发生了两个重大的变化。第一，科学带来了与各种心理症状有关的可靠知识。人们开始认识到，慢性情绪紧张、忧郁症或睡眠问题是一种特殊的心理问题，可以被专业人士治疗。第二，更多这样的专业人士开始在精神病院之外工作。越来越多受过教育的和富裕的人会寻求这样一位专业人士的帮助，这位专业人士工作在一间私人办公室里，提供基于说服和推理的医学治疗。

6.4.3 第一个心理诊所和临床心理学家

一位美国心理学家的生活和工作是早期临床心理学家经历考验和磨难的典型例子。1896 年，莱特纳·威特默（Lightner Witmer，1867—1956）在宾夕法尼亚大学建立了世界上第一个心理诊所，正是在那一时期，心理学研究实验室出现在美国的几所学校里。他对研究也很感兴趣，但最重要的是，他希望发展出一个新的心理学领域，致力于帮助那些需要帮助的人。类似的诊所在其他国家也正在发展之中。

> ▽ **网络学习**
>
> 在同步网站上阅读莱特纳·威特默的传略。
> 问题：他为什么批评威廉·詹姆斯？

1. 莱特纳·威特默和早期临床心理学

威特默是早期在威廉·冯特的指导下获得博士学位的心理学家之一。詹姆士·安吉尔离开莱比锡实验室后，威特默就来到这里学习，几乎在同一时期，爱德华·铁钦纳也在这里学习。回到美国后，威特

默成为美国心理学会成员（McReynolds，1987）。1896 年 7 月，他设计并开设了一门特殊的课程，针对有严重行为、生理和心理问题的儿童。这是一年后开设的一门更先进的临床课程的早期原型。这便是临床心理学一个非正式的开端（McReynolds，1996）。

威特默是早期使用临床心理学和心理诊所这两个术语的心理学家。今天这些词汇听起来近乎普通，然而，在 100 年前它们是不同寻常的。威特默积极使用它们来推进一种新职业。在他的诊所，威特默看到转介到这里的病人通常来自学校，有时来自医疗机构。大多数案例涉及患有各种症状的孩子，比如语言能力延迟、学习问题、运动协调问题和多动症状。威特默认为，心理学家应该首先仔细观察症状，然后再进行检验治疗程序有效性的实验，最后一步才是确定提高孩子技能和克服坏习惯的治疗程序（Witmer，1907b）。

莱特纳·威特默的工作针对有严重的行为、生理和心理问题的孩子。1896 年，他在宾夕法尼亚大学创办了世界上最早的心理诊所之一。

20 世纪美国临床心理学的发展道路正如威特默大致上预期的那样。首先，他希望这一领域避免抽象的思辨。他感兴趣的是事实和可观察的行为。其次，他希望心理学专业人士使用的方法不要伤害病人的情感（Witmer，1907b）。他还希望临床心理学家与医生、教师和其他专业人员紧密合作，专注于与儿童有关的学术理论和行为问题（Routh，1996）。威特默同时身兼几种职业角色，这种做法在今天很常见。他在临床环境和私人执业中提供直接的服务，

兼有教学职务，并督导其他专家的治疗。他还必须去做行政工作和研究。

威特默认为，每个人都有超出预期的能力并充分发挥他们的才能和潜力（Witmer，1915）。这是人本主义理论后来发展的自我实现概念的前身。威特默还呼吁要谨慎解释心理测试的结果。他认为统计数字有可能掩盖一个人的真实人格。相反，威特默强调细致的临床观察和照料的重要性，并且关心学生观察技能的发展。

2. 早期的临床观察

在 1896 年的一篇文章中，威特默描述了一些症状，它们在今天可能被识别为自闭症。案主是一个 7 岁的男孩，父母受过良好的教育，但他从来没有学会清晰流利的表达。他的注意力持续时间很短，但他会将纽扣串在一起，会玩很长一段时间玩具球。这个男孩的嗅觉很敏锐，喜欢音乐。他可以根据记忆重复他听到的大部分曲调。然而，他既任性又不耐烦。

威特默也是最早对阅读障碍（dyslexia）案例进行描述的学者之一，它在今天被识别为一种学习障碍。大约在同一时期，另一位英国医生普林格尔·摩根（Pringle Morgan，1862—1934）也描述了类似的症状（Morgan，1896）。然而，威特默直到 1907 年才发表他的研究结果。这就是著名的查尔斯·吉尔曼（Charles Gilman）的案例，也被称为"慢性糟糕拼写的案例"。

查尔斯·吉尔曼是一个智力普通，拥有良好推理能力和口语技能的男孩。他可以毫不费力地记住字母的发音和几何图形，他在科学和历史科目上表现也很好，然而，他的阅读和拼写能力欠缺。他必须检查每一个字母，将它们组合在一起发音，然后读出整个单词。错误随处可见，例如，他会把"was"说成"saw"。威特默将这些症状称作"视觉言语健忘症"（visual verbal amnesia），他为这个男孩制订了治疗方案。这个方案开始于 1896 年，包括每周拜访他的诊所，以及与查尔斯的老师一起进行日常工作。这个方案的目标是教会查尔斯在不拼写的情况下识别单词。经过在诊所里几个月的治疗之后，威特默建议查尔斯在家里继续练习。尽管查尔斯的阅读水平从未达到精通的地步，但到了 1903 年，他的阅读能力有了显著提高，几乎可以阅读任何文章。不幸的是，1907 年 1 月，查尔斯死于肺结核（Routh，1996；Witmer，1907a）。

在美国，威特默对临床心理学产生了重要的影响——他引入了一种新职业。临床心理学家克服阻力，开始独立工作，但他们的工作近似于精神科医生和教育专家。他还将临床心理学定义为一种新的研究学科，与以大学为基础的心理学结成同盟。他设想、组织并实施了美国第一个培训临床心理学家的项目。威特默还创办和编辑了一种致力于这个新职业的杂志——《心理诊所》（The Psychological Clinic）。但最重要的是，威特默实现了他的想法：心理学家应该使用自己的知识帮助身陷困境之中的人，也许这就是威特默对心理学的最大贡献。

3. 评估与研究

传记事实提供了关于那时心理学家工作情况的好例子。评估和心理研究是 20 世纪早期临床心理学家的两项主要专业活动。例如，芝加哥青少年精神病研究所（成立于 1909 年）主任威廉·希利（William Healy，1869—1963）和他的妻子奥古斯塔·布朗纳（Augusta Bronner，1881—1966），为儿童、青少年和他们的父母提供定期的评估和心理建议。1916年之后，日本司法部开始赞助与服刑人员心理健康相关的研究（Uyeno，1924，p.226）。

美国心理学家亨利·H.戈达德（Henry H. Goddard，1866—1957）提高了人们对精神疾病的意识，并主张改善对有学习问题的学生的教育。他因对**低能儿童**（feebleminded children）的研究而著名，这个术语用来描述那些有严重发展问题的儿童，这种情况在今天被定义为智力障碍。他曾担任新泽西一所培训学校的研究部主任和实验室主管，这所学校是为那些有发展问题的男孩和女孩开设的。他赞同心理技能是通过遗传获得的。他的著作之一《卡利卡克家族》（*The Kallikak Family*）因其争议性的结论而出名。他在书中宣称：他找到了智力缺陷和天赋的遗传基础的有力实验证据（Goddard，1912/1950）。后来，由于方法论的错误，他又收回了他的发现和解释。

大多数临床心理学家在大学里工作。作为教授，他们把这个新的职业介绍给学生。许多大学开始提供侧重临床的心理学课程。例如，伊利诺伊大学为心理学专业学生提供了实际观察的机会，前往为"精神病人、聋人、哑巴和盲人"新开设的医院参观。临床心理学家还引起了媒体的关注。

4. 以马内利运动

在心理学中，很少有像**以马内利教堂康复运动**（Emmanuel Church Healing Movement）的观点和实践那样，取得如此大的共鸣并引发如此多的争议。它是一场社会运动和治疗实践，将数百万人的注意力引向心理学及其应用。这场流行的运动从1906年持续到1910年，是随后美国心理治疗快速发展的部分原因。这场运动最初只是波士顿医生和圣公会牧师之间一项当地的合作事业，后来它成为一项助人的实验。谁需要帮助？主要是那些穷人和受苦难的人，也有寻求建议和帮助的普通人。治疗的方法是什么？人们学会如何通过科学知识和信仰的力量找到解决心理问题的途径（Caplan，1998a）。

这场运动的发起人之一是埃尔伍德·伍斯特（Elwood Worcester，1862—1940），他曾在德国的莱比锡实验室获得博士学位。回到美国后，他曾担任牧师和心理学教授。他认为，精神疾病有心理和灵性上的原因。他是波士顿以马内利教堂里的一位牧师。他和他的助手塞缪尔·麦库姆（Samuel McComb）在其他同事的帮助下，开发了一种包括两个步骤的方法：（1）临床评估；（2）灵性建议。伍斯特和麦库姆提供免费建议，以帮助任何有个人问题（例如，失去亲人）或心理问题（例如，过度焦虑或药物滥用）的个体。

他们经常使用催眠和放松训练作为治疗手段。他们认为，在心智对身体具有更强的控制能力后，精神上的建议应该会解决来访者的具体问题。1908年，伍斯特、麦库姆和科里亚特（Coriat）出版了《宗教与医学：神经紊乱的道德控制》（*Religion and Medicine: The Moral Control of Nervous Disorders*）一书。在其最终版本中，治疗方案围绕三个主要活动组织而成：（1）医疗诊所里的每周免费检查；（2）医生、牧师和心理学家讲授的每周课程——主题包括身体健康、心理健康和灵性；（3）私人咨询，期间由牧师对其进行谈话治疗（Worcester, McComb, & Coriat, 1908/2003）。

这样的治疗在新闻界被大幅报道。由于渴望提供轰动性的故事，记者们经常歪曲事实或者聚焦于丑闻和错误。为了与这些失真和错误概念做斗争，伍斯特和麦库姆花费了大量时间试图去反击或纠正媒体的错误。他们发表了许多文章，并在美国和欧洲进行一系列巡回演讲（Caplan，1998a）。

5. 对这场运动的批评

新教领导人担心道德力量从教会中消失，他们对这一运动持怀疑态度。他们担心这种方法扭曲了基督教，将其作为一种即时的心理救助。大多数医生和心理学家也批评这种方法。他们的主要论点是：宗教当局，即使那些获得心理学学位的宗教人士，也不应该实施治疗。西方文化中科学与宗教之间的持续冲突引发了科学家的不满，他们把一些观察到的现象看作宗教对科学领域的干预。当时权威的心理学家雨果·闵斯特伯格认为，纵使有良好的意愿，也不应该允许一个非专业人士介入另一个人微妙的心理世界。

那些批评以马内利运动的心理学家还希望他们自己作为心理治疗的合法提供者受到关注。这场运动激发了一些理论家更认真地审视他们的知识和技能，并转向应用工作（Abbott，1988）。在 20 年前，他们当中的大多数人会远离临床评估和治疗（Calkins，1892）。然而，现在到了 20 世纪初早期，许多心理学家认识到，他们可以使用科学来供给治疗（Caplan，1998b）。以马内利运动虽然只有一次，但仍然是影响美国临床心理学和心理治疗行业的重要事件。

6.5 评价

6.5.1 精神疾病观点的变化

在 19 世纪末以前，大多数有持续性心理问题的人仍然由他们的家庭照看。临床医生创造了大量关于精神疾病性质的理论。尽管存在精神病院，但只有一小部分有严重心理问题的人最终才去那里。他们当中的一些人和家人待在一起；其他人试图在街头生存，经常承受身体暴力和心理虐待。传统上，对于那些情感表现很难被理解的不幸者，那些行为与既定规范有很大不同的不幸者，人们保持着非常歧视的和消极的态度。

6.5.2 精神疾病案例的增加

19 世纪后半叶，大多数工业社会中的人们见证了精神病院中精神病患者数量的增长。造成这样一种增长的原因有：城市的快速发展，神经梅毒的蔓延，乡村传统家庭结构的变迁，关于精神疾病成因的民间信念的变化，个人主义的增长，福利政策的产生和发展，许多医学专家和心理学家对社会有义务照顾弱者的进步态度。

6.5.3 精神病学的诞生

那个时期的许多医生认为他们已经建立了一个新的医学领域，即精神病学（psychiatry），它能够处理好精神疾病。精神病学家使用科学和医学方法治疗他们的病人。这一新兴行业也带来了稳定的收入。人们有这样一个普遍信念：在精神病学领域内，关于大脑解剖和病理的知识应该足以解释精神疾病的性质和发展变化。然而，这个观点并不全面。如果不了解大脑生理学的复杂动态，不理解个体心理和社会因素在精神疾病中的作用，精神病学家就无法成功地解释和治疗异常症状。

6.5.4 临床心理学的诞生

这也是临床心理学这门学科和专业诞生的时期。那些相信要对精神疾病进行心理学研究的学者，必须找到一些证据来证明他们的研究成果是正确的。这激发了心理学的理论发展和应用研究。不仅仅是研究实验室，临床诊所也开始为心理学家提供实证资料——关于行为及其偏差状态和许多异常心理症状的资料。为了克服医疗机构的阻力，心理学家也是对治疗效果进行科学评估的热情支持者。

20 世纪早期强化了心理学家的一个重要道德立场，即他们的科学乐观主义和社会进步主义——这种态度在研究者和从业者中间越来越受欢迎。人们不再期待一位牧师、巫师或算命者来治愈他们的心理症状。现在，一位受过教育、接受培训并获得执业许可的专业人士，将运用科学和同理心来理解并治疗那些需要帮助的人。

结论

20世纪带来了一种双重信念，它融合了几个科学领域的知识，在西方国家被广泛接受。第一，精神疾病是一种潜在的身体或神经性的疾病，它们因病人的某些生活事件和经历所恶化。第二，以科学为基础的临床方法是唯一可靠的方法，为受苦难的人们提供诊断和治疗建议。

总结

- 在不同的文化和时代中，人们普遍把精神疾病当作一个人头脑中非常不合规则、令人不快和不受欢迎的"某种事物"。
- 在19世纪末，精神疾病被视作一种令人痛苦的行为、情感和思维模式，伴随着推理能力或理性行动能力的缺乏。临床医生识别出一些常见的精神障碍，包括：疯狂、神经症、癔症、情感障碍、进食障碍和药物相关问题。患上精神疾病往往意味着成为一个弃儿。
- 在许多工业国家，公众对精神疾病的关注显著增加。政府当局开始从法律角度讨论精神疾病。一种新的被称为"精神病人"的社会类别出现了。精神疾病和异常行为医学化的过程（主要从医学角度理解它们）激发了新的治疗方法。持续的科学发现带来了以科学态度解释精神疾病的可能性。
- 心理学在理解和治疗精神疾病中的作用不容易被认可。许多精神科医生和大学心理学家反对心理学介入临床研究和治疗。心理学家逐渐接受了辅助者的角色，帮助医生收集关于心理障碍的症状、动态和结果的信息。
- 在精神疾病的许多分类中，克雷佩林基于结果的分类方法仍然是对当代精神疾病分类最重要的贡献。
- 在19世纪末，关于精神疾病，至少存在两种普遍且互相关联的思想流派。第一种思想流派认为，精神疾病最好根据大脑和神经系统的结构和功能来解释。第二种思想流派则强调社会和心理因素对精神疾病的重要影响。
- 精神病院一直是治疗精神疾病的中心。大多数早期精神病院为入住者提供住所和食物，并保证他们的安全。精神病院的主要目标是为每个病人提供人道和个性化的治疗。事实表明，这是一个使人气馁的任务。病人数量的迅速增加使个性化的治疗变得几乎不可能。
- 威特默对美国临床心理学的影响重大。他将临床心理学定义为一种新的研究学科，与以大学为基础的心理学结成同盟。他设想、组织并实施了美国第一个培训临床心理学家的项目。
- 临床医生为精神疾病的治疗提供了各种各样的观点。其方法的范围从水疗到工作疗法，从道德支持到再教育。在康复方面的尝试，提供了心理和灵性的治疗方法，如美国的以马内利运动。
- 心理学家开始理解他们关于个人主观世界的知识的临床意义。他们能够检查与记忆、推理和学习技能相关的特定问题的症状。心理学家开始分析促发疾病并影响治疗的个体环境。

关键词

Anorexia nervosa　神经性厌食症
Clinical–pathological method　临床 – 病理学方法
Degeneration　退化
Emmanuel Church Healing Movement　以马内利教堂康复运动
Feebleminded children　低能儿童
Hypnology　催眠学
Hysteria　癔症

Madness　疯狂

Medicalization　医学化

Mood disorders　心境障碍

Moral therapy　道德治疗

Neurosis　神经症

Social hygiene movement　社会卫生运动

 网站资源

访问学习网站 www.sagepub.com/shiraev2e，获取额外的学习资源：

- 文中"知识检测"板块的答案
- 自我测验
- 电子抽认卡
- SAGE 期刊文章全文
- 其他网络资源

第 7 章
行为主义传统的诞生与发展

心理学是研究动物（包括人类）的智力、性格和行为的科学。
——爱德华·桑代克（1911）

学习目标

读完本章，你将能够：

- 理解动物心理学和反射的早期研究作为行为主义基础

- 解释爱德华·桑代克、伊凡·巴甫洛夫、弗拉基米尔·别赫捷列夫和约翰·华生的主要观点

- 领会行为主义作为一个心理学分支的多样性和复杂性

- 将你关于行为主义的知识应用于当代问题

L. H. 摩尔根
（L. H. Morgan）
1818—1881，美国人
将拟人论应用于动物
行为

约翰·巴斯科姆
（John Bascom）
1827—1911，美国人
把人类心智视为自然
界的一部分

伊万·谢切诺夫
（Ivan Sechenov）
1829—1905，俄国人
认为行为和心理过程是
大脑的复杂反射

1810   1820   1830   1840

生理学和神经生理学的进展
实验心理学的进展 ————→ 人类和动物行为越来越多地被理解为可测量的反应或反射
动物心理学的进展

圣彼得堡是俄罗斯的一个大城市，坐落于由 300 座桥梁连接的 100 个岛屿之上。在圣彼得堡北部有一个小型公园。这个公园远离主要的旅游景点，被实验医学研究所的高墙所包围。如果你征得保安同意走进公园，会看到一座不寻常的纪念碑：一只青铜铸成的狗立在大理石基座上，基座上装饰着一幅浮雕，上面描绘了几位医生围站在手术台旁的场景。这座纪念碑被称为"巴甫洛夫的狗"，象征着致敬所有被用于医学、生理学和行为实验的狗。在 19 世纪，生理学家以及随后的心理学家越来越多地开始用动物做实验。最初，他们主要使用蠕虫、昆虫、鱼、青蛙、大鼠、小鼠和鸟类，后来他们又增加了兔子和猫，他们还使用了数以千计各种年龄、品种和体型的无名之狗。今天的医学能够治疗许多形式的癌症、糖尿病、感染性疾病和艾滋病（获得性免疫缺陷综合征），部分是因为在动物身上所做的实验。许多挽救生命的药物都是先在动物身上试验的。但是，心理学家和行为科学家在研究中使用动物是必要的吗？人们对此持不同意见。有人说"不"，因为动物的痛苦不应该成为科学好奇心的代价。其他人认为，在动物身上实施

的研究有助于治愈许多严重的心理问题，包括抑郁症、恐惧症、惊恐发作和成瘾。这些争论持续存在，双方各执一词。然而，无论我们对动物实验的看法如何，这种研究是历史的一部分。动物研究是实验生物学、生理学和心理学发展的基础。20 世纪的心理学在很大程度上源于涉及动物的实验研究，我们将在本章和下一章进行考查。

如果某天你有机会去看这座雕像，请在一个安静的时刻来到这里，专注地看着狗，向狗微笑。当地人说（他们声称曾经目睹），当青铜狗看到你对它笑，它就会摇尾巴。他们说，毕竟这是一个习得的反射。

伊万·巴甫洛夫
（Ivan Pavlov）
1849—1936，苏联人
1904 年获得诺贝尔奖；研究行为和心理过程，将其作为根植于最高级神经活动的反射

弗拉基米尔·别赫捷列夫
（Vladimir Bekhterev）
1857—1927，苏联人
创立了反射学原理并将其应用于个人和群体行为

爱德华·桑代克
（Edward Thorndike）
1874—1949，美国人
运用学习曲线的概念来研究动物行为；
1898 年引进了"迷箱"并推进了行为的实验研究；
1912 年担任美国心理学会主席

1850　　　　1860　　　　1870　　　　1880

乔治·罗曼斯
（George Romanes）
1848—1894，英国人
研究动物智力

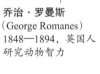

约翰·华生
（John Watson）
1878—1958，美国人
1915 年担任美国心理学会主席；
1919 年出版了《一个行为主义者眼里的心理学》；
1920 年从大学辞职并进入私人机构

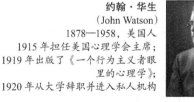

7.1 社会形势：这是行为主义的好时代吗

行为主义（behaviorism）这个术语的含义不言自明。任何稍微熟悉心理学的人都会想到行为、行动或运动。那些知识更加丰富的人可能将行为主义与著名的习语"刺激与反应"联系起来。当然，这个联想是有些表面化的。行为主义代表了异常丰富的心理学传统，既复杂又矛盾。它涵盖了动物实验研究、对儿童和成人反射的测量和早期的治疗。

20世纪初，行为主义在一个有利的社会氛围中增强了力量。快速发展的工业社会需要技术专家——受过教育的和技术熟练的个体被期望创造有用的东西并提供服务。社会进步越来越被认为植根于现代化技术以及对生活的科学理解。一位心理学家必须是一个成功的研究者，能够解释心理问题并改善人们的生活。

20世纪及其唯物主义色彩引发了新的争论——关于使用纯粹的行为术语描述"主观经验"的可能性。尽管来自洛克、贝克莱和冯特的心理学传统强调意识的重要性，但是许多心理学家希望有一个不同的重点（Boring，1929）。法国人拉·美特利曾经使用机械术语来描述人类和动物的行为（第3章），他的学说再次流行。许多心理学家转向对行为的测量，简单的反应和运动以及复杂的社会表现通过数学公式来理解。研究人员的逻辑很简单：我们可能很难解释疼痛的主观方面，但我们可以测量一个人对电击的行为反应。

有几项发展对早期的行为主义做出了贡献。

- 动物心理学的成功：动物心理学的成功是刺激行为主义发展的主要原因之一。许多研究动物的研究者相信连续性原则：人类和动物代表了同一个自然世界，必须从属于相似的法则。威廉·詹姆斯（第5章）认为，人类意识是有机体神经结构的漫长进化过程中的一个阶段。
- 生理学的成就：19世纪普通生理学的成功鼓

励心理学家转向大脑和神经系统的生理学。研究人员寻找能够被验证和进一步实验的可测量的事实。就像物理学研究原子一样，心理学家希望找到人类行为的生理"原子"。
- 寻找新方法：越来越多的心理学家认为内省的自我报告是不可靠的方法。这些方法可以提供有趣的结果和丰富的描述，但它们是不精确的。真正的科学实验不应该受制于一个人的记忆力、注意力或一些含糊的语言。作为一门实验科学的心理学应该转向新一代的实验方法。

7.2 动物心理学

要理解晦涩的、复杂的现象，一个科学家应该寻求最简单的解释。这一原则在科学中被称为**简约性**（parsimony），它成为众多研究者的工作准则。他们认为动物和人类都应该服从类似的规则。例如，饥饿和口渴是激发许多生物体活动行为的普遍驱动力。像动物一样，人类也寻求安全和舒适并且尽量避免痛苦。

到19世纪90年代，欧洲和北美洲几所大学已经有学者从比较的视角来研究动物行为。实验室在美国出现，包括芝加哥大学和哈佛大学。《动物行为杂志》（*The Journal of Animal Behavior*）创办于1911年，在1921更名为《比较心理学杂志》（*Journal of Comparative Psychology*）。这一领域的研究者支持进化论的原理，并发展了基于实验室的实验方法，包括与一些实验相结合的观察。世界各地建立的小型研究实验室进行着行为观察和简单的实验。研究人员用铅笔在纸上画草图，记录他们观察到的动物的习性、动作、反应和交流。

7.2.1 动物和比较心理学家

1973年，两个奥地利人——卡尔·冯·弗里希（Karl von Frisch，1886—1982）和康拉德·洛伦兹（Konrad Lorenz，1903—1989），与荷兰的尼古拉斯·廷贝亨（Nikolaas Tinbergen，1907—1988）共同获得诺贝尔

奖，这一事件也许是动物行为研究获得的最高认可。这个科学奖项也是对成千上万不知名的比较心理学家的一个非正式认可，他们数十年来一直在为科学做出贡献。尽管比较心理学家这个词直到 20 世纪才被广泛接受（Johnston，2002），但是这个系统研究已经有很长历史了。这些研究者是谁，他们研究什么，使用什么方法？

1. 支持拟人论

今天为人所知的早期美国本土文化的民族志学者——路易斯·亨利·摩尔根（Lewis Henry Morgan，1818—1881），同时也是一位对动物行为和动物心理学充满热情的学生。摩尔根反对将本能概念应用在科学上。他认为它没有给动物行为科学增添任何新东西。相反，摩尔根认为，动物和人类一样，也拥有许多心理能力，比如推理、创造力和道德判断。根据人类的视角描述动物的行为被称为**拟人论**（anthropomorphism）。例如，他对美洲河狸的行为进行了全面的观察。摩尔根为这种小动物建立复杂水坝的能力感到着迷。他认为，人类同样也建造水坝和其他复杂的住宅。

摩尔根提出了一个物种发展的序列，人类处于这一序列的最顶端。他认为，尽管人类拥有超过动物的显著心理优势，但这种差异是基于他们习惯的复杂性和项目的困难度。动物创造相对简单的东西，而人类能够更进行复杂的项目。人类知道得更多，做得更多，具有卓越的推理能力。摩尔根认为，如果动物有机会获得特殊的训练，也可以发展它们的心理能力。然而，作为宗教信仰者，摩尔根也相信动物和人类之间的差异是由神创造的，而不一定是进化的原因（Johnston，2002）。

摩尔根需要更多的证据来支持他的拟人论观点。不幸的是，他的方法论的性质并不能支持他的理论。他的方法是对动物进行详细观察。他还使用未经证实、道听途说的证据。摩尔根希望将动物行为描述得像人类一样，他经常在那些报告中看到他想看到的东西。其他的研究也有类似的方法论上的弱点。

乔治·J. 罗曼斯（George J. Romanes，1848—

1894）是一位英国生理学家，他提出了比较心理学这一术语。他不隶属于任何一所大学，他使用自己的私人实验室进行动物研究。他遇见了查尔斯·达尔文（Charles Darwin）并与其建立了友好关系。罗曼斯最杰出的作品是发表于 1882 年的《动物智能》（*Animal Intelligence*）。这本书基于大量的观察，明确地为拟人论的观点辩护。当然，并不是每个人都支持拟人论的方法。

今天，我们听到宠物主人讲述他们的动物令人吃惊的"聪明"行为：有人说他们的狗能理解大学橄榄球和花样滑冰；其他人说他们的鹦鹉能完成一场聪明的对话；还有一些人大谈他们的猫的幽默感。今天的心理学家倾向于怀疑这些阐述。然而，摩尔根和罗曼斯对类似故事不加批判，并且将超级聪明的宠物例子作为科学证据。罗曼斯描述动物是由复杂的情绪困境所驱动的。设想一只狗在经过训练后不再吃放在附近的食物（你可以在几次练习后训练狗这样去做）。当实验者给予口头同意时，这只狗才被允许捡起食物。罗曼斯将这个例子作为明显的证据：像人类一样，动物也有毅力和耐心。当代比较心理学研究并不否认动物可以表达它们的情感。而且，它们的一些情绪表达是可以被人类观察到的。在日本 2013 年的一项实验研究中，狗被置于不同的实验条件下，并且它们的反应被记录下来。结果显示，狗的眼睛和眉毛会表现出特别的动作，揭示出一只狗是否真的乐于看到你，是否害怕你，或者对周围一些不寻常的动作是否感到好奇（Nagasawa，Kawai，Mogi，& Kikusui，2013）。然而，这项研究和其他类似的研究没有表明，动物会在复杂的道德困境中做思想斗争。

2. 比较动物和人类

约瑟夫·莱肯特（Joseph LeConte，1823—1901）是一位美国历史学家、医生和博物学家，他的写作内容涉及多方面的主题，其中包括地质学，但他的许多观点与行为有关。他坚持认为动物学习不涉及理性思维。适应性行为起到一种进化的作用：最具适应性的习惯使动物生存下来。在英国，C. 劳埃德·摩根（C. Lloyd Morgan，1852—1936）试图避免使用偏颇的评价来描述动物行为。他坚持认为，路人观察者提供的轶事证据是科学事实（Murchison，1930）。劳埃德·摩根也信奉简约性原则，并用生物学的术语（比如习惯养成）来描述最复杂的动物行为。他的工作特点是对可证实的事实进行谨慎、详细的检查。

德国动物学家和实验者雅克·洛布（Jacques Loeb，1859—1924）在美国度过了很多年，他是最值得关注的心理学机械论的倡导者。他提出了所谓的向性理论（tropistic theory），或叫做**向性论**（tropism）。在他看来，各种力量——物理的、化学的、生物的和社会的——都会对生物体产生影响。向性论代表了对力场中有机体的方向做出的物理和化学反应。这个力场中的有利条件会激发特定的行为类型，不利条件会抑制其他的行为类型。洛布反对用心理学术语来描述动物，他觉得在这些领域应该使用行为的语言。因此，接收应该代替感觉，共鸣应该代替记忆。洛布认为，意识不过是有机体基于经验获得的行为选择的能力（Wozniak，1993a）。

与从来没有担任过教授的 L. H. 摩尔根不同，约翰·巴斯科姆（John Bascom，1827—1911）是一位专业的学者和教育家，也是威斯康星大学的校长。1869 年，他出版了《心理学原理》（*Principles of Psychology*）一书，在书中他认为人的心智是自然界的一部分。感觉、知觉、记忆和想象力不仅是人类现象；在他看来，这些现象在一些动物身上也是常见的（Bascom，1869）。然而，即使是复杂的动物活动，也应该以简单的行为术语解释。想象一头牛学会打开门的过程。首先，这头牛偶然用它的头和角

摩擦到门，门闩不知怎么变松了。如果重复这个过程，摩擦这一动作和它的结果（门开了）之间一定会发生联系。巴斯科姆认为，动物缺乏理性，而这一点将人类心智和动物心智区分开来。理性让人类思考未来，而动物局限于现在。动物的行为主要是基于本能的。

比较心理学家理解他们研究的局限性。他们意识到，在某种程度上，他们的假设和比较是不准确的。他们当中大多数人都接受达尔文和斯宾塞的进化论观点，相信动物行为的适应性。有些人拥有虔诚的宗教信仰，但他们不允许宗教信仰影响他们的研究。他们希望发现尽可能多的关于动物行为的事实，并把它应用于人类。大多数早期的研究都是在自然条件下进行的观察。然而，更多的时候，研究者开始运用所谓的侵入性试验程序。其中一个研究者就是爱德华·桑代克。

7.2.2 爱德华·桑代克的影响

作为南北战争后受过教育的一代美国科学家的代表，爱德华·桑代克（Edward Thorndike，1874—1949）乐观、雄心勃勃、有创新精神。他属于一批新生的、正在成长的心理学教授，同时参与研究和教学两项任务。他在美国获得学位。他维护社会进步的观点，认为科学能够并且应该改造社会。他认为，心理学家在了解有用和有害行动的事实之后，他们应该能够规定道德行为（Kendler，2000）。今天，如果桑代克还活着的话，他会拒绝被称为一位"动物心理学家"。虽然他研究动物，但他的研究兴趣还包括（仅举几个例子）统计、数学、教育技术和社会心理学。

知识检测

1. 要了解晦涩的、复杂的现象，一个科学家应该寻求最简单的解释。这个原则被称作什么？
   - a. 向性论
   - b. 拟人论
   - c. 共鸣
   - d. 简约性

2. 根据人类的视角来描述动物的行为，这被称作：
   - a. 向性理论
   - b. 拟人论
   - c. 动物心理学
   - d. 比较心理学

3. 谁提出了比较心理学这个术语？

在同步网站上，阅读爱德华·桑代克（1874—1949）的传略。

问题：他是在国外游学时获得学位的吗？他在1921年获得了什么奖项？

让桑代克充满激情的学科之一是数学。他不仅喜欢"死磕"数字和解决数学问题，他还认为现代心理学家必须了解数学方法。他喜欢观察的确定性、研究报告的清晰性，以及不带情绪地对待研究对象。桑代克在许多场合说，真相只存在于经验事实中，而不存在于研究者的感情中。相反，他对将研究结果应用于日常问题非常不耐烦。他警告应用心理学家不要依靠他们的常识来取代严谨的学术研究。应用心理学需要严谨的实验和基础科学的知识。与心理学家在实验情形下考察行为时所承担的工作相比，他甚至将物理学中的实验称为"孩子的游戏"（Thorndike，1935）。

1. 迷箱

1898 年，桑代克出版了一本描述研究猫和小鸡行为的专著。这不仅仅是另一本关于动物行为的书，桑代克还在书中提出了一种新的实验方法。他研究的动物被放置在一个"迷箱"里，这是一个特别设计的笼子或围栏。动物可以通过绊倒一个门闩装置打开门或掀起一个小障碍而逃脱。通过使用这种方法，桑代克观察和测量他的实验动物的行为。他如何测量它呢？他没有创造性地描述动物的行动（这是大多数研究者的共同做法），而是应用了三个程序。第一，他计算了每个动物从盒子里逃出来之前尝试的次数。第二，他测量了动物逃脱出来所需要的时间。第三，他测量了习惯的形成。把同一个动物放置在迷箱中10 次、20 次、40 次或更多次，观察它需要多长时间来养成一种习惯。

桑代克提出了**学习曲线**（learning curve）的概念。从理论上说，一只猫第一次从迷箱里逃脱，它需要花费很多时间。然后，在找到成功的解决办法之前，

随着每一次试验，这只猫应该花更少的时间、更少的尝试次数从迷箱里逃脱。桑代克提出了**联结主义**（connectionism）的原则：在情境与反应之间一定有着某种联系和连接。任何复杂的行为都可以被当作许多相互关联的元素的组合来研究。因此，我们有可能通过研究元素或行动来理解一个更复杂的行为画面。在某种意义上，桑代克的策略有些类似铁钦纳的逻辑，即所谓心理元素的研究（第 4 章）。那么，铁钦纳和桑代克之间的区别是什么？

桑代克发现，迷箱里的动物在解决问题时并没有表现得"很聪明"。大多数动物在试图逃出迷箱时，开始的动作是混乱的。这是一种试错行为。即使它们形成了一个有用的习惯后，它们的行为仍然涉及许多无用的动作。桑代克还驳斥了早期的假设——有些研究者认为动物拥有模仿行为的独特能力：在他的实验中，鸡、猫、狗等动物能够观察其他动物解决迷箱问题，但是，它们并没有基于这些观察形成新的习惯（Thorndike，1911）。

那么动物和人类是如何学习的？桑代克认为，神经元适应不同的学习经验：有用的动作在生理层面上被保留，而有害的动作被回避。根据他的观点，一个成功的学习过程应该具备几个条件。第一，情境和反应之间的联系要足够强烈。例如，如果一个动物从迷箱里逃脱，它应该得到食物作为奖励。第二，情境的影响和反应之间的时间应该足够短。如果一只猫花 10 秒的时间学会如何从迷箱中逃脱，那么这个习惯很可能在约 5 分钟之内被保留并固定。第三，动物应该做好准备将情境和反应联系起来（用传统的语言讲，这个动物应该"理解"这种情境）。动物的经验、它对实验情境的熟悉程度、奖励的质量和干扰信号或噪声的存在，这些都可能会影响学习。

2. 学习的规律

基于他的实验，桑代克确定并描述了几条主要的学习原则。数十年来，心理学家一直在寻找调节人类行为的普遍规律。一些观点得到了认可。例如，所谓的斯宾塞—贝恩原理（Spencer-Bain principle）指出，如果一个行为后面跟着一个愉快的事件，那

么行为的频率或概率就会增加；如果一个行为后面跟着一个痛苦的事件，那么行为的频率或概率就会降低（Boakes，2008，p.8）。其他的观点以短命的假设或民间理论的形式出现。桑代克比他的同行领先一步，因为他的理论假设是基于实验研究的。这些行为的规律是什么？请思考一个例子。

桑代克描述了效果律（Law of Effect），他认为，对同一情境做出几种反应，那些伴随或紧跟着满足的反应可能被习得。当同一个情境再次出现时，与满足相联系的反应可能会随之出现。满足的状态意味着，动物试图重复那曾引起满足的反应。不满则产生相反的效果，不舒适意味着回避那种情境。满足和不适，只不过是一个人或动物生活中有利或不利的环境。桑代克认为，效果律解释了人们如何形成有害的习惯。例如，暴饮暴食和酒精中毒给很多人带来即刻的满足。然而，他们没有意识到这些习惯的长期后果可能是毁灭性的（Thorndike，1911）。

用一个行为"规律"给这些观察结果贴上标签，在今天看起来似乎过于简单。然而，我们不应该忘记，桑代克的主要研究目标不在于发现一些未知或模糊的行为特征。他希望在周密的实验研究的帮助下，证明或反驳一些关于动物和人类行为的常识性假设。

3. 早期动物研究的贡献

对于动物行为的研究，不仅在工业国家，而且在国际上，为心理学的理论和实验分支的发展做出了重要贡献。尽管研究目标各不相同，且所用方法有深刻的差异，但是这些研究鼓励心理学家们思考：人类和动物在原则上是相似的，只是其复杂性不同。

他们之间的差异是清晰的，但并不深刻。人类比灵长类动物更复杂，猴子比狗更高级，而狗又比兔子更复杂，等等。当然，这些假设激怒了一些反对进化论的专家。然而，20世纪的社会环境对比较心理学的发展是普遍有利的。比起以往，更多的心理学家相信动物研究有助于理解人类行为。

比较心理学家采用的主要是非侵入性技术，比如，观察或简单的练习。桑代克的"迷箱"显然是一种新方法。桑代克使用了一种常识性的方法：让一个动物解决一个问题，然后记录你在这个过程中观察到的任何情况。桑代克是当时许多多的实验心理学家之一。然而，由于他的实验的精细性和支持他的发现的统计数据的说服力，他的工作被公认为是动物心理学和行为主义的开创性研究。

7.3 反射研究

多年来，由于语言障碍和地理位置相对偏远，俄国的基础科学相对孤立于欧洲学术界。即便如此，俄国的基础科学仍然取得了实质性进展，并在化学、物理学和生物学等领域处于领先地位。到20世纪初，俄国的医生和生理学家对反射的实验研究处于先进水平。在生理学上，一个新的研究传统正在形成。尽管这一学派内部的理论观点存在巨大差异，但它们至少有三个重要原则作为标准。第一，这些研究者都接受了反射（reflex）的概念，这一概念源于勒内·笛卡儿和19世纪生理学家的学说。第二，他们致力于严谨的实证研究。这些研究一方面基于实验，另一方面基于对生理学和可观察的行为领域

知识检测

1. 迷箱里的动物应该完成什么目标？
   a. 找到隐藏的食物
   b. 学习某些语音命令
   c. 区分颜色
   d. 从中逃脱

2. 联结主义原则联结的是什么？
   a. 动物和人类
   b. 智力和情绪
   c. 情境和反应
   d. 感觉和知觉

3. 请解释学习曲线。

所收集的事实进行深入的分析。第三（这是心理学史上一个非常重要的事实），这些研究者希望利用他们的生理学发现更好地去理解人类心理。

在这里，我们转向两位卓越的科学家和个体的理论遗产：伊万·巴甫洛夫和弗拉基米尔·别赫捷列夫。他们的实验研究和理论工作比美国心理学家的主要行为实验更早，或者是在同一时期；他们的工作为 20 世纪的行为主义建立了坚实的基础。

7.3.1 伊万·巴甫洛夫的工作

巴甫洛夫是一位乡村牧师的儿子，是世界上最有影响力的科学家之一，也是第一个获得诺贝尔奖的苏联人。今天，许多人可能会认为他的研究是对狗的研究。少数人会说，他利用对唾液腺的实验研究了条件反射。甚至更少的人会说，他对中枢神经系统进行了实验研究。事实上，巴甫洛夫称他的研究是对**最高级神经活动**，即大脑皮层的生理活动的客观研究。在许多场合，巴甫洛夫将最高级神经活动解释为行为。巴甫洛夫是一名医生、生理学家和心理学家。尽管在后来的生活中他不喜欢心理学家这个词，不过，在职业生涯的最初，他的诺贝尔奖获奖演说的题目就是《动物的实验心理学和精神病理学》。

> **▽网络学习**
>
> 在同步网站上，阅读伊万·巴甫洛夫（1849—1936）的传略。
> 问题：巴甫洛夫的"假饲"（fake feeding）方法是指什么？

1. 唾液腺

大部分关于反射的初始工作，是在俄罗斯圣彼得堡的实验医学研究所和妇女医学研究所进行的。巴甫洛夫和他的助手们由于对消化系统的研究，第一次让自己在世界范围内扬名。巴甫洛夫团队中认真的实验者和熟练的外科医生通过外科手术在动物（他们主要使用狗）身体上安装各种瘘管，同时不对消化系统的所有生理过程造成重大干扰。通过在唾液腺的导管中安装瘘管，巴甫洛夫能够对这些腺体的生理机能进行实验。通过使用活体动物，他能够在活组织未遭破坏的情况下展示消化系统如何工作。巴甫洛夫使用功能基本正常的动物，将分泌物收集到动物体外的小瓶子里。被手术植入瘘管的狗可以正常生活 10～15 年。所有的狗都是健康的，并且饲养在良好的环境中。因为这项研究，巴甫洛夫获得了 1904 年的诺贝尔奖。然而，巴甫洛夫通过这些实验观察到的东西指引了他的后续研究，并且让他为之奉献了整个职业生涯。

只要食物或任何其他物质接触口腔的感受器，唾液腺就开始运作并产生唾液。这是巴甫洛夫最初研究的生理反应。巴甫洛夫开始学习不同数量的食物和其他物质如何影响唾液腺的工作。在这个过程中，他和他的同事们注意到，即使食物不接触口腔内部的感受器，腺体仍然可以发挥作用。实验室助手的在场，将要喂狗的食物的气味，看到放食物的金属盘子或者听见盘子的声音，这些或其他条件都能使实验室里的狗产生分泌唾液的反应。巴甫洛夫用一个特殊的词描述这种现象：心理性分泌（psychic secretion），并在 1900 年的一次演讲中使用了这个词。这个词听起来当然像是心理学术语。食物在几英尺远外，但腺体在工作，好像它们已经接触到了肉或面包，并做出了反应。但是很快，巴甫洛夫转向运用生理学术语。他开始使用反射的概念，这在当时是一个流行但定义不够精确的概念。

2. 反射

巴甫洛夫最大的灵感来自伊万·谢切诺夫（Ivan Sechenov，1829—1905）的工作，后者是一位国际公认的生理学家。巴甫洛夫使用了谢切诺夫的反射三成分模型：神经的兴奋状态，中间的心理阶段，最后的运动反应。我们在第 4 章描述过谢切诺夫的工作，他出版了《脑的反射》（1876/1965）一书，在书中他使用了自己的实验数据，并提出所谓的心理过程只不过是大脑的机制，或者说是反射。1873 年，谢切诺夫还发表了一篇名为《应该由谁以及如何发展心理学》的文章，在文中他称心理学为生理学的"妹妹"，应该学习生理学所提供的知识。动物心理学与人类心理学的研究应该采用类似的方法。

巴甫洛夫将谢切诺夫的方法改造成一种关于反射的实验理论。在巴甫洛夫看来，任何一种在大脑中的"心灵"（100年前使用的术语）过程在本质上都是一种生理反应，一种与特定的信号或刺激有关的活动。这些刺激引发大脑中的电反应，经由神经系统和多个连接，影响唾液腺的工作。巴甫洛夫认为，大脑中所有未知的过程都应该以客观的方法进行研究。生理学是最适合这项工作的领域。

3. 非条件反射和条件反射

1903年，在马德里召开的第十四届国际医学大会上，巴甫洛夫描述了他关于反射的基本观点。他介绍了两类反射。在唾液腺反应的例子中，第一类反射与物质对口腔内感受器的直接影响有关。这一类被命名为**非条件反射**（unconditioned reflexes）。它们是先天的：当食物进入嘴中，狗不需要学习如何分泌唾液。总而言之，非条件反射供养了大部分基本的生物功能：食物（寻求和消耗）、性和自我保护。第二类反射只在特定的条件下出现，后来它们被命名为**条件反射**（conditioned reflexes）。它们在早期著作中也被称为"获得性反射"。巴甫洛夫想强调的是，如果要获得条件反射，至少存在两个特殊条件：

（1）反射所形成的特定情境或特定环境；

（2）基础性的非条件反射。

如果没有第一类非条件反射，第二类反射是不存在的。例如，正如巴甫洛夫解释的，当你是一个孩子时，没有人教你将手臂迅速地从燃烧的火焰上移开。这个反应很少经过思考，因为你处在痛苦中。现在，将这个反应与一个不同的反应做比较，比如，你触摸一个你知道很烫的物体。最有可能的是，你会小心地伸出你的手臂，快速地接触物体，然后迅速移开，因为你预期会感到疼痛。反射是一种基本的心理现象，同时也是一种生理现象。巴甫洛夫认为，他可以研究，仅仅通过实验方法，有机体与其外部环境之间最复杂的相互关系。条件反射也依据

临时连接的原则起作用。这表明，大脑中的连接只是暂时的、短暂的。如果一个情境发生了变化，这种连接也可能发生变化。想象一下，你习惯于在自己的床上快速和舒适地入睡。现在再想象一下，你不得不睡在一架拥挤的飞机的某个小座位上。我们当中的许多人在这种情况下会难以入睡。

那么，形成一个条件反射的必要条件是什么呢？当然，必须存在第一类信号和第二类信号同步或密切相关的巧合：在铃声响起时，同时提供食物。但这是不够的，还必须要有其他三个条件。

（1）动物或人的内部状态或条件对于条件反射的形成是至关重要的。饥饿或类似的缺乏状态——睡眠剥夺、焦虑和许多其他因素，都会影响反射的形成。

（2）另一个条件是外部的干扰信号是否存在。

（3）第三个条件是信号的质量：这个信号的特性以及它在实验情境下的意义。

巴甫洛夫注意到，当有人走进实验室时，一只狗可能表现得很活泼，但是没有唾液产生。然而，如果这只狗看见一直喂它的人出现，它就会立即开始流口水。这些都是基本的定向反射，巴甫洛夫非正式地称之为"那是什么？"反射。一个新的或不寻常的信号可能会破坏条件反射的形成。你能想到它的实际应用吗？在过去，在许多国家，儿科医生经常告诫家长，孩子在吃饭的时候不应该听广播或者看电视。为什么？这会分散他们的注意力（"那是什么？"反射被激活），因此唾液没有被恰当释放，这可能会阻断消化过程。这种做法很可能是基于流行的信念。如果只是出于辩论的目的，利用条件反射知识，我们可以说电视可能有助于消化。看电视是最先和吃东西搭配在一起的。因此，每当你打开电视机时，唾液就立刻在嘴里分泌，而你做好了消化食物的准备。根据这种解释，电视并不会"分散注意力"，它能刺激消化。你的看法是什么？

反射是复杂的反应。有机体不断对不同信号产生各种各样的反应。哪些信号可以形成反射并使腺体释放唾液呢？实验者使用了口哨、节拍器和灯泡。在所

有情况下，都产生了第二类反射（Orbeli，1961）。一方面，当一只狗对装着食物的盘子产生条件反射分泌唾液时，这只狗产生了复杂的积极运动反应。另一方面，实验者也可以让一只狗产生一个消极运动反应，这时狗不会分泌唾液，而表现出明显的害怕或不适的行为症状。巴甫洛夫的结论是，许多条件反射应该使动物和人类成功地适应不断变化的环境。例如，有时在危险情境来临之前，可能发生一个恐惧的反应：一只狗看到一个以前使它不舒服的人（这个人制造出巨大的噪声），它就跑开了，以避免进一步的不适。巴甫洛夫运用条件反射的方法研究动物的感觉系统。例如，我们当中的许多人都知道狗的颜色视觉很弱。我们是怎么知道的？显然，狗不能告诉我们。巴甫洛夫通过实验表明，在形成反射的时候，狗不能区分绿色的光和红色的光以及其他颜色的光。这是一个表明狗的颜色视觉有限的证据。此外，他发现动物在辨别声音、类型、形状和其他实验信号的能力存在差异。例如，狗辨别声音的能力比人类好得多。

巴甫洛夫相信他正在进入一个新的研究领域，从他的科学生涯开始就渴望从事的领域：这就是对"高级"神经活动的研究。

7.3.2 巴甫洛夫分析"高级"神经活动

1. 联想性联结

巴甫洛夫将联想这个词应用于生理学过程。他并没有像许多心理学家那样对"心理联想"进行思辨，而是提出了生理联想的概念。那么条件反射是如何形成的？这种联想又表现在哪里呢？

首先，在神经系统和大脑内部有兴奋的区域。例如，如果两个兴奋区域同时出现，那么这两个区域之间就可能会建立连接。这意味着当一个区域被激活时，另一个区域也被激活。对于条件反射，巴甫洛夫使用了"锁"（lock）这个词：当两个兴奋区域连接在一起时，它们以某种方式被锁在一起了。这种连接会存在一段时间，但也可能只是暂时的。

有机体在不断地寻找新的锁，因为它必须适应不断变化的条件。从巴甫洛夫的观点来看，大脑中的锁或条件反射是心理过程的基本生理机制。例如，想象一下，一个人没有明显的理由而体验到焦虑。用巴甫洛夫的话来说，大脑中的焦虑中心过度兴奋了。巧合的是，一个必须洗手的想法（巴甫洛夫的术语中所谓的生理反应）此时经过这个人的头脑。因此，焦虑和洗手的想法现在被锁在一起。这是不停洗手（可能是一种强迫症的症状）的一个生理基础。值得注意的是，在巴甫洛夫去世 60 余年后，那些研究强迫症的临床医生继续研究类似的"脑锁"观点及其对行为的影响，包括对强迫性习惯的影响（Schwartz，1997）。

巴甫洛夫认为语言是一种交流形式，相对于第一信号系统（例如，看到食物）而言，它是**第二信号系统**（second signaling system）。在一个人或动物形成单词所代表的意义的联想之前，那些单词对他们来说只是声音。我们可以对一只狗说"摇一摇"，然后教它抬起一只前腿。不久，这只狗就学会如何"摇一摇"。如果我们对其他未经训练的狗说同样的话，它们就不会有回应（相反，它们可能会对我们吠叫）。在语言中使用的单词作为其他形成条件反射的信号的信号。

2. 兴奋与抑制

为了解释大脑如何建立条件反射、锁和解锁，巴甫洛夫用了一个著名的（在当时）生理学概念：**兴奋**（excitement）与**抑制**（inhibition）。他提出，兴奋和抑制的原理可以解释神经系统的复杂功能。他认为，他已经非常接近找到理解人类行为的科学钥匙了。

他的假设是，兴奋和抑制的不间断过程调节着我们的生活。这是两个相互关联的过程，它们不断地交替；表现为：睡眠和觉醒，压力和放松，或者高兴和悲伤。它们的相互作用是高级神经系统活动的本质。耐心就是一个例子。例如，我们可以远离冰箱里的美味蛋糕。然而，我们知道它是多么美味，打开冰箱并大咬一口是多么容易。某种东西阻止了我们打开冰箱门。这个"某种东西"是我们给自己的一个承诺，或者其他作为抑制信号存在的条件。再以恐慌的反应为例。在危险的情况下，一些人失去了自我控制并表现得不稳定，是因为他们受到兴奋的影响。另一些人则受到抑制的影响，呆住了。还有一些人既不恐慌也能理性行事，他们的抑制和兴奋是平衡的。

兴奋和抑制相互影响。这个过程被称为**诱导**（induction）。一方面，与一种行为有关的兴奋可能会抑制其他行为。另一方面，大脑某个部位的抑制可能使大脑的其他部位兴奋并激活它们。用今天的术语来说，例如，如果你正在编辑一条短信，在那一刻，你可能不会听到有人正问你话。兴奋和抑制可能会发生冲突。即使用一个不愉快的信号来训练一只狗，比如轻度电击，狗仍然可以建立条件反射并分泌唾液。正如巴甫洛夫所认为的，因为这只狗处于饥饿状态，它大脑中饥饿中心的兴奋抑制了疼痛中心的活动。这只狗没有逃跑，而是分泌唾液。巴甫洛夫认为，在我们的生活中，当一个与喜悦相关的信号和一个与疼痛或痛苦相关的信号成对出现时，这种"冲突"几乎会不断发生。在这种情况下，一种活动被抑制，另一种活动可能得到实现。例如，我们当中的一些人为了看一个明星的演出，不惜花费漫长的几个小时排队买票；等待期间的"痛苦"被预期的将要开始的表演带来的兴奋所抑制。

3. 泛化和分化

兴奋和抑制是如何工作的？巴甫洛夫实验室的一位研究助理试图建立一个基于触摸的条件反射。他在狗身上的某个地方（腹部）挠痒，然后立即给予它

食物。只要实验者去挠狗的肚子，它就会立即分泌唾液；到目前为止一切顺利。然而，这位助理很快发现，一旦反射形成，无论刺激这个狗的哪个部位：肚子、腿、尾巴、耳朵，它都会对挠痒做出反应。这些结果是令人惊讶的。巴甫洛夫认为，这是由于助理的马虎所导致的一个错误。然而，巴甫洛夫几天后才意识到他错了。在任何反射形成的开始，其反应往往是非常泛化的：动物往往倾向于对任何声音或触摸做出反应，无论它们的位置如何。经过一段时间的训练，分化就会发生，动物学会如何只对特定的信号做出反应。巴甫洛夫认为，泛化和分化是兴奋和抑制过程的两个方面。这些过程在进化上是有用的：快速学习能力对于生存来说是必要的。

巴甫洛夫了解许多与大脑功能定位有关的新发现。然而，他支持用一种全面的方法来研究行为及其生理调节。他经常把大脑皮层设想成一个发射能量波的多彩领域。

4. 神经系统的特点

巴甫洛夫从行为角度对神经系统动力学做出了非凡的解释。他从三种功能的立场解释了神经系统动力学：强度、平衡和灵活性。

神经系统的强度（strength of the nervous system）是神经元在不出现自我保护性抑制的情况下，维持激活或兴奋状态的功能的一种反映。强神经系统能够对强的、频繁的或出乎意料的信号做出反应。这些反应是可以测量的：弱刺激引起弱反应，强信号引起强反应。弱神经系统的反应与此不同：弱信号可能会引起强反应，强信号可能会导致无反应。然而，弱神经系统无法承受长时间的强信号。它是非常敏感的，而且自我消耗很快。**平衡**（balance）特征是指神经系统内部兴奋和抑制之间的平衡。神经系统可能是平衡的或不平衡的：它要么偏向兴奋，要么偏向抑制。最后，**灵活性**（agility）特征是指兴奋的激活速度或抑制和兴奋之间切换的速度。这些特征可以组合成不同类型的神经系统。人们发展出巴甫洛夫所谓的"性格"，就是基于神经系统类型与环境相互作用的类型（见表7-1）。

表 7-1 巴甫洛夫的神经系统类型

强			弱
平 衡		不平衡	
灵 活	不灵活		
强、平衡且灵活型。抑制和兴奋是平衡的。这种人很快地适应变化的条件，并且经得起困难。通常快速做出决定，必要时改变策略	这样的人通常平静、缓慢；能够抵御压力；能够通过置之不理或精心策划的决定来处理困难情境。他们的行为策略很难做出更改	强而不平衡型，其中兴奋支配了抑制。这种人易爆发，喜怒无常，活跃且精力充沛。经得起困难，但往往不能控制情绪，可能经常会失去自控力	在困难情境的压力下，包括时间上的不足，体验到艰难。对于外部信号高度敏感，很难做出快速的决定或选择

巴甫洛夫和他的追随者相信，在他们能够解释神经系统的功能之后，他们会发现人类行为的最基本法则。这个理论的每一个细节似乎都各得其所。举个例子，请比较两种类型的人：有些人总是匆匆忙忙，他们健谈，情绪暴躁，喜怒无常；有些人是缓慢的，他们说话不多，不经过认真思考就不做决定。为什么这两种人如此不同？每一种人都有一种特定的神经系统。第一类是强而不平衡的，另一类是强的、平衡的和安静的。现在，生理模式明显地预测了行为类型！然而，理论上所清晰显示的在现实中是很难测量的。具体而言，最具挑战性的和最终难以完成的任务就是为测量神经系统的强度、平衡和灵活性（第 1 章）。

5. 精神疾病

巴甫洛夫认为，精神疾病的一个特点是个体难以或无法形成新的反射。当有必要采取一些新行为时，这个人仍然使用旧的反应。另一种可能引发精神疾病的情况是矛盾信号的结合，它们在个体内部造成混乱或冲突。一个健康的人有能力区分对待这些信号。当一个人没有区分能力的时候，问题就发生了。此外，信号可能是极其强大的，从而造成一个持续的"那是什么？"反射。有时，当一个微弱的信号导致一个非常强烈的反应，或者当一个强大的信号导致一个非常弱的反应或无反应时，就出现了"极端的悖论状态"。

巴甫洛夫设想通过对神经系统释放令人困惑的信号和制造极端的压力情境，从而创造出类似于引发心理障碍的实验条件。在他看来，兴奋和抑制的冲突是心理疾病如何形成的最明显的例子之一。对于

压力及与压力有关的疾病的当代研究部分地支持了巴甫洛夫的假设（Resick，2001）。

6. 社会行为

1923 年，巴甫洛夫发表了《二十年的经验》(*The Twenty-Year Experience*) 一文，这篇文章总结了他的研究，并将他的理论应用于社会行为（Pavlov，1923/1973）。他在许多场合指出，"高级神经活动"这个术语指的是行为。因此，人们可以用反射来描述各种各样的行为，包括爱情、犯罪、教育进步、革命，甚至暴力。条件反射是人们在适应生活中不断变化的情况时，所使用的非常精密的工具。一开始，作为孩子，我们学习相对简单的反射；当我们越来越大时，条件也变得更为复杂。为了适应它们，我们尝试预测一个结果，从而发展出复杂的目的反射（reflexes of purpose），它使我们的行为以目标为导向。还有自由反射（reflexes of freedom），它使我们能做出自己的判断并为自己的行动负责。

7. 动物研究

本章开篇的案例提到了在实验中使用的动物。巴甫洛夫意识到，有些人对于他使用狗和猫做研究有负面反应。他收到许多来信，质问他为什么动物们不得不忍受痛苦以满足一个科学家的研究兴趣。巴甫洛夫在他的公开演讲中经常提到这个问题。他总是坚持说，当他不得不对一只狗或猫做手术时，他没有一点轻松的感觉。然而，他相信为了科学、医学尤其是人类，这是必要的。巴甫洛夫请他的批评者克服他们的无知，并缓和他们的情绪。当然，今天巴甫洛夫实验室里的实验犬的照片可能会引发一

种矛盾的反应。批评者可能会认为，巴甫洛夫并没有直接拯救一个人的生命：例如，他的研究并没有创造出一种救命的药物。然而，我们必须明白，他的研究是依据法律和当时的风俗而进行的。巴甫洛夫对于他所研究的动物的福祉予以高度重视。它们被饲养在清洁的设施中，被给予足够的食物和照顾。

⊙ **大家语录**

巴甫洛夫谈正确的心态

不要以为你知道一切。不管人们对你的评价有多高，永远有勇气对自己说：我是一个无知的人。

巴甫洛夫对他的员工要求很高，有时近乎苛刻，他总是认为一个人应该谦逊，远离虚荣。

圣彼得堡大学的这座雕塑是为了纪念所有在生理学实验研究中所使用的猫。

8. 巴甫洛夫及其在心理学和科学中的角色

在诺贝尔奖的获奖演说中，巴甫洛夫说，科学的主要目标之一是使用客观的方法了解人类的心理。巴甫洛夫在许多场合说过，作为一名研究者，他的终极目标是关乎心理学的。狗、瘘管、唾液腺、条件反射——这些都对他追求这个主要目标起到了帮助：客观地理解人类行为的机制。唾液腺是一个功能强大且实用的生理装置，它是隐蔽的大脑世界与可

见、可测量的反应之间一座方便的桥梁。

巴甫洛夫的工作有两个阶段的过程。他希望用他的条件反射理论来研究神经系统类型。但是在进行到第二阶段之前，巴甫洛夫认为他必须先提出他的生理学理论。[在他的一部作品《给年轻一代的信》(*A Letter to the Young Generation*) 中，他写道：对于一个研究者来说，即使有"两次生命"，也不足以完成他平凡的计划。] 他认为，反射模型可以解释最复杂的行为模式。巴甫洛夫真诚地相信，他在生理学和心理学方面正在取得重大突破。

对狗的实验帮助了巴甫洛夫理解生理机能对行为的影响。他清楚地认识到，人类生活的复杂性不能被简化为简单的反射。但是他必须从某个地方开始，他必须去研究某个"元素"。他的下一步计划是对感觉器官的生理机能进行详细研究，巴甫洛夫将这些感觉器官称为"分析器"。不幸的是，这项研究的发展不能再依赖他的方法论，这种方法论在 1900 年是革命性的，但在 20 世纪 20 年代已不再如此。新一代的神经生理学家和心理学家开始使用不同的、更精细的设备和方法来研究感觉系统的机制。

对于今天的批评观察者来说，巴甫洛夫的缺点是显而易见的。在测量大脑某些部位的生理特性时，他没有考虑到大脑皮层的不同部分可能有不同的功能。一个有机体可能在一个感受器（例如触觉）上显示强信号，而在另一个感受器（例如味觉）上显示弱信号。巴甫洛夫理论的第二大缺点是，虽然他关于神经系统功能的三个基本特征的模型简单而富有吸引力，但是生理学家一直无法展示大脑中代表神经系统的强度、平衡和动态的特定生理机制。

巴甫洛夫的研究也影响了大众的知识。我们用"巴甫洛夫的狗"来形容一个正在被探索或研究的对象：一位朋友，一名学生或一个承包商。心理学家使用短语"寂静之塔"来描述一个安静的工作场所（这是巴甫洛夫用来描述他的某个场所安静程度的正式术语）。巴甫洛夫的条件理论是奥尔德斯·赫胥黎（Aldous Huxley）的小说《美妙的新世界》(*Brave New World*) 中的一个重要主题，在很大程度上也是托马斯·品钦（Thomas Pynchon）的《万有引力之虹》(*Gravity's*

知识检测

1. 巴甫洛夫的第二信号系统是：
　　a. 反射　　　　　　　b. 脑锁
　　c. 高级神经活动　　　d. 语言
2. 巴甫洛夫的神经系统的特征是什么？
　　a. 强度、平衡和灵活性

　　b. 强度、速度和力量
　　c. 平衡、紧张和协调性
　　d. 力量、智慧和紧张
3. 巴甫洛夫是如何解释精神疾病的？
4. 巴甫洛夫对研究中使用动物是什么观点？

Rainbow）中的重要主题。著名的俄罗斯剧作家米哈伊尔·布尔加科夫（Mikhail Bulgakov）写的《狗心》（Dog's Heart）是关于一个移植了狗的心脏的男人的故事；这本书的部分灵感来源于巴甫洛夫的研究。

7.3.3　弗拉基米尔·别赫捷列夫的反射学

20 世纪另一位将生命和工作奉献给行为主义传统的研究者是弗拉基米尔·别赫捷列夫，他是一位医生、教授、神经学家、诗人和心理学家。与巴甫洛夫不同，除了研究和演讲之外，他还积极从事门诊和住院治疗工作以及法律咨询。他积极支持妇女的教育权利和贫困儿童的福利项目。他在报纸和杂志上推广心理学。像巴甫洛夫一样，他生活在 19 世纪至 20 世纪的过渡时期，这段时期的标志是快速的社会发展，紧张的政治局势以及暴力问题。与此同时，它也是一个伟大的科学发现层出不穷的时期。

▽网络学习

在同步网站上，阅读弗拉基米尔·别赫捷列夫（1857—1927）的传略。

问题：他一生中出版了多少部著作？

1. 客观心理学

别赫捷列夫转向研究心理学时已经是一位成功的临床医生和研究者。他早期的大部分工作是关于生理学和神经系统解剖的。从 19 世纪 90 年代末起，别赫捷列夫发表了若干篇关于癔症和神经症的文章。

他认为科学家们永远不应该根据个人的感受（喜欢或厌恶）来研究心理学（Strickland，1997）。

别赫捷列夫寻求一个能解释身体和心理之间互动的理论模型。他反对冯特学派的内省法。在他看来，唯一的替代方法是，研究行为和发生在大脑和神经系统中的生理过程（Bekhterev，1888）。别赫捷列夫确信，任何所谓"心理的"或"主观的"事物，事实上是一种发生在大脑和神经系统中的生理过程。他继续说道，如果主观过程和生理过程的性质是一样的，那么应该有一种基础的物质或力量负责这两个过程的表现。这个统一的力量是什么呢？

别赫捷列夫转向能量的概念。他使用当时流行的能量守恒假设：能量不会消失，但会从一种形式转化为另一种形式。运用到生理学与心理学中，即人体感觉系统的功能是将外部能量转化为一种内部能量。别赫捷列夫相信，他可以将所有的心理过程解释为能量在大脑和神经系统中的转换（Bekhterev，1904）。

别赫捷列夫面临的挑战是开发新的、客观的测量行为的方法。从 1907 年到 1910 年，别赫捷列夫分几个步骤发表了他最重要的作品之一——《客观心理学》（Objective Psychology）。这篇专著描述了**反射学**（reflexology）的原理，这个新词汇最初很少被使用，1912 年以后才被沿用下来（Schniermann，1930；Yaroshevsky，1996）。别赫捷列夫理论的两个核心概念是反射和适应。

2. 反射和适应

与机能主义的假设（第 5 章）一致，别赫捷列夫认为，当环境发生变化时，有机体会改变它们的行为。最重要的是，有机体将一些改变保留了下来。每个反应都基于两个影响因素：一是环境的具体影响，二是有机体的内部条件。这种内部条件是由遗传因素和有机体的经验决定的，后者与年龄和教育有关。

在从植物到动物的进化过程中，有两种主要行动经历了显著的变化：攻击和防御。这些行动的复杂性取决于一个物种或人类的经验的范围和性质。例如，植物暴露在有限的经验中，因为它们大多数不能移动。动物的经验更加丰富，因此发展出一套更复杂的攻击和防御的本领。而且，动物也是不尽相同的。比起在地面上的动物，蠕虫和鱼儿生活的环境条件不太有利。器官的分化给有机体带来优势，因为它们能让动物和人类更好地做出反应或适应环境的变化。能量经由过去的经验被存储在某种被改进的形式中，刺激促使有机体将其转化为行动。别赫捷列夫将这种类型的存储能量称为意识（consciousness）（Frost，1912）。

3. 两种反射类型

别赫捷列夫确认了两种反射类型。第一种是身体激发的先天反射（innate reflexes）。第二种是反射或称为联合反射（associated reflexes），是通过训练形成的，或者通过经验习得的。例如，当一个人的手放在非常尖锐的物体上，先天的防御性反射被激活，手被抽了回来：如果没有发生这种反应，手就会被割到，这个人就受伤了。这种情况下的联合反射就是我们操作尖锐物体时常见的谨慎反应：一种为了避免疼痛的联合反射已经建立。

作为一名执业医生，别赫捷列夫接待过许多病人并了解大脑的解剖结构。他认为，先天反射主要通过脊髓和大脑的皮层下结构来调节。联合反射通过大脑皮层调节，皮层下结构也有所参与。反射可以被抑制，也就是说，被减弱或变得不那么明显。例如，思维的过程，就是被抑制的言语反射。美国心理学家约翰·华生秉持与此类似的观点，我们将在本章后面进行探讨。

4. 反射学诞生

尽管已经是一位著名医生，但别赫捷列夫（1918/1933）将他的余生投入一门新的科学学科。他称之为反射学。他希望有一天反射学能成为一门被普遍接受的学科。1918 年出版的《人体反射的一般原则》（*General Principles of Human Reflexology*）是他将近 20 年的工作成果，它在别赫捷列夫的一生中经历了三次修订。每一个新的版本都有所扩展，涵盖了最新的研究数据。

别赫捷列夫认为，反射学的普遍规律也是某些自然的普遍性规律的一部分。就拿人类的反射来说，这些基本规律是：能量守恒、持续变化、相互作用、循环、经济、适应、综合、功能、惯性、补偿、进化、选择、相对性，以及其他一些规律。我们以惯性为例。在物理学中，惯性定律表现为一个物体处于静止或匀速运动状态。在行为层面，惯性表现为某种不改变的状态，比如，思维僵化、懒惰、固执或冷漠。别赫捷列夫对这些普遍规律的理解可能显得过分简单化，甚至接近还原论。但他认为，这些言语的描述应该有助于更好地理解反射学的原理。

能量转换是用来描述物理和生物过程的主要机制。那能量转换过程是如何运作的呢？外部刺激的能量影响到感受器。这种能量可以是机械能、热能或化学能。在感受器中，它被转化成神经组织胶质形态的分子能量，然后产生神经电流。能量通过神经纤维传递到大脑中枢。能量在这些中枢被加工，并发送到肌肉和腺体。在那里，能量再次转化成各种各样的形式，包括使肌肉运动的机械能，使腺体释放某些物质的化学能，或导致体温增减的热能。

神经能量也会积聚在大脑中枢，最有可能在大脑皮层。别赫捷列夫将这种积聚在大脑中的能量称为"情绪"。当能量延迟一段时间之后再影响行动，人们称这个过程为"思考"。别赫捷列夫确信所谓的"心理过程"与任何其他行为过程基于同样的能量转换的生理机制。在他的理论背景下，能量转换的过程实际上就是反射（见图 7-1）。

能量→感受器→分子能→神经纤维→神经中枢

能量转换→肌肉反应

能量的积聚（情绪）　延迟的能量行动（思考）

图 7-1　反射学：能量转换过程

7.3.4　反射学的应用

别赫捷列夫将普遍的反射原理应用于对群体行为的研究。他的《集体反射学》（*Collective Reflexology*）是最早的社会心理学著作之一（Strickland，2001）。反射学用描述个体行为的同样方式来描述群体行为。在别赫捷列夫看来，群体活动是社会反射的特殊类型。他创造了**集体反射学**这个特别的术语，或者说最先研究群体的出现、发展和行为，这些群体展现了他们统一的集体活动。别赫捷列夫对集体反射学投入了将近 10 年时间，持续研究集体反射（Bekhterev，1921/2001a）。

社会现实表现为词语、符号和其他信号，它由群体传递给个体。这是一个可测量的能量转换过程。这些可测量的特征是：群体敏感性、群体情绪、创造性活动、注意力和决策。别赫捷列夫的具体方法包括实验和调查，是为了研究群体的行动。他认为，集体反射学作为一个科学领域，应该引入某些原则或规律来解释社会团体、人群，甚至是全球的社会历程。例如，别赫捷列夫讨论了粮食价格和报告的盗窃数量之间的正相关（Bekhterev，1921/2001a）。他描述了 23 个这样的规律，包括能量守恒定律、大小相等和方向相反的反应定律、惯性定律、繁殖规律，等等。

在《集体反射学》一书中，别赫捷列夫经常依赖他自己和目击者对 1917 年俄国革命的记忆。这是一个充满革命、街头战斗和巨大不确定性的年代。他使用反射学来解释群体的行为（Osipov，1947）。在别赫捷列夫看来，就像一个人因为体内"神经心理能量"不平衡会产生情绪波动，大型的社会团体也会经历类似的骚动。一个团体的能量水平可高可低。革命和暴力就是由高能量水平所引起的，由许多人希望把他们的个人精力投入到一个共同的事业所推进。别赫捷列夫和他身前身后的许多科学家成为重要社会事件的见证者，他们经常记录自己的观察。暴力、战争、犯罪、社会正义和虐待一直是心理学家最热衷争论的主题。

1. 永生

别赫捷列夫使用能量转化的概念来解释死亡与永生。他认为，身体的死亡是消灭了身体的存在。为了应对令人不解的死亡，许多人求助于宗教这个巨大的希望之源。许多人相信灵魂永生或死后复活。然而，在他看来，科学可以为永生提供最深刻的理由。根据能量守恒原理（他在大部分作品中捍卫的原理），能量不可能消失得无影无踪。如果没有另一个能量来源引发，它也不能出现（Bekhterev，1916/2001b）。人体内部能量转化为肌肉和动作的能量。那些活着的人在他们的周围进行能量转换。当一个人死后，身体的腐烂导致有机体分解成简单的元素。然而生命并没有结束，它继续存在。它转换成新的能量形式，包括其他人的思想和行动。事实上，这就是永生的生命循环（Dobreva-Martinova & Strickland，2001）。

2. 暗示和催眠

别赫捷列夫是最早使用催眠治疗行为问题的人之一（第 6 章）。他相信在催眠过程中会发生一种能量交换。尽管 20 世纪初催眠效应的演示很普遍，但它们很大程度上是为了娱乐和盈利：催眠师从一个城市到另一个城市，在小型剧场或酒店舞厅为付费观众展示他们的技能。别赫捷列夫使自己与这些艺人保持距离。他认为，催眠应该谨慎使用，并用于治疗目的（Bekhterev，1903/1998）。

起初，他的同事对他研究催眠的反应是消极的。在看过别赫捷列夫关于催眠治疗改善行为的数据后，有些人减轻了他们的批评。特别值得一提的是，别赫捷列夫还参与了酗酒的治疗。在 20 世纪 20 年代录制的影像档案片段里，他与一小部分观众讨论了饮酒的有害影响——在拍摄期间，他所有的病人可能都处在催眠暗示的状态（Yaroshevsky，1996）。

别赫捷列夫出版了关于暗示、催眠和传心术（telepathy）的作品。他认为，这些现象是由潜在的能量转换过程引起的。这类研究中最著名的是别赫捷列夫对狗进行的实验。到 1921 年，在 20 个月的时间里，别赫捷列夫及其同事对传心术如何影响狗的行为进行了 1200 多次的测量。研究人员声称，他们的实验证明了传心术的存在。在他们看来，这是一个特殊的"发光"能量的传播过程，从一个人身上释放出来，影响到另一个个体。

3. 创伤性情绪

在心理学界，别赫捷列夫是最早治疗情绪创伤相关问题的人之一。他描述了战争对士兵和军官的长期影响，他们在战壕里经年累月，远离故乡和家人，处在持续的死亡或受伤的威胁之下（Lukova，1992）。他报告说，在 1904 年对抗日本的战争中，俄国军队中焦虑和抑郁的症状明显增加。这些症状包括动机降低、认知功能的普遍下降和决策困难。他还注意到，在第一次世界大战期间（1914～1918），军事人员当中幻觉和妄想的诊断病例数量增加。他写道，战争不仅影响士兵，也影响平民。他认为，战争的创伤事件可能会加剧大脑中既存的弱点。极端的情境可能会引发异常症状的发展，比如癫痫发作、癔症和严重的记忆力衰退。当代数据支持了别赫捷列夫的早期观察：在美国对越南、阿富汗和伊拉克作战期间，军人心理障碍的报告案例数量出现增长（Seal, Bertenthal, Miner, Sen, & Marmar, 2007）。

4. 一个人民公仆

别赫捷列夫认为，科学家有义务公开谈论社会问题。他还认为，民主的环境对一个人的心理健康最有利。他公开捍卫公民自由。他支持斯拉夫民族（例如波兰、斯洛伐克、保加利亚、克罗地亚等国家）统一，为共享类似文化的人们创造一个健康的社会环境。别赫捷列夫强烈反对宗教和性别歧视。他发言

抨击对少数民族教育与就业实行限制准入的配额制度（当时广泛实行）（Bekhterev，1916/2003）。他把科学伦理的规则应用于他的研究和咨询。作为一起公开谋杀案中的审讯专家（第 5 章），别赫捷列夫证明了客观的、无偏见的专业证词的重要性。

别赫捷列夫为安置无家可归的儿童的项目做出贡献。他还提倡将音乐教育作为传授道德观的一种方式（Moreva，1998）。他希望战胜作为一种疾病的酗酒，他研究了治疗酒精和药物相关问题的新方法。他还支持俄国政府在 1914 年战争期间停止销售酒精的决定。

5. 别赫捷列夫的影响

即使对别赫捷列夫的成就做一个简短描述也是令人印象深刻的。他是俄罗斯第一个实验心理实验室（1886 年）的创建者，仅仅比威廉·冯特在莱比锡开设他著名的研究机构晚几年。像美国的威廉·詹姆斯一样，别赫捷列夫给他的同时代人留下了深刻的印象。他在心理学、精神病学、哲学和历史学领域均有许多著作。别赫捷列夫挑战了主观的心理学，并推动了一门新的摆脱内省法的心理学的发展。

别赫捷列夫将人类行为置于实验研究的中心；而且，像伊万·巴甫洛夫一样，他认为反射是人类活动的"支柱"，可以经受最客观的实证研究。别赫捷列夫采用能量转换原理来解释身体和心理过程之间的关系。作为一名生理学家，他描述了若干大脑中枢，他的名字现在出现在许多大脑图谱和解剖学教科书上。作为一名医生，别赫捷列夫接待患有神经和心理机能障碍的病人。他奠定了实验社会心理学的基础。他创办了几个研究所和几种学术期刊。别赫捷列夫发表公开演讲并募集资金，以帮助无家可归者和受虐待的儿童。他的名字被刻在莫斯科的一条街道上，还有圣彼得堡一家受人尊敬的健康机构的建筑物上。

科学必须从多个学科的视角来研究个体，别赫捷列夫是这一观念的积极推动者之一，他在这些学科视角的中心看到了他的反射学。在他的一生中，他渴望寻求一个关于人类思想和行为的普遍统一的理

论,这持续影响了许多心理学家的思想。

尽管如此,数十年来,对大多数美国精神病学家和心理学家来说,别赫捷列夫和他的工作仍然不怎么为人所知。别赫捷列夫显然不属于心理学的主流:随机选取 2012 年美国出版的 10 本主要心理学导论教科书,其中约翰·华生的名字被提到 47 次,威廉·詹姆斯的名字被提到 67 次,巴甫洛夫被提到 56 次。但是根本没有提到弗拉基米尔·别赫捷列夫,有的只是对反射学的简短评论。然而,到了 20 世纪末期,国际读者开始重新发现别赫捷列夫。他的作品的重要部分终于被翻译成英文(Strickland,2001)。人们认为他对行为主义传统做出了贡献,也对行为研究的实验方法做出了贡献。如果别赫捷列夫的著作在 20 世纪 20 年代就被翻译成英文,美国同时代的行为主义者可能会立即对他的观点进行讨论。

别赫捷列夫是他所在的时代的产物。他既是一位进步的科学家,又带着古老的偏见。他反对死刑,却认为手淫是一种严重的心理障碍;他要求关注无家可归者,却激烈反对同性恋;他捍卫酗酒患者的尊严,却有时毫不犹豫地发表性别歧视的言论。

像他的一些追随者和世界各地的同时代人一样,别赫捷列夫是一个明显的还原论者,他真诚地相信,可以用纯粹的行为主义术语来描述心理学。

另一位卓越的科学家也持有类似的观点。他的名字永远和行为主义及其早期发展联系在一起:约翰·华生。

7.4 约翰·华生的行为主义

在 20 世纪初,许多科学家来自条件普通的中产阶级家庭。巴甫洛夫和别赫捷列夫就属于这一群体。在美国,来自新英格兰或纽约的富裕家庭不再是重点大学本科和研究生课程的新生主要来源。正如历史经常显示的,社会流动性是社会发展的一个关键因素。

7.4.1 开始

约翰·华生(John Watson,1878—1958)是行为主义最杰出的代表人物,出生在南卡罗来纳州。他在美国南部的农村长大,这个地方在内战后几经变迁。人们大规模地从农场向城镇迁移。他们在寻求工作、教育、改进生活水平和更好的机会。这是美国一次重大的人口、社会经济和文化变革。

华生就读于弗曼大学,一所小型浸会的学校,1899 年从那里毕业,获得了文科硕士学位。他选择了去芝加哥大学继续深造。他的导师——詹姆斯·安吉尔,激起了华生对动物和比较心理学的兴趣。1903 年,华生获得博士学位,成为这所大学最年轻的心理学博士。在约翰·霍普金斯大学,他开始在詹姆斯·鲍德温的领导下工作。詹姆斯·鲍德温是当时一位有影响力的心理学家,也是权威专业杂志《心理学评论》的创始人之一。不幸的是,鲍德温由于涉嫌不正当性关系的丑闻不得不辞去他的职务。年轻的华生突然发现自己成为约翰·霍普斯金大学心理学研究的负责人,并且要监管一本有影响力的杂志。

1. 方法

从他的职业生涯开始,华生就像劳埃德·摩根一样,试图避免在观察动物的过程中使用拟人论。

从他在芝加哥大学的早期研究开始，华生接受了雅克·洛布的观点，即人类更可能是有机的机器。作为约翰·霍普金斯大学的教授，华生开始努力开发一种新的实验心理学，将行为和可测量的信号作为唯一值得研究的两个重要变量。

首先，华生研究了大白鼠的行为。他想看到白鼠的学习能力与其大脑结构之间的相关性。大脑中联结的数量被认为与白鼠的学习能力有关。出生于瑞士的神经病理学家阿道夫·迈耶（Adolf Meyer），后来在约翰·霍普金斯大学成为华生的同事，为华生的研究提出了一些想法。在1906年的一份实验报告中，华生对比了普通老鼠和大脑受到手术损伤的老鼠的行为，后者的视觉、嗅觉和触觉均受到手术的影响。许多心理学家认为这样的实验是残忍的和不必要的。像大多数从事动物研究的科学家一样，华生以无知为理由驳回了这些批评。他认为，如果为了科学进步，科学家应该进行不受欢迎的实验。

▽网络学习

在同步网站上，阅读约翰·华生（1878—1958）的传略。

问题：他为什么在42岁时放弃了研究科学？

2. 焦点：行为

有两个观点使华生研究行为的方法与众不同。第一，他认为行为是身体的实际运动，比如腿和胳膊、腺体和特定肌肉的运动。像桑代克一样，华生认为任何复杂的行为（例如：演奏乐器）中包含了许多小的行为元素。这种理解复杂行动的"元素"方法与大部分比较心理学家描述行为的方式有所不同。

华生的研究方法第二个与众不同的特征是，他反对像其他心理学家那样，在行为研究中使用"目的"这个概念（McDougall，1912）。在他看来，目的并不是行为的原因。只有信号或刺激才能决定一个人的下一步行动。行为主义后来的支持者不同意这一假设，就像在第11章中讨论的，他们试图从一个客观的、实证的角度来研究目的。华生把目的的概念看作旧的主观心理学的一部分。在他看来，真正的心理学应该收集关于动物和人类可观察的事实，它们通过遗传和习惯来适应环境。他在一系列文章和演讲中发表了自己的观点。这些不仅仅是对他的研究的一个总结，而是一门新的科学学科——行为主义的目的和方法的声明和宣言。

3. 行为程序

1915年，37岁的华生意外地成为美国心理学会的主席。许多心理学家投票给这个相对知名度不高的人，是因为他们认为他很勤奋且有追求。其他人则认为他缺乏领导一个国家性组织的经验。在某种程度上，华生的当选象征着美国心理学会内部的不团结，它在当时没有处于最佳的组织形态。当美国心理学会拒绝举办第11届国际心理学大会的机会时，美国心理学的声誉受到了严重的打击。让华生担任主席的决定出于两个原因。第一个原因是大会主席詹姆斯·鲍德温的突然辞职。第二个原因是这个组织内部的几个派系无法找到鲍德温的替代者。心理学家们全神贯注于他们自己的雄心抱负而不能同心协力。所以，华生当选主席是一个突然的权宜之计。当选主席为华生带来更广泛的认可，并为他展示自己的思想提供了一个便捷的舞台。

华生将心理学定义为人类活动和行为的科学。简单化是这门学科成功的关键。这里有三条**行为主义**基本原则：

1. 刺激与反应（行为是对特定信号的一系列反应）。
2. 习惯形成（行为反应变得有用并保留下来）。
3. 习惯整合（简单的反应发展成复杂的行动）。

1915年，华生向美国心理学会报告了两位俄国科学家——别赫捷列夫和巴甫洛夫的工作，这两位科学家发展了研究行为的新方法和新理论。他探讨了巴甫洛夫的条件反射的性质；并说明如果转向研究反射，将会给心理学打开什么样的视角。华生对巴甫洛夫表示赞赏，但他认为别赫捷列夫研究和测量运动反射的方法更适合进一步的实验。正如华生所预测的，通过测量条件反射，心理学家最终可以描述和控制人类的行为（见表 7-2）。

华生的《一个行为主义者眼里的心理学》（Psychology From the Standpoint of a Behaviorist）成为历史上最受欢迎的心理学书籍（Watson, 1919）。这本书被翻译成许多种语言。这本书可读性很强：华生想让心理学成为一门有吸引力的学科，特别是对学生而言。不幸的是，几年后他评论说，在书中的几个地方，他过分戏剧性地表达了自己的一些观点。例如，他写道：思考的过程无非是一种"内部的"或无声的言语。尽管这本书的写作风格相对轻松，但它包含了大量的例子，并提供了如何将心理学知识应用于现实生活的建议。

表 7-2 约翰·华生的目标

心理学应该成为自然科学的一个实验分支。所有关于"心智"和"意识"机制的推测都应该被晾在一边
所有的实验都应该得到验证和控制。具体来说，内省法应该被排除在科学研究的方法之外
心理学应该像生物学那样，研究和发现适用于所有生物体（包括动物和人）的自然规律
心理学的最终目标应该是描述、预测和控制人类行为
为了实现这些目标，心理学必须将行为作为研究主题。此外，对行为的研究应该成为一门独立的科学

从行为主义的观点看，心理学应该是自然科学的一个实验分支。像别赫捷列夫和巴甫洛夫一样，华生认为内省法是一种无用的方法。意识应该是哲学家研究的专属问题。心理学的目标是建立能够解释、预测和控制行为的原则（Wozniak, 1993b）。

7.4.2 应用

作为约翰·斯霍普金斯医学院的实验室主任，华生在阿道夫·迈耶的诊所里开始了对婴儿的观察。

他的思路是更多地了解某些适应不良的习惯——大多是在婴儿期形成的，如何变成了成年期精神疾病的源头。

1. 精神疾病与异常行为

华生现在只根据条件反射来描述婴儿的行为。华生认为，精神疾病和异常行为的原因都是适应不良的习惯（Watson, 1916）。对他来说，精神疾病是一种习惯错乱（habit disturbance）。他并不反对发展临床心理学，然而，他对异常症状的解释不同于大多数临床心理学家。癔症或神经症、防御性反应、负罪感、非理性的恐惧，所有这些和许多其他症状都是适应不良的条件反射。它们是如何形成的？华生相信，一定存在过去的某个情境或条件，比如情感创伤、身体或性虐待、手淫或其他情况，促使个体形成了机能失调的习惯。这样的习惯，在一系列的连锁反应中，导致其他适应不良的习惯逐步发展。

华生运用行为主义的原理去解释人类价值观和异常行为。他认为，社会价值观是习得的，取决于不断变化的社会标准。如果一个人在适应社会规范方面有问题，那么行为主义将能够提供特定的训练和纠正方法，把良好的习惯教授给那个人。几位著名的思想家，包括沃尔特·李普曼（Walter Lippmann）和约翰·杜威（John Dewey），也持有类似的观点。在他们看来，社会异常行为和犯罪行为，是一些未经社会训练的个体的行动所引起的。这些人没有机会学会如何根据社会标准来行事。在华生看来，心理学家能够通过政府资助的特别项目为这些人提供治疗。随后，新的行为习惯将会形成，而这将导致犯罪减少。

2. 情绪

像当时许多心理学家一样，约翰·华生将情绪分为三类：爱、恐惧和愤怒。他认为它们是在童年期习得的条件反应或习惯。因此，情绪的形成是一个习惯形成的过程。为了考察这个过程，华生转向研究婴儿的行为。1920 年，在与他的学生和未来第二任妻子罗莎莉·雷纳（Rosalie Rayner）共同进行的实

🔍 案例参考

请分析心理学家的话及其含义

约翰·华生的下面这段话经常被引用。请仔细阅读它。

给我一打健康、状态良好的婴儿，在我自己明确规定的世界里养育他们，我能保证，我能将任何一名婴儿培养成我指定的任何类型的专家——医生、律师、艺术家、商界领袖，是的，甚至是乞丐和小偷，不管他的才能、喜好、倾向、能力、职业和他祖先的种族如何。我承认我所说的超越了我的事实，但那些持相反意见的人也是如此，而且他们几千年来都是这样做的。

如果你还没有注意到，请看华生的最后一句话，他承认他把自己的研究原则搁置一边；他在"超越"他的事实。许多评论家指责他把自己的信念放在事实之上。这意味着华生希望信念超越事实吗？这句话的真正意思是什么？这意味着，华生还没有获得支持这一说法的研究数据。他只是单纯地相信他是对的。教育意味着一切，没有所谓"坏的"行为遗传。异常的环境产生了异常和偏差的行为。如果环境改变了，你的行为就会改变。他还有一个意思，他能够挑战那些相信人类行为遗传因素之重要性的人们的信念。

验中，他研究了一个名叫阿尔伯特 B.（Albert B.）的 9 个月大婴儿的条件反射的发展。实验者想要表明，在实验室里创造的情绪会在以后的生活中被保留下来（Watson & Rayner，1920）。举个例子，华生将无条件刺激和小动物进行配对，前者可以引发儿童天生的警觉和恐惧（比如非常大的噪声），而后者最初不会引起任何恐惧反应。事实上，他重复了巴甫洛夫和别赫捷列夫曾做过的事：研究条件反射。在他的实验中，华生试图让孩子产生害怕情绪和长期的恐惧。这些实验一直以来都是心理学中最有名的实验。一个有意思的事实是：一代又一代心理学家都不知道这个男孩的真实名字（在教科书中他经常被称为小阿尔伯特），直到一个研究团体进行了档案搜索和访谈。这个男孩的名字最有可能叫道格拉斯·梅里特（Douglas Merritte）。他在 1925 年死于严重的疾病（Beck, Levinson, & Irons, 2009）。今天，美国心理学会认为类似的婴儿实验是不道德的。首先，华生没有请求男孩的母亲允许他拿她的儿子做实验。其次，正如你所知道的，心理学家不可以故意给他们的被试造成不必要的痛苦。但在 20 世纪 20 年代，实验心理学家并没有被要求遵循这些规则。

后来，华生把自己的情绪观点应用于广告业。他认为，销售一个产品就是让一个消费者产生某种情绪。想象一下，你是一位制造商兼经销商。你必须让消费者感到担心或高兴——这事取决于这个产品或具体情境。根据华生的说法，如果没有情绪，购买力就会减弱。情绪引导消费者，无论他们的性别或国籍如何。用华生的话来说，消费者是在寻找一幅画、一把剑，还是一个犁头，这并不重要。

华生将他的知识运用于一种被称为"客户评价"（testimonials）的广告技术。在这样的客户评价中，人们出现在杂志页面或广告牌上，讲述关于一个产品或一项服务的故事或者做出评价。在商业上使用这种方法已经有一段时间了，但华生将它改善并测试其有效性。例如，他帮助贝贝可牙膏设计了一系列广告。在那些广告中，一个吸烟的女性担心香烟对她的牙齿产生负面影响（这是一种令人害怕的反应），但她在牙膏中找到了解决办法；如果经常使用这个牙膏，牙齿就会保持清洁并让这个女人有吸引力（一种爱的反应）。

3. 其他应用研究

作为一名应用心理学家，华生总是寻找新的任务并接受新的邀请。即使是关于他的项目的一份简短清单，也是令人印象深刻的。1916 年，他担任特拉华州一家保险公司和另外两家铁路公司的顾问。他在约翰·霍普金斯大学提议开设一门新的课程：广告心理学。在广告业中，他研究了客户品牌忠诚度以及说服的中心和外围途径。华生在人员甄选方面做了许多开辟性工作。他使用绩效测试来选择客户代表。第一次世界大战结束后，他为西联电讯公司进行员工评估的研究。1919 年，他曾为美国社会卫生委员会工作，调查为教育公众特别制作的性传播疾病危险动画电影的效果。1920 年，他参与创立了工业服务有限公司，研究工业心理学。他还研究了吸烟习惯（Watson，1922）。1921 年，华生开始为 J. 沃尔特·汤普森广告公司工作，一年的收入是 25 000 美元，这是他在约翰·霍普斯金大学薪水的 5 倍（Buckley，1994）。他在好几个场合提起，他永远不后悔离开他的教学生涯。

4. 媒体

华生是一位多产的作家，而且喜欢在大众杂志上发表作品。1907 年，他在《今日世界》（World Today）上发表了一篇关于人类进化的文章，这篇文章谈及了通过动物研究理解人类行为的可能性。1910 年，他在《哈泼斯》（Harper's）杂志上发表了一篇关于动物行为的新科学的文章，谈及了这门新学科会带来的巨大实际利益。《纽约时报》（New York Times）热情地评论了他的主要著作《一个行为主义者眼里的心理学》。在那个时候，对于一本心理学专著而言，这是一种非同寻常的认可。这篇热情的评论表明了约翰·华生的广受欢迎与心理学声誉的提高。

然而，华生的批评者一直认为，他更像是一位热情的领导者和辩论家，而不是一位勤奋的学者和思想家（Boring，1929）。有人批评华生在非科学性杂志上发表作品的欲望。华生强烈地为他的工作辩护：他说他在那里发表文章，是因为心理学应该更多地被普通人所了解。在其他场合，他则贬低了他那些流行出版物的重要性。他辩解说，一个心理学家想赚一些钱并没有什么错。

不幸的是，一旦华生成名后，他的生活就暴露在公众面前。现在，华生不堪的离婚经历（他和他的学生有了婚外情）的每个细节都被人详细审视。用今天的话说，离婚诉讼使他陷入了好莱坞明星般的绯闻状态。显然，华生希望避免这种令人尴尬的曝光，但是他无能为力。然而，他从约翰·霍普斯金大学

辞职后，虽然生活离开了学术圈，但并没有减缓写作和出版进度。他在《哈泼斯》《国家》（the Nation）、《新共和》（New Republic）、《自由》（Liberty）、《麦考尔》（McCall's）和其他许多杂志期刊上发表作品。著名的《纽约客》（New Yorker）刊登了他的特写。20 世纪 20 年代和 30 年代华生所发表的一些文章的标题简表显示，他的兴趣转移到了流行心理学的领域：《女人的弱点》（The Weakness of Women）、《我们能让孩子守规矩吗？》（Can We Make Our Children Behave?）、《心还是智力？》（The Heart or the Intellect?）、《父母是必要的吗？》（Are Parents Necessary?）（见表 7-3）。

华生从来没有后悔他离开大学和为私人企业工作的决定。他喜欢被关注，并享受他影响他人的能力。他在大众媒体上发表作品和赚钱的欲望，也源于他对学术界的愤恨，他认为学术界在他痛苦的离婚过程中背叛了他。

表 7-3　智威汤普森公司简讯中约翰·华生发表的作品清单

《你在抽什么烟，为什么？》（What Cigarette Are You Smoking and Why?）（1922 年 7 月）
《宣传册会被阅读和保存吗？》（Are Booklets Read and Kept?）（1922 年 9 月）
《电台广告》（Advertising By Radio）（1923 年 5 月）
《行为主义者眼中的思维》（Thinking as Viewed By the Behaviorists）（1927 年 2 月）
《人格与人才选拔（一）：行为主义者看个性》[Personality and the Choice of Personnel（I）: The Behaviorist Looks at Personality]（1927 年 3 月）
《人格与人才选拔（二）：心理学有助于选拔人才吗？》[Personality and the Choice of Personnel（II）: Can Psychology Help in the Selection of Personnel?]（1927 年 4 月）
《一个关键的副本》（Just a Piece of Key Copy）（1929 年 8 月）

资料来源：Inventory of the J.Walter Thompson Company. Newsletter Collection, 1910-2005.

7.4.3　华生的矛盾

华生的个性反复无常，他的个人生活几乎也变化莫测。他在许多方面是自相矛盾的。他不断地被女人所吸引，和她们当中的许多人约会，但他在表达人际情感方面存在困难。甚至他自己的孩子们都说，他们几乎不记得父亲显露过任何温情的迹象。他爱他的孩子们，但也认为他们使他从研究和教学上分

心。他的家庭关系持续紧张。他结婚很早。他的第一任妻子是玛丽·伊克斯（Mary Ickes），她是一名学生，她的家人并不喜欢华生，因为他看起来举止粗鲁，传闻中他滥交、傲慢，而且没有钱（这是真的）。她的家人也不喜欢他是打南方来的。他的好朋友喜欢他的雄心壮志，他的批评者却称他是追逐名利。他总是抱怨自己缺钱，缺少空闲时间。然而，他在加拿大购置了房产作为消夏寓所，而且是他一手建造的。他雄心勃勃，但没有接受哈佛大学发出的邀请，原因显然是财务方面的：他认为哈佛大学提供的薪水太低了。他在渴望隐私的同时却邀请其他人，包括他的导师詹姆斯·安吉尔介入他的婚姻事务。根据他的同时代人，包括罗伯特·耶基斯（Robert Yerkes）的描述，他既有找麻烦的坏习惯也有把事情搞定的天赋。他相信他已经参与了太多的项目，但他总是在寻找新的交易，仿佛它们是新的冒险。华生希望在战争中为他的国家服务，却并不喜欢他服兵役的经历——他把它称为一场噩梦。他不喜欢任何可能限制他的行为的事物，但他喜欢社会秩序。他在学术抱负上是严肃的，但在日常习惯上几乎是幼稚的。他是一个享乐主义者也是一个饱经训练的实验科学家。总而言之，他也是一个普通人。

你看到了自己的矛盾吗？它们是什么？

7.4.4 为什么华生的行为主义受到欢迎

在他的职业生涯中，华生无疑运用了他的公共职位来促进他的工作特别是行为主义的发展，这些职位包括美国心理学会主席、约翰·霍普金斯大学心理学教授，以及作为几家有影响力的期刊的编辑。即使华生作为学院心理学家的职业生涯在1920年中断，但他仍然是一名活跃的作家、公司研究员和他自己观点的推广者。到20世纪30年代，虽然他不再进行学术研究，但行为主义已经成为美国心理学的一支重要力量。这一成功的原因是什么？

1. 支持

华生绝不是第一个批判内省法和精神心理学的人。[他用嘲弄的口吻来描述内省法："这（种感觉）总的来说是由350级灰色感构成的，在某种程度上，它与一定强度的冷感一起发生；还有一种具有一定强度和范围的压力，等等"（参见 Sahakian，1968，p.454）]。他不是第一个从他的研究中排除意识的人。如我们所知，他不是心理学中反射概念的开创者，他不是第一个提出动物和人类行为应该服从同一规律的人，他甚至不是第一个使用客观的实验方法来研究行为的人，也不是第一个发明测量的实验方法的人。然而，他在心理学史上的地位是卓越超凡的。对许多心理学家来说，华生的思想是简单的、可理解的、有吸引力的。他给心理学家们带来启发，并树立了他们作为研究者和从业者的信心。他的个人热情点燃了其他人的兴趣。他影响了一大批听众、专业人士和普通人，他们愿意接受和支持他的思想。

2. 简约性

华生的许多实证研究结果之一是，练习一种行为反应会增加它的频率。练习使一个人能保留有用的动作，忽略无用的动作。其中一个例子就是重复动作或背诵单词。他提供了实验结果来支持这一发现。但是，这个"发现"有什么特别的创新之处吗？华生关于人类行为的结论几乎是常识性的。然而，像桑代克一样，华生将普通意义上的语言转换成实验研究的语言。行为主义者没有描述自我观察的感受，而是把注意力转向习得的反应、反应时间、情绪反应、辨别信号的技能，等等。华生以惊人的清晰度和巨大的热情描述了这一结果，展示了他的研究应该在什么地方和什么情境下应用于教育、治疗、工作和其他领域。

3. 鼓舞人心

华生是一位热情的研究者。他相信行为主义前途一片光明。他认为他的方法将给心理学和社会带来新的可能性。他想要抓住公众的想象力，激励他的高层同事，吸引新的追随者，并鼓励学生学习心理学。对许多人来说，行为主义是这个混乱的世界中出现的一个直接而简单的理论。它是这个模糊的世界中的一个清晰的、毫不含糊的声明，它也是对这个怀疑的世界一个充满信心的诚实承诺。

4. 争议性

华生的许多科学观点是充满争议的。它们为他带来了支持者：许多人喜欢挑战既定规则，无论是政府政策还是被广泛接受的学术理论。他的社会观点同样富有争议性。华生认为，家庭的功能会逐渐减弱，社会最终会为儿童建立一个社会托儿所系统。在这些新的社会机构里，正如他希望的，所有母亲都将学习与育儿有关的行为主义科学和具体规则。他认为，行为主义者会教导人们避免养育上的错误。重要的是，华生后来放弃了以社区为基础抚养孩子的想法。最终，他认为这是不切实际的。

5. 实用性

华生认为，以大学为基础的心理学正在远离社会的现实问题。华生还认为，大学为心理学学生提供的技能教导太少，而这些技能是真实世界中实际所需的（Herrnstein，1967）。他相信应用心理学。他的批判性观点在某种程度上是对实际情况的失准反映（大多数大学心理学家关心实际应用，并致力于提高心理学专业学生的实际技能）。然而，华生想强调的是，心理学可以对教育、医疗保健、专业培训和许多其他生活领域做出更多贡献。

7.5 评价

7.5.1 一种新的科学方法

支持者认为，行为主义是一种真正的新的和科学的方法，它摆脱了抽象的思辨。行为主义根源于对动物行为的研究。它的第二个根源是对动物和人类反射的研究。行为主义促进了实证主义的发展，并赞赏了适度的实用主义。反射学和巴甫洛夫的实验方法是替代内省法的不二选择。桑代克、巴甫洛夫、别赫捷列夫、华生和他们大量的追随者选择在实验室条件下研究行为。他们带来了支持他们观测结果的统计数据。作为对内省法的回应，华生对行为及其元素进行直接的观察和测量。

7.5.2 一个还原论者的尝试

对行为主义的批评是集中且无情的。批评者将行为主义描述为还原论的、过分简单的，并且具有方法论上的缺陷。许多批评者认为，早期行为主义的假设很荒谬：意识是身体的反应，视觉是眼睛的运动，情绪是混沌的本能反应，而思维是内部的言语（Calkins，1913）。批评者还认为，华生对条件反射的信念虽然在其职业生涯早期激励了他，但很快成为他屏蔽批判性评价的理论教条。许多人不同意华生将意识看作一个无用的心理概念而予以摒弃（Bode，1914）。别赫捷列夫的反射学和巴甫洛夫的反射观点因为类似的原因遭到攻击。巴甫洛夫的反对者认为，条件反射是一个重要的生理模型；然而，它不是可以解释人类行为复杂性的概念基础。巴甫洛夫认为生理学应该接管心理学的大胆主张，在心理学界遭到普遍反对。

7.5.3　混合的反应

总体而言，心理学家对华生"新"心理学的反应是混合的：他的实验方法受到称赞，但他的理论论据没有获得认同（Titchener，1914）。一些支持者认为，动物行为的确是理解人类心理的一把钥匙。许多心理学家，尤其是机能主义者，分享了这样的观点：心理学作为一门学术学科应该减少对理论的关注，而提供更多的实用工具和具体方法去影响行为。然而，只有少数华生和巴甫洛夫的心理学追随者接受这一观点：心理学必须完全放弃对意识的研究并转向行为模型或生理模型。

许多心理学家虽然接受约翰·华生对于精神病理学的某些观点，但他们不同意他对精神疾病做出的激进评价。他的同事兼老板阿道夫·迈耶甚至认为，行为主义使精神病理学的观点退回到200年前，当时精神疾病被认为不过是脑组织的物理损伤而已。华生，用他那典型的不屑一顾的态度回复说：如果像迈耶坚持的那样，重新将"主观的"经验作为精神病理学的焦点，将迫使科学进一步倒退，直接退回到"黑暗时代"。但这些只是意气之争。就是华生的支持者也认为，他在精神病理学上的立场是错误的。

结论

1910年，哈佛大学心理学家罗伯特·耶基斯邀请了一些主要的生物学家和生理学家回答几个调查问题。他要求这些研究者给心理学下一个定义，并确定它在科学上的位置。耶基斯在《心理学及其与生物学的关系》（*Psychology in Its Relations to Biology*）一文中报告了他的调查结果。对心理学家来说，调查结果并不鼓舞人心（Yerkes，1910）。一些生物学家把心理过程看作大脑活动产生的一种能量形式。他们认为，只要生物学和生理学足够先进，心理学将会消失，它将不再被需要。事实上，这个观点与伊万·巴甫洛夫的观点相近。如调查结果所示，其他生物学家认为，心理过程特别是意识，根本不能用自然科学的技术进行研究。作为一名心理学家，耶基斯对这种对心理学的悲观评价感到很失望。他提供了一个适度的折中。在他看来，心理学应该维持作为一门科学的地位。要做到这一点，它就应该接受客观的和主观的两种方法。

他的观点几乎被人忽视了。在这一时期，另一个革新的知识浪潮激荡并挑战着大西洋两岸心理学家的思想。它就是精神分析浪潮，这种方法和理论直白地宣称，通过客观的观察和分析方法研究"主观世界"的必要性和可能性。

总结

- 行为主义在20世纪初有利的社会环境中得到了大力发展。一位心理学家必须是一个成功的研究者，能够解释心理问题并改善人们的生活。行为主义做了这样的承诺。

- 早期行为主义在比较心理学家的工作中得到发展。他们当中的大多数人接受达尔文和斯宾塞的进化论，并且相信动物行为的适应性。他们希望尽可能多地发现关于动物行为的知识，并运用这种知识更好地了解人类。比较心理学家率先使用了非侵入性技术，比如观察或简单的练习。

- 桑代克的工作被公认为是动物心理学和行为主义领域的先驱研究。他发明了"迷箱"，用实验和统计的方法来研究动物行为。

- 行为主义经由生理学家的工作获得飞速发展。伊万·巴甫洛夫认为，科学的主要目标之一是使用客观方法理解人类的心理。巴甫洛夫的终极目标是客观地理解人类行为的机制。巴甫洛夫的核心概念是条件反射，他认为条件反射凸显了人类的行为和经验的各个方面。

- 另一位生理学家——弗拉基米尔·别赫捷列夫做了不同的努力来挑战主观心理学，并推动一种新的、排除内省法的客观心理学。别赫捷列夫介绍了能量转换的原理，解释了身体过程和心理过程之间的对应关系。他还认为，科学必须从复杂的、多学科的角度来研究个体，他希望在这一学科的中心看到他的反射学理论。

- 约翰·华生支持行为主义者的观点：心理学应该是自然科学的一个实验分支。像别赫捷列夫和巴甫洛夫一

样，华生认为，内省法是无用的。心理学的目标是要发展一系列原则，通过客观的方法来解释、预测和控制行为。华生的想法是简单的、可理解的，对许多心理学家而言具有吸引力的。他启发了心理学家的灵感，树立了他们作为研究者和从业人员的信心。

关键词

Agility　灵活性
Anthropomorphism　拟人论
Balance　平衡
Collective reflexology　集体反射学
Conditioned reflexes　条件反射
Connectionism　联结主义
Excitement　兴奋
Founding principles of behaviorism　行为主义基本原则
Highest nervous activity　最高级神经活动

Induction　诱导
Inhibition　抑制
Learning curve　学习曲线
Parsimony　简约性
Reflexology　反射学
Second signaling system　第二信号系统
Strength of the nervous system　神经系统强度
Tropism　向性论
Unconditioned reflexes　非条件反射

网站资源

访问学习网站 www.sagepub.com/shiraev2e，获取额外的学习资源：
- 文中"知识检测"板块的答案
- 自我测验

- 电子抽认卡
- SAGE 期刊文章全文
- 其他网络资源

第 8 章

精神分析的诞生与发展

精神分析是我的个人作品。
　　　　——弗洛伊德（1914/1957）

精神分析有一种还是许多种？
　　　　——沃勒斯坦（Wallerstein, 1988）

学习目标

读完本章，你将能够：

- 理解精神分析诞生和发展的条件
- 解释西格蒙德·弗洛伊德、阿尔弗雷德·阿德勒和卡尔·荣格的主要理论思想、研究方法和术语
- 领会经典精神分析的研究途径和治疗方法的多样性
- 将经典精神分析应用于 20 世纪早期和今天的实际问题与挑战

西格蒙德·弗洛伊德
（Sigmund Freud）
1856—1939，奥地利人
1886 年开始医疗私人执业；制定早期的精神分析原则

卡尔·荣格
（Carl Jung）
1875—1961，瑞士人
1907 年会见弗洛伊德

1909 年，荣格和弗洛伊德一起访问美国

研究者转向无意识过程、心理阻抗、性欲并讨论"心理能量"

精神分析的早期步伐

1905 年，弗洛伊德提出力比多理论

| 1880 | 1890 | 1900 |

1907 年，阿德勒提出了自卑与补偿的观点

1885～1886：西格蒙德·弗洛伊德访问沙可的诊所

阿尔弗雷德·阿德勒
（Alfred Adler）
1870—1937，奥地利人
1902 年会见弗洛伊德

1908 年，维也纳精神分析协会成立

一张去维也纳的往返机票——800 美元。阿尔瑟格伦德区酒店的一个房间——120 欧元。使用 iPhone 地图清晨散步到贝格街 19 号——免费。博物馆的门票——8 欧元（学生票 5.50 欧元）。一张海报、一支笔、一本书——30 欧元。一次参观一位 20 世纪最有影响力的心理学家公寓的机会——无价。

奥地利维也纳西格蒙德·弗洛伊德博物馆的入口处。弗洛伊德在那里生活、写作、为患者看病超过 45 年。

如果你有机会参观奥地利的首都，你应该在贝格街 19 号停一停。这是一座外观普通的建筑，只有一个巨大的红色竖直的标志——"Freud"表明了它的意义。这个地球上很少有这样的地方，在这里你能感觉到人类文明的脉络神秘地交汇在一起。它既不浮夸也不傲慢，像一个谦卑而无声的历史见证者。这座建筑的石头曾经聆听过莫扎特、贝多芬和施特劳斯的音乐首演。未来俄国共产主义革命的领袖弗拉基米尔·列宁和臭名昭著的独裁者阿道夫·希特勒，一百年前也曾在这附近散步。他们可能多次路过弗洛伊德的房子。弗洛伊德的大部分著作就是在维也纳贝格街 19 号写成的。精神分析传统，方便起见我们称之为精神分析，可能是心理学历史上经受了最多审查和争议的理论。精神分析的支持者称它对人类行为和心理学知识做出了巨大贡献，最激烈的批评者认为精神分析是心理学史上最大的倒退，是一种以学术形式华丽伪装起来的集体妄想。谁才是正确的？精神分析是其时代的卓越产物，还是被一群狂热之徒心甘情愿追随的巨大骗局？它是一种可靠的理论方法，还是为治疗师提供美好生活的赚钱机器？说到底，它只与金钱有关系吗？

如果有一天你发现自己在贝格街 19 号附近，就逛一逛这个博物馆吧。虽然门票价格不低，但博物馆里的游客每天都络绎不绝。只有少数几位过世的心理学家在今天继续创造着金钱和争议。弗洛伊德就是其中之一。

▽ 网络学习

通过 www.freud-museum.at/cms/，访问在线博物馆。

精神分析获得国际认可——➤

1911 年，阿德勒与弗洛伊德分道扬镳，尝试发展自己的理论

1914 年，弗洛伊德提出本能能量的观点

1923 年，弗洛伊德提出本我、自我和超我的构想

20 世纪 30 年代：弗洛伊德将精神分析应用于文化、宗教和政治问题

1939 年，弗洛伊德逃离德国，移居英国

1910　　　　1920　　　　1930　　　　1940

1913 年，荣格与弗洛伊德洛分道扬镳并辞去国际精神分析协会主席的职位；建立了分析心理学和集体无意识理论；从事文化考察、写作和治疗病人

精神分析寻求在历史、社会科学和人文领域的应用

1932 年，阿德勒发展了优越性和社会兴趣的概念并移居美国

8.1 社会与科学形势

19世纪末期的欧洲和北美，日渐成长的中上层阶级的普遍思维模式是：这个世界已达到了人们所期望的稳定程度，他们生活在一个进步和创新的新时代。但20世纪的前14年逐渐改变了这些态度。在第一次世界大战期间，越来越多的不确定感和大幅提升的焦虑突然使社会陷入一种沮丧状态（Spielvogel，2006）。这些事件如何影响了科学特别是心理学？

8.1.1 早期的全球化

全球化是指产品、思想和文化的国际交流和相互影响。1914年之前的一段时期，被频繁地与21世纪早期的全球化相提并论（Betts，2013）。贸易壁垒有所放松，商业发展迅速。大多数欧洲人可以在欧洲无签证旅行。电话、电报、每日报纸、流行杂志、室内管道、邮件订单——所有这些都为日常生活带来一种相对的和越来越多的舒适感。奥斯曼帝国和日本帝国的经济和社会基础设施正在进行现代化。俄国允许多政党存在并举行第一次议会选举。各地的妇女都在争取并获得她们的基本政治权利。更多的人可以获得高等教育。到国外去学习和研究很常见，心理学家们自由地跨国旅行。出版商从社会科学书籍中赢得利润。心理学著作越来越受欢迎。旧的习俗和时尚正在改变，传统的、专制的生活方式受到几乎各个方面的压力。但这些发展只是正在发生的变化的一个方面。

8.1.2 民族主义

矛盾的是，20世纪的前15年也是一个沸腾的民族主义和盲目的军国主义的时期。许多知识分子和未受教育的人一样公开承认自己的民族认同："我是德国人""我是日本人""我是法国人""我是奥地利人"或"我是俄国人"，这样的豪言壮语越来越流行。强烈的国家和民族认同也引发了对其他民族的负面情感。我们将在本章研究西格蒙德·弗洛伊德的工作。他是坚定的暴力反对者，但他自豪地称自己为"奥地利人"，并对"野蛮的"俄国人表达负面情感。在第一次世界大战期间，俄国人曾与弗洛伊德的祖国奥匈帝国作战。

8.1.3 科学的复杂性

在自然科学方面，其他新的自然观迅速发展。新兴的量子物理学挑战了传统的牛顿力学，后者将世界理解为一个机械的整体。先前看似不可分割的原子，现在包含了数不清的粒子。阿尔伯特·爱因斯坦提出了相对论（Einstein，1905）。这一理论认为，时间和空间不是绝对的，而是相对于观察者的。物质是能量的一种表现形式。在社会科学领域，马克斯·韦伯（Max Weber，1904/2003）出版了著名的《新教伦理和资本主义精神》，书中描述了现代资本主义社会的价值——努力工作、逐渐积累和自我节制。同一时期，埃米尔·涂尔干（Émile Durkheim，1897/1997）研究了自杀的社会原因（第6章）；奥托·魏宁格（Otto Weininger，1903/2009）讨论了双性恋，以及性吸引力的根源。社会科学家把生活描绘成复杂的、多维的。人类存在的非理性核心这一主题再现，它在许多年轻的和受过教育的读者当中获得大力支持。

这一时期，德国哲学家弗里德里希·尼采（Friedrich Nietzsche，1844—1900）提出了非理性力量支配人类动机的观点。资本主义社会的理性与其对规则的依赖成为软弱和未来失败的象征。尼采认为，只有强者和权力驱动者才应该统治世界。

8.1.4 创作的复杂性

艺术的想象力和创作体裁的范围显得毫无拘束。这是印象主义、立体主义、象征主义、抽象绘画和概念诗歌的时代，也是对形式、声音和色彩进行大胆实验的时代（Kandel，2012）。一方面，许多艺术家挑战传统的艺术典范和自我表达的规则。另一方面，比例和形状同时为两位主人服务：美感和实用性。功能性建筑和实用性家具非常流行。这是大众艺术消费和艺术导向时尚的开端。心理学家们寻找进入广告界的路径。随着印刷媒体的发展，流行心理学蓬勃发展。然而，1914年发生了一个突然的转折性事件。

8.1.5 战争

第一次世界大战（1914～1918）在全世界夺去了超过1900万人的生命，并留下了2100万名伤员。两年之内，仅美国就有 116 000 人死亡，是 60 年后整个越南战争死亡人数的两倍。大多数欧洲心理学家和一些美国同行在战争中被征募，在军队担任医生、工程师和前线军官，他们目睹了城市遭受的物理破坏和精神价值的崩溃。历史学家将经历（第一次世界大战）的年轻人称为"迷惘的一代"。他们体验了人类同胞的残酷和非理性。人们讨论人类文明即将结束变得很普遍。第一次世界大战严重破坏了社会科学家和心理学家的信念，他们本来认为人类有能力实现自我管理并走向繁荣（Morawski，2002）。

总而言之，在第一次世界大战之前，心理学知识在乐观与怀疑、热情与悲观、理性与非理性混合的社会氛围中发展。

8.1.6　精神分析的起源

西格蒙德·弗洛伊德（1856—1939），精神分析的创始人，影响了不计其数的追随者。他研究人类的无意识过程，撰写与性有关的内容，论述心理能量和心理阻抗。但是，谁影响了西格蒙德·弗洛伊德？哪些观点影响了他的知识？

1. 无意识

弗洛伊德是第一个发现无意识过程的人吗？不，他不是。人类心智中的"隐藏力量"这一概念逗乐了许多哲学家，包括莱布尼茨（记得他这个观点：灵魂包含来自过去和未来的经验）和康德（回忆他关于道德判断起源的有趣观点）。亚瑟·叔本华（Arthur Schopenhauer，1788—1860），另一位有影响力的哲学家，强调了人类爱情深刻的非理性本质。他强调在强大的欲望和意志面前，理性是脆弱的。德国思想家卡尔·R. E. 冯·哈特曼（Karl R. E. von Hartmann，1842—1906）声称，无意识是所有人类生存至高和全面的基础。

著名的作家也小心翼翼地探索人类的无意识深处，比如挪威的亨利克·易卜生（Henrik Ibsen）和俄国的费奥多尔·陀思妥耶夫斯基（Fyodor Dostoevsky）。神经学家保罗·福莱西格（Paul Flechsig）研究了无意识过程的生理基础（Jones，1953）。一些心理学转向对阈下刺激和传心术的实验研究。威

廉·詹姆斯，美国心理学的领袖人物，研究了无意识经验。总而言之，考察无意识过程的智力传统有着悠久且丰富的历史（Keegan，2003）。

2. 性欲

弗洛伊德是第一个转向性欲这一研究课题的人吗？不，他不是。在弗洛伊德开始他的研究时，性欲已经是一个被研究和出版的主题。例如，理查德·冯·克拉夫特－埃宾（Richard von Krafft-Ebbing）在德国出版了《性心理病理学》（*Psychopathia Sexualis*，1886）一书，他在书中对人类的性行为进行了详细分析。基于对私家病人和刑事被告的原始访谈，他描述了性冲动和性变态，包括人类同性恋，它被广泛视为一种异常甚至是违法的行为。这本书在许多国家成了畅销书。亨利 H. 霭理士（Henry H. Ellis）的书（1894/1929）探讨了男性和女性的性特征以及同性恋的成因（Ellis & Symonds，1897/2006）。

3. 心理能量

弗洛伊德是第一个研究"心理能量"的人吗？不，他不是。弗洛伊德接受了能量守恒的概念。生理学家约翰·缪勒是给弗洛伊德带来启发的人之一。弗洛伊德的工作在某种程度上与莱布尼茨提出的活力（activity）观点和布伦塔诺的意动心理学也有呼应之处。弗洛伊德还反映了享乐主义主要的充满活力的观点，这一思想派别认为人类活动的主要能量来源是快乐（Boring，1950）。德国生理学家恩斯特·冯·布鲁克（Ernst von Brücke，1866）影响了弗洛伊德关于动物和人类作为能量系统的观点。

4. 心理阻抗

弗洛伊德是第一个描述心理阻抗机制的人吗？不，他不是。临床医生已经意识到这一情境，在其中病人不愿意或不能与治疗师讨论他们的心理问题。弗洛伊德还向皮埃尔·让内（第 6 章）学习，并发展了他的术语。让内所谓的心理系统（psychological system），弗洛伊德称之为情结；道德熏蒸（moral fumigation）变成了宣泄。让内使用的意识限制（restriction of consciousness）这一术语，弗洛伊德称之为压抑（Ellenberger，1970；Janet，1924）。

如果弗洛伊德运用了其他人的观点，那么他的创新角色又是什么呢？就像华生之于行为主义，弗洛伊德以一种新的、创造性的方式把这些观点结合在一起。弗洛伊德坚持不懈地收集和分析他对病人的详细观察。许多年后才他才获得了认可和名声。

8.2　西格蒙德·弗洛伊德与精神分析

1856 年，西格蒙德·弗洛伊德出生在奥地利帝国的弗赖贝格（Freiberg，今属于捷克共和国）。他的父母都是犹太人，他的母语是德语。当他还是年轻男孩时就是一名出色的学生，他选择了在大学里学习医学。1885 ～ 1886 年，弗洛伊德作为一名神经病学专家参观了法国著名的沙可诊所，在那里他学到了关于催眠的第一手知识。他成了维也纳大学的编外讲师（Privatdozent），这使他可以以兼职的形式讲课。1886 年，他与玛莎·伯奈斯（Martha Bernays）结婚并开始私人执业。他的专业声誉与日俱增。1891 年，他把办公室搬到贝格街 19 号的一所新公寓，这个著名的地址与他的名字永远地联系起来了。1908 年，他的一群亲密的朋友和追随者成立了维也纳精神分析协会。类似的社团在全欧洲各国相继成立。1909 年访问美国后，弗洛伊德的声誉进一步提升。

第一次世界大战几乎摧毁了他的私人执业。大多数科学期刊被关闭，科学会议也被取消。到 1918 年，奥地利在战争中失败，经历了严峻的社会和经济困难，这必然影响了弗洛伊德的生活和工作。弗洛伊德继续写作，他的私人执业逐渐恢复。1918 年，国际精神分析大会再次召开。1922 年，弗洛伊德的女儿安娜成为维也纳精神分析协会的成员，并最终成为一名杰出的心理学家。弗洛伊德在 1922 年最后一次参加会议，此后他的疾病（他患有口腔癌）使他无法旅行或参加许多会议。由于大量的手术，而且必须在口腔中戴上假颚，他的身体持续处于不适状态。20 世纪 30 年代，反犹太主义成为奥地利的一项官方政策。弗洛伊德的书籍被封禁并烧毁。弗洛伊德本人也被软禁，直到 1938 年移民伦敦（当局迫于国际压力才放他离开），到伦敦一年后他与世长辞了。

▽ **网络学习**

在同步网站上，阅读更多关于弗洛伊德的传记、他的同事和他个人癖好的内容。

西格蒙德·弗洛伊德可能没有预见到他的理论和治疗方法，将成为心理学史上最有影响和最具争议性的一个流派。

问题：作为一个人，弗洛伊德的三个持续关注的点是什么？

8.2.1　精神分析的诞生

我们生活中的一些小事件可能成为重大的转折

点。在弗洛伊德的例子里，这个事件是他与让－马丁·沙可（Jean-Martin Charcot）的会面（第 6 章）。在 1885 年到 1886 年访问巴黎期间，弗洛伊德花了一个多月在沙可实验室用显微镜研究大脑病理学。弗洛伊德并不是很喜欢这种类型的研究。他更感兴趣的是催眠及其医疗用途。在此之前，他只能从书本中学习催眠，现在他可以在诊所直接观察催眠过程。尽管弗洛伊德会讲的法语有限，但他观摩了治疗师的工作，直接接触了临床案例。

弗洛伊德欣赏沙可对研究的热情和奉献。但他批评了沙可的假设：催眠状态只能在那些易发癔症的个体身上产生。弗洛伊德与那些认为催眠是暗示的结果的学者立场一致，这意味着任何一个普通人都可以被催眠。弗洛伊德甚至将类似观点的支持者希波莱特·伯恩海姆（Hippolyte Bernheim）的著作翻译成德语。弗洛伊德向维也纳医生协会做了一次演讲，声称不仅可以对女性进行诱导催眠（这个观点被广泛认同），也可以对男性进行催眠。批评者认为这些观点缺乏说服力。从那一刻起，弗洛伊德将在他超过 50 年的职业生涯中面对无情的批评。对我们当中有些人来说，批评总是令人沮丧的。对另一些人来说，批评性意见总是灵感的源泉。弗洛伊德对待批评的态度是矛盾的。

1. 探讨精神病理学

作为一名执业医生，弗洛伊德希望发展出他自己研究精神疾病及其治疗的方法。如果成功了，这种方法能提高他的职业声誉，随后能带来更多的付费病人。

他早期的假设之一是，与病人症状有关的一些线索可能来自临床观察中经常被忽视的资源。他认为一个人的幻想、梦或玩笑之辞，可能透露了这个人内心世界的迷人信息。弗洛伊德也思考了身体作为痛苦和快乐的终极源头的重要性。在 19 世纪，受过教育的公众意识到了身体和看似相应的心理影响之间的联系。西方的一些治疗师已经在使用针灸方法（这种方法在日本、韩国和中国已经很成熟）来治疗慢性疼痛。性感带（erogenous zones）也引起了学者们的兴趣。弗洛伊德开始对人类的性感兴趣，尤其是婴儿的性欲。他论述过手淫对神经症的影响。他还假设避孕药对个人的心理健康有负面影响。他认为避孕药打击了亲密关系的主动性。

这些在很大程度上是杂乱的想法。弗洛伊德需要一个统一的心理学理论来解释精神疾病的成因。他是一个雄心勃勃的、固执的和勤奋的学者。

2. 第一个著名案例

第一个突破来得出乎意料。在 1895 年出版的《癔症研究》（Studies on Hysteria）中，他描述了"安娜 O"的案例；这本书是和约瑟夫·布洛伊尔（Josef Breuer）合著的，他曾经向弗洛伊德披露这个案例。作者当初并没有透露病人的真实姓名，多年以后她的名字才被公开：伯莎·帕彭海姆（Bertha Pappenheim）。20 岁的时候，她罹患的症状有：头痛、焦虑发作、视力差、感觉和运动能力部分丧失。后来她的症状恶化，出现了幻觉、言语困难和自我意识扭曲。这个案例引人注目的一方面是，在一次治疗中，当她能够与治疗师谈论她的症状时，她的许多症状都有所减轻。简单地说，这些症状被"谈走了"。这是从困扰着她的某些事物中的一种"解放"！

但是，"解放"和"某些事物"是指什么？弗洛伊德和布洛伊尔提出，安娜 O 症状的主要原因是她试图压抑的一个令人不安的记忆线索，这些记忆显然与她的早期性经历有关。这是精神分析创立过程中的转折点。弗洛伊德假定：在这个案例中，也可能是其他案例中，早期的创伤经验——主要是令人困扰的性方面的，通常可能成为精神疾病的原因。简单地说，个体内部的性冲突累积了未释放的能量，后来它们在病理症状中体现出来。

主要问题是，我们如何识别这些创伤经验和冲突？弗洛伊德认识到，一旦病人被引导去谈论他们的性经历，他们就会变得阻抗。有什么方法可以帮助治疗师找到病人那令人困扰的心理症状背后深深埋藏的原因？后来，弗洛伊德使用考古学的类比来描述他的方法。病人的记忆就像一座古城里的文物。治疗师像一个谨慎的考古学家，一片一片地收集隐藏的、无法辨认的碎片。几个月的工作之后,一座古城的轮廓出现了。在治疗中,弗洛伊德唯一可以使用的"文物"就是病人的记忆。因此,这种信息的价值是有限的:病人对于他们记忆的意义基本是无意识的。现在治疗师采取三个步骤:(1)收集病人的回忆;(2)分析它们;(3)将它们解释给病人。在某种程度上,它是对一个人经验的一种富有想象力的建构和重构(Le Poidevin & MacBeath,1997)。弗洛伊德开始把这种方法称为**精神分析**(psychoanalysis)(50 多年来,它的英语翻译都是"psycho-analysis")。

最初的方法包括被称为**自由联想**(free associa-tion)的过程。(这种方法之所以被称为自由联想,是因为一个明显不准确的翻译,这个术语在德语原文中的意思是自由浮现,就好像病人再现了那些自由"浮现"在他们心中的想法和意象)。此外,这项程序也像是对一座古城进行考古挖掘。病人被要求形成一个口头联想的链条,从治疗师提示一个词语开始,然后病人说出脑海中的任何词汇。在宽松的治疗气氛里,病人应该会透露一些有价值的联想和意象,正如弗洛伊德认为的,这可以帮助他理解病人过去的创伤。有些病人进行得很容易。另一些病人则表现出严重的阻抗:他们的联想并不是即时的;他们小心地选择说什么,以及如何去说。这些阻抗可以揭示病人隐藏的问题吗?

弗洛伊德的《癔症研究》遭到他同时代人的冷淡对待(Kavanaugh,1999)。然而,它介绍了一种创新的方式,用以理解创伤性事件及其在病理症状中的作用。这本书还提出了一种追溯这些困扰的方法。现在,弗洛伊德需要实证证据来推进他的理论。他转向了性诱假说。

3. 性诱假说

性诱惑是指在没有强迫或威胁的情况下,诱骗另一个人进入性关系。弗洛伊德的本意并不是指诱惑,而是指童年时期的性虐待。他认为,性虐待是成人心理问题的主要来源。这是一个新的研究课题。虽然在那时性虐待是常见的(Jackson,2000),但是许多人都否认这一事实。政府当局经常隐瞒性虐待和性犯罪的信息。后来,在弗洛伊德将近 40 岁并具有 10 年的临床经验时,他承认,他认为性虐待是心理问题的首要原因是错误的。证据不足与学术机构的压力(学术机构认为这个主题是不合适的)使弗洛伊德放弃了他的假说。然而,性虐待的心理后果后来成为心理研究和治疗实践最重要的领域之一(Gleaves & Hernandez,1999)。

4. 神经症的起源

性诱假说的失败没有使弗洛伊德气馁,他转向研究病人与治疗师之间的交流。弗洛伊德假定,病人传达给治疗师的话语不是真实的感情和记忆,而是经过专门编码的信息。为什么病人对它们进行编码呢?他们感到尴尬吗?弗洛伊德认为,一定有一个内部的处理器或审查者在扭曲这些信息。这个"审查者"改变了记忆内容,使它们对病人来说不那么可怕。为了探索他的假设,弗洛伊德转向了他对童年梦境和幻想的记忆。他相信他应该不带尴尬且诚实地面对自己。

对我们大多数人来说,童年的记忆具有娱乐价值或怀旧价值。对弗洛伊德来说,早期的记忆成为最珍贵的信息来源。他认为,渴望爱和安慰的孩子,会发展出对父母的性依恋和幻想。这些幻想伴随着

知识检测

1. 在巴黎,弗洛伊德在谁的诊所里研究大脑病理学?
 a. 沙可　　　　　b. 伯恩海姆
 c. 安娜 O　　　　d. 布洛伊尔
2. "自由联想"的准确翻译是:

a. "自由灵魂"　　　b. "廉价联想"
c. "自由浮现"　　　d. "能量"
3. 请说出精神分析这种新方法的三个关键步骤。

他们对兄弟姐妹的嫉妒。在以后的生活中，孩子压抑着自己的性幻想和嫉妒，而它们以许多特殊形式出现，包括梦、笑话和经常出现的异常症状，比如过度的焦虑或强迫思维。这些都是他正在发展的理论的重要原则（Freud，1901/2009b）。

作为一名执业医生，弗洛伊德特别关注所报告病例的历史或病因。在他的观念中，早期的童年经历是大多数症状的成因。过去经历的恐惧可能促成瘾症的症状。与性快感有关的问题产生强迫性神经症的症状。一步一步地，弗洛伊德开始像拼图游戏一样组织起他的理论。

8.2.2　精神分析的发展

1899 年出版的《梦的解析》和 1905 年出版的《性学三论》，展示了弗洛伊德关于俄狄浦斯情结、压抑，以及愿望和防御之间斗争的经典观点。对当代的学生来说，这些书也代表了窥视 19 世纪末欧洲社会和家庭的独特机会，包括窥探上流社会中男女生活的最私密时刻。

1. 愿望满足

弗洛伊德之前的构造主义心理学家从其频率、时间远近和生动程度等角度研究人们对梦境的回忆（Calkins，1892）。弗洛伊德则希望找到梦境内容和一个人过去经历之间的联系。弗洛伊德假设，梦代表了**愿望满足**（wish fulfillment）——一个象征性的实现未满足愿望的尝试。每一个梦都有两部分内容。一部分是可以描述的，即所谓的显性内容（因为它表现或呈现为一个故事）。另一个部分是潜在的内容，它的意义是隐藏的，因为它有创伤或羞耻的性质。一个小女孩没有体验过羞耻感，因此她的大多数梦揭示了她的实际愿望——玩玩具、吃糖果，或者想要安全感。然而，大一点的孩子、青少年和成人了解了羞耻的含义。对他们来说，他们的梦扭曲了被压抑的愿望。弗洛伊德在这里提出了一个重要观点。一个人最重要的愿望本质上是孩子气的、与性有关的。它们是被社会禁忌的，因此被隐藏在无意识心理的"地下室"，大脑的理性评价无法接触到。人们

发展出了什么样的可耻的性欲望？

2. 俄狄浦斯情结

接下来的假设是精神分析学中一个重要的假设，也是心理学中迄今最有争议的观点之一。这个术语的英语翻译——**俄狄浦斯情结**（Oedipus complex）——是弗洛伊德提出它很多年后被创造出来的。俄狄浦斯是一些古希腊戏剧中的一个人物。这是一个众所周知的情节：俄狄浦斯杀死他的父亲后成为国王，并娶了他的母亲，尽管是在不知情的情况下。后来，当俄狄浦斯得知自己的乱伦举动，他被吓坏了并刺瞎了自己的眼睛。这个神话带给精神分析什么启示？

弗洛伊德认为男孩和女孩成熟的方式不同：男孩和女孩都发展出对父母的情感依恋；男孩依恋母亲，女孩依恋父亲。这些冲突的依恋为未来的心理问题创造了基础，并影响了家庭功能的每一个元素。兄弟姐妹为了获得父母的感情相互竞争。由于受社会规范的制约，他们必须压抑他们婴儿期的感情（社会认为这是不体面的），并根据规则行动。在此，弗洛伊德挑战了大多数传统假设：家庭是一个通过义务与法律结合在一起的社会经济单元。相反，他声称家庭关系也被无意识的、涉及乱伦的记忆所影响。

对于一个人的未来发展而言，俄狄浦斯情结有什么意义？人们总是趋乐避苦的。痛苦和快乐是留在记忆中的第一感受。我们试图在记忆中保留快乐的时刻，或者会回到它们之中。然而，这是困难的。这里有两个原因。第一，社会通过强加道德价值限制许多与快乐有关的活动。第二，一些令人愉快的记忆被认为是羞耻的。婴儿期与俄狄浦斯情结有关的记忆既是羞耻的也是错误的。因此，它们必须离开。它们将去向何方？

3. 被压抑的欲望

为了回答这个问题，弗洛伊德转向了**无意识过程**（unconscious processes）的概念。他将它们理解为多半是被压抑的欲望和记忆。它们不是那些被遗忘但后来又能被记起的事，那是前意识（preconscious）。无意识过程是一个罪疚愿望和下流想法的贮藏室。

想要重新体验其中一些想法的欲望与一种将这些想法关在内心的强大力量同时存在。将这些欲望关在内心的力量是良心，一个道德守护者，它是在社会规范的压力下发展出来的。被压抑的记忆对我们说："这件事发生了。"良心回答说："不，它没有。"为了说明这一点，设想有人为了解释一个尴尬或不当的行为时这样说："我不知道这是怎么发生的，我觉得这不是我做的。"好像这个人在试图表明：真正的"他"或"她"不可能做过所描述的行为。弗洛伊德认为，无意识心理的动力类似于否认行动。无意识贮藏室里的内容在生命早期就被填满了，意识心理的力量让这些记忆处于被压抑状态。

▽网络学习

弗洛伊德也写过非学术的书籍。其中一本为他带来国际性认可。在同步网站上阅读更多内容。

问题：弗洛伊德如何解释忘记名字、书写错误和口误等现象？

弗洛伊德将精神疾病视作对神经系统内部不平衡的反映，他希望运用对"神经能量"的定量分析来研究心理过程。弗洛伊德也希望以一位科学家而不仅是临床医生的身份来理解人类心理，他还想将临床观察应用于分析一个普通人的生活。就在这时，弗洛伊德转向个案研究。

4. 个案：朵拉、小汉斯和鼠人

《性学三论》出版于 1905 年，此书提供了弗洛伊德心理学理论的详细概述，其基本假设是：心理疾病的一个主要来源是文化对于性行为的限制。这本书提出了**力比多**（libido）理论的概念，弗洛伊德后来对这个概念做了几次修改。在那个时候，弗洛伊德将力比多解释为一种在男女身上都很普遍的性表现（English & English, 1958）。这本 1905 年出版的书也提出了弗洛伊德关于婴儿性欲的早期立场。他关注的中心是病人童年早期中未解决的性冲突。

这本书呈现了三个案例研究，他们都是弗洛伊德接诊、分析和治疗过的病人。在朵拉（Ida Bauer）的案例中，这位 18 岁的少女在她存在诸多问题的生活背景下形成了各种毁灭性的情绪问题。因为朵拉的阻抗，她无法理解治疗师提供的解决方案，并过早结束了治疗。接下来是广为人知的"小汉斯"（Herbert Graf）的案例，这也许是第二个最为人称道的获得国际认可的故事（排在安娜 O 的案例之后）。汉斯的父母试图根据弗洛伊德的建议来抚养他们的儿子。他们没有用强迫的方式，而是与儿子进行谈话，并记录了关于他的梦的故事。5 岁时，小汉斯对马的恐惧与日俱增。他的父母对他恐惧症的来源感到困惑不解。在与小汉斯进行了几次分析会谈之后，弗洛伊德提出了一个解释。在他看来，男孩发展出了一种对母亲的强烈的性依恋，以及对他的小妹妹的攻击意图，后者被视为母亲的爱的竞争对手。在汉斯的幻想世界里，他的父亲也是一个竞争对手；然而，汉斯不得不爱他和尊重他。由于害怕自己的攻击冲动受到惩罚，汉斯发展出了**阉割焦虑**（castration anxiety），并将其与对马的恐惧联系起来。在其最初的表达中，阉割焦虑意味着对失去生殖器的非理性恐惧。

即使在这么小的年纪，汉斯还是能够理解他某些内在冲突的意义，比如他对妹妹的攻击想法。弗洛伊德认为，这样的领悟最终帮助男孩克服了自己的恐惧症。这是一次成功的治疗干预吗？或者这个小男孩只是长大而不再恐惧了，就像许多没有接受任何治疗干预的儿童一样？我们并不知道确切的情况（见图 8-1）。

第三个案例，鼠人，也就是恩斯特·兰泽尔（Ernst Lanzer），是一个有着情绪困扰的 29 岁男人。（当然，鼠人是化名，因为兰泽尔的一个尴尬的梦与鼠有关。）今天，我们会把他的问题称为一种严重的强迫性障碍。他的症状包括对以下事件的持续恐惧：自我伤害，持续且困扰的攻击想法，以及做一些违反社会规则的事情的冲动。弗洛伊德向这个病人解释道，他的焦虑的本质是基于婴儿期的恐惧（例如，他父亲的死）。在这次治疗中，最重要的一个部分是，弗洛伊德告诉兰泽尔爱和恨是可以共存的，他应该接受哪怕是最尴尬的想法。在兰泽尔接受了这种对他的冲动的解释后，他逐渐摆脱了它们。

8.2.3 发展中的精神分析

精神分析作为一种治疗方法越来越流行。许多治疗师运用了弗洛伊德的思想并赚到了钱。奥地利和德国的分析师们通常会说好几种语言。他们接待蜂拥而至的支付现金的外国病人，特别是来自法国、英国甚至是美国的病人。精神分析正在成为上层和中上层阶级中的一种时尚潮流。

· 一个孩子在婴儿时被母亲所吸引，将其作为舒适和安全的源泉

↓

· 与此同时，孩子对父亲和妹妹有着消极的、攻击性的愿望，他们被视为威胁他对母亲的爱的障碍

↓

· 攻击性的愿望以及对母亲的爱是违反社会规则的。男孩把这些愿望压抑到他的无意识中

↓

· 由于不能重新浮现于男孩的意识层面，乱伦愿望便以恐惧症和其他焦虑的形式表现出来

图 8-1　弗洛伊德对恐惧症发展阶段的描述

1. 精神分析运动

早在 1902 年，在弗洛伊德维也纳的公寓里，几个人开始每周三聚在一起讨论临床病例、历史、文化和梦，他们一边吃点心一边抽烟。(在某次早期的聚会中，他们讨论了吸烟的心理影响。)1908 年，维也纳精神分析协会成立，这是全球精神分析运动的开始。同时一个类似的群体出现在柏林。美国精神分析协会出现在 1911 年，伦敦精神分析协会成立于1913 年。有些评论家将维也纳的团体看作一个严格控制的保护弗洛伊德原始思想的政治组织。他们认为这个协会是一个教派，在这里，思想统一的共谋者拒绝任何形式的辩论。这不是真实情况。事实上，从这些会议开始，其成员就进行了激烈的辩论。这是一个拥有相似兴趣的人们的非正式聚会，这也是一个虚假的政治团体——一个试图在心理学和精神病学领域里建立自己崇高地位的松散专业联盟。

弗洛伊德的第一次也是唯一一次美国之行显著地推动了精神分析运动。1909 年 9 月，弗洛伊德在马萨诸塞州伍斯特市的克拉克大学发表了一系列讲座。他的演讲在新闻界被广泛报道。大部分反应是积极的，夹杂着兴奋和热情。精神分析被视作欧洲最新的科学突破。美国著名的心理学家发表了活跃的评论。弗洛伊德的思想引发了相当大的且不断增长的公众好奇心。弗洛伊德和其他精神分析学家获得了

🔭 案例参考

1909 年弗洛伊德的美国之行

多少人陪同弗洛伊德前往美国？

有另外两人：卡尔·荣格和桑多尔·费伦齐。

他们怎么到达那里的？

乘船。横跨大西洋的往返旅行历时 16 天。

谁支付这次旅行的费用？

G. 斯坦利·霍尔为弗洛伊德安排了 750 美元的款项。费伦齐支付了自己的费用。荣格安排了自己的受邀事宜。

谁邀请了弗洛伊德，为什么？

马萨诸塞州克拉克大学校长 G. 斯坦利·霍尔。西格蒙德·弗洛伊德被授予法学荣誉博士头衔。霍尔是一位创新者和伟大的组织者，他不仅想奖赏奥地利的精神病学家，还希望提升新成立的大学的名声。除了

弗洛伊德和荣格，还有超过 20 名受邀者出席了这一场合。

弗洛伊德用英语发表了他的五次演讲吗？

不，他用德语发表演讲。

弗洛伊德如何评价他的美国之行？

他很惊讶于看到人们对于他的到访表现出的关注和兴趣。他感到，美国人与欧洲人不同，美国人把他当作一个平等的人对待。他会见了威廉·詹姆斯，后者认为精神分析是对机能心理学一个很好的补充。然而，据荣格所说，詹姆斯发现弗洛伊德对精神分析有些痴迷。弗洛伊德一般不喜欢美国的商业主义和美国人对金钱的迷恋，然而，他毫不犹豫地要求霍尔提高他的酬金，他才同意访问美国。

热情的支持，特别是在非专业人士中。历史学家承认，弗洛伊德在美国发表的演讲远不止在克拉克大学的那几次。他带来的这一新思想蔓延到整个欧洲（Caplan，1998b）。

你认为美国人为什么热烈欢迎弗洛伊德和他的思想？之前我们讨论过（第6章和第7章）在美国推动机能主义和行为主义的积极社会环境的重要性。精神分析承诺带来什么样的机会，使得它吸引了许多人？

2. 治疗师的策略

弗洛伊德不断地改变他的治疗技术。在他独立工作之初，他尝试了催眠技术，但很快就意识到这种方法是无效的。然后，他使用了基于病人在指导之下的"倾诉"（confession）方法：弗洛伊德的角色是劝服病人去透露（请告诉我吧！）他们那令人尴尬的秘密。这种技术也没有起到很好的效果。后来他聚集于宣泄技术（catharsis），这种方法的基本原理是通过重新体验过去的事件而释放紧张和焦虑。病人必须克服阻抗去解释并最终理解他或她的心理问题的根源。这种方法也不算太成功。然后弗洛伊德转向梦的解析和自由联想。后来，他将对**移情**（transfer-ence）的分析纳入他的系统——病人通过这个过程把对另一个人的情绪转移到精神分析师的身上。例如，当一个病人感到对她或他的治疗师有敌意时，这可以解释为：一种对她或他的父亲原始的、婴儿期的愤怒被转移到治疗师身上。总体而言，弗洛伊德的理论观点和他的治疗技术仍然是相互关联的：他的理论观点的变化影响了他的方法，他的方法反过来又影响了他的假设。

3. 伦理与薪资

弗洛伊德也一直是一位敬业的医生，他为其他临床医生设定了行业标准。1911～1915年间，弗洛伊德概述了医生—病人互动的一些重要规则。其中许多规则一直保留到今天。例如，在接待一个病人之前，一个治疗师必须确定他或她的情况是否在自己的知识和能力范围之内。每周应该安排六次会

见。病人必须感到舒适。为了实现这一点，弗洛伊德让他的病人舒服地躺在一张沙发上，通常脸不朝向治疗师。（今天"弗洛伊德的沙发"这样的说法仍见于流行文化中。）弗洛伊德教导说，病人应该按时付款。（他偏离了这条规则，免费接待了相当多的病人。）他坚持认为，一个治疗师必须是一个很好的倾听者。在治疗期间，没有什么应该避免的话题，病人应该被鼓励说出心中的任何想法。治疗师必须关注任何干扰治疗工作进展的事物，包括病人的阻抗和移情。治疗必须建立在信任的基础上，治疗师不能向他人透露在治疗期间获得的任何个人信息。治疗师和他们的病人之间不能有任何私人事务。

精神分析师对他们的工作收费是多少？在1923年，弗洛伊德有一些富裕的病人，愿意为其服务支付相当于每天50美元的费用。尽管他后来收取的平均价格低一些，但他也获得了可观的收入。弗洛伊德的追随者荣格不仅对他的个人心理治疗收费，也对团体讲座和研讨会收费。有时，对精神分析师的商业邀约付费更加慷慨。弗洛伊德曾经收到出价25 000美元的邀约，请他到芝加哥为一家报道一桩谋杀审讯的报纸进行精神分析式调查。在那时的美国，这一大笔钱能买到什么？一杯咖啡不到50美分；一套泳衣要花8.50美元；一个真空吸尘器约40美元；一双最好的女式时装鞋卖到50美元。

4. 超心理学的尝试

弗洛伊德的批评者坚持认为他的理论推测性太强了。弗洛伊德相信生理学和基础科学最终会证明他是正确的。在1915年左右准备的一本未完成的著作《关于超心理学的预备论文》（*Preparatory Essays on Metapsychology*）中，弗洛伊德转向本能能量的概念——那是一个比较常见的有争议的话题（回想一下，俄国的别赫捷列夫和其他心理学家介绍过类似的思想）。本能驱力指引人们寻求满足。防御或压抑造成了被阻塞的满足，但它不会消失，仍然保留在神经系统内部。用当代术语来说，"在视野外"不意味着"在心智外"：这些图像和记忆全都以不同的形

式被保留下来。神经系统能够将这些被压抑的能量保留多久？并不是永远。弗洛伊德运用了 19 世纪生理学家亚历山大·贝恩（Alexander Bain，1818—1903）拥护的能量守恒原则。这意味着，神经系统应该以某种方式释放多余的能量或兴奋。这种释放是愉快的，而且应该对一个人的所有活动都有所影响。

在那个时期的后来，弗洛伊德构想出无意识（unconscious）的概念——这些活动不对直接的意识审查开放，但对意识过程和行为产生影响。这是一种复杂的动力学：愿望和驱力与对这些愿望的限制、理性化和延迟满足进行斗争。为了抗衡无意识的强大冲动，必须有另一种能够通过道德判断和限制的心理结构。在此，弗洛伊德提出了一个被称为自我（ego）的新概念，它是人类心理中意识的一面，并主要与现实相联系。

无意识和自我如何运作呢？弗洛伊德构想并描述了调节它们活动的两个主要机制：快乐原则（pleasure principle）和现实原则（reality principle）。第一个原则要求一个本能需求被立即满足，第二个原则意识到环境的需求，并调整行为以适应这些需求。在快乐原则的驱使下，人们不能推迟满足即时愿望的欲望。但由于现实原则的控制，他们继续生活在不断延迟欲望的状态。

5. 战争的反思

第一次世界大战对西格蒙德·弗洛伊德、他的家人和同事们产生了深刻的影响。他的世界观变得越来越悲观。在他看来，有教养的和繁荣的欧洲是在自取灭亡。数以百万计的人们在战壕中丧生，更多的人民死于疾病和饥饿。失业、通货膨胀、犯罪和食物短缺——这些都好像是一次集体性自杀。1914 年后的岁月为弗洛伊德提供了充分证据，让他沉思自我毁灭性行为背后的原因。他采用了死亡愿望（death wish）（经常被称为死亡本能或死亡驱力）的概念——被压抑的走向毁灭的本能倾向。

弗洛伊德认为，人们有一种被压抑的破坏和杀戮的欲望。这种愿望在文化上是不被允许的。但是，人们却用彼此做实验，想看看死亡是什么。有些人自愿地、兴高采烈地参与暴力行为。这是被压

抑的死亡驱力的一种表现吗？除了死亡驱力（death drive）——被称为死本能（Thanatos），弗洛伊德还提出了建设性的生命驱力（life drive）的观点——被称为生本能（Eros）。生本能的定义包括一个生命体努力趋向整合的所有倾向。生本能与出生、创造、建设、保护和爱有关，它体现在爱情、友谊、伴侣关系、利他性助人、善良和艺术家的创造性工作等方面。生本能为个体的生存负责。这种本能的心理能量被称为力比多。最初，力比多被当作"性能量"的同义词，用来指生命本能中最重要的方面。事实上，那些恋爱中的人、治疗病人的医生、服装设计师、作曲家或画家——全都受到他们的力比多的影响。

▽ **网络学习**

在同步网站上，阅读关于"死亡愿望"的一项早期研究。

问题：根据资料显示，是谁告知弗洛伊德这项研究的？

死本能代表了对破坏、羞辱、痛苦和死亡的追求。它不仅体现在暴力中，也体现在攻击性玩笑、嫉妒、嫉恨或争吵中，体现在任何涉及以牺牲他人为代价的竞争和进步的事情中。这是一种生物本能，基于一个有机体自然的自我保护驱力：你必须杀死别人，否则，你将被杀死。个体将内部的攻击投射到外部对象、其他个体或社会与民族群体之上。当我们生气的时候，为什么要摔门？为什么人们喜欢看恐怖电影？为什么许多人伸长脖子去围观一场车祸？用当代术语来说，这些都是死亡愿望影响我们的行为的间接表现。在描述了竞争性本能驱力之后，弗洛伊德开始将生命理解为这两种原始驱力之间的冲突，即创造性力量和毁灭性力量之间的冲突。

6. 精神分析的专业语言

你被弗洛伊德提出的专门术语搞得不知所措了吗？精神分析的一个鲜明特色是它的语言。精神分析学家可以轻易识别一个陌生人是不是他的同行，

只要通过一次简短的口头交流就行。精神分析学家的专业语言是他们专业身份的一个标志，是一种将自己与其他人区分开来的独特方法，而且经常也是他们自尊的一个来源。

从精神分析的早期开始，许多受其教育的追随者相信他们接触到了一些非专业人士不能触及的事物。作为专业人士，精神分析学家相信，他们能够了解隐藏在无意识的黑暗水域中的深层个人问题，它们被一层厚厚的阻抗所覆盖。只有受过训练的精神分析学家可以最终向他们的病人和普通人揭示"真相"。昨天被看作可耻的事情今天以不同的面貌出现："这不是你的运气差，而是你被压抑的对母亲的恐惧！"一个社会现象最终被这样解释："为什么人们竞选政治官员？因为他们是没有安全感和自恋的个体，他们渴求父母的爱。"

精神分析的语言是直接粗暴的。一个女人与另一个女人的亲密友谊，可以被解释为她在婴儿期同性恋倾向的一种反映。晚餐时一个简单的口误，可以被诠释为一种对主人的无意识的敌意。母亲和女儿之间的一场斗嘴，可以代表女儿对父亲那压抑的迷恋以及由此产生的希望母亲死掉的愿望。一个学生迟到，可能被解释为对教授隐藏的敌意。而你较高的平均成绩点数可能是你自恋的一种投射。当然，你不一定要同意这些或类似的精神分析解释。

精神分析的拥护者认为批评者曲解了精神分析的词汇。当然，如果某人说"死亡愿望"意味着一个人希望去死，这种解释可能是纯粹的废话。但是，如果它的意思是一个人嫉妒别人的地位和特权，那么这种解释更有意义。

7. 本我、自我和超我

当弗洛伊德出版《自我与本我》（*The Ego and the Id*）（Freud，1923/1990b）时，他已经超过 65 岁了。在这本重要的著作和其他一些早期出版物中，包括《超越快乐原则》（*Beyond the Pleasure Principle*）（Freud，1920/2009a），他奠定了他的心理学结构体系，今天这个体系对全世界许多受过教育的人来说都很熟悉。一个人的心理由三个层次（部分）组成。人格中最原始的部分是**本我**（id）。这个术语是从德国哲学家弗里德里希·尼采那里借用（并修改）而来。这个本我是心理的组成部分，包含与生俱来的生物驱力（死亡愿望和生命本能）；本我寻求对其冲动的即刻满足。本我，就像未经管理的意愿，完全按照快乐原则运作。它代表着爱与毁灭之间不断的斗争。

在本我与环境之间做出妥协的是自我，自我以现实原则为指导。在一个人的发展过程中，自我从本我内部开始发展，但它逐渐变得接受理性。并非自我的每一个特征都是有意识的。一个孩子面临着越来越多限制其行为、情绪表达和思考的监管者。儿童对性的兴趣（孩子最初是无知的并遵循快乐原则）受到尤其严厉和不加解释的限制。很快，孩子将他们的父母视作爱和攻击的对象。几乎是立即的，孩子发现他们的许多情感依恋是不恰当的，于是他们把情感转移到自己身上。孩子们学习如何像他们的父母那样行动，而不是与父母保持亲密。就在这时，**超我**（superego）的发展开始了，它是具有无意识特征的道德指导。这种指导告诉我们应该做什么，不应该做什么。孩子们学到的第一堂课是：他们必须穿什么，以及在哪种情况下他们应该覆盖身体的某些部位。裸露几乎是自动

知识检测

1. 弗洛伊德认为，梦在很大程度上是：

   a. 记忆擦除　　　　　b. 记忆校正

   c. 死亡愿望　　　　　d. 愿望满足

2.《性学三论》介绍了弗洛伊德的哪种理论？

   a. 梦　　　　　　　　b. 力比多

   c. 俄狄浦斯情结　　　d. 超我

3. 弗洛伊德的美国之行发生在哪一年？

   a. 1856　　　　　　　b. 1909

   c. 1914　　　　　　　d. 1924

4. 第一次世界大战如何影响了弗洛伊德的人类观？

5. 请解释死本能。

地被赋予强烈的羞耻情绪。总的来说，超我通过父母传递给孩子，代表着社会的价值观与习俗。

弗洛伊德也转向了对社会及其文化的研究。他追求两个主要目标。第一个是寻找个体内在心理冲突的社会根源。第二个是一个大胆的尝试——将精神分析的主要原理应用于历史和社会科学。

8.2.4　精神分析对社会的反思

从 20 世纪初开始，弗洛伊德就开始发表致力于广泛社会现象的文章和著作，包括历史、人类学、语言学、教育、人种学和政治。弗洛伊德转向历史和人类学领域是一个大胆的举动。他的批评者认为他在学术上不能胜任这一工作。

然而，我们应该理解弗洛伊德的心境。他认为，精神分析是一种真正科学的方法，是一种关于人类机能的可靠理论。因此，这一科学理论应该适用于许多生活领域。在《文明及其不满》(*Civilization and Its Discontents*，1930/1990a) 一书中，弗洛伊德写道，这个时代大多数社会问题的原因深埋在人们的焦虑之中：他们面对太多的选择，不知道如何快乐起来。

还有另一个原因激发了弗洛伊德尝试对社会科学做出贡献。弗洛伊德的受欢迎程度是巨大的。他收到来自许多国家的流行报纸和杂志的邀请和请求，编辑们经常请他对社会和道德问题发表评论。宗教一直是一个流行的话题。

1. 宗教作为精神分析对象

在精神分析的词汇中，**精神分析对象**（analysand）是指接受精神分析的病人或来访者。作为一个坚定的无神论者（他没有践行犹太教，但承认他的犹太身份），弗洛伊德毫不犹豫地讨论和批评宗教。他使用精神分析考查宗教，好像宗教是他的一个病人。弗洛伊德希望解释宗教在历史上的诞生和发展。弗洛伊德将宗教描述为一种强迫性神经症。他认为，宗教的礼节和仪式与神经症病人的行动非常类似。无论是宗教还是神经症背景下的人类行为，都处理了人们内在的焦虑并起到一种保护作用。弗洛伊德写信给他亲密的追随者和朋友卡尔·荣格，其信中谈到精神分析能够揭示宗教信仰的来源。人们拥抱宗教来解决他们无意识的无助感。宗教也令人们接受父辈传递给他们的秩序和限制，挑战宗教就像挑战你的父母！这种假设——以一种修正的形式被带回 20 世纪 60 年代的生活。理论家赫伯特·马尔库塞（Herbert Marcuse，1898—1979）创造性地结合了共产主义和精神分析的思想，以证明反抗资本主义和宗教的合理性。

然而，弗洛伊德很快进入了思辨历史的领域，一个松散的关于人类文明起源假设的系统。在《图腾与禁忌》(*Totem and Taboo*，2010/1913) 一书中，弗洛伊德描述了我们"野蛮的"祖先创造文化和宗教的过程。文化从限制、早期的恐惧和强迫性行为开始。成为一个人类意味着要服从社会的禁忌。弗洛伊德认为，动物没有这样的禁忌。他写了一篇关于"普遍罪孽"的文章，即儿子杀死并吃掉了他们的父亲，因此给他们所有的后代造成了永恒的恐惧和罪疚之基础。为了弥补他们的罪疚和恐惧，人们转向奇幻思维和文化禁忌，比如恐惧乱伦（近亲属之间的性关系）。作为一种象征性的对安全的渴望，人们还创造了图腾这种宗教符号原型，即具有所谓的魔力或神圣力量的事物。

在《幻觉的未来》(*The Future of an Illusion*，1927/1990c) 一书中，弗洛伊德深化了他对现代宗教的心理基础的论证。对一个孩子来说，宗教成为幻想的延续。成年人也将宗教作为他们婴儿期幻想的延伸。在此，弗洛伊德呼应了德国哲学家路德维希·费尔巴哈（Ludwig Feuerbach）的观点，后者是人类学宗教观的主要支持者之一。费尔巴哈认为宗教是个人对于爱、理解和接纳的终极需求的外在投射。然而，弗洛伊德认为宗教是对人类选择的一种约束力。因此，一个人被困在一个恐惧和迷信的迷宫里。弗洛伊德认为，对永恒诅咒的恐惧阻碍了人们理性地思考，因此也阻止了人们质疑现有的社会秩序。宗教信仰使婴儿期的恐惧永久保存，从而产生了人类的被动性，或者是不负责任和破坏性的行动。

弗洛伊德用心理学术语来解释历史和社会。他认为，精神分析作为一种科学方法最终可以取代宗教，并将人类从他们非理性焦虑中解放出来。在其人生后期，弗洛伊德修改了他对宗教的批判性观点。在

《摩西与一神教》(*Moses and Monotheism*)(1955)中，弗洛伊德对宗教作为一种制度的观点变得更加积极。他继续将宗教行为解释为一种神经症。然而，弗洛伊德比以往任何时候都更加承认并强调宗教信仰的建设性和积极的心理影响，它能够保护一个人的尊严、带来希望并促进善良(Meissner, 2006)。

弗洛伊德是一个无神论者。然而，他总是鼓励人们包容并接受其他人的宗教信仰，即使他不同意这些人的思想。他批判宗教教条，因为他认为它们阻碍了人们对真理的探索，正如婴儿期的恐惧阻碍了病人发现他们问题的根源。弗洛伊德的无神论像一种治疗过程，事关自我怀疑和自我分析。

2. 心理传记

弗洛伊德使用精神分析研究历史人物的行为。他最著名的一个案例是列奥纳多·达·芬奇(Leonardo da Vinci)，一位诞生于15世纪的天才艺术家和科学家(作为《蒙娜丽莎》的创作者而广为人知)。弗洛伊德选择了一些历史性和传记性事实，给予它们独特的精神分析解释。在列奥纳多的案例中，弗洛伊德注意到这位艺术家是一个私生子，在他生命的最初几年里父亲是缺席的。直到父亲娶了另一个女人后，他才收养了这个5岁的儿子。对于弗洛伊德来说，在这个案例中，这个孩子有一位母亲和一位年轻的继母特别能说明问题。弗洛伊德相信，列奥纳多的创造力和庞大的作品量，根植于他被压抑的内心冲突。冲突产生焦虑，焦虑则导致幻想。对我们成年人来说，幻想是一种象征性的改变现实的形式。艺术家则更进一步——他们使用帆布和油彩来反映他们的幻想。在列奥纳多的案例中，弗洛伊德认为，蒙娜丽莎的微笑体现了画家对他母亲和继母的压抑的爱。

弗洛伊德分析过富有创造力的艺术家和其他的著名人物。他的分析对象之一是美国总统伍德罗·威尔逊(Woodrow Wilson, 1856—1924)，虽然威尔逊对此并不知情。弗洛伊德与人合著的关于威尔逊的作品直到1967年才发表，因此，死于1939年的弗洛伊德没有读到人们对这本书糟糕的评论。然而，精神分析传记的体裁从20世纪20年代兴盛起来。许多作者采取了弗洛伊德的观点，认为历史人物和文学人物都可以作为精神分析的对象。心理传记作为一个研究领域延续至今。

3. 对女性的观点

弗洛伊德对于女性的观点是有争议的，它反映了欧洲20世纪的社会氛围。尽管弗洛伊德的大多数病人是女性，但他的大部分原始假设与男性有关，只是在后来进行了修改，使其适用于描述女性。由于男女解剖上的差异，弗洛伊德倾向于把女性视为"失败的"男性。女性没有男性外露的生殖器官。弗洛伊德认为，女孩倾向于发展出一种嫉妒感，它后来在一些女性身上表现为各种顺从行为。另一些女性为了克服嫉妒，持续对男性表达敌意。尽管如此，弗洛伊德对男性做出了同样奇怪的假设(参见前面关于婴儿性欲的部分)。他认为，许多男孩倾向于发展出一种非理性的阉割情结，这是他们成年后优柔寡断和不负责任的行为的一个无意识源头。

弗洛伊德认为，在性方面，女性与男性相比是被动的。弗洛伊德认为这种被动性是社会不公和对妇

知识检测

1. 以下谁是精神分析对象?
   a. 治疗师
   b. 接受心理治疗的人
   c. 一种精神分析的方法
   d. 一份最终的分析报告

2. 弗洛伊德分析过哪位美国总统?
   a. 塔夫脱　　　　　　　b. 杜鲁门
   c. 罗斯福　　　　　　　d. 威尔逊

3. 弗洛伊德是如何看待和解释宗教的?

女施加文化限制的结果。尽管如此，他不喜欢欧洲的女权主义运动。他并不接受女权主义者关于摒除传统的家庭和社会秩序的激进思想。然而，他鼓励女性接受性教育、避孕、选择婚姻并获取离婚权利。他鼓励那些决定成为精神分析师的女性接受教育和培训。对其立场的一个最佳例证是，他对女儿安娜的职业生涯发展的热情支持，安娜后来成为一位世界知名的心理学家。

8.3 精神分析的早期转变：阿尔弗雷德·阿德勒

弗洛伊德创造了一种治疗方法，一种心理学理论和一种社会科学取向。大多数与弗洛伊德密切合作的人与"精神分析"这个术语永远联系在了一起。阿尔弗雷德·阿德勒和卡尔·荣格是弗洛伊德的门徒中最值得注意的两位，但他们后来都与弗洛伊德分道扬镳了（Eisold，2002）。

8.3.1 阿德勒和弗洛伊德

阿尔弗雷德·阿德勒（Alfred Adler，1870—1937）出生在维也纳近郊。他的父亲是一个中产阶级的犹太谷物商人。阿尔弗雷德年轻时身体很不好，在他成长的过程中不得不克服身体上的重重困难。他上了医学院，成为一名医生，并在维也纳执业。1902年，阿德勒开始参加弗洛伊德家中每周的聚会。

他们从来没有成为亲密的朋友，但阿德勒是弗洛伊德思想的忠实追随者。他最初接受了精神分析的大部分原始观点。阿德勒和弗洛伊德之间的分歧早就开始了。最初它们都是一些细节上的异议。例如，阿德勒强调兄弟姐妹之间关系的重要性，而不是主要强调父母与子女关系的重要性。然后，阿德勒开始质疑性欲是人类生活中最具主导性的力量——弗洛伊德精神分析理论的核心观点之一。1911年，阿德勒辞去维也纳精神分析协会主席的职位。后来，他又放弃了自己的会员资格。阿德勒也被免除了主要精神分析杂志的编辑职务。分开的决定是相互的。直到生命的最后，弗洛伊德仍在批评阿德勒的著作。有时这样的批

评是个人化的。弗洛伊德称阿德勒的观点具有偏执狂性质，阿德勒则指责弗洛伊德权力饥渴、专制独裁。

8.3.2 阿德勒观点的演变

在《器官缺陷及其心理补偿》（*Organ Inferiority and Its Psychological Compensation*）一书中（弗洛伊德最初称赞这部发表于1907年的著作），阿德勒发展了弗洛伊德"身体是欲望和快乐的源泉"的假设。后来，阿德勒转向一个不同的方向。

1. 器官缺陷

阿德勒说，身体也是痛苦或不满的源泉。阿德勒的核心概念之一是**器官自卑**（organ inferiority）。这个术语不仅指眼睛、手、心脏这类器官，而且也指各种感觉和生理系统，包括神经系统。这个术语代表了许多不同的会成为障碍的困难，它们可以是生理上的或心理上的。它们在出生时出现，但可能在以后的生活中会发展。例如，一个矮小的男孩够不到架子上的东西，孩子们嘲笑他长得矮，不让他参加他们的游戏。类似地，一个女孩有轻度学习障碍，这在教室里是一个明显的弱点，她可能因为学习太慢而感到窘迫。在这个例子里，那个女孩的学习障碍就是她的器官自卑。阿德勒认为，一个有生理缺陷的器官或者有故障

的系统会向大脑发送信号，表明某些事物是错误或不足的。然后，身体需要对浮现的不足进行补偿，并寻找能量资源来解决这个问题。

基于对儿童的长时间观察，阿德勒做出总结：器官自卑出现在身体虚弱和适应能力相对薄弱的个体身上。这些孩子试图克服他们感知到的缺陷所造成的不适和负面经验。这被称为补偿（compensation）。补偿的过程并不是一个稳定的提升和成长的过程，它也可能造成问题。进行补偿的孩子可能会发展出攻击性、自我毁灭或其他不良倾向。

另外，一些孩子可能会转向幻想。阿德勒用《灰姑娘》的童话举例，灰姑娘幼稚地期望出现一个更好的结果，从继母给她的羞辱和痛苦中获得一种个人解放。孩子们倾向于创造自己幻想的理想世界，他们在其中最终获得救赎。由于全神贯注于幻想，这个孩子可能会越来越孤僻。而且，不幸的是，由于其他孩子不断嘲笑他们，他们会更加痛苦。总而言之，这种补偿行为经常导致孩子保留了不良习惯和心理问题。这个孩子把整个世界都视为敌对的，甚至连家庭成员都好像是敌人。

在弗洛伊德开始批评自卑观点之后，阿德勒逐渐疏远了这位研究者和同事。阿德勒不再接受这个观点：性是决定一个人的行为和心理问题的最重要因素。在他看来，那些患有神经症症状的人可能在其发展的早期阶段经历过一种情感创伤，然而，他们的创伤是一些器官或身体缺陷或其他瑕疵造成的。如果是这样的话，那么一个人的生活就是弥补最初缺陷的不懈尝试。这些尝试可能会导致发展出异常的心理症状，任何神经症都是一个人弥补婴儿期缺陷的失败尝试（见图 8-2）。

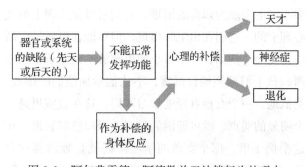

图 8-2 阿尔弗雷德·阿德勒关于补偿行为的观点

2. 退化、神经症、天才

一个人的补偿努力有三种结果。第一种结果是退化（degeneration）：补偿的尝试不成功，这个人脱离了正常的生活进程，并且无法适应社会的要求。天才（genius）的结果完全相反：补偿带来成功，并且带来从自卑的痛苦中解脱出来的新生活。第三种结果是神经症（neurosis）：当一个人从舒适状态滑向困难时期时，就会发生这种情况。为了说明这一点，设想一个有心脏病的女人：她为自己带来关注，因为她确实需要关心和同情；然而，后来为了延长获得的照顾，并继续享受他人的同情，她可能会延续现有的心脏病，或者拒绝承认她的心脏状况有所改善。这并不是一种故意说谎或诈病的情况——假装患有症状以获得好处，这是在没有意识努力的情况下发生的。身体缺陷带来心理缺陷的感受：她感觉她现在比任何人都痛苦；她不应该独自承受；没有人理解她和她的感受；周围的世界是冷漠的、没有反应的。阿德勒认为，这些感受无论真假，都是神经症的主要特点。

器官缺陷体现在许多方面。一个在小学表现很差的男孩被说成"懒惰"和"愚蠢"。这些说法会影响男孩的感受和行为吗？一个十几岁的女孩突然发现她不如同龄人有吸引力。谁告诉她的？一个刻薄的人对她说，她的鼻子大、耳朵尖。现在，这个女孩照镜子并发现自己真的很丑。因此，她在心理上发生了变化。她曾经是一个开朗快乐的女孩，现在却变得焦虑、孤僻，她对以前喜欢的活动失去了兴趣。她转向幻想，在她的梦幻世界里，她成为一个超级名模，创建了自己的时尚品牌，并回到学校去面对她的同学，当然，他们都是大大的失败者。幻想是现实行动的临时替代。在退化的情况下，这样的幻想最终变成了"现实"，从而使个体无法发挥社会功能。有些人在梦幻世界里深深退行，其他人转而用枪发泄他们对施虐者的暴力幻想。阿德勒描述了通过暴力行为进行补偿的孩子。这种情况被阿德勒称为抗议行为（protesting behavior），它可以体现在许多方面，体现在所有年龄段的人身上。

尽管阿德勒承认男女之间的不平等,但他也认为文明史的错误必须被纠正。然而,作为那个时代的男人,阿德勒接受了长期以来性别角色的建构。他认为女性不应该反抗性别主义和性别差异,因为他认为这在现实中是对女性的自然角色(作为母亲和照顾者)的抗议。

⊙ 大家语录

阿尔弗雷德·阿德勒

没有哪种经验是成功或失败的原因。我们不会遭受我们经验(所谓创伤)的冲击,但是我们会出于我们的目的而改造它们。

你可以通过这句话判断出阿德勒是一个乐观主义者,他相信我们的命运掌握在自己手中。无论我们在生活中遭遇了怎样的痛苦,我们必须从错误中学习并自我完善。

8.3.3 个体心理学

阿德勒对汉斯·怀亨格(Hans Vaihinger)的作品印象特别深刻,后者出版了《仿佛的哲学》(*The Philosophy of As If*)一书。在这本书中,作者认为,人们主要根据一个与现实不符的虚构而生活(Vaihinger, 1952)。人们相信宇宙是有秩序的,而这可能是一个虚构。但是,人们把这个想法放在一边,并表现得好像世界是有秩序的。类似地,人们创造了上帝,同时忽略了这个想法:上帝也可能是一个虚构。

人们为什么创造并根据虚构而生活呢?其中一个原因是,我们倾向于依靠期望来生活:为了达成一个目标,我们必须相信它,我们也必须知道如何实现它。阿德勒确立了自己在精神分析中的兴趣领域。虽然弗洛伊德对病人的过去感兴趣,但阿德勒认为人们主要受被未来的期望所驱动。通过形成对未来的期望,人们追求他们虚构的最终目标,这被称为自我理想(self-ideal)——这是一个人人格的统一性原则。阿德勒治疗方法的主题之一就是寻找一个人的隐藏的、无意识的动机。

如果一个人投身于**追求优越**(striving toward superiority)——阿德勒在 1930 年形成的一个假设,自我理想是可以实现的。一个追求优越的人不一定希望占据支配地位,一些批评家错误地解释了阿德勒理论中的这一点。个体在他们进行的所有活动中争取安全、进步和控制,他们赢得成功还是犯错并不重要。正如阿德勒所说,这是伟大的向上的动力。人类的自卑感永远不会结束,但是,人们通过使用"达到!向上!征服!"的指令,不断地寻找解决这个问题的办法(Adler, 1930)。

社会兴趣

追求优越并不是阿尔弗雷德·阿德勒的原创。弗里德里希·尼采(1901 / 1968)写道:权力意志(will to power)是一种核心的推动力。法国精神病学家查尔斯·费尔(Charles Féré, 1852—1907)认为:欢乐感来源于权力感,相反,无力感则产生悲伤。但是,阿德勒把权力驱动看作对自卑感的反应。后来他修正了自己的立场,在他的解释系统中加入了另一个重要的动机特征:**社会兴趣**(social interest),或者说与他人联系的愿望。阿德勒意识到,当一个人努力自我提升时,这个过程并非发生在真空中。作为人类,我们必须去考虑其他人和他们的利益(说到底,这是他们自己对权力的追求)。社会兴趣是指想要积极地去适应知觉到的社会环境。在社会兴趣中,有三种主要和相互关联的社会关系。

第一种社会关系是职业(occupation)。人们从事不同的活动,提供食物、水、安全和舒适,后来人类创造了劳动分工。社交(society)是第二种关系。人们根据自己的职业或其他兴趣加入不同的群体。第三种关系是爱(love)。人们彼此吸引。劳动分工和社会需求影响爱。

人们创造他们自己的**生活方式**(style of life)——这一概念有助于概括阿德勒的观点。每个人的生活方式都是分阶段发展的。首先,一个成长中的个体倾向于发展出自卑情结。然后,个体设立一个目标来克服这种自卑,这涉及了补偿。补偿可以表现在行为上或者想象中。由于追求补偿目标,个体会追求

知识检测

1. 成为障碍的生理或心理上的困难被称为:
   a. 社会利益　　　　b. 补偿
   c. 器官自卑　　　　d. 神经症
2. 一个人补偿努力的三种结果是: 天才、退化和

   a. 器官缺陷　　　　b. 生活方式
   c. 权力意志　　　　d. 神经症
3. 阿德勒和弗洛伊德之间的主要分歧是什么?
4. 请解释阿德勒理论中的社会兴趣。

优越和自我提升。在这条道路上有正确的决定,也会犯错误。这种对优越的追求涉及个体如何参与社会生活和建立社会关系。总而言之,这些元素将呈现出每个人独特的生活方式。

从其职业生涯初期,阿尔弗雷德·阿德勒就不懈地尝试去影响更广的受众、普及心理学并用非学术性词汇去解释它。他特别提到,许多个体和社会共同形成了一个动态结构。当条件改变时,社会关系也发生变化。我们对它们的个人看法也随之改变。

8.4　精神分析的早期转变:卡尔·荣格

荣格经常被称为精神分析的"皇太子"。在1908年的某个时间点,弗洛伊德真诚地相信荣格会成为他的继承人。有好几年时间,荣格是弗洛伊德及其理论和方法坚定和忠实的支持者,他在许多正式和非正式的专业会议上公开表达对弗洛伊德的支持。在信中,弗洛伊德曾热忱地称荣格为"亲爱的朋友和同事"。他们短暂的友谊和最终的分裂,成为心理学史上被讨论最多的案例之一。

8.4.1　弗洛伊德和荣格

卡尔·荣格(1875—1961)是一个新教传教士的儿子,他在早年生活中遭受焦虑和强迫症状的折磨。卡尔富有想象力和创造性,很早就表现出对自我分析的兴趣。1900年从巴塞尔大学获得医学学位后,他开始在瑞士的一家精神病院工作。1907年,荣格开始了与西格蒙德·弗洛伊德长达六年的合作。弗洛伊德最初希望荣格将精神分析的基本思想应用于精神病行为,这是荣格的专业领域。弗洛伊德尤

其鼓励荣格去分析精神病病人的梦境,就像弗洛伊德分析他的神经症病人一样。了解到荣格对神话感兴趣,弗洛伊德还希望荣格将力比多和压抑的概念应用于民间风俗。

1. 提拔"继承人"

弗洛伊德提拔荣格作为新成立的国际精神分析运动领导职位的候选人。预料之中,那些批评者不愿将"皇储"的位置让给荣格——这个名不见经传的35岁的瑞士人。然而,荣格的新地位却是一种妥协。为什么呢? 20世纪之初的精神分析学家绝大多数是犹太人,在奥地利尤其如此。由于荣格是来自瑞士的基督徒,他的领导角色被期望能够象征精神分析是一个真正的多民族、有包容性和国际化的运动(Hayman,1999)。弗洛伊德在他的信中强调,由于荣格的基督教背景、年轻的年龄和非奥地利身份,他对这场运动来说非常重要。弗洛伊德和荣格建立了一种热忱的人际关系。几年来,他们交换信件,讨论案例,并探讨彼此的理论观点(Eisold,2002)。

今天的电子邮件、短信、脸书和推特为心理学家之间的互动带来了新的元素。我们日常联系的次数之多是前所未有的。人际交流对于学科发展来说一直至关重要。在不同的时代,不同的交流方式发挥作用。20世纪早期,科学期刊和会议是新的研究信息的主要来源。个人手写的信件也起到了特定的作用。这些信件传达了精神分析运动中所有的非正式会谈、浪漫、嫉妒、帮助、背叛、悔恨、支持和忽视。西格蒙德·弗洛伊德和卡尔·荣格之间的信件是了解弗洛伊德和荣格理论观点的珍贵资源。这些信件讲述了他们的友谊,从最初的发展到后来的恶

化。当弗洛伊德决定与荣格分裂的时候，他在信中写道，荣格的友谊现在不值得他"浪费笔墨"，这是有象征意义的。他们在 1913 年结束了私人通信。

2. 分裂

在两人分裂前几年的某个时间，荣格曾试图说服弗洛伊德：无意识不仅包含婴儿期的记忆，而且还包括早期人类历史的遗留。他认为，要理解精神分裂症病人的妄想，一个分析师应该将它们视为人类古老的"记忆"。后来荣格坚持认为，癔症的成因并不是源于早期的童年经验。它们有遗传的和躯体的源头。荣格犹豫是否要接受弗洛伊德的性和力比多的概念。他认为"心理能量"（mental energy）是一个更好的术语。弗洛伊德认为荣格在挑战精神分析的原始概念。

1912 年，荣格访问美国福特汉姆大学。在一系列关于精神分析的讲座中，他大力地贬低幼儿性欲的重要性，并几乎公开指责神经症的性起源。他批评了俄狄浦斯情结——弗洛伊德体系中非常重要的一个元素。荣格还开始淡化精神分析治疗的效果。荣格着迷于神秘主义和灵性，他希望把东方哲学、神学和神话学的思想融入他的理论。1913 年，荣格做了关于自己的分析心理学（analytical psychology）的讲座，他认为它与弗洛伊德的理论有所不同，而弗洛伊德认为这是针对他个人的。

正如荣格（1961）后来所承认的，科学上的分歧变成了互不相容。荣格开始抱怨弗洛伊德与其他精神分析学家的关系，就像精神分析师对病人的精神分析治疗一样，包括与荣格本人的关系也是如此。很快弗洛伊德也发泄了他的不满，他指责荣格背叛了整个精神分析运动。弗洛伊德和荣格之间的友谊和学术合作的结局，对他们两个人来说都是痛苦的。这也许是心理学中最重要的一次专业"离异"。

最终，弗洛伊德要求荣格辞去国际精神分析协会主席的职位。这个时候，荣格对于管理一个组织已经没什么兴趣。1914 年 4 月，他辞职了，并退出了在这场运动中的积极工作（Eisold，2002）。这个精神分析王国未加冕的太子将永远不会成为国王。然而，荣格自己的理论会吸引越来越多的忠实追随者。

8.4.2 思想的形成

过了很久，到了 1935 年，荣格在一封信中写道，他的分析心理学的根源于中世纪的基督教、希腊哲学和炼金术。为什么是这样一个奇怪的组合呢？

1. 根源

荣格相信人类史前记忆的存在（Drob，1999）。他不是第一个探讨这个话题的人。德国的阿道夫·巴斯蒂安（Adolf Bastian，1826—1905）此前介绍过继承的"基本思想"的概念。巴斯蒂安写道："我们不太了解这些基本思想，但我们可以从民间传说或梦中推断出关于它们的信息"（Köpping，2005）。荣格也对威廉·詹姆斯和瑞士心理生理学家西奥多·弗卢努瓦（Theodore Flournoy）的著作印象深刻（1900/1994），他们对灵性、灵媒和无意识过程很感兴趣。弗卢努瓦曾写道用心理学来解释印度教中常见的轮回信仰。荣格也受到英国诗人和艺术家威廉·布莱克（William Blake，1757—1827）的启发，后者相信人类可以克服五大感官的局限性，把直觉和幻想变成知识的源泉。

在他早期的一部著作（Jung & Hinkle，1912）中，荣格探索了这样的观点：人类的梦中包含了一种超越意识觉察的特殊体验。他认为梦是一座多层的房子，其中地下室代表梦最基本和最古老的特征。与弗洛伊德相反，荣格提出，梦不一定反映了未实现的愿望，而是反映了来自我们祖先经历的神话故事和意象。像梦一样，幻想也在我们的祖先和此刻的生活中扮演着联结的角色。

2. 集体的历史

荣格理论的最重要的一个要素是，相信人类心理一定有一个非个人的层面，它不同于个体的无意识，荣格称之为**集体无意识**（collective unconscious）。它被这一物种的其他成员所继承并分享。荣格同意弗洛伊德的观点，个体的无意识主要由被压抑的想法组成。但集体无意识的内容是由**原型**（archetypes）——或者说原始的（基本的、古老的）形象组成的。荣格认为，人类分享了与祖先类似的经验。这些原型以三种普遍的形式体现：梦、幻想和妄想。荣格相信，他的病人报告的某些妄想（例如，相信太阳有翅膀或害怕被动物吞噬）与过去的神话意象类似。我们的祖先接受了它们。然而，在现代，它们被视为异常症状。

3. 象征

荣格认为集体无意识通过象征体现（Jung，1964）。例如，在梦中，象征自动地、无意识地出现。象征也组成了我们现实感知的无意识方面。你能记起今天每分钟发生在你身上的每件事吗？如果你说"不能"，这是因为你失去了对你的记忆的意识觉察。然而，你在意识阈值以下的水平仍有记忆。你的记忆可能在象征层面表现出来。由于有如此多的事物在人类理解范围之外，人类不断地创造和使用象征（包括象征性词语）来代表不能定义或不能完全理解的事物。例如，数字有什么象征意义呢？荣格说偶数是"女性化的"（与和谐和生长有关），奇数是"男性化的"（与力量有关）。从这个视角来看，基督教的三位一体（Trinity）是一个男性化的象征。荣格还认为基督教创造的文化强调男性凌驾于女性之上。我们在第12章考查了认知心理学对于数字的不同观点。

你曾经在课堂上或约会等待时在一张纸上画过圆形图案吗？荣格称这种自发的圆形绘图为曼陀罗（mandala）。在他看来，我们试图通过这些图案冷静下来，恢复内心的和平。曼陀罗也是出自印度梵文经典中的一个词。粗略地翻译过来，它的意思是一个圆圈。它也代表了一种几何图案，一种神圣的象征，或者从人类视角看到的宇宙意义。在荣格派的术语中，曼陀罗也指关于整体的原型。荣格认为，人们所画的圆形图案呈现了一种代表生命智慧的原型。曼陀罗的中心代表了自性化，即心理成长的过程。

4. 分析心理学

1913年，荣格开始使用**分析心理学**（analytical psychology）这一术语来区分自己和弗洛伊德的观点。分析心理学不是一套经过实证研究检验的缜密假设，它是一套由一系列逻辑连接的假设。荣格提供了两个支持他的假设的信息来源。一个是由童话、神话和传说组成的，另一个则是他的临床实践。荣格要求病人记录他们的梦，然后他对这些梦进行分析和解释。在他看来，梦可以代表愿望的实现。此外，梦也是原型的象征性表现。

荣格最初不同意弗洛伊德的地方是自由联想的方法。荣格认为，接受精神分析的人应该更加注意每个梦的内容，理解梦的象征意义，而不是转向自由联想，这会使分析师远离梦的本意。他修改并发展了自由联想方法，将自己的方法简称为"联想方法"。主要的区别在于，荣格给他的来访者提供特定的词汇，他们据此说出任何自发出现在脑海中的词汇。然后，分析师会仔细检查这些联想，并找出：（1）特定的反应模式或某些反复出现的词；（2）病人给出这些联想时做出的努力；（3）伴随联想发生的情绪和行为，比如神经质般的大笑、坐立不安或其他反应。

童话故事反映无意识心理

你是否曾感到疑惑，如果一个巨型动物把你吞下去，这会有什么感觉？这个想法吓到了你还是吸引了你？荣格相信，对被吞食的恐惧是人类普遍的幻想之一，它涉及通过吃的行为带来死亡和重生。荣格将他的病人的梦和幻想与不同的童话故事进行比较。他提到过几个这样的故事。一个是著名的《小红帽》的故事，其中祖母被狼吃了，后来又被猎人救了。荣格还想到一个古代神话，在这个神话中太阳被海怪吞噬了，然后它在早晨再次升起。犹太教和基督教传统中约拿（Jonah）的故事和伊斯兰传统中尤努斯（Yunus）的故事，都包含了一个男人被一条巨大的鱼吞下，后来又获救的情节元素。我们可以找到许多类似的例子。在 19 世纪意大利作家卡洛·科洛迪（Carlo Collodi）创作的《木偶奇遇记》（Adventures of Pinocchio）中，一条巨大的鱼吞下这个小木偶，后来小木偶又逃脱了。在柯尔纳·楚科夫斯基（Kornei Chukovsky）创作的著名俄罗斯童话中，一条巨大的鳄鱼吞下了太阳。在随即而来的黑暗里，痛苦的人们迫使鳄鱼吐出太阳。在系列电影"加勒比海盗"（Pirates of the Caribbean）中，杰克船长在第二部电影里被巨大的海兽吞食，到了第三部才又出现。

你能讲出其他涉及吞食行为与重生或再现的故事或电影吗？谈到这些例子，荣格的支持者认为，这些故事的相似性基于人类共同的与恐惧和魔力有关的原型。那些荣格观点的批评者不同意。他们说，儿童（成人也一样）先是听到这样关于野兽吞食一个人的故事，然后才发展出与这些故事有关的幻想和恐惧。他们认为事情不是以相反的方式发生的。哪种观点在科学上更有道理？哪种观点又更有趣？

5. 原型

回想一下，原型是关于原始（基本的、古老的）形象的意象。大多数当代学生都说，原型的大意是比较容易掌握的（尽管缺乏支持它的科学效力，稍后我们会讨论这一点）。然而，关于原型的具体问题相当令人混乱。事实上，荣格的立场在他的整个职业生涯中不断演变。因此，关注原型非常基本的特征将是富有成效的。它们是如何表现的？让我们举一些例子。

一个被称为阴影（shadow）的原型包含了自我（the self）的无意识方面。在某种意义上，荣格理论中的阴影类似于弗洛伊德精神分析理论中的本我。阴影根据其本能的力量行动。它体现于一个人的依恋、攻击行为、恐惧、逃避行为，等等。

另一个原型是人格（persona），一个出现在集体无意识中的象征性面具，用来说服或哄骗他人去相信面具携带者扮演着某个特定的社会角色。人格代表了一个人的公众形象（人格这个词来自拉丁语中的"面具"）。荣格用"人格面具"这个标签指代用真实或想象的社会角色来定义自己身份。这样的身份认同可能是建设性和健康的；它也可能是病态的——当这个人"真实的"人格特征与其实际的社会角色发生分裂之时。例如，我们设想一个女人，她努力让自己在别人面前表现得富有、独立、傲慢（无意识地扮演一个时尚名模或女继承人的角色）。扮演这个角色可能对她有伤害，因为这个女人为了表现出非其所是的样子投入了太多精力。

男人有一个继承自女性人类本质的集体形象，称作阿尼玛（anima）。与之相应，每个女人也有一个继承自男性本质的形象，称作阿尼姆斯（animus）。这两个原型主要是无意识的男性和女性的心理特质。每个人都同时拥有阿尼玛和阿尼姆斯——基本的无意识的女性和男性特质。荣格认为，这些原型为我们的浪漫行为提供了无意识的引导。人们常常在没有理性原因的情况下坠入爱河，因为他们的原型才是他们的情感和后续行为的真正引导者。

荣格认为他的理论可以帮助个体对他们的原型有所意识。荣格相信，这可以通过对文化象征、梦和幻想的解释来完成（Jung, 1967）。荣格所发现的这些文化象征持续跨越时代和相似的文化。如果人类产生过类似的意象和古器物，那么，我们可以假设他们在当代保留着相似的心理模式。

6. 治疗

在理性的世界里，人们意识不到他们的原型。然而，这些没有被识别的原型，可能会以神经症症状的形式出现（Jung，1967）。治疗能够为个体提供一种摆脱病理症状的方法。

那么荣格派治疗的目标是什么？

- 治疗的第一个目标是教病人如何了解他们的神经症。病人未必要治愈自己的神经症；真相与此恰好相反。神经症为那些拥有理解神经症的技能的病人提供了一种治愈。弗洛伊德和荣格之间的区别之一是：精神分析的创始人弗洛伊德试图为他的病人消除神经症。与之相反，荣格试图帮助他的病人容忍他们的神经症。
- 荣格派治疗的第二个目标是恢复平衡。荣格运用能量守恒的概念，认为我们的精神能量是有限的，如果我们追求一种活动，其他活动将获得更少的能量。
- 第三个目标是**自性化**（individuation）。这是通过把对立面整合进和谐的整体，通过摆脱生活的无目的性而实现个体潜能的过程（荣格认为，大多数病人都为此感到痛苦）。精神病理是失调状态，心智健康是和谐状态。

为了实现这些目标，一个治疗师在治疗过程中应该指导分析对象经历四个阶段：（1）倾诉（精神分析对象报告自己的体验）；（2）阐明（治疗师帮助精神分析对象了解其症状的意义）；（3）教育（精神分析对象学会如何摆脱痛苦状态）；和（4）转变（精神分析对象达成改变）。见图 8-3。

图 8-3 荣格的心理治疗观

许多来自不同国家的人们寻求他的治疗。他们付大笔的钱，在荣格湖畔住所附近的酒店住下，奉献他们一生中的几个星期和几个月来接受治疗。正如你可以想象的，他们当中大多数人十分富有。他们希望遵循一个有魅力的瑞士人的指导，并且有时间去这样做。许多支持者和批评者将这批庞大的追随者比作朝拜者，他们找到了新的宗教和新的"先知"。荣格不喜欢这样的比喻。荣格提醒他的精神分析对象，必须由他们自己而不是荣格来揭开他们灵魂的秘密。荣格的角色只是提供指导。荣格的病人当中有 2/3 到 3/4 是 30 岁到 40 岁的妇女，她们受过良好的教育，而且大多数已婚。荣格认为，这种治疗中性别差异的原因是，比起男性，女性是更适合、更有技巧的精神分析对象。

除了个体咨询，荣格也举办由其病人团体出席的讲座和研讨会，这些病人可以学习荣格分析心理学的简短课程。在他的职业生涯末期，荣格希望把分析时刻描绘成它自己的合法主人。他对西格蒙德·弗洛伊德的观点有了更多的和解之意，并且为工作在分析领域的治疗师保持统一提供了一些建议。

▽**网络学习**

在同步网站上，了解荣格那些有名的精神分析对象的信息。

问题：他们当中有谁出现在一部电影中？请阅读一篇影评。

7. 心理类型

荣格没有进行实验室实验。他进行了理论分析，并以临床观察支持它。他用这种方法创立了他的心理类型理论。《心理类型学》（*Psychological Types or the Psychology of Individuation*）一书出版于 1921 年（1924 年翻译成英文），这本书参考了大量当代和古代作者的文献。在其职业生涯早期，当他将精神分裂症病人的体验和癔症病人的体验进行比较时，荣格就产生了心理类型的思想。癔症病人将他或她的能量依附于其他人，荣格将这种行为称为外向（extroversion）。相反，大多数精神分裂症病人将能量转向自身，荣格将这种行为称为内向（introversion）。

内向的人把他们的注意力和兴趣转向自己。这是一个力量的源泉，因为他们寻求内部资源来解决问题并取得成功。外向的人经常对他们的选择判断失误，因为他们过于乐观，没有看到周围潜在的问题。内向的人也会犯错误，因为他们经常从阴暗的、悲观的视角看待事物。外向的人可能会因为看到潜在的回报并且很少预期到失败而启动一个商业项目。内向的人不会启动相同的项目，因为他们不期待任何回报，并且看到了面前的困难。这两种类型的人运用不同的思维方式往往得到相同的结果。然而，荣格认为，在当代社会，内向的人比外向的人处境更困难。对一个内向的人来说，这个世界太具有挑战性、太催人进取，而且令人烦恼；它要求每个人都整齐划一地前进。这些批判性的看法在外向者的头脑中是不常见的。他们同意世界是苛刻的，但谁说它不该如此吗？

荣格认为自己是一个内向的人。在他看来，西格蒙德·弗洛伊德是一个外向的人，因为弗洛伊德需要来自他人的反馈。当社会支持减少时，这类人就会感到沮丧。他们需要其他人永远都同意他们。如果有人不同意，一个外向的人会认为这是背叛。荣格消极地看待某些外向特征，是因为他在公开地批评弗洛伊德吗？弗洛伊德和他的支持者则用他们自己的语言"反击"荣格。弗洛伊德批评他以前的爱徒过于偏执且极端自恋：他过高地看待自己——太严重且太频繁。

荣格对心理类别和类型的使用提出警示。人类是具有鲜明的个人品质、优势和弱点的独特个体。虽然如此，这样的分类应该有助于心理学家的理论和实际工作，这些分类也应该有助于人们认识到个体的心理差异。因此，了解一个人的"人差方程"应该对专业人员的临床实践有所帮助。

8.4.3　理论扩展

在 20 世纪 20 年代及其后来，荣格花了相当多时间进行阅读和写作，内容涉及一般的社会科学、历史、文学、宗教和民族研究。在那个时期他创作的作品当中，只有少数是心理学史所感兴趣的。

1. 对民族中心主义的批判

荣格是最早批判西方心理学的民族中心世界观的心理学家之一。他面对着一个普遍的时代观点：欧洲的思维方式远远优于亚洲或非洲的思维方式，并且

是西格蒙德·弗洛伊德的精神分析最终让欧洲心理学家看到心理世界的深处并与其他人分享这一知识。荣格认为，事实与此完全相反。他喜欢指出：欧洲只是亚洲的一个半岛。事实上，欧洲人只是在后面追赶其他民族，其他民族拥有比欧洲人想象中更丰富且更复杂的心理世界。此外，欧洲人几乎拒绝了神话信仰和无意识经验的世界。

荣格在今天获得认可，是因为他能够展示文化经验的相似之处，而且他鼓励心理学家去了解和欣赏它们。生活在纽约、伦敦或柏林等大城市的大学毕业生和生活在部落地区的人都会讨论他们的梦境和幻想。受过大学教育的人与部落人之间的唯一区别是，前者对他们的想象力不屑一顾，后者则更加关注他们的想象力。用现代话语来说，一个受到感染并生病的人，可能会将这种情况解释为在流感季节中运气不好的结果；而传统文化中的人则会将其解释为巫术——一种邪恶的力量实施的恶毒行为。这两个人都相信感染只是传递伤害的手段，在这两种情况下，每个人都对他或她自己的解释感到满意。偏远的非洲部落的人相信邪恶的灵魂、鬼和神，而大多数欧洲人认为这些是误导性的看法。另一方面，我们也做出类似的误导性的判断，例如，由于我们自己的错误而指责父母，或者认为有些人希望你生病，事实上那些人并没有那样想。荣格是一个文化相对主义者，他认为所有文明的人类具有共同的心理特征（Shiraev & Levy，2013）。

2. 宗教心理学

像弗洛伊德一样，荣格拥护关于宗教的人类学观点。他相信宗教是人类经验的一种产物。人们倾向于创造集体意象和信仰，然后把那些意象当成真实的。宗教就是那些强大的意象之一。弗洛伊德将宗教解释为个体的力比多和恐惧的表现，然而，荣格有一个不同的观点。他认为，神的概念来源于原型。历经许多世纪，人们发展出与某种事物存在有关的图像和记忆，这种事物有自己的生命，它的生命与一个人的生命有本质的不同，而且不依赖于个人的生命。这些原型是上帝概念的先决条件。

在某种程度上，荣格呼应了德国著名哲学家弗里

德里希·尼采的观点（荣格和尼采的父亲都是新教牧师，并且都在比较年轻时就去世了，但这或许不是荣格对尼采感兴趣的原因）。他们都将宗教视为达到自我理解的一条重要途径：通过研究宗教，人们可以发现他们的内在自我。

荣格希望西方世界能够逐渐接受东方的思维方式。荣格认为，西方世界是建立在理性的基础上的，需要接触更深层的自我观和其他文化。今天，当代心理学已经普遍接受了荣格的鼓励，发展出一种包容的、跨文化的心理学知识研究途径。

8.5　评价

主流的以大学为基础的心理学与精神分析之间的关系并不稳定。今天的心理学家倾向于承认但会贬低精神分析对心理学的影响。尽管大多数心理学导论教材都会奉献 5～10 页介绍弗洛伊德及其后继者的学说，但是导论教材对他们的影响的整体态度是复杂的。有两种意见并存：

　　早期的精神分析对心理学产生了重要的影响。精神分析对人类经验的无意识层面投入了重要关注。它聚焦于童年早期。精神分析也使性成为一个合法的研究课题。几十年来，心理治疗成为一种主流的治疗方法。精神分析有助于许多医疗专家和心理学家使他们的新职业合法化；

　　精神分析严重夸大了性对个体发展和人际关系的影响。它过度强调童年早期的重要性和个体生活中的无意识现象。作为一种理论和治疗方法，精神分析是非科学的。它从含糊的

研究基础上获得结论，缺乏进行对照实验和相关研究的可能性。

让我们来详细考察这些论点。

8.5.1　寻找生理基础的尝试

支持者普遍认为精神分析是一门自然科学，并相信神经系统内的能量分布有其原则（Slife，1993）。他们的论点有几分聪明。当艾萨克·牛顿提出万有引力定律时，没有人能看到地心引力。人们只能看到重力的影响，比如苹果落在地上。精神分析是一门关于心理能量定律的科学。我们能看到心理能量吗？不能，但我们可以检测到它的影响。弗洛伊德、阿德勒、荣格及其追随者希望为他们的理论建立一个坚实的生理学背景。例如，弗洛伊德认为，存在不同的神经元组（接收、传递和分配等类型），分别负责注意和防御（这些术语与巴甫洛夫的兴奋和抑制是一致的）。一些更近的研究测量了精神分析治疗对身体反应的影响（Goldberg，2004），另一些研究认为精神分析原理是协调大脑生理活动的复杂软件（Meissner，2006）。

不幸的是，少数尝试识别精神分析的生物学机制的举动并没有结果。不像他们所声明的那样，精神分析学家其实很少关注人类的生理学和生物学。因此，大多数批评者认为精神分析是一种思辨理论，与 18 世纪和 19 世纪的精神哲学或联想心理学的理论最为相似。

8.5.2　进化科学仍然令人怀疑

精神分析有一个与进化论有关的问题。荣格似乎是这个观点最热心的拥护者，即一些心理特征（集体无意识）应该是以人类共同的祖先为基础的。但是，有任

何证据支持他的想法吗？当代的进化与考古研究确定了整个人类物种有一个共同的地理起源（Oppenheimer，2003）。最有可能的是，我们的祖先最早出现在非洲中部，后来向三个不同的方向散布。然而，这些发现提供了很少的支持集体无意识概念的证据。迄今为止，我们没有证据表明无意识经验存在基因传递机制。

荣格假设人类的历史和文化发展体现在个体的发展史中，研究者对此也争论了一段时间（Ritvo，1990）。一个成长中的孩子的心理与人类文化的历史是否相似？这种理论在荣格的著作出版之前就已经流行了，比如 G. 斯坦利·霍尔（第 5 章）的复演论。今天，我们并没有证据表明人们在其记忆中携带着天生的、来自不同历史时期的无意识意象。

8.5.3　它是一种有效的治疗方法吗

精神分析学家治愈了多少病人？从一开始，精神分析学家（包括弗洛伊德）就饱受批评，因为他们的临床报告没有提供确凿的事实——关于他们的治愈率和改善率、缓解案例或返回病人的情况。为了更加了解精神分析，20 世纪 20 年代的一些心理学家自己作为“来访者”，观察并报告该方法的有效性。报告的结果喜忧参半：一些观察者说，这种方法是有效的，但不够彻底。其他人未被打动，但对该方法的潜力总体上表示乐观。批评家们认为，这些报告是精神分析失败的证明。许多著名的心理学家保持不屑一顾的看法。

然而，精神分析方法的许多效果难以直接测量。我们以自我疗愈的现象为例。像 100 年前的病人一样，今天许多人都希望学习精神分析，将其作为一种自我完善的技术。由于不能从临床专业人士那里得到足够的帮助，或者不好意思向另一个人透露私人信息，有些人便将精神分析作为自我疗愈的一种尝试。精神分析学家鼓励这种类型的学习。研究表明，在不寻求专业人士帮助的情况下，寻求治愈或自我改善的愿望一直是许多人购买心理学书籍或参加心理学课程的一个原因（Campbell，2006）。

8.5.4　方法论是最薄弱的环节

在精神分析诞生以来的许多年里，研究者持续争论着这个基本问题：在精神分析的过程中，究竟是什么建构出了“事实”（Siegel，2003）。弗洛伊德、荣格、阿德勒和许多同时代人更像是有创意的、老练的故事讲述者，而不是无偏见的经验事实的谨慎收集者。例如，让我们来看看西格蒙德·弗洛伊德如何建立了他的理论论述（图 8-4）。首先，分析师从他或她自己的经验或临床案例中收集并记录观察结果。然后，分析师对几个案例中挑选出的事实进行比较。相关的文献是一个有用的信息来源。接下来，分析师从精神分析的角度对这些挑选出的事实进行解释。接着得出一个精神分析的结论，而这就是构建出来的事实。弗洛伊德注意到婴儿时期性本能的冲突，阿德勒关注一个人补偿缺陷和自卑的无意识努力，荣格则转向梦并表示它们与古代神话和文化遗产存在联系。

早期的精神分析学家接受了一种自我实现的预言：他们构建出自己的事实去支持自己的理论（Levy，2010）。他们收集信息的方法类似于这样的原则：“我只看到我想看到的东西。”这个原则可能适合创造性的艺术表达，但不适合无偏见的科学研究。例如，许多新的历史和考古事实不断地挑战弗洛伊德的许多假设。然而，在一些场合中，弗洛伊德坚持认为，精神分析学家有权选择任何适合的理论去支持自己的假设，并拒绝那些反驳他们的理论（Dufresne，2003）。尽管弗洛伊德总是自诩为科学家，但他并没有将自己的著作交给独立的同行评审，而且他没有兴趣在他控制之外的心理学期刊上发表作品。

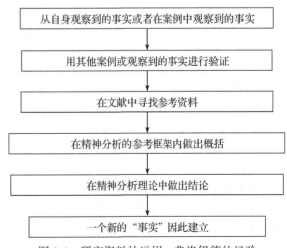

图 8-4　研究资料的运用：弗洛伊德的经验

结论

尽管弗洛伊德的理论存在基本的问题，但他仍然是现代思想最杰出的代表之一。人们经常将他与近来最杰出的思想家相提并论，比如博物学家查尔斯·达尔文、经济学家卡尔·马克思、物理学家阿尔伯特·爱因斯坦。阿德勒和荣格也一直位列于20世纪最著名的思想家的行列。精神分析整体上的文化影响是巨大的。弗洛伊德、阿德勒和荣格的著作影响了许多作家、新闻记者、戏剧评论家、艺术家，以及数百万对宗教史、艺术理论、文化研究、语言学和人类学感兴趣的人。

精神分析学引发了尖锐的批评。请看一些美国和欧洲的心理学家和精神病学家批评精神分析的词汇：怪诞、诡异、一派胡言、神秘的、一种宗教（暗指其不是科学）、愚蠢、不可理解、糟糕透顶、"老妇人的精神病学"、野蛮的推测、未经证实的、有待改进的（Esterson，2002；Gay，1998；Hornstein，1992；Shorter，1997）。

然而，它的批评者和支持者至少都同意一个它的特征：精神分析乐观主义的认识论，或者说是"了解自己多一些"。精神分析的观点认为，作为一个人你必须发现自己的问题，而且你必须寻求自己的解决方案。为了实施这些解决方案，你必须运用你的个人努力、自我认识和批判性思考。精神分析创造了一种新的且独特的治疗和自我理解的方法。

在精神疾病普遍医学化的时期（第6章），精神分析成为一门职业，一个在医学和心理学界享有声望的专业。实践精神分析意味着能得到赚钱、发现研究的机会并享受病人的赞誉。为了证明他们的治疗方法是合理的，治疗师必须不断地合理化并捍卫精神分析。这激发了新的专业团体和期刊的创建，以及对法律和政治支持的不断寻求。精神分析作为一种职业很快就开始类似于一种社会习俗。

精神分析的创始人希望创造一种基于先进科学方法的新科学。然而，研究方法是精神分析的主要弱点。正如著名心理学家、美国心理学会前主席埃德温·波林写道的：

未来三百年，不提弗洛伊德的名字而去写心理学史，并且仍然自称心理学通史，这是不可能的……假如弗洛伊德被扼杀在摇篮里，时代也许会产生一个替代品。这很难说。历史的动力学缺乏控制实验。（第318页）

精神分析学也同样缺乏自身的控制实验。

总结

- 对无意识经验、性、心理能量和心理阻抗的研究是精神分析学的几个来源。
- 弗洛伊德早期的一个假设是：关于病人症状的线索可能来自通常在临床观察中所看不到的源头。弗洛伊德的《癔症研究》概述了他研究精神疾病的一些原则，其中包括自由联想方法。
- 《梦的解析》和《性学三论》揭示了弗洛伊德发展中的理论的复杂性。在这些书籍中，他形成了关于俄狄浦斯情结、压抑、在愿望和防御之间进行斗争的经典思想。弗洛伊德假定，梦代表了愿望满足，或者实现一个无法实现的愿望的象征性尝试。
- 维也纳精神分析协会成立于1908年。类似的团体也开始出现在其他几个国家。1909年，弗洛伊德第一次也是唯一一次的美国之行，对国际精神分析运动起到重要推动作用。
- 第一次世界大战对西格蒙德·弗洛伊德，他的家人以及同事们产生了深刻的影响。战争影响了他的私人执业、研究和写作。他的世界观变得越来越悲观，他采用了死亡愿望的概念，用来描述被压抑的趋向破坏的本能倾向。
- 弗洛伊德通过描述本我、自我和超我，对人格理论做出了重大贡献。他成为一个成功的治疗师和社会和文化议题的著名评论家。
- 阿尔弗雷德·阿德勒曾是弗洛伊德的亲密追随者之一，后来他疏远了他的导师。阿德勒发展了一种基于弗洛伊德思想的理论，但他反对弗洛伊德的性观点。阿德勒探讨了器官自卑与补偿的观点，并提出了个人补偿行为的三个结果：退化、神经症和天才。阿德勒的个体心理学包括了以下观点：社会兴趣、追求优越和生活方式。
- 卡尔·荣格被视为精神分析学的"皇太子"。虽然被选为弗洛伊德的继承人，但他后来疏远了他的导师并批评了他。荣格发展出了分析心理学、集体无意识、原型、心理类型等观点。他是跨文化心理学的早期拥护者。他提出了心理类型的分类方式。
- 荣格发展出了一套独特的治疗方法。弗洛伊德和荣格之间的一个关键区别是：弗洛伊德试图为他的病人消除神经症。相反，荣格试图帮助他的病人与其神经症达成和解。

- 作为一种治疗方法，精神分析是流行的、进步的，但精神分析并不完全是一种科学理论和方法。批评者指出了精神分析的民族中心主义（大多数病人为白人和上层阶级），它缺乏实验效度，只是选择性地注意事实。

🍃 关键词

Analysand　精神分析对象

Analytical psychology　分析心理学

Archetypes　原型

Castration anxiety　阉割焦虑

Collective unconscious　集体无意识

Compensation　补偿

Death wish　死亡愿望

Ego　自我

Eros　生本能

Free association　自由联想

Id　本我

Individuation　自性化

Libido　力比多

Oedipus complex　俄狄浦斯情结

Organ inferiority　器官自卑

Pleasure principle　快乐原则

Psychoanalysis　精神分析

Reality principle　现实原则

Social interest　社会兴趣

Striving toward superiority　追求优越

Style of life　生活方式

Superego　超我

Thanatos　死本能

Transference　移情

Unconscious　无意识

Unconscious processes　无意识过程

Wish fulfillment　愿望满足

🍃 网站资源

访问学习网站 www.sagepub.com/shiraev2e，获取额外的学习资源：

- 文中"知识检测"板块的答案
- 自我测验
- 电子抽认卡
- SAGE 期刊文章全文
- 其他网络资源

第9章

格式塔心理学之路

即便是在家庭这样小的教育单位中，教育过程在很大程度上也取决于个体所居住的更大的社会团体的精神。
——库尔特·勒温（Kurt Lewin, 1936）

学习目标

读完本章，你将能够：

- 了解格式塔心理学形成的社会环境
- 理解并解释主要格式塔心理学家的重要理论的发展状况
- 领会格式塔心理学的研究和应用的多样性
- 将格式塔心理学的历史应用于过去和当代的发展

沃尔夫冈·科勒
（Wolfgang Köhler）
1887—1967，德国人
研究了问题解决；
将格式塔原则应用于决策和学习；
提出"顿悟"的概念

库尔特·勒温
（Kurt lewin）
1890—1947，德裔美国人
动力学理论的创造者；
发展了场理论和社会心理学基础；
研究了领导风格

1910年，韦特海默
遇到考夫卡和科勒；
促进了心理整体论的
发展

| 1880 | 1890 | 1900 | 1910 |

库尔特·考夫卡
（Kurt Koffka）
1886—1941，德国人
格式塔心理学最多产
的推动者

19世纪至20世纪早期：哲学的整体原则、物理学和知觉研究促进了格式塔心理学的发展

格式塔心理学家
主要聚焦于知觉 → 格式塔心理学家扩展
了研究范围，包括了
记忆、动机和学习 → 格式塔心理学家将其研究
应用于教育、商业和治疗

下边哪一张图是小孩，哪一张图是女人？对任何视力良好的人来说，这都是一个非常简单的任务。在大多数情况下，我们可以区分上图中的小孩面孔和下图中的成人面孔。我们倾向于很快地做出这种判断。你给出这一答案需要多少时间？你是如何做出这个判断的？你分析了面孔的特征，在两张图片中来回审视了许多次吗？估计没有吧。

几乎所有人都不用分析任何面部细节，就能分辨这两张"小孩"和"女人"的面孔。格式塔心理学家认为这就是我们知觉工作的方式。

如果我们要求一个经验丰富的艺术家或者一个电脑绘图设计师，花点时间来说明成人和孩子之间的面部特征差异，这个答案很可能为：典型的孩子面孔头更大更圆，眼睛在脸上占据的比例更大，几分圆形的面部轮廓，鼓鼓的脸颊，又短又小翘起的鼻子。这些都是很真实的细节。然而，当我们在日常生活中遇到这些面孔时，我们真的会仔细查看每个面部特征吗？再说一遍，我们几乎是立刻做出了判断。如果你看到一个人坐得离你很近或者听到他的声音，你几乎能很快又相当准确地（当然也可能有例外）判断出那个人的性别，甚至大致的年龄。如果你懂车，你通常不用看车头的标识就能分辨出汽车的厂家。你可以立马分辨出苹果汁和橙子汁的味道。在我们的知觉当中，有一些普遍的、基本的、整体的东西，它们也是我们知觉经验的核心。

本章研究的是格式塔心理学，它是一个杰出的心理学理论和实验分支，作为一个流派，其主要的、原始的主题非常质朴。格式塔心理学主张，无论我们对事物的构成元素的分析有多精妙，仍有很多经验模式无法用这些构成元素来解释。那些对心理学只有粗浅认识的人，很可能预期格式塔心理学主要就是关于形状和图形的。这种解释在某种程度上是对的，但是不够全面。格式塔理论不断演化，在国际上受到关注并最终被广泛接纳。这些年来，格式塔原则影响了社会、发展、教育、临床和许多其他心理学分支。格式塔心理学的创立者都经历了相似的命运。他们当中大多数人不得不离开自己的家乡，远赴美国开始全新的生活和事业。

1913～1919：科勒在特纳利夫岛研究灵长类动物；1917 年出版了《猿猴的智力》（The Mentality Apes）

布鲁玛·蔡格尼克（Bluma Zeigarnik）1901—1988，苏联人 20 世纪 20 年代研究了未完成的行为

1924 年，考夫卡开始在美国任教，并于 1927 年移民美国；推进了美国格式塔心理学家的研究

1935 年，科勒移民到美国

1920

1930

1940　1960

马克斯·韦特海默（Max Wertheimer）1880—1943，捷克人 1912 年描述了似动现象；格式塔心理学创始人之一；研究了知觉

20 世纪 20 年代后，蔡格尼克将格式塔原则应用于异常行为和治疗

1933 年，韦特海默移民到美国

1933 年，勒温移民到美国

1956 年，科勒当选 APA 主席

9.1 第一次世界大战之后的社会形势

第一次世界大战持续了四年多（1914～1918），造成了全球性的灾难。在欧洲和亚洲，德国、奥匈帝国、土耳其和俄罗斯帝国全部沦陷。新政府面临着大量的经济和金融问题。频繁的衰退和危机之后，紧接着是短暂的稳定和发展时期。失业与通货膨胀成为慢性问题。20世纪30年代的大萧条又造成新的问题。经济困境破坏了社会稳定性。美国和整个欧洲的工人频频罢工。声称为了恢复社会秩序，西班牙、德国和意大利的政府当局转向独裁政策，极大地限制了公民自由。另一方面，许多国家的政府，包括美国，转而积极参与经济和社会政策。尽管全球经济和政治不稳定，但世界也在不断寻求稳定与发展之路。

9.1.1 战后的心理学与社会

心理学作为一门专业和学科，蒙受了巨大的损失。据目击者回忆，欧洲许多大学空空如也，因为大部分教授和学生被要求服现役或做志愿者（Katz, 1952/1968）。其中许多人再也没有从战场回来。以高校为主导的欧洲心理学状况比美国或加拿大还要糟糕。战争爆发之后，欧洲政府就几乎没有经费资助大学了，个人资助也急剧减少。心理学的优先权低于化学、物理学、工程学和其他领域。这种情况直到20世纪20年代中期才开始好转。

社会气氛

20世纪20年代和30年代的社会政治动荡影响了数百万人的生活。许多国家的政治权力开始建立，并且将其控制权扩展至科学和教育领域。这并不是每个社会中都存在的政府政策和法规，实际上这是政府对教育和科学的直接入侵。

历史表明，政府总能成功地将某种意识形态强加于某个学科之上。心理学也不例外。20世纪30年代后期，西班牙内战结束之后，佛朗哥将军的政权对西班牙心理学施加了一种神学、经院哲学的框架。心理学家必须保留天主教徒的身份，并抵抗生活中"不恰当"的倾向（Kugelmann, 2005）。宗教和政府当局决定了在心理学当中什么是要抵制的不当内容，什么是适合研究的内容。

在德国，心理学越来越受到纳粹思想的影响，后者是一种民族主义和种族主义的混合体。政府雇用的思想家掌管着德国的大学，他们认为心理学家必须进行研究，以训练年轻一代在生理和心理上变得更强壮、学习纳粹原则并像战士一样保卫德国。官方政策聚焦于能在职业和军事教育方面派上用场的应用心理学领域。因此，在20世纪30年代中期的德国，许多理论心理学的科目被淘汰了（Kressley-Mba, 2006）。许多德国心理学家后来在军队服役，为军官和士兵提供诊断服务（Geuter, 1987）。在驱逐少数民族和思想自由的教授之后，大学里的心理学成了新德意志帝国恭顺的仆人（van Strien, 1998）。一些纳粹党的官僚和部分顺从的工业领袖成为德国心理学的主要支持者。他们需要研究结果和理论来推动镇压国家的目标。因此，大部分德国心理学家都在讨论雅利安人特质的至高无上、种族主义教育理念的实效性、强势领导人民生活的重要性（Geuter, 1987）。1933年，德国颁布了关于后代先天疾病预防的法律，该法律针对的是患有精神分裂症、癫痫病、双相障碍或酒精成瘾的个体（Weiss, 1987）。基于优生学，该法律导致了35万名被诊断为精神分裂症的病人被强制执行绝育手术。绝育手术很快被物理避孕替代。纳粹党一共杀死了大约7万名德国精神病人（Müller-Hill, 1988）。"种族优生"计划得到许多德国科学家的支持。

9.1.2 纳粹主义与科学

种族主义的意识形态宣称雅利安人拥有至高无上的霸权，而德国人可以支配其他次等的民众和国家。纳粹主义根植于德意志民族主义——对少数民族的偏狭和军国主义。它要求科学家和教育学家必须放弃他们个人利益，无条件地支持国家及其领袖。1933年，纳粹主义成为德国的官方意识形态。每一位德国的教育家和科学家都必须宣誓效忠德国首领阿道夫·希特勒（Adolf Hitler）。心理学家和其他科学家一样不允许在他们的研究和教学中使用非德国文献。非雅利安出身的作者被监禁，他们的著作被烧毁。大学教授，如果他们忠心耿耿的话，被认为是国家"有机体"的一部分，是纳粹意识的承载者（Harrington，1996）。"新"德国心理学被要求服务国家利益并推进新社会秩序——一种令人不安的种族主义、服从权威、对少数民族持有偏见和神秘主义的混合物（Koenigsberg，2007）。那些拒绝服从命令的教授直接被处决。

纳粹意识形态还识别出了德国人的主要敌人——犹太人。因为本章描述的许多心理学著作和观点都出自具有犹太血统的德国人，所以直接回答这个问题很重要：为什么纳粹政府要针对犹太人？反犹太主义是如何影响犹太科学家的命运和心理学发展的？

自中世纪以来，欧洲犹太人就从未享受过与其他公民平等的权利。大部分国家只允许他们生活在限定的区域。他们不能占据政府职位、娶嫁基督徒或者提升学位。19世纪中期的政治改革赋予了欧洲所有种族和宗教团体以平等权利。犹太人逐渐在商业上取得成功。他们很多人从事医学、科学、艺术和政治方面的工作。举个例子，截至1880年，犹太人占据维也纳人口的10%。与此同时，他们几乎占据了这个城市中医学学生人数的40%，以及法学学生人数的1/4（Spielvogel，2006）。截至19世纪末，在大部分大学开始解除对少数民族的雇用歧视之后，许多犹太人进入心理学领域。

然而，历史教导我们，在经济不确定和社会不稳定的时期，少数民族群体一般会成为歧视和暴力的矛头。战后的艰难为反少数民族和反犹太主义的爆发提供了沃土。而且，在纳粹意识形态的影响下，犹太人和其他少数民族群体一样，成为暴力袭击的便捷目标。1933年希特勒掌权之后，德国的反犹太运动变成了一种官方政策。纳粹活动分子盯上了德国的中小学和大学，骚扰犹太族教授，破坏他们的演讲，干涉他们的研究。犹太人随后被驱逐出所有的公众岗位和国立大学。在私人机构中，他们也迫于死亡威胁而辞职。

从19世纪中期开始，德国心理学在欧洲和全世界心理学中就起到主导作用。然而，20世纪30年代开始的德国科学界的思想"净化"，以及对许多著名教授的强有力的驱逐，对德国的心理学科造成了严重打击。

20世纪20年代激进的法西斯主义思想也影响了意大利的教育和科学，直至1943年法西斯政权垮台。在许多中学，心理学课程从课程设置中被删除。实验心理学家的职位数目遭到削减。1938年，新的意大利法律要求将犹太人（包括研究者和学生）从大学中驱赶出去。国内的间谍随处可见（Foschi et al.，2013）。

9.1.3　共产主义与科学

共产主义意识形态扎根于德国哲学家、经济学家卡尔·马克思及其追随者的基本思想。20世纪20年代早期，共产主义思想就已成为新兴的苏联政府政策的中坚力量。在亲共产主义的科学精英看来，马克思主义应该是科学家创造理论和设计具体研究方法的基石。鉴于这个原因，根据政府官方的规定，唯一"真正的"科学心理学是基于马克思主义原理的心理学。

这里有三个原则是与心理学有关的。第一个原则是唯物主义，强调生理过程的首要作用，认为生理过程"导致了"心理现象。第二个原则与意识形态有关：心理学必须服务于工人阶级的利益。第三个原则是历史决定论：人类思想是社会发展的产物。

政治和心理学

这些发展是如何影响心理学的呢？本章涉及的大部分心理学家都是德国人，他们几乎每个人都被迫在海外寻求安全。

大部分移民到北美的学者再也没有回到他们的祖国。尽管他们决定离开是一种绝望的行为，但同时也是一种理性的选择。在大萧条期间，尽管美国和加拿大也经历了巨大的经济困难，但它们仍然提供了极好的科研和教学的机会，创造了私人补助和体面生活的可能性。最重要的是，北美给予了他们学术自由。

我们将简要地回顾格式塔心理学的主要原则和理论基础，由此开始我们的学习。随后我们将讨论格式塔（gestalt）这一名词以及它的来源。接下来，两位伟大心理学家马克斯·韦特海默和库尔特·考夫卡的生活与工作，将会向我们展示在格式塔范式下进行的早期研究，如何解和释说明了人类的知觉和记忆。这个学派的另一个代表人物——沃尔夫冈·科勒的研究和作品则体现了格式塔心理学在思维、决策、学习和普遍行为领域内的创新与贡献。最后，库尔特·勒温及其追随者的激动人心的生活与工作展示了格式塔心理学的成熟，并显示了它在研究人格、动机、社会知觉和团体动力方面的诸多应用。

9.2　格式塔心理学原理

起源于 20 世纪初的德国的格式塔心理学逐渐赢得了全世界的认可。它原创的理论让大学里的心理学家心服口服。格式塔理论有时被比作是某种抗议或反驳。实际上，它并没有多少反驳或对抗的成分。它是一种全新的实验和理论方法，主要批评了 19 世纪冯特的观点和内省心理学。当然，这对于传统的德国心理学是一种挑战（Köhler，1959）。它同样批评了美国铁钦纳提出的关于心理元素的实验心理学。然而，格式塔心理学家并没有特别聚焦于对过去的批判。相反，他们推动了心理学的进展。

这一进展有三个显著的特征。第一，那些支持格式塔理论的心理学家认为他们能提供一些新的东西：新的原则、对已知事实的创新性理解、解释心理学中先前研究所忽略的知觉现象。第二，他们演示了一系列新的心理现象，这些现象先前隐藏在科学心理研究的背后。第三，他们提出了一个普遍的心理学原则，可以解释和考察全新的心理和行为现象范畴。

如果我们把目光投向 20 世纪初，我们很容易想起，几乎在同时，其他两种取向——行为主义和精神分析正在日渐强大并得到专家的认可。行为主义对旧有的传统方法和内省心理学原理进行批判，主要针对该方法强调的主观意识过程。桑代克、华生、巴甫洛夫等人相信，通过研究条件反射，心理学家能够解释复杂的人类行为。精神分析也抛弃了对心理现象层级结构不予关注的传统心理学。精神分析师转向无意识过程的领域，聚焦于人类动机各种成分之间的动力关系。弗洛伊德、荣格和阿德勒，像大多数行为主义者一样，也相信他们的研究富有价值并能广泛应用。

那么，格式塔心理学的独特性和创造性是什么呢？它研究心理现象的方法有什么创新呢？它带来了什么新的心理学知识呢？

9.2.1　主要观点

与行为主义者不同，发展格式塔心理学的心理学家接受意识，但他们不像构造主义者那样将意识分割成心理元素。格式塔心理学的基本假设是，在个体的经验中，包括后来加入的行为中，存在的是单元或"整体"，个体的经验和行为并不仅仅由其组成的部分或元素来决定的。同样，整体的各个部分最好用这一整体的性质来解释。（请回忆本章开头的那个例子。）

那么，我们该如何理解这个"整体"？它是一个模式，一个完整的实体，一个特征的集合体。你明白了吗？实际上，很多年来，对于学习格式塔心理学的学生来说，最具挑战性的任务就是精确地描述"整体"的性质。举个例子，当我们看着一位同事时，我们不会将她知觉为一个不同元素（比如她的头发、太阳镜、职业装、手机）的结合体。我们只是将她看成一位同事。当一位母亲看着女儿时，她看到的是她的孩子，而不是她眼中的许多面部特征和身体部位的总和。概而言之，格式塔心理学假设，经验和行为不是由零散的元素组成的，而是由这些有组织的整体组成的。

标签

格式塔（Gestalt）一词并没有从德语（这一理论建立者的原始语言）被单独或精确地翻译过来。格式塔有好几种含义，包括"形式""形状""方式"或"实质"。它代表了被放置在一起的许多元素，并定义了这个聚合体。有些格式塔心理学的追随者甚至认为，这一标签出自批评者的幻想，他们倾向于将过分简单化的标签贴在自己也不甚了解的东西之上（Boring，1929）。

在大部分情况下，标签是一种简化，扭曲了被贴上标签之物的复杂性。有些心理学家，比如 20 世纪早期的行为主义者或精神分析师，并不介意给他们的研究贴上各种的标签。与众不同的名称有助于将自己的工作与其他心理学家的工作区分开来，比如"构造主义者"。格式塔这个词经历了它自己逐步被接纳的过程。一开始，仅有少数评论家使用这个词来描述几位德国心理学家对知觉的研究。后来，评论家逐渐习惯了使用格式塔这个词。而其他术语，比如整体论（holism）或整体心理学（holistic psychology），消失匿迹了（Boring，1929）。

格式塔心理学是在哪些理论中获得了它的原始假设呢？

9.2.2　理论根源

与行为主义或精神分析一样，格式塔心理学并不是诞生于理论真空。一些知识传统对格式塔心理学的起源产生了重大影响。

1. 哲学

理论影响排在第一位的当属哲学。20 世纪，许多德国知识分子都接受了格奥尔格·黑格尔（Georg Hegel，1770—1831）的观点，他呼吁建立一种关于自然、人类生活和历史的整体观。在不了解事物的多重关系和周围环境的情况下，是不可能理解一个单一元素的。当一位科学家研究一个特定的现实元素时，这是一种将那个元素从现实整体中分离的行为。一个活生生的人不只是其身体各部分或化学成分的叠加。一个国家大于其公民的总和。大部分格式塔心理学家都学习过哲学，在他们的心理学研究中接受这种普遍的整体哲学观（Kendler，1999）。

影响力排在第二位的是认识论。奥地利物理学家、哲学家恩斯特·马赫（Ernst Mach，1838—1916）认为，空间和时间是无法由其元素来解释的特殊形态。因此，如果人们看到一个几何圆形，除了观察到每一段弧线之外，人们还能感觉出一个圆形的"空间形态"。如果某人听到一段旋律，除了旋律的曲调感外，这个人还会感知到一种"时间形态"。实际上，马赫再次描绘了另一个杰出的德国哲学家伊曼努尔·康德的经典思想，即时间和空间两者都是特殊的、先天的认知形态（见第 3 章）。大多数情况下，人类的心智准备好了去感知圆形或直线，更喜欢美丽的而不是丑陋的建筑物。这种对形式和空间的心理分类不仅仅是我们经验的产物，也很可能是每个人的共性。因此，它们是普遍的、与生俱来的。

2. 物理学

这些形态在我们的经验中是怎么运作的？为了回答这一问题，科学家求助于 20 世纪早期的物理学，它是格式塔心理学创始人知识和灵感的另一个来源。其他心理学家则转向化学，寻求理论解释以及其中明确的案例。例如，我们很容易想象，万事万物都是由原子构成的，它们以各式各样的方式组合在一起。然而，我们却看不到这些原子、分子和它们之间的联结。我们看到的是由这些元素构成的不同事物。我们可以了解一个整体的各种元素，但是，如果不了解这些元素是如何关联的，我们将不可能仅仅通过观察它的元素就理解这个整体。另一个吸引人的观点是场（field）这个物理概念和模型。它可以被理解为一个动力系统，其中一部分的改变将影响到这个场的其他部分。场的观点，第一次让心理学家以某种可测量的方式想象时间、空间和力。

3. 心理学研究

另一个对格式塔心理学产生影响的是实验心理学的研究。1890年，克里斯蒂安·冯·厄棱费尔（Christian von Ehrenfels，1859—1932）把一些视觉心理状态称为格式塔，这些心理状态的主要特性不能被简化为各个部分的总和。未来的格式塔心理学家也意识到埃德加·鲁宾（Edgar Rubin，1886—1951）的研究，他是一位丹麦心理学家。鲁宾对图形—背景的关系感兴趣，并研究了所谓的两可图形（ambiguous figures）。他向我们展示了，这种复杂的图像能够从两种不同的视角来看，一种是从背景的角度，一种是从图形的角度。但是，大多数人都倾向于先辨认出图形。图形总是主导着经验并覆盖背景，人们倾向于第二眼才看出背景。大量关于所谓**可逆图形**（reversible figures）的不同实验提供了丰富的证明，比如鲁宾花瓶，你既可以将其视为置于黑色背景之上的白色花瓶，也可以将其视为白色背景之上两个黑色的人脸剪影。心理学家在此注意到，如果你要求人们在观察图形的过程中描绘他们个人的感觉或者他们识别出的元素，几乎每个人都会以相似的方式描述颜色、线条和轮廓。但是，人们在运用他们体验到的相同元素时，却可以形成两种截然不同的知觉。

今天，我们大多数人都知道两可图形。网络上就有大量的两可图形和视错觉的图片。但是，我们必须理解在100年前，这些图片是相当新奇的事物。鲁宾是最早使用这些图形作为例证的人之一，它们显示了人类知觉中图形与背景的关系。

心理学家开始在其他知觉类型中探索类似的心理模式。例如，大卫·卡茨（David Katz，1884—1953）进行了关于触觉和色觉的研究（Arnheim，1998）。到20世纪头十年结束，心理学家在听觉和音乐知觉领域累积了大量的实证资料。举例来说，他们证实了和弦与旋律、可视物的形态特征、触感的粗糙与柔软，可能都是心理状态——格式塔不同于

且优于其组成材料的例子。如果物理刺激或者元素改变，但是它们之间的组成方式不变，总体来看物体就好像保持了原样（Köhler，1959）。

▽ **网络学习**

请在同步网站上查阅更多关于鲁宾花瓶和其他视觉悖论的资料。

问题：请解释"主观轮廓"和"赫曼方格"的错觉。

现在，想象你正在收听广播电台的节目。你听到了一首非常好听的新歌。你忘记去看显示屏上的歌曲名字。现在你试着回忆这首歌的旋律。你想要下载这个旋律作为你的手机铃声。你在网络上试听了好几个样本，然后你找到了你想要的旋律。你点击几次鼠标，买下了这个铃声。现在问题来了：你是如何识别这首独特的旋律的？在电台的原声中，这首曲子由合成器、鼓、吉他和人声制造的不同声音组合而成。而在你的手机里，这首曲子听起来就完全不同了，不过你仍能识别出最初在广播中听到的旋律。从构造心理学（请回忆铁钦纳的研究）的视角来看，这种情况可能很难解释：这首歌曲的音乐元素，在广播里和在手机铃声里是完全不同的，但你仍然听出了相同的旋律。格式塔心理学提供了全然不同的解释。你记得这段旋律，不是因为你的记忆里储存了一系列独特的声音，而是因为你记得"整个儿"旋律，每个音符都是这段旋律的完整格式塔的一部分（Wertheimer，1938）。

心理学家、哲学家奥斯瓦尔德·屈尔佩在乌兹堡大学进行的无意象思维研究（见第4章）也对格式塔心理学家产生了至关重要的影响。正如之前论述的，屈尔佩提出用系统的实验内省法研究所谓的无意象思维。这些是很难有把握地让被试做出判断和解决问题的心理过程。人们在不将其决策过程划分成具体心理元素（比如感觉和情感）的情况下得出结论。屈尔佩的观点成为格式塔心理学的思维和决策学说的理论基础。

4. "活动者"

根据爱德温·波林（Edwin Boring）的《实验心理学史》（*A History of Experimental Psychology*），格式塔心理学有三位主要的创始人：马克斯·韦特海默、沃尔夫冈·科勒和库尔特·考夫卡。尽管许多其他心理学家也研究了相似的问题，但是这三个德国名字在历史上熠熠发光。本章也讨论了第四位心理学家（库尔特·勒温）在格式塔心理学的发展及其广泛应用中所扮演的角色。

上述的几位心理学家年龄相仿，彼此熟识，并在同一时代一起工作。他们对自己的领域有着共同的理解，这一领域基于对所呈现的经验中"整体"的原创研究，它在早期被称为格式塔学说，后来被称为格式塔心理学（Koffka，1922）。科勒频繁地使用代词"我们"来代指韦特海默、考夫卡和他自己。库尔特·勒温在他的著作中毫不犹豫地提及这三位前辈的名字。这几位心理学家还遭遇了相似的命运：他们出生于欧洲不同地方的讲德语的家庭，最终却都在美国度过晚年，他们在那里继续并最终结束了他们富有成果的研究生涯（见表 9-1）。

表 9-1　格式塔理论的"杰出大师"：韦特海默、考夫卡、科勒和勒温

姓名	主要职业成就
马克斯·韦特海默（1880—1943）	四位中年龄最长者。他被认为是这一理论的创始人，其追随者经常在自己的著作中引证他的观点。他提出了主要的理论原则，并开展了早期的实证研究。1933 年，他移民到美国，在那里工作至 1943 年离世
库尔特·考夫卡（1886—1941）	在格式塔心理学原创观点方面，他是最多产的作者和最有激情的推动者。1924 年，他开始作为访问学者在美国执教，并最终在 1927 年移民。1941 年离世
沃尔夫冈·科勒（1887—1967）	他最为人所知的是对问题解决行为的研究。他在柏林大学拥有最具声望的教学职位。他强烈反对纳粹政府及其政策。1935 年，他移民到美国。他的职业生涯建树颇丰，并于 1956 年当选美国心理学会主席。1967 年离世
库尔特·勒温（1890—1947）	在格式塔心理学原创观点方面，他是最受认可的推动者和革新者。1933 年，他移民到了美国。他创立了独特的动力学理论，并为社会心理学建立了坚实的基础

格式塔心理学的发展至少经历了三个阶段。起初，格式塔心理学家对知觉以及图形、轮廓和几何形状的研究感兴趣（van Campen，1997）。随后，他们的研究兴趣扩展至记忆、问题解决行为、动机和学习。后来，格式塔心理学在应用领域继续发展，包括教育、管理、广告、治疗和职业培训。

9.2.3　格式塔心理学对知觉的研究

现在我们将描述格式塔心理学的早期研究，这些研究让其赢得了最初的声名和荣誉。这些研究中首先涉及的是知觉，与之相关的名字有马克斯·韦特海默和库尔特·考夫卡。

▽**网络学习**

在同步网站上阅读马克斯·韦特海默的个人传略。

问题：为什么很多同辈人形容他是一位"典型的"德国教授？

1. 马克斯·韦特海默：一位先驱者

为数不多的心理学家能够被称为"先驱者"。马克斯·韦特海默（1880—1943）就是其中一位。他开创了这一领域内的早期实验研究，并且组织了一套他和他的追随者随后进行检验的理论观点。1880 年，韦特海默出生于布拉格（今天捷克共和国的首都）一个说德语的犹太家庭中。他就读了好几所学校，最终毕业于乌兹堡大学，师从奥斯瓦尔德·屈尔佩（第 4 章）。1904 年，韦特海默在此获得博士学位。他选择了一条学术道路，并以法兰克福大学作为起点。1910 年，在心理学研究所的一个实验室里，他遇见了库尔特·考夫卡和沃尔夫冈·科勒。他们之间的专业关系产生了非常丰富的学术成果。然而，1933 年，在纳粹党当权之后，他离开了自己的祖国。直到 1943 年早逝之前，他都在纽约市的社会研究新学院（New School for Social Research）工作。

韦特海默在他的一本出版物中回忆，他是如何获得了最初的理论假设（Wertheimer，1938）。他对厄棱费尔关于人类音乐知觉的观点（之前提到的）感到

迷惑不解：我们在不同的乐器上听一首曲子，但仍能够识别出这首曲子。这首曲子中的每个元素都改变了，我们如何感知到它是同一首曲子呢？韦特海默认为，每个单独的音符或音节是作为整首曲子的一个部分被体验的。也就是说，一首曲子首先是作为一个整体存在。这首曲子所给予个体的并不是来自声音总和的次级过程，相反，每个单独的部分所产生的效果依赖于整体的样貌。

值得注意的是，这样的假设违背了传统的心理学观点，传统观点认为个体的经验应该被理解为多种经验或元素的复杂综合。然而，韦特海默从一个不同的方向来看待心理经验：知觉元素并不是"捆绑"在一起的，像当时主流的实验心理学认为的那样。他假设，最有可能的是，它们融为一体，形成了新的画面和新的结构。思想并不是一系列彼此相关的感觉。

韦特海默不是一个人在工作，他向研究生和同事寻求帮助与建议。两个年轻的学者参与了韦特海默对运动知觉的早期实验课题，后来成为他多年的合作伙伴，他们就是库尔特·考夫卡和沃尔夫冈·科勒。

2. 库尔特·考夫卡：格式塔心理学的使者

如果说韦特海默是格式塔心理学的先驱者，那么考夫卡就是一位"代言人"。库尔特·考夫卡（1886—1941）在柏林出生、成长，他原先在柏林大学——这个城市最有名望的大学研究哲学。18岁时，他在苏格兰的爱丁堡大学度过了一年。考夫卡在柏林大学完成他的心理学博士学位研究。他的研究主题为音乐知觉和韵律。卡尔·斯顿夫（Carl Stumpf），那时一位重要的德国实验心理学家，是他的导师之一。1910年，考夫卡在法兰克福遇到韦特海默，这标志着他们富有成效的合作的开始。由于他令人钦佩的学术知识和英语水平（他曾经在英国读书），1924年考夫卡访问美国，并先后担任康奈尔大学和威斯康星大学的客座教授。后来，他永久地搬到了美国。他在马萨诸塞州的史密斯学院工作，并担任一些的研究职务，包括牛津大学的一项职务，直到55岁早逝。

考夫卡对心理学的影响是至关重要的。首先，他尝试将格式塔心理学家的初期观点组织成一个凝聚性的理论。其次，他延伸了格式塔的研究领域，从对知觉的研究延伸至其他领域，而且最重要的是，延伸到了发展心理学领域。再次，他的英语水平和国际交往促使格式塔心理学成为一个全世界认可的学派。考夫卡是格式塔理论在北美的主要推动者（Koffka，1924）。在美国心理学家罗伯特·奥格登（Robert Ogden）的帮助下，1922年考夫卡通过发表在《心理学通报》(Psychological Bulletin)上的一篇文章，将格式塔心理学引入美国（Henle，2006）。当他开始在美国任教和进行研究时，他的其他作品被翻译成了英文。

▽ **网络学习**

在同步网站上阅读库尔特·考夫卡的个人传略。阅读他关于格式塔心理学起源的短文。

问题：在考夫卡看来，科学家主要的动机是什么？

9.2.4 格式塔知觉原则

格式塔心理学领域的系统研究，大约始于1912年韦特海默刊登了一篇关于"似动现象"（phi-phenomenon）的文章。韦特海默对这种现象的解释是，当两个影像相继投射到屏幕上看起来像是真实的运动。这是一种错觉，在这种错觉中，两个静止但相继闪烁的亮光看似像是一个亮点从一个位置移动到另一个位置。韦特海默的实验（考夫卡和科勒是被试）表明，尽管实验中的物体并没有向被试呈现出物理运动，但他们一致地报告感觉到了某种运动。总而言之，被试并没有看到元素改变它们的位置或空间，但不管怎样运动出现在了他们的经验中（Wertheimer，1961）。今天，这个实验很容易通过两张幻灯片来演示。

在个体经验中有一些很难用传统实验心理学原理进行解释的现象。在当时，德国大学里教授的主要论点是：所有的心理事实（不仅仅是知觉中的事实）都由不相干的惰性元素构成。按照传统的观点，心智是一个收集了许多经验元素（就像砖块）的建造者，按照联结规则，以一种有组织的形式将经验元

案例参考

频 闪 仪

不仅仅是某些实验，而且心理学历史中所有的心理学理论都与一些小仪器永远地联系在一起。其中一个仪器就叫频闪仪（stroboscope），如今也是格式塔心理学历史的一部分。就是这个小玩意儿启发了韦特海默研究运动知觉。什么是频闪仪呢？1832年，比利时物理学家约瑟夫·普拉托（Joseph Plateau）和他的儿子引入了费纳奇镜（phenakistoscope）⊖［"转轴看片机"（spindle viewer）］。同年，澳大利亚的西蒙·凡·斯坦普菲尔（Simon von Stampfer）也独立发明了这个仪器，他称自己的发明为频闪仪。这种装置利用视觉暂留原理来制造一种运动错觉。尽管这个原理很早就被希腊数学家欧几里得（Euclid）发现了，而且后来牛顿（Newton）进行了实验，但还是直到1829年它才被约瑟夫·普拉托牢

固确立。频闪仪（或费纳奇镜）由两个固定在同一轴上的盘子组成。第一个盘子的边缘有一些凹槽，第二个盘子的四周画有一些连续的动作。韦特海默后来使用了不同型号的频闪仪，称为速视器。它会在特定的时间点显示出图像（通常是投影的方式）。

还有什么其他或大或小的工具或装置，今天我们能将其与知名的心理学研究和重要理论联系起来呢？我们可能得提到冯特的暗室或反应室（第4章）。桑代克的谜箱也应该是这些装置之一（第7章）。你同意弗洛伊德的躺椅（第8章）也属于这一类吗？在心理学导论课上，你可能记得由行为主义学家斯金纳设计的，以及由研究权威服从的米尔格拉姆设计的"著名"装置。你还能举出其他的例子吗？

素堆砌在一起。韦特海默反对这种解释。据他的同事回忆，在韦特海默看来，如果我们遵循传统心理学的方法，我们那多姿多彩和紧张有致的精神生活就会变得相当无聊（Köhler，1959）。

韦特海默和他的支持者以不同的方式解释了心理过程。知觉的过程与心智有关，而心智是一位创造性的"建筑师"，它创造了某些新的东西，某些在本质上不同于仅仅由元素组合的东西。韦特海默最早提出的主要假设是，每一个单独部分会发生什么依赖于这个整体是什么（Wertheimer，1938）。在韦特海默的支持者当中有考夫卡和科勒（随后详述）。他们的批评对象之一就是内省法。

正如我们之前讨论的，由于对内省法的失望并对其全盘拒绝之后，那些自称行为主义者的心理学家们相信，如果他们不去关注知觉，而聚焦于可测量的行为变量，就能够解决主观性的问题。行为主义者创造出他们自己的实验研究方法。格式塔心理学家可能在同样的心理学实验室待过一段时间，但他们改变了主要的研究方法。他们开始称自己的基本观测数据为"现象"，这与传统心理学中的心理"元素"形成了对比。

还记得本章引言部分的一个小例子吗？格式塔心理学家常常在他们的讲演中引用类似的例子。例如，你只看一个人的脸一秒钟，通常不需要对脸部的线条、轮廓和细微处进行漫长的分析，你的直接经验就告诉你，你看到的是一张人脸。在日常情景中，我们看到一个人脸然后说："这是一张脸孔。"在做出这个判断之后，我们才注意到这张脸孔中不同寻常的特征：眉毛、鼻子、嘴唇、脸颊，等等。

简而言之，大约100年前，格式塔心理学家在其实验研究中表明，我们的心理经验的基本特征可能不是一些元素，而是一些完整的和恒定的模型或者"整体"。一位来自冯特实验室的心理学家可能会这样报告："我觉察到一种感觉模式，这种模式通常在我对一个女人的脸孔进行知觉时出现。"而一位格式塔心理学家可能会非常简单地报告："我看到一个女人。"格式塔心理学与传统心理学关于知觉的概念有很大不同。

结构与组织

如果人类经验存在普遍的模式，那么这些模式的运行必定遵守某些规律。术语结构（structure）和组织（organization）成为格式塔心理学家关注的焦点，

⊖　费纳奇镜，一种早期的动画装置。——译者注

表 9-2　部分格式塔法则及其描述

格式塔法则	描述	图示
邻近性法则	我们会将彼此靠近的元素，相对其他元素而言，知觉成一个连贯的物体	
封闭性法则	我们通过使一幅图画中的空间封闭、轮廓完整并忽略间隙而知觉到一个凝聚的物体	
相似性法则	我们会将相似的元素知觉成相同形状的一部分或者连续的图形	
"好图形"法则	我们会把刺激组织成"好的"或"凝聚性的"，尽可能将其组织成一个图形（它对我们来说是匀称的、简单的或熟悉的）	
图形与背景法则	我们的知觉会将刺激或图形从其背景中分离出来	
共同命运法则	我们会将朝向同一方向运动的元素知觉成一个整体	

不过这两个术语的意思与构造主义心理学没有什么关系。格式塔心理学家从基础科学中获得灵感，包括数学、物理学和生物学，借用它们描述知觉格式塔的结构和组织。刺激具有某种特定的结构并按某种确定的方式组织，有机体正是根据结构化的组织而不是个别的感觉元素做出反应。格式塔心理学家提出了**格式塔法则**（Gestalt laws）或者是关于知觉功能的普遍原则（见表 9-2）。

那些批评者认为，格式塔心理学没有清晰地表达它的主要原则和法则，包括"整体"这个概念。为什么个体的经验使用这些特定的法则而不是其他法则呢？这些格式塔的机制存在于大脑的哪里呢？为了回应这些批评，格式塔心理学的创始人经常提及物理学和生理学。

举个例子，在解释与"整体"定义有关的不确定性时，他们认为物理学第一次引入能量的概念时，它也是令人费解的。几十年过去了，它的含义还常常和传统力学中的力混淆。而物理学家做了什么呢？他们继续努力工作和开展他们的研究，直到对能量提出更清晰的解释，区分不同的能量类型，发

明测量能量的方法。同样，格式塔的概念或许还不够清晰。不过，在科学方面，除了继续研究和辩论之外，没有其他途径可走（Köhler，1959）。

在向生理学寻求帮助时，大部分格式塔心理学家认为，大脑和外部世界可能是按照同样方式组织的（Helson，1987）。是三点构成一个三角形，还是四点构成一个正方形，取决于它们的结构。格式塔心理学作为一种理论表示：刺激及其生理结构具有统一性。因为知觉遵循物理动力学法则，所以他们假设大脑中存在某些包含神经元的"场"或整体，这些神经元与知觉的动力特征一致。换句话说，中枢神经系统的生理过程很可能与知觉法则有关。外部物体（它的内容）和心理动作在某种程度上是一致的。人们体验到的现象和大脑中的潜在过程是相关联的，这样的关联被称作**同型论**（isomorphism）。

格式塔心理学家敢于将心理学和物理学、生物学联系在一起，因为他们相信科学法则的普遍性。随后，格式塔心理学的支持者，在阐述了主要的知觉组织原则之后，尝试将这些原则广泛应用于思维、学习和行为等方面。

9.2.5　从知觉到行为

格式塔心理学家相信思维就像知觉一样,需要一种实质性的科学评估。他们声称,像知觉一样,思维的过程关乎的是一个评估整体情境的机制。沃尔夫冈·科勒详细研究了这些观点。

1. 沃尔夫冈·科勒:格式塔心理学明星

科勒(Köhler,1887—1967)出生于一个德国家庭中,出生地是瑞威尔(Reval,即现在的塔林,爱沙尼亚的首都),他在德国的图宾根大学、波恩大学和柏林大学学习。22 岁那年,他在导师卡尔·斯顿夫(第 4 章)的指导下获得博士学位。他的研究主题是声响心理学。在柏林大学,他跟随著名的物理学家、量子理论创始人马克斯·普朗克学习。如前文所述,科勒后来认识了韦特海默和考夫卡。1913 年,就在战争之前,科勒被派到特纳里夫岛(非洲西北沿海加那利群岛中最大的岛屿)研究动物的认知功能。在战争期间,他被困在岛屿上(这个岛屿被英国舰船封锁了),并最终在那里待了将近六年。他的研究成果之一是《猿猴的智力》(*The Mentality of Apes*),1917 年首先在德国发表。1922 年,他成为柏林大学的教授。1925 年,他作为克拉克大学客座教授来到美国。在那里,他遇到了许多杰出的心理学家,并给他们留下了深刻的印象。这将有助于他在德国政治环境恶化之后,能够在美国谋得职位。

德国柏林大学的心理学研究所仍然享有欧洲实验心理学大本营的声望。沃尔夫冈·科勒担任这个研究所的主管,而马克斯·韦特海默在此担任教授。他们的地位为他们提供了丰富的研究机会。这个学派吸引了德语区域最好的学生,而且国际学生的选

拔也总是令人印象深刻(Henle,1978)。这些事实加上格式塔心理学家日渐增长的声誉,为他们理论的持续发展提供了必要的条件。

科勒积极地促进关于心理整体论的观点:人类行为的每一部分都应该被放在多重背景中,从不同角度来理解它们。但是,行为并不是不同动作的总和,就像经验不是知觉成分的叠加一样。在我们生命的最初,我们就整体地处理信息并做出行动。

▽网络学习

在同步网上阅读沃尔夫冈·科勒的个人传略。

沃尔夫冈·科勒在格式塔传统范围内工作,研究问题解决行为和思维。

问题:他在美国心理学会中的最高地位是什么?

---

2. 决策和学习

根据科勒的观点,决策作为一个过程涉及了从多个选项中做出选择,与"掌握"两个元素之间的关系有关。它涉及了比较这一行为。正如约翰·华生和行为主义者提出的,动物不只是对纯粹的刺激做出反应,而是对与周围环境有关的信号做出反应。

科勒对心理学的众多贡献之一是,他对动物智力

的研究。科勒在类似它自然栖息地的情况下研究动物（与新一代的行为主义者不同，他们主要在实验室环境下进行研究）。值得一提的是，他最显著的成就之一是对**顿悟**（insight）的研究。在英语中，顿悟代表了洞察环境并理解其"内在"性质的能力。有时候，这个词用来表示一种突然的、直觉的感知，或者在既定的环境中掌握有用信息的能力。对这一现象的研究代表了心理学的重大进展，因为它引入了一个全新的学习模式。它与大多数传统的涉及重复习惯的心理学模式都不同，与流行的行为主义模式也不同，比如强调条件反射的巴甫洛夫的理论或者强调试误的桑代克的理论。

简单地说，想象一个实验情景。在一只猴子身旁放一块饼干，这只猴子够不到饼干，因为饼干离笼子太远了，而笼子又是锁上的。不过有几根竹棍散放在笼子的周围。这些竹棍比较短，如果不将两根接在一起，其长度就不足以够到食物。然而，猴子以前从没有做过类似的事情。从行为主义的角度来看，这个动物还没有养成一种在自制工具的帮助下去够取食物的习惯。科勒观察到，在许多情况下，动物在实验情境中的行为是基于试误的，正如行为主义者所说的。一般地，在几次尝试之后，猴子就会把两个竹棍拼接在一起来获取食物。

然而，科勒在这些试误的序列中看到了更多的东西。在他看来，在这只猴子看似没有规律可循的摆弄棍子期间，正确的方法往往出现于一些幸运的"偶然"之后。什么是幸运的偶然呢？一开始，这些对棍子的操作和渴望达到的目标没有明显的联系：猴子只是握着它们。然而，将两根棍子连接在一起后，猴子突然"意识到"这个新工具可以很容易地触及笼子外的饼干。这种"幡然醒悟"涉及了对整个情境的反思。首先，猴子将两根棍子连在一起。然后，猴子想起了笼子外面的食物。最后，猴子评估了笼子和食物之间的距离。这个问题被解决了：猴子"明智地"使用了两根棍子的技术（Köhler，1925）。

正如你在这个例子中看到的，顿悟的最重要的特征是动物对这个场内的元素整体布局的反思。基于顿悟的解决方法的第二重要的特征是，它们是对任务的一个知觉重组。与桑代克的假设不同，科勒认为学习的过程不一定是循序渐进的。学习是很快的，几乎是瞬间的。第三重要的特征是，基于顿悟的学习可以从一个问题或情境迁移到其他情境和任务中。例如，一只鸡可以学会从白色卡片而不是黑色卡片上获取食物。每当白色卡片邻近黑色卡片出现时，这只鸡都会靠近白色卡片而不是黑色卡片。当我们向这只鸡呈现任何一组卡片，其中一张卡片比另一张颜色更浅（但不是白色），这只鸡就倾向于选择浅色的那张卡片。类似地，如果这只鸡被训练成选择更深的颜色，当它面临相似的选择时，它会选择新的更深色的卡片。这种现象被称作**迁移**（transposition），是指将一种原始经验迁移到新环境中的能力（Köhler，1925）。我们是对刺激和环境之间的关系做出反应，而不是单独对刺激做出反应。科勒坚持认为，这些结果证明了鸡所学到的是两个实验对象——两种颜色之间的关系。

迁移起到了一种重要的进化功能，比如学习某些情感反应（如恐惧）。科勒观察到，当动物第一次见到样子奇怪的物体时，它们会跟它保持距离。例如，他带着非洲恶魔的纸板面具进行过一项实验，结果让实验室里受惊的猴子们东躲西藏。很可能这种新异场景要求动物做出警惕或躲藏的反应。在这种情况下，迁移起到了帮助动物生存的作用（Köhler，1959）。

3. 学习中的错误

读过这些和其他关于动物的实验之后，有些人可能会假设，动物很快就解决了问题并学到了知识。事实上，在大部分实验中，动物会出现许多导致失败的过失和错误。对实验情境的突然"理解"，并不一定会引发正确的决策。科勒至少识别了黑猩猩在实验情境中出现的三类错误。第一类是"好的错误"。它们已经很接近正确的解决方案，尽管其中仍然包含错误，阻止动物做出正确的决策。第二类错误采取了完全不恰当的行为，它显然没有什么意义（猴子没有把盒子摞起来，而是把两个盒子都摔坏了）。第三类错误基于动物以前习得的行为。这些行为在过去成功过，但它们在新的情境中不起作用了。这些在90多年前进行的观察，在今天的研究中得到了进一步的支持。

罗伯特·斯腾伯格（Robert Sternberg）教授在实验研究中发现，许多成功人士和据说很聪明的（这是其他人对他们的描述）有着成功经历的个体都倾向于犯下愚蠢的错误（Sternberg，2004）。他们为什么会犯下这些错误呢？现在可以用到科勒的解释了：举个例子，"聪明的"人们倾向于相信，如果他们在过去做出许多成功的决策（基于顿悟），那么他们在未来也会做出成功的决策。在格式塔的术语中，这些个体会产生一种恒常性顿悟，这让他们在新的情境中遭遇失败。他们必须不断从新情境中学习，批判性地看待自己的经验。

4. 价值观

关于知识和道德判断的相对性的争论由来已久。哲学家常常辩驳道，一个人认为"好"的事物，总有其他人认为"邪恶"。我们赋予事件和行为的价值和我们自身的经验有关。格式塔心理学家挑战了这一观点。他们认为，由于物理世界与我们对其的反映具有知觉一致性，人类的价值判断中必然有某种程度的客观性。考夫卡相信价值是物体或事件的一种属性（Harrington，1996）。科学能够预测未来的事件。知识产生期望，对这些期望的追求可能具有积极或消极的价值。科勒（特别是他在美国的研究生涯后期）还认为，心理学研究应该不只是实验研究和理论工作。在他看来，心理学家有能力勾勒出那些引导人类行为的道德原则（Köhler，1938）。总的来说，科勒认为科学不能独立于依附于它的价值而存在，它们一起创造了一种格式塔——我们知识的基础。

格式塔心理学家在他们的出版物和讲座中提出的主要观点，激发了大量的争论，也为他们带来新的

支持者。库尔特·勒温就是其中最著名的心理学家，他将格式塔的原则应用于动机、发展，以及个体和群体的行为。

9.3 格式塔理论的发展

格式塔心理学的早期研究聚焦于知觉和思维过程。20 世纪 20 年代后，更多专家把目光投向群体行为以及个体、环境和群体的相互依赖。数学家、物理学家和几何学家似乎很适合解释这种相互依赖。

▽**网络学习**

请在同步网站上阅读一些库尔特·勒温的作品。

库尔特·勒温，与许多同时代心理学家一样，在移民美国之后成果颇丰。勒温的研究影响了社会心理学的早期发展。

问题："解冻、改变、再结冻"指的是什么？

9.3.1 库尔特·勒温的场理论

从其学术生涯的开端，库尔特·勒温（Kurt Lewin，1890—1947）就想要了解人类动机的内外部因素。他出生在德国邻近波森（Posen，如今的波兹南，波兰西部的一个城市）的一个小镇，去柏林大学攻读心

理学博士学位以前，他相继念了两所大学。他在第一次世界大战中服兵役时受了伤。就像最初的格式塔心理学家一样，他也在卡尔·斯顿夫的指导下取得了博士学位。勒温表现出对许多学科的兴趣，包括哲学和科学理论（Ash，1992）。他还对行为研究和马克思主义理论感兴趣，特别是马克思对于社会公正和平等的研究。勒温接受了行为主义，但后来对它越来越不满意（Zeigarnik，1988）。在研究动机时，勒温将他的心理学兴趣与其对科学、数学和几何学的热情相结合。1933 年，他的研究生涯被打断了，为了保命他不得不离开德国。在他的美国同事的帮助下，他获得了康奈尔大学、艾奥瓦儿童福利工作站的私募基金；1944 年后，他获得了麻省理工学院的工作经费，他在此创办了群体动力学研究中心（Research Center for Group Dynamics）。

1. 拓扑学

在美国工作时，勒温希望创造一种新的人类行为理论，他求助于几何学和**拓扑学**（topology）。拓扑学是按照连通性、连续性和方向性对几何形体与空间特性的复杂研究。勒温认为，拓扑学有助于描述个人的行动、意向、产生的冲突和令人迷惑的困境。圆圈、线条、正方形和向量都被用来塑造、解释甚至预测行为。勒温称他新的理论系统为心理动力学（psychodynamic），强调心理活跃、变化的特性。在今天的心理学中，这个词有许多不同的含义。

勒温的研究围绕着形式逻辑、精确度和量化事实展开。在他的出版物中，有大量有趣的例子和精美的插图。但是，当你阅读他的论文或专著时，你经常会发现公式和图表这些栏目。勒温由衷地相信，正如那时许多心理学家一样（尤其是行为主义者），人类行为的法则完全可以用数学方程来描述。但不像许多行为主义者一样，勒温承认动机的存在，是一种目的指向和内在的力。然而，他相信存在某种代表人类行为目的的心理状态。

勒温借助精心设计的实验程序，对它们的结果进行重新实验和控制性评估。他用影片记录了他的实验。他开创了对自然环境下的儿童详细拍摄的方法。

有了这些拍摄资料，儿童的行为是记录在案的和可测量的，并由独立的评论者进行观察。今天，对实验情境的视频录制是很常见的。然而，在 80 年前，这样的技术是创新的和启发性的：那些追随者相信，影片最终会让心理学家可以像物理学家一样精确测量行为。

2. 场理论

勒温用**场理论**（field theory）将格式塔心理学的主要原则与拓扑学联系在一起（Lewin，1943）。根据场理论，处于行动和思考中的个体是相互依赖的动态力场的一部分。这个个体还是**矢端空间**（hodo-logical space）的一部分，这是一个有限的结构空间；它由其内部指定路径的区域、方向和距离组成。在勒温的理论中，生命是一张充满着反作用力、能量场、阻碍、目标、利益冲突、支持性援助和妨碍对手的巨大图表。为了理解或者预测某人的行为（勒温称之为"B"），研究者必须理解一个人的心理状态（P）以及心理环境（E）。在这个体系中，P 和 E 是独立变量。行为是个体的人格特征和特定环境或情境条件的函数（称为"f"）。

$$B = f(P, E)$$

1936 年，勒温出版了《拓扑心理学原理》（*Principles of Topological Psychology*）一书，这个观点第一次被呈现出来，随后获得了许多心理学家的支持，他们在其中看到了测量行为的方法。根据场理论，个体的行为取决于特定时刻所在场的特征。个体的目标（无论心理学家如何理解它们）和过去经历（行为主义者将其描述为反射或习惯）都可以纳入所在场的特征。为了描述场，勒温引入了一系列术语，比如：生活空间、场、存在、位移、力、引拒值、目标、冲突、相互依赖，等等。作为解释，下面列出了这些术语及其简要说明（Lewin，1944）。

- 生活空间（Life space）是决定个人或群体行为的因素的总和。它由区域、客体（包括人）、目标和其他影响人类行为的因素组成。
- 场（Field）是力在其中运行的空间。
- 存在（Existence）是指任何对个体或群体有明显

影响的事物。存在，就是被包含到某人的生活空间中。例如，要意识到你自己的兴趣，就要将这个兴趣包含在你自己的生活空间中并意识到它。

- 位移（Locomotion）是指处于不同时期的位置。任何心理现象或行为都可以用特定的位移代表。
- 力（Force）是指一个人能量的表现形式，只能通过整个场进行定义。功率是指使用力的可能性。
- 引拒值（Valence）是生活空间内部某个区域中某个客体的特性，这个客体根据其特性被认为是寻求的还是避免的。正向的引拒值使人向其靠近；负向的引拒值使人撤退或退缩。张力是一种表明需要的实际综合征。当目标实现后，张力也降到零。
- 目标（Goal）是一个所有作用点都指向同一区域的力场。
- 冲突（Conflict）是指两种或两种以上的力交叠在一起。在个体内部，相反的力引起挫折。
- 相互依赖（Interdependence）代表了生活空间内部各种元素通过张力和力而相互关联。

根据勒温的理论，我们可以借由方向（上下左右）和距离对环境进行客观测量。为了从 A 点到 B 点，一个人需要克服各种各样的障碍。每一个障碍都有不同的力度，克服更强的障碍就需要更大的力。这个场内还有相互冲突的力。力的定义依据三种属性：方向、大小和作用点（与物理学中一样，用一个箭头表示）。请见图 9-1。

这个图解说明了一个个体如何在尝试实现目标一的过程中，面对障碍并努力克服它，接着受到挫折，然后尝试追求另一个目标（目标二）。

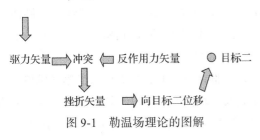

图 9-1　勒温场理论的图解

3. 力场分析

借助力场分析（force field analysis）的概念，库尔特·勒温为观察影响特定情境中个体行为的因素或力提供了一个框架。每种行为都可以被视为力之间的相互作用，无论是促使个体朝向目标前进（动力），还是阻碍他们朝向目标前进（阻力）。

举个例子，经常解决方案就在眼前，但我们不得不等待或者另辟蹊径。想象一下，你晚上七点来到一家商店，准备买一双手套。不幸的是，这家店在几秒钟前已经关门了。你喜欢的这双手套离你只有几步之遥。但是，你不会打破窗户拿出手套。相反，你会离开，第二天再回到商店，或者在网上订购一双类似的。你用最有效的方式处理这个小问题，因为你不仅明白整个情境——商店关门了，手套买不到了，而且你能够记起并使用恰当的法律限制（如果商店关门了，你不能破窗而入）和社会规则（商店明天还会开门，或者我可以网购）来解释这个情境。通过遵守这些规则，事实上你远离了你想得到的物体（一双手套）。"理性"之力比你想要立即买到这双手套的欲望更为强大。表 9-3 列举了一些力场分析的例子。

表 9-3　力场分析示例

冲突的来源	人们时常面临选择：在两个正向引拒值之间（在两个好选项中选择），两个负向引拒值之间（在两个惩罚中选择），在两个矛盾的引拒值之间（一个正向的，一个负向的）
对客体的拥有	对某物或某人的拥有和控制减少了它们的正向引拒值，个体（有控制权的）开始渴望其他事物
对奖励或惩罚的预期	会增加或减少个体与外部世界之间的引拒值，并且可能产生张力
生活空间的差异	学习就是围绕差异展开的：我们了解场内的合力和引拒值，意识到它们的相互依赖，划分我们的个人界限，评估冲突以及理解我们的挫折

资料来源：Lewin（1936，1943）．

正如上表所示，勒温希望心理学实现一定程度的公式化和数学化（Lewin，1997）。勒温一直强调为他的理论假设寻求强有力的实证支持的重要性。他的助理和学生经常提供这样的支持。

4. 蔡格尼克效应

布鲁玛·蔡格尼克（Bluma Zeigarnik，1900—1985）

出生在立陶宛（当时是俄罗斯帝国的一个部分）。1924 年她搬到德国，与一位苏联贸易官员结婚。她对哲学和心理学感兴趣，并希望德语有助于她研究自己喜爱的科目。她选择了马克斯·韦特海默的一门课。几乎就在同时，她对格式塔心理学着迷了。她还加入了勒温的研讨会，很快开始在他的指导下做研究。因为是外国人，蔡格尼克不能作为有报酬的助教，所以她成了一名志愿者。这位娇小的年轻女性，是勒温最优秀的学生之一。有一天，勒温要求她替他去上一堂心理学的课。当她出现在教室里时，一些男学生要她从讲台上下去：他们实在无法想象一个年轻女人是他们的代课老师（Zeigarnik，1988）。

⊙ 大家语录

向你的教授请教

在这个体系中，我可以听任何一节想听的课程。我参加了马克斯·韦特海默教授的一门课，在那之后，带着我特有的天真，我找到他然后对他说，我喜欢他的格式塔理论。韦特海默无比严肃地回答："我也喜欢。"（Zeigarnik，1988）

韦特海默有可能是假装"严肃"。但是许多教授很在乎他们的研究，他们欣赏学生向他们询问他们的科学事业。学习这一场景，向你的教授请教，询问她或他最新的研究项目。

勒温不时向他的学生建议一些新的研究主题。他能够在看似普通的场景中发现不寻常且令人困惑的元素。有一次在咖啡店和他的学生们聊天，勒温要求一个服务员告诉他，坐在角落里的几位顾客点了什么。服务员根据记忆准确地回答了。然后勒温问这位服务员，刚刚付款离店的几位顾客几分钟前点了什么。这位服务员想不起来了。勒温由此推测服务员可能有一种选择性记忆：他们的兴趣在于记住那些还没有付款的人们所点的单。那意味着当商业交易未完成时，记忆处于激活状态。在顾客付款并完成交易之后，服务员就失去了记忆的动机。

但是，这样的解释对不对呢？勒温为蔡格尼克提供了研究这个问题的机会。1924～1926 年，她进行了一项关于**未完成的行为**（unfinished actions）的研究。她向被试布置了一些简单的任务，例如抄几段文字、写一些单词或者做几个泥塑。蔡格尼克想让她的一组被试完成所有分配的任务。而另一组被试在这个程序的不同阶段被打断。（一些参与者向其他参与者抱怨，他们的实验者真是很奇怪，竟然不让他们完成任务。）

总的来说，蔡格尼克发现，未完成的任务比已完成的任务更容易被记住。作为一名研究场论的学生，她对这一现象的解释是，当个体朝向某一目标移动而被打断时存在一种张力状态。这种张力在个体内部延续（有些甚至是抱怨！）并维持了记忆。如果任务得以完成，被试就获得了满足。勒温觉得这些发现很有趣，并在 1926 年国际心理学大会上报告了蔡格尼克的实验结果。这些发现被称为蔡格尼克效应，在国际上引发了极大的兴趣，并为勒温的理论提供了额外的保证——他的理论可以找到实验支持。

后来，蔡格尼克成为临床心理学领域知名的专家。她将格式塔原则和勒温的力场分析应用于她对精神疾病的研究。在她看来，一个健康的个体能够理解内部力量，比如欲望、希望和依恋，以及它们的平衡或失衡。一个能够用批判的眼光看待自己的个体，一般能够处理好他或她自己的问题。心理治疗主要是为那些不能处理自我调节过程的人准备的。蔡格尼克确信，心理障碍不应该被视为需要个体人际关系背景中的一系列症状（Zeigarnik，1988）。

5. 领导风格

勒温提出了一种研究群体行为的原创方法，这为早期社会心理学做出了贡献（第 10 章）。群体动力与群体内部的相互依赖有关。为了理解一个群体是如何运作的，我们应该研究群体活动所发生的场的属性（Lewin，1939）。

在研究群体行为时，勒温引入了**领导风格**（leadership style）概念：由群体领导者所确立的沟通方式的主要类型。一开始，他对儿童游戏群体进行了一系列观察。他发现在这些群体内部的互动有两种截然不同的气氛，他分别称之为民主型和独裁型。后来，勒温及其同事同意对两种风格的老师进行比较：一种是"典型的"德国独裁者；另一种是"典型的"美国民主者（Patnoe，1988）。心理学家们想要测量这两种老师领导之下的群体敌意、群体张力和群体合作的水平。此外，他们还决定看看会发生什么情况，如果教师提供第三种管理方式：即根本不进行指导。基于上述和其他研究，勒温提出了三种领导风格。

独裁（authoritarian）风格的群体中领导者说了算。这个人控制、指导、下达命令，很少向群体成员解释群体中的活动。成员不被允许选择他们自己的行事方式。他们将任务明确地分配给成员，偏离群体规范就会受到惩罚。通常消极制裁比积极制裁更多。而民主（democratic）风格的领导者会在群体协商之后做出决定。领导者通常会让群体成员选择他们自己的策略。民主的领导者尽可能与群体成员共享更多的信息。积极制裁和消极制裁是均等的（Lewin，Lippitt，& White，1939）。第三种风格被称为放任型（laissez-faire）。领导者根本不控制群体，只对群体成员提出基本指令和建议。然后群体成员就依靠他们自己，选择他们自己的行动方案和策略。

这三种风格哪种最有效？勒温和他的同事们相信，民主风格是最好、最有效的。因为意识形态的原因，选择"民主"这个标签是为了强调民主社会比独裁政体更具优势。然而，这种风格也并不总是最优的方案。比如，正如跨文化研究所表明的，在紧急情况下，独裁风格比其他风格更有效（Shiraev & Levy，2013）。

6. 场理论和学习

为了行之有效，老师应该了解教室的环境，并关注环境中的各种元素，包括课程的主题、学生的准备情况、他们的动机、老师的热情，等等。然后，老师可以使用场理论的概念——比如位置、运动或心理的力分析这些元素（Lewin，1942）。

勒温至少区分了两种学习风格。第一种针对不同的知识，它以背诵为基础。例如，你学习历史时，要记住每个重要的日期。第二种学习风格，是指个体重组情境以求更好地理解它、解决新问题或实现特定目标的能力。正如你记得的，这种学习风格被称为"顿悟"。根据勒温的观点，背诵最大的问题之一是它无法激起一个人的动机。如果学生能够明白为什么要学以及如何应用，那么学习这一知识就会有效得多。勒温积极支持创造性学习，因为它能够激发学生的动机。

勒温支持以儿童为中心的教育，与学校课程强制孩子们去做什么相比，他更强调孩子们想去做什么。他认为强制学习未必能够激发学生的学习兴趣。对于惩罚和反复背诵的恐惧可能会产生反作用：学生开始厌恶他们的教育。只有当学生被给予机会理解他们学习什么和为什么学习时，教育才会有效。

学习还取决于学生的心态，它基于学生对未来和过去的看法。一个人对其心理未来和过去看法的总和被称为**时间洞察力**（time perspective）。一般孩子的洞察力只包括近期的过去和未来，那么他就不能区分希望和现实、愿望和实际经验。而成人却具备不同的时间洞察力，因此倾向于做出更合理的决定。老师需要帮助学生更好地理解他们的时间洞察力。那些生活在艰苦环境中的孩子们，比如孤儿院（他们在那里比别处的同龄人受到更少的照顾）就是一个例子，很难区分他们的外界环境，这也经常导致他们学得更慢。

学习过程一个非常重要的成分是**抱负水平**（level of aspiration），它涉及一个人为之奋斗的目标的难易程度。无论一个人是否成功，他都受到自己愿望的强烈影响。在大多数情况下，一个人成功和失败的经历决定了他的特定的抱负水平。反过来，它们影响个体对未来行为结果的预期，相应地提高或降低抱负水平（Lewin，1942）。一方面，优秀的学生普遍倾向于保持他们的抱负水平略微高于过去的成就。另一方面，不那么成功的学生倾向于表现出极高或极低的抱负水平。也就是说，这些可怜的学生没有学会以现实的眼光评估他们过去的成就和失败以及今天的机会。

9.3.2　其他理论和应用中的格式塔原则

格式塔心理学家们激发了理论和应用领域的心理学研究。在许多追随者的推动下，格式塔心理学走向了全世界。

1. 机体论心理学

那些听过马克斯·韦特海默演讲的学生经常去参观库尔特·戈德斯坦（Kurt Goldstein，1878—1965）经营的诊所，这位内科医生接受了格式塔心理学家的早期观点（Gelb & Goldstein，1918）。在第一次世界大战期间，他曾是德国军事医院脑外科的主任。后来他继续作为一名医生和神经心理学家，一直到1993年；此后他去了荷兰，再之后去了美国。在他离开德国之后，他最著名的著作《机体论》（*The Organism*）出版了。他的方法通常被叫作机体论心理学（organismic psychology），它基于格式塔心理学家的一项基本假定，即机体必须根据它的整体行为及其与环境的复杂互动的总和来进行分析。按照他的理解，心理疾病是因为整个机体没能对变化的物理和环境条件做出合适的反应。心理疾病的康复经常与机体自我控制机能的重建有关（Goldstein，1963）。他相信心理疾病是整个机体的机能失调，而不是大脑某个小区域的问题。戈德斯坦在心理学中的一个作用还体现在他对亚伯拉罕·马斯洛观点的影响，后者是20世纪最著名的心理学家之一。

2. 应用性研究

格式塔心理学家抵达美国之后，开始参与应用性研究。纽约市的社会研究新学院为这些在欧洲受到纳粹迫害的科学家提供研究基金。韦特海默在这所学校找到

工作，而且他余生都留在了这里。他致力于将格式塔原则普遍应用于学习和教育。像勒温一样，他反对机械性的记忆，那时全世界的学校都广泛采用这种方法。除了研究教育问题之外，勒温还研究了国民教育制度、广告的说服力、偏见的后果、工作团体中的人际关系和生产力、工作场所的领导力和许多其他问题。他还研究如何改变美国人糟糕的饮食习惯（如你所见，这已经不是专家们担心的新问题了）。他还在战略情报局（Office of Strategic Services）担任宣传工作。他创立了社会问题的心理研究协会（Society for Psychological Study of Social Issues）并担任第一届会长。勒温就工作中的冲突提出建议，并在第二次世界大战期间为军方做研究。他相信心理学能扮演进步角色，甚至提议使用心理学方法筛选出最佳候选人，担任政府中的民主领导职位。勒温还对群体效力和生产率、流言心理和社会知觉（这个领域研究人们如何知觉彼此和他们自己）进行了研究。为了培训和教育的目的，他建立了所谓的T小组（T-groups）或短程教育项目——一种集体性的培训练习。作为T小组的成员，个体要学习群体沟通的基本习惯，学习更多地了解其他参与者和他们自己，讨论小组的目标，然后找到提升小组效力的不同方式。这些训练小组在20世纪50年代后变得流行起来，如今它被应用于许多国家的教育学和职业培训领域。

3. 促进其他心理学科发展

格式塔心理学的一般原则成为若干正在发展的心理学科的理论基础。社会心理学就是其中之一。例如，勒温就致力于这门年轻学科的理论部分和实验方面。他对领导力的研究成为经典之作。格式塔心理学的观点还影响了波兰裔美国心理学家所罗

知识检测

1. 谁创造了机体论心理学这个术语？　　　　　　　　c. 蔡格尼克　　　　　　d. 戈德斯坦
   a. 考夫卡　　　　　　b. 勒温　　　　　　　2. 什么是 T 小组？

门·阿希（Solomon Asch）和出生于奥地利的心理学家弗里茨·海德（Fritz Heider，他的研究将在第 10 章讨论）进行的著名实验研究。

格式塔理论对临床心理学也有最初的影响，临床心理学中有一个理论与实践结合的领域俗称为**格式塔疗法**（Gestalt therapy）。这种方法的创始人之一是弗里茨·皮尔斯（Fritz Perls，1883—1970），他是一位德裔美国医生，1933 年之后离开德国赴美。他的理论原则建立在基于经典格式塔理论的一些假设之上：个人经验的结构是一个反映其需要、希望、力量和弱点的动态缩影；那些得到满足和未被满足的需要就像知觉经验中的图形和背景一样互动；当这种互动过程的形式和结构被扭曲时，个体的心理问题就出现了。格式塔疗法与格式塔理论的另一个联系是，格式塔疗法更关注我们经验的过程而非内容。它强调此刻感觉到的是什么，而不是记忆是什么。换句话说，格式塔疗法是一种关注此时此地的方法，接纳即时的经验而非关注过去的回忆——像其他疗法那样（Perls，1968）。

简而言之，格式塔疗法只使用格式塔理论的基本原则，而且这两者之间的联系仅限于对以下方面的观点：人类经验的整体性及其结构的破坏，以及对此时此刻的强调（Perls，Hefferline，& Goodman，1951）。

9.3.3　格式塔心理学家的命运

格式塔心理学家的工作和生活是心理学历史中一个生动的案例，它代表了暴虐的政府——由一个危险的意识形态所武装的，对科学和教育的野蛮干涉。在当时的德国，身为科学家，一个人不得不对执政的政权表示忠诚，要有"正确的"种族或宗教背景。除了 1933 ～ 1945 年间德国对心理学家和其他科学家的歧视，你还能列举出世界上其他地方不同时期基于种族、性别或宗教的歧视吗？

1. 对教育和科学的攻击

我们都清楚那些某个社会用来限制、阻碍其他人民群体接受教育的例子。例如，在美国，20 世纪的大部分时间充斥着各种正式的限制和公开的种族隔离。许多大学在学生入学和招聘方面都存在歧视性的做法（Klingenstein，1991）。在 20 世纪上半叶，女性开始取得进步并在一定程度上获得与男人平等的地位，尽管如此，一些私立学校仍然继续他们的歧视性政策。20 世纪 20 年代和 30 年代，美国的黑人公民、天主教徒、亚洲人，以及一些其他民族和宗教的少数群体，在教育和雇用方面没有享受同等的权利。例如，20 世纪 20 年代，美国的许多大学限制犹太裔大学生和研究生的录取数量（Synnott，1986）。类似的偏见也常常针对非新教徒和非白人的专业人员，例如天主教徒或黑人（Winston，1998）。一些教授的偏见态度进一步强化了这些制度性的政策和限制。爱德温·波林（Edwin Boring）——一位重要的心理学家、哈佛大学心理学实验室的带头人，在他给同事的信中写道，他的一些研究生表现出令人不快的"犹太人"特质，他认为这些特质对他们的求职毫无帮助。

然而，存在于美国和其他国家的偏见行为，与 20 世纪 30 年代德国盛行的种族主义和反犹太主义不应该被同等相待。狂热、盲目的种族主义是官方政府强加于教授和学生身上的一种政策。在纳粹党宣布在柏林当政之后，官方政府下达了一项政策：驱逐政府部分和管理职位上的非德裔人士，包括教学岗位。无独有偶，种族清洗是纳粹政府针对德国校园的第一个主要目标，第二个目标是建立对研究、课程和演讲的全面控制。任何不忠诚都将受到惩罚。教授们被命令在每堂课开始时行纳粹军礼：右臂紧绷向上前方伸直。教授，尤其是那些被怀疑有独立思想和行动的教授，被要求当众宣誓忠于阿道夫·希特勒。那些活动于高校内的纳粹党分子被允许排查反德国活动，并找出"不可靠的"教授和学生。对教授和学生的公开骚扰变成一种常规。想象一下你处于这样的环境中：你的学校允许一些由院长办公室任命的学生活动分子每日搜查你的物品、课堂笔记、手机和电脑文件夹。如果这些检查员找到某些"政治不正确的"笔记，你就会被学校开除；更有甚者，你很有可能会去蹲监狱。而这正是 1933 年后的德国校园里在发生的事情。

在此有一堂活生生的勇气课。沃尔夫冈·科勒是一个犹太人，他公然宣布反对那些纳粹政策。1933 年 4 月，他在报纸上发表了一篇文章，指责反犹太政策是不道德的、野蛮的。他为那些近来被纳粹勒令开除的同事们进行辩护。那时，他得到了许多同事和其他人的支持。他们写信给他，讨论德国正在发生危险的转变，认为有必要抵抗意识形态对科学和教育的攻击。然而，在那时，越来越多的人害怕公开说话。许多教授认为政治与他们无关，他们的责任只是做研究。尽管做出了勇敢的努力，但科勒仍感到越来越不安全。他的学生当中有很多纳粹的支持者，他们认为他对政府的批判就是叛国，而且他受到了死亡威胁。

正如前面详细叙述的，四位格式塔心理学的发起人躲过了死亡，逃离了德国。格式塔心理学家显赫的名声有助于他们在美国找到工作和永久定居。他们在美国继续自己的工作、教学和出版。不幸的是，他们的许多同事、助手和研究生仍然留在德国，这些人没有财富或者学术声望确保他们能够在北美或其他国家就业。许多年轻的犹太或非德裔血统心理学家的生活变得尤其艰难。1933 年之后，德国政府开始了对少数民族进行人身灭绝的政策（Henle, 1978）。

2. 美国的学校

美国渴望邀请外国人来工作和定居，这样的假设是错误的。20 世纪 30 年代的美国正在经历艰难的经济大萧条。公立大学的预算大幅削减，私人的资助也在减少，大部分学校没有足够的经费支持他们自己的教员并维持研究设备运作。那些来自欧洲的犹太移民未必受到热情的欢迎。很多美国人仍然对犹太人群体存有偏见，

认为他们有许多负面的人格特质。20 世纪 30 年代开展的早期科学民意调查显示，这样的偏见是广泛存在的，尤其存在于很多美国人当中（Shapiro, 1992）。

然而，还是有许多美国私人或公立的学校，与华盛顿的联邦政府一起帮助那些逃离种族屠杀的德国科学家和其他国家的科学家。康奈尔大学的校长利文斯顿·法兰德（Livingston Farrand）担任援助被驱逐德国学者和科学家紧急委员会（Emergency Committee in Aid of Displaced German Scholars and Scientists）的主席。因为这个委员会的帮助，许多欧洲科学家移民到了美国，包括著名的物理学家恩里科·费米（Enrico Fermi）和阿尔伯特·爱因斯坦。库尔特·勒温也是众多接受委员会援助的教授之一，他得到了在康奈尔大学为时两年的任职。他还接受了福特基金的援助，在这个国家继续他的研究项目。

我们有必要认识到，每位心理学家都是有其软肋也有其长处的独特个体，他们的个人史涉及了人际关系、学术竞争、赞同与反对、推荐、胜利和失败。并不是每个格式塔心理学家都很好相处。韦特海默和考夫卡经常被觉得"爱卖弄"，有人将他们的行为作为学者架子和自命不凡的例子。事实上，许多德国教授都呈现出一种学术自负的传统姿态。不幸的是，格式塔心理学家经常被人觉得狂妄自大。许多美国心理学家认为，德国心理学家那居高临下的态度似乎试图教授每个人如何去理解"真正的"心理学。我们还不应该忘记，英语是这些新来乍到的德国教授的第二语言，除了考夫卡，他们都得经历学习和提高口语技能的艰难历程（Ringer, 1969）。

有些美国人认为，格式塔心理学家（比如科勒）太过于关注令人印象深刻的演讲，而非进行心理学研究。哈佛大学教授波林和科勒之间的互相厌恶在心理学史上留下印记。德国人认为，作为哈佛大学的研究型教授，他不应该承担繁重的教学任务：在德国，教授每学期要教的课没有美国学校那么多。反过来，波林认为科勒并不像他过去几年那样，是一个有效率的、工作努力的科学家（Sokal, 1984）。

库尔特·勒温在美国的成功是一个反例。他闪耀的个性、无条件的热心、人际交往的魅力和对学

生宽容的态度，让他越来越受到人们的欢迎。即使对那些不赞同他观点的人，他仍然保持着谦逊和欣赏的态度。勒温对待学生非常随和，经常和他们一起坐在咖啡店里，或者邀请他们去他家里讨论问题。他和同事之间的关系也是亲切随和的。正如有些人曾开玩笑说的，他不像是一位"典型的"德国教授：正式、枯燥、令人费解。

9.4　评价

9.4.1　心理学与其社会和政治背景密不可分

一般而言，个人和机构所拥有的政治权利总是会影响科学，尤其是学术规范。20 世纪，一些国家的独裁政府被强大的意识形态所武装，严重影响了作为一门学科的心理学和作为专业人士的心理学家。事实上，这些国家的政治和意识形态使其心理学孤立于国际社会。在更近代的时期，南非的种族隔离政策也对该国的心理学起到了同样的作用。直到 20 世纪 90 年代，民主原则引入南非后，才使它再度进入国际社会，并将心理学带回到全球知识体系（Long，2013）。

9.4.2　历史中的地位

格式塔运动诞生于德国，根植于德国大学的文化和教育传统深处。这一传统鼓励科学家们接纳理论、统一的原理和普遍的假设，并通过研究经验事实来证明或者反驳这些理论。传统的实验心理学及其理论装备无法满足年青一代心理学家的学术好奇心。韦特海默、科勒和考夫卡开始形成了一个由大量学生、同事和支持者紧密结合而成的团体。他们拥有勇气、决心和创造性的思维。

格式塔心理学在心理学历史上占据怎样的一席之地呢？它在 20 世纪上半叶做出了什么成就呢？许多心理学家将格式塔理论比作一颗闪耀在"知觉理论暗淡天

空"中的明亮流星（Helson，1973，p.74）。科勒（1959）对格式塔心理学对美国和世界心理学的影响感到有点悲观。其他人比如波林（1929）认为格式塔心理学非常成功，因为它后来成为心理学的一个自然部分。

9.4.3　基本原则：整体论

格式塔心理学与整体论原则是永远分不开的。尽管美国的威廉·詹姆斯、德国的克里斯蒂安·冯·厄棱费尔（Christian von Ehrenfels），还有一些其他科学家之前论述过"整体"的性质，但是韦特海默将整体的概念置于他理论结构的核心。虽然其他的理论家和实验者也谈论整体、统一和总体的重要性，但是格式塔心理学家强调整体是一个核心主题，并用实验方法进行研究。

9.4.4　对当下感兴趣

在所有的心理分析中，格式塔心理学强调当下情境的重要性。他们关注此时此地活跃的动力和过程。当下的现状是他们的理论和实验工作的主要内容。这是一种创新的方法。关注"现在"，严重挑战了那些聚焦于过去经验的心理学教义，比如精神分析（Lewin，1943）。

当然，格式塔心理学家的观点立刻受到了批判，被指责不够关注人们的过去和未来。批评者指出，格式塔心理学家几乎全部忽略了个人史，而且不像精神分析学家，他们几乎不关注发展问题。尽管勒温争辩道，过去和未来已经被纳入"现在"的心理范畴，但是格式塔心理学的这个软肋还是很明显。

9.4.5　与行为主义的关系

不像那些研究经验元素的领域，格式塔心理学将行为数据看作有价值的事实（Köhler，1959）。它完善了流行的行为主义倾向，后者关注的是实验室里的行为和反射。事实上，格式塔心理学缓和了行为主义者遭受的批评，后者经常被指责从心理学研究中排除了主观性问题。反过来，因为受到格式塔心理学某些发现的启发，行为主义心理学家开始在他们对问题解决的研究中使用目的（purpose）这一概念（第 11 章）。

一方面，科勒对于动物学习的研究批评了行为主义试误学习的概念。另一方面，顿悟的概念并没有破坏行为主义的学习方法。例如，顿悟在行为主义中现在可以被解释为学习曲线中的快速下降，或者动物对于目标捷径的快速获取。

9.4.6 科学的呼吁

格式塔心理学扎根于实验，这必然使其与其他理论取向有所不同。例如，科勒有很扎实的物理学受训背景。作为著名的世界级物理学家马克斯·普朗克的学生，科勒相信物理学中包含了生物学需要的最重要的答案。不仅如此，他还觉得生物学和生理学能够启发心理学。许多功能主义和经验取向的心理学家很快接受了格式塔心理学的实验基础（Köhler，1959）。

尽管格式塔心理学开创了对于知觉的研究，但是其创建者进一步扩展了他们的研究，并将其应用于人类生活的各个方面（Wertheimer，1961）。考夫卡相信人类和所有生物有机体一样，服从于秩序的法则。每个事物都朝着特定方向运作，都在特定组织中运作（Koffka，1922）。一旦我们揭示了某些主要的知觉原则，那么相似的原则也必然符合其他部分，比如记忆、学习、思维和动机。勒温进一步发展了格式塔心理学的主要原则，将它们应用于对动机、人格和社会心理学的研究；并将格式塔心理学引入心理学理论的主流范畴（Ash，1992）。格式塔心理学是第一个也

是至今唯一一个将物理学做类比的心理学理论。勒温（1948）总是喜欢使用自然科学中的类比，例如，将文化环境比作"背景"，将研究主题比作"图形"。

然而，后来，正如批评者所说的，格式塔心理学家开始不那么关注严谨的实验了，转而聚焦于理论和阐释。这对于大众演讲当然是非常有利的，但是对于严格的学术探讨就远远不够了（Boring，1929）。

9.4.7 跨文化效度

格式塔心理学家意识到，心理学研究不应该只开展于心理学实验室封闭的、无干扰的环境中，这个观点在很大程度上被心理学中机能主义者所共享。因为强调价值观，心理学家呼吁更多地关注重要的心理因素，比如实验者和被试之间的互动、团体的目标和社会价值观对行为的影响。格式塔心理学家对人类经验的整体普遍性的强调，使得他们关注影响心理学研究的各种社会因素。格式塔心理学家注意到了他们研究的文化适应性。特别地，勒温确信在纽约进行的研究儿童行为的实验结果将与在欧洲城市进行的相似实验的结果差异很大，这不仅因为两个孩子的差异，还因为他们生活于不同的社会和文化环境（Lewin，1931）。然而，总体说来，20 世纪 60 年代以及后来的许多研究表明，格式塔主要的知觉原则在不同的文化背景中似乎仍然有效。当然，个体的知觉运作基于我们的年龄、物理和环境的条件、教育、生活方式和信息渠道。然而，在某些环境条件（例如教育水平）相同的情况下，主要的知觉特性显示出显著的跨文化一致性。许多阅读方式、深度知觉、对形状和图形的知觉，以及对错觉的敏感性，在不同的种族、宗教和民族群体中保持着相对的一致性（Shiraev & Levy，2013）。

结　论

在心理学发展中，格式塔心理学占有一席之地。它基于整体论的假设、自然科学方法和理论上的严谨（Ash，1992）。一开始，格式塔心理学只涉及理论领域，后来因为不断变化的研究兴趣、周围环境和社会气氛，这一情形发生了改变。在美国的这段时期，使得格式塔心理学有机会将其理论付诸实践。20 世纪 20 年代开始，

许多日本心理学家也运用格式塔心理学的原理（Sato & Graham，1954），它渐渐地不再是德国的专属。格式塔心理学在美国和其他许多国家成为主流心理学的一部分。很快，格式塔理论自然而然地抛弃了独特的面孔，不再是心理学中一个孤立卓越的领域。

如果将心理学比作音乐，那么格式塔心理学就是爵

士乐。勒温曾经写道，每件新事物的历史都常常表现出相似的趋势。最初，这个新观念会被视为胡说八道。接下来，某个时刻更多人开始关注它，出现明确的反对或批判。然后这个观念流行起来。最终，许多人声称他们一直接受这个观念（Lewin，1943）。格式塔心理学经历了相似的命运。20 世纪中期，对独特的格式塔心理学的原则的讨论达成了普遍的接受态度。

总 结

- 在第一次世界大战后的经济和社会的恢复时期，心理学作为一门学科，在一些国家得到发展，在另一些国家则惨遭打击。在苏联，官方的意识形态认为心理学是非科学的。在 20 世纪 30 年代的德国，心理学越来越受到纳粹意识形态的影响，纳粹是一个民族主义和种族主义的混合体。格式塔心理学几位主要的创建者都生活在德国，但是后来被迫移民到了美国。

- 整体性原则是格式塔心理学的基础。从哲学的立场来看，心理学中的整体性是德国大学所发展出来的科学传统的逻辑延续。格式塔心理学家挑战了人们对待科学事实的机械的和割裂的方法。

- 知觉的早期研究与韦特海默和考夫卡这两个名字联系在一起，他们发展出了格式塔心理学的核心原则。他们的方法与捍卫元素和联想观点的传统方法大相径庭。他们引入了与元素或静态经验相对的形式、知觉组织和群集。科勒专注于研究思维和问题解决。他引入并研究了顿悟的概念，这是一个创新的学习模式。

- 格式塔心理学的早期研究聚焦于知觉和思维过程。自

20 世纪 20 年代开始，更多的专家转向群体行为以及个体与群体之间的相互依赖这个领域。勒温在他的场理论中，将格式塔心理学原理、几何学和拓扑学结合起来。他也是第一个研究领导风格的心理学家。

- 20 世纪 30 年代之后，大多数心理学家接受了格式塔心理学家首先提出的假设和统一的观点：关于背景的重要性，经验元素之间的关联性，目标导向的行为和目的的作用，以及将有机体视为一个其功能、目标和历史相互关联的整体。最终，格式塔心理学的整体性原则成为学术心理学和应用心理学的主流原则。

- 在今天，这个观点越来越被人们所接受：一个人，无论是青少年还是成年人，都生活在一个交错复杂且彼此关联的世界里。心理学家开始认真思考并持续关注生物因素和社会因素之间创造性的相互作用是如何塑造个体的行为和思想的。

- 格式塔心理学家的生活和工作还作为心理学历史中一个生动的案例，代表了由危险的意识形态所武装的暴虐的政府对科学和教育的野蛮干涉。

关键词

Field theory 场理论

Force field analysis 力场分析

Gestalt laws 格式塔法则

Gestalt therapy 格式塔疗法

Hodological space 矢端空间

Insight 顿悟

Isomorphism 同型论

Leadership style 领导风格

Level of aspiration 抱负水平

Phi-phenomenon 似动现象

Reversible figures 可逆图形

Time perspective 时间洞察力

Topology 拓扑学

Transposition 迁移

Unfinished actions 未完成的行为

网站资源

访问学习网站 www.sagepub.com/shiraev2e，获取额外的学习资源：

- 文中"知识检测"板块的答案

- 自我测验

- 电子抽认卡

- SAGE 期刊文章全文

- 其他网络资源

第 10 章

第一次世界大战后的理论心理学和应用心理学

认识现实意味着建构或多或少与现实相符的转变系统。
——让·皮亚杰（Jean Piaget, 1968）

学习目标

读完本章，你将能够：

- 了解第一次世界大战后心理学发展的社会环境
- 解释测试、人类发展、认知、人格理论和社会心理学等领域的主要研究成果
- 领会这一时期内发展的理论观点和方法论的多样性
- 利用历史知识更好地理解今天的心理学科

列夫·维果斯基
（Lev Vygotsky）
1896—1934，苏联人
提出了高级心理功能和
最近发展区

诺曼·特里普利特
（Norman Triplett）
1861—1931，
美国人
1898 年开展了
早期的社会
心理学研究

威廉·斯特恩
（William Stern）
1871—1938，德国人
1903 年提出心理技术学；在欧洲获得欢迎

关于异常行为医学化的观念得到支持

1890

1900

让·皮亚杰
（Jean Piaget）
1896—1980，瑞士人
研究发展阶段和发生
认识论

埃利斯岛上的研究从 20 世
纪初持续到 1924 年

1917 年，在美国参加第一次世界大战之后，美国心理学会成立了一个由杰出心理学家组成的特殊委员会，其成员包括爱德华·桑代克、约翰·华生、G. 斯坦利·霍尔和罗伯特·耶基斯，用以讨论美国心理学家对国家战事的贡献。当然，在那个时候，许多心理学家已经被征召并加入了多达 400 万人的军队。但是，美国心理学会的领导者相信，他们和其他还未入伍的同事能够为自己的国家做出科研贡献。他们认为能够立即产生效果的领域是个体技能评估和人员培训。1917 年，美国心理学会主席耶基斯，与著名的心理学家斯科特、推孟（第 5 章）和桑代克（第 7 章）一起，成立并参与了军事人员分配委员会。他负责这个专门由 40 位心理学家组成的团体，致力于编制评估入伍新兵和现役军人心智能力的测试。基于这一测试的评估，心理学家希望根据新兵的心智能力建立他们的分类或等级体系。然后基于这些分类，这些心理学家希望筛选和举荐最有能力的人去担任更重要的职位，并为进一步的提拔做好准备

（Yerkes，1921）。1917 年末，美国政府授权对所有美军新应征入伍的士兵进行测验，超过 400 位心理学家参与了这项特殊的任务。

这个军事测验项目表明，心理学作为学术科目和应用领域正在逐渐赢得力量和声誉。心理学家相信，他们能够基于先进的研究而提供实用的建议。其他行业的专家是否做好准备接受他们的专业建议了呢？

在前面三章中，我们讨论了 20 世纪心理学中行为主义、精神分析和格式塔心理学的发展。但在这三个流派之外，心理学理论和应用研究的状况是什么样的呢？我们将在这一章考察 20 世纪上半叶学术心理学的总体状况。从历史角度来看，正如你记得第 9 章所讲的，这一时期处于两次世界大战之间，经历了 20 世纪二三十年代的经济和社会不稳定。

1914 年，美国拥有心理学系的大学已达 34 所

社会心理学从对本能的研究转向对社会判断的研究以及对行为进行实验研究

1917 年，中国第一个心理学实验室开放

1917 年，陆军测验项目开启

心理测评越来越普遍

1924 年霍桑实验开始，持续到 1932 年

1924 年，弗洛伊德·奥尔波特（Floyd Allport）1890—1978，美国人出版了《社会心理学》（Social Psychology）

1928 年，几乎三分之一的美国心理学会成员是女人

心理学中关于方法论和理论的角色的争论日益激烈

1910　　**1920**　　**1930**

1917 年，艾奥瓦州儿童福利站建立

心理卫生变成一项普及运动
学校越来越重视心理调查

弗朗西斯 C. 萨姆纳（Francis C. Sumner）1895—1954，美国人 1920 年成为第一个获得心理学博士学位的非裔美国人

戈登·奥尔波特（Gordon Allport）1897—1967，美国人 20 世纪二三十年代提出了"特质"取向的人格理论

心理学家越来越关注对心智能力和职业技能的测试。

10.1 社会和心理学

第一次世界大战之前，西欧心理学作为一个理论、学术和应用的领域在许多方面属于这个世界上的佼佼者。在第一次世界大战以前，欧洲全职的学术研究成为一个快速增长的新职业。1913 年，德国全职研究人员的人均数字为美国的六倍（Clifford，1968）。20 世纪 20 年代初开始的战后发展明显打破了这种学术力量格局，朝着有利于美国的方向发展。

10.1.1 美国的影响力

美国高等学校的数量和规模快速增长（Rudolph，1990）。其中许多大学创建了新兴的心理学课程。1914 年末，美国拥有心理学系的高校数量已达 34 所，并且这一数字在 20 世纪 20 年代稳定增长。加拿大拥有心理学系的两所高校分别是多伦多大学和蒙特利尔大学。到 20 世纪 30 年代，北美开始在世界科学领域扮演重要的角色，这至少可归因于三个相互关联的发展因素。相似的因素也解释了为什么美国和加拿大的大学逐渐成为世界心理学的中心。

第一个原因是经济方面的。不像欧洲，美国的国土上没有发生军事战争。与此同时，第一次世界大战期间政府的国防开支促进了就业。尽管经济上时好时坏，教育和研究继续进行，偶尔有些小中断。相比之下，一些国家的经济和社会混乱十分显著，比如德国、法国、俄罗斯和奥地利。20 世纪 20 年代之后，由于面临国内诸多的阻碍，许多欧洲和世界其他地方的学生和科学家考虑将美国和加拿大作为适宜定居、研究和工作的地方。正如你记得的，格式塔心理学的学术根源在德国，但它是在美国成长起来的。

第二个原因是社会方面的。一些国家的政府对大学持续施压，强迫它们成为顺从的机构，正如意大利、德国和西班牙等国发生的情况。你可能还记得第 9 章讲过，德国和奥地利的反犹太主义官方政策，迫使许多教授离开他们自己的国家，而北美却能在学术方面提供资源和自由。

第三，20 世纪 30 年代，尽管美国经历了大萧条的经济困境，但是罗斯福新政和无数美国人民的努力确保了美国高等教育的优良水平，心理学研究得以继续。

10.1.2 社会气氛和心理学

美国心理学会主席耶基斯相信，心理学家不应该回避他们在战争期间的公民责任。为了促进战争形势，他在美国心理学会内部创立了 12 个委员会（Cautin，2009）。而另一方面，许多知识分子目睹了战争的残酷，他们对人类实现自我提升的能力不抱幻想。然而，进步分子的思想还是很强大的。他们相信，科学可以提供改善个人和社会的良方。

在 20 世纪 20 年代，许多心理学家将其注意力转向**心理卫生**（mental hygiene），它是一门理论学科，同时也是一项专业运动，涉及了保健专业人士、社会活动家和慈善组织。他们的目标是奋力争取社会改革和健康的工作环境，形成一个没有过多压力、虐待或歧视的新氛围。在这样的新氛围下，老师将会教得更好，学生会学得更快，工人也会生产出更高质量的产品。心理卫生的目标是为每个人创造出更好的学习、工作和发展的条件（Petrina，2001）。不过，进步分子的思想也会导致不同类型的创新举措。

在那个时代，许多人相信如果剔除了"不受欢迎的"个体，这个社会有可能变得更好。那些促进社会选择的研究被普遍接受。优生学以及类似的基因选择的观点一直受到欢迎（第 5 章）。尽管有人认为这是一种歧视性的理论，但是其他人认为，只要合理运用，优生学将会有助于降低犯罪率、改善学校成绩、提高工业生产效率。正如你记得的，犯罪行为和行为问题（比如暴力、性异常和酗酒）越来越频繁地被认为需要医学治疗。

1. 异常行为的进一步医疗化

异常行为是指那些在文化上违背了既定规范的行为。1937 年，在最早的一次全国民意调查中，盖洛普咨询公司（Gallup Organization）调查了美国人对于异常行为的态度以及准备如何处理它们。在一项答案里，84% 的美国人赞成对"屡教不改的罪犯"和"无药可救的精神病患"进行绝育（"What America Thought in 1937"，1938）。这些回答反映了大部分美国人认为某些形式的犯罪和异常的原因是医学上的。这些新话题的其中之一是性行为方面的，包括同性恋。神经学家约翰·米格思（John Meaghers，1929）的文章总结道：心理学家和精神病学家对异性恋行为的"正常"属性的看法越来越达成一致。专业人员将同性恋看作在很大程度上是需要接受治疗的病态行为模式。需要提及的是，对性行为的大部分研究主要是关于男性性行为的，在 20 世纪 40 年代之前，研究人员对女性性行为的关注是微乎其微的（Spurlock，2002）。对性别研究缺乏关注是一种全球趋势。

2. 社会排斥

尽管 20 世纪 20 年代之后，美国心理学界的女性参与者越来越多，但是大部分女性在选择心理学生涯时还是面临明显的障碍。第一个障碍是传统因素。许多年轻女性不得不在大学教育和婚姻之间做出选择，或者说，在追求更高的学位、更长的学术生涯与生育孩子（男人显然不用面临这个挑战）之间做出选择。第二个障碍是职场中普遍的性别偏见。许多雇主不喜欢雇用女性进行教学或研究，因为他们相信女性不会像男性一样投身于工作，而男性是不用照顾小孩或做家务的。第三个障碍是人们习惯于将女性分配到应用心理学领域的辅助岗位，而不是将她们提升到更有声望的学术职位。再说一遍，这些障碍反映了长久以来人们关于性别角色和职责（涉及工作和家庭）的社会信念。

尽管存在这些社会障碍，1917 年美国心理学会中女性成员的数量还是占了 13%，比美国其他科学协会中的女性比例要高。根据英国心理协会的类似数据显示，在 1921 年协会成员中女性成员占了 31%，20 年后占到 37%（Wilson，2003）。1928 年，几乎三分之一的美国心理学会成员是女性（见表 10-1）。在美国心理学会创立不到 100 年的时间里，女性成员的数量就超过了男性。在 21 世纪，女性成员比例

达到了 60%（Stewart，2009）。

表 10-1　美国心理学会中女性成员的比例（1917～1938）

	年份			
	1917	1923	1928	1938
比例（%）	13	18	34	30

资料来源：Wilson（2003）.

世界各地的大学仍然执行基于人种、种族和宗教的歧视性做法。你在第 9 章已经读过纳粹德国的歧视性做法。在一些民主国家，对少数群体的歧视表现更微妙些，但仍然十分常见。正如你记得的，在北美，教授们经常在他们为学生写的推荐信中论及学生的人种、宗教或种族背景。他们认为，这些评论可以解释一个学生可能有一些与其出身有关的天生"缺点"。许多受过好教育的人们相信，人类种族之间是在本质上是有区别的，不同群体之间不可能实现真正的平等（Sawyer，2000）。

3. 黑人学生

在历史上，创立于 19 世纪的黑人高等学校基本上是黑人学生学习心理学的唯一机会，因为当时许多学校仍然奉行种族隔离政策（Holliday，2009）。在那个时代，很少有非裔美国人获得心理学专业的大学学位。弗朗西斯·C. 萨姆纳（Francis C.Sumner，1895—1954）则是一个例外。还是个男孩的时候，萨姆纳曾就读弗吉尼亚州、新泽西州和哥伦比亚特区的小学。他也曾在家中接受父亲的家庭教育。他

弗朗西斯·C. 萨姆纳在 1920 年成为第一位获得心理学博士学位的非裔美国人。他那时只有 24 岁。

进入宾夕法尼亚州的林肯大学（一所传统的黑人大学）学习，并在 19 岁时作为致告别词的毕业学生代表接受了文学学士学位，获得了英语、现代语言和希腊语三项特殊荣誉。在接受克拉克大学的第二学士学位后，萨姆纳直接向大学校长 G. 斯坦利·霍尔申请，请求研究生的入学资格。他获得了攻读心理学博士学位的机会（尽管有一些教员反对，他们不愿承认"有色人种"的研究生身份）。在军队兵役结束后，萨姆纳最终于 1920 年获得克拉克大学的博士学位。毕业后，他在几所大学担任教授，耕耘于教育学和教育心理学领域，随后在 1928 年接受了华盛顿的哈佛大学的教职。他其中一个任务是开创并发展哈佛大学的心理学系。作为他和同事们终生努力的成果，哈佛大学成为一所为非裔美国人和其他少数群体学生提供教育的至高学府。1972 年之后，哈佛大学心理学系开始提供心理学博士学位。在那时，大约 300 名非裔美国人从美国高等院校获得了心理学博士学位（Bayton，1975；Sawyer，2000）。

总的来说，尽管取得了一些进步，但是主要工业国家的心理学在多样性方面仍然存在一些问题。直到 20 世纪 60 年代，这一领域才开始出现重要的改变。

10.1.3 研究状况

心理学内部观点的多重性让人印象深刻，甚至是压倒性的。20 世纪二三十年代，大学里选修心理学课程的学生要学习心理物理学的"经典"实验、构造主义的知识搜索和儿童心理学家的有趣研究。行为主义聚焦于量化研究，在世界范围内赢得了许多支持者。精神分析学则成为临床心理学的领头羊，并且想要影响整个心理学理论。格式塔心理学因为它明确的实验方向和稳固的知识背景而赢得支持。

关于心理学的性质及其使命的争论仍在持续。一些心理学家受到量化研究的激励，他们希望看到自己的学科完全以测量为基础。但也有人认为，如果缺少了一致的理论和质性研究，所有的测量都是徒劳无益的。有些人相信心理学未来的成功只能根植于生物学

表 10-2 20 世纪 20 年代早期的专业心理学期刊

标　题	简　介
《实验心理学杂志》(Journal of Experimental Psychology)	1916 年由约翰·华生创刊。焦点：实验研究。美国加入战争后暂停出版，1920 年复刊
《心理学评论》(Psychological Review)	焦点：包罗万象的理论文章和讨论
《犯罪学杂志》(Journal of Delinquency)	1916 年创刊。致力于社会行为的研究
《心理生物学》(Psychobiology)	1917 年创刊。焦点：心理学和生物科学的交集
《应用心理学杂志》(Journal of Applied Psychology)	致力于"心理技术学"（100 年前常用的术语）
《瑞士神经学与精神病学文库》(Schweizer Archiv für Neurologie und Psychiatrie)	1917 年创刊于瑞士。焦点：精神疾病及其诊断和治疗
《心理卫生学》(Mental Hygiene)	1918 年创刊。焦点：精神疾病的病理学、预防和治疗
《精神病学杂志》(Revista de Psiquiatria Disciplinas Conexas)	1918 年创刊于秘鲁利马。焦点：讨论精神分析
《比较心理学杂志》(Journal of Comparative Psychology)	焦点：研究有机体内的心理功能和行为
《意大利心理学文库》(Archivio Italiano di Psicologia)	1919 年创刊于意大利。致力于心理学领域各方面的研究
《日本心理学杂志》(Japanese Journal of Psychology)	1926 年创刊于日本。致力于理论、实验和应用心理学中的广泛研究
《变态心理学与社会心理学杂志》(Journal of Abnormal Psychology and Social Psychology)	1921 年，《变态心理学杂志》(Journal of Abnormal Psychology) 拓展了它的研究兴趣，换成了新的名字
《美国精神病学杂志》(American Journal of Psychiatry)	1921 年由原名《美国精神病杂志》(American Journal of Insanity) 改名而成。这一改变体现了该杂志对精神病理学全新、更广的视野
《超心理学和心理学研究杂志》(Revue Metapsychique and Psychologische Forschung)	1921 年在库尔特·考夫卡指导下创办于德国。致力于心理学中的理论问题
《心理学研究集》(Psychologische Studien)	威廉·冯特主办的影响一时的杂志，最后一期出版于 1918 年

资料来源：Griffith（1922）.

和生理学。其他人则主要关注塑造人类思想和行为的社会因素。大量新的心理学期刊涌现（见表 10-2）。关于心理学角色和方法的持续争论如此紧张，以至于一些目击者描述 20 世纪 30 年代的心理学状态是一片混乱（Hull，1935；Jastrow，1935）。作为对眼前的这场混乱的反应，呼吁在某些指导原则下"统一"心理学的声音越来越强烈。许多人相信，这种统一的心理学将结合对行为和思维的研究，将同等关注影响人类行为和经验的生物因素和社会因素（Dewsbury，2002）。

心理学系

尽管战争造成了干扰，但大多数国家的大学仍然保持开放。一战后教育的繁荣以积极的方式影响了心理学。最明显的是，心理学实验室和心理学系出现在越来越多的国家。世界各国的政府成为高等教育和研究的主要赞助人。心理学系的创建者和早期贡献者的兴趣决定了心理学研究的方向，这不足为奇。他们当中的大多数人试图模仿欧洲和北美心理学"先驱者"来建立他们的体系。

举个例子，在罗马尼亚，弗洛里安·斯特法内斯库 – 戈安格（Florian Ştefănescu-Goangă）于 1922 年创立了一门独立的心理学学术课程。他在莱比锡学习实验心理学，专攻智力测验（David et al.，2002）。再如，澳大利亚的第一个心理学系建立于 1921 年（Taft & Day，1988）。在印度，加尔各答大学在 1915 年建立了心理学系，尽管它归属于哲学部（Pandey，1969）。大约在同时，巴基斯坦的大学也有了心理学系（Heckel & Paramesh，1974，p.37）。然而，印度和巴基斯坦心理学的主要取向是理论的和哲学的，高度借鉴了西方的资料来源（Zaidi，1959）。

中国学者致力于研究"西式"心理学比其他国家要晚一些。在历史上，这些学者使用中国哲学来理解和解释人类的行为与经验。日本的学者对 20 世纪早期的中国心理学产生了重要的影响。但渐渐地，中国科学家的兴趣转向了德国和美国开展的心理学研究。中国开始出现由英语和德语翻译而来的资料（Higgins & Zheng，2002；Kodama，1991）。一些学生有能力承担（许多人得到了资助）去往北美学习的

费用。1917 年，北京大学创建了中国第一个心理学实验室。1920 年，南京高等师范学院建立了中国第一个心理学系。一年后，中国心理学会成立，并创办了一份同行评议的学术期刊（Blowers，2000）。中国心理学的发展在 20 世纪 30 年代不幸被中断，当时日本对中国的侵略进入白热化阶段，转变成为 20 世纪亚洲最具有破坏性的战争。

在法国，正如第 6 章所写的，临床心理学一直以来势头强劲。对于智力的实验研究和人格的理论研究为法国学者带来了良好声誉。在这方面，人类学和历史学的影响是显而易见的。举个例子，波兰移民而来的伊尼亚斯·迈耶松（Ignace Meyerson，1888—1983）建立了历史心理学，主要关注人类的集体表象、记忆和想象（Parot，2000）。法国科学家吕西安·列维 – 布留尔（Lucien Lévy-Brühl，1857—1939）和克洛德·列维 – 斯特劳斯（Claude Lévi-Strauss，1908—2009）对原住民的语言、思想和文化的人类学研究，对 20 世纪的心理学尤其是跨文化心理学和发展心理学影响重大。另一位波兰移民，瓦茨瓦夫·拉德基（Waclaw Radecki，1887—1953）于 1923 年在巴西建立了第一个心理学实验室，启动了他们国家心理学研究的发展。他的某些研究致力于挑选军用飞行员（Ardila，1968，p.567）。

在加拿大，由爱德华·博特（Edward Bott）领导的多伦多大学的心理学课程，是第一个在制度上独立于哲学的课程（回忆一下第 4 章詹姆斯·鲍德温的例子）。1939 年，博特成为加拿大心理学会的创始成员之一，并担任了第一届主席。在 20 世纪上半叶，许多加拿大心理学家接受了机能主义和整体论的原则，在很大程度上聚焦于心理学中的发展方面。对现实生活状况的临床观察和纵向研究受到了特别关注。那个时代的人应该记得，多伦多大学里研究心理学的学生和老师都对心理学持有乐观和积极的态度。他们相信作为一门学科，心理学能够改变社会并改善个体的生活（Pols，2002；Wright，2002）。

实验心理学的研究在全世界迅速发展。尽管许多大学都建立了心理学实验室，但那时的实验研究从很多方面看还是一项孤僻的事业。一般来说，一位

教授首先要做好打算，然后再来"建构"一个实验。他要申请、设计、订购或组装必要的设备。然后，这位教授要寻找、安排并管理被试，大部分被试都是学生。在收集数据后，这位教授再对其进行分析和描述，然后写成文章或报告来发表（Hardcastle，2000）。一组匿名的教授（同行评议人员）将阅读这篇文章并推荐发表，他们也可以拒绝这篇文章的发表。同行评议已经成为大多数研究发表论文的一项国际惯例。在临床研究领域，罗纳德·费希尔（Ronald Fisher，1971）发表的《实验设计》（*The Design of Experiments*）对于设计临床试验方面的研究至关重要。在那时，安慰剂控制法的概念被引入，用来确定先验知识、期望、既得利益或其他的心理因素没有影响实验程序（Wampold & Bhati，2004）。

测验仍然是心理学中最常用的研究方法之一。这个方法也被用于各种各样的应用项目。

10.2　心理测验

心理学家相信，在心理测验这个研究领域，他们能够根据不同的目的来评估、筛选和训练人们，其范围从教育到运动，从商业到工业。在各种各样的测验中，对心智能力的研究最吸引心理学家以及政府部门和私人企业的赞助人的注意。对于心智能力的测量，也就是测量人们在测试中呈现的解决问题的方式，看起来似乎是非常合理有效的方法，发挥着重要的医学和社会功能：根据人们的技能和潜能对他们进行筛选分类。20 世纪头 25 年里，在北美和一些欧洲国家中，个体的智力测验已经成为社会政策的一个标准成分（Petrina，2001）。心理卫生的

原则也呼吁测验，因为就像一些狂热者所期待的，测验将最终帮助社会解决犯罪和贫困问题（White，2000）。科学的好奇心、进步的信念和专业的信心指引着许多心理学家致力于智力测验，他们当中很少有人预期到解释这些测验结果时会面临重大的困难。

接下来的例子应该可以说明心理学家在三个测验领域里真诚的努力、成就和挫折，这三个领域是：军事人员、移民和儿童。

10.2.1　陆军测验项目

正如你记得本章开头所说的，1917 年，一群杰出的美国心理学家申请并获得批准，对美国军队中所有新入伍的士兵进行测验。特别是出于这个目的，心理服务立即开始发挥作用。心理学家开发了两种主要的测验：（1）**陆军甲种测验**（Army Alpha），针对受过教育的群体；（2）**陆军乙种测验**（Army Beta），针对没有受过教育、英文书写技能较弱或者不会说英语的人士（主要是新近移民），他们占了受测新兵的40%。每一种测验包括几种分测验。甲种测验包括八个分测验，主要是类比测验、常识测验、指导测验、算术测验，等等。乙种测验包括填图、绘图和符号辨认。那些在甲种测验上表现糟糕的士兵也可以使用乙种测验。这两种测验都是团体测验，而且测验时长不超过 1 小时。总的来说，有超过 170 万人参与了这两种测验，这个规模在以前是绝无仅有的。

这个项目至少有两个问题立即显露出来。第一个问题涉及心理学家的调查结果的实施或实际应用。既有的军事法规和程序不允许军官仅仅根据心理学家的意见来做决定。举个例子，如果发现一位新兵有异乎寻常的分析技巧，无论心理学家还是监察官

都没有权力将他派送到军队的指挥部。与之相似，心理学家也不能仅仅因为一个人智商高而使他免于血战沙场。这个问题的伦理方面也开始暴露出来：心理测验可能会使人歧视那些得分较低的人们。第二个问题与军事指挥官的专业职责有关。许多指挥官可能会欣赏心理学家的工作，但很少有军官会同意听从非军事专业人士的意见，尤其在人员提拔和安置方面。"谢谢，但是不用了。"这不仅是许多军事指挥官对心理学家的意见的回应，而且也是许多企业管理者和教育行政官员的做法。今天，心理学家在工作场所也经常面临相似的问题，因为各个领域的专家都倾向于认为，他们比心理学家更有能力做出涉及提拔、安置或其他人事问题的重要决定。

总的来说，军事测验项目的结果并没有为军事选拔和安置新兵带来显著改变。然而，测验还是成为学校和商业评估的重要补充资源。测验被用于选拔、评估和划分学生、求职者、申请人和专业人士。公立学校和私立学校都开始购买智力测验，并雇用训练有素的专家对成千上万的学龄儿童进行测验。军事测验项目的结果揭示了一些重要的发现。其中之一便是发现不同群体的测验分数存在巨大差异。

测验分数差异

这个项目揭示了当时入伍新兵的平均心理年龄大约是 13 岁，比预期的美国白种成人群体的平均心理年龄要小 2 岁。有些人将这一结果归因于测验程序的不充分。另一些人则认为，这些测验结果揭示了美国两个不同群体的差距——一边是受过教育的专业人士，另一边是未受教育的中下层阶级和下层阶级的家庭。更有甚者认为，这个项目揭示了美国教育体系的完全无效。

这个新兵测验还显示了，黑人、西班牙裔、东欧和南欧的移民作为一个群体，他们的测验分数显著低于其他新兵。那些来自贫困地区的人们分数也显著低于中产阶级出身的个体。这些比较引发了激烈的讨论——这种差异缘何而起？有些人相信这个差异来自遗传，因此社会必须接受先进群体与落后群体之间的鸿沟。另一些人则反对这个观点，他们认为智力测验分数的差异是由受教育程度、养育方式和享有资源的差异造成的。

关于心理测验有效性的严肃争论也随之而来。有些人认为智力根本无法通过纸笔测验来准确测量，而且一个简单的评估也不能估量和预测一个人在生活中获得成功的能力（Lippmann，1923）。此外，智力很可能有许多种形式，应该用综合性方法进行测量。这里还存在明显的文化偏见：白人中产阶级显然更熟悉所提出的问题，因此根据他们的知识和经验，他们的成功是理所当然的。

大约在同一时期，许多专家转而研究从另一个大型群体中获得的测验结果，即入伍新兵中的新近移民。

10.2.2　埃利斯岛研究

截至 1910 年，有超过 20% 的美国人口是在国外出生的。20 世纪初期，从大不列颠、德国和爱尔兰搬迁到美国的"传统"移民浪潮被成千上万的欧洲移民增加了，其中包括意大利、希腊、波兰、匈牙利、捷克斯洛伐克、波罗的海地区、乌克兰和俄罗斯。较为便宜的横跨大西洋的船费导致了每天大约有 1 万名新移民到达美国。像今天的美国人一样，100 年前他们也对外来移民表达了不同的态度。尽管外来移民的普遍积极影响得到公认，但许多人还是认为这些移民需要加以管制。出于现实考虑，有些人想要限制某些类别的移民进入美国。例如，有人坚决反对那些患有特殊疾病或心理缺陷的个体入境。一项 1882 年的移民法排除了任何有可能成为"依靠政府救济"的移民；而且从 1907 年开始，医学证明可以被用于支持外来移民限制条例。美国国会也明确提到"低能"和"弱智"的人们应该被拒绝进入美国（Yew，1980）。一些特殊的移民站被创建，以登记抵达的移民并检查他们的健康状况。其中一个移民站便是靠近纽约的埃利斯岛。

这些测验的结果如何呢？举个例子，1913 年，基于测验结果，有超过 500 人因为智力缺陷被驱逐出了美国。这个数字是 5 年前没有测试时被驱除人数的 3 倍（Richardson，2003）。

这个移民站使用了将近 30 年。1924 年，美国国会决定，将筛选移民者的任务委托给美国驻海外大使馆或领事馆。埃利斯岛上的设施继续用作被驱逐出境者的临时拘留所，但在 1954 年，这些设施就完全关闭了。1990 年，埃利斯岛移民博物馆开放。现在的展示包括了从俄亥俄州阿克伦大学的美国心理学历史档案馆借来的心理测验样本。

埃利斯岛测验的意义

我们有必要强调至少两种评价意见。第一种，研究者和实践者以及一般公众都相信人类智力是经遗传而得的，并且心理发育迟缓的人们将在经济上（通过他们未来寄居机构的花销）和生物学上（通过他们的基因对后代的影响）对社会产生威胁。诺克斯（Knox，1915）在一篇发表于《科学美国人》（*Scientific American*）的文章中写道，这种对外来移民的选择性筛查对国家来说是必要的。当时许多杰出的心理学家，包括戈达德、伍德沃思、卡特尔和耶基斯，都积极热情地投入到优生学运动中。医生和心理学家成了国家"纯洁度"的小心翼翼的守护者。这是那个时代盛行的社会气氛。

第二种涉及心理学研究的方法论以及它的效度。20 世纪 20 年代，越来越多的心理学家意识到对心理测验不加批判地接受这一问题。那些批评埃利斯岛测验的评论家认为，许多被确定为心理发育迟缓的人们很可能在本质上是正常的。首先，这些批评者反对使用最初设计用来测量学龄儿童的测验筛选成年移民。其次，许多新来乍到的移民得到较低的分数，是因为测验环境带来的压力。他们在漫长的旅途之后筋疲力尽，承受着巨大的情绪压力。许多人被吓到了，他们以前从来没见过这样的测试程序，并不是每个人都能很好地应付有压力的环境。这些批判者还提出了一个重要的问题：如果这些测验主要测量与文化相关的知识，而不一定是智力技能，又会发生什么情况呢？在今天的心理学中，智力测验中的文化和社会阶层偏见仍然是一个很重要且有争议的问题。

🔭 案例参考

埃利斯岛上的心理学家

埃利斯岛位于纽约海港，距离曼哈顿仅几分钟水程，岛上的移民站于 1892 年开放处理移民申请。美国商业和劳工部制定关于移民准入的政策，而联邦政府委派专门的医生为其提供建议。那些乘坐一等舱和二等舱的潜在移民在他们的船舱内接受一个简短的检查，而乘坐三等舱的旅客将坐轮渡到埃利斯岛上接受更详细的检查和询问。由于抵达埃利斯岛的人数众多（过去 35 年里有超过 800 万人），所以评估的基本形式是一种线性的检查，只有被选中的个体才会被送去接受额外的检查（Richard，2003）。

埃利斯岛上的专家需要识别有"智力缺陷"（在今天被描述为发展障碍）的个体。在当时有三种比较常见的假设。第一种，智力缺陷的个体对社会问题负有最大的责任。第二种，智力缺陷的个体可能会危及整个国家的生物健康水平。第三种，来自欧洲南方、中部、东部的移民具有较高的智力缺陷比例。因此，这些地区的移民需要更仔细地被审查。

然而，公众担心埃利斯岛上的医生不能阻止智力迟钝者进入这个国家，作为回应，移民局官员转而向心理学家求助。这些官员需要一种简单又可靠的方法鉴别出"智力缺陷者"。亨利·戈达德（第 5 章和第 6 章提到）认为比奈测验可以用于测验抵达的移民，他将这一测验由法文翻译过来（Zenderland，1998）。霍华德·A. 诺克斯（Howard A.Knox），岛上移民站的一位助理外科医生承诺并收集了各种各样的测验，包括比奈测验、几何测验和常识测验。参与测验的每个被试都是来自刚刚抵达美国的移民群体。大多数被试在翻译人员的帮助下进行测验（Knox，1913）。

许多设施和工具与心理学知识永远地联系在一起，与之类似，一些特殊的地理位置或场所也永远地进入了心理学家的词汇表。与菲利普·津巴多（1971）的著名的斯坦福监狱实验一样，埃利斯岛测验也成为心理学作为一门学科和心理学家作为专业人士之成功和偏见的标志。你还能列举出心理学中其他重要、标志性或有争议性的地理位置或特殊场所吗？

知识检测

1. 基于军事测验项目的测量，心理学家希望根据新兵的 ____ 对他们进行分类。
   a. 道德价值观　　　　　　b. 体能强度
   c. 心智能力　　　　　　　d. 视觉阈限
2. 埃利斯岛上的医生必须要用测验鉴别出 _____ 的

案例。
   a. 疟疾　　　　　　　　　b. 病态撒谎者
   c. 智力缺陷　　　　　　　d. 刑事犯罪
3. 请说出陆军甲种测验和陆军乙种测验的差异。
4. 关于人类智力的本源的流行观念是什么？

10.2.3　对学龄儿童的测验

与法国和其他许多国家的情况（第 5 章）一样，美国儿童的义务教育也面临着各种挑战。其中最严重的问题之一便是：我们应该如何帮助那些看起来很难教育的学生？至少，他们需要得到老师的一定程度的关注。尽管许多州设立了教育这些有特殊需求的学生的机构，但是这种教育的质量和有效性仍然存在疑问（Zenderland，1998）。另一个问题与鉴别这些儿童的测验程序有关。我们应该使用哪一种测验呢？许多州开始了**心理测评**（mental surveys）——针对大量人口（尤其是儿童）心智能力的特殊测量。事实上，这些调查后来成为基于个体得分和平均值而鉴别智力缺陷的常见工具。

在美国，大多数情况下，根据各个州和当地的规范对学龄儿童进行测验，以确定这些儿童是否存在智力"缺陷"（90 年前的常见术语）。例如，在印第安纳大学提供的全州范围的智力调查中，心理学家测试了好几个县的所有学生并将他们分为三类：低于正常的、超常的和正常的。如果根据测验的分数，一个儿童被确定为"低于正常的"，那么这会让人自动将他归类为高风险的类别。教师应该格外留意这类儿童，因为他们被认为带有犯罪倾向，尤其当他们来自社会经济地位低下的家庭时（Petrina，2001）。阶级和种族曾经被人们认为是差异的决定因素，并且受到了特别的关注。

1. 争议性

智力调查逐渐成为政府强制执行的一种社会实践，并被学校、法庭的管理部门，以及精神病院

和监狱等机构所接受。学校当局和教师需要一种可靠且相对便宜的测量方法提高大众教育的有效性。然而，当时的心理学家并不一定有能力提供这样的方法。许多人认为，智力只是一个人参与并通过智力测验的能力。一个不能在智力测验上取得特定分数的人，意味着他不能接受某种水平的教育或职业培训。如果智力与遗传有关的话，正如你记得的，大多数人认为智力测验应该作为服务社会工程学的测量工具。通常情况下，这些研究的结果会让学校官员去歧视那些在测验中碰巧得分较低的儿童。

20 世纪 20 年代的心理测验又一次推动了心理学界的世纪大辩论——关于测量的有效性以及对于智力分数的解释（Spearman，1927；Thurstone，1938）。在心理学家关于智力测验的辩论中出现了至少两个主要的论点。第一，智力测验究竟测量的是什么？第二，如何证明测验分数不会受到一些因素的影响，比如受测者的动机或情绪状态？

智力测验的潜在文化偏见成为一个持续被关注的问题。20 世纪后期的研究表明，个体的测验成绩可能并不代表这个人未来的认知潜能（Vernon，1969）。不仅如此，语言、测验内容、身体健康和动机这些因素都可能会影响个体的测验成绩（Sternberg，2007）。除非智力测验能够适应人们日常生活中进行的活动，否则在一种社会文化环境（上层中产阶级）中创造出来的测验对其他群体仍然存在偏见。人类智力包括许多方面，比如智慧和创造性，但很多测验并不去测量这些方面。智力脱离了它的文化背景，就无法被充分地理解。例如，数十年的跨文化

研究表明，智力在许多不同的文化中具有不同的意义。这些研究还揭示了，那些拥有超常操作技能的儿童不一定在学业测验上具有优势（Shiraev & Levy, 2013）。

▽网络学习

心理学家威廉·斯特恩（William Stern）在1929年写道："在17年前，当我提出'智商'（IQ）的概念作为智力测验的测量原理时，我完全没有想到IQ会成为全世界采纳的标准，成为美国最频繁使用的心理学术语"（参见Lamiell, 2009）。事实上，斯特恩创造了智商这个术语，而且它变得全球化了。

问题：除了他创造的IQ术语之外，他还提出了什么其他的著名的心理学术语？

请在同步网站上阅读关于这个心理学家生活与工作的更多信息。

2. 艾奥瓦儿童福利站

一些心理学家转向研究健康的儿童，这些儿童生活和学习在学校的日常环境中。在这些研究环境下工作的心理学家希望展现环境影响对儿童发展的重要性。他们格外关注系统化的教育、教养、享有资源和教学技能。他们的目标是发现一般儿童的发展规律，以及哪些因素会影响这一发展。

这种研究的一个例子是在**艾奥瓦儿童福利站**（Iowa Child Welfare Station）开展的一个大型项目。这个福利站位于艾奥瓦大学的一个两层的建筑中。它始建于1917年，是最早用于研究日常环境下正常儿童行为与技能的研究机构之一。基于在艾奥瓦孤儿院和领养家庭的一系列纵向研究，心理学家报道，那些搬离原始环境（例如，孤儿院）并安置在更有利的环境（比如有教育基础和经济更稳定的家庭）中的儿童的智力存在显著提升。另一方面，心理学家表明，那些留在悲惨的环境中无法获得恰当照料的儿童的智力分数将会有所下降。

艾奥瓦福利站因其对20世纪30年代的先天与后天之争的贡献而出名。在福利站工作的研究者挑战了一个常见的假设：儿童的发展是一个稳定的成熟过程，其中生物和自然因素在任何一个儿童的发展过程中扮演着关键的角色。事实上，福利站的研究者提出并捍卫了一个相当先进的观点：在孩子的生活中，如果有合格的教育者细心的、全面的、心理上可靠的"干预"，将会带来显著的效果。他们认为，只要有机会和刺激性的环境，任何男孩女孩都能够在学习和行为上取得重大进步（Cravens, 2002）。

IQ可以经由人为努力而改变这一发现反驳了当时的普遍假设：智力在本质上是天生的，它在个体的生命历程中基本上不会改变。这些研究结论遭到了人们的怀疑，这些怀疑逐渐演变成批判乃至谴责——福利站里心理学家故意操纵研究结果来证明他们的假设。大多数批评者也表示，这些研究者太想获得他们想要的结果，在他们的观察中带有偏见，因此造成了严重的方法论错误（Herman, 2001）。尽管事实上这种方法论错误确实时有发生，但这些研究仍然成为一个重要的刺激，促进了心理学界关于个体发展过程中环境和自然因素孰重孰轻的持续辩论。

知识检测

1. 心理调查被用于研究
   a. 心智能力   b. 心理疾病
   c. 暴力   d. 情感稳定性
2. 艾奥瓦儿童福利站的心理学家主要研究
   a. 有躯体疾病的儿童   b. 青少年罪犯
   c. 有行为问题的儿童   d. 正常儿童
3. 艾奥瓦儿童福利站对先天与后天之争有什么贡献？

10.2.4　应用心理学

心理学家对他们改善人类行为和社会的能力越来越自信。他们认为自己有能力提供足够的方法和手段，以甄别那些不能发挥某些教育和专业技能的专业人才。心理学家认为，更好的筛选程序将能够为政府节省人力和财力资源，同时让企业雇用到在某些特殊的专业领域内更易成功的人才。这些信念是乐观的和真诚的。

1. 全世界的应用研究

第一次世界大战之后，应用心理学研究蓬勃发展。在美国、英国和加拿大，军事测验设备的发展刺激了工业与组织心理学的发展（McMillan, Stevens, & Kelloway, 2009）。在英国、法国和德国，心理学家致力于甄选适合交通工作、电报员和电话接线员的技术人才。他们对人们的感觉和运动功能、注意力、智力、记忆和性格特征进行研究。20 世纪 30 年代，立陶宛的心理学家研究了儿童的职业倾向，并制定了评价体系以分析成人的专业技能（Bagdonas, Pociūtė, Rimkutė, & Valickas, 2008）。

心理学家还参与诊断和治疗与战争有关的心理问题。其中之一便是所谓的战争精神病（war psychosis），其临床表现症状很可能是今天所说的创伤后应激障碍。在美国，心理学家参与由政府或者那些使用联邦合同的公司直接赞助的研究。战后许多国家的经济增长——尽管程度不一，给予了心理学家越来越多的机会将其知识应用于实践领域。一些企业聘请心理学家进行研究，针对人员甄选、技能测试或广告宣传提供建议。

在日本，临床心理学在 20 世纪 30 年代迅速发展。监狱和法庭出现了心理服务，儿童指导诊所也开始出现；而且这些都是由政府出资的（Sato & Graham, 1954, p.448）。日本军队雇用了心理学家对军事人员进行心理测试，并协助对其进行甄选。心理学家还对电报员进行测试，以测量他们接收和发送消息的速度、错误率和疲劳状况（Uyeno, 1924, p.225）。

在欧洲，应用心理学在**心理技术学**（psychotechnics）的成功中发现了新的刺激。这个术语是由德国心理学家威廉·斯特恩（第 5 章）创造的，它代表了应用心理学的专门处理人类问题的一个分支（Stern, 1903）。他甚至将心理技术学与工程学进行对比。为了取得成功，工程师应该了解物理学。同样，心理技术学的专家也应该了解心理学（van Strien, 1998）。心理技术学旨在提高工业生产效率、提升工作环境、增加人们对其工作的满意度。心理技术学的支持者热切地希望将心理学原理应用于人类活动的所有领域。在德国、瑞典、英国、苏联和西班牙等国，从事心理技术学的应用中心和实验室迅速成长。1920 年，一个大型的心理技术学国际会议在瑞士举行。斯特恩可能还创造了另一个心理学的流行术语（除了 IQ 之外），但是这个心理物理学（psychophysics）没有经受住时间的考验。到 20 世纪 30 年代，它的吸引力明显下降了：它的支持者承诺得太多，而实现得太少。然而，其他人的努力却成功得多。

2. 霍桑实验

20 世纪 20 年代，许多心理学家和企业管理者都认为，如果善加利用，科学能够提高管理的效率。科学管理的前景显得前途无量。在教育的引导下，企业会变得更有生产效率，工人也会挣到更多的钱并感到心满意足。正如你记得的，政府和私人企业开始赞助与管理效率有关的研究（第 5 章）。其中主要的问题包括：企业组织的最佳规模是多大？工作环境是如何影响生产力的？如何使工人保持高产而不让他们筋疲力尽？

美国工业研究中一个重要的里程碑是**霍桑实验**（Hawthorne experiment）。事实上，它最初是一系列旨在研究改善工作环境对工厂生产率的影响的实验。后来，这些实验聚焦于工作群体中的人际互动。这些实验开始于 1924 年。西部电器公司与国家研究委员会（National Research Council）合作，对其所属的位于芝加哥的霍桑制造工厂进行了研究。这个工厂主要生产电话及其组件（Gillespie, 1991）。

这项研究的第一阶段是研究照明对生产力和工人舒适感的影响。让实验者惊讶的是，照明度的变化对生产力没有任何影响。而且，工作在明亮和昏暗房间的两个实验组，在这个研究中都提高了它们的生产力！在那时，研究者还注意到，监督员、工人和研究者的互动对工人的生产力也产生了影响。这个实验还在继续。科学家研究了工人的休息间隔、午餐时间、茶点、付酬方式、每日工作时长、一周工作时间和假期如何影响他们的效率和满意度。再次证明，无论实验如何实施，工厂的生产力都在增长。无论增加还是减少休息，无论提高还是降低结算频率，这个研究样本中工人的生产力和满意度都在稳步上升。总的来说，不管使用什么实验条件，工人的生产力和斗志都在提高。这个结果或多或少令人不解。这种提升的原因到底是什么呢？

为了解释这个结果，其他几位研究者被邀请加入这项研究。其中包括：澳大利亚裔的哈佛商学院的工业研究教授，埃尔顿·梅奥（Elton Mayo，1880—1949）；梅奥的哈佛同事，弗里茨·罗特利斯伯格（Fritz Roethlisberger，1898—1974）；麻省理工学院的克莱尔·特纳（Clair Turner，1890—1974），以及其他几位学者（Trahair，1984）。他们对管理者和工人进行了一系列的深度访谈。这个访谈旨在研究人们对于他们"自然的"工作环境的意见（Hsueh，2002）。

作为这些访谈的结果，梅奥和他的同事们证实，工厂的物质条件（比如照明或噪声）起到了一定的作用，但它不是至关重要的。更为重要的因素是工人在工作环境中的个人满意度。这个满意度不仅仅取决于工人的经济补偿水平，他们也希望能够参与决策的过程。他们希望感到自己是重要的，他们希望建立他们自己的生产标准。而且，研究人员还发现，这些员工倾向于建立他们自己的工作"氛围"———一套协助或反对某些管理决策的非正式规则。如果这种氛围与管理决策达成共识，那么这些工人就会感觉更好，工作也会更加卖力。

3. 霍桑实验的意义

这些实验对心理学和社会科学的影响是显而易见的（Adair，1984）。当然，它们也受到一些批评。一些评论者声称，这个实验结果为企业所有者和管理者提供了额外的剥削工人阶级的工具，仅仅通过提高工作场所中一些非正式的关系而尽可能地"压榨"他们

（Whyte，1968）。这些反对者还认为参与其中的专家夸大了实验结果。另一些批评者则认为，霍桑实验体现了心理学家和社会科学家无法开展有效的实验研究：所有不可预知的因素在他们的实验中都起到了不可预测的作用（Gillespie，1991）。然而，还是有许多其他人出于以下几点原因而积极评价这个实验。

第一，这个实验使用了以专门设计的访谈为基础的精细化程序。霍桑实验的研究人员采用了一系列基于录音、文字记录、解释工人意见和行动的复杂方法（Hsueh，2002）。这个研究极大地推动了访谈法在群体行为中的应用，并且刺激了社会心理学作为一门学科的发展。

第二，对**霍桑效应**（Hawthorne effect）的发现是应用心理学领域一个重大的进展。这个术语意味着，组织得当的工作关系对工人的生产力和满意度有着积极的影响。（这是心理学中又一个与特定的地理位置有关的重要术语。参见上一个"案例参考"。）因为研究者和管理者在实验中关注工人的需要，并且对他们尊敬有加，许多工人改善了他们大量的性格特征（见图10-1）。

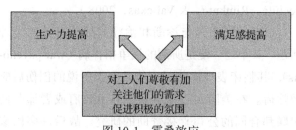

图 10-1　霍桑效应

第三，这项研究的结果表明特定的工作环境可以影响生产力，这与一些批评者的观点相反。例如，工作满意度和产量更多取决于合作和价值感，而不是物理工作环境（Mayo，1933/2003）。这个实验对工作环境中人际关系的全部研究和组织行为的理论而言，是一项革命性的研究（Vaill，2007）。与泰勒的观点（第5章）相反，他认为只有纪律和对工作场所的精确管理才能保证高生产力，而霍桑实验表明了工人和管理者之间良好关系的重要性，以及工人参与一些管理任务的重要性。这个实验和其他实验的成功建立了心理学家的信心，并给他们带来一些新的研究机会。

案例参考

早期的运动心理学

20 世纪 20 年代，职业运动成为一项大产业。更多的人参与到体育广告、管理、训练，以及为大学和专业队伍筛选队员的行列。例如，哥伦比亚大学心理学系研究实验室的科学家致力于开发一种评估棒球队新前景的方法。他们获得纽约扬基队（New York Yankees）的允许，对最近获胜的选手巴比·鲁斯（Babe Ruth）（曾经最著名的美国棒球运动员之一）进行测试。研究者研究了他的肌肉、听力、视力、运动和反应时，并且描述了他与普通人之间的区别（Fullerton, 1921）。这样的研究逐渐变成常见的事物。很快，一些球队就向心理学家寻求建议。

1938 年，芝加哥小熊棒球队的管理者向伊利诺伊大学的研究人员寻求建议，如何提高他们球队的表现。这个项目的领导者是科尔曼 R. 格里菲思（Coleman R.Griffith，1893—1966），他是最早被职业运动联盟雇用的心理学家之一。他决定创造一种以科学为基础的训练方案。他和一名助手拍摄了运动员的动作，并测量他们接球、投球、击球和跑步的技能。他们向球队管理者提出建议，并就这项研究编写了大量报告（Green, 2003）。今天，格里菲思被视为美国运动心理学之父。

尽管心理学研究在运动领域越来越受欢迎，但它的实际影响仍然微不足道。为什么呢？因为心理学家获得的结果往往太过琐碎了。比如，经历了数天的测量之后发现了巴比·鲁斯拥有卓越的手—眼协调能力，这不过是一件显而易见的事。即便没有心理学家的帮助，棒球球探和管理者，基于球员投球的速度或者球拍击球的力度，也能够看出、评估并选出年轻的潜力股。其次，许多专业教练和管理者都认为心理学家是多余的批判者。

问题：职业运动员们相信，掌握心理学知识的训练员或教练比拥有运动知识的专业心理学家更能为体育做出贡献。你对这个问题怎么看？如果你是一个运动队（为了便于讨论，比如体操或足球）的管理者，你需要雇用一位心理学家帮助你的团队获胜，那么你会雇用一位有心理学学士学位的前运动员，还是一位对这项运动略有了解的心理学硕士？

▽网络学习

在同步网站上，了解更多关于运动心理学的内容。访问美国心理学会第 47 分会：运动与体育心理学（Exercise and Sport Psychology）。

问题：这个分会为心理学专业学生提供了什么愿景？

4. 评价

心理测验和应用研究带来了什么影响呢？许多企业和政府机构从测验和其他类型的应用心理研究中获益。一些机构和公司想要测试他们的员工和应聘者的各种特质，其范围从记忆力到视力以及压力环境下的工作能力。不断增长的需求刺激了心理研究的发展。但是，心理测验的流行也带来了负面的影响。许多非心理学的专业人士受到心理学家工作的触动，也开始设计他们自己的测验，但他们并没有正确理解这些测验是要测量什么，又该如何去解释它们。心理学家努力批评伪心理学并且解释测验在应用研究中的意义，这个做法历史悠久并持续至今。

心理学作为学术与应用兼并的学科同步发展。接

知识检测

1. 霍桑制造工厂位于哪里？

 a. 纽约   b. 波士顿

 c. 芝加哥   d. 旧金山

2. 谁创造了心理技术学这一术语？

 a. 巴比·鲁斯 b. 埃尔顿·梅奥

 c. 埃利斯·艾兰 d. 威廉·斯特恩

3. 谁是美国运动心理学之父？

 a. 科尔曼·格里菲思 b. 克莱尔·特纳

 c. 威廉·斯特恩 d. 埃尔顿·梅奥

4. 什么是霍桑效应？

下来，发展心理学、人格心理学和社会心理学的例子将向我们展示，理论研究如何不断地与实践和应用的研究相融合。

10.3 发展与认知心理学

20 世纪 20 年代，行为主义传统的研究将发展中的个体视为一个积极的学习者，他们习得条件反射、习惯和其他对变化的环境的反应。精神分析则展现了儿童内心世界的复杂性，揭示了儿童内心的情绪转变的动力学。格式塔心理学家强调的是，在研究儿童时要考虑他们的心理"场"或环境。

事实上，所有这些取向都强调了发展中的个体与环境的互动——或者是适应良好的，或者是适应不良的。两位 20 世纪的杰出心理学家——瑞士的让·皮亚杰和俄国的列夫·维果斯基，对此持有相似的观点。维果斯基通过对亲子互动的观察得出结论：儿童对于不断变化的环境和生活要求所做的调整（adjustment）起到一种积极的和适应性的作用。皮亚杰的理论则强调了儿童内在的发展机制以及它们的适应性作用。这两种理论都获得了重要的国际认可。但是，这两位研究者的命运却大不相同。

列夫·维果斯基对意识和儿童发展的观点在 21 世纪持续受到关注。

10.3.1 高级心理功能的理论：列夫·维果斯基

列夫·维果斯基（Lev Vygotsky，1896—1934）出生于俄罗斯帝国（今白俄罗斯），父母是犹太人。

他从小接受家庭教育，并在社会科学和人文学科的许多不同领域表现出卓越的天赋。他获得了两个学士学位：一个是著名的莫斯科国立大学的法学学位，另一个是普通学校的历史与哲学学位。在俄罗斯内战的混乱时期（1917 ~ 1920），他的职业是作为一名教师和家庭教师。在那时，他开始将他的理论研究与其对学生的日常观察相结合。这后来成为他主要的研究"风格"：不像当时的许多心理学家，他没有设计机械装置。他使用观察、非结构化的访谈和简单的程序来验证他的假设。他开始去参加许多会议和研讨会，在那里可以讨论他的详细观察。在一次这样的会议中，他遇到了莫斯科心理学研究所的主管，这个研究所是当时一个重要的心理研究中心（据说是维果斯基发表的一个 15 分钟的脱稿学术演讲给在座的听众留下了深刻的印象）。从 1924 年到他因为肺结核早逝，维果斯基一直工作在莫斯科和其他几个城市。

1933 年，库尔特·勒温在莫斯科短暂停留并与维果斯基会面，他们讨论了彼此共同的研究兴趣。维果斯基是一个富有同情心的心理学家，他将自己短暂的一生投入到有特殊需要的儿童的发展和治疗工作中去。维果斯基的观点是一个非凡的混合物，整合了哲学、马克思主义、进化论，以及发展和实验心理学。在职业生涯的早期，他支持反射学和行为主义，但后来因为其抛弃意识和主观性而批评它们。他强烈地希望统一当时被分割成不同流派和分支学科的心理学。与大多数渴望"统一"的心理学家一样，他相信他自己的方法应该成为一个主要的黏合剂。

1. 心理工具

维果斯基的重要观点之一是，言语是个体与外在世界之间的媒介。言语是一种特殊的"工具"，是我们的祖先在进化过程中习得的。马克思主义哲学格外关注劳动的工具——从切割的石刀到复杂的器械。人类使用这些工具来改变世界和发展技能。维果斯基相信，人类也以类似的方式使用言语。事实上，在进化的过程中，发展中的个体也就是一个言语的个体，他或她使用语言来改变外在世界和"内在"心理世界。维果斯基还认为，语言最初是为了改变他人的行为。后来，个体学会调节他自己的行为，因此思维和意识得以发展。但是，个体是如何运用这些工具并发展出他的内在世界的？

维果斯基希望创造出一个全面的实验心理学方案去研究这些过程。他想要研究处在自然情境下比如在游戏室或教室里进行自发交流的儿童。他还相信有特殊需要的儿童，包括盲人、有严重听力问题和其他残障的儿童，也能够为他们发展的心智提供令人激动的洞见。1931 年，他出版了《高级心理功能的发展史》（*A History of the Development of Higher Psychological Functions*），在书中他描述了象征或符号的概念，将其作为文化的工具或人类发展的调节器（Vygotsky，1931/2005a）。符号与口头或书写的词语一样，都是人类建立他们意识的心理工具。在儿童开始说话之前，他们就达到了一定的心理发展水平，这让他们能够发挥机能并适应环境。通过使用词语和符号，儿童内化了外界的信息并学会了社会规则（Vygotsky，1931/2005a）。维果斯基赞同格式塔心理学的观点：所有的心理功能代表了一个紧密结合的系统，并且共同发展。

每种心理机能都是个体之间交流的结果，然后这些交流被个体内在化。比如，儿童为什么会自言自语呢？因为他们的言语还不是一个抽象过程，他们的言语伴随着动作，正如当时的许多思维一样。一个女孩在自言自语的时候，她学会了如何去实现一个特定的目标。首先她出声地思考，然后她将这些言语内在化并转化为思维过程。她使用一个工具并将其据为己有，也许是以其独一无二的方式使用它。比如，将使用铅笔的过程内在化之后，这个女孩可以在她想用的时候就用它，而不是只在老师解释如何绘画时才能使用（Vygotsky & Luria，1930/2005）。

2. 心理发展阶段

维果斯基的研究方法在很大程度上是依据观察的。他的学生回忆道，他有一个习惯：走进一个学龄前儿童玩耍的房间，然后在那里坐上好几个小时。

一段时间之后，这个房间里的儿童会不再注意坐在那里的男人，并开始"自然地"活动。这恰恰就是维果斯基想要看到的（Shedrovitsky，2009）。他的大部分观点都来自这样的观察，比如关于儿童发展阶段的概念。

儿童的发展并不是一个渐进稳定的转变和改变过程。几个渐进改变的阶段之后可能是快速的过渡、突然的转变和危机。维果斯基提出，这种快速转变的五个阶段分别出现在：出生时、1 岁末尾、3 岁、7 岁和 13 岁。在每个阶段，都会出现新的情境和危机，但每种新情境也都是发展的新资源。

家长和老师必须理解孩子周围的整个社会情境。养育的目标不是强调孩子的无能或缺陷，而是关注这个孩子已经实现或发展出了什么。发现一个孩子新的潜能应该是教育者和家长最优先考虑的事（Vygotsky，1933）。

3. 最近发展区

维果斯基最基础的著作之一——《思想与语言》（*Thought and Language*）出版于 1934 年，他在书中介绍和发展了**最近发展区**（zone of proximal development）的概念，它是指儿童在获得帮助或指导时的学习成绩与没有成人指导时的学习成绩之间的差距。儿童的智力成长通常都有潜在的、隐藏的储备。这意味着儿童往往已经准备好了比老师或家长所假定的学得更多、理解得更好。维果斯基挑战了当时常见的信念：儿童必须要做好准备才能理解某些概念，因此 3 岁的孩子还不能去学习 4 岁孩子有能力掌握的内容。在他看来，如果老师或成人在最近发展区内刺激儿童的智力发展，那么这个儿童就能够学习得更多（Vygotsky，1934/2005b）。

因此维果斯基声称，教育的目的并不是为孩子提供他已经准备好完成的东西。教育要更伟大一些。儿童和成人都拥有隐藏的潜力，它们可以在外界的帮助下得到发展。这里应该完成两个任务。第一个，提供关于每个特定的儿童"发展区"的详细信息——有些儿童比他们的同龄人在某些特定的领域拥有更大的潜能。第二个，心理学家和教育学专家都应该创造出帮助儿童发展他们知识和技能的任务、练习，甚至是详细的程序。

维果斯基最初提出最近发展区的概念，是为了反对使用标准化测验，反对将其作为测量智力的手段。维果斯基认为，与其通过检查学生知道什么来测量他们的智力，不如检查他们独立解决问题以及在成人协助下解决问题的能力。维果斯基的观点强调了心理学的进步角色，特别是在教育方面。在他的体系里，理想地说，教师和家长不应该只追随、适应孩子，还应该促进、提高、加强他们的潜能。

我们应该如何总结维果斯基的成就呢？当我们研究一个孩子独自能做什么时，我们是在研究他或她过去的发展水平。当我们研究这个孩子在合作中能做什么时，我们是在观察他或她未来的发展水平。这是一个关于人类发展的全新的、乐观的、明显进步的观点。但他的英年早逝让其观点无法贯彻执行。

大家语录

列夫·维果斯基

每一分钟，每个人都充满着尚未实现的机会。

有人可能会觉得这个表达有点悲观：我们生命的每一分钟都错过这么多。但是，维果斯基自己却相信，人们拥有许多隐藏于"内在"的才能，比他们通常认为的要多得多。你个人怎么理解这个说法？

4. 维果斯基的影响

维果斯基的主要方法结合了研究者的想象和观察。当然，在精细化的实验程序和测量的世界里，使用这种不够精致的方法成了一种不利因素。尽管如此，维果斯基对心理学仍有着重大的影响（Shedrovitsky，2009）。

维果斯基认为，人类能够克服许多自然或社会对其心理发展的限制。在他看来，一个个体不仅仅是社会环境的产物，这是部分行为主义者支持的流行观点。维果斯基认为人们是独立的和积极的思考者。

他相信，教育应该包括儿童与老师和同龄人互动的过程，而不一定是记忆和背诵。维果斯基的观点引发了一些教育研究者的强烈共鸣，他们致力于研究先进的教育方法，以刺激儿童未知的或未开发的潜能（Bruner，1960）。

维果斯基引入了文化中介（cultural mediation）的概念。每一种心理功能都会出现两次，比如思维。第一次，它是一种"外在的"社会活动或学习。第二次，这种学习被内化为思维。因此，人类的意识应该在个体与外在世界的互动背景下被理解。事实上，以一种象征的方式，维果斯基将灵魂置于人类身体之外！这是理解意识本质这个至高难题的一种全新的理论方法。人类意识的本质特征在其与文化环境的联合之中（Vygotsky，1934/2005b）。

维果斯基的观点影响了许多心理学和教育学的理论，这些理论强调认知和发展的社会和文化成分。20世纪60年代的生态文化理论也持有相似的观点。语言学家运用他的观点来理解语言习得的过程并进行外语教学。他关于道德发展阶段的理念在其他现代理论中同样找到了支持。维果斯基的观点在所谓的叙事疗法里也有所反映，叙事疗法基于这一假设：个体的身份认同会在关于他或她生活的简短记叙或叙事过程中以某些象征的方式揭露自身（Charon，1993）。如果要纠正一个人心理的问题，就要去研究这些叙事并重构它们，解释那些产生改善的新的潜能和可能性。对问题的外化（externalization）会使其变得更容易研究和评估。维果斯基还被后人称为他所谓的缺陷学（defectology）领域的奠基人，也就是今天我们在别处所说的特殊教育（Kotik-Friedgut & Friedgut，2008）。

维果斯基于1934去世。由于意识形态问题，他的观点曾受到苏联当局的限制。在他死后，他的书籍从图书馆中被下架，教师们也没有勇气讨论他的观点、引用他的著作。维果斯基的著作几乎没什么人知晓，直到1962年他的《思想与语言》（1934/2005b）被翻译成英文以及后来的几种其他语言。意识形态的障碍和地理的限制注定会被克服和跨越。

知识检测

1. 维果斯基的本科学位是?
   a. 心理学和历史学
   b. 哲学 / 历史学和教育学
   c. 法学和历史学 / 哲学

d. 语言学 / 历史学和心理学
2. 维果斯基关于人类意识理论中的文化中介是指什么?
3. 维果斯基的最近发展区的概念有哪些实际应用?

另一位非凡的科学家是瑞士心理学家让·皮亚杰,他推进了我们对儿童发展以及儿童与环境的动态关系的理解,呈现出了可以支持其理论假设的令人叹服的实验数据。

10.3.2 让·皮亚杰的发展观点

从很小开始,让·皮亚杰(Jean Piaget, 1896—1980)就对许多不同的科学学科感兴趣,其中包括生物学和机械学。22 岁时,他在瑞士法语地区的纳沙泰尔大学获得理科博士学位。当他开始为阿尔弗雷德·比奈在巴黎的实验室工作时,他对心理学越来越感兴趣。他开始转向儿童发展问题。皮亚杰对儿童如何建构关于他们自己和周围世界的思考很感兴趣。他自己的孩子的出生,让他得以使用大量的时间去观察他们。在他漫长且高产的职业生涯中,皮亚杰虽然在几所大学工作过,但他人生中的大部分时光是在日内瓦大学度过的。他与几位助手一起工作,他们同时进行好几个项目,因此为皮亚杰提供了源源不断的新实验数据。

1. 研究方法

与维果斯基一样,皮亚杰也希望研究自然环境下的儿童,比如在幼儿园、游戏室和教室里。他想知道儿童如何建造、画画、聚集东西和拆分东西(Piaget, 1960)。皮亚杰基于一些现有的方法论发展出一种新的和复杂的方法。最主要包括自然观察法、心理测量法和临床访谈法。

他是如何使用这些方法的呢?他要求儿童去解决某些特定问题或者完成一些教育任务。首先,他会问孩子一个标准化的问题并记录答案。然后,他

会问这个孩子几个额外的、基于其答案的非标准化问题。由于借鉴了临床上的方法(在他的职业生涯早期所学的),他强调充分关注孩子的重要性,强调多加倾听、抑制争吵、关注孩子在做什么并帮助孩子说出他或她想说的话(Mayer, 2005)。皮亚杰的主要任务不仅仅是记录和解释孩子的话语,而且还观察这些词语和句子与儿童完成的任务是如何相关的。

皮亚杰相信,一个幼儿的认知过程在本质上不同于成人的认知过程(Piaget, 1960)。儿童使用与较大的孩子及成人不同的思维原则进行思考并做出决定。阶段性的发展过程由儿童发展中的大脑、技巧和社会环境所决定。然而,由一个阶段向另一个阶段的运动主要还是一个自然过程。那么到底有哪些阶段?

2. 发展阶段

在第一个阶段,也就是感觉运动阶段,婴儿了解他们与其周围环境的互动。在一岁半左右,孩子发展出在头脑中保存图像的能力,这超出了即时经验的范围。在第二个阶段,也就是前运算阶段,儿童习得语言、发展想象力、了解象征的意义并进行创造性游戏。儿童通常仍然是以自我为中心的,这意味着他们不太能够通过其他人的视角来看待这个世界。这个阶段大约持续到七岁,此时儿童关于容量、数量和重量的假设往往是不正确的。儿童还倾向于使用泛灵论来判断事物,或者说倾向于相信灵性的存在或行为。

在第三个阶段,即具体运算阶段,儿童学习逻辑法则,并开始理解与容量、数量和重量有关的物理

定律。他们对自然和身边事物的判断变得更具机械性。在 7～11 岁之间，儿童学会使用运算或逻辑原理来解决大部分问题。在这个阶段，儿童不仅使用符号来代表一些事物，而且还能在逻辑上操作那些符号。儿童学会了分类，将物体根据不同的规则排列或分组。最后一个阶段是形式运算阶段，这个阶段标志着青少年发展出抽象思维的能力。它涉及了使用复杂的逻辑运算和假设性思考。

在智力发展过程中，一个阶段必须已经完成，下一个阶段才能出现。在每一个阶段，儿童都会保留前一个阶段的认知能力，但也会在新的阶段形成新的能力。这个过程可能类似于盖楼房：在较低层的房子盖好之前，新一层的房子是无法建造的。一旦这个孩子在新的水平上建构运算，他就了解了更复杂的事物并进行更复杂的运算。因此，儿童在不断更新他们以前形成的观念。

各个阶段之间的过渡未必是渐进平缓的，它们也可能是迅速的和激烈的。（你还记得格式塔心理学中的快速问题解决过程吗？）在新的阶段花费的时间往往用于发展、提升和改进在新的认知水平上的运算。在维果斯基的著作中，我们也发现了对于阶段之间快速过渡类似的理解方式。但是，这两位心理学家在他们关于儿童语言的观点上分道扬镳了。皮亚杰对儿童语言的发展使用了基于阶段论的解释。他将儿童言语划分为八种不同的类别，它们属于两个大的类别：一种是自我中心的或内在导向的语言；另一种是社会化的语言，它是与外在世界交流的方式。这与维果斯基的观点不一样，维果斯基认为儿童言语的这两个阶段都是社会化的。

3. 跨文化应用

每个儿童发展思维和运动都会经历皮亚杰提出的这些发展阶段吗？在汇总了一些研究结果之后，达森（Dasen，1994）表明这种发展阶段顺序，即前运算－运算－抽象思维，在不同的国家都是相似的。孩子常常像皮亚杰预测的那样，从一个阶段发展到另一个阶段。不过，心理学家对皮亚杰的其他发现保持着谨慎的态度（Gardiner, Mutter, & Kosmitzki，1998）。

大部分的批判都针对皮亚杰及其同事所使用的方法和程序。比如，那些运用皮亚杰理论对语言发展进行跨文化研究的人员，其实对于所研究的语言知之甚少。可能正是由于这种不利因素，这些研究者更愿意使用标准化的测验，而较少对被研究的儿童进行访谈。此外，在许多发展中国家，很多儿童的准确出生日期常常不得而知，所以被研究儿童的真实年龄往往不够精确。

4. 发生认识论

皮亚杰对发生认识论（他最喜欢的课题）做出了重要贡献。发生认识论（genetic epistemology）试着从知识的历史角度来解释知识（尤其是科学知识）。心理学在此扮演了一个特殊的角色，因为它解释了认识发生于其上的基本思维运算。皮亚杰认为，人类发展是一个适应不断变化的生活环境的过程。也许，皮亚杰最瞩目的贡献在于他提出了**同化和顺应**（assimilation and accommodation）的概念，它们是适应或学习过程的两个方面。同化是将新客体纳入旧有思维模式的适应性运算。顺应是修改某人的心理结构，以适应环境的新需要。同化和顺应是两种基本的生物过程并协同工作，帮助个体提高他们对世界的理解。

5. 皮亚杰的影响

皮亚杰是 20 世纪最著名的心理学家之一。他关于发展阶段的原创模型 50 多年来在不同国家的进一步研究中得到了重要的支持。皮亚杰关于儿童道德价值、政治信仰甚至地理概念逐步发展的原创观点，已经在许多国家的教育计划中获得了应用。皮亚杰的理论很好地解释了儿童如何处理容量、重量和数量的守恒。

那些批评者指出，皮亚杰暗示人们一些高级发展阶段比其他阶段更"有价值"。然而，事实上，社会成功、满足和适应策略，以及某些活动与专业并不需要个体在形式运算水平上运作。是否所有社会中所有的成年人都能达到形式运算阶段，这仍然是个问题。无论是在西方还是非西方环境中，许多健康、快乐和成功的个体并没有发展到形式运算任务的水平（Byrnes，1988）。

总之，皮亚杰和维果斯基都使发展心理学发生了重要的转变，转向以儿童为中心的取向。他们的研究引发了家长和老师对儿童创造性、个体选择和非顺从态度的关注。这一取向的批评者认为，虽然创造性是一个理想和珍贵的目标，但是要成为当今社会具有竞争力的一员，儿童还必须要学习更广泛的基础知识，而且有时需要经历艰难和乏味的学习过程。儿童的未来生活不是一个关于创造性游戏和娱乐的无尽过程。除了变得有创造性之外，学校和家长应该帮助儿童去学习克服困难和控制冲动。作为回应，维果斯基和皮亚杰的支持者表示，创造性和纪律并不是互相排斥的两个现象，我们的教育计划能够既促进想象力又提升秩序。

10.4　人格理论

20 世纪 20 年代的心理学家比以前更加关注个体性的问题和研究。因此，人格心理学作为一个领域在许多国家快速发展（Murray，1938）。

10.4.1　传统和方法

人格是一个独特的众多特征的结合体，这一概念出现在许多古老的哲学观念中。我们曾在第 2 章简短地讨论过它们。例如，佛教的观点假设，如果将个体的特征聚集在一起，那么就定义了一个人。男性和女性的特征定义了一个人是男人还是女人。因缘决定了一个人的社会地位和个体特征，但是人们可以基于善行而改善他们的未来（Collins，1990）。

在 19 世纪末期，关于个体记忆风格、身份认同或者个体意识的研究从哲学思辨转向了实证研究领域。20 世纪 20 年代之后，一些心理学家对个体的自我产生了兴趣，这使他们的研究整合成为一个不同于精神分析或教育心理学的独立研究分支。

在法国，研究者对异常人格表现出浓烈的兴趣。"我"（法文中是 moi）代表了对许多经验的反映和最终整合，而非部分、观念、想象、感受和记忆的总和。这种观点很早就反映在法国心理学家泰奥迪勒·里博（Théodule Ribot，1839—1916）和皮埃尔·让内（Pierre Janet，1859—1947）的著作中，而阿尔弗雷德·比奈的名字在书中出现得更早（Lombardo & Foschi，2003）。在美国心理学界，威廉·詹姆斯在他著名的《心理学原理》(James，1890/1950) 一书中关于意识与个体记忆的章节也提到了人格。

与人格有关的科学词汇在逐渐演变。20 世纪早期，许多人几乎交替地使用人格（personality）、性格（character）和气质（temperament）几个词汇。大约在 20 世纪 20 年代，美国心理学家逐渐开始使用性格一词来描述行为的道德方面。气质这个词语，在很大程度上则指个体的生物学特性（Danziger，1997）。尽管关于人格一词的意见分歧始终存在，但这个术语还是越来越多被用来描述个体的整体或全部的稳定特征。从 20 世纪早期一直持续至 20 世纪 20 年代，一些心理学家越来越致力于测量人格、描述它的成分并将其形式和类型理论化。

作为一种心理现象，人格接受了实证的（可测量的）和社会的（说明性的）描述。一些科学传统和社会传统对人格研究产生了影响。第一个是基于高尔顿的观点与方法的经验与实验传统。按照这一观点，人格不是一个抽象的概念，而是一个可以测量的结合体，包括了个体的一些特征与特质、其行为与思维的一些稳定的结构。第二个是法国临床实验的传统，它基于那些区分功能完善人格和功能失调的、有问题的或病态的人格的方法。最后一个主要是美国的传统，它强调个体行为的道德特征的重要性。总而言之，个体表现为一个稳定的、独特的、可测量的特征或特质的集合体，这些事物的总和就是一个人的人格（Danziger，1990）。

从 20 世纪 20 年代起，人格心理学开始成为科学心理学的一个分支。到 1940 年，人格已经成为心理研究中一个确定的类别（Nicholson，1998）。

10.4.2 特质传统

戈登·奥尔波特（Gordon Allport，1897—1967）尝试开创一个致力于测量人格的新的研究领域。他出生于印第安纳州，从小就见证了并欣赏他父母的勤奋工作、坚持不懈和虔诚信教。作为哈佛大学社会伦理学的学生，奥尔波特有机会密切观察美国社会工作领域逐步发展中的变革。这个"新的"社会工作的主要标志是致力于科学研究。1922 年秋天，奥尔波特获得德国的博士后奖学金，这对他而言是一个重要的经历。他深受德国心理学家威廉·斯特恩著作的影响，尤其是他对个体的特质和行为的分类。格式塔心理学研究心理经验的整体论对他也产生了深远影响（Nicholson，2000）。1937 年，奥尔波特最著名的著作——《人格：一种心理学解释》（Personality:A Psychological Interpretation）出版。他在许多方面都不断地提升自己的研究。他撰写文献综述，给电台和杂志做访谈，并写了一本心理学教科书。1939 年，他当选为美国心理学会主席。

奥尔波特认为，性格和人格是两个不同的实体。借鉴行为主义者约翰·华生的观点，奥尔波特坚持认为性格是一种道德范畴，而人格指的是客观的自我，是个体在其经验的过程中形成的基本适应模式。

在他整个学术生涯里，他一再强调个体品质的"独特性"。他相信，对人格的研究应该聚焦于各种特质是如何结合的（G.Allport，1924）。奥尔波特还

相信，实验程序和测量（比如智力测验）能够为心理学带来一种对人格的全新理解，不再仅仅依靠理论推测；而且这个观点会逐渐被人们接受。奥尔波特认为，每个人的内部都有一个稳定的核心特质。这是他的一个早期假设，后来发展成为当代的**人格特质理论**（trait theory of personality），这一理论认为人格是由一些品质或特质紧密聚合而成的。在奥尔波特看来，这些内在属性的相对稳定的核心决定了一个人的行为（Allport，1937）。

奥尔波特的人格研究深受社会进步主义信念的影响。与他许多同时代的同事一样，他也相信在科学尤其是心理学中，能够找到解决贫穷、犯罪、暴力等问题的办法。然而，他认为心理学这门学科无法改变社会制度。心理学仅能提供改变个体特质进而改变个体行为的知识。

10.5 早期的社会心理学

当人们一起行动时，他们经常改变自己的行为、情绪和思维。在过去，大型的团体或群体就吸引了许多社会科学家的关注。在很大程度上，对于群体行为领域的研究成了社会学的主题，这是一门研究人类社会和大型群体的结构与功能的学科。然而，社会科学家又经常在个体心理机制中寻求对群体行为的解释。当不同的人们聚集在一起时，某些普遍的机制常常让他们出现相似的反应，这种本能反应吸引了科学家关注的目光。关于这个主题的第一批出版物出现于 20 世纪头十年。例如，日本最早的社会心理学书籍出现在 1906 年，其中对群体行为的论述主要是理论层面的（Hotta & Strickland，1991）。

10.5.1 社会本能理论

还原论者根据动物行为来解释人类行为，这种做法仍然很普遍。那些本能行为概念的支持者认为，当个体加入某个群体之后，他就成为一个更大的社会有机体的一部分，这个有机体具有它自己的特性，而且它能够直接激活人们的本能或其他自动反应。比如，法国心理学家古斯塔夫·勒庞（Gustave Le Bon）认

为，一旦人们形成一个群体，他们就会获得破坏性的本能。在大型群体中，一个人的意图很容易在整个群体中蔓延。因此，根据勒庞的观点，群体中的人们很容易表现出攻击性（Le Bon，1896）。另一个法国人，加布里埃尔·塔尔德（Gabriel Tarde，1843—1904）写道，其他人的存在会激活人类强有力的模仿本能。一旦处于群体中，人们就会开始模仿他人的行为、改变他们自己的行为，并调整一些个人心理品质（Tarde，1903）。英国学者威廉·麦独孤（William McDougall，1871—1938）也相信社会行为的本能属性（McDougall，1908）。麦独孤认为，大多数在群体中表现出来的个人行为都可以追溯到最初的本能，比如养育、自我炫耀或者囤积。在第 7 章中，我们讨论过弗拉基米尔·别赫捷列夫（Vladimir Bekhterev，1921/2001a）的观点，他写道：一旦个体加入一个群体，特定的社会反射就会被激活起来。我们的许多个体反射，比如眨眼、咳嗽、打喷嚏和打哈欠，它们会受到外部信号的影响；社会反射也是一样，比如易怒和顽固，在特定的社会环境（比如不公平或虐待）下也会被激活（Strickland，2001）。

这些理论或其他与本能有关的相似观点，在很大程度上还属于假设和理论推断。只有一些观点在后来的研究中找到了实证支持。其中之一便是所谓的在群体中去个性化（deindividuation）的概念。当人们为了执行一个令人兴奋的活动而聚集在一个大群体，群体成员就会倾向于变得比他们平常更不小心、不确定和不专注。不仅如此，群体成员还倾向于在判断和后续行为中更不具批判性（Lea & Spears，1991）。然而，有趣且有时吸引人的是，这些早期理论并没有生成可以验证的假设，也只产生了为数不多的几个实证研究。大多数心理学家选择了一个实验领域来研究人类在群体的行为。

10.5.2　实验社会心理学：他人的影响

在实验心理学发展的早期，心理学家就已经意识到在实验程序中其他人对个人表现的影响。你应该记得，最初的实验程序要求某种程度的"无菌"环境：被试必须独立完成实验任务，并且要避开噪声、

光线和观察者的影响。如果实验者让两三个参与者同时完成同一个实验任务，会发生什么？这会影响到被试的表现吗？一些实证研究为这个问题提供了答案。

美国心理学家诺曼·特里普利特（Norman Triplett，1861—1931）的开创性实验展示了：人们在群体中完成任务时，与他们独自完成时具有不同的表现。特里普利特测量了游泳运动员和自行车运动员的表现，发现他们在与对手竞争时比自己独自运动时展现了更快的速度（Triplett，1898）。20 世纪后来的研究为他人的特殊影响提供了新的信息，并且测量了这些影响。举个例子，心理学家发现人们在执行某些简单的机械任务时，有他人在场比起独自一人时会表现得更快、更精确。当有他人观看或者他们仅仅在场时，被试会出对疼痛表现出更大的忍受性。然而，也有研究发现，当观众或旁观者在场时，人们的记忆力和注意广度很可能下降。在许多实验任务比较困难而且需要集中精力的情况下，群体成员的表现会比他们独自完成任务时更加糟糕（Allport，1920；Bekhterev，1921/2001a；Zajonc，1965）。

在心理学历史中，一个重要的事件是 1924 年美国心理学家弗洛伊德·奥尔波特（Floyd Allport，1890—1978）的《社会心理学》（Social Psychology）的出版。他的同时代人认为，这本书的出版标志着开辟了新的实验心理学的分支（Katz，1979）。奥尔波特认为，尽管社会环境会影响一个人的行为，但所有的社会行为都能从个体角度来解释（F. Allport，1924）。人们在适应环境变化的复杂过程中逐渐养成习惯。在群体中，个体的行为受到其他参与者的知觉的影响。这个影响可能表现为社会助长或者社会竞争（Wozniak，1997）。

穆扎弗·谢里夫（Muzafer Sherif，1906—1988）对群体影响的研究对社会心理学也产生了重要影响。谢里夫在土耳其出生、成长并接受教育，后来在美国获得研究生学位。作为一名年轻的科学家，他希望用实验来研究人们在群体之中如何做出判断，又是如何影响他人的行为和观点。他设计出一些要求进行集体讨论并做出决定的实验。例如，他要求一

个小组在一个黑暗的实验室里观察一个静止不动的光点，然后这个小组必须做出判断：这个光点是否移动过。尽管这条光线确实没有移动，但这个小组经常一致认为它移动过。在此之后，这个小组又很不情愿去改变这一观点。这个早期实验展示了人们如何形成群体规范——也就是行动或判断的模式，它们后来会影响个体的行为。谢里夫在《社会规范心理学》（*The Psychology of Social Norms*）一书中表达了自己的观点（Sherif, 1936），这是他著名的作品之一。大约 20 年后，一位波兰裔美国研究者所罗门·阿希（Solomon Asch, 1907—1996）研究了社会从众性（social conformity）——个体随着群体规范改变自己的观点和行为的过程。"合群"的需要和渴望往往会战胜个人的知觉以及判断力（Asch, 1952/1961）。关于从众性的研究引发了对于群体行为的许多其他研究。

许多精神分析传统的追随者都对 20 世纪中期的社会心理学做出了贡献，他们尝试应用他们的理论方法对人类群体和社会进行研究。我们将列举两种类型的研究作为例证。第一种涉及心理治疗的理论与实践。雅各布·莫雷诺（Jacob Moreno, 1889—1974），一位出生于罗马尼亚的美国心理学家，研究了人际影响并将其中一些原则应用于团体治疗。他的方法被称为**心理剧**（psychodrama），这种方法要求参与者通过在彼此面前表演出他们的情绪，而不是通过与治疗师之间的私人讨论来探索他们的内心冲突。根据这种方法的观点，在心理剧那自由包容且富于刺激性的氛围中，他人在场和相互交流让大部分参与者得以探索他们自己心中的压抑、释放消极情绪并了解他们自己（Moreno, 1934/1977）。

▽**网络学习**

浏览同步网站，更多地了解美国团体心理治疗与心理剧协会（American Society of Group Psychotherapy and Psychodrama）。

问题：什么是社会人际学（sociometry）和社会心理剧（sociodrama）？

另一个例子与精神分析理论有关，它也整合了对社会情境中个体进行的测验和实证研究。这些对权威人格（authoritarian personality）的研究获得了广泛关注，并引发了 20 世纪后期的重要研究（Adorno, Frenkel-Brunswik, Levinson, & Sanford, 1950）。实证测验的主要假设之一是，一些个体由于他们的童年经历而形成了一种稳定的权威特质模式。它们是什么样的呢？这些个体倾向于进行神秘主义的思考，并且对特定的社会群体存在偏见。他们服从于权威人物、抗拒革新，并且容易出现愤怒和暴力。这些研究最重要的结论是，发现了有这么一群人，他们心甘情愿地接受权威主义的方法，并且满腔热情地支持那些追求统治和限制公民自由的政治领袖。换句话说，这些个体他们自己，由于他们的心理特质，渴望接受对其自由的限制，接受社会的不公正。

社会心理学的其他研究则转向了个体对各种社会情境做出的判断。

10.5.3　社会判断理论

社会心理学的早期研究关注个体思维的差异性，以及人们为什么会做出不合逻辑、前后矛盾的决定。这一研究的先驱者之一是斯坦福大学的社会学家 R. T. 拉皮尔（R. T. LaPiere, 1899—1986）。他研究了偏见（prejudice）——人们对一个社会群体或者议题所持有的未经事实验证的消极观点。在他的一项后来很出名的研究中，大多数餐馆或宾馆的老板在信件问卷中回答，他们不会在他们的店里接待有"中国血统"的人。但是一段时间之后，当拉皮尔和一对中国夫妇出现在门口时，这些老板又显得非常热诚和好客（LaPiere, 1934）。在另一项调查中，他展示了人们对所谓少数群体的行为（例如，加州的亚美尼亚移民的犯罪行为）具有消极的认知，即使这些群体并没有表现出这样的行为（LaPiere, 1936）。

格式塔心理学的原则显然影响了社会判断的早期研究。澳大利亚裔美国心理学家弗里茨·海德（Fritz Heider, 1896—1988）使用平衡原则说明人们在他们的判断中寻求一致性。海德声称，对社会情境的知觉与对物理对象的知觉遵循着许多同样的原则。在物体知觉中所发现的组织原则，在社会知觉中也被发现了（Heider，1944，1958）。人们为了维持"好图形"的知觉，倾向于为他们的判断寻求解释，因此创造出了知觉扭曲（比如，格式塔心理学中的错觉）。举个例子，海德做了一个实证观察：当我们在观察其他人的行为时，我们倾向于高估他们的内在原因，而较少注意外在原因或环境对他们行为的影响。这一现象后来被称为基本归因错误（fundamental attribution error）而广为人知。

利昂·费斯廷格（Leon Festinger，1919—1989）对社会知觉的原则进行了进一步研究，他是当今社会心理学领域最受认可的理论之一——认知失调（cognitive dissonance）理论的创始人。费斯廷格发现，当人们觉察到他们的几个判断或者他们的判断与行为之间出现错配（失调）时，他们往往就会体验到一种心理张力（Festinger，1957）。每当我们必须在两个或更多选项中做出决定时，最后的选择终将在某种程度上与我们的某些信念或以前的决定不一致。这种不一致将会产生失调——一种不愉快的情绪状态。为了减少或者消除这种紧张，人们会改变他们的判断或者调整他们的行为（Festinger, Riecken, & Schachter, 1956）。这个理论引发了社会心理学领域的重要研究，并且在治疗和销售领域找到了许多用武之地。

10.6 评价

10.6.1 心理学家数量在增长

第一次世界大战之后，心理学赢得了更多的尊重

和欢迎。美国心理学会的成员迅速增长，吸引了许多研究者和实践者；从 1920 ～ 1930 年间，它的会员人数几乎增加了两倍（Cautin，2009）。在此期间，大约有三分之一的美国心理学会成员被外界的研究和学术机构雇用（Samelson，1992）。各个区域和各个州的心理学会也开始发挥作用。

10.6.2 研究的范围和种类

如果只通过精神分析、行为主义和格式塔心理学的棱镜来描述心理学的历史，那是不正确的。这些流派是非常受欢迎的分支学科，我们显然会将它们与 20 世纪上半叶发展的学术心理学联系在一起。然而，心理学这门学科（包括理论的与应用的）也朝着许多其他研究方向和实践领域发展，其中包括工程学、教育学、临床评估与治疗、体育和广告学。心理学系几乎开始出现在美国和其他国家的每一所综合性大学里。

10.6.3 聚焦于测验

心理测验受到心理学家的特别关注，也得到那些来自私人企业、学校和政府部门的赞助者的大力支持。在这个过程中，并不是每件事情对心理学而言都是顺利和有效的。首先，心理学家对于从测验中获得的实证结果的解释和实用性争论不休，而且经常无法达成一致。其次，在测验中使用的研究方法仍然存在严重的缺陷，包括抽样和施测方面的问题。此外，许多专业人士虽然普遍欢迎心理学研究，但他们不想让心理学家影响他们的商业活动和制度程序。尽管存在这些缺点，测验还是成为一种被广泛接受的方法。工业实验显示了人际关系的重要性及其对生产力和工作满意度的影响。有一种流行的信

念认为，心理学家能够对人类的能力进行某种测量。他们继续将科学运用到实际问题中，包括教育。在许多心理学家致力于创造新的测验工具的同时，另一些心理学家开始建立专门的机构，为有发展和学习问题的儿童以及受伤员工提供诊断与治疗。许多心理学家转向应用领域的研究与培训，比如道路交通问题、就业指导、管理或消费行为（Carpintero & Herrero, 2002）。心理学专家作为专业人士在许多生活领域开始获得信任。

10.6.4 发展理论势头十足

一个人，无论是年轻还是成熟，都在一个错综复杂的世界中发展成长，这个观点越来越被人们接受。精神分析和行为主义对发展的个体持有不同的观点。

精神分析几乎只关注心理疾病，而行为主义事实上忽略了人类的意识。与此同时，心理学家仍然高度重视生物因素和社会因素在塑造个体思维过程中的创造性互动。对于智力的研究开始朝多个方向发展，明显增进了我们对智力及其诸多形态，对测验中的文化偏见，以及对智力测验的解释的认识。发展心理学在理论和应用方面都取得了巨大进步，这要归功于皮亚杰、维果斯基，以及他们的追随者和批评者。

20 世纪早期出现了新的心理学分支，比如人格心理学和社会心理学，并且在理论和实验研究方面均有所进展。这些领域的初步研究可以说是投石问路。然而，20 世纪中期的实验程序和统计方法改变了这些学科。

结　论

作为社会和政治较快发展的结果，美国正在变成一个重要的工业大国。大学科研繁荣发展，吸引了许多"本土的"和外国的学者。大多数心理学家在日渐多样的领域和分支学科从事实证和理论研究。同时也有许多心理学家在业已"确立"的行为主义和精神分析领域继续他们的工作，我们将在第 11 章进行论述。

总　结

- 第一次世界大战之前，西欧的心理学作为一个理论、学术和应用领域在全世界扮演着领导性角色。20 世纪 20 年代初开始的战后发展改变了这种学术力量格局，朝着有利于美国的方向发展。

- 在一战之后的专业心理学中，进步分子的思想仍然势头强劲。它们基于这一假设：科学能够为社会提供处方。心理卫生和优生学仍然十分流行。

- 尽管 20 世纪 20 年代之后，美国心理学界的女性和少数民族参与者有所增加，但是他们当中大多数人在心理学领域谋求职位时仍然面临严重的制度障碍。

- 在心理测验这个研究领域，心理学家将理论和应用知识结合在一起。测验使用者出于各种目的评估、筛选和训练人们，其范围从教育到运动，从商业到工业。这些测验刺激了工业与组织心理学的发展。

- 陆军测验项目和埃利斯岛研究揭示了心理学的成就与缺陷。智力调查成为测量儿童和青少年教育技能和心智能力的流行工具。艾奥瓦儿童福利站成为在日常环境下对正常儿童行为和技能进行研究的例证。

- 霍桑实验是一项标志性研究，它最初旨在研究改良的工作环境对工厂生产力的影响。其实验结果强调了心理因素对生产力、工作关系和工作满意度的重要性。

- 瑞士的让·皮亚杰和俄罗斯的列夫·维果斯基均研究儿童的发展。维果斯基对亲子互动的观察使他得出结论：儿童对于不断变化的环境和生活要求所做的调整起到一种积极的和适应性的作用。皮亚杰的理论则强调儿童的内在发展机制和他们的适应性角色。这两种理论都获得了重要的国际认可。

- 20 世纪 20 年代，越来越多的心理学家开始关注以个体为中心的问题和研究。人格作为一种心理现象得到测量角度和描述角度的表述。

- 社会心理学的早期研究关注的是：社会本能，对群体中个体的实验研究，以及社会判断的机制。

关键词

Army Alpha　陆军甲种测验

Army Beta　陆军乙种测验

Assimilation and accommodation　同化和顺应

Genetic epistemology　发生认识论

Hawthorne effect　霍桑效应

Hawthorne experiment　霍桑实验

Iowa Child Welfare Station　艾奥瓦儿童福利站

Mental hygiene　心理卫生

Mental surveys　心理测评

Psychodrama　心理剧

Psychotechnics　心理技术学

Trait theory of personality　人格特质理论

Zone of proximal development　最近发展区

 网站资源

访问学习网站 www.sagepub.com/shiraev2e，获取额外的学习资源：

- 文中"知识检测"板块的答案
- 自我测验

- 电子抽认卡
- SAGE 期刊文章全文
- 其他网络资源

第 11 章

20 世纪中叶的精神分析和行为主义：理论和应用途径

我应该将这篇论文的正文致力于描述对老鼠的所做实验。但我也应该在行文结束之时，尝试用三言两语指出这些来自老鼠的发现对人类而言也很重要。

——爱德华·托尔曼（Edward Tolman，1948）

我总在自身之外寻求力量和信心，但它们却来自我的内心。它们一直在那里。

——安娜·弗洛伊德（Anna Freud，1966）

学习目标

读完本章，你将能够：

- 了解 20 世纪行为主义的理论与应用研究的主要方向
- 了解弗洛伊德之后精神分析的主要方向、原理和应用
- 领会这一时期发展出的新行为主义和新精神分析的理论观点及其应用的多样性
- 利用历史知识更好地理解今天的心理学科

爱德华·托尔曼
（Edward Tolman）
1886—1959，美国人
在 20 世纪 20 至 50 年代与他人一起使用 S-O-R 模型发展出目的或操作性行为主义

卡伦·霍妮
（Karen Horney）
1885—1952，德国人
从纳粹德国移居国外；在 20 世纪 20 至 50 年代发展出基本焦虑的概念

安娜·弗洛伊德
（Anna Freud）
1895—1982，奥地利人
1922 年成为维也纳精神分析协会成员

爱德温·霍尔特
（Edwin Holt）
1873—1946，美国人
在 20 世纪三四十年代研究"摩尔反应"

1920

1930

卡尔·拉什利
（Karl Lashley）
1890—1958，美国人
在 20 世纪 20 至 50 年代研究行为和大脑

行为主义的"经典"研究受到了新的刺激

精神分析作为一种理论和临床方法得到了认可

埃里克·埃里克森
（Erik Erikson）
1902—1994，德裔美国人
从纳粹德国移居国外；在 20 世纪 60 ～ 90 年代研究个体的发展阶段

1940 年，第二次世界大战正在席卷欧洲和亚洲。一位 36 岁的教授，明尼苏达大学的伯尔赫斯·弗雷德里克·斯金纳（Burrhus Frederic Skinner），坐在火车上去芝加哥参加会议，他正在思考这次战争给美国带来的威胁。这时，他注意到一群鸟儿飞翔而过，一个念头闪过他的脑海：一只鸟儿可以为导弹导航，使其投向敌军的飞机吗？这不是一个愚蠢的幻想。斯金纳在他的实验室里已经训练了鸽子按按钮，甚至弹一首简单的钢琴曲。但是，我们能教会鸽子为导弹导航吗？回到他在明尼阿波利斯的实验室后，他买来好几只鸽子试验他的想法。他觉得他可以训练一只与转向装置连接的鸽子去啄几英寸之外的纸靶。然后，这些鸽子被训练参照航拍照片去啄靶子上的十字准线。现在，斯金纳假设在真实的战争环境中，鸟类敏锐的视觉可以帮助飞行的火箭瞄准真实的目标。如果火箭偏离了目标，这只鸟儿移动的脖子就会引起转向运动，从而使火箭又回到正确的轨道。斯金纳立即申请资金用实验方法检验他的想法。最后，联邦政府的高级专家对他这个可能很重要的防御项目表示感兴趣。

大约在同时，美国战略情报局（一个新的情报部门）要求心理学家亨利·默里（Henry Murray），他曾经是哈佛大学心理门诊的主任，对德国的独裁者阿道夫·希特勒创作一幅心理画像。情报专家希望更加了解这位德国领导人的人格，了解他的弱点和其他行为倾向。像同时代的许多其他精神病学家和心理学家一样，默里也已经

应征入伍。他和他的同事收集并分析了来自多渠道的信息。他们递交了一份详细的精神分析报告，描述了希特勒的狭隘、嫉妒、攻击和轻蔑等特征。默里在报告中总结道：希特勒已经变成了夸大妄想狂——坚信自己具有绝对的优越性。默里还预测希特勒在未来会越来越没有安全感，并且会越来越残暴。他同时也表示希特勒可能会选择自杀（实际上发生于 1945 年）。在这份分析报告的结尾，默里建议美国与其同盟国如何加强反希特勒的宣传，从而摧毁他在德国人民心中的形象。

B. F. 斯金纳举世无双地集研究者、工程师、作家与公众人物等品质于一身。

斯金纳和默里分别代表了行为和动机研究的两种不同的取向，但是他们都试图为自己的研究找到实际应用。

资料来源：Skinner（1960），Bjork（2003），以及康奈尔大学法学图书馆（http://library.lawschool.cornell.edu）。

1936 年，安娜·弗洛伊德出版了《自我与防御机制》(*The Ego and the Mechanisms of Defense*)；建立了儿童精神病学

1941 ～ 1944 年，B. F. 斯金纳进行了"鸽子实验"；1944 年建造了空气摇篮

1948 年，斯金纳出版了《瓦尔登湖第二》(*Walden Two*)

行为主义成为心一种主流的心理学取向

精神分析占据了精神病学的主导地位

B.F. 斯金纳
（B. F. Skinner）
1904—1990，美国人
1938 年出版了《组织行为学》(*The Behavior of Organisms*)

1940

海伦妮·多伊奇
（Helene Deutsch）
1884—1982，奥地利裔美国人
1944 ～ 1945 年出版了《女性心理学》(*The Psychology of Women*)

1948 ～ 1990 年，B. F. 斯金纳在哈佛大学教授行为主义

1950

1970

1971 年，B. F. 斯金纳出版了《超越自由与尊严》(*Beyond Freedom and Dignity*)

11.1 行为主义进一步的发展

正如过去对果蝇的研究为理解基本的染色体结构提供了极大的帮助，动物研究似乎对理解人类行为也很有帮助。20 世纪第一个 25 年到 20 世纪 60 年代，相当多的实验心理学家接受了这个观点：对于动物的基础研究（尤其是白鼠实验）能够为人类行为的基本过程提供重要的洞察。老鼠被认为是"模范动物"。作为实验材料，它们价格便宜并且相对容易照料。研究老鼠的心理学家能够比较精确地测量它们的行为和学习过程（Logan，1999）。行为研究中测量的精确性是吸引很多新学者的一个鼓舞人心的因素（Munn，1933）。这些研究者相信他们的行为测量和脑生理学中的新发现，不仅能帮助他们描绘出简单反射的一般机制，而且能够描绘复杂反应的一般机制。

桑代克、华生、巴甫洛夫和其他学者为进一步的行为研究提供了牢固的基础。他们的追随者都同意行为主义的主要原则，但是这些人解释它的方式又各不相同。他们也常常被称为新行为主义者，尽管他们当中没几个人希望接受这个单一化的标签。除了他们之间的差异之外，至少有两个主题统一了新行为主义者：他们对行为的客观测量之可能性和必要性的强烈信念；他们对简化论者的信念的支持，认为心理学是一门研究行为和条件作用的科学。

有些研究者在其中脱颖而出，因为他们在行为主义的主流假设中补充了一些很有价值的理论和实践创新。

11.1.1 行为科学的实践

人们对条件作用的研究还在继续，许多研究者追求可以用于教育和治疗的实际结果。玛丽·琼斯（Mary Cover Jones，1897—1987）因为她研究治疗婴儿恐惧中的条件作用而变得知名。她的名字经常与著名的"小阿尔伯特"实验一起出现，这个实验是由约翰·华生和罗莎莉·雷纳（第 7 章）一起做的。这个实验说明了，恐惧反应如何能够在实验条件下被制造出来。琼斯的目标则不一样：她希望消除 3 岁儿童身上既有的通过条件作用习得的对兔子的恐惧。通过每当"可怕的"兔子出现时，就呈现愉快的刺激（食物），这样恐惧就逐渐消退了。她创造了一连串的条件作用的反应。首先，儿童原本存在恐惧反应，接着出现了耐受性；此后，恐惧反应被消除（Jones，1924）。在后来的生涯中，琼斯在加州大学伯克利分校工作，她聚焦于青少年心理学，并针对青春期身体早熟和晚熟对行为的长期影响进行了一系列研究（Jones，1957）。她的研究为行为治疗奠定了重要的基础，这种疗法是当今最受欢迎和最有效果的疗法之一，尤其处理情绪问题方面。在过去 30 年里，许多临床心理学家在研究恐惧消退的问题及其治疗应用时，运用了她的思想观点（Myers & Davis，2002）。

有些心理学家总的来说支持行为主义，但是希望改变它的关注点。例如，先后在哈佛大学和普林斯顿大学执教的埃德温·霍尔特（Edwin Holt，1873—1946），指责华生和巴甫洛夫的方法是行为取向的"元素主义"和简化主义，因为他们几乎只关注个体的反应。霍尔特说，实际上，行为是多种多样的，必须被理解为许多动作的一个复杂整体。霍尔特提出了**摩尔反应**（molar responses）的概念。为了对一个情境做出反应，人类和动物都必须去解释它。反应需要时间，是因为反应需要解释。"解释"的概念象征着与传统行为主义的背离，后者普遍忽略了目的或目标的概念。霍尔特的观点在他的许多追随者中得到了支持。爱德华·托尔曼就是霍尔特的学生之一。

1. 目的行为

爱德华·托尔曼（Edward Tolman，1886—1959）作为科学家和普通公民为自己赢得了声誉。在 20 世纪 50 年代早期，他拒绝签署当时许多企业和机构接受的效忠宣誓——这是一种对美国国内大量存在的反共运动的顺从反应。托尔曼不仅认为他不应该向政府宣誓，因为这违背了他作为公民的法定权利，而且他还认为任何忠诚宣言都违背了作为一个学者的学术自由。当有关部门向他施加压力时，他竟将此案告到加利福尼亚的最高法院，并且赢得了胜利（*Tolman v. Underhill*，1952）。因为这个和其他一些原因，托尔曼的名字和成就被留存于心理学史中。他丰富并延伸了行为主义最初的思想，并且赋予了它们新的活力。

托尔曼早年接受过工程学的训练，后来对心理学产生兴趣。他在哈佛大学学习心理学，并去德国留学（正如你记得的，当时德国是最受心理学家欢迎的研究圣地）。1915 年，在他获得博士学位之后，托尔曼成为华生行为主义的早期追随者和热情的促进者。然而，就像科学理论中经常发生的一样，托尔曼对华生的行为主义基本原理有许多不满的地方。他提出了一套新的原理，他和他的支持者都相信这个新的原理代表了对原始理论的提升和加强。作为加州大学伯克利分校心理学的教授，托尔曼偏离了华生经典行为主义的传统观点。评论者经常称托尔曼为目的行为主义者，他的观点被称为**目的或操作性行为主义**（purposive or operational behaviorism）。

那么，托尔曼的行为主义的本质是什么？他认为，当老鼠或猫按按钮或者穿过迷宫时，它们的行为不只是对某些刺激的机械反应。在动物的行为中一定有什么东西使它的行为、运动朝向某个目标。这个东西是一种驱力，它位于动物机体内部的某处。古典的"精神"心理学总是认为存在主观的意象或目的。然而，托尔曼对"意象"或者"意志"这些概念没有兴趣。他希望使用行为法对维持行为的因素获得全新的理解。他想找到行为主义精神中可测量的变量。

他以挫折为例发现了这些变量。想象你正面临着一个障碍，它就发生在现在：你正试图输入密码进入一个网站，不幸的是，你的运气很不好，尽管你记得许多密码，但你不知道哪个是对的。尝试了几分钟之后，你变得更加受挫。因此，你开始更努力地寻找正确的密码。你检查了智能手机中储存的文件，你试图在桌子上某个地方找到一张写了密码的便利贴。与此同时，你的挫折感并没有消失。挫折是什么？我们能看到它吗？不能。但是，我们完全可以使用操作性术语来描述它，它是由于不能达到目标

而导致的一定程度的紧张。为了实现你的目标，你花费的时间越多，或者不成功的尝试越多，你的挫折感就会越强烈。尽管挫折导致了令人不快的情绪，但它在一段时间内继续指导你的行为。

托尔曼建议将传统的 S → R（刺激 – 反应）模型扩展为 S → O → R，其中的"O"代表了有机体内部可测量的过程变量。这些变量包括遗传性（有些动物或个人具有某种天生的能力）、年龄（例如反应强度可能随着年龄而下降）、过去训练的品质（有些人发展出了特定的习性）、刺激的特点（反应取决于各种各样的信号），以及有机体的驱力。托尔曼相信心理学的任务是研究这些变量之间的函数关系，正如他在其著作《动物和人的目的性行为》（*Purposive Behavior in Animals and Men*）中写描述的（Tolman，1932）。通过研究老鼠，托尔曼试图表明动物能够以灵活的方式来学习——它们未必总是形成由环境刺激引起的自动反应。托尔曼还使用从格式塔心理学借来的原理来描述潜在的学习。他表示，动物能够学习刺激之间的联系，而且这种学习不需要借助任何生物学上的重大事件（见图 11-1）。

图 11-1　托尔曼对传统行为主义"公式"的修正

托尔曼提出了**认知地图**（cognitive map）的概念，从而与传统行为主义渐行渐远，他后来得到许多心理学家的支持（Tolman，1948）。这个术语代表了个体对其经验中的特定元素进行编码、存储、回忆和解码的过程。它不仅仅是对某个生动事件的记忆。认知地图代表了一个整体的模式，这个模式指导个体基于许多以前学到的模式做出行动。托尔曼和他的追随者相信，认知地图的概念能够解释许多不同的心理现象，无论是学习障碍还是个人偏见。托尔曼为认知地图的概念寻求实际应用。例如，通过让一个学生形成新的认知地图（或者学习策略），老师就可以克服许多基于旧有认知地图的学习问题。与之类似，如果个体从不同的视角看待他们先前对社

会群体的认识，他们就能够克服自己的偏见。这种新的视角将会变成一个新的认知地图，并且会在新的行为中体现出来（Tolman，1948）。

托尔曼的工作影响了全世界的心理学家。他对认知地图的研究被人们用来研究态度、价值和偏见。托尔曼希望心理学能够应用于现实的社会问题和个人问题。除了许多学术著作之外，他还写了一本名为《战争的驱力》（Drives Toward War）（Tolman，1942）的书，他在书中分析了人类的暴力倾向。他一直是一位专注和谦逊的学者。比如，在1937年，作为当时的美国心理学会主席，他在一次公众演讲时说道，尽管心理学有了显著的进展，但它还无法准确地预测迷宫里老鼠的行为；因此，心理学更不太可能被用来解释和预测人类的行为（Clifford，1968）。托尔曼并没有感到不高兴。作为一名踏实的研究者，他只想证明心理学能在多大程度上夺回自己的名声。

2. 大脑和行为

许多行为主义的追随者不仅在对老鼠行为进行实验的实验室寻求新数据，还在生物学和生理学领域寻找新的数据。卡尔·拉什利（Karl Lashley，1890—1958）曾经是华生的学生和追随者。受到行为主义主要原理的鼓舞，他将自己的一生奉献给了对动物行为的大脑机制的研究。他的工作包括研究大脑对感觉接受器的调节和运动活动的皮层基础。他研究了许多动物（包括灵长类），但他主要的工作是测量老鼠在精确量化的诱发型脑损伤前后的行为。他去训练老鼠完成特殊任务，在此之前或之后，他会切除老鼠大脑皮层中的特定区域。皮层损伤在知识的获取和储存中产生了特殊的影响。他对心理学的主要贡献是他提出的关于行为反应原则的理论（Lashley，1929）。他表明，大脑皮层的功能并不是负责不同行动的不同中心的组合，而是一整套机制。他的实验揭示，如果大脑的某个部位被损伤，其他部位可能会发挥损伤区域的所起的作用。这些观点比华生的立场更向前迈进了一步，因为拉什利强调大脑的复杂性以及它在反射形成中的特殊角色，而这是华生所忽视的。

3. 行为主义和物理学

克拉克·赫尔（Clark Hull，1884—1952）发展出一种使用严格的数学和物理方法的行为取向。赫尔可能是精神分析师阿尔弗雷德·阿德勒的"标准"被试（回想一下他的心理补偿的观点）：年轻的赫尔身体非常不好，但是他的苦难没有将他打倒，他克服了重重困难，并成为一名享有声望的科学家。1918年，他获得了威斯康星大学心理学博士学位，在这里担任了十年教授之后，他去了耶鲁大学。他的兴趣十分多样，例如，从烟草对行为的影响到催眠和暗示（Hull，1933/2002）。但是，他主要的研究兴趣在对行为进行测量和解释的客观方法。他在耶鲁大学开始使用老鼠进行试验。受到巴甫洛夫的启发，他也研究条件作用，并且希望证明基本的条件作用原理可以解释人类最复杂的行为（Hull，1943）。他相信，所有的心理学研究都统一在对行为进行客观测量的原理之下。

这显而易见是一种简化主义的方法。赫尔试图将人类存在的每个方面都简化为机械的和物理的术语。当他把人类比作超凡的机器时，他并不害怕受到批判。他强调虽然"机器"只是一种比喻，但机器和人类身体运转所依据的基本物理原理是相同的（Hull，1935）。在他看来，行为是一种对环境状况进行不断适应的过程。如果是适应具有威胁性的情境（例如，缺少食物），那么有机体就处于一种需求状态。这种状态产生了一种驱力，激发出个体寻找食物的行为。当个体找到食物时，这种需求就被满足了。有机体不断产生激发行为的驱力，并且最终降低需求。驱力的强度是可以测量的。有三个因素会影响驱力，分别是：强化物数量，需求剥夺的强度（用剥夺时长来测量），刺激物的激励价值。那么学习是怎么产生的？如果一个有机体通过降低驱力来回应刺激，那么这个反应就有可能被保留和重复。强化可以被界定为减少一种基本需要，而增加强化物的数量可以加强刺激 – 反应的联结（或习惯强度）。

赫尔还相信，数学和逻辑学这两门学科可以帮助设计实验并对其进行解释。在对行为进行实验研究时，一位科学家首先应该确立研究假设或者一个不需要额外证明的命题。接下来就是使用这个假设提

出一个可验证的观点。然后再进行试验来支持或者
否定这个观点。最后，这位科学家可以再检验最初
的假设。这种方法常见于今天的心理学。

全世界的许多学者都成为行为主义的热情支持
者。例如，在美国和中国两地工作的郭任远（1898—
1970）是行为主义方法的一位充满激情的追随者。比
如，他批判了心理学中对本能（instinct）这个词的使
用，他更喜欢将本能解释为伴随着成熟的行为变化
（Blowers，2001）。在一个实验中，他把小猫和老鼠放
在一起饲养，这样猫就不会像往常一样追逐和捕杀老
鼠了。他想要证明所有的本能行为都是习得的反应。

11.1.2　B. F. 斯金纳的行为主义

然而，20 世纪中期最为瞩目和最多产的行为主
义拥护者是伯尔赫斯·弗雷德里克·斯金纳（Burrhus
Frederick Skinner，1904—1990）。他同样是 20 世纪
最卓越的心理学家之一。他的理论和应用引起广泛的
支持、激烈的争论和批判的反应。今天，他的名字经
常出现在全世界的通俗读物和学术期刊当中。斯金纳
的观点常常被简化和误解，这种现象常见于有争议的
理论。尽管他延续了由约翰·华生开启的实验和理论
研究路线，但斯金纳比他杰出的前辈更进了一步。

▽ **网络学习**

在同步网站上阅读 B. F. 斯金纳的个人传略。
问题：斯金纳对他的孩子做过实验吗？

斯金纳生于宾夕法尼亚州的一个小镇，在大学学
习哲学和文学。他想成为一个作家。然而，斯金纳

很快放弃了这个计划。当他进入哈佛大学攻读硕士
之后，他决定成为一名科学家。他选择了实验心理
学专业，并开始在实验条件下研究动物的行为。在
他漫长且多产的学术生涯中，他在美国好几所大学
工作过，其中包括明尼苏达大学和印第安纳大学。
1948 年，他回到哈佛大学担任教授直到退休。但是，
即使在真正退休之后，他仍然积极参与研究和写作。

有一些理论对斯金纳的研究产生了影响。他接受
了德国哲学家恩斯特·马赫（Ernst Mach）的观点，
即科学已经演化为一种实用的工具，因为人们为了
生存需要做出必要的调整。在斯金纳看来，科学和
技术都是有用的适应工具。斯金纳还喜欢雅克·洛
布（Jacques Loeb）的向性理论（theory of tropism），
这一理论强调研究整个有机体的重要性，而不是只
研究它的反应（第 7 章）。在其教育事业的早期，斯
金纳相信科学家不仅有权利观察现象，而且有权利
去使用和控制它们。他是一位乐观主义者。根据斯
金纳的观点，心理学家有权利影响人们的生活并使
其生活得到改善。尽管他相信科学家有能力改善社
会生活，但在其大部分职业生涯中，他并没有公开
地大肆谈论美国国内政治，而是对其敬而远之。

两个主要的兴趣影响了他未来的研究方向。一个
是行为主义，他相信心理学作为一门科学应该建立
在量化研究所获得的科学事实之上；另一个影响则是
他超常的手工技能。

1. 延续华生的传统

1928 年，当斯金纳还是哈佛大学的研究生时，
他就已经对行为主义感兴趣了。由于受到勒内·笛卡
儿和约翰·华生的思想的影响，再加上伊万·巴甫洛

夫关于反射的著作于 1927 年被翻译成英文，斯金纳开始深信精确地测量行为是他想要迎接的挑战。虽然对巴甫洛夫的实验程序印象深刻，但是斯金纳朝着不同的方向前进：他认为心理学家在实验中不必如此依赖生理机能（请记住，巴甫洛夫收集唾液），相反他们可以关注外显的行为。他对于大脑"内部"在发生什么并不感兴趣，他感兴趣的是对行为进行描述。

作为一个男孩子，斯金纳喜欢自己动手制作东西。年轻的时候，他发展出了非凡的工匠技能。他经常设计和制造一些东西，从玩具到小家具和家居电器。这些技能在他制造自己的实验设备时起到了作用。一开始，他研究了小松鼠的行为，想看看它们是怎么出现顿悟的：他试图为科勒的猿猴研究找到进一步的证据。从松鼠转换为老鼠之后，斯金纳意识到其他研究者使用的典型的老鼠迷宫对他来说并不够好：他不能精确地测量动物在迷宫里的行为。为了能够精确地进行测量，他还需要一些简洁廉价的东西。他知道，只要他能够制造一个合适的测量装置，他就能够精确地测量行为。

他开始设计带有通道、小洞或压杆的箱子，研究老鼠对不同实验条件的反应。其中一个装置非常成功。一只老鼠被放进一个专门设计的箱子里，它在里面可以自由移动。每当这个小动物按压一个杆子（一开始是偶然的），一小块食物就会自动掉到托盘上，这样老鼠就可以吃掉它。用行为主义者的话来说，这只老鼠的压杆行为被随后立即送来的食物所强化。于是斯金纳意识到，他能够测量这个过程中的许多元素（或变量）：老鼠压杆之前消耗的时间，动物习惯养成之前重复的次数，等等。多年以后，心理学家和非专业人士开始称这个装置为斯金纳箱。但他不喜欢这个名字，更喜欢称它为实验空间。

2. 所有行为都是条件性的

使用这个实验装置之后，斯金纳很快就确信这只老鼠身上的行为没有什么是偶然的，全都是条件性的。它完全服从于自然法则，例如心跳的频率。他开始研究不同的行为强化物（reinforcements），他从巴甫洛夫那里借用了这个词。但是，他和巴甫洛夫之间有一个

本质的区别。在那位俄国生理学家的研究中，那只狗建立了这样的条件反射：当这只狗静止地站在实验台上，这时候出现某种刺激，它就条件性地分泌唾液。而在斯金纳的实验中，动物可以在箱子里自由移动，这个条件对它们来说是更"自然的"。老鼠通过完成特定的目标而建立它们的反射，比如在按下按钮之后获得食物。它们很快就了解了自己行为的结果——奖励或者惩罚紧接着特定的行为而至。这种学习的类型被称为**操作性条件反射**（operant conditioning）。操作性这个词有许多不同的含义，但在斯金纳的观念背景下，它意味着行为带来效果。箱子里的老鼠按下按钮（一个行为），然后食物就如期而至（一个效果）。

动物和人都要面对他们行为的后果。人们行动，然后看到他们行为的结果。他们如何从这种经验中学习呢？外部条件和行为之间有什么关系？在过去，许多学者问过这个问题，并且提供了个人的实验程序去验证自己的假设。举个例子，桑代克曾经记录动物从迷箱中逃脱所花费的时间；巴甫洛夫曾经测量唾液的数量从而判断他的实验狗的反射。斯金纳的实验也让他可以精确地改变实验变量——例如，小食物球的数量或者强化物的频率。能够处理实验条件的可测变量以及接下来的反应，几乎是每个实验者的梦想。

斯金纳提出了**强化程式**（schedules of reinforcement）的观点，也就是指涉及不同强化频率和次数的条件。通过改变不同强化程式的条件，斯金纳能够测量被试的行为反应。例如，在一个实验开始时，老鼠只要按压按钮就能获得食物。接下来，无论老鼠按多少次按钮，斯金纳只会间隔一分钟投食一次；或者在老鼠连续按了三次按钮之后他就投放食物。现在，他可以准确地测量实验动物的行为了。

在 1928～1930 年之间，斯金纳使用老鼠进行了很多次实验。他并不研究单独的反射或者肌肉运动。他希望研究那些受到多重可测量因素影响的动物行为。在 20 世纪 30 年代发表的几篇文章中，他表明一个动物看似自发的行为——回想格式塔心理学对顿悟的研究，事实上，几乎完全是由其强化条件所决定的（Skinner, 1938）。这种行为的强化条件之间的关系，对斯金纳而言似乎是普遍的行为法则（Skinner,

1965）。反射的内在成分——大脑机制或者其他因素，无法再吸引斯金纳。他将反射描述为刺激与反应以及有机体外部其他变量之间的相关性（Bjork，2003）。

▽ 网络学习

在同步网站上阅读斯金纳对迷信的研究。

问题：他使用了哪种动物，它们发展出了哪种"迷信"反应？

---

3. 从动物到人类

斯金纳的早期主要作品《有机体的行为》（*The Behavior of Organisms*，1938）并没有从美国心理学家那里获得多少热情的评价。只有少数的行为主义科学家向斯金纳投来赞赏的目光。作为一个学者，他感到自己遭到了误解，并且没有受到充分的赏识。不过，他还是深信自己对老鼠研究的结果可以用于研究人类。举个例子，斯金纳相信，言语就是人们通过他们的行为手段进行互动的过程。人们在言语行为中既是说话者又是听者。他们使用语言影响他人的行为，又通过倾听他人的言语接受持续的强化。说话者和听者都具有强化物的属性。人们使用言语和非语言信号传达他们的意图，并且经常通过阅读获得强化。语言可以通过模仿习得，与人们学习其他行为的方式几乎一样（Skinner，1957）。

斯金纳几乎每天都在大学实验室里做实验，然后回到家在地下室里写作。他还是一个狂热的发明者和设计者，尝试将他的许多想法付诸实践。你还记得本章开头关于鸽子控制导弹的例子吗？这个不同寻常的想法后来怎么样了？一开始，几乎每个人都怀疑斯金纳的导弹计划。然而，在1941年美国珍珠港遭到毁灭性袭击之后，明尼苏达大学和一家当地企业决定赞助这个项目，想看看它是否能够带来鼓舞人心的结果。斯金纳收到5 000美元的拨款，雇了几位研究生协助他。他训练了许多鸽子一直啄一个目标。1943年的春天，他的实验吸引了政府官员的注意。斯金纳又收到了25 000美金的大笔拨款来支持他的工作。最主要的挑战是机械方面的：他需要找到一种方法，把鸟儿的运动转变为可用的信号以提供导航。另一个问题是导弹的精准度以及重新调整目标路线的所需时间。斯金纳也意识到，他必须训练他的鸽子在飞行的火箭或者导弹上发挥作用。这是一个令人生畏的任务，但斯金纳相信他会成功的（Bjork，2003）。

不幸的是，这个鸽子计划于1944年被迫流产。官方的解释是这个国家必须将资金投入在更重要且能立即应用于战场的防御研究。然而事实上，国防研究委员会的成员还是怀疑一个动物执行相当复杂的军事行动（比如操纵导弹）的能力。当时美国国内的顶级科学家正在致力于曼哈顿计划，这是一项极其复杂精细的核武器开发研究。有鉴于此，一只配备导航装置的鸟儿被安置在导弹前面的想法似乎显得有些幼稚。那些怀疑者还认为，让心理学家去掌管一项防御工程是不负责任的。斯金纳对这项事业的不幸命运感到无比沮丧。不过他仍然确信，让每个人看到他的行为研究的实际价值，只是时间问题。他相信心理学正朝着正确的方向发展，正如他所看到的那样（Skinner，1960）。

他还在进行许多其他项目。1944年，斯金纳给他第二个女儿德博拉（Deborah）做了一个恒温控制的婴儿床，正面装有安全玻璃，底部装有弹力帆布。这个箱子般的婴儿床装有"隔音墙"和窗户。它还有升温和加湿的装置，以及空气过滤器，可以控制里面的空气质量。斯金纳希望创造一个为婴儿提供安全和自由活动的婴儿床。作为一个行为主义者，他相信这个婴儿床可以为孩子创造了一个更能控制的环境，并为家长提供更多的机会去培养孩子的好习惯。

斯金纳希望他的装置能够吸引潜在的投资者和制造商。他在广受欢迎的《妇女家庭杂志》（*Ladies' Home Journal*）上发了一篇文章介绍他的婴儿床。出于商业目的，斯金纳同意为他的装置起一个吸引人的名字。一开始它被称为"子女调节器"（Heir Conditioner，好像我们可以期待这个婴儿床能够"调节"家中的子女）。后来他们选择了另一个名字——空气摇篮（Aircrib）。最后，尽管斯金纳不断尝试，但他的商业计划还是未能成功。无论是制造企业还是消费者，都对他这项发明的实用性和安全性感到怀疑。

案例参考

空气摇篮

空气摇篮是一个容易清理、可以控制温度和湿度的箱子。斯金纳发明它是为了让照顾小婴儿变得更容易。它的内部温度可以调节，空气流通也非常好。它的清洁和干燥装置简化了换尿布的程序。婴儿在空气摇篮里可以自由活动，而且可以发展许多动作。如果婴儿哭了，隔音设置可以降低噪声，但家长还是能清楚地听到婴儿的声音。对斯金纳来说不幸的是，大众并没有极度热情地欢迎这个发明。有人喜欢它，但是大多数家长对将他们的孩子放在布满电线和带电装置的箱子里感到不安。形象宣传至关重要。许多看到空气摇篮宣传片的人们立即把它想象成婴儿的一个小箱型"监狱"。甚至有律师警告斯金纳，万一婴儿在摇篮里出了什么问题，他应该负有责任。

60多年过去了。今天，许多围绕着新生婴儿的专利产品和小玩意出现了：它们使得父母的照料过程变得简单。纸尿片（1944年还没有出现）、视频监控装置、轻便婴儿床和多功能婴儿车——它们都在提醒着我们，斯金纳的想法并不是不切实际的。

你觉得斯金纳走在了他时代的前面吗？在你看来，还有哪些当代的心理学研究和项目超越了时代，也就是说公众今天还没有接受它们？

在后半生，斯金纳基于正强化的概念，发明和制造了许多学习机器。他早期发明了塑料卡片装置，帮助孩子们执行简单的算术任务、给出答案，并查看即时的结果。在斯金纳看来，查看即时的结果可以为孩子提供额外的强化，并有利于他们的学习。早期的装置比较粗糙，但它们后来变得更为精细和复杂。之后的版本，例如被称为教学卡片（Didak）的版本，得到商业生产并受到良好评价。然而，许多企业并不愿意在这个产品上投入大量资金，因为他们不清楚有多少父母和学校会购买它。在市场上还有其他类似的竞争商品，新兴的个人电脑给这个塑料装置带来了很大的竞争。你也知道这个竞争结果如何。

4. 从个体到社会

斯金纳也是一个社会设计师。他的两本书，《瓦尔登湖第二》（*Walden Two*，1948/2005）和《超越自由与尊严》（*Beyond Freedom and Dignity*，1971），让他享誉全世界，同时也引发了激烈的争论。在《瓦尔登湖第二》中，斯金纳回到哲学家和作家亨利·D. 梭罗（Henry D. Thoreau，1817—1862）提出的问题。在1854年出版的《瓦尔登湖》（*Walden*）中，梭罗展现了一种简单的生活带来的心理效果和道德收益。相应地，斯金纳则描述了一个虚构的大约有1 000人的田园社区。他们过着简单的生活，拥有共同的财产。他们的经济来源主要是农业。他们共同教育孩子。每个人每天工作4小时。人们循环使用物品，只消耗必要的东西，而且不过度生产。这里几乎没有政府，也很少有宗教。这个故事的一个关键之处在于，这个社区使用了条件作用和正强化的重要原则来实现社会和谐。斯金纳强调，数个世纪以来人类文明存在的一个问题是，条件作用的力量归属于错误的人：国王、总统和其他权威者。在大多数情况下，他们都无法胜任，他们不断滥用权力来提升自己的利益。在斯金纳创造的世界里，一旦受过训练的行为主义者来接管，他们就能创造出一个更好的人民社会。

斯金纳的观点受到了强烈的批评。那些批评者声称，这个乌托邦式的理论不过是一个伪装的企图，想要证明将政治权力移交给科学家是合理必要的，这样他们就能够使用行为主义的方法来累积自己阴险的利益。不过，在其他人看来，《瓦尔登湖第二》只是行为主义工程师（比如斯金纳）塑造的一种幼稚的文化形态罢了，他不过是一个相信条件性奴役制度的误入歧途的科学家（Jessup，1948）。直到20世纪60年代，即西方社会文化实验的年代，这本书才开始畅销。《瓦尔登湖第二》被年轻的一代"重新发现"，一些志愿者甚至尝试基于斯金纳这本书去创造一个真实的生活社区。

B. F. 斯金纳

在个体孤立无援的最初，社会总是对他进行攻击。（Skinner,1948/2005，p.95）

斯金纳经常被错误地引用，他的言论总是遭到曲解。这句特别的声明应该在其语境中进行理解。斯金纳并不是想暗示人类社会是邪恶的。他相信权力精英拥有大量的资源，可以让人们形成"正确的"反射从而得到控制，让他们成为信息或物质商品的顺从消费者。

斯金纳带来的最大冲击是他的《超越自由与尊严》一书。这本书登上了 1971 年 9 月 20 日的《时代》周刊。斯金纳写道，人们被他们对自由过于自信的信念所误导。为了解决越来越多的社会问题，包括核战争的威胁、环境问题和人口过剩，人类必须选择一条与众不同的发展路径，它的基础是行为的条件作用的原理。他认为问题并不在自由本身：过去的人类文化在没有自由的情况下也生存下来了。问题出在政府机构和社会精英对自由的定义，并且人们盲目地接受了这些定义。事实上，自由应该由科学家来定义。他们将证明人类的进化就是自我控制的一场大规模练习，这一练习应该持续下去。

在这本书出版的年代，许多美国知识分子正在要求拥有更多的自由。这本书的批判来自许多学者和哲学家，包括自由主义的拥护者诺姆·乔姆斯基和极为保守的知识分子艾恩·兰德（Ayn Rand）。他们都批评了斯金纳对人类应该追求自由所抱有的怀疑。当然，斯金纳进行了反击。他声称美国人以为自己拥有的所谓自由，只不过是一系列称作消费主义的条件反射。消费主义是破坏性的。只有当人们基于节制、理性选择和公共利益使用科学去界定在道德上"正确的"条件时，真正的自由才会出现。斯金纳想让人们从当代生活滥用的势力中解脱出来。

11.1.3　新行为主义概述

动物心理学家提出了行为主义的主要原则，桑代克、华生、巴甫洛夫等人发展了这些原则，这些原则在 20 世纪中期行为主义者的工作中找到了支持。如果你发现其中许多观点彼此有几分相似，那么你是对的。在现代心理学的教材中，这些研究者经常被称为新行为主义者，好像他们代表了"最初的"行为主义者的第二代。新行为主义者取向的一个关键特征是他们认为传统的 S → R 模型中存在中介变量。越来越多的行为主义者接受了他们公式中这个额外的认知成分的重要性，并且他们在解释行为时引入了诸如目的和目标这些概念（Staddon，2001）。

有几个原因解释了 B. F. 斯金纳在美国和全球所赢得的不同寻常的地位。第一是他对心理学作为一门学术科目持毫不妥协的态度。他在人生中相对后期才对心理学感兴趣，因此就像他自己承认的，他对旧的、传统的"精神"心理学印象并不深刻。斯金纳创造出一种只基于经验事实和数据统计的研究方法。他不重视搭建理论平台，而是使用演绎法：他想先获得事实，然后再进行解释。不像前面讨论的许多杰出的行为主义者，比如托尔曼和赫尔，斯金纳并不关注经典行为主义公式中所谓的中介因素。斯金纳像他之前的华生一样，在他的研究中排除了主观的心理元素。他相信两个关键过程——自然选择和操作性条件作用塑造了动物和人类的过去和未来。作为一位科学家，他不相信自由意志和主观意图，它们只是一个人对刺激做出的反应。人们必须适应不断变化的条件。环境筛选出成功的行为。

▽**网络学习**

在同步网站上了解更多关于行为模型在临床实践中的当代应用。

问题：什么是"习得性无助"？

在今天心理问题的行为疗法中，行为主义的原则发挥了重要的作用，包括对化学药品成瘾、焦虑和心境障碍的治疗。行为主义理论一般认为，环境（比如压力）会导致个体持续的焦虑或抑郁症状，因为它们减少了个人环境中的积极刺激的数量。我们生活中的某些条件可能会增加或者降低异常的情绪症状的可能性。基于操作性条件作用基本原则的行为疗法,对于恐惧症、焦虑症和情绪问题的治疗往往起到很好的效果(Lewinsohn, Rohde, Seeley, Klein, & Gotlib, 2003; NolenHoeksema, 1991)。

11.2　精神分析的弯道

精神分析作为一种理论与治疗方法,在 20 世纪中期继续发展演化。尽管许多大学教授对精神分析深感担忧,但还是有许多人认为弗洛伊德、阿德勒和荣格对心理学做出了革命性的贡献。甚至有些人认为精神分析往前迈了一步,走出了研究感觉、记忆或反射的传统实验心理学。在临床领域,精神分析最初是一种有争议但又迷人的治疗心理问题的取向。后来,它成为一种越来越被人们接受的治疗方法。

在 1925～1950 年,精神分析分别朝着几个方向发展。第一个与普遍的治疗和临床实践有关。第二个与弗洛伊德、荣格和阿德勒的原始精神分析概念的发展以及新理论的进展有关。第三个与精神分析在社会科学领域的扩展有关。

11.2.1　精神分析与社会

对于精神分析理论和方法的支持者来说,并不是每件事都进展顺利。多年以来,许多心理学家一直将精神分析仅仅看作一种时尚潮流。在发表于美国学术期刊里的文章中,专家们评价精神分析与以马内利教堂治愈运动类似,是一种混合了道德教育和治疗的东西:它很有趣味也令人愉快,但是注定要走向衰退(Scott, 1908)。另一些人没有将精神分析视为开创性的理论,而是将其看作一种可以用于临床实践的精致的说服技巧。还有些人保留了他们的意见,想要详细地学习精神分析之后再发表看法(Dunlap, 1920)。然而,尽管存在批判和保留态度,精神分析还是在全世界范围内引起了公众的兴趣,激发了许多年轻人去选修心理学课程。

1. 大众诉求

在 20 世纪初,很少有人能够预见 20 年后大众对精神分析的痴迷。报纸文章、杂志故事和通俗心理学书籍促成了这一趋势。在 20 世纪 20 年代,美国和欧洲的教育圈出现了一种新的潮流倾向。中上产阶级的专家、学生、教授和艺术家都想接受精神分析或者"被分析"(psyched,人们当时这么称呼)。人们开始在家庭聚会或其他非正式聚会上相互分析。那些来自弗洛伊德学派词典的词语,比如情结或力比多,进入了受教育者的词汇表中。本着美国的创业精神,一些有商业头脑的美国人注册了教育公司,并提供精神分析的速成课程。为了挣钱,他们承诺为潜在的学生提供先进的知识和进入治疗行业的大量机会;当然,在未来还会有丰厚的收入。犯罪学家开始借助精神分析来解释暴力罪犯、性犯罪惯犯和诈骗犯的行为。教育家寻求儿童隐藏的生活经历来解释学习问题或异常行为。将一个人的问题归咎于父母(弗洛伊德这么教的)、自卑问题(阿德勒所建议的)或者原型(基于荣格的理论)听起来非常有趣。讨论人类的性方面,揭露个人生活最迷人的细节,使一些杂志的销量飙升。陀思妥耶夫斯基、弗朗茨·卡夫卡、詹姆斯·乔伊斯和斯蒂芬·茨威格受到特别的关注。这些作者以他们自己的方式表现得像娴熟的"分析师"，因为他们向广大读者揭示了书中人物私密的，而且经常是奇异的甚至是禁忌的世界。这些作者发挥了他们的艺术想象力。但是，精神分析师则是医生和科学家，他们研究真实的有现实问题的人，而不是想象中的（Karon & Widener, 2001）。这帮助精神分析获得了学术声望并树立了科学合法性。

2. 金钱与地盘之争

许多专业人士转而学习精神分析，不仅仅因为它是一种有趣的理论，是一种看似有用的方法。心理学家、精神病学家、人类学家、文学评论家、新闻记者和其他专业人士逐渐发现，他们能够利用精神分析挣钱，甚至能够获得稳定的收入。这些钱来自哪里呢？首先，它来自有心理问题的付费客户。这些人有钱并且需要治疗。其他的来源则是普通消费者，他们购买书籍、期刊和杂志。他们参加收费的精神分析讲座。学生则付学费学习精神分析并提高自己的治疗技巧。在市场经济下，需求驱动供给。在某种程度上，精神分析成为一种买卖的"产品"。现在，精神分析师能够为他们的想法做广告，制造社会对他们的需求，并且创造就业机会。

在其他国家，精神分析也吸引了最初的关注与支持，但支持的原因各不相同。在20世纪20年代的苏联，一些心理学家和医生被允许创立精神分析中心，甚至收到了国家的拨款。例如，萨宾娜·斯皮勒林（Sabrina Spielrein，1885—1942），她曾是荣格曾经的病人和红颜知己，回到苏联后她希望将精神分析应用于正在发展的儿童心理学中。最初，莫斯科的政府官员支持精神分析。他们甚至认为这个由西方学者创立的科学能帮助苏联官员理解资本主义社会的所有弱点（Mursalieva, 2003）。然而，后来官方的支持由于意识形态的原因终止了：精神分析可能不适合共产主义意识形态，并且被禁止了（Etkind, 1993）。心理学家不允许去写作或教授与弗洛伊德理论有关的内容。在德国，1933年纳粹当权之后，精神分析被宣告为"犹太人的"科学，大多数治疗师被迫移民外国。

与此同时，在欧洲、北美与南美，许多精神分析的追随者开始将他们的理论假设应用于研究和治疗心理问题。治疗师成立私人诊所，这些机构出现在许多欧洲城市。临床医生出于两个目的使用这些机构：（1）治疗他们的来访者；（2）培训专业人士。1920年，伦敦成立了一家这样的诊所，并且成为培训心理健康专员的重要中心（Fraher, 2004）。尽管许多心理学家，比如美国的 J. 卡特尔，相信精神分析仅仅是一种有教养的痴迷，但它还是在20世纪二三十年代获得认可，成为一种合法的治疗方法。许多大学生将精神分析看作一门有趣的学科和有回报的职业。

然而，精神分析刚刚成为一项合法且盈利的事业，不同的专业团体之间追名逐利的斗争就开始了。观点产生冲突，行动紧随而至。一些专家指出，经典的弗洛伊德学派认为，任何有意愿的人都可以成为受训的精神分析师，医学学位不应该作为一个先决条件。其他人则不同意。在20世纪20年代的欧洲和美国，曾有控诉执业精神分析师不具备医学学位的法律案件。更有甚者，一些国家（包括美国）的专业医学组织采取了一种狡诈的法律策略。他们同意接受精神分析作为一种合法的治疗形式，对此他们最初是持反对意见的。他们设定了一个重要的条件，即选择从事精神分析的个人不得不申请医学执照。作为结果，医疗机构可以限制从事精神分析的个体的数量。这个方法大大减缓了行业竞争的形势。

分析师群体本身也想限制精神分析从业者的数量。行业整顿的需求日益增长。举个例子，1926年6月，纽约精神分析协会出于医学目的，限制只有受过训练和得到认可的医生才可以使用精神分析。与精神疾病有关的心理学知识变得医学化，在这种氛围下（第10章），针对精神分析的争论加剧了医师和心理家之间的裂缝，前者要求进行约束，而后者想要更多的自主选择。医生继续赢得法律案件的胜利，这样确保了更少的心理学家和其他非医学专业人士进入竞争。这是一场持续的势力范围之争，为了金钱、工作岗位、津贴、私人资金和政府奖励而战。其结果是，医师迫使心理学家在精神分析中扮演次要的和辅助性角色。对于临床心理学这门年轻的学科而言，幸存下来并争取自身的合法性不是一件容易的事情。尽管精神分析师赢得了这场战斗，但临床心理学家也在斗争中幸存了下来。

每个国家的环境都影响着精神分析的命运。在美国，大多数精神分析师都是医师，在医学院接受教育并且获得执照。医师对精神分析的理论发展负主要责任。

11.2.2 理论扩展：自我心理学

弗洛伊德学派经典理论的修正仍在继续。新一代的追随者接受了它的基本观点，即婴儿期的冲突会影响成年的经历。他们也认可在心理治疗中应该识别出这些冲突。在此之后，他们的观点和兴趣就有所不同了，出现了好几种趋势（Fairbairn，1963）。有些精神分析师专注于对自我的分析。他们承认无意识的驱力形成于童年早期。然而，分析师并不去揣测这些驱力，而是将来访者看作在现实生活中发挥功能的个体。正如你记得的，在弗洛伊德的分类中，自我主要代表了个体心理世界的意识部分。这个新的研究领域被称为**自我心理学**（ego psychology），它关注的是自我与社会环境之间的互动。

在某种程度上，自我心理学是一种合理的折中，它让精神分析师在主流的大学心理学中争取到合法性。以这种新的方式，经典的弗洛伊德理论不仅能够应用于精神疾病的治疗，而且还能应用于广泛的社会与发展问题。后来对自我心理学感兴趣的心理学家强调防御和早期童年经历的角色，也强调社会文化对个人生活影响的重要性。自我心理学作为一个合法的研究领域再度引起注意（Hartmann，1958）。因为强调理性因素，它的基本原理被应用于学习、教育和测验等领域的心理学研究（Sandler，1985）。

自我心理学最重要的发现是什么呢？它从来不是一个有着明确定义的一致性理论。这个术语经常被用来描述许多不同的聚焦于自我功能机制的研究。

为了回答这个问题，我们将检视两位心理学家的工作——安娜·弗洛伊德和埃里克·埃里克森。

1. 安娜·弗洛伊德的研究

在心理学的历史中，很少有著名心理学家的子女延续他们父母的工作。安娜·弗洛伊德（Anna Freud，1895—1982）是其中之一，她是西格蒙德·弗洛伊德六个孩子中的幺女。安娜在维也纳出生成长，15岁时开始阅读她父亲的文章和书籍。她选择了教师作为自己的职业。安娜继续研究精神分析，并与父亲一起参与分析面谈；1922年，她成为维也纳精神分析协会的成员，此后很多年她积极参与理论与实践工作。1938年，为了逃离纳粹的迫害，安娜和父母从奥地利移居伦敦。作为一家儿童治疗诊所——现在被称为安娜·弗洛伊德中心的创始人，她在英国工作了许多年，并赢得了许多奖项和荣誉学位。

安娜·弗洛伊德并没有活在自己了不起的父亲的阴影下。她成为20世纪最有声誉的心理学家之一，她是理论家、革新者和临床实践者。

▽ **网络学习**

在同步网站上更多了解伦敦安娜·弗洛伊德中心。看看它为研究生学习提供了什么机会。

但安娜并不是靠她父亲的名声而获得全世界的认可的。她是一名很有才华的学者、讲师和治疗师。

安娜·弗洛伊德相信，不能用解释成人心理问题的方式来解释儿童的心理问题。她认为，治疗师应该培养特殊的知识技能去理解儿童的故事并解释和诠释他们的症状。她发展出了评估与治疗儿童障碍的技术，因此对当代理解儿童焦虑与抑郁的观点有所贡献。安娜·弗洛伊德是儿童临床心理学的先驱者之一。

她最有影响力的一本书是《自我与防御机制》(*The Ego and the Mechanisms of Defense*)（Freud，1966）。在这本几乎纯理论性的著作中，她专注于自我与本我的压倒性需要以及现实施加的强力制约所做的斗争。自我的功能是调节并保护自己免受这些矛盾需求的影响。这种防御被用来保护一个人的自我远离焦虑、羞耻或者任何形式的不愉快。防御是自动产生的，并且主要是无意识的。这意味着一个人出现防御时，他根本意识不到。在观察者看来，环境和个人对环境的反应之间似乎并没有什么关系。之所以这样，是因为防御被启动去保护一个人的自我，而未必是对外在情境做出的合理的反应。举个例子，我们都知道一段严肃的关系包含了责任。为什么关系中的个体有时表现得非常不成熟，甚至很幼稚呢？行为的不成熟就是在回避责任。这个人不想去承担责任，并通过不成熟的举动来保护自我。自我的防御可以被称为**防御机制**（defense mechanisms），或者说特殊的无意识结构，可以让个体避免意识到那些令人焦虑的事件。我们如何觉察和研究防御机制呢？一位受过训练的分析师在临床访谈的过程中，或通过检视一个人的日常行为与决策能够做到这一点。没有什么实验设备或者测量仪器，分析师只需要纸笔记录他们的观察与解释（见图11-2）。

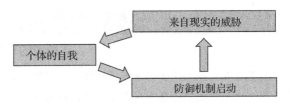

图 11-2　防御机制如何发挥作用

个体拥有特定的"保护机制"帮助他或她应对现实，这个观点获得了很好的评价。它似乎弥补了其他理论。例如，儿童心理学家或人类进化领域的专家可以将防御机制看作特殊的应对方式，它使个体能够适应不同的变化的环境。安娜·弗洛伊德赢得了许多追随者。

2. 埃里克·埃里克森的发展阶段理论

埃里克·埃里克森（Erik Erikson，1902—1994）是安娜·弗洛伊德的追随者之一，他们在维也纳相遇。埃里克森出生于德国，并在维也纳精神分析学会接受最初的培训，后来移民到美国。在美国，他的身份是精神分析从业者和教授，在好几所不同的大学教过书，其中包括耶鲁大学、加州大学伯克利分校和哈佛大学。埃里克森探索了社会文化对个体发展的影响，从而充实和发展了精神分析。

基于他对数百位病人的观察，埃里克森提出了一个理论，即所有人从生到死都会经历八个发展阶段。在每个阶段，自我都会面临一个发展的冲突或危机。如果这个危机能够被积极化解，个体的自我就会获得更好地适应从而增强力量（Erikson，1950）。但是，如果这个危机没有得到解决，个体的自我就会失去力量，而这会导致适应不良。举个例子，一个小女孩渴望逃避作业出去玩，同时又害怕家长的惩罚，

案例参考

西方的理论能在全球应用吗

埃里克森的观点让我们走近了这样一个问题，建立在某种文化基础上的心理学观点能在全球应用吗？一方面研究表明，埃里克森关于发展阶段的理论能够应用于不同的文化（Gardiner et al.，1998），而且他的观点在许多方面与印度哲学传统相一致，致力于通过洞察自我的本性而获得自我转化（Paranjpe，1998）。然而，埃里克森的发展阶段所指出的一种普遍顺序，在其他国家并非完全如此。与经济发达社会中的大多数成人不同，世界上许多地方的人们面临着非常不安全的现实。饥饿、暴力、动荡、长期的生态问题和其他灾难，经常是这些人们每天都担忧着的永恒焦点。各种不稳定的动乱带来许多不可预测的问题，这些问题的序列与埃里克森的分类中出现的不尽相同。因此，更为直接的关于"此时此地"的生存策略可能支配了这些人的生活，而不是那些与过去有关的长期内在冲突。此外，个体同一性问题可能不像埃里克森所说的在青春期就结束了。对移民到美国的人群的研究表明，同一性在许多人的成年期依旧持续发展，甚至是埃里克森所划分的阶段很久以后的时期（Shiraev & Levy，2013）。随着全球移民数量的不断增加，同一性可能在许多其生命中经历了社会变迁的人们身上有不同表现。

埃里克森假设，人们应该拥有选择同一性和信仰的自由。然而，在世界上许多地方，人们的身份和生活方式是与生俱来的。他们不得不接受某种宗教、社会地位、职业和住所。人们很少有什么选择，因此，比起那些有更多选择的人，他们从一个阶段向另一个阶段的转变可能"更顺利"。我们也有必要意识到：在一些文化中，社会成熟度与增强的独立性没有关系——不像西方社会那样，它反而与增长的依赖性有关。比如，在印度，印度教徒的自我（self）概念并不关注一个人的自主性，反而强调成为一个更大整体或群体不可分割的一部分（Kurtz，1992）。总而言之，当你将埃里克森的理论应用于特殊的文化情境时，尝试看看每种生活危机在那种文化之下是如何被感知的。我们必须去了解每个人为了解决危机，通常被希望去执行、信仰或者拒绝什么。做一个练习，讨论一下安娜·弗洛伊德的防御机制能否应用于不同的文化。例如，你能在墨西哥、中国、印度和其他国家的人们身上发现使用防御机制的例子吗？

如果这个冲突得到了积极的解决（父母允许她去做自己想做的），她就会浮现出"目的"的品德。与之相反，消极的结果将会导致一种无价值感。因此，埃里克森将健康或成熟的人格定义为一个人的自我拥有八种品德——也就是希望、意志、目的、能力、忠诚、爱、关心和智慧。这些品德相继出现，它们来自每个发展阶段的冲突的积极解决。在他看来，心理治疗就是鼓励个体培养出任何追求幸福所缺失的品质（Erikson，1968）。埃里克森的观点引起了大家的兴趣，并且在许多西方心理学家那里找到了支持。

为了更多地了解越来越多样化的精神分析，我们应该回顾几位杰出科学家的研究，这些人保留了精神分析的原始思想，但像安娜·弗洛伊德和埃里克·埃里克森一样，他们在此基础上更进了一步。

11.2.3 理论延伸：离开力比多的概念

在这个部分，我们主要关注卡伦·霍妮、亨利·默里、哈里·斯塔克·沙利文和雅各·拉康的工作，他们对20世纪中期的理论心理学与临床心理学做出了重要贡献。他们的观点对于心理学历史的重要性，在一定程度上基于对经典的弗洛伊德学派的观点的背离。其中一个主要的修正领域是力比多的概念。

1. 关于应对与发展的研究

对弗洛伊德的力比多概念的一个重要修正来自卡伦·霍妮（Karen Horney，1885—1952）。她出生和成长于德国，1913年从柏林大学获得医学学位。1920年，霍妮在柏林精神分析研究所担任要职，并且连续数年发表了许多精神分析演讲。1930年，她移居美国，在那里她继续自己的治疗工作和研究。由于接受的是精神分析框架的训练，霍妮认识到无意识冲突的力量，认识到它们根植于婴儿期和童年期，以及治疗师在治疗心理疾病过程中的作用。但是，她超越了传统的精神分析观点。

她批评了弗洛伊德的性理论和力比多概念。她否认女性的无意识冲突来源于女性的自卑感。她坚持认为，男人也会感到自卑并且嫉妒女人。理由之一是男人无法生育孩子。她还批判了俄狄浦斯情结的概念，并认为儿童与父母的矛盾关系更可能是他们特定的生活环境所致，而不一定是由性因素造成的（Horney，1950）。

卡伦·霍妮拓宽了我们对于神经症的传统理解（第 6 章），将它视为一种比大多数分析师所认为的更加常见的现象。在她看来，神经症是个体与创伤事件之间一种普遍的失调。人们追求他们的基本需要，包括情感、权力、友谊、完美、实现，等等。个体倾向于通过发展一些应对策略来满足这些需要：在某些情况下，人们向前发展；但在其他情境中，人们会避开自己的需要或者违背它们。例如，一个感到孤独的人可能会努力去找新朋友。然而，在另一种环境下，孤独可能会致使这个人发展出社会隔离或攻击性行为。霍妮使用**基本焦虑**（basic anxiety）这一术语来描述人们的孤独、无助和敌对感，这种焦虑是一个人对具有威胁性的情境的情绪反应。这些负面的情绪起源于童年期，根基是孩子和父母之间的关系。创伤事件的性质未必是性方面的。一个人对于无助或孤独的恐惧会引发焦虑，从而可能引起异常的反应，它们构成了神经症的基础。

霍妮关注影响儿童发展的广泛的社会和文化因素（Paris，1994）。作为一名学者和执业者，她格外关注女性并检视她们在社会中所面临的问题。她指出，许多与女性自尊、自信和心理稳定性有关的心理问题，可以归因于老旧的习俗和社会期望。在她看来，我们的社会鼓励女性去依赖男性并崇拜他们的力量和财富。她认为治疗可以解决男女之间的社会不平等，包括自我治疗。她是这种方法的早期创造者和推广者之一。

另一位对焦虑研究做出重要贡献的分析师是哈里·斯塔克·沙利文（Harry Stack Sullivan，1892—1949）。他生于美国，基于自己的理论研究和临床实践丰富并扩展了精神分析。他保留了弗洛伊德体系中的一些核心概念，包括强调无意识机制的重要性，重视个人早期的童年经历。像卡伦·霍妮一样，他研究了孤独及其对儿童心理发展的早期影响。他也像安娜·弗洛伊德一样，相信防御可以降低个体的焦虑，但它们经常会导致对现实的扭曲。在早期发展的过程中，儿童会发展出某些自我知觉，然后基于这些知觉来建构世界。举个例子，在生命早期，儿童会发展出**坏我**（bad-me）的概念：一种早期的觉得自己不被成人喜欢的自我意识。这种意识是后来焦虑发展的核心。然而，儿童也可以从另一个角度来看待自己。**好我**（good-me）指儿童意识到自己的某个方面能够带来奖赏，比如来自父母或其他成人的赞赏或善意。这种意识是儿童将整体自我视为良善的基础。**非我**（not-me）是指儿童意识到某些个体的特征，他或她不愿意将其视为自己生活和经验的一部分。非我被推入无意识的深处，而保持在意识之外。一个人的人格是在一系列复杂的人际关系和互动中形成的。沙利文坚持认为，人们在青春期甚至成年期仍然会发展自己的心理特质。

法国精神病学家和社会科学家雅各·拉康（Jacques Lacan，1901—1981）通过研究儿童同一性的发展，为精神分析做出了进一步的贡献。他保留了弗洛伊德学派的一个主要假设：人类来到这个世上，带着需要不断被满足的基本需求。然而，他人（other people）在这些需求的发展过程中充当重要的角色。在生命早期，我们学会渴望事物，不是因为我们需要它们，而是因为其他人告诉我们或者向我们展示他们需要这些。因此，我们生命中什么东西重要与否主要是由他人决定的。举个例子，如果他们对一个事物没什么兴趣，那么这个东西对我们也没什么吸引力。拉康是一位实践的治疗师与作者，在 20 世纪 50 年代，他的教育研讨会在法国和其他国家引起了极大的关注。

2. 测验中的精神分析观点

精神分析的主要观点影响了在临床实践中使用的测验方法。其中一个重要的贡献是由亨利·默里（Henry Murray，1893—1988）做出的。他学习过历史学、生物学和医学的课程，与荣格相遇后他对精神分析产生了兴趣。在完成他的训练之后，默里开始在哈佛大学教授心理学和精神分析理论，并在此度过了整个教授生涯。默里对心理学最大的贡献之一便是主题统觉测验（Thematic Apperception Test，TAT），是由他和克里斯提娜·摩根（Christina Morgan）一起编制的（Murray，1938）。

主题统觉测验的原始版本包括19张图片。接受测验的人被要求围绕每一张图片讲述一个故事。这些图片的内容非常抽象，因此参与测验的人有足够的想象空间。默里的主要思想是，受测者在解释图片的过程中能够揭示其特殊的心理需求，而这是很难通过其他方法识别的。默里使用**主题**（themas）这个词来描述投射到客观刺激（比如一幅画）之上的幻想意象，也就是产生的故事或解释。当一个人对自己的需求体验到一种紧迫感（一种外在影响），一个主题就被激活了，给这个人带来满足和力量感、归属感和成就感。通过研究这些主题，受过训练的心理学家能够揭示这个人的希望、愿望或者特定心理问题的真实本性（Murray，1938）。主题统觉测验受到了全球的认可，并被翻译成许多种语言。

▽ **网络学习**

在康奈尔大学档案查阅默里的作品，同步网站上提供了链接。

问题：研究使用了那些材料？

默里还因为奠定了政治心理学（political psy-chology）的基础而为人所知，这个领域研究的是政治学和政治行为中的心理因素。尽管政治心理学中的系统研究很晚才开始，大约是20世纪70年代，但默里是尝试对政治领导人进行学术分析的早期研究者之一。正如你记得的，在本章开头我们说过，莫里和他的同事们描绘了德国独裁者阿道夫·希特勒的心理画像（Murray，1943）。他们的报告是对希特勒一些已知特征的一种描述性心理考查，以及对其暴力和古怪行为缘由的精神分析式假设；然后他们再对反希特勒的宣传提出具体的建议。这种对政治领导人高度猜测性的描绘是"远程"心理侧写的最早尝试之一。这种方法从业者至今还在使用，将其作为关于某个人（例如政治领导人）的补充信息来源之一。

11.2.4 精神分析延展至社会科学

精神分析的许多观点在社会科学家那里得到了积极的回应。有些人是比较知名的。其中一个是海伦妮·多伊奇（Helene Deutsch，1884—1982），她是弗洛伊德最喜欢的学生和后继者。她先在维也纳做治疗师，1935年搬到了美国。她发表了许多学术文章，但直到两卷本的《女性心理学》（*The Psychology of Women*）（Deutsch，1944，1945）出版之后才变得知名。这本书受到了许多专业人士的关注。像卡伦·霍妮一样，她对当代社会中女性角色的观点也让人们褒贬不一。她认为女性受到无意识的驱动，渴望克服女孩注定要扮演妻子和母亲的心理缺陷。多伊奇相信女性必须挑战和克服与其生物和社会角色有关的许多情结。其中一个问题是她们无意识的受虐倾向（自己造成的疼痛与痛苦）和自我奴役。毫

知识检测

1. 埃里克·埃里克森出生于哪里？
   a. 瑞典　　　　　b. 俄罗斯
   c. 美国　　　　　d. 德国
2. 埃里克森提出的发展理论有几个阶段？

　　　　　　　a. 3　　　　　　b. 5
　　　　　　　c. 6　　　　　　d. 8
3. 谁提出了基本焦虑的概念，它是什么意思？
4. TAT是什么？

不意外，那些批判者指责这些观点，并且认为多伊奇弄错了社会不公的原因。当时大多数社会科学家都在寻找性别不平等的社会和政治原因，而多伊奇则强调心理原因。

20世纪最杰出的社会思想家埃里克·弗罗姆（Erich Fromm，1900—1980）在其作品中创造性地将精神分析、社会学和政治科学结合在一起。他的《逃避自由》（*Escape From Freedom*）［在英国的第一个版本叫《恐惧自由》（*Fear of Freedom*）］为社会心理学和政治心理学做出了重要的早期贡献（Fromm，1941/1994）。弗罗姆写道，摆脱某事或某人的影响，并不是真正的自由。要想真正的无拘无束，人类必须接受另一种自由：获得力量和资源去实现他们自己的潜能。不幸的是，许多人并不能拥抱他们的自由，因为他们无法应付自由和选择带来的无尽的不确定性。其结果是，他们设法回避自己的自由并且从中逃离。他们走向三条破坏性的道路：顺从、权威主义和破坏。当人们选择顺从时，他们通过不加批判地接受其他人的观点和行为，从而避免了自己的焦虑。人们也可能接受权威主义，对其他人和观念不加批判地进行拒绝。最后，因为社会秩序会引起的焦虑和不安，有些人转向了破坏性行为（Fromm，1947）。

弗罗姆批判了专政独裁、纳粹主义是施虐政体形式和个人自由的毁灭者。他也批评资本主义，指责人们没有能力克服消费主义和追名逐利。你可以想象一下，他的反对者一定会批评这些想法是幼稚和不现实的。

11.2.5　精神分析和犹太人

自打精神分析一出现，就有人主张精神分析是犹太人的一种文化"产品"。西格蒙德·弗洛伊德意识到了这种批判性观点，并一直否认精神分析和犹太主义有任何关系（你应该记得，弗洛伊德没有信仰自己的宗教）。但是，精神分析的创建者当中就有许多犹太人。在这个问题上至少存在两种观点。

一些历史学家相信，精神分析无论作为理论还是一场运动，实际上都根植于犹太人的文化和群体认同。对犹太人而言，20世纪早期精神分析的出现是一个文化事件，是一种自信的来源，也是集体性的自我确证。这是受压迫的人们的集体性心态的一条合适的出路（Cuddihy，1974）。直到20世纪，大多数欧洲国家还有法令限制犹太人参与公共教育、政治和社会生活。20世纪早期，俄国直接禁止犹太人生活在大城市里。精神分析的快速发展与欧洲犹太人的政治和社会解放是分不开的。许多年轻的犹太大学毕业生和医生开始学习精神分析，因为它能够为他们提供鼓舞，甚至是职业和稳定的收入。

然而，另一方面，一位有批判精神的思想家应该警告我们不要将精神分析与犹太文化做过度的联结。费希纳、冯特、詹姆斯、华生、别赫捷列夫和斯金纳都是基督徒，但我们没有理由将实验心理学定义为一种基督教文化现象。而且，在一些国家，比如英国、俄国和瑞士，在20世纪20年代前，精神分析师当中很少有犹太人（Leibin，1994；Shorter，1997）。20世纪30年代，由于种族灭绝政策，来自德国和奥地利的大量欧洲犹太移民前往北美，这批移民当中包括了许多犹太精神分析师。然而，这些精神分析师以及其他科学家和专家大部分是没有信仰的，其中有些人还是无神论者。

知识检测

1.弗罗姆相信人有三种破坏性道路：权威主义、破坏和

　　a. 贪婪　　　　　　　b. 顺从

　　c. 虚荣　　　　　　　d. 欲求不满

2.《逃避自由》这本书的主要思想是什么？

11.2.6　对精神分析的综述

大部分的精神分析师，尽管观点各异，却共享着一些基本观念。第一，他们关注调节个体经验和行为过程的无意识。他们还强调无意识因素在心理障碍中的重要角色。第二，他们重视童年的关键角色及其对个体心理发展的影响。第三，他们提出了解决病人心理问题的治疗方法并对其进行治疗。精神分析师认为，人们普遍没有能力理解他们的内在冲突，但是他们能够通过治疗来实现这一理解。这个观点深深影响了当代关于广泛的焦虑、心境和人格障碍的成因与治疗的看法（Mills，2001）。第四，许多精神分析师坚持认为，不仅个体的生活可以借助精神分析的概念进行解释，而且社会和文化现象也能如此。

20世纪中期对"经典"精神分析的主要变革发生在几个方面。首先，许多精神分析师，包括安娜·弗洛伊德和卡伦·霍妮，关注个体经历中更理性或更意识化的部分，并开始研究自我的功能。这一焦点让他们关注可以通过直接观察获得的实证数据，这使得精神分析流派在心理学中提高了声望。其次，大部分精神分析师都抛弃了弗洛伊德关于无意识冲突的性本质的假设。不仅如此，一些社会科学家开始将精神分析的观点应用到其他社会科学与人文科学领域，比如海伦妮·多伊奇和埃里克·弗罗姆。精神分析的观点走进了历史学、社会学与政治学的领域。尽管精神分析还没有从这些领域获得鼎力支持，但是它已经引起专家们对于影响社会的心理学因素的强烈兴趣。

作为治疗心理疾病的一种方法，直到20世纪50年代后期，精神分析在经济发达的国家仍然保持着它的支配地位。最终是什么削弱了精神分析的影响呢？至少有三个因素促成了这一结果。第一个因素是"药物革命"：那些能够改变大量异常心理和行为症状的药物的研究与生产。第二个因素是，基于行为矫正和其他技术的新兴和有效的心理治疗形式的出现。新型的药物和治疗方法的结合要比漫长且昂贵的分析会谈有效得多。最后一个因素是，精神分析并没有处理自身长期存在的问题：它的理论假设缺乏科学的有效性。

11.3　评价

20世纪30年代早期，苏联主管科学的政府官员公然宣布巴甫洛夫的反射理论在政治上是唯一能够解释人类行为的"正确"理论。与此同时，心理学作为一门大学学科和职业被官方废除。心理学系、实验室和精神分析诊所统统被关闭。尽管20世纪50年代一些院系得以恢复，但这个国家的心理学受到的破坏是显著的。幸运的一点是，这是在历史上关于科学家如何被迫接受一种理论而放弃其他理论的罕见案例。在大多数国家，思想交流仍然继续；行为主义和精神分析的支持者——当他们在出版物和演讲中自由地辩论自己的观点时，揭示了这些方法的优点和缺点，因此推动了20世纪心理学的发展。总的来说，精神分析和行为主义的整体贡献是什么？

11.3.1　"主流"科学中的地位

行为主义和精神分析代表了理解人类心理的两种明显不同的途径。一种路径是研究独立的和可测量的反应。这种方法的支持者宣称这些反应可以代表人类行为的复杂性。另一种方法则聚焦于深度的经验，认为存在着无法直接观察却可用来分析的内在机制。

行为主义的早期支持者相信他们的观点是革命性的，因为他们改变了19世纪的主流心理学。确实，别赫捷列夫、华生、巴甫洛夫和斯金纳希望创立一门全新的科学，或者至少是一门专注于行为的学科科目。例如，巴甫洛夫相信他的实验方法像一把探入人类生活最深处秘密的"钥匙"。与此同时，行为主义没有受到大多数心理学专家的明显反抗：对行为的研究及其客观的测量方法得到了普遍认可（Leahey，2002）。行为研究是高度量化的，并且基于复杂的实验程序。逐渐地，改善和扩展之后的行为主义成为主流学术心理学的一部分，也成为大学校园心理学教育课程的一部分。

精神分析则遭遇了有点不一样的命运。在被行为主义者质疑主观性的时候，精神分析学家公然宣称它是"科学的"，因此可以进行研究，也就是分析。意志力、阻抗、内疚和梦境，这些元素被带入研究者的视野。精神分析师开始关注神经症症状。你应该记得，弗洛伊德曾经将精神分析与考古学进行对比（第 8 章）。与考古学家一样，一位精神分析师必须专注、有耐心，并且有创造力。精神分析师首先要研究许多临床案例，然后将资料汇集，并与其他分析师的相似案例进行比较，以确定其中共同的趋势并且讨论新的证据。然而，精神分析最明显的问题之一是它不愿意改进研究方法，尤其是量化方法。20 世纪的精神分析师对对照实验和相关研究都没有兴趣。他们固执己见地远离各种统计分析，这也使得他们在大学校园里的地位江河日下，尤其是在美国（Sears，1943）。

然而，在一段时间内，精神分析掌握了医学领域的大量话语权，并成为研究与治疗心理问题的一种主流理论和方法。20 世纪 50 年代中期，美国医学院的大多数精神病学家都是精神分析师（Chessick，2007）。

11.3.2　决定论

行为主义和精神分析都是建立在科学决定论的基础上，它的基本立场是心理过程是由过去的事件决定的。甚至精神分析的早期批判者都同意它的目标是决定论的（Bjerre，1916）。出于这个原因，许多行为主义者最初对精神分析充满了热情。他们甚至试图将其翻译成行为主义者的术语。比如说，约翰·华生将无意识解释为无法到达语言水平的一种过程（Watson，1927）。华生使得弗洛伊德的观点通俗化，并促进了在实验室里对他的观点进行严格的科学检验（Rilling，2000）。在 20 世纪 20 年代，一些狂热者开始将精神分析术语转化为行为主义者的词汇。例如，治疗变成重建条件反射（reconditioning），压抑变成回避反应，情结变成条件反射（Hornstein，1992）。与许多其他心理学家一样，行为主义者也相信必然存在某种心理或精神能量，有朝一日可以被测量出来。

人类的行为和经验可以根据它们的预测原因进行

解释，这是行为主义和精神分析都捍卫的观点，这个观点也是当今学术心理学中的主流观点。

11.3.3　适应和进步主义

精神分析和行为主义都将行为描述为个体对不断变化的环境持续的适应过程。反射一词是行为的概念基础，它的基本假设是行为起到一种重要的适应性功能。这一观点延续了查尔斯·达尔文和赫伯特·斯宾塞的流行观念传统。它同时也巩固了机能主义心理学观点的基础。从行为主义者的观点看来，动物和人类养成一种习惯并不是因为他们"理解了"学习的目的。他们保留有用的习惯，是因为这样有可能确保食物、住所、愉悦或者安全。人类与动物一样，都通过不断调整他们的反射来适应变化的环境。如果这种情况是真的，正如行为主义者相信的那样，我们就可以设计出一些教育或社会程序，以促使人们养成健康的习惯和做出有效的决策。

精神分析学家也分享着这一观点：个体应该调整自身以适应内在驱力和社会约束提出的需要。心理疾病反映了一个人无法做出适应。精神分析作为一种疗法的主要目标是恢复失衡状态，或者减少由内在冲突所导致的痛苦。尽管行为主义者坚持要替换无用或不健康的习惯，但精神分析师则寄希望于引导性治疗、深层的自我理解和渐进的自我改善。而且，许多分析师扩展了弗洛伊德早期提出的建议：有必要通过改变社会来改善人性。这关乎的并不是社会革命。它的主要观点是：如果人们遇到更少的涉及性别角色的限制和社会禁忌，没有学会他们的种族和宗教偏见，并找到一些为社会所接受的表达自己攻击倾向的方式，那么他们作为人类就能够提升自己。

因为他们都相信可以通过改变社会来改善人性，所以精神分析和行为主义共享了相似的进步主义思想。正如你记得在第 5 章提到，进步主义的支持者相信有机会将科学知识应用于提升社会生活的许多方面。心理学中的进步主义也强调将知识运用到三个领域：卫生保健、教育和社会服务。行为主义心理学家和精神分析师都相信他们的科学作为一种新兴力量能够改变社会，并为人们带来关于和平和健康生活的新视野。今天的心理学扎根于同样真诚的进步主义观点。

11.3.4 跨文化的应用

行为主义的主要目标之一是建立解释行为的普遍科学原则。环境、教育条件和文化习俗，这些因素都能调节人们对刺激的反应并引导他们的行动。行为主义成为一套适用于各种文化环境的普遍原则。然而，精神分析作为一种理论和方法主要在西方文化中赢得名声。它关注的焦点是来自上层社会阶级的白人，他们受困于与童年和人际关系有关的内在冲突。尽管弗洛伊德了解在非西方文化环境中验证精神分析的必要性，但他在这方面还是没有做出多少努力（Da Conceição & De Lyra Chebabi，1987）。1929 年，印度精神分析协会的创始人兼首任会长格林德拉塞卡·博斯（Girindrasekhar Bose），就印度和西方病人在精神分析治疗上的不同给弗洛伊德写信。其中一个不同点是，印度人更少专注于性别认同，更能接受他们内在的女性特质与男性特质（Kakar，

1989）。

多年以来，一些精神分析的观点在不同的国家中接受了严格的检验（Devereux，1953；Kakar，1995）。荣格关注非西方的文化传统。现在已有一些针对非洲巫术、澳大利亚原住民的社会风俗、主流文化对非裔美国人的影响，或者佛教徒自我防御的精神分析研究（Tori & Bilmes，2002）。举个例子，一些研究表明，西方精神分析传统很难解释穆斯林群体中复杂的两性关系、南亚普遍的男性情谊（male bonding）的重要性，或者宗教认同的作用（Kurtz，1992）。批判的声音还指向精神分析作为一种治疗方法的文化适用性。许多年来，西方文化中的治疗师和来访者之间的互动原则普遍基于这一假设：病人和分析师在本质上是平等的，尽管后者在知识上具有优势。但在其他的文化环境中，往往并不是这样。举个例子，许多来自传统文化中的移民会期待治疗师给出大量的建议和直接指导，就像他们期待来自权威人物或家族长辈的指导一样（Roland，2006）。与行为主义不同，在 20 世纪，精神分析在大多数情况下仍然是一种根植于西方文化传统的心理学理论。

结　论

在 20 世纪，行为主义和精神分析逐渐成为研究人类行为与经验的主流取向。许多年来，大多数精神分析领域的专业人员都进入了临床领域并就职于医疗机构。到 20 世纪 50 年代，美国大多数精神病学家都工作在精神分析及其各个分支领域。然而，由于精神分析没有采用现代实验研究的方法和统计分析来解释治疗效果，这削弱了它在美国大学中的地位。在 20 世纪 60 年代之前，精神分析一直保持着它作为一门学术科目和治疗方法的影响力，但在这之后精神分析产生的影响衰退了。然而，精神分析关于早期童年经历的重要性、个体意识背后内在冲突的意义，以及人类能够克服自身局限的主要假设，已经成为当代心理学中广为接受的观念。

行为主义作为一个独特的思想流派，一个基于实验与数据统计分析的研究取向，最终融入了主流的学术心理学。行为主义的原理成为当代关于学习、动机、决策和治疗的理论的基础。

总　结

- 新的行为主义者（比如琼斯）相信对行为进行客观测量的可能性和必要性。他们支持简化主义者的信念，认为心理学应该是一门关于行为与条件作用的科学。然而，他们的研究确实推进了教育方法和行为治疗的发展。
- 新的行为主义取向的核心特征之一，是他们接受了经

典的传统 S→R 模型中的中介变量。越来越多的行为主义者，包括托尔曼和赫尔，在他们的公式中接受了额外的认知成分的重要性，并在他们对行为的解释中加入了目的和目标等概念。

- 与许多杰出的行为主义者不同，斯金纳并没有关注经典的行为主义公式中所谓的中介因素。像在他之前的

华生一样，斯金纳在他的研究中排除了主观的心理因素。他相信两个关键的过程——自然选择和操作性条件作用，塑造了动物和人类的过去与现在。

- 在媒体时代，斯金纳成为 20 世纪最受欢迎的心理学家之一。像许多在他之前或之后的心理学家一样，他也尝试对教育、人类社会属性、政府和社会公正进行拓展和概括，而这些做法时常引起争议。

- 在 1925 ～ 1950 年，精神分析分别朝着几个方向发展。第一个与心理治疗和临床实践有关。第二个与弗洛伊德、荣格和阿德勒的原创精神分析概念的发展以及新理论的进展有关。第三个与精神分析在社会科学领域的扩展有关。卡伦·霍妮、亨利·默里、哈里·斯塔克·沙利文和雅各·拉康在这些领域中都做出了各自的贡献。

- 尽管精神分析学缺乏实验效度，并且对事实选择性注意，但它在 20 世纪还是创造了许多有价值的观点，它们关于早期儿童经验的重要性、藏于个体意识觉知背后的内在冲突的意义，以及人类克服自身缺陷的能力的这些观点在当代心理学中被广为接受。

关键词

Bad-me　坏我

Basic anxiety　基本焦虑

Cognitive map　认知地图

Defense mechanisms　防御机制

Ego psychology　自我心理学

Good-me　好我

Molar responses　摩尔反应

Not-me　非我

Operant conditioning　操作性条件作用

Political psychology　政治心理学

Purposive or operational behaviorism　目的或操作性行为主义

Schedules of reinforcement　强化程式

Themas　主题

网站资源

访问学习网站 www.sagepub.com/shiraev2e，获取额外的学习资源：
- 文中"知识检测"板块的答案
- 自我测验

- 电子抽认卡
- SAGE 期刊文章全文
- 其他网络资源

第12章
人本主义心理学与认知心理学

我们并不了解它如何运作的细节，要理解其中涉及的细节很可能还需要很长一段时间。
——约翰·塞尔（2002, p.10）

学习目标

读完本章，你将能够：

- 了解人本主义心理学的基本原则、方法和应用
- 了解认知心理学的起源、主要假设和应用
- 领会人本主义心理学和认知心理学内部理论观点的多样性
- 利用历史知识来理解今天的心理学科

卡尔·罗杰斯
（Carl Rogers）
1902—1987，美国人
提出了以人为中心的方法；
20世纪50至80年代，将
人本主义原则应用于治疗
和冲突化解

20世纪50至70年代："认知革命"
认知神经科学揭开序幕
人工智能的研究得到发展
心理语言学获得认可

亚伯拉罕·马斯洛
（Abraham Maslow）
1908—1970，美国人
1943年提出了他的动机理论

乔治·米勒
（George Miller）
1920—2012，美国人
1956年出版了《神奇的数字
7±2》（*The Magical Number
Seven, Plus or Minus Two*）

1940

1950

罗杰·斯佩里
（Roger Sperry）
1913—1994，美国人
20世纪40至90年代
研究认知的大脑机制

艾伦·图灵（Alan Turing）
1912—1954，英国人
1950年出版了《计算机器与智
能》（*Computing Machinery and
Intelligence*）；奠定了计算机科学
的基础

克里斯托弗·诺兰（Christopher Nolan）天生患有脑性瘫痪。他不能走路，也不能说话、写字，甚至无法触摸自己的脸颊。他需要帮助才能四处移动，他的肌肉无法支撑他的身体。人们因为他的残障而对他心生同情。你在这种不幸的情境中会做什么呢？你会放弃吗？他没有放弃。尽管不能动弹且孤单无助，但他有一个活跃、敏捷和具有创造力的头脑。他那充满求知欲的头脑，逐渐吸纳了呈现在他眼前与耳边的词汇、规则、韵律和生活影像。尽管不能玩捉迷藏和踢足球，但他像正常孩子一样学习数学、科学和文学。他还开始写诗和写散文。他用一根系在额头的橡胶棒坚强地在打字机上打字，很艰难也很缓慢，有些字甚至要打好几分钟。他的小说《菩提树》（*The Banyan Tree*）花费了大约 10 年才完成。我们从他的诗中随机引用几句都能展现他天生的优雅："它天真无邪地静默生长、等待，直到她手持铁锹式的笔，用点和线的方式在上面刻上她的名字"（Nolan，1999，第 1 章）。

他 15 岁开始出版自己的作品。认可、热烈的好评和文学奖项随之而来。他对自己无法开口说出的词语运用得如此纯熟。一位评论家写道："这样的语言生根发芽，不会随风而逝。"克里斯托弗的躯体残疾关闭了他的身体机能，但他顽强的大脑继续奋斗并寻找韵律的力量，将其经验和想象的隐喻投掷进自己天赋异禀的无声世界。

克里斯托弗 43 岁时去世。人们说他的人生就是一个奇迹。

这是一个活跃的大脑不受身体残障约束的奇迹。他数以亿计的脑细胞将生理反应转变成文学杰作，这简直充满魔力。他的生命同时也是一个人本主义的奇迹，激励着成千上万遭受痛苦、不幸和霉运的人们继续活下去。比起克里斯托弗的身体障碍，我们自己的某些抱怨显得那么微不足道。他对生活的热情让我们更加充满希望。

这一章围绕着心理学晚期历史的两个主题展开，这两个看似无关的主题反映在克里斯托弗·诺兰的短片故事里。其中之一是生命的意义和激励。另一个主题关乎生理反应和大脑运算的精确度。事实上，这两个主题都与 20 世纪心理学在千年之末的两大努力方向有关。

约翰·塞尔
（John Searle）
1932 年出生，美国人
20 世纪 60 年代起研究认知的哲学基础

哲学推动了认知心理学的发展
人本主义和进步主义观点的吸引力逐渐增长
认知心理学成了心理学的一个重要分支
人本主义心理学的原则得到了广泛认可

1961 年，《人本主义心理学杂志》（*Journal of Humanistic Psychology*）创立

20 世纪 40 到 60 年代，马斯洛出版了关于自我实现的重要著作

1971 年，美国心理学会第 32 分会（人本主义心理学会）创立

1960　　　　　　**1970**

诺姆·乔姆斯基
（Noam Chomsky）
1928 年出生，美国人
1959 年批判了斯金纳关于语言的著作

1960 年，哈佛大学建立了认知研究中心

1963 年，人本主义心理学会揭牌

罗洛·梅
（Rollo May）
1909—1994，美国人
1969 年出版了《爱与意志》（*Love and Will*）；建立了存在主义心理学

20 世纪后半叶，心理学在快速变化和日益焦虑的世界里向前发展。这里至少有两个重要的全球境况我们不得不提。其一是，第二次世界大战的毁灭性影响以及随后的恢复期。其二是，两大社会和政治体系之间出现的"冷战"和日益激烈的意识形态斗争，这种斗争直接或间接地影响到科学与教育，包括心理学。

12.1 社会面貌

第二次世界大战（1939—1945）可能是迄今最具毁灭性的战争。它带走了全世界 7 000 万条生命。它带来的空前破坏导致了很长一段时间的经济和社会不稳定。欧洲与东亚，包括中国和日本，受到尤其严重的打击。许多年来，由于失业率居高不下、犯罪活动猖獗和社会问题增加，欧洲许多国家处于混乱之中。而中国的内战那时还在继续。

20 世纪 40 年代后期，各国经济开始恢复。历史学家提到，欧洲国家明智的经济政策，加上美国大量的金融援助（马歇尔计划）是经济复兴的主要原因。而美国正处于经济繁荣和社会稳定的时期。美国的高等教育也发生着积极的变化。在多年的低入学率和资金不足之后，1944 年的军人调整法案开始为退役老兵接受大学或专业教育提供政府资助。私募基金和政府税收也被再次定向支持科学和教育。因为入学人数大幅增长，联邦政府、州政府和私募基金对许多人来说更容易获取，美国的大学经历了战后的蓬勃发展。1946 年，美国国家心理健康研究所成立；1950 年，美国国家科学基金会创立。这些机构为心理学研究提供了额外的资金支持（Holliday & Holmes，2003）。

在二战结束之后的 20 年里，这个世界见证了一系列激动人心的事件与发展。虽然欧洲和北美暂时免于战争，但是许多毁灭性冲突仍然在全球肆虐。20 世纪 60 年代，殖民体系已经崩溃瓦解。对非洲和亚洲许多新独立的国家来说，殖民政策的终结对其科学与教育体系产生了新的挑战。一方面，他们都感到缺少受过教育的专业人士。另一方面，心理学领域（和其他科学领域）的专业人士感到颇有压力，一时无法将其研究投入实际应用。这当然是一项令人生畏的任务。他们也越来越认识到，从西方心理学借鉴而来的理论与方法，并不能简单地应用于特定的本土环境（Long，2013）。20 世纪 60 年代，非洲、亚洲和拉丁美洲还未实现完全的稳定与和平。发达的西方世界和大多数国家之间的鸿沟越来越大。这个时期也是所谓的"冷战"时期，在全球性的对抗中，一方是苏联和其他社会主义国家，另一方是美国及其同盟国。在 40 年的"冷战"期间，双方都投入了庞大的经济智力资源建造和发展武器。今天，历史学家对于"冷战"是否不可避免仍然意见不一。然而，如果这场全球性的对抗没有发生，数万亿美元就可以投资于科学和教育，而不是军备竞赛，这是显而易见的。

那么，这些发展对心理学这门学科意味着什么？

12.1.1 心理学和全球发展

在 20 世纪 50 年代早期，美国成为全世界教育与科学最发达的地区。在经济上，美国大多数高等院校的情形比全世界其他地方的学术机构和教育中心要好得多。在 20 世纪 30 年代以及二战之后，大量来自德国和其他欧洲国家的移民潮为美国带来了一大批受过高等教育的专家。从 20 世纪中期开始，源源不断的来自不同国家的心理学家选择在美国做研究、工作和定居。英语成为全世界通用的语言，这当然有利于说英语的心理学家：他们不需要翻译自己的文章！大部分享有声望的心理学著作如今都是英文的（而不是像 19 世纪后期那样是德文和法文的）。通信技术的高速发展、越来越多的旅行和科学家之间的国际交往，也增加了他们教育与研究的机会。心理学变得越来越全球化。欧洲心理学家（包括皮亚杰和维果斯基）的出版物在北美获得好评。通过联邦政府和私人资助的各种项目（比如富布莱特学者计划），尤其是在 20 世纪 60 年代早期——约翰·肯尼迪当政的那几年，美国的教授们可以在全世界举办演讲、推进他们的研究，并且最终招募新的学生和专业人士。

关于心理学在当代社会的角色，出现了新的有趣的争论。一方面，心理学家很清楚他们的学科需要创造、发展和改进新的科学方法。在实证主义传统的影响下，一些专家相信心理学必须主要使用实验的研究方法。在他们看来，心理学应该以科学为基础，包括数学、生物学和神经生理学。行为主义在全球范围的成功，映射的正是这种信念。不仅如此，数学和计算机科学的快速发展为心理学家既带来了新的挑战，也带来的新的机会：去使用这些数学模型和计算机科学模型；去细致地研究人类心智的运作——其中涉及了最复杂难懂的元素，即主观性元素。在 20 世纪 50 年代后，心理学从行为研究再次转向对人类思维的研究。

另一方面，其他心理学家认为，心理学除了对人类功能进行测量之外，还必须关注人类生活中相对未经探索的其他方面。当行为主义者讨论有用的习惯，精神分析师探究早期童年创伤时，新一代的心理学家转而关注人类存在的终极目的这一基本问题。他们认为心理学必须改变它的关注点，将幸福、道德选择、自我提升和同情作为其研究和实际应用的主题。在 20 世纪 60 年代早期，大量的心理学家开始强调心理学中人道主义和道德问题的重要性。关于健康关系、冲突解决和敏感性训练的团体研讨会，以及关于自尊提升的教育研讨会变得流行。这些心理学家声称，对行为研究进行数学意义上的精确化将有可能错失人类存在的本质，即对爱、仁慈、同情和幸福的永恒追求。他们研究的焦点正在转向善解人意的、友善的、持续发展的个体，人不再只是对刺激做出"反应"，而是一直在"成长"（Aanstoos, Serlin, & Greening，2000）。

许多心理学家相信他们的学科应该保持进步，追求让社会变得更美好的宏大目标。20 世纪 60 年代，西方世界发生了重大的文化变革。由于对战争、偏见和不平等的机会感到普遍不满，许多人——尤其是"婴儿潮"那一代的年轻人，向传统制度的规则和态度发起挑战。他们关注的焦点转移至公民权利和社会阻碍，包括歧视、偏见、种族主义、性别歧视和偏执。许多教授与学生都持有一种流行的观点：心理学应该为这些长期存在的社会问题提供直接有用的解决方法，尤其是教育、心理健康和个人发展等领域的问题。

12.1.2　学术传统

在主流以大学为基础的心理学中发展出了好几种趋势。逐渐地，理论精神分析被逐出大多数高等教育的学术机构。与此同时，尽管缺少实验基础，但精神分析对临床实践还是具有一定的影响力。行为主义的研究仍然吸引着新的学生和研究者。行为主义心理学家进行传统的实验研究，并提出新的和越来越精细的研究动物和人类行为的方法。儿童心理学作为一门主流学科最终在大多数教学部门得到认可。临床心理学继续寻找自己脱离精神病学后的身份认同，而后者主要是在医学院教授给医科学生的科目。

在这几种新发展的趋势中，我们在本章着重关注两个取向：认知心理学和人本主义心理学。我们为什么将这两者放在一起？就其研究途径和方法论而言，认知传统和人本主义传统显然是非常不同的。但是，它们在一个重要方面是相似的：在这两种传统内工作的研究者都从主观的视角来看待心理学。与行为主义者不同，认知心理学家和人本主义心理学家都非常关注人类认知。他们都对人类存在的"内在"部分感兴趣。

12.2　人本主义心理学

人本主义心理学作为一种理论和实践的领域，主要关注心理学中的人性维度并呼吁重新着重研究人类独有的现象——爱、幸福和自我成长。人本主义心

知识检测

1. 20 世纪 40 年代后，哪种语言成为心理学研究的主要语言？
a. 法语　　　　　　b. 俄语

c. 德语　　　　　　d. 英语
2. 20 世纪 60 年代人们对心理学的"进步"角色有什么样的设想？

理学关注长期的价值，而不是立竿见影的回报。它还关注这样的主题，比如"作为和成为某个人"，而非"占有和积聚某物"。人本主义心理学以及来自其他学科的追随者挑战了现代心理学中的实用主义、行为主义和计算取向。人本主义心理学家并不反对理性和实用性，他们只是希望能从不同的角度关注理性，这个角度根植于关怀他人、自我成长和个体经验的独特性。

人本主义的原则非常多样化和宽广，并且在心理学历史中有很深的根源。这些原则随着时间一直在扩充。几乎过去每个对心理学思想有所贡献的人都曾以某种形式提出过人本主义的观念。人本主义这个术语其实不够严密，它有好几种解释，在国外的翻译中就更加纷杂了。在考查许多现存的观点和方法时，我们首先会聚集于人本主义心理学早期发展的普遍根源。接下来，我们将考查人本主义心理学的创立原则。第一个原则是对20世纪50年代心理学界消极状况的担忧和批判。第二个原则确定了人本主义心理学家关注和未来研究的主题。第三个原则涉及心理学应用的主要领域。

12.2.1 人本主义心理学的根基

人本主义心理学的根源可见于对几种现存取向的批判性考查，特别是对行为主义和精神分析。与此同时，一些存在主义心理学家的基本思想也融入了人本主义心理学的理论。

1. 对心理学的批判观点

人本主义心理学有时被称为**心理学的第三势力**（third force in psychology），这是相对于两大主要势力和取向而言的，即行为主义和精神分析。后两种取向受到一些理论家和实践者的批判。然而，批判者的数量越来越多。他们相信，20世纪中期的当代心理学已经失去了它的主要焦点。他们坚持认为，正在进行的研究在本质上丢失了心理学的主要对象——人类。

行为主义是其批判的第一个目标。在20世纪50年代，心理学家对主流心理学越来越感到不满意，因为它对行为主义的研究、行动和决策的形成模式不加批判地接受。他们还批判道：心理学丢失了复杂的行为实验、数学公式、统计学和形式逻辑背后的主体。他们认为，那些描述个体的相关数字可以提供一些关于此人的信息。然而，这个信息是粗略的，因为它无法描述这个人复杂的内心世界。当然，行为主义者不同意这种观点。他们声称，行为主义作为心理学的"第一势力"，已经在实验研究中展示了学习的巨大力量以及环境在人类生活中的塑造作用。在本质上，我们作为人类是复杂的"产品"，我们的行为由基因组预先决定，并由不同的环境条件加以塑造。这一广为接受的说法，并没有满足许多相信个体拥有塑造自己生命的力量的心理学家。而且，行为主义几乎忽略了意识，忽略了许多与感受和挣扎着的个体"内在"世界有关的信息。

精神分析是攻击的第二大目标。精神分析作为心理学的"第二势力"，主要关注异常的心理现象。个体必须通过与分析师对话、自我探索和持久的心理努力来处理它们。事实上，心理学中许多人本主义议题的支持者都是精神分析出身的，他们可以被称为"第二代"精神分析师。然而，作为精神分析师，他们也承认精神分析过分强调无意识过程的重要性，同时贬低了意识、目的行为的意义。个体在许多强调创伤性无意识经验的精神分析理论中显得不堪重负。人们在寻求自己的力量和新的资源去对抗过去的"恶魔"时，表现得像极其无助的病人。

人本主义心理学家挑战了行为主义和精神分析，他们强调个体的责任、自由选择和智性自由，认为它们是引导个人生活的基本人类力量。这是一种非常乐观的取向，肯定了人们尚未实现的潜能所拥有的力量。在描述这些和其他潜能时，人本主义心理学家引用了存在主义心理学的许多建设性观点。

2. 存在主义心理学与哲学

你可以将**存在主义心理学**（existential psychology）视为存在主义哲学的一个分支，后者是一门主要关注思想、意志和独立个体的学科。存在主义哲学的哲学基础源于丹麦的索伦·克尔凯郭尔（Søren Kierkegaard，1813—1855）和德国的马丁·海德格尔（Martin Heidegger，1889—1976）的著作。他们并不认为人类主要是其环境和境遇的产物，他们对这个确立的观点毫无兴趣。相反，存在主义哲学家聚焦于有行动、有希望、有意志的人类的独立思想。简而言之，每一个人的经验是悲剧性的，是独一无二的，存在主义哲学既为之庆祝，又为之哀悼。

存在主义这个术语尤其是指存在与成为（exis- tence and being）。存在主义心理学是一个折中的和多样化的研究领域，它包括了极为广泛的观点和信念。尽管存在主义心理学是许多观念的复杂混合物，但还是有几个重要的主题表明了它的特色。

第一，我们个体的存在和经验是独一无二、超乎寻常和不可复制的。我们每个人本身都是一个小宇宙。当你离开时，这里不会再有另一个"你"。这是令人可歌可泣的：我们一面庆祝自己的独特性，一面又要悲叹存在的短暂性。第二个假设强调个体自由选择和独立意志的重要性。我们做出自己的选择并为它们承担责任。第三个假设则是，我们有必要在每个人的环境、关系、情境、影响和内在力量的背景下来看待这个独一无二的实体（Binswanger，1963）。尽管这些理论原则显得有些折中且宽泛，但是它们的具体应用给人不是这样的感觉。

不像大部分存在主义哲学家认为世界是无序的、悲惨的和混乱的，存在主义心理学家更为乐观。他们同意这个世界看起来确实是无序的，我们的生命确实是很短暂。但是，总有一条路径可以让我们每个人获得自信和幸福。每个人都在寻找这条路。在我们个人成长和自我提升的过程中，这种探索可能会自然地发生。在此，人本主义心理学与印度哲学传统存在交叉，后者体现在当代印度心理学的许多方面。通过改变自我意识来完善自我，是这一传统的一个重要特征。一个完善自我的人会克服私欲、骄傲，经常远离物质世界并练习冥想，从而到达纯粹的意识状态。心理学作为一门学科证明了如何通过专注于意识和自我意识，让一个人追求纯粹的意

识状态并最终获得幸福（Rao et al.，2008，p.7）。

在现实中，许多人感到无助，因为他们受困于自己的日常生活并且无法打破习惯。通往幸福的道路就在治疗之中。事实上，存在主义心理学主要理论假设的出路就是**存在主义疗法**（existential therapy）。这种治愈性方法基于的假设是：我们作为人类，做出自己的选择并且应该为自己行为的结果和自己的感受担负完全的责任。生活经常以不那么友善的方式对待我们，但每个人还是拥有创造自己的目标并实现它们的自由。这种自由可以为我们每个人带来使命感和意义感。心理治疗师的工作是要理解人类存在的四个基本维度（身体的、社会的、心理的和精神的），然后帮助人们设定和重新设定，并最终实现他们终极的个人目标——那就是幸福。

罗洛·梅（Rollo May，1909—1994）是存在主义心理学主要代表人物之一，他是一位美国心理学家。他接受了这个基本的哲学假设：我们的生活是悲剧性的，充满了不确定与焦虑。我们总是充满担忧，因为我们所持有的对自身存在来说必不可少的基本价值观或原则，不断地遭受来自他人或环境的威胁（May, Angel, & Ellenberger, 1958）。因此，我们总是寻求防御焦虑的方法，在自我中心或冷漠无情中寻找心理庇护：我们要么忽略他人的利益，要么放弃追求自己的梦想。罗洛·梅鼓励人们重新发现相互关怀的重要性，将其作为减少焦虑和消除冷漠的一种途径。他还教导人们去接受某些焦虑来源，比如死亡。一个人对死亡的意识，对生活而言是必不可少的。接受死亡这种存在的必然性，要好过为它担心害怕（May, 1969）。然而，他相信，只有人们所面临的生活困境得以管理和控制时，他们才会获得喜悦和自由（May, 1967）。

总的来说，由于清晰地意识到行为主义和精神分析的缺点，人本主义心理学家鼓励他们的同事转向心理学最应该研究的重要问题：人类存在的意义。人本主义心理学家假设：如果心理学家能够转向这一主题，他们最终能够为人们提供一条阳光大道，通向更为多产、快乐、和平和人道的存在状态。寻找并诠释这条道路便是心理学的终极任务。

12.2.2 人本主义心理学的原则

简单地说,人本主义心理学将个体看作独一无二的人。人本主义心理学家自身常常持有这样的价值取向,他们对人们及其自我决定的能力秉持有希望和建设性的观点(Association for Humanistic Psychology,2001)。尽管受到多方面的影响,人本主义心理学主要基于几个理论原则。它使用了一系列特殊的方法去收集、分析和解释信息。关于如何应用这些知识,它通常也会给出一致性的建议。这就是为什么它在心理学史中常常被称为一种思想"流派"。人本主义心理学的大部分应用在于临床实践和教育领域。让我们逐一讨论这些要点。

1. 开始之初

20世纪50年代,人本主义心理学这个词开始出现于出版物和演讲中。一些心理学家、精神病学家和教育家十分担忧主流学术心理学中有问题的发展趋势。正如你记得的,根据这些忧心忡忡的批评家的观点,这个问题在于:心理学正在逐渐失去其真实的人类语境。对他们来说,人类存在中那些迷人的、刺激的、争议性和鼓舞人心的成分,在描述习得性反应和防御机制的理论和专业术语中似乎消失不见了。为了扭转这个消极的趋势,这些批判者相信他们至少需要采取两个步骤。

第一步:他们希望巩固自己的队伍并获得其他心理学家的支持。他们需要一个富有效率的专业协会。20世纪50年代后期,一群美国心理学家,包括克拉克·莫斯塔卡斯(Clark Moustakas)、亚伯拉罕·马斯洛、卡尔·罗杰斯和其他人,开始筹建一个专门研究人本主义原则的专业协会,聚焦于人类的尊严、自由、选择、爱和自我价值。这些焦点在许多心理学家当中得到了日益广泛的接纳。

第二步:为了传播他们的观念,人本主义心理学家需要吸引专业人士和更多的受众。在网络出现之前(记住,那是20世纪中叶),学术界最好的宣传资源之一是期刊杂志。出版一份期刊并不那么容易。你必须拥有财务支持、编辑人员和营销人员。与出版有关的这些问题和许多其他组织上的问题需要花费大量的时间。1961年,《人本主义心理学杂志》(*Journal of Humanistic Psychology*)最终发行。接着,1963年,人本主义心理学协会的开幕会议在费城举行。更多的心理学家开始接受人本主义的观点,并将其应用于他们的临床实践和教学中。一个重要的发展是它在领导性质的心理学组织中获得了正式认可。美国心理学会允许它的成员发起新的协会和团体,只要这些团体得到了足够的推荐和支持。最终,1971年,人本主义心理学作为一个领域得到美国心理学会的正式认可,并且批准它成为自己的分部(第32分会)。

2. 重点

尽管人本主义心理学内部也有不同的取向和方法,但有几个基本原则是可以明辨的。第一,我们应该从整体的视角来看待人类。人不仅仅是他们的习惯、反射、心理机制或决定策略的总和。这一说法看起来并不抢眼,因为格式塔心理学早就强调过这些说法了。在20世纪60年代,你可能很难找到一位宣称人类"仅仅是几个部分的总和"的心理学家。虽然如此,聚焦于整体论成为批判行为主义的另一种方式。它传递的信息是这样的:在人本主义的研究中，我们应该关注人类存在的全部方面，而不是孤立的行为反应，无论它们有多么复杂（Bugental，1964，pp.19–25）。

第二，人类意识到他们的存在。他们还知道这一点：他们意识到自己是有意识的。这一说法直接挑战了精神分析及其关于人类经验中无意识力量的基本假设。尽管许多人本主义心理学家接受过精神分析传统的训练，并且也不是所有人都抛弃了无意识过程影响的观念，但是人本主义心理学强调要将注意力放在意识层面。这是他们的兴趣所在：有理解力的和有思想的个体，他们能够意识到自己的心理过程。

第三，人类生活在一个独特的人类背景中，他们并不受限于周围环境，比如办公室、教室或者餐厅。为了完全理解个体的内心世界，我们必须扩充自己关于个体的科学观点。我们必须探索个体的"宇宙生态"，包括其中的物质、社会、文化和精神维度。

第四，理性而有见识的个体能够做出他们的选择。他们选择自己的目标，追求梦想，实施计划以及放弃其他事情。然而，伴随这些选择而来的是个体的责任。人们会犯错误并从中学习。与批评者的一些假设相反，人本主义心理学家不相信存在不背负责任的完全自由的选择。

最后，如果人类行为通常是有意图的、深思熟虑的和目的导向的，那么人类应该会意识到自己的行为可能会引起特定的后果。总而言之，由于意识到他们的目标，人们倾向于寻找他们生命中的意义、价值和创造性。

正如你所见，总的来说，人本主义心理学的中心思想是建设性的。人们未必是刺激和环境的直接"产物"，他们也不是无意识思想指令的随从。人们在设立自己的目标和选择实现目标的方法时，他们通常是理性的和有逻辑的。人本主义心理学不仅是建设性的，而且它本质上是乐观的。虽然环境会影响我们每一个人，但我们人类拥有力量去克服这些挑战。然而，有些人尽管十分努力并且具有良好的意图，但仍然没有实现自己的目标。许多人在追随他们的目标时选择了错误的方法。这些失败造成了个体的

痛苦。持续的失败会导致持续的痛苦，这种痛苦被贴上了心理障碍的标签。幸运的是，人们可以选择专业的帮助。

3. 治疗

人本主义心理学不仅是一门理论学科，它还确立了其主要的治疗原则，目标是减轻或消除人类的痛苦。在努力将人本主义观点应用于心理治疗时，心理学家提供了一种与当时主流临床心理学颇为不同的研究治疗师 - 来访者互动的方法。这种新方法的一个主要特点是治疗师通常不重视来访者症状的病理学方面，而是聚焦于存在的健康部分以及实现康复的方法（Clay，2002）。这种方法的一个关键部分是治疗师和来访者之间的互动过程，以及完成富有成效的对话。人本主义取向的主要治疗原则是非常有包容力的。人本主义治疗师能够接纳任何用于个体的个人提升、开悟启迪和道德成长的治疗形式。举个例子，如果躯体治疗有助于来访者克服持续的焦虑或慢性疼痛，那么它就可以和谈话疗法结合起来。躯体治疗可以降低来访者持续的焦虑，因此也会使治疗对话变得更容易。为了达到深度的放松或专注，人们还可以练习各种形式的冥想。事实上，在 20 世纪六七十年代，源于东方哲学和宗教传统（包括印度教和佛教）的方法受到了热烈欢迎（Aanstoos et al.，2000）。这些方法之所以被接纳，是因为它们将自我意识、宽恕之心和寻求成长的经验置于治疗的中心。人本主义心理学无意地邀请了心理学家去探索印度及亚洲哲学和神话学的神奇世界。

4. 方法

根据创建者的观点，人本主义心理学方法主要强调个体的真实体验（Greening，1971）。在方法学上，人本主义心理学偏爱质性研究方法，而非量化程序。众所周知，实验方法存在一些缺陷，尤其是它对个体采取定形的、基于统计学的观点。相反，人本心理学家强调从整体的角度深入研究人类经验、担忧、感受和行动的重要性。这种强调并不意味着人本主义心理学家拒绝实验方法。他们只是认为，量化的

实验程序无法充分研究个体内心世界的多样性和复杂性。举个例子，有50%的病人在经历了某种心理治疗之后，他们的症状有所改善，但他们并没有谈论多少个人的感受，他们如何理解自己的症状，以及行为症状的改变是否影响了他们的整体存在。

这一思想流派中最耀眼的一颗明星——美国心理学家和人本主义者亚伯拉罕·马斯洛，他的名字和人本主义心理学是不可分割的。

▽**网络学习**

请在同步网站上阅读更多关于人本主义心理学及其各种取向和方法的内容。

问题：其中提到了多少个聚焦于人本主义心理学的教育机构？

看看它们当中是否有合适作为你研究生研究方向的。

12.2.3 亚伯拉罕·马斯洛的人本主义心理学

亚伯拉罕·马斯洛（Abraham Maslow，1908—1970）出生在美国的布鲁克林，在其职业生涯早期是一位实验心理学家，后来他在马萨诸塞州的布兰迪斯大学建立了一个研究项目。他的研究帮助他形成了自己的动机理论。马斯洛使用了德国心理学家库尔特·戈德斯坦（第9章）的研究；并且支持格式塔心理学家的基本假设，即对有机体的分析必须考虑它的整体行为以及它与环境之间的复杂互动。对马斯洛而言，动机是有机体内部发起和维持行为的一种力量。这种动机是如何工作的呢？马斯洛认为，人们受到某些需求的驱使，这些需求表明了他们的某些缺乏。例如，饥饿就是食物缺乏的一个指示器。为了消除这种缺乏，个体会选择进食，这将终止饥饿的主观体验。然而，人类明显还具有其他需求。它们未必关乎获得某些有形或物质的东西。这些需求可能涉及作为或成为一个更好的学生、体贴的丈夫、可爱的女儿、正派的人物，诸如此类。

马斯洛进一步提出，人类有许多需要，它们可以根据自身的效能排列成一个层级（Maslow，1970）。

马斯洛将这些需要分为五个层次等级：生理需要、安全需要、爱的需要、自尊的需要和自我实现。让我们逐一进行解释。一旦个体满足了某个层次的一类需要，他就能够进入下一层次的需要。因此，举例来说，只有人们满足了食物、水、住所和安全的需要，他们通常才会被催促去寻求接纳和自尊的需要。马斯洛指出，当一个人提升他的需求层次时，这个人会变得不那么像动物，而更具人性。举个例子，如果一个女人能够充分满足前四个层次的需要，那么她就能够满足更高层的需要——也就是说，实现她独一无二的潜能。根据马斯洛的说法，一旦她进入**自我实现**（self-actualization）的领域，她就会与那些仍然尝试满足基本需要的女性有了本质差别。

亚伯拉罕·马斯洛是人本主义心理学的创始人之一。他号召心理学家去关注同情、希望和善意，它们是人类存在的重要特征。

大家语录

亚伯拉罕·马斯洛

研究自我实现的人们，能够让我们更好地了解我们的错误、我们的缺点和正确的成长方向（Maslow，1968/1999）

马斯洛和他的人本主义心理学家同行常常强调，我们不仅需要研究个体的经验，还要从他人的积极榜样中学习，并将这种知识付诸实践。

自我实现中的人的生活导向是寻求"存在价值"（being-values），比如真理、善良、美、完整、公正和意义。这个需求层次的概念有些类似印度人的精神传统。举例来说，印度教将欲（kama，愉悦的行为）、利（artha，与谋生有关的行为）、法（dharma，精神责任）作为一个关键的生活指导原则的层级。不过，没有证据表明马斯洛在出版他关于动机的作品之前研究过这些概念。

马斯洛对自我实现的人们感兴趣，源于他对马克斯·韦特海默和露丝·贝内迪克特（Ruth Benedict，1888—1948）的极度敬佩，前者是格式塔心理学的先驱，后者是著名的美国文化人类学家和 20 世纪早期社会科学领域种族主义理论最激烈的批判者。在发现这两个人有许多共同特质之后，比如乐观、高效、仁慈、慷慨，马斯洛开始寻找其他拥有类似特征的人。在他为了更详细的研究而最终划分的群体中，包括了以下这些名字：美国总统亚伯拉罕·林肯和托马斯·杰斐逊、物理学家阿尔伯特·爱因斯坦、埃莉诺·罗斯福（富兰克林·D.罗斯福总统的妻子）、哲学家贝内迪克特·斯宾诺莎和阿尔伯特·史怀哲（Albert Schweitzer）、政治家阿德莱·史蒂文森（Adlai Stevenson）和教育家马丁·布伯（Martin Buber）——他们都是欧洲人或者欧裔美国人。基于他的研究，马斯洛对充分发挥机能、成熟和健康的人们描绘了一幅让人印象深刻的合成画像。马斯洛总结出自我实现的人表现出许多相似的特质，其中包括：（1）对现实有清晰的知觉；（2）对经验总是保持欣赏和开放；（3）自发性和返璞归真；（4）强烈的道德意识；（5）具有幽默感（非敌意的）；（6）有隐私需求；（7）周期性的神秘（巅峰）体验；（8）民主的领导特质（第 9 章）；（9）深度的人际关系；（10）自主性和独立性；（11）有创造性；（12）问题中心（而非自我中心）取向；（13）不容易被某种文化同化；（14）接受自己、他人和自然。

马斯洛的研究并没有免于批判。其一是跨文化效度方面的。请回想在第 11 章，我们从跨文化角度对埃里克·埃里克森的理论进行的批判性讨论。马斯洛在他的研究中关注的是个体样本，而这些样本未必能代表全球性人口。独立性可以被视为一种西方特质，它在许多文化中并没有那么显著，至少 50年前是如此。举个例子，中国人的价值层次包括了提升人们之间互联性，与马斯洛强调的个人发展形成鲜明对比。尼维斯（Nevis，1983）研究了马斯洛的需求层次并认为在社会主义的中国，人们最基本的需要之一是归属感而非生理需要。不仅如此，自我实现还可以体现在为集体而献身。如果一个人通过贡献集体的途径而自我实现，那么他就是实现了集体主义者自我实现的价值（Shiraev & Levy，2013）。

亚瑟·佩特罗夫斯基（Arthur Petrovsky，1978）研究了 20 世纪 70 年代苏联人民的价值观和集体主义动机。他发现大多数个体认为他们并不是通过自我实现，而是通过成为他们社会的一部分和分享他们的价值观来实现最大的潜能。以中国和苏联为例，社会主义的意识形态和传统主张服从与合作，而不是当时许多西方人本主义心理学家强调的自我决定（Shiraev & Levy，2013）。当然，自那以后事情可能已经改变了。研究者只选择那些符合其道德准则和自我实现概念的人们，并因此认定他们达到了自我实现的境界（Kendler，1999）。

马斯洛的观点在他那个时代是具有创新精神的。与他之前许多聚焦于临床案例的精神分析理论家相比，马斯洛通过研究健康和成功的个体从而创立了自己的理论。他在人本主义心理学领域的影响是显而易见的。而且，他没有聚集于精神疾病的症状以及减轻或消除它们的途径，而是希望理解心理健康的本质。他从一个不同的角度靠近临床心理学，他问道："心理健康意味着什么？"他的方法刺激了诸多研究的发展和数种治疗方法的诞生。其中之一是卡尔·罗杰斯所创立的方法。

12.2.4　以人为中心的方法

美国心理学家卡尔·罗杰斯（Carl Rogers，1902—1987）提供了一种所谓的以人为中心的研究个体的方法——这种方法在全世界的治疗实践中得到了广泛应用。罗杰斯心理学取向的一个原则是，

👀 案例参考

心理学家：冷静的观察者还是热情的行动者？

对于事实真相，心理学家只是有耐心和中立的观察者，还是他们会将自己的热情、价值观和观点带入自己的研究？他们应该聚焦于"是什么"，还是他们必须关注"本该是什么"？科学家的使命是反映现实，还是改变现实？人本主义心理学家经常因为他们的"激进主义"而受到批判。例如，批判者认为，马斯洛的理论不一定是对充分发挥机能的人的描述，相反，它只反映了马斯洛自己的主观价值体系。马斯洛是否混淆了伦理思考和他的研究逻辑？例如，他将自我实现的人描述为开放、现实、自发，拥有民主的领导特质，不容易被某种文化同化，接受自己、他人和自然。这是对人类自我实现的客观描述吗？或者说，它是马斯洛对我们做出的一个期许？正如批评者所指出的，也许马斯洛只是选出了他自己的英雄，并提供了他对他们的印象（Smith，1978）。批评者继续说道，他只是选择了那些满足他的道德准则和他的实现概念的人们，并因而赋予他们以自我实现者的荣誉地位（Kendler，1999）。

马斯洛（1970）承认，他对自我实现的研究和理论化缺乏严格和量化的实证科学的精确性。然而，他强烈地相信，我们有必要使心理学领域变得更加圆满——通过关注"健康和强壮之人的最强能力，以及对于精神贫瘠的防御策略"（p.33）。马斯洛想通过他的研究来鼓舞人心。而且，他坚持认为，相信科学可以不受价值观的影响这一观念是错误的；因为它的方法和程序是为人类目的而开发和利用的。

问题：尽管今天大多数学生认为心理学家应该结合研究者的严格和行动者的热情，但他们认同的程度有所不同。你会将你理想中的心理学家填在下表中的哪个位置？

1	2	3	4	5	6	7
冷静的观察者			两者			热情的行动者

他对自我实现和充分发挥个体机能的强调（Rogers，1951）。与马斯洛一样，他也将自我实现看作心理健康的最高水平。然而，自我实现并不会因为个体的渴望，它就会发生。为了达成自我实现，人们必须做出持续而有意识的努力（Rogers，1961）。具体来说，他们必须尝试向经验保持开放、充分地体验每一天、信任自己的决定、享受选择的自由、保持创造力而抛弃服从的感觉、平衡自己的需要，并抓住生活不断提供给他们的机会。

以人为中心的疗法

以人为中心的疗法是以人为中心的方法在心理治疗方面的应用。罗杰斯教导治疗师应该向他们的来访者表达真诚、共情和无条件的积极关注。在这些基本要素的基础上，治疗师创造出一个支持性和非评判的环境，在其中鼓励来访者思考自己的问题、谈论它们、准备行动方案，然后充分发挥自己的潜能（Rogers，1959）。治疗师和来访者之间必须建立健康的、友好的关系。这种关系应该以开放、信任

和相互尊重为基础。治疗师不带认同和反对地接纳他的来访者。这种态度应该有助于来访者提升他们的自尊，而当他们进入治疗时常常缺乏自尊。以人为中心的疗法已经成为全世界心理学中一种非常受欢迎的方法。

12.2.5 理论和应用领域

人本主义心理学影响了整个美国以及其他国家的学术研究和学术课程。

一个快速发展的领域是**积极心理学**（positive psychology），这个分支学科研究的是能够使个人和团体茁壮成长的优势和美德（Compton，2004）。早在 20 世纪 60 年代，马斯洛就敦促心理学家不仅要关注心理问题和精神疾病，而且还要求他们促进人类的成功和成就、培养天赋、支持伟大的创意并树立幸福的榜样。许多心理学家转而研究幸福、有意义的生活和成就。心理学专业人员开始在课堂和工作场所使用积极心理学的方法。他们工作的主要焦点不是问题或弱点，而是主要关注成长与进步的资

源。积极心理学的实际应用包括帮助个体发现自己的优势，帮助组织找到它们的潜能。

人本主义心理学的一个重要贡献是提出了正面的心理健康的概念。不像其他学派几乎专门研究精神病理学的症状以及导致这些症状的创伤性条件，人本心理学家则致力于研究个体的健康方面，研究个体机能和经验的最佳状态。自我实现的概念已经成为当代心理学中广为接受的观念。

人本主义心理学认为个体存在需要有关怀和尊严，这一原则对于**临终关怀**（hospice care）的发展也是至关重要的，后者是一个复杂的医疗和心理学帮助系统，侧重于缓解痛苦和其他人道的医疗原则。临终关怀的主要目标是阻止和减轻罹患严重疾病的个体遭受的痛苦，并且尽可能地提升他们的幸福感（Callanan & Kelly，1997）。今天，美国和许多其他国家的临终关怀已经成为卫生保健系统中非常重要的一部分。

▽ **网络学习**

在同步网站上了解更多关于临终关怀的知识。你可以去当地一家临终关怀机构担任志愿者。

人本主义原则还促进了**整体健康运动**（holistic health movement），这是一个跨学科的领域或取向，它聚焦于这一基本假设：导致疾病的身体、心理和精神因素是相互关联的，它们在治疗中都很重要。事实上，医学中的整体取向提高了心理因素在治疗和预防疾病中的重要性（Remen，1996）。自1960年起，北美、欧洲和世界各地开始出现大量新兴的整体治疗中心。许多受过医学和心理学训练的专业人士开始研究精神性、古典文学、民间故事和传统的康复方法，以识别和使用有效的针对身体和心灵的治疗方法。那些整体治疗的支持者使用人本主义原则，并且不再把他们的来访者和病人看作"一组症状"，而是强调每个人的疾病史和每个个案中使用的治疗方法的独特性。

人们发现**叙事医学**（narrative medicine）也是基础的人本主义原则的一个良好载体，这个临床领域帮助医疗专业人员识别、吸收、解释疾病的故事，最终被其打动（Charon，1992）。一些医学院和住院医生计划开始训练医生在处理医学问题时，并不仅仅是去解决问题。医生和护士应该学会如何研究病人的具体心理史和个人病史。叙事医学帮助医生、护士、社会工作者和治疗师通过培养对病人和同事的关注、反思、陈述和结盟的能力来提高治疗的有效性（Charon，1993）。

一些研究领域开始转向对社会化与发展的特殊机制进行实证研究。例如，**叙事心理学**（narrative psychology）聚焦于已出版的故事和文章是如何塑造生活的（Murray，1985）。心理学家詹姆斯·刘（James Liu）出生于中国台湾，现在在新西兰工作，他在一项跨国研究中表明，尽管我们普遍假设处于不同文化中的人们对历史和重要世界事件的看法存在显著差异，但是其中相似性占更大比例。当我们聚焦于最近的过去时，一般关注的都是政治和战争（Liu et al.，2005）。

人本主义心理学原则影响了**和平心理学**（peace psychology），它是这样一个理论和应用的领域：试图理解战争的意识形态和心理原因并制定教育方案，以减少一些国家在国际关系和国内政策中的暴力威胁。在这一领域工作的心理学家研究广泛的社会议题，包括宽恕、社会意识、利他主义和冲突解决。具体来说，积极心理学告诉我们，战争和暴力的大多数原因是可预防的。政治领导人和普通人都需要放弃他们对敌人的固有看法，并试图尽可能地与敌人进行对话。和平心理学的几位先驱，包括托马斯·格林宁（Thomas Greening），在"冷战"期间特别是在20世纪80年代国际紧张局势缓和期间，对美苏关系做出了重要贡献（Greening，1986）。他们组织了美国和苏联的官员、学生、教师和其他专业人士进行面对面会谈，以"解构"固有的敌人形象并促进新的信任气氛。这种解决冲突的心理学方法看起来有点太过天真和不切实际。

你可能会问："通过开展人际关系团体研讨会来影响国际关系，这怎么可能？"和平心理学家坚持认为，个体心理上的变化可以影响国家政策和全球格局。事实上，对公共外交的研究是 21 世纪国际关系中日益扩大的领域之一，它表明通过致力于意见领袖（包括科学家、记者和商业领袖）之间的个人接触，逐渐减少国际紧张局势是可能实现的。

一些怀疑论者表示不同意。他们一直认为，是社会和政治的变化导致了心理转变，而不是反过来的。举个例子，为了实现和平，一方必须先制造出和平，然后人们会改变他们的态度和行为，以适应和平的现实。在这个争论中，你支持哪一方？如果心理学家拥有足够的资源，他们是否有足够的智慧和力量来解决社会冲突？

12.2.6　对人本主义心理学的评价

人本主义心理学的影响力在 20 世纪七八十年代迅速扩大。它在国际上赢得了大量活跃的追随者和支持者。这种全面性成功是由于这门学科为许多其他心理学分支提供了大量创新的观点以及实际应用的方法。

1. 成就

人本主义心理学家使许多心理学家的注意力直接转向这门学科的几个基本问题。比如，心理学作为一门科学的主要目标是什么？我们作为心理学家，试图在我们的研究中去理解什么？人本主义心理学先驱者的一个主要抱怨是：主流心理学正在迷失它们的焦点。他们希望将注意力转移到人类因素上，转移到在根本上是人性的、人类经验所独有的问题上。这是一个非常合理和适时的观点。尽管在 20 世纪 60 年代，大多数专业心理学家没有将他们的研究兴趣完全转向赞同人本主义的原则，但他们当中许多人已经开始高度重视人本主义心理学所提出的问题。

人本心理学作为一门学科成功的标志之一是，以人本主义心理学为导向的研究在若干理论和应用领域得到发展，正如你在前几页所看到的那样。

在 20 世纪七八十年代，人本主义心理学的观念和价值观变得非常受欢迎，并在西方国家和世界各地得到广泛接受。人本主义心理学家对于人类本性和经验提出了一种新的、乐观的视野。广为接受的精神分析假设那业已决定的问题潜藏在个体无意识心灵的地牢中，与之相比，人本主义心理学强调一个自由、理性和持续成长的个体，这种观点是创新的和充满希望的。人本主义心理学是非常鼓舞人心的。它为我们理解个体的本性和发展提供了一套新的价值观。

2. 缺点和批评

人本主义心理学一个明显的缺点是它在实验研究方面相对较弱。你应该记得，在 20 世纪 50 年代，这一学派的创建者对所谓主流心理学的状态感到非常失望。他们认为心理学这门学科在实验程序的"森林"中遗失了人的因素这些"树木"。然而，批评者还击了这个观点，并且认为人本主义心理学粗心地偏离了实证研究和实验数据的统计解释。作为结果，这个领域所获得的大多数经验事实是基于个人观察、故事和访谈——所有这些都是不精确或有失偏颇的。像 19 世纪的内省法一样，人本主义心理学的大多数研究方法是非常主观的。举个例子，人本主义心理学主张，人们应该将接受死亡，将其作为应对死亡恐惧的一种方式。但是，实证研究不一定支持这种说法。印度的一项研究表明接受死亡，将其作为一项生活事实，并不会减少人们对它的恐惧（Fernandez et al., 2010）。人本主义心理学实验基础的薄弱是人们在 20 世纪 90 年代之后对其兴趣衰退的若干因素之一。

最严厉的批评来自理论科学领域的专家们，他们认为人本主义心理学以及社会科学中相关的研究方向未必是科学的。其中心论点是，只有当一种理论是可证伪的，它才应该是科学的（Popper，1992）。这是什么意思？举个例子，我们看这一句话："每个人都有幸福的权利。"它就是一个不可证伪的陈述，因为我们无法展示它的虚假性，也不可能证明"这个人或那个人没有快乐的权利。"一个可证伪的陈述将是"这种治疗方法拥有 70% 的成功率"，因为它可以经过实证检验。如果人本主义心理学的主要陈述和发现是不可证伪的，那么这门学科很可能只是一组灵感创作，受到他们的创造者和支持者的怜悯。此外，他们假设的有效性也只是个人观点或社会观点的问题。批评者认为，人本主义原则被广泛接受，是因为它们非常适合 20 世纪 60 年代的社会氛围，适合于知识分子快速增长的对社会正义、国际和平、非暴力、灵性和持续自我完善的意识。一旦某些社会潮流消退，心理学中的流行趋势也会消失。

批评者还强调了人本主义心理学相对较弱的跨文化效度和基于价值观的行动主义。我们早些时候已经讨论过这些批评。

人本主义心理学尝试将心理学这门学科的注意力转向主观性的问题。我们下面将要谈到的认知心理学追求与之类似的目标。尽管拥有共同的战略兴趣，但认知心理学家和人本主义心理学家在如何研究主观性方面有很大不同。总之，他们探求不同的问题。这是两个群体之间的关键区别。人本主义传统的心理学家和支持者最感兴趣的是，人们为什么做他们所做的事。而心理学的认知传统则是研究个体如何处理信息。毫不奇怪，人本主义心理学家转向了道德价值观和道德规范，认知心理学家则转向描述认知过程的形式运算以及生理和数学的模型。

12.3　认知心理学

在 20 世纪上半叶，美国和世界心理学中的行为主义传统变得越来越有影响力。简而言之，行为主义作为一种研究方法合情合理。它很容易理解。行为主义拥有明确的假设、清晰的测量方法和普遍的科学信心（心理学可以提供影响人类行为的知识），吸引了那些选择心理学作为事业的人们。在全球范围内，行为主义在 20 世纪 40 年代已经占据了主流方法学的地位。一些科学家，比如华生、巴甫洛夫、托尔曼、斯金纳和许多其他人，通过基础研究和实际应用推进了这一传统。在业内人士和局外人看来，心理学似乎就是对人类行为的复杂研究。尽管行为主义因其简化、简单和片面不断遭受批评，但美国在世界心理学中的领导地位还是让行为主义引起了全球关注。

尽管如此，20 世纪 50 年代末至 70 年代，在美国乃至在全世界，正在发生一个重要的发展转向——一种战略上的调整。这个转向与所谓的**认知革命**（cognitive revolution）有关，这个词是指心理学内部发生的转变：从行为取向转向越来越认知化。当然，革命这个词听起来有些激烈。从一个严谨的观察者的立场来看，将持续近 20 年的事件真实过程比作一场革命，这是错误的。事实上，没有出现任何暴力，也没有新一代愤怒的心理学家要求改变并快速地接管心理学部门。然而，认知革命一词仍然流传，因为它指的是一种动态的转变或重新定位，这种转变既包括心理学研究的主要焦点，也包括心理学的基本研究方法。

正如你记得的，在 19 世纪，心理学领域中一些伟大的头脑，包括费希纳、艾宾浩斯、冯特、铁钦纳和其他人，试图找到一种方法来测量心理功能那难以捉摸的"内部"机制。这是一个偶尔有所收获但大多数时候令人沮丧的任务。这些机制似乎很难使用从物理或化学领域借鉴而来的方法进行考查。实验心理学的那些"创始人"专注于内省法。在他们看来，内省法让他们感到自己的实验研究具有实验效度。这是测量人类经验的一种方法。数字和数学公式似乎适用于描述心灵的行动。然而，总体而言，内省法并没有提供关于心智运作的有效且可靠的信息（第 4 章）。

另一方面，行为主义表现为一种有吸引力的和现代的方法，它研究人类心智运作的外在表现和身体的外在反应。一些行为主义者，比如华生和斯金纳，对于研究心理活动黑盒子里的内容毫无兴趣。大多数行为主义者对这个盒子里有什么，也就是个体心理操作的内部情况并不感兴趣。他们满足于只研究经过这个黑盒子的输入（信号）和输出（反应）。毫无疑问，一些行为主义者假设在刺激和反应之间存在一个中介变量。然而，他们继续通过行为主义方法研究记忆、智力、学习和动机。

如果说20世纪下半叶整个心理学领域都转向了行为主义，这个观点是错误的。确实，它是北美大多数心理学系的主流取向。然而，对于人类存在"主观"因素的研究仍在继续。回忆一下心理学中的格式塔传统。韦特海默、科勒和考夫卡继续对人类经验进行实验研究（Mandler，2007）。在欧洲，皮亚杰和维果斯基（以及许多其他人）考查了儿童心理发展的机制。精神分析师在检查一系列临床症状的同时，注意到人类心智运作的许多不同的表现。那么，在20世纪中叶关于人类心智实证研究的新浪潮之中，什么是极具创新精神的？我们称为认知心理学这个新分支的起源和本质是什么呢？

首先，我们看看这一取向创始人在早期研究中提出的最基本的原则。然后，我们将在更大的认知科学领域背景下考查认知心理学。最后，我们将简要描述认知心理学中几个主要的领域和研究方向。

12.3.1 传统的复兴

认知心理学（cognitive psychology）是对人类心理过程及其在思维、情感和行为中所起作用的科学研究（Kellogg，2003）。认知心理学的主要关注点是我们作为个体如何处理信息。行为主义者一次又一次弃之不顾的东西在20世纪50年代成为认知心理学家感兴趣的主题。但对于认识论是否也如此呢？认识论研究个人如何处理信息吗？让我们回到第2章，并回顾一下作为哲学的一个分支，认识论检验知识的本质及其基础、范围和有效性。认知心理学家从一开始就追求一个不同的目标。他们希望考查人类心智的内在机制、功能和运算表现。他们致力于研究认知过程，比如思维、记忆和知觉。最重要的是，在这些研究中，这些心理学家开始使用特殊的方法，包括流行的行为主义方法，比如反应时测量；但他们还使用了20世纪发展出的新方法，包括

脑成像、数学建模和复杂的计算机模拟。认知心理学最显著的特征之一是它强调意图（meaning），这是行为主义者通常低估或直接忽略掉的，因为他们不相信主观性：对他们来说，通过实验测量"意义"这类现象似乎是不可能的。

总而言之，认知心理学在许多方面代表了从行为转向意识，从习惯和反射转向意图和主体性。在这个过程中，认知心理学正逐渐成为20世纪后期心理学中的主流取向（Kellogg，2003）。

早期创始人

一些工作在不同领域的学者的重要思想促进了认知心理学的发展。美国教授乔治·米勒（George Miller，1920—2012）是其中之一。尽管不能确定认知心理学确切的诞生日，但许多心理学史学家都提到1960年的一个象征性"起点"，当时米勒和他的同事在哈佛大学成立了认知研究中心。也是这一年，米勒与尤金·加兰特（Eugene Galanter）和卡尔·普里布拉姆（Karl Pribram）发表了他们开创性的作品《行为的计划和结构》（*Plans and the Structure of Behavior*）（Miller，Galanter，& Pribram，1960）。在这本书中，作者强调并解释了他们研究心理学的几个重要原则。大体上，几个主要的假设从这本书中清晰地脱颖而出。

第一，作者认为，人们通常所说的"心理生活"可以从信息的角度来研究。其他心理学家继续强调研究反射、学习机制或个体行动的重要性，生理学家使用复杂的生理机制来解释心理过程，而许多精神分析师继续使用心理能量的概念，但米勒和他的同事认为"心理"纯粹是信息加工的过程。如果我们称为主观的（或心理的）一切事物的本质都基于信息加工，那么就有可能从完全不同的角度来研究心理学。我们以"图像"（image）这个概念为例。从新的认知取向的角度来看，这个图像现在可以被理解为对个体接收、存储和加工的信息的量化测量。

第二，认知心理学的开创者提出了一个假设：人类是极其复杂的运算装置。这是一个非常合乎逻辑的观点：如果所有精神生活的本质都是信息加工，那么人类便自然成为这些信息的处理者。在20世纪50

年代，科学界正在迅速发展关于机器操作信息处理新理论。如果我们知道机器如何处理信息，那么通过类推，我们可以使用这个知识来理解人类心智的运作。这个说法导致了第三个假设。

数学家、工程师和计算机科学家拥有关于信息处理设备和电脑的高级知识。这些设备基于一组指令或程序进行操作。如果没有指令或程序，就不会有相应的运算。当我们给予计算设备一个程序时，它就不会偏离这个程序。这个程序会控制设备的每一个步骤、每一个运算，以解决特定的问题或执行某个任务。当程序指令改变时，运算也会相应地改变。一般来说，设备的每个运算都会指向一个潜在的程序。什么是程序？它是一组指令。因此，在使用这些定义并将其应用于心理学时，我们可以认为心理生活中的任何元素，比如图像或任何心理过程，比如记忆或白日梦，在理论上都是基于一组具体指令或程序的信息加工。

第四，这些潜藏在心智工作背后的指令是非常复杂的。它们代表了一个多层次的计划、一个长长的运算链。每个运算都可以被描述为活动或者非活动（inaction）。每种心理现象（例如思维）都是一个复杂的过程，这个过程赋予个体以专用工具去控制每个运算链发生的步骤。那么这个运算链是如何运作的？

记住，行为主义者曾经在流行的 S → R 模型中表达了一个普遍的原则，其中 S 代表刺激，R 代表反应。行为主义者对"内在"过程几乎没有什么兴趣：他们声称，他们可以测量外在的反应，而不需要去观察内在。认知心理学家则提供了一种不同的方法。人类行为的组织以及任何心理过程都应该被理解为一种在"测试 – 运算 – 测试 – 退出"（test-operate-test-exit）原理下组织的策略，这个原理简称 T.O.T.E.

请记住，个体根据给定的程序或计划做出行动。为了验证个体是否正确遵循了计划（或者实现了某些结果），我们需要进行测试：个体距离目的地还有多远？这个人距离解决这个问题还差多少？可能有几种结果。如果与预想进程有所偏差，或者如果没有准确地遵循计划，那么就需要改变运算。在执行这个操作之后，再进行一轮测试。如果一切都在按计

划进行，那就不需要进一步的改变。现在是"退出"的时候了。然而，如果没有达到期望的结果，那么就要返回到"运算"阶段，并且再尝试一次。这个原则既适用于我们人类执行的简单任务，也适用于超复杂的任务（见图 12-1）。

▽ **网络学习**

请在同步网站上查阅乔治·米勒关于字词网络（WordNet）的工作。

问题：这一数据库可以如何应用于心理学研究？

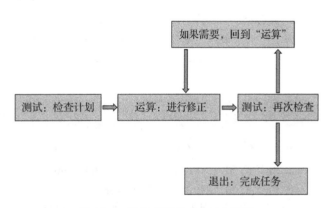

图 12-1　行为组织的 T.O.T.E 原则

12.3.2　心理学和认知科学

认知心理学所属的研究路径在今天一般被认为是**认知科学**（cognitive science）这一交叉学科的一部分。认知科学包括好几个研究领域，特别是认知神经科学、计算机科学、哲学和语言学等领域。为了更好地理解认知心理学，让我们简要地回顾一下认知科学早期发展中的一些重要研究。

1. 认知神经科学

在心理学和生理学的历史中，20 世纪 50 年代是**认知神经科学**（cognitive neuroscience）的开创时期，这个学术领域研究的是大脑机制对心理功能的支持。在这一时期，与脑生理学有关的新研究数据继续不断增长。它至少存在三个新信息来源。

第一个来源是，大学和医学实验室里开展的传统的神经生理学实验研究。生理学家使用越来越复杂

案例参考

神奇的数字 7

1956 年，乔治·米勒为心理学家关于 7 是一个"神奇"数字的早期假设找到了证据，7 代表了人们的最佳记忆表现，无论是随机的字母、单词、数字组合，还是几乎任何种类的有意义的类似项目。他还注意到，年轻成人的记忆跨度大约是 7 个元素，称为"组块"；无论这个元素是数字、字母、单词、几何单位，还是符号。从大众心理学的角度来看，"7"是一个非常流行的数字。一个星期有 7 天。在犹太教和基督教中也有 7 天创造说。犹太人最古老的象征之——烛台有 7 个分支。我们还经常说"七重天"。在伊斯兰教中，有 7 天 7 地之说。我们在"七大洋"之中旅行。在传统的西方音阶中有 7 个音符。还有七宗罪之说。在印度教中，有七大脉轮。7 还是太阳系中肉眼可见的星体数量。彩虹里面有 7 种颜色。7 与文化符号和人类记忆有关，这是一种巧合吗？米勒相信，可能不是。然而，后来的研究揭示，我们的记忆容量依赖于所使用的组块的类别。举个例子，如果我们使用的是数字，则为 7；如果使用的是字母，则为 6；如果使用的是单词，则为 5。这种组块的位置对此也有影响（格式塔心理学家是正确的）。除此之外，数字 7 也可能被过分关注了。每个数字可能有特定的文化含义。例如，想想数字 3。你能找到类似的与这个数字有关的文化和日常的例子吗？3 个交通信号灯或首发三击算吗？

资料来源：Miller（1956）.

知识检测

1. 认知革命大概发生在什么时候？
   a. 20 世纪 50～70 年代　　b. 20 世纪 60～90 年代
   c. 20 世纪 70～90 年代　　d. 20 世纪三四十年代
2.《行为的计划和结构》的作者从哪个角度研究"心理生活"？
   a. 理论　　　　　　　　　b. 生理学
   c. 信息　　　　　　　　　d. 统计学
3. T.O.T.E. 是指什么？

的方法和实验设备，以更多地了解关于神经生理过程和大脑化学过程的机制。例如，电生理学领域的新研究提供了更好和更有效的方法来测量由大脑中的神经元和神经元网络产生的电场和磁场。

第二个来源是，基于脑病理学研究的临床数据为大脑的正常功能及其障碍提供了有价值的知识。其中一个有效的方法是对脑损伤的研究（将脑损伤的病人作为被试进行临床观察）。

第三个来源是，快速发展的脑成像方法为认知神经科学家提供了显著的新证据。例如，通过检视某个认知任务所产生的神经活动的定位，研究人员可以更多地了解大脑的功能和心理过程在思维、情绪和决策中的作用。

认知神经科学家开始为心理学家提供新的和越来越丰富的与大脑性能有关的信息。反过来，心理学家也不得不面对一个同样挑战的任务，那就是如何解释这些新获得的研究数据。这个挑战非常清晰：在某个心理操作中，大脑中的某一部分比几个相邻区域更加活跃，这一实验现象可以通过多种方式来解释。

认知神经科学中使用的两个重要原则对于心理学家来说是必不可少的。作为一般原则，认知神经科学开始将心理过程视为大脑生理过程的产物。这种唯物主义观点多年来吸引了许多研究人员。然而，他们大多数人试图回避简化主义：他们坚信，生理过程与心理过程并不是一回事。举个例子，美国神经科学家、诺贝尔奖得主罗杰·斯佩里（Roger Sperry，1913—1994），认知神经科学的先驱之一，认为高级心理过程依据它自己的特定法则和原则运作，而不能简单地简化为生理过程，即使是最复杂的生理过程（Sperry，1961）。一种心理功能不仅仅是数十亿放电神经元的组合。为了理解心理现象，我们必须理解生理过程和生理机制之间的多层次相互作用。像斯佩里一样，大多数认知神经科学家希望对心理学和生理学采取一个整体观点：总体大于部分之和。

接下来，认知神经科学家提出了大脑加工的各种模型，主要是将其与计算机处理数据的方式进行比较。简而言之，大脑从感觉器官接收信息，对其进行编码和存储，然后执行决策，做出反应。但是，这些信息在大脑中如何传播，以及传播到哪里？认知神经科学前来助阵，使用神经网络的模型来解释这些动态。这些神经网络模型是什么样的？大脑神经元可以被描述为"节点"（nodes）。一个节点代表了这样一个装置，它与其他节点相连接并且依附于更大的网络。这样一个节点能够通过各种沟通渠道发送、接收、阻止和转发信息。在大脑的运算方面，认知神经科学家从网络节点功能的角度来研究心理功能（Glynn，1999）。

当然，由数十亿个细胞组成的大脑参与复杂的生理学过程，而计算机只是电子仪器。然而，正如认知神经科学所认为的，机器和大脑必然几乎共享着相同的运行原理。通过研究这些原理，科学家可以更多地了解这些装置，最重要的是了解大脑的功能。在此，神经生理学采用了许多在新近和快速发展的计算机科学领域中使用的基本假设。

2. 计算机科学

对于心理学家来说，被称为计算机科学的这门快速发展的新学科，它最重要的假设是计算机和人类以相似的方式处理信息。在某种程度上，计算机科学代表了心理学的一种算法。计算方法最著名的先驱之一是英国科学家艾伦·图灵（Alan Turing，1912—1954），他是一个智力天才，他的生命悲剧性地结束于 42 岁。科学史学家一致认为，图灵的成果是现代计算机科学和人工智能理论和实践的基础（Hodges，1983）。

图灵是一位独一无二的科学家，他集合了工程师、数学家、哲学家、逻辑学家和犯罪调查者的才能于一身。他在英国和美国接受教育，在第二次世界大战期间为英国政府工作。他的职责之一是编写程序和制造机器，以破解德国在纳粹军事和政府通信中使用的密码。他的理论探索和非凡的实际成就使他相信人类的判断、心智的复杂运作，可以从数学和逻辑的角度获得绝对确定的解释。

1950 年，他发表在《思维》（*Mind*）杂志上的文章《计算机器与智能》（*Computing Machinery and Intelligence*）为他带来了声誉。他的研究受到全世界的关注。尽管图灵从来不认为自己是一个心理学家，但他的一些观点对认知心理学这个年轻领域却至关重要（Turing，1950；Weizenbaum，1976）。这些基本的观点是什么？

其一，为了运算，大脑必须利用身体内外各种来源的信息。在这个过程中，大脑必须存储这些信息。这里的关键点是，这些信息并不是无限的或不可计算的。事实上，它是有限的和可测量的。

其二，大脑利用这些信息来解决问题。因此，心智功能可以被视为解决问题的运算、程序或步骤。如果信息是有限的并且可测量的，那么大脑使用信息解决的每个问题在本质上都是一个数学问题。

其三，每个问题解决的方法都应该基于特定的规则或算法。每种算法都可以被视为可计算的操作。在本质上，所有的心理操作都是可计算的。总的来说，这种可计算的操作应该足以解释大脑执行的所有心智功能。

图灵相信，如果这些假设是正确的，那么计算机科学可以为中枢神经系统的机制提供全新的见解。他认为，在未来的某一天，我们有可能使用数学语言来描述并模拟个体大脑中发生的所有运算。但他还想到另一种有趣的可能性。如果任何问题的解决都是可计算的操作，那么这些操作就应该适用于机器，只需要给它一个充足的算法。这是一个非常有趣的假设，就好像是一个幻想：一台机器能够进行思考。

图灵的工作大大促进了所谓的**人工智能**（artificial intelligence）这一研究领域。人工智能这个词有几个含义。一般来说，它代表了智能机器的研究和设计。在认知神经科学的语境下，人工智能主要是研究和创造能够感知周围环境并做出最佳决定的系统。在20世纪的流行文化中，许多作者一直喜欢把玩这个文学观念，即"有思维的"机器最终将在所有的智力和实践领域对人类造成竞争。20世纪50年代，在图灵提出了他的观点之后，人工智能逐渐成为一种合理的可能性，甚至怀疑论者也不得不降低他们批评的音调。

国际象棋是计算机最初获得影响力和公众关注的几个领域之一。数字电脑为这个游戏提供了精确细致的技术方案。很快，弈棋机（chess computers）开始与人类进行竞争。今天，一些计算机能够在最高水平上进行比赛，并打败国际象棋世界冠军。创造性写作是人工智能试水的另一个领域。有些人认为，只要数学家编写出了隐喻和韵律的聪明程序，诗歌就会变成机器的常规创作。然而，这并没有发生。电脑创作的诗歌在语法上非常精致，但是作为艺术作品实在太糟糕。不过，与聪明且邪恶的计算机有关的末日情景变成了小说创作者的一个灵感源泉。尽管它们的情节有所不同，但这些情景都是基于一个假设：在未来的某一天，"聪明的"计算机和机器将失去控制并反抗人类。其中不久前最为著名的作品之一是电影《终结者》（The Terminator），由阿诺德·施瓦辛格（Arnold Schwarzenegger）和其他著名演员担任主演。

到20世纪60年代，计算（computing）成为一个公认和接受的模型，被用于解释心智运作的许多方面。认知加工通常被比作有时甚至等同于可以在计算设备上运行的程序。

3. 哲学与意识

除了计算机科学之外，认知心理学还有另外一个知识和灵感的源头。它便是哲学。正如你记得的，自19世纪末以来，实验取向的科学家代表了一种"新"心理学，追求将自己与哲学和平分离。许多年来，实验心理学和主流心理学在很大程度上忽略、回避了对于人类理性思维活动的哲学讨论，也忽略了人类意志那令人敬畏的力量。20世纪50年代这种状况开始改变，当时心理学作为一门实验学科

变得更为自信和稳定。最难回答的一个问题是来自哲学家的，这个问题是：大脑中的神经生物过程到底是如何产生意识的？现在，在神经科学和计算机科学的支持下，哲学家再次转向心智功能的整体视角。20世纪一位重要的哲学家约翰·塞尔（John Searle，1932—）认为，心理功能（比如意识）可以通过物理或生物学得到完美的研究。意识首先是一种生物学现象。然而，意识有一些重要的和独特的功能，无法只通过生物学来理解。这些特征中最重要的是"主观性"。塞尔用了一个具体的例子来说明主观性。如果有人问他，在一大群观众面前做演讲是什么感觉，他可以回答这个问题。但是，如果有人问作为一块石头是什么感觉，这个问题则没有答案，因为石头是没有意识的（Searle，1998）。

因此，塞尔避免了简化主义并且重申了大脑中的生理过程不是意识这一观点。他从另一个方向接近意识的问题：生理引起了意识。换句话说，个体神经元水平的加工和整个大脑宏观水平的变化产生了意识。这正是塞尔解决心身问题的方法。为了阐述清楚，他使用了下面的类比。我们不能认为一个水分子是冷的、湿的。同样，我们也不能说一个放电神经元产生了蔬果三明治的图像。意识是大脑的化学和生理过程整个系统中一种高级的特征。在物理学的世界中，诸如流动的或寒冷这些特征，发生在比单分子高得多的水平上。同样，我们关于三明治（或其他东西）的想法也发生在比单个神经元或突触高得多的水平上。塞尔的观点可以被简略地概括如下：意识和大脑之间至少可以建立两种重要的关系。第一，大脑中的低级神经元过程引起了意识。第二，意识正是大脑系统高级水平的特征，这个系统由低级的神经元素所组成（Searle，1992）。

认知心理学的另一个支持来自语言学，这是一种研究语言的科学方法。关于语言习得的研究（即儿童和成人如何学会语言）在此扮演了特别重要的角色。

4. 语言学

20世纪中期，如果忽略其中的变化和细节，行为主义研究语言习得所传达的主要信息是，学习语

言在本质上是一种习惯养成。我们记住词语，然后记住如何把这些词语根据语法正确地放入句子中。当我们发展出语言技能时，拼写和言语的错误便逐渐消失。但是，诺姆·乔姆斯基（Noam Chomsky, 1928—）对这种取向产生了质疑，今天他被公认为世界上最为著名的语言学家之一。1959 年，乔姆斯基对于 B. F. 斯金纳的《言语行为》（Verbal Behavior）一书发表了一篇有影响力的评论，斯金纳在这本书中采用了严格的行为主义术语来解释语言。乔姆斯基在这篇评论中不仅批评了行为主义及其研究语言的方法，同时还介绍了他自己的观点。他并不知道这些观点将在认知心理学领域变得极具影响力。

乔姆斯基的方法的本质是什么？对心理学来说，他的两个观点是至关重要的。我们来看看你已经熟悉的几个主题。第一，乔姆斯基强调，任何语言都包括一组数量有限的词汇和一定数量的规则，人们根据这些规则将一些词汇放在一起。尽管如此，使用这组数量有限的语法规则和词汇，人类可以产生无数的句子和短语，包括那些以前没有人说过的句子。（现在尝试组织这样一个句子，你会看到这是多么容易。）乔姆斯基认为存在一种通用语法：在所有语言背后的普遍语法原则。确实，不同的语言之间存在差异，但它们都遵守细致具体的规则。举个例子，一个句子中的名词和动词的顺序，词语后缀的变化情况，是否使用定冠词和不定冠词，在不同的语言中可能是不同的。在 20 世纪初，威廉·冯特认为这些语言细节对于我们理解本土性格和文化至关重要（见第 4 章）。在乔姆斯基看来，这些普遍语法的重要意义之下潜藏着细节（Chomsky, 1995）。

第二，乔姆斯基认为大多数重要的语言属性都是天生的。这并不意味着人类出生时就已拥有关于一种语言的知识。一种语言的获得和发展是个体言语和理解这种语言的内在潜力的发展的结果——所有这些都是由外部环境引发的。换句话说，发展中的儿童大脑通常准备好了去获取一种语言。但是，个体的大脑需要外部影响来启动这个获取过程。这个观点解释了为什么小孩子可以很快且很轻松地学习语言。这种语言能力随着年龄的增长而下降。

一些早期研究支持了乔姆斯基的假设——儿童具有语言获得的天赋能力。例如，他的妻子卡萝尔·乔姆斯基教授（Carol Chomsky, 1930—2008）研究了儿童的语法习得（Chomsky, 1963），以及他们随着年龄增长如何解释越来越复杂的句子。尽管早期的假设是儿童到 5 岁就完成了他们的语法习得，但是乔姆斯基的研究表明，儿童会继续发展所需的技能，以理解超过那个年龄的复杂结构。

12.3.3　对认知心理学的述评

认知心理学在全世界大部分大学、研究中心和教学机构中找到了许多热情的支持者。认知科学的成功激发了许多认知领域的研究。

1. 主要研究

当一些心理学家转向研究知觉及其模式时，他们的工作与 19 世纪的研究有什么区别？主要的区别在于，现代心理学家对大脑中的神经通路和涉及信息处理的相关皮质区域拥有更准确的知识。关于许多不同的知觉异常情况的临床研究提供了新的发现。失认症（Agnosia）这个词是指物质感知障碍，它受到了极大的关注。心理学家提供了关于这一症状的新信息，并帮助了数以千计的遭受这种疾病之苦的患者。人们对格式塔心理学早期研究的兴趣再度燃起。不同的实验程序表明，所谓的整体信息加工在我们认知信息和学习经验的方式中扮演着重要的角色（Kellogg，2003）。

许多心理学家转而研究记忆及其机制，包括编码、存储、提取和遗忘。与艾宾浩斯的经典研究（第4章）相比，记忆表现为一个复杂的分层系统，至少包括了三个水平：感觉记忆、短期记忆和长期记忆。这些水平上的记忆功能很可能受到不同的神经生理机制的支持。心理学家还研究了记忆的不同序列位置效应，或者影响有效记忆和遗忘的特定条件。科学家投入了大量资源用于研究失忆症或严重的记忆丧失，这种病症可以由衰老因素、神经疾病或创伤（情绪上的或身体上的）引起。对于记忆的研究正在帮助数以万计的患者促进他们恢复、调整或康复的过程。

对记忆、决策和思维领域的进一步研究创造了许多不同的理论和实际应用，它们被广泛用于中小学、大学和商业培训、设计、咨询和康复治疗等领域。许多不同的领域都获得了新发现，比如：年龄对认知功能的影响（Budson & Price，2005），疾病或损伤后的认知和运动康复（Riley & Turvey，2002），证词中的目击者记忆（Benton et al.，2006），或者工程学中的决策（Levin，2006）和驾驶（Baldwin，2007；Gray, Regan, Castaneda, & Sieffert，2006）。应用认知心理学是当今全球心理学中发展最快的领域之一。

2. 批评

批评的一个关键点在于，认知心理学声称全神贯注于认知的数字模式和其他形式的模型。在某些人看来，认知心理学正在转向计算机科学，而偏离了心理学。批评者之一是杰罗姆·布鲁纳（Jerome Bruner，1915—），他于1941年在哈佛大学戈登·奥尔波特的指导下获得博士学位。布鲁纳认为，认知革命把人类心智看作一个"信息处理器"，正在让心理学远离一个深层的目标，而这个目标将人类心智理解为主观意义的创作者。布鲁纳希望将意义作为认知心理学的核心概念，这种心理学将聚焦于人类的象征性活动，人类在这些活动中建构这个世界和他们自己，并使其有意义（Bruner，1990）。

其他批评者认为，认知心理学不够重视日常生活的实际问题。著名的认知心理学家乌尔里克·奈瑟（Ulrich Neisser，1928年生）对他的学科过度依赖实验室研究而非现实生活情境表示了不满。在20世纪70年代和后来的作品中，奈瑟批评了认知心理学相对脱离人类环境（Neisser，1976）。在他看来，研究认知问题只是心理学任务的一部分。他赞同心理学的计算机方法，但他认为若不考虑现实生活情境中具体人类活动的语境，并不足以理解心理过程的复杂性。塞尔（Searle，1992）也表达了类似的观点，他指出意识研究的计算机方法存在局限性。

许多批评者还坚持认为，认知心理学过分强调了认知，而忽略了情感和动机，特别是涉及人类存在和经验的终极"人类"属性这些议题，比如理想、道德选择和价值观。

结 论

认知心理学和人本主义心理学几乎同时出现，它们提出了相似的目标，即克服行为主义者的错误，但是它们的策略似乎毫不相关。认知心理学研究人类心智如何工作。它成为认知科学这门交叉学科的一个独特部分。这门学科包括了好几个研究领域，尤其是认知神经科学、计算机科学、哲学和语言学。认知心理学的一个主要假设是，我们的心智运算通常是可计算的。另一方面，人本主义心理学既是一个思想流派，也是一种价值取向，它对人类及其自我决定的能力秉持建设性看法，并对其充满希望。它接受这一信念的指导，即伦理价值是人类行为的重要决定因素。这种信念使得人本主义心理学强调人性素质，比如选择、想象力、身体和心灵的相互作用，以及变得自由和快乐的能力。人本主义心理学家改造了心理治疗领域，引入了积极心理学的原则，这一原则在21世纪得到尊重和普及。积极心理学的声誉几乎可以与当代认知心理学的名气相匹敌，后者则与认知神经科学和计算机科学密切相关。

总 结

- 在 20 世纪 50 年代早期，美国成为全世界教育和科学最有影响力的中心。在经济上，美国的大多数高等院校的情形比全世界其他学术机构和教育中心要好得多。大量涌入的移民给美国带来了一大批受过大学教育的专家。

- 关于心理学在当代社会的角色，出现了新的有趣的争论。这些争论经常挑战传统的行为主义和精神分析取向。

- 认知和人本主义的传统就其研究方法和方法论来说相当不同，但它们在一个重要方面是类似的。在这两个领域工作的研究人员都从相似的主观角度来对待心理学。

- 人本主义心理学有时被称为心理学中的第三势力，以区分于行为主义和精神分析。人本主义心理学家鼓励他们的同事转向在他们看来心理学最应该研究的重要问题：人类存在的意义。

- 人本主义心理学的几个基本原则如下：我们应该从整体的角度来看待人类，意识到他们的存在，意识到他们生活在一个独特的人类环境之中，并不受限于他们直接的周围环境。

- 人本主义心理学确立的主要治疗原则，目的是减少或消除人类的痛苦。这种新方法的一个主要特点是治疗师通常不重视来访者症状的病理学方面，而是聚焦于存在的健康部分以及实现康复的方法。

- 在人本主义心理学的许多代表当中，亚伯拉罕·马斯洛和卡尔·罗杰斯最为著名。

- 认知革命这个词是指，心理学研究的主要焦点和基本研究方法所发生的动态转变或重新定向。认知心理学是对人类心理过程及其在思维、情感和行为中所起作用的科学研究。认知心理学的主要关注点是我们作为个体如何处理信息。它在许多方面也代表着研究者从行为转向意识的转变，从习惯和反射转向意图和主体性。

- 认知心理学所属的研究路径在今天通常被认为是认知科学这个交叉学科的一部分。这个学科包括了好几个研究领域，特别是认知神经科学、计算机科学、哲学和语言学。

- 一些工作在不同科学领域的学者的重要思想促进了认知心理学的发展。乔治·米勒在哈佛大学成立了认知研究中心。认知科学的计算机取向最杰出的先驱之一是艾伦·图灵。他的工作大大推进了对人工智能的研究。约翰·塞尔认为意识是一种生物学现象。诺姆·乔姆斯基认为所有语言背后存在着普遍的语法原则。他认为语言的大部分重要属性是天生的。

关键词

Artificial intelligence　人工智能

Cognitive neuroscience　认知神经科学

Cognitive psychology　认知心理学

Cognitive revolution　认知革命

Cognitive science　认知科学

Existential psychology　存在主义心理学

Existential therapy　存在主义疗法

Holistic health movement　整体健康运动

Hospice care　临终关怀

Narrative medicine　叙事医学

Narrative psychology　叙事心理学

Peace psychology　和平心理学

Positive psychology　积极心理学

Self-actualization　自我实现

T.O.T.E.　测试 – 运算 – 测试 – 退出

Third force in psychology　心理学第三势力

网站资源

访问学习网站 www.sagepub.com/shiraev2e，获取额外的学习资源：

- 文中"知识检测"板块的答案

- 自我测验

- 电子抽认卡

- SAGE 期刊文章全文

- 其他网络资源

第13章
聚焦当代问题

格伦道尔：我能够召唤地心深处的幽魂。

飞将军：召唤谁不会？我也能；问题是它们肯来吗？

——威廉·莎士比亚，《亨利四世》

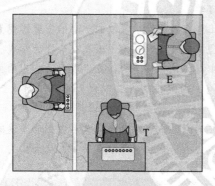

50年后，许多当代心理学家的名字将会出现在历史书中。谁的名字将会出现在心理科学的基座上呢？菲利普·津巴多会是其中之一吗？让我们假设是这样。如果津巴多榜上有名，大概是因为他的一项监狱研究受到认可，在这个实验中，他演示了如果人们被允许做出不道德的行为，他们就会倾向于这么去做。津巴多将其称为路西法效应（Lucifer effect）。21世纪30年代出生的大学生还可能会读到津巴多关于害羞（shyness）的基础研究。

普林斯顿大学的丹尼尔·卡尼曼（Daniel Kahneman）是迄今唯一获得诺贝尔经济学奖的心理学家，心理学书籍和网站是否会提到他的名字呢？我们还可以看看卡尼曼关于快乐心理学（hedonic psychology）的工作——研究什么使人们快乐或不快乐，是否能够留存于历史，这也是非常有趣的。

有多少心理学导论课程会提到日本立命馆大学的北冈明佳（Akiyoshi Kitaoka）以及他关于视觉和错觉的研究吗？他会被认为是21世纪格式塔心理学最重要的继承人吗？

斯坦福大学的谢丽尔·库普曼（Cheryl Koopman）对创伤幸存者进行了杰出研究，历史书中是否会保留她的名字？她还对严重疾病患者的支持性团体进行了研究，或者她的名字会永远与这项研究联系在一起吗？

未来的学生会了解到匹兹堡大学的卡伦·马修斯（Karen Matthews）关于心身交互作用的基础研究吗？她关于疾病的心理危险因素的应用研究很有可能成为经典之作。

历史将如何评判哈佛大学的詹姆斯·斯达纽斯（James Sidanius）？也许你的孩子会读到斯达纽斯的社会支配理论（social dominance theory），它解释了社会歧视的基本心理机制。但是，他也因为推动了新的学科——政治心理学的发展而闻名。

在全球心理学的选择性记忆中，谁能留下，什么能留下？有多少非西方科学家会因为他们对心理学的理论和应用做出的贡献，而获得全球的认可？

当然，我们不能确定无疑地预测许多事情。未来的心理学家可能会使用他们自己的评估标准和方法来评价我们这一代人。在今天看来很重要的事情，明天很可能就被轻易地忽视掉。同样，一些看起来不知名的研究可能在未来被"重新发现"。这种延迟的认可在心理学中是相当常见的（Lange，2005）。冯特在100年前相信，历史将会非常重视他多卷本的基础性著作。然而，如今很少有心理学家阅读那些作品。在20世纪60年代，米尔格拉姆（Milgram）进行了几项关于服从的实验。他经受住了别人的批评，成为有史以来最经常被引证的心理学家之一。将来的人们将从他们时代的立场来判断当今研究者所做的工作。

然而在今天，我们可以对当代问题进行一些初步评估。本章将试图从历史的角度来讲述心理学当前的一些发展。这里提到的大多数名字都是得到专业团体正式认可的心理学家，他们对心理学做出了显著的贡献。有些人正处在他们的学术生涯的巅峰时期，另一些人则处在他们的职业生涯的早期阶段。让我们期盼他们的工作能够得以长存。

也许我们所有研究心理学史的人都可以吸取自己的经验教训，并就过去的心理学知识对当代心理学的影响发表不同的意见。对一些人而言，几个世纪以来积累的知识清晰地表明了人们对于他们的身体和心灵有多么不了解，以及我们所获取的知识放在今天来看是多么不重要。对另一些人而言，心理学史则是一个科学战胜虚幻、实验战胜抽象论述、热情战胜冷漠的非凡例证。不过，还有一些人认为心理学史是一项持续进行的工作，是一个永无止境的关于承诺、挫折和希望的故事。所有这些观点和理论对我们今天的知识到底有多重要？今天我们从心理学史中学到的主要经验是什么？

让我们回顾一下几个世纪以来和相对较近的时期，看看当代心理学家能够从历史中吸取一些什么样的普遍经验教训。作为当代研究的榜样，正如我们之前提到的一样，我们将会提及一些当今心理学家的研究工作，他们获得了美国心理学会的年度心理学杰出科学应用奖（Awards for Distinguished Scientific Applications of Psychology）和杰出科学早期职业贡献心理学奖（Awards for Distinguished Scientific Early Career Contributions to Psychology）。除了这个学者名单之外，我们还选择了一些在 21 世纪引起全球关注和讨论的心理学研究。

13.1 第 1 课 心理学继续处理"传统主题"

让我们回到第 1 章，回忆那三个历史性并重复出现的心理学问题：（1）身心关系；（2）先天与后天之争；（3）理论与实践问题。在今天，我们仍然不能假装当代心理学解决了这些经典问题，然后转而关注其他问题。恰恰相反，今天的心理学家还在继续进行与这些经典主题有关的理论和实验研究。让我们来看几个简单的例子。

13.1.1 心身问题

正如你记得的，哲学家和心理学家至少分别从四个主要方向描述了身心关系：一元论、唯物主义、二元论和唯心主义。关于心身问题的辩论支配了关于人脑（物质或身体）工作和人类经验（观念或思维）丰富性的讨论。到 19 世纪末，在根本上由于生物学和医学的进步，一大批心理学家转而研究生理学。这些心理学家认为，心智以一种相当容易理解的方式在运作：神经末梢接受了人体之外的客体以及身体本身的大部分物理特性；然后，一种电子反应或化学反应将这些信号转化并将它们传递到大脑中，大脑再对这些信号进行解码，接着就产生了我们所谓的主观体验。这个观点与你今天的看法有什么不同吗？

尽管那些宣称主观性和经验起主导作用的唯心主义哲学家强烈反对，唯物主义的观点还是在主流学术心理学中占据了支配性地位，它们主要在大学院系和临床领域中发展。随着行为主义的发展，"主观性"的概念开始从心理学的词汇中消失。然而，精神分析师、格式塔心理学家和那些研究"自我"（self）的心理学家继续研究人类心智的运作及其主观机制。许多心理学家坚持认为，大脑中的生理过程并不一定等同于主观经验。

20 世纪中期，认知心理学推动了关于"主观性"的研究，为它们提供了计算科学的力量。约翰·塞尔关于大脑过程导致了（或产生了）心理现象的观点，为许多心理学家尝试联结大脑生理机能和心理状态提供了智力支持。然而，大多数研究并不会将身体和心理分离开来。安东尼奥·达马西奥（Antonio Damasio，2012）将人类意识与脑干和基本的生理过程联系起来：心理需要一个恒定的参考点以形成自我概念。这段时间，科学家的兴趣主要在于心理和身体如何相互作用（见图 13-1）。

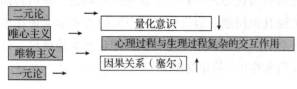

图 13-1　心身问题

当代研究表明，不仅"此时此地"的直接经验参与了经验的形成，而且大脑的复杂记忆也参与了这一过程。例如，对疼痛和瘙痒的研究表明，不愉快的感觉既可以由皮肤的异常情况引起，也可以由大脑本身产生瘙痒疼痛记忆的机制引起（Oaklander，2008，2011）。身体和心理以不同寻常的方式进行互动。其他研究表明，较高程度的个人掌控感对个体健康有着显著影响。这意味着什么呢？即那些相信他们掌管自己生活的人比那些对自己生活不太确定的人更容易保持健康（Johnson & Krueger，2005）。个体的心理可以影响身体的基本生理过程。心理学家安吉拉·布莱恩（Angela Bryan）的实验表明，乐观和高自尊是促进健康习惯的重要因素（Bryan et al.，2004）。那些真正相信他们会更健康的人比痛苦的悲观主义者会达到更积极的结果。心理学家和科普作家戴维·迈尔斯（David Myers）发现了支持性的证据，可以证明我们的精神信念对行为和健康具有积极影响（Myers，2008）。

马丁·塞利格曼（Martin Seligman）对心身交互作用的研究也值得一提。他的研究传达了一个非常有力的信息：如果你想成为一个快乐的人，你就可以是一个快乐的人。从他的观点来看，幸福包括了积极的情绪（愉快的生活）、参与（充实的生活）和意义（有意义的生活）。在这些假设的基础上，塞利格曼创造了一种称为**积极心理治疗**（positive psychotherapy）的治疗程序，它基于人类心理能够改变自身这一前提：心理的即时状态会影响行为；行为也会让心理发生变化（Seligman, Rashid, & Parks，2006）。荷兰的教授鲁特·维恩霍文（Ruut Veenhoven，2008）通过他的研究表明，与我们通常的假想不同，幸福并不完全基于经济因素，比如工作或物价。举个例子，

尽管英国的经济起起伏伏，但各种幸福指标在 40 年内却没有太大改变。英国一直都是最幸福的国家之一。

如果说心理学似乎对心理与身体之间的相互作用更感兴趣，而回避了解释心理经验的本质。这种看法是不正确的。当代认知心理学积极地与哲学、神经生理学和物理学合作，以加深我们对人类心智的认识。记住，认知心理学假设之一是，所有的心理操作在本质上都是可计算的。同样，认知神经科学假设人类心智是一台复杂的计算机。计算机只受到算法的驱动，算法数量与心理操作的数量一样都是有限的。一些认知科学家声称，到 2020 年，你可以花 1 000 美元购买一台能够模仿人类智能的超级计算机（Kurzweil，2005）。再过几年，我们就能够验证这个预测了。

这些基本假设获得了热情的支持，也面临着无情的挑战。例如，罗杰·彭罗斯（Roger Penrose）和许多**量子思维传统**（quantum mind tradition）的追随者挑战了认知神经科学的某些假设。他们认为人类大脑能够进行比算法所表现的更为复杂的操作（Penrose，1989）。这意味着人类心智具有一些并非基于算法（计算的法则或系统）的附加功能。简而言之，人类大脑可以完成计算机无法执行的功能。这些挑战者声称，大脑的工作可能不是受到有限数量的算法和操作驱动的。大脑工作的秘密也未必潜藏于化学或生理学的规律之中。人类意识的谜底在于它的"量子"属性。正如量子力学挑战了机械力学的原理，量子思维传统也挑战了传统的分子生理学，并转而关注量子力学的原理（Wendt，2006）。量子理论的支持者表示，历史上的心理学家测量人类经验的"主观"元素之所以存在问题，其原因之一是人类大脑既在生理水平发挥功能，又在量子水平发挥功能；而对于后者，我们至今还没有弄明白。

13.1.2　生物学因素和社会学因素

对于自然（生物）因素和社会（文化）影响之间的复杂互动的争论一直是心理学关注的焦点。还原论者的观点强调生物因素对人类发展、行为和经验

的重要影响。决定论者的观点强调社会因素的关键作用。后来，这些观点在某种程度上趋向融合。正如你记得第 1 章所说的，到了 20 世纪，大多数心理学家都认为人类是自然世界和社会环境中不可分割的一部分（Münsterberg，1915）。自然因素和社会因素的双重影响在今天被人们普遍接受（见图 13-2）。关于生物因素和社会因素在我们行为和经验中相互作用的具体机制，这一问题仍然在讨论之中。我们可以看看一些杰出心理学家进行的当代研究。

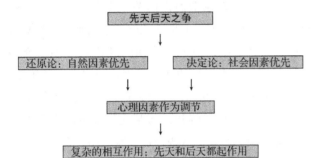

图 13-2　心理学中的先天后天之争

你有没有注意到自己眼前的美国总统衰老得有多快？四年任期刚过去一半，他们看起来极其劳累，脸上满是皱纹，眼睛散发着疲乏。他们的整个肢体语言经常传达着一个无言而绝望的渴望：休假。科学已经证明衰老是一种生物学设定的机制。然而，今天的科学也表明，非生物学因素在我们身体的损耗中也起着重要的作用。心理学家埃莉萨·埃佩尔（Elissa Epel）在一系列研究中表明了，慢性应激或怠惰的生活方式是如何影响衰老的（Epel，2009，2012）。但是，我们也有好消息。例如，我们当中每天平均花费 30 分钟锻炼的人们，比那些没有运动的人们的细胞显得要年轻 10 岁。她的研究发现具有一个合理的解释。埃佩尔的研究表明，定期的锻炼可以保护我们的身体免受细胞炎症的风险，细胞炎症会缩短我们的寿命（Epel，Burke，& Wolkowitz，2007）。换句话说，衰老可能是由基因设定的，但我们可以通过生活方式增加或降低衰老的速度。我们选择的生活方式建立在许多心理因素的基础之上。实际上，如果你决定定期锻炼，可能会增加你的寿命。

▽ 网络学习

请在同步网站上查阅更多关于埃莉萨·埃佩尔及其研究的内容。通过她的作品数量，判读一些成功的研究者通常有多忙碌。

埃莉萨·埃佩尔来自旧金山的加州大学，研究慢性应激或怠惰的生活方式如何影响衰老。

当代研究表明，我们生活中的生物、心理和社会因素之间有着复杂的相互作用。举个例子，有证据表明存在所谓的**潜在易感性特质**（latent vulnerability traits），它是指我们在生命早期可能形成的特殊心理特质（例如，某些回避倾向或敌对行为），以后可能发展成为严重的精神病学症状（Beauchaine & Marsh，2006）。心理学家卡伦·马修斯（Karen Matthews）在她的研究中证明了，吸烟、持续的压力或久坐不动等因素如何引发心血管系统的身体变化，并导致血栓形成和心脏病发作（Matthews，2005）。约翰·柯廷（John Curtin）及其同事基于生物因素和社会因素提出了关于成瘾行为的观点。举个例子，一个使自己的身体处于醉态的人（经常是有意识的决定）倾向于将其神经系统暴露于"压力测试"之下。对这种压力的焦虑反应会让人渴望更多的物质。这最终导致了物质寻求的行为（Curtin，McCarthy，Piper，& Baker，2005）。这些研究表明，滥用药物的人们启动了身体的自动成瘾反应。还有一个例子，琳达·加洛（Linda Gallo）的研究揭示了，心理因素和社会因素都会对慢性健康问题的患者产生影响（Gallo & Matthews，2003）。经过对拉丁女性的研究，她解释了社会经济、文化和心理风险如何直接影响这些妇女的健康（Gallo et al.，2007）。

总而言之，生活方式和某些生物学体质影响个体健康的观点已经讨论了几个世纪。今天的心理学家继续讨论这个话题，但提供了精细的实验证据以支持或抛弃其中的一些假设。

13.1.3 理论与实践相结合

心理学家应该不断地为他们的研究寻求实际应用吗？心理学应该作为中立和"客观"的不受社会发展影响的科学，还是应该积极参与社会生活？正如你记得的，20世纪的许多心理学家认为，他们的研究发现应该有助于形成一个公正、民主和高效的社会（F. Allport，1924）。另一些人则不同意，并强调心理学的主要作用在于提供科学数据而不是制定政策（Atkinson，1977；Miller，1969）。今天，心理学家就心理研究的理论和实践目标提供了一个平衡的答案。在大多数情况下，他们是理论和实践兼顾。

人类生活经常提出新的问题让心理学家尝试回答。反过来，他们的应用研究也为心理学理论增添了新的方向。举个例子，心理学家朱迪·夸斯（Jodi Quas）研究了人类判断中的偏见。但是，除了研究这个重要的问题之外，她还追求一个非常实际的目标：利用偏见研究提高法庭决断的公正性。她特别研究了刑事案件中儿童的证词，以及这些证词相对于报告事实的准确性。夸斯还考察了陪审员对证词的反应，以及他们某些不加批判的信念在法律判决中所起的作用（Quas et al.，2007；见图13-3）。

图13-3　理论知识和实际应用之间的平衡

科学研究的理论目标和实践目标往往是不可分割的。亨德里·琼斯（Hendree Jones）教授将她广受好评的孕妇药物成瘾研究与临床干预的复杂治疗方法相结合，这些方法帮助她的病人停止了药物滥用的危险习惯。如果没有对这一问题的严谨的理论研究，

这些干预方法是不可能创造出来的（Jones，2008）。心理学家塞缪尔·戈斯林（Samuel Gosling）帮助人们提升了流浪狗收养的成功率，他还在训练狗检测爆炸物方面做出了重要贡献。如果他没有对动物个性——行为特质和反应的优势集（predominant set）的理论兴趣，这种实践尝试是不可能出现的（Gosling，2008）。马丁·塞利格曼关于人类幸福的理论工作总是与其高效的治疗方案联系在一起（Seligman et al.，2006）。研究与衰老有关的认知变化，让心理学家可以向汽车制造商提出关于安全设备的实用建议，这样可以让老年人仍然能够安全驾驶（Baldwin，2002）。治疗师利用关于认知的理论和应用研究为从疾病或受伤中恢复的病人发展出康复技术（Riley, Baker, Schmit, & Weaver，2005）。关于运动知觉的新实验室研究在理解和预防某些驾驶事故方面发挥着重要作用：例如，这些心理学家表示，在笔直、宽阔的公路上行驶较长时间后，如果驾驶员试图超过另一辆车或者在十字路口左转，那么很可能会导致事故（Gray et al.，2006）。

认知心理学家总是为他们理论研究中积累的知识寻求实际应用。认知神经科学领头人之一迈克尔·加扎尼加（Michael Gazzaniga）组建了一个拥有30多位学者的团队，研究人们在法庭上如何做出法律判决：他们如何选择证据、给某人定罪、解释犯罪行为和判断罪行的责任（Hotz，2009）。这个项目的理论目标之一是理解大脑进行重要的道德决策时的生理机制（Gazzaniga，2005）。从实际的角度来看，这个项目的目的在于减少法庭判词中带有偏见的决断。

13.2　第2课　心理学欢迎交叉科学

日本研究人类运动的研究员兼物理学家发现，临床抑郁症患者与没有患抑郁症的人们在运动方面有所不同。这一发现可以为诊断重度抑郁症提供另一种方法。除了临床访谈之外，治疗师或许还可以查看一下描述个体运动的数学公式（Nakamura et al.，2007）。物理和力学为心理学贡献了力量。我们已经看到心理学自身之中几个受欢迎的学派和研究方法

的诞生、发展、转型和衰落。一些心理学研究变得流行起来，而另一些研究的吸引力则逐渐衰退（Rozin，2007）。如果研究心理学的历史，你可以看到心理学家如何改变自己的理论偏好，并转而使用新的方法。自 20 世纪初以来，一些心理学家选择在大学实验室进行实验研究。另一些人则喜欢与病人进行临床访谈。一些心理学家倾向于研究动物行为。还有一些人开始在精神分析领域探险，并因此远离实验。格式塔心理学传统诞生于对感觉和感知的高级实验研究。发展心理学的许多领域则源自对儿童心理能力的早期研究。

日复一日，年复一年，心理学家像探矿者或黄金搜寻者一样，尝试了不同的理论、观念、方法和途径来发展他们的知识。心理学家的发现经由批判性的同行评议或其他形式的评估后，他们开始"过滤"并积累最好、最成功和最有效的研究和心理干预的方法。出差旅行和出版物使这些知识传播给更多的心理学家和更多的国家。越来越多的心理学家开始结合不同流派的方法来研究具体的心理问题。除了心理学之外，其他学科也可以根据心理研究的目的提供可靠和相关的方法。因此，在 20 世纪，综合性和跨学科的方法越来越受欢迎。心理学家开始提出的主要问题不再是某个心理学流派在理解人类的行为和经验方面是对是错；相反，现在的问题是："哪个流派的方法和结果可以为我所用，用来促进我的研究？"（见图 13-4）。

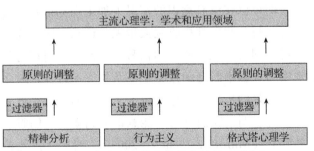

图 13-4　主流心理学中传统方法的"融合"

许多当代心理学家越来越多地采用跨学科取向来设计综合性的研究方法。例如，心理学家塞思·波拉克（Seth Pollak）创造性地结合了心理物理学、神经科学和行为内分泌学等学科的方法，用来研究儿童情绪发展的机制（Pollak，2003，2005）。马西娅·约翰逊（Marcia Johnson）则通过运用行为科学、认知心理学和认知神经心理学的方法来研究虚假记忆（Johnson，2006；Johnson & Raye，2000）。

心理学家通过寻找这一领域内最好的方法来研究他们具体的心理问题，因此他们在自己的研究中采用综合性和跨学科的方法。为了说明这个问题，我们来看看当代心理学家是如何研究决策问题的。

研究人们如何做决策

你还记得有一位心理学家赢得了诺贝尔奖吗？他就是丹尼尔·卡尼曼。他与阿莫斯·特沃斯基（Amos Tversky，1937—1996）一起创造了一个描述人们如何做出风险决策的理论（Kahneman & Tversky，1979）。他们设计了一系列认知和行为的实验，并利用高级数学分析来解读收集的数据。他们的**前景理论**（prospect theory）的总体结论是：尽管人们似乎以理性和逻辑的方式行事，但他们在评估自己输赢的概率时却经常犯错。人们基于具体的情境倾向于呈现出一贯的趋势——高估或低估成功和失败的机会。

荷兰学者阿尔伯特·德克斯特霍什（Albert Dijksterhuis）在他的研究中表明，人们倾向于喜欢自己不经过漫长思考自发做出的决定，而不是他们非常谨慎地做出的决定。在结合了行为和认知方法的研究中，他表明，当人们做出与复杂产品有关的决定时，比如"购买厨房家具或汽车"，这时"不加注意的深思熟虑"（deliberation without attention）起到很大作用（Dijksterhuis，2004）。然而，当我们购买简易的产品时，还是仔细、慎重的决策比自发的决定更好（Dijksterhuis，Bos，Nordgren，& van Baaren，2006）。研究人员声称，这种"不加注意"的决定在人类行为的许多其他领域也非常典型，包括管理甚至投票。其他研究表明，人们倾向于因为做出不恰当或有争议的决定而情绪紧张或后悔，即使他们不记得这些决定了（Lieberman，2007）。乔西·特南鲍姆（Josh Tenenbaum）及其同事的研究表明，尽管人们对日常事件知之甚少，还是能够准确预测日常现象的持续时间或范围。这些预测反映了人们对统计概率的准确认知（Griffiths & Tenenbaum，2006；Tenenbaum，Griffiths，& Kemp，2006）。荷兰的乔里斯·拉默斯（Joris Lammers）和美国的亚当·加林斯基（Adam Galinsky）的实验表明，那些有力量打破规则的人，不仅是因为他们能够做到，还因为他们在某种直觉水平上感到他们有权利这样做。当你知道你大权在握时，可能会改变你对道德价值的观点（Lammers & Galinsky，2010）。

这些和其他关于决策的研究表明，如今的心理学家倾向于从清晰实用的角度去接近他们的研究问题：他们从自己的立场选择最好的可利用的方法，然后结合不同种类的研究去实现他们的目标（见图 13-5）。

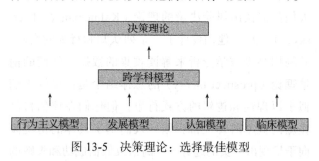

图 13-5　决策理论：选择最佳模型

13.3　第 3 课　心理学没有遗弃它的传统

心理学家并没有放弃 20 世纪传统的方法，他们当中许多人继续发展着这些传统。今天的研究与历史上的早期研究之间的明显差异在于，当代研究方法大大提高了精细化程度，尤其是测量领域。

13.3.1　研究越来越精细化

在经典行为主义的传统之下，今天的心理学家继续研究特定背景下的具体学习机制。其中一个背景是临床方面的，研究那些遭受焦虑问题之苦的人们。当代研究表明，消退可能涉及忘记一种习惯或减少恐惧反应——不仅仅是以前习得的某些东西的消失。行为实验研究表明，消退是一种独立的学习形式，而不是"不学习"或者遗忘（Myers & Davis，2002）。

当代的技术可以让研究人员进行 10 年前几乎

不可能的复杂研究。乔恩·迪德里克森（Jorn Diedrichsen）在他精心设计的研究中展示了几种身体协调的无意识功能的机制：当人们操作物体时，经常一只手作为支撑，而另一只手操纵物体。他表明：那只支撑的手能够通过改变支撑物体的力量来预测另一只手的行动后果。迪德里克森的工作还强调了小脑在预测我们自己的行为方面起到重要作用（Diedrichsen，Verstynen，Lehman，& Ivry，2005）。

正如你在第 12 章看到的，当代心理学的一个热门领域就是认知。今天的许多心理学家工作在认知神经科学领域——研究大脑机制对心理功能的支持。他们尝试识别与心理表现有关的大脑特定部位甚至是细胞群。举个例子，C. G. 格罗斯（C. G. Gross）及其同事在一系列跨越多年的研究中，发现了与面部识别有关的复杂的大脑皮层机制（Gross，1998，2005）。一些认知神经科学家试图扩大他们领域内的兴趣范围，并将基础知识应用于其他心理学领域。例如，马修·利伯曼（Matthew Lieberman，2006）开创了一个称作社会认知神经科学的全新领域。他使用神经心理学和神经成像技术研究社会认知，包括人们的态度及其变化、内疚和对于错误决定的悔恨（Lieberman，2007）。

日本的北冈明佳（2008）在其工作中延续了格式塔心理学的传统。他因为对视错觉的新设计和研究而闻名。布莱恩·J. 肖勒（Brian J. Scholl）也在他的研究中延续了格式塔心理学的实验传统。他证明了人们可以在没有意识的情况下加工视觉信号。因为每时每刻我们都接收到大量视觉信息，所以我们不可能同时意识到所有的信号。因此，我们在物理现实与大脑推断之间进行了复杂的交换过程，最终看到如是的世界。这样便留下了犯错的可能，过去的研究表明，我们有时可能意识不到就在我们眼前的物体（Mitroff & Scholl，2005）。例如，在他按照格式塔心理学传统精心设计的实验中，肖勒表明，人们可能会报告一个悖论：他们没有看到的物体消失了。他的实验展示了，我们的经验如何将各种感觉组合成有意义的模块——这是格式塔心理学在 100 年前便开始研究的主题（Scholl，2005）。

13.3.2 回溯理论与澄清知识

120 年前，心理学至少有三种类型的定义，分别来自自然科学、精神科学和社会科学的视角（Robinson，1986）。20 世纪早期，心理学的大多数定义都涉及对意识、精神活动或者当时所谓"精神产物"的科学描述。这些定义当中没有一条提及行为（Griffith，1921）。仅仅 10 年之后，许多心理学家就将其注意力转向行为。他们在谈论心理学时几乎忽略了一切包含"精神的"事物（Watson，1913）。哪种定义才是正确的呢？在某种程度上，或许它们都是正确的。

心理学不断对过去那些话题和问题进行澄清和解释。一些未曾解答的问题得到处理，简易的答案变得精致，简单的解释得到阐明，新的问题开始出现。举个例子，在发展心理学中，新的发现帮助我们更好地解释学习机制和认知发展。认知发展的重波理论（overlapping waves theory）假定，在任何时候，儿童都倾向于使用不止一种方法来解决一类问题。随着年龄的增长，更加有效的方法变得越来越常见。儿童学习哪些方法更好用，并更为频繁地使用它们。随着年龄和经验的增长，也有一些策略变得越来越少用（Siegler，1996）。换句话说，这个理论表明，儿童并不是简单地从一个发展阶段过渡到另一个发展阶段。这是一个复杂的选择过程，个体会选择当前情境中最佳的方法。

冯特（1916）提出语言可能包含了关于不同文化中的人们如何知觉现实的重要信息。例如，他相信德国人的行为秩序在德语中有所反映。他完全是错误的吗？也许并没有。安妮·马斯（Aanne Maass）、唐泽穰（Minoru Karasawa）及其来自意大利和日本的同事在研究中表明：当我们对他人进行描述时，不同国家的群体依靠和使用不同的语言工具。例如，当他们猜测别人时，意大利人比日本人更多地使用形容词（Maass, Karasawa, Politi, & Suga, 2006）。

格式塔传统继续发展。例如，让·曼德勒（Jean Mandler）的研究表明，一个世纪前提出的知觉原则可以解释婴儿的知觉发展。在早期发展中，婴幼儿往往并不注意许多物体的外观细节。他们最初从大的概念开始了解，然后再关注细小的知觉特征。当儿童开始学习语言时，他们会注意到更多的细节（Mandler，2004）。

心理学中的临床传统生根发芽，枝繁叶茂。你应该记得，在历史上，研究者和从业者对精神病理学及其原因有不同的看法。在 20 世纪，人们根据假定的明显类别来理解精神病理学，某个类别中的"成员资格"就是个体拥有足够数量特定的症状。心理学家罗伯特·克鲁格（Robert Krueger）基于并发症（comorbidity）的概念发展出一种新的精神病理学取向。他认为，特殊的心理障碍起源于更为普遍的总体不利因素（overarching liabilities）及其临床表现。举个例子，所谓内在的不利因素与情绪问题有关；而外在的不利因素则涉及行为品性，例如缺乏抑制或具有攻击性（Krueger & Markon，2006）。

▽ **网络学习**

请阅读 1960 年《美国心理学家》第 15 期第 113 ~ 118 页刊登的托马斯 S. 萨斯（Thomas S.Szasz）的《心理疾病的迷思》（*The Myth of Mental Illness*）。

问题：你在多大程度上认同或者反对他的观点：心理疾病只是"生活中问题的另一个名称"？

13.3.3 对伪科学的回应

对于超自然力量、灵性治疗（spiritual healing）或神秘现象的信仰在全世界继续引起关注。尤其是，许多传统社群中的人们认为，各种身体和心理问题的出现，都是上帝惩罚邪恶行为的一种形式。人们通常在象征性活动中寻求对于惩罚的补救措施，这些象征性活动包括了涉及"治愈者"的仪式性祷告或冥想。

在历史上，科学心理学处理和摒弃了大多数新兴的"流行"趋势，比如催眠术、颅相学、超感官知觉和心灵感应。人们的批评基于对事实的谨慎验证。正如他们在 100 年或 50 年前所做的那样，今天的心理学家也严谨地看待这些验证。例如，在美国，有一个由联邦资助的称作国家补充与替代医学中心（National Center for Complementary and Alternative Medicine）的机构。这个中心专门审查与非传统治疗方法有关的诉求。

▽ 网络学习

通过同步网站访问国家补充和替代医学中心的网站。

问题：你发现哪个正在进行的研究项目与心理学的关系最为密切？

正如你所期望的，所有新出现的和再次出现的声称存在治愈能量场、远距离治愈（distance healing）和人体轮穴（力量中心）的方法迄今都被认为是不科学的。举个例子，并没有研究证据表明：治疗者的意志力可以治愈严重的疾病案例，一个咒语可以让暴食症患者一星期减掉 50 磅（22.68kg），或者一个人只要专注于某个特殊念头就可以消除他的心血管问题。根据第 1 章的观点，我们可以将这些以及类似的方法归类于民间知识的传统。不过，这一领域的研究工作仍在继续。我们看一个例子：英国爱丁堡大学心理系有一个凯斯特勒超心理学组织（Koestler Parapsychology Unit），这个组织最近的一项研究是"所谓的闹鬼现象"（Menand，2009）。

然而，今天的心理学家，像过去一样，也非常重视来自所谓非传统领域的研究。我们以**精神性**（spirituality）为例，相对于与占有、积累财产和竞争有关的"物质"属性，精神性是一个涉及"非物质"属性的广泛领域，它与信仰、信任和希望有关（Shiraev & Levy，2013）。对于研究这一领域的当代心理学家来说，精神性强调心灵胜于物质、存在胜于占有、心智工作胜过身体行动。那些在其生活中强调灵性的个体有一种强烈的信念，相信存在一种充满并守护宇宙万物（包括人类）的精神性或类似的要素。在几代人的时间跨度里，当代西方国家大学的心理科学国家的以大学为基础心理科学都对精神性持谨慎态度。这种情形从 20 世纪 90 年代开始变化。心理学家试图使用跨学科的科学方法，邀请人类学家、医生和历史学家参与讨论，进而理解精神性及其对行为、健康和群体生活的影响（Hall，1997）。心理学家目前尝试采用科学合理的比较分析方法。在这种比较研究的基础上，研究人员发现证据表明：冥想和祈祷可以降低血压和脉搏频率，减缓内分泌活动以及整个身体的新陈代谢。

一些研究人员转向对人类存在的精神层面进行科学研究。超个人心理学作为一个理论和应用领域，聚集于意识的精神层面和超然状态（Vich，1988），在 21 世纪继续吸引着人们的注意力。总的来说，关于精神性的当代观点认为，精神性的因素，比如强烈的宗教信仰、祈祷、冥想和它们的结合物，至少影响四个相互作用的生理系统：（1）大脑；（2）内分泌系统；（3）外周神经系统；（4）免疫系统。这些研究的数据可见于顶级的同行评议心理学杂志（Powell，Shahabi，& Thoresen，2003；Ray，2004）。

13.4 第 4 课 心理学能够纠正过去的错误

那些拥有心理学知识的人并不总是促进人道主义、理性、公平正义和同情心。古希腊人曾经对情绪、动机、感觉、睡眠和心理障碍进行了令人惊叹的观察。与此同时，他们也为种族不平等、男性优于女性和奴隶天生卑劣做了合理辩护。文艺复兴时期主要与艺术、科学领域的革命有关，但它也是超自然力量影响之下巫术迫害、神秘主义和深层信仰的时代。19 世纪对于人类心智的心理学研究，在理解人类学习、智力和技能形成方面取得了巨大突破。相比之下，当时也有许多专家认为，人类的心智能力的根源在于民族、性别和种族之间的差异。精神分析因为其关注儿童发展、焦虑以及人类经验和行为的无意识根源值得称赞。然而，精神分析缺乏对照实验和自我批判，产生了许多让其追随者不加批判地接受的奇怪假设。

心理学作为一门学科从自身错误中吸取教训，并且回顾它自己的过失。心理学的优点之一便是向其过去学习的能力。我们现在来看两个例子，它们关乎进化观点和精神分析的后续发展。

13.4.1 心理学中的进化观点

100 多年前，进化论提出了自然选择的观点。心理学领域中一些进化观点的支持者开始使用自然选择原则为种族和民族的优越性进行辩护。另一些人则拥护优生学和科学选择方法，排除那些"低级的"群体和个人。幸运的是，大多数心理学家都认识到了优生学缺乏科学效度，以及优生学的应用会产生有害影响。尽管行为主义和一些学习理论都接受了不同的进化观点，但是心理学对于进化理论的整体兴趣并不浓厚。

今天，心理学家拒绝了优生学，但他们承认**进化心理学**（evolutionary psychology）中一些进化观点的正确性。这门发展中的学科的任务，是探究进化因素如何影响人类的行为和经验。人们仍然在做比较研究。例如，第 7 章提到的一项 2013 年的实验研究表明，一只狗的特定面部动作表明它是真的喜欢见到你，还是害怕你，抑或是对周围一些不寻常的活动感到好奇（Nagasawa et al., 2013）。另一些研究聚焦于遗传因素，一些提升人类生存概率的行为模式是有可能通过基因遗传下来的。经典的进化理论主要强调侵略和贪婪是两种自然的现象。今天的心理学家为许多不同的人类行为提供了进化论的解释，包括合作和道德行为、利他主义和好奇心（见图 13-6）。

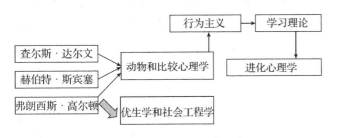

图 13-6 心理学中的进化观点

进化心理学的主要思想是，人类行为的某些元素应该具有生物学的意义。举个例子，合作和利他主义并不只出现在生活于现代文明的人们身上。利他主义的姿态，为了家庭或群体的利益自我牺牲，在

许多进化的情境中是有用的。换句话说，人类的善良可能是自然选择的一种"产物"。我们不妨以人际吸引为例：根据进化理论家杰弗里·米勒（Geoffrey Miller）的观点，像孔雀的尾巴一样，人类大脑的进化也是为了吸引异性的。人类两性都有理由去"卖弄"，试图以此吸引伴侣，不过男人和女人有不同的选择标准。根据米勒的说法，男女之间的区别在于：女性天生倾向于利他行动，表明她们可以分享资源；男人往往表现出贪婪，显示他们可以保护这些资源（Miller, 2000）。

达尔文及其追随者表示，人类情绪具有普遍的进化根源。保罗·罗津（Paul Rozin）及其同事的研究进一步揭示出，进化和文化的因素如何共同塑造了人类的情绪（Rozin, Haidt, & McCauley, 1993）。我们以厌恶为例：这种情绪最初与对食物的抗拒有关，但它在人类历史中已经发生了改变。文化开始将厌恶作为一种机制，去限制某些不合适或不道德的行为，后来这种情绪表现为一种进化的道德审查机制。想一想任何你认为"令人厌恶的行为"。它可能是一个不适当的笑话、没礼貌的行为、不诚实或者其他情况。然而，在许多情况下，这种行为已经与食物毫无关系。换句话说，在社会进化和个人发展中，厌恶情绪逐渐与许多在文化意义上抗拒的观念、物体和行为联系起来（Rozin & Fallon, 1987）。

另一位心理学家，玛丽莲·布鲁尔（Marilynn Brewer）在她对群体行为的研究中吸收了进化论的观点。她的社会心理学理论认为人类受到两种自然且相反的需求所驱动。第一种是对于同化和包含的需要，这是一种促进个体融入社会群体的归属渴望。第二种是与其他人有所差别的需要，它的运作与融入的需要相反（Brewer, 1991）。根据她的理论，对于包含和独立的需要可能是偏见、群体冲突和不够宽容的主要原因（Brewer & Pierce, 2005）。布鲁尔的观点在解决冲突方面有许多应用。

精神分析是另一种当今心理学家回归的理论与实践，但这个领域已经发生了重大的修正。是什么样的修正呢？

玛丽莲·布鲁尔对心理学的贡献主要在于她将进化的观点应用于研究群体行为，包括不宽容和冲突。

13.4.2　全新的精神分析吗

50 多年前，冯特的学生和实验心理学的铁杆支持者 E. G. 波林（E. G. Boring）承认他患有抑郁症。他去汉斯·萨克斯（Hanns Sachs）那里进行了几次精神分析会谈，后者是一位著名的移民分析师。波林声称弗洛伊德是一个"具有伟大特质"的人，一个"思想领域的先锋"和"发起人"（Boring, 1950, p.706）。他将弗洛伊德与达尔文进行了比较。波林传达出当时的普遍观点：精神分析是一种有效的治疗方法。

然而，正如你记得的，在 20 世纪下半叶，许多心理学家开始与精神分析渐行渐远，精神分析技术在大多数治疗师当中不再流行。这里有两个主要原因：（1）科学效度较差；（2）精神分析治疗的有效性缺乏对照研究。这两点使它在学术领域的地位不断下降。然而，当代精神分析学家认为，他们已经找到了一种让精神分析重返大学心理学的方法。他们将其研究和实践工作基于三个原则或必要条件：（1）利用临床资料生成可检验的假设；（2）通过科学方法检验这些假设；（3）打破这门学科的封闭性，与心理学中的其他领域交换资料（Bornstein, 2001; Mills, 2001）。许多分析师开始在他们的研究中实施这些原则。例如，乔纳森·梅茨尔（Jonathan Metzl, 2005）在《沙发上的百忧解》（*Prozac on the Couch*）一书中提供了将精神分析和处方药有效结合的证明。其他研究人员开始使用对照方法和统计分析来研究精神分析作为一种疗法的有效性（Karon & Widener,

2001）。中国和其他国家在它们的大学中建立了心理学专业，它们对精神分析及其历史和方法的兴趣逐渐增长。在某种程度上，基于这些和其他研究，一个新的关于精神分析在历史中的地位以及可能的发展的讨论将会兴起。

13.5　第 5 课　心理学仍然是一门进步科学

我们完全可以假设：过去大多数心理学家希望能够使周围的世界变得更加美好。从图书馆的书架上任意拿起一本心理学的书，你会看到各种如何使自己的生活得更健康、更快乐或更有成效的建议。有些观点仅限于某个领域之内，比如小学教育、技能发展或焦虑治疗。另一些观点则更为广泛，与全球社会有关。事实上，过去许多心理学家允许他们的想象力与科学知识相融合，并创造出一个不同的、遥远的但又非常合理的**社会乌托邦**（social utopia）的世界，这个世界是一个理想主义人类社会的完美范本。当然，从科学家的立场来看，这样一个乌托邦社会应该将其法律和习俗交付给心理学家。他们当中的佼佼者，作为聪明的和仁慈的管理者，将掌管乌托邦政府。也就是说，科学将接管政治。

在 20 世纪初这个进步时代的氛围下，一些著名的乌托邦观念应运而生（见第 5 章）。进步观点的支持者认为，社会发展应该交给那些受过良好教育的人来控制。他们还认为，建立在科学基础上的明智的社会政策可以医治许多社会弊病，包括贫困、文盲和暴力。一个理想的社会是有可能实现的（Gergen, 2001）。20 世纪的心理学家对于未来的完美乌托邦社会创造了许多非凡的理论。在这些理论中，建构者希望心理学家在社会中发挥更大和更有效的作用。你还记得第 11 章描述的斯金纳的乌托邦观点吗？我们再看一些其他的例子。

雨果·闵斯特伯格（1916）创造了一种关于人类完美之可能性的理论。社会变革需要政策保证人们接受某些理想主义的价值观。各国应该尽快忘记相互之间的仇恨和敌意。我们的未来是一系列逐渐的进步，从民族主义走向国际主义的进步，最终抵达和平主义。那些受到理想主义价值观驱动的人们将会发展出新的社会合作计划。超越国家的组织将会出现。人们最终会让自己的私利欲望服从于群体利益和人类利益。闵斯特伯格认为，心理学家肩负着服务社会的特殊义务。心理学家将教导人们如何追求真理、美丽、和谐、进步和道德。

G. 斯坦利·霍尔 1920 年预测，等到 2000 年，曾经繁荣昌盛的文明将会变为废墟。我们先进的社会一度拥有优秀的医疗体系、完善的教育和平衡的政治结构。科学为人们提供了智慧和安慰。当然，最先进的科学是心理学。心理学家提供了关于完美的社会秩序的知识。他们还促进了人们的节制和自我控制。训练有素的心理学家在社会中占据着特殊的位置。他们从许多其他社会责任中解脱出来。他们进行科学研究并提出重要的建议。管理者根据科学研究来制定公共政策。为什么这个伟大的系统会崩溃？文明由于人类的自私开始瓦解。一些人开始违反健康生活方式的原则并侥幸逃避惩罚。另一些人则致力于满足私人利益。贪婪、个人主义和自我中心摧毁了教育、法律、科学和家庭。心理学家本身也负有责任。科学家不再帮助别人，而是放弃他们的科学追求，追逐利益。这些导致了科学精神的灭亡、研究中心的解体和社会的瓦解。

约翰·华生（1929）构想了一个居住了 260 对夫妇和几对"替补"配偶的乌托邦社区。尽管这里的婚姻是一夫一妻制，但每个家庭轮流抚养孩子。每个孩子在每个家庭中度过大约一个月。父母并不知道谁是他们的亲生孩子。成年人负责教育社区里的孩子，好像每个孩子都是他们的亲生儿女。这里的家庭不涉及宗教和哲学。人们的幸福基于行为主义的原则：任何对人们有用的都会被保留；任何有害的都会被抛弃。这里没有政府，因为人们经过训练以合适的方式行事：他们努力工作并为他们的社区做出贡献。不良的行为通过训练得以矫正。矫正可以减少犯罪和异常行为。这个乌托邦社区配有专家，即所谓的行为主义医生，他们像医生进行预防保健

一样保卫社区。行为主义者控制异常行为、帮助母亲抚养子女，并决定安乐死。他们还治疗精神疾病。行为主义者配备了特殊的观察设备，使他们能够研究社区里的行为。孩子们在 16 岁时开始他们的职业培训，而且教育是彼此分开的。男孩学习工程、科学、医学和制造业等专业，女孩则学习烹饪、家庭管理、育儿和性教育。

威廉·麦独孤（William McDougall，1934）写道：人们挑选了一个叫作尤金尼亚的岛屿，作为一个以优生学原则为基础的社区——通过控制选择育种来研究人类种族的遗传改良。那些有着出众的身体素质和智力发展的人们接受了这个实验。家族历史和道德素质也很重要。选择居住在岛上的人们发现他们身处一种温馨的氛围之中：教育、科学、一夫一妻制、传统的家庭价值观、辛勤工作和最佳的工作产出。这个岛上的一些主要机构都是聚焦于心理学和优生学的研究中心。根据麦独孤的观点，最重要的问题是人的状况，而不是社会结构。人类的素质可以决定最有效的社会组织，因为即使是一个伟大的社会结构，如果是基于"低素质的"成员（比如下流的男女），那么它注定是要失败的。心理学家为人类文明的坍塌选择了最佳的救援。

正如你所见，20 世纪心理学家的这些乌托邦观念有点天真而不切实际。首先，人们对于幸福是什么莫衷一是。有些人寻找忙碌、雄心勃勃和多变的生活，而另一些则寻求平静、宁静与和谐的生活。其次，如果我们想象一下，心理学家说服了我们接受他们对幸福的定义，那么他们如何能够强迫每个人按照他们的标准去生活？人们在特殊的"幸福大本营"中了解什么是幸福并接受心理学家的守护，这种观念既不切实际，也令人感到可怕。

当代心理学家不时地提出他们的乌托邦思想。然而，大多数人还是持续关注改善个人、群体和社会的实际步骤。心理学家主要的资源是教育和信息。正如 100 年前一样，心理学在很大程度上仍然是一门进步学科，参与促进科学、理性和有教养的社会行动的重要使命。如果我们去看许多国家的社会政策，就会发现在通过教育行动改变当地和全球格局

方面，心理学正在发挥着越来越重要的作用（Jansz & van Drunen，2003；Singh，2005）。在历史上，一方面，心理学家赞扬自由、独立和自给自足的个体；另一方面，心理学也将个体看作较大群体的不可分割的一部分。

纵观整个历史，心理学至少发挥了三种重要的进步作用：（1）推进科学知识；（2）持续改进；（3）社会创新。它的表现有多成功？你可以做出一个判断。

这一旅程还在继续。

总　结

- 未来的心理学家可能会使用他们自己的评估标准和方法来评价我们这一代人。在今天看来很重要的事情，明天很可能就被轻易地忽视掉。同样，一些看起来不知名的研究可能在未来被"重新发现"。
- 在心理学历史的主要经验教训当中，它延续了一些与经典主题有关的理论与实验研究，包括身心关系、先天与后天之争和理论与实践问题。
- 许多当代心理学家越来越采用跨学科取向来设计综合性的研究方法。

- 心理学家并没有抛弃 20 世纪的传统方法。许多人继续进一步发展这些传统方法。当代方法的复杂精细化程度有所提升，尤其是在测量领域。
- 尽管偶尔会走上错误的道路，但心理学能够从错误中学习，并回顾自己的过失。心理学的优势之一就是它能够从其过去中学习。
- 心理学很大程度上仍然是一门进步的学科，参与着重要的使命——促进科学、理性和有教养的社会行为。

关键词

Evolutionary psychology　进化心理学
Latent vulnerability traits　潜在易感性特质
Positive psychotherapy　积极心理治疗
Spirituality　精神性

Prospect theory　前景理论
Quantum mind tradition　量子思维传统
Social utopia　社会乌托邦

网站资源

访问学习网站 www.sagepub.com/shiraev2e，获取额外的学习资源：
- 文中"知识检测"板块的答案
- 自我测验

- 电子抽认卡
- SAGE 期刊文章全文
- 其他网络资源

译 后 记

历史的迷人之处在于，它既不是摆在你眼前让你烦恼的琐事，也不是放在那未来让你焦虑的"大事"。历史的过失、偏差甚至错轨固然会让人喟然长叹，心生悲凉之感；然而，站在一个研究者的角度，抱着"大江东去浪淘尽"的情怀，在那些已经发生过的事件当中，我们总能不时地体会到从中发现新元素的乐趣。

比如，我们从心理学史中能够发现，伟大的心理学之父——冯特在大二之前竟然一直是一个学渣；而美国心理学之父威廉·詹姆斯听过的第一次心理学讲座，主讲人居然就是他自己。威廉·詹姆斯曾经挖苦冯特说："他不是天才，而是教授——即那种在自己专业内无所不知、无所不言的那一类人。"而冯特则酸溜溜地评价威廉·詹姆斯的《心理学原理》："这是文学，它非常优美，但不是心理学。"

我们从心理学史中还能发现，精神分析创始人——弗洛伊德虽然热衷于性学研究，但他本人41岁就停止了性生活；分析心理学开创者——荣格在自己的人生中竟然有过数次精神崩溃的经历；而个体心理学创立者——阿德勒关于自卑与补偿的学说最直接的来源无疑就是他自己。弗洛伊德曾满腔热情地把荣格当作其精神分析王国的王储和接班人，而荣格却完全是一副"吾爱吾师，吾更爱真理"的姿态。

我们还能发现行为主义心理学代言人——华生因为性丑闻离开心理学界，却在广告界将其观点大放异彩，比如销售一种产品就要让消费者产生某种情绪，你必须让消费者感到担心或者高兴；而后来更为激进的行为主义心理学代表——斯金纳可能是一位被心理学耽误了的发明家，他不但发明了方便照顾婴儿的"空气摇篮"，还差点发明出由鸽子引导方向的导弹，使其准确地投向二战中的敌机。

人本主义心理学家马斯洛为心理学引入了高峰体验的概念，而他的童年却有过许多地狱般的体验——他与父母尤其是母亲的关系很差，他经常遭到附近其他男孩的殴打；另一位人本主义心理学家罗杰斯发明了以人为中心的方法，用它来化解人际冲突和解决国际争端，并因此在去世的那一年获诺贝尔和平奖提名，然而他在童年和青少年时期的亲密关系几乎是一片空白。

这样的例子很有很多很多。这些发现的乐趣支撑了许多史学研究者的工作，当然，这些乐趣也支撑了我们本来枯燥的翻译工作。我们就像是在海边行走的拾贝者，或许说在山中行走的拾荒者也很贴切——把这些贝壳一个个洗净、擦干，将其清晰的面目展示给大家；偶尔发现几个漂亮的贝壳，自然忍不住心中一阵窃喜，于是又有了继续低头弯腰的动力。

本书翻译历时近两年，经过初译、初校、复校和审校四个阶段。初译分工如下：郑世彦翻译了时间轴、序言和术语表，张潇涵翻译了第1章、第2章、第3章和第5章，柴丹翻译了第4章、第6章、第7章和第8章，刘思诗翻译了第9章、第10章、第11章、第12章和第13章。然后郑世彦对全书进行了初校；各位译者又在此基础上进行了复校。最后由郑世彦对全书统稿，再由郭本禹老师对全书进行审校。为了交出一份满意的译稿，各位译者以及审校老师花费了大量精力。当然，机械工业出版社的编辑们为此书的出版工作也付出了大量心血，是她们保证了这本书的质量和优雅。最终，你手里拿到这本书，是大家——著者、译者、编辑和读者共同努力的结果，感谢大家！

郑世彦
2017年11月11日
于合肥天鹅湖畔

社 会 与 人 格 心 理 学

《感性理性系统分化说：情理关系的重构》

作者：程乐华

一种创新的人格理论，四种互补的人格类型，助你认识自我、预测他人、改善关系，可应用于家庭教育、职业选择、企业招聘、创业、自闭症改善

《谣言心理学：人们为何相信谣言，以及如何控制谣言》

作者：[美] 尼古拉斯·迪方佐 等 译者：何凌南 赖凯声

谣言无处不在，它们引人注意、唤起情感、煽动参与、影响行为。一本讲透谣言的产生、传播和控制的心理学著作，任何身份的读者都会从本书中获得很多关于谣言的洞见

《元认知：改变大脑的顽固思维》

作者：[美] 大卫·迪绍夫 译者：陈舒

元认知是一种人类独有的思维能力，帮助你从问题中抽离出来，以旁观者的角度重新审视事件本身，问题往往迎刃而解。

每个人的元认知能力是不同的，这影响了他们的学习效率、人际关系、工作成绩等。

借助本书中提供的心理学知识和自助技巧，你可以获得高水平的元认知能力

《大脑是台时光机》

作者：[美] 迪恩·博南诺 译者：闾佳

关于时间感知的脑洞大开之作，横跨神经科学、心理学、哲学、数学、物理、生物等领域，打开你对世界的崭新认知。神经现实、酷炫脑、远读重洋、科幻世界、未来事务管理局、赛凡科幻空间、国家天文台屈艳博士联袂推荐

《思维转变：社交网络、游戏、搜索引擎如何影响大脑认知》

作者：[英] 苏珊·格林菲尔德 译者：张璐

数字技术如何影响我们的大脑和心智？怎样才能驾驭它们，而非成为它们的奴隶？很少有人能够像本书作者一样，从神经科学家的视角出发，给出一份兼具科学和智慧洞见的答案

更多>>>

《潜入大脑：认知与思维升级的100个奥秘》 作者：[英] 汤姆·斯塔福德 等 译者：陈能顺
《上脑与下脑：找到你的认知模式》 作者：[美] 斯蒂芬·M. 科斯林 等 译者：方一雲
《唤醒大脑：神经可塑性如何帮助大脑自我疗愈》 作者：[美] 诺曼·道伊奇 译者：闾佳